光 盘 说 明

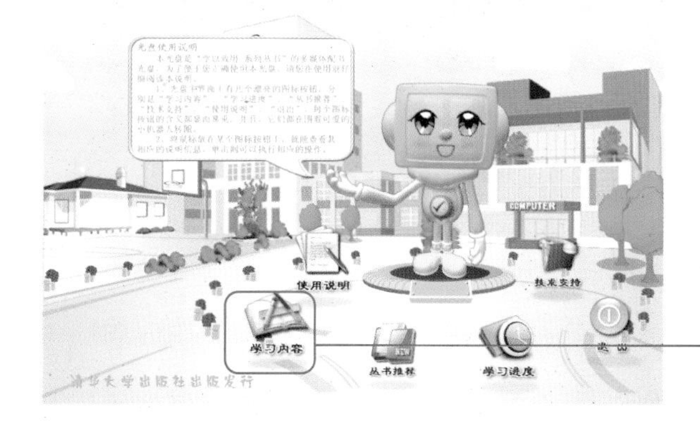

一. 打开光盘

1. 将光盘放入光驱中，几秒钟后光盘会自动运行。如果没有自动运行，可通过打开【计算机】窗口，右击光驱所在盘符，在弹出的快捷菜单中选择 【自动播放】命令来运行光盘。

2. 光盘主界面中有几个功能图标按钮，将鼠标放在某个图标按钮上可以查看相应的说明信息，单击则可以执行相应的操作。

二. 学习内容

1. 单击主界面中的【学习内容】图标按钮后，会显示出本书配套光盘中学习内容的主菜单。

2. 单击主菜单中的任意一项，会弹出该项的一个子菜单，显示该章各小节内容。

3. 单击子菜单中的任一项，可进入光盘的播放界面并自动播放该节的内容。

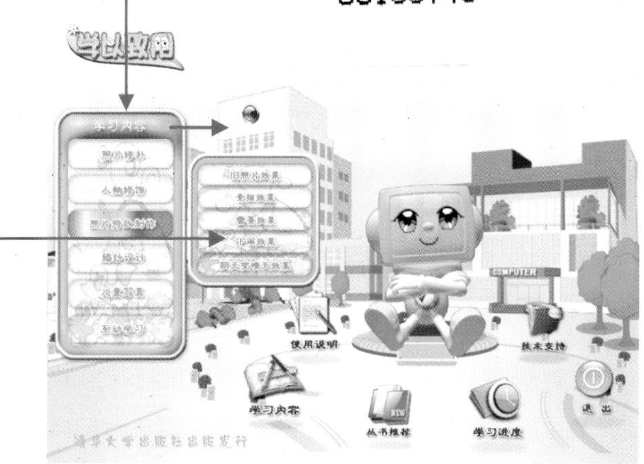

三. 进入播放界面

1. 在内容演示区域中，将以聪聪老师和慧慧同学的对话结合实例演示的形式，生动地讲解各章节的学习内容。

2. 选中此区域中的按钮可自行控制播放，读者可以反复观看、模拟操作过程。单击【返回】按钮可返回到主界面。

3. 像电视节目一样，此处字幕同步显示解说词。

四. 跟我学

单击【跟我学】按钮，会弹出一个子菜单，列出本章所有小节的内容。单击子菜单中的任一选项后，可以在播放界面中自动播放该节的内容。

该播放界面与单击主界面中各节子菜单项后进入的播放界面作用相同。【跟我学】的特点就是在学习当前章节内容的情况下，可直接选择本章的其他小节进行学习，而不必再返回到主界面中选择本章的其他小节。

五．练一练

单击播放界面中的【练一练】按钮，播放界面将被隐藏，同时弹出一个【练一练】对话框。读者可以参照其中的讲解内容，在自己的电脑中进行同步练习。另外，还可以通过对话框中的播放控制按钮实现快进、快退、暂停等功能，单击【返回】按钮则可返回到播放窗口。

六．互动学

1. 单击【互动学】按钮后，会弹出一个子菜单，显示详细的互动内容。

2. 单击子菜单中的任一项，可以在互动界面中进行相应模拟练习的操作。

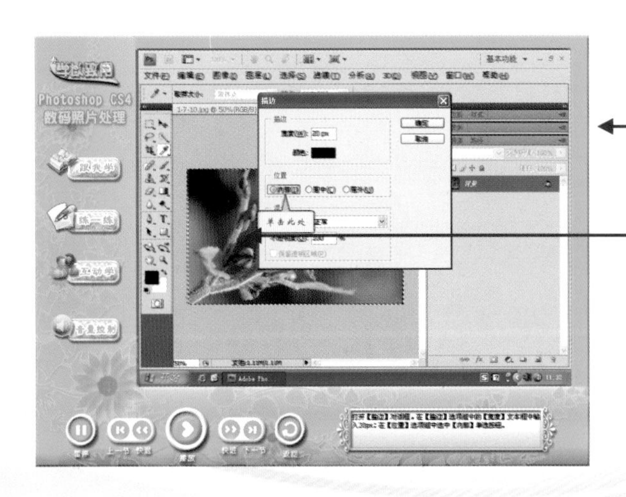

3. 在互动学交互操作环节，必须根据给出的提示用鼠标或键盘执行相应的操作，方可进入下一步操作。

4.1 挽救曝光过度的照片

4.2 修补整体曝光不足的照片

4.3 修补阴影过强的照片

4.4 将模糊的照片清晰化

4.5 将照片的背景调暗

4.6 调整灰暗的照片

5.1 挑染头发

5.2 细腻润滑皮肤

5.3 让皮肤更通透

5.4 漂亮的睫毛

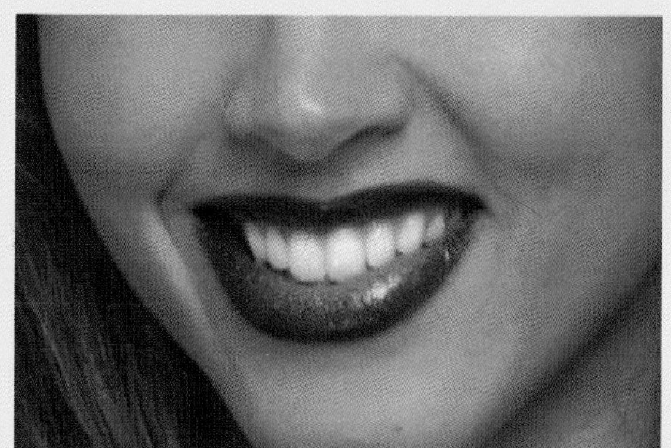

5.5 唇彩效果

6.1 旧照片效果

6.2 素描效果

6.3 水彩画效果

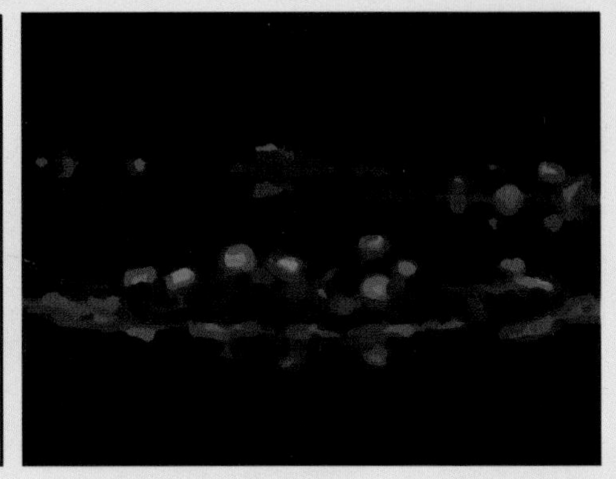

6.4 油画效果

6.6 下雪效果

6.7 下雨效果

6.8 阴天变晴天照片效果

7.2 奶酪效果文字

7.3 蛇皮效果文字

7.5 彩虹三维效果文字

8.1 艺术梦幻婚纱效果

8.3 梦幻绿色婚纱效果

8.4 暗调夜晚婚纱效果

8.5 十字星光婚纱效果

9.1 梦幻插画效果

9.2 通透亮丽效果

9.3 红紫色效果

9.4 甜美效果

9.5 墨绿明丽效果

10.2 电影胶片效果

10.3 为照片添加冷却滤色片效果(1)

10.3 为照片添加加温滤色片效果(2)

10.3 任意颜色的滤色片效果(3)

10.4 照片景深效果

10.5 照片光晕效果

11.1 带相框的照片效果

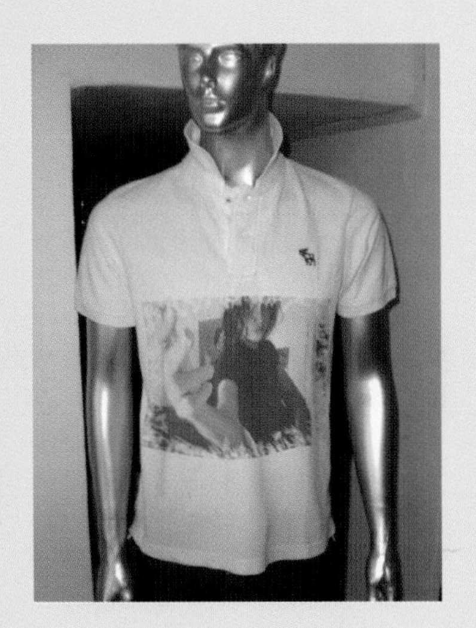

11.2 T恤上的照片效果

11.3 在证件上粘贴生活照效果

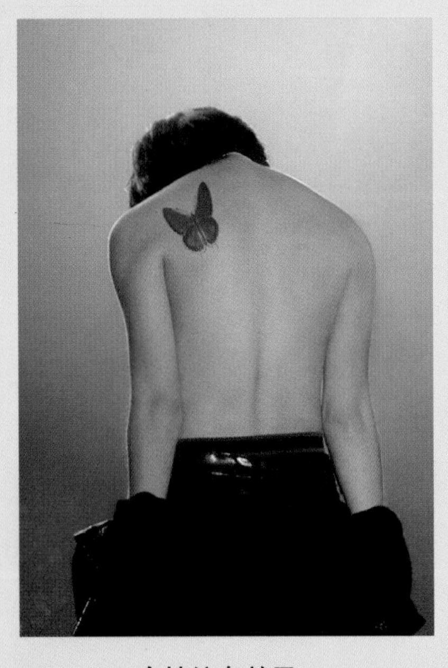

11.4 个性纹身效果

11.5 照片信签纸效果

学以致用系列丛书

Photoshop CS4 数码照片处理

科教工作室 编著

清华大学出版社
北 京

内容简介

本书内容是在分析初、中级用户学用电脑的需求和困惑上确定的。它基于“快速掌握、即查即用、学以致用”的原则，根据日常工作和生活中的需要取材谋篇，以应用为目的，用任务来驱动，并配以大量实例。通过学习本书，读者将可以轻松、快速地掌握Photoshop CS4数码照片处理的实际应用技能，得心应手地使用Photoshop CS4来处理数码照片。

本书分11章，详尽地介绍了初识数码照片和Photoshop CS4、数码照片的编辑、数码照片的打印与冲印、照片修补、人物修饰、特效制作、艺术文字、婚纱设计、儿童写真、趣味卡通、个性应用等内容。

本书及配套的多媒体光盘面向初级和中级电脑用户，适用于需要学习Photoshop的用户、Photoshop爱好者和广大从事或热衷于数码照片处理的人员，也可以作为大中专院校师生学习的辅导和培训用书。

图书在版编目(CIP)数据

Photoshop CS4数码照片处理/ /科教工作室编著. —北京：清华大学出版社，2010.4
(学以致用系列丛书)
ISBN 978-7-302-22109-8

Ⅰ.P…　Ⅱ.科…　Ⅲ.图形软件，Photoshop CS4　Ⅳ.TP391.41

中国版本图书馆CIP数据核字(2010)第029679号

责任编辑：章忆文　杨作梅
封面设计：子时文化
版式设计：北京东方人华科技有限公司
责任印制：杨　艳
出版发行：清华大学出版社　　**地　　址**：北京清华大学学研大厦A座
http://www.tup.com.cn　　**邮　　编**：100084
社　总　机：010-62770175　　**邮　　购**：010-62786544
投稿与读者服务：010-62776969，c-service@tup.tsinghua.edu.cn
质　量　反　馈：010-62772015，zhiliang@tup.tsinghua.edu.cn
印　装　者：清华大学印刷厂
经　　销：全国新华书店
开　　本：210×285　**印　张**：21　**插　页**：3　**字　数**：799千字
附DVD1张
版　　次：2010年4月第1版　　**印　次**：2010年4月第1次印刷
印　　数：1～4000
定　　价：39.00元

出版者的话

首先，感谢您阅读本书！臧克家曾经说过：读过一本好书，就像交了一个益友。对于初学者而言，选择一本好书则显得尤为重要。

“学以致用系列丛书”是一套专门为电脑爱好者量身打造的系列丛书。翻看它，您将不虚此“行”，因为它将带给您真正“色、香、味”俱全、营养丰富的电脑知识的“豪华盛宴”！

本系列丛书的内容是在仔细分析和认真总结初、中级用户学用电脑的需求和困惑的基础上确定的。它基于“快速掌握、即查即用、学以致用”的原则，根据日常工作和娱乐中的需要取材谋篇，以应用为目的，用任务来驱动，并配以大量实例。学习本书，您可以轻松快速地掌握计算机的实际应用技能，从而能够得心应手地使用电脑。

丛书书目 ★

本系列丛书首批推出 13 本，书目如下：

(1) Windows Vista 管理与应用
(2) 电脑轻松入门
(3) 电脑上网与网络应用
(4) 五笔飞速打字与 Word 美化排版
(5) Office 2007 综合应用
(6) Access 2007 数据库应用
(7) Photoshop CS3 图像处理
(8) Dreamweaver 网页制作
(9) 电脑组装与维护
(10) 局域网组建与维护
(11) 实用工具软件
(12) Excel 2007 表格处理及应用
(13) 电脑办公应用

第二批推出 13 本，书目如下：

(14) 电脑综合应用
(15) 家庭电脑基础与应用
(16) Windows XP 管理与应用
(17) 电脑故障急救与数据恢复
(18) 操作系统安装、重装与维护
(19) 玩转 BIOS 与注册表
(20) Excel 2007 公式・函数与图表
(21) Word/Excel/PowerPoint 2007 电脑应用三合一
(22) AutoCAD 2009 绘图基础与应用
(23) Dreamweaver CS4+Photoshop CS4+Flash CS4 完美网页制作
(24) Flash CS4 动画制作

(25) Photoshop CS4 数码照片处理

(26) Photoshop CS4 特效实例制作

丛书特点★

本系列丛书基于“快速掌握、即查即用、学以致用”的原则，具有以下特点。

一、内容上注重“实用为先”

本系列丛书在内容上注重“实用为先”，书中精选最需要的知识、介绍最实用的操作技巧和最典型的应用案例。例如，①在《Office 2007 综合应用》一书中以处理有用的操作(如写简报等)为例，来介绍如何使用 Word，让您在掌握 Word 的同时，也学会如何处理办公上的事务；②在《电脑上网与网络应用》一书中除介绍使用百度来搜索常用的信息外，还介绍如何充分发挥百度的优势，来快速搜索 MP3、图片等。真正将电脑使用者的技巧和心得完完全全地传授给读者，教会您生活和工作中真正能用到的知识。

二、方法上注重“活学活用”

本系列丛书在方法上注重“活学活用”，用任务来驱动，根据用户实际使用的需要取材谋篇，以应用为目的，将软件的功能完全发掘给读者，教会读者更多、更好的应用方法。如《电脑轻松入门》一书在介绍卸载软件时，除了介绍一般卸载软件的方法外，还介绍了如何使用特定的软件(如优化大师)来卸载一些不容易卸载的软件，解决您遇到的实际问题。同时，也提醒您学无止境，除了学习书本上的知识外，自己还应该善于举一反三，拓展学习。

三、讲解上注重“丰富有趣”

本系列丛书在讲解上注重“丰富有趣”，风趣幽默的语言搭配生动有趣的实例，采用全程图解的方式，细致地进行分步讲解，并采用鲜艳的喷云图将重点在图上进行标注，您翻看时会感到兴趣盎然，回味无穷。

在讲解时还提供了大量“提示”、“注意”、“技巧”等精彩点滴，让您在学习过程中随时认真思考，对初、中级用户在用电脑过程中随时进行贴心的技术指导，迅速将“新手”打造成为“高手”。

四、信息上注重“见多识广”

本系列丛书在信息上注重“见多识广”，每页底部都有知识丰富的“长见识”一栏，增广见闻似的扩充您的电脑知识，让您在学习正文的过程中，对其他的一些信息和技巧也了如指掌，方便您更好地使用电脑来为您服务。

五、布局上注重“科学分类”

本系列丛书在布局上注重“科学分类”，采用分类式的组织形式，交互式的表述方式，翻到哪儿学到哪儿，不仅适合系统学习，更加方便即查即用。同时采用由易到难、由基础到应用技巧的科学方式来讲解软件，逐步提高您的水平。

图书每章最后附有“思考与练习”或“拓展与提高”小节，让您能够针对本章内容温故而知新，利用实例得到新的提高，真正做到举一反三。

光盘特点★

本系列丛书配有精心制作的多媒体互动学习光盘，情景制作细腻，具有以下特点。

一、情景互动的教学方式

通过“聪聪老师”、“慧慧同学”和俏皮的“皮皮猴”这三个卡通人物互动于光盘之中，将会像讲故事一样来讲解所有的知识，让您犹如置身于电影与游戏之中，乐学而忘返。

二、人性化的界面安排

根据人们的操作习惯来合理地设计播放控制按钮和菜单的摆放，让人一目了然，方便读者更轻松地操作。例如，在进入章节学习时，有些图书的系列光盘中的“内容选择”还是全书的内容，这样会使初学者眼花缭乱、摸不着头脑。而本系列光盘中的“内容选择”是本章节的内容，方便初学者的使用，是真正从方便初学者学习的角度出发来设计的。

三、超值精彩的教学内容

光盘具有超大容量，每张播放时间达 8 小时以上。光盘内容以图书结构为基础，并对它进行了一定的拓展。除了基础知识的介绍外，更以实例的形式来进行精彩讲解，而不是一个劲地，简单地说个不停。

读者对象★

本系列丛书及配套的多媒体光盘面向初、中级电脑用户，适用于电脑入门者、电脑爱好者、电脑培训人员、退休人员和各行各业需要学习电脑的人员，也可以作为大中专院校学生学习的辅导和培训用书。

互动交流★

为了更好地服务于广大读者和电脑爱好者，如果您在使用本丛书时有任何疑难问题，可以通过 xueyizy@126.com 邮箱与我们联系，我们将尽全力解答您所提出的问题。

作者团队★

本系列丛书的作者和编委会成员均是有着丰富电脑使用经验和教学经验的 IT 精英。他们长期从事计算机研究和学习，这些作品都是他们多年的感悟和经验之谈。

本系列丛书在编写和创作过程中，得到了清华大学出版社第三事业部主任章忆文女士的大力支持和帮助，在此深表感谢！本书由科教工作室组织编写，丁寅、俞娟编著。此外，卜凡燕、陈杰英、冯婉燕、何光明、季业强、李青山、刘瀚、刘洋、罗自文、倪震、沈聪、汤文飞、田明君、杨敏、杨章静、岳江、张蓓蓓、张魁、周慧慧、邹晔(按姓名拼音顺序)等人参与了创作和编排等事务。

关于本书★

Photoshop 是目前个人或企业首选的数码照片处理软件。一张普通的照片经过 Photoshop 的精心处理后，会变得与众不同、赏心悦目，给观者留下更美好的回忆。

为了让大家能够更好地掌握 Photoshop CS4 数码照片处理的应用技能，我们编写了《Photoshop CS4 数码照片处理》一书。本书实例丰富、针对性强、内容翔实，分别从软件入门、数码照片编辑、数码照片打印与冲印、各种数码照片处理案例等方面进行阐述，共 11 章，全面介绍了 Photoshop CS4 数码照片处理的方方面面。

除此之外，本书还介绍了 Photoshop CS4 的一些重要技法和高效有用的技巧，让您真正理解和掌握 Photoshop CS4 数码照片处理的精髓，做一名出色的数码照片处理、设计人员。

科教工作室

目　录

第 1 章 初入茅庐——初识数码照片和 Photoshop CS4

首先，介绍数码照片拍摄的要求和构图。然后，结合 Photoshop CS4 的初步知识，为之后的照片处理作铺垫。

学习要点

- ❖ 数码照片拍摄的基础知识
- ❖ Photoshop CS4 的工作界面
- ❖ Photoshop CS4 的辅助工具
- ❖ 在 Photoshop CS4 中查看和整理照片
- ❖ Photoshop CS4 的工具箱

学习目标

通过对本章的学习，读者首先可以了解数码照片构图的基础知识；进而熟悉 Photoshop CS4 的工作界面；最后了解 Photoshop CS4 工具箱中的工具以及每个工具的使用方法和操作注意事项。

1.1 数码照片拍摄基础知识

在使用数码相机拍照之前，先来理解一下拍摄数码照片的基础知识。

数码相机中有一个传感器(如 CCD、CMOS 或者其他感光元件)，能够代替传统照相机中的胶卷，从镜头后部捕捉实际场景。

在保存 JPEG 和 TIFF 格式的照片时，数码相机可以自动根据曝光度、ISO(感光度范围)设置、锐化选择、图像压缩质量和其他预设信息来处理和更改来自传感器的原始文件。

而在保存 RAW(原始)格式的照片时，来自数码相机传感器的信息，包括数码相机的当前设置、白场、快门和 f-stop(焦圈)信息等，会被直接保存到数码相机的内存卡中。如下图所示为使用 Canon EOS 350D 数码相机拍摄的 RAW 格式的照片。

1.1.1 数码照片的尺寸和品质

了解数码照片的尺寸和品质，可以轻松地获得自己想要的照片效果。数码照片的尺寸太大或品质太精细，都会占用较多的存储空间；反之，就会看不到照片细节。所以，选择适当的数码照片尺寸和品质才是明智的选择。

1. 数码照片的尺寸

使用数码相机拍摄照片时，可以根据相机提供的功能来改变照片的尺寸。

通常买数码相机时所提到的“200 万像素”和“400 万像素”，其实就是图像分辨率。在数码相机里，图像分辨率和图像大小是一一对应的，例如 200 万像素的数码相机表示能够拍摄最大分辨率为 1600×1200 像素的图像，即图像的宽度为 1600 像素，高度为 1200 像素。

2. 分辨率的调节

在数码相机中，分辨率越高，数码相机所获得的图像越清晰，文件占用的空间也就越大。分辨率和文件大小的对应关系如下表所示。

分辨率/像素	文件大小
400×300	351.1KB
800×600	1.37MB
1600×1200	5.49MB
2272×1704	11.1MB

提示

使用数码相机拍摄照片时，除了要注意照片的清晰度外，还需要考虑存储卡的容量。

3. 数码存储的文件格式

一般情况下，数码相机会将图像以默认的 JPEG 格式存储。这种格式可以节省图像使用的存储空间，但是图像不是很清晰。

数码相机的图像质量等级有 Normal、Fine 或 Normal、Fine、Super Fine 两种组合。Super Fine 是最高的图像质量等级，所以它的存储量最大。

数码照片的用途和分辨率的关系如下表所示。

用　途	分 辨 率
专业图像处理	最高分辨率
冲扩数码照片	冲扩 8 英寸×10 英寸以上的照片，需要用高分辨率
网络照片	800×600 像素或者更低的分辨率

1.1.2 数码图像构图

数码图像的构图方式各式各样。用户可以根据自己的想法来构图，但前提是必须了解一些数码图像构图的基本方法。

1. 人物照片

拍摄人物照片时要注意两个问题：人物在画面中所占的分量和人物在画面中的位置。

长见识

按 Ctrl+“=”组合键可使图像持续放大，但窗口不随之放大；按 Ctrl+“-”组合键可使图像持续缩小，但窗口不随之缩小；按 Ctrl+Alt+“=”组合键可使图像持续放大，且窗口也随之放大；按 Ctrl+Alt+“-”组合键可使图像持续缩小，且窗口也随之缩小。

(1)　人物在画面中所占的分量

拍摄照片时，很容易忽视主次分明问题。如果拍人，环境的分量不能占得太重；如果拍景，就不要拍人。确保将浏览者的注意力吸引到照片的主题上。

(2)　人物在画面中的位置

拍摄人物照片时，注意人物是整幅图像的主体，人物在照片中的位置是否合适，直接决定了照片整体构图的好坏。建议将主体放在照片的中心或偏离中心的位置。

如下图所示，这是中心位置为人物的照片。

将主体放在中心比较适合拍人物特写的照片，但要注意照片的顶部最好留出一些空间，不要让主体有“顶天立地”的感觉。

如下图所示，这是偏离中心位置的人物照片。

将主体偏离中心会使图像看起来活泼生动。拍摄时，通常遵循“三分规则”。也就是用两条水平线或垂直线将图片划分成水平或垂直的三部分，将主体对象放在线上或线的交叉点上以得到较好的视觉效果。

2. 风景照片

拍摄风景照片时也要注意两个问题：水平/垂直构图和主线位置。

(1)　水平/垂直构图

风景照的构图只有两种：一种是水平构图，另一种是垂直构图。构图方式不同，在同样场景下拍摄的照片效果也迥然不同。

水平构图适合拍摄视角较宽的照片，让人觉得很稳重；而垂直构图适合拍摄较高的景物，如建筑物，能够给人一种高大、伟岸的感觉。

如下图所示，这是水平构图的风景照片。

如下图所示为垂直构图的风景照片。

(2)　主线位置

在环境中充满了自然的地平线、海平线、弯道和直路等线条。利用自然界中的这些线条，能够达到吸引浏览者目光的目的，这些线就称为主线。

主线不宜放置在中间，否则会让人觉得照片很呆板，如下图所示。

双击 Photoshop 的背景空白处(默认为灰色的显示区域)，即可弹出【打开】对话框。

主线也不宜过高，否则会让人感觉压抑。主线只要稍偏上，就可以给人以延伸感，如下图所示。

主线稍偏下也比较适宜，可以给人一种开阔的感觉，如下图所示。

如果照片中有一条自然的曲线，则会使画面很有韵味，如右上图所示。

如果刻意使照片倾斜，则画面会有延伸的感觉，如下图所示。

3. 取景

拍摄照片时，不能只将目光停留在拍摄对象上，还要注意对象周围的环境，例如，观察是否有干扰拍摄的因素。尽量将不美或多余的景物舍去，例如垃圾箱、行人、树枝等。

拍摄照片时，除了注意舍去环境干扰因素外，还要充分利用有利资源，例如山间的雾气、平静的湖面等。有了美景的衬托，会让人物和风景显得更美。

4. 光线

拍摄照片时，光线是必不可少的。不同的角度，不同时段的光线都能使照片产生不同的效果。所以，在拍摄照片时，一定要注意光线的问题。

长见识

单击【油漆桶工具】按钮，并按住Shift键单击画布边缘，即可将画布底色设置为前景色。如果想要还原到默认的前景色(R:192，G:192，B:192)，需要右击画布边缘，从弹出的快捷菜单中选择【灰色】命令。

拍摄时的光线主要可以分为 3 种情况：顺光、逆光和半逆光。

(1) 顺光

当光线从拍摄对象前方照射过来时为顺光，拍摄时处理起来较为容易。但迎面射来的光线比较刺眼，在拍人物照片时，眼睛睁不开，更不用说照片的拍摄效果了。如果选择光线以 90°角直射到主体上，以增加亮部和暗部的对比度，会使照片看起来毫无生气；如果使光线从45°角照射到主体上，则画面效果就会柔和很多。

(2) 逆光

逆光拍摄时光线较差(如果需要拍摄特殊的剪影，也可以选择逆光拍摄)，光源从主体的后方直射过来，将主体的特点淹没在阴影当中(尤其在强光之下)。在这种情况下，可以选择相机上的 Back Light 或 Fill Flash 模式，用数码相机的闪光灯来解决这个问题。

(3) 半逆光

拍摄照片时，应该避免光线从侧面直射到主体上。让拍摄对象与光线 45°角的位置为最佳。

5. 夜景

在拍摄的时候，如果距离太远(超过 4～5 米)，就应该关闭闪光灯，这样反而能拍出夜景的效果(相机会默认光线够亮而降低亮度，而且实际上闪光灯照射的距离很近)。

1.2 获取数码照片图像素材

如果数码相机使用了存储卡或者其他移动存储介质，可将其从数码相机中取出来，放到读卡器或适配器中，与计算机相连以获取数码照片图像素材。其实，也可以不取出移动存储介质，直接将数码相机的 USB 接线和计算机连接以获取数码照片图像素材。

(1) 读卡器

将数码相机中的存储卡取出，将其插入读卡器中，直接插到计算机的 USB 接口中即可获取图像。

(2) 数据线传输

将数码相机的数据线接入电脑的 USB 接口时，会提示“可移动磁盘”字样。打开后，就会看到所有拍摄的照片，这个时候只要将所需要的照片通过复制、粘贴到电脑中的文件夹里即可获取数码照片。

如果照片是 JPEG 或者 TIFF 格式，该图像可以直接在 Photoshop 软件中打开；如果照片是 RAW 格式，那么该文件包括所有的设置、白平衡等来自数码相机的信息，都会打开在 Photoshop 的 Camera Raw(数码相机的原始文件)中。

1.3 与 Photoshop CS4 初次见面

使用 Photoshop 软件可以对数码照片进行各种处理，例如，数码照片的破损修补、数码照片的修饰、数码照片的个性化处理，甚至可以将数码照片转换为油画、水彩画等。

下面介绍 Photoshop CS4 的操作注意事项以及学习要领。

- 进入 Photoshop CS4 界面后，用户需要想象自己是一位画家，要用画家的方式去思考、理解 Photoshop 中的概念和做法。理解像素的概念，了解改变像素的前提是选取。
- Photoshop 软件中的菜单和大多数软件一样，属于软件的主干和脉络，通过了解菜单能够掌握软件的精髓。
- 在软件中，各种工具和命令的用法就像一粒粒珍珠，用户可能对每个命令都要有一定的了解，并且能够将珍珠串成项链，这样才能达到想要的效果。

1.3.1 Photoshop CS4 的工作基础

每幅 Photoshop 图像都是由像素的细小方块形成的网格，它是 Photoshop 工作的基础。学习 Photoshop 的过程就是改变像素的过程，而且改变的像素数目有可能是成千上万个。

提示

像素(Pixel)这个词就是从 Picture(图像)和 Element(元素)两个词演变来的。

具体来说，对于一个分辨率为 72 像素/英寸(电脑的屏幕分辨率)的图像来说，每英寸的区域上有 5184(72×72=5184)个像素。

单位面积上所含的像素越多，图像越清晰，颜色之间的混合就越光滑。

按 Caps Lock 键可以使【画笔工具】和【磁性套索工具】的光标显示为精确十字线形状；如果想要恢复光标的原始状态，只要再按一次 Caps Lock 键即可。

1.3.2 熟悉 Photoshop CS4 的工作界面

下面就来熟悉一下 Photoshop CS4 的工作界面，如下图所示。

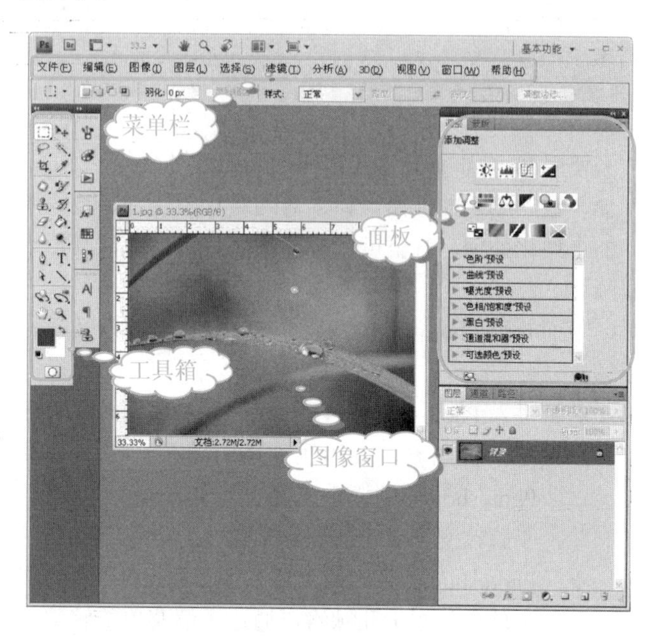

Photoshop CS4 工作界面的主要组成元素简介如下。

❖ 图像窗口：与任何正规程序都一样，每个打开的图像都显示在图像窗口中。在图像窗口的放大倍率框中能够显示出当前图像的放大倍率；而在信息框中能够显示出文档的大小。

❖ 工具箱：在工具箱中只需单击一下按钮，就可以访问各式各样的工具。单击工具按钮，然后在图像窗口中单击或者拖放，就可以使用该工具。不同的工具，其工具属性栏也不同。工具属性栏是工具选择后的辅助工具。同一种工具，通过工具属性栏的调整，也可以绘制出不同的结果。在以前的 Photoshop 版本的基础上，工具箱中新增加了【3D 旋转工具】和【3D 环绕工具】选项。而且部分常用工具被增加到菜单栏上方以便选择，例如启动 Bridge、查看额外内容(参考线、网格和标尺)、缩放级别、抓手工具、缩放工具、旋转视图工具、排列文档和屏幕模式等，如下图所示。

❖ 菜单栏：包含了 Photoshop CS4 中的全部命令。菜单栏被分为文件、编辑、图像、图层、选择、滤镜、分析、3D、视图、窗口和帮助共 11 个菜单项。单击某个菜单项，即可弹出下拉菜单列表，选择相应的命令进行操作。

❖ 面板：每个面板都是“浮动”的，这意味着它们能够独立于图像窗口和其他面板。面板可以根据需要成组或者独立存在。与以往 Photoshop 版本不同的是，在面板中新增加了【调整】和【蒙版】面板，而把【历史记录】和【动作】面板隐藏在图像窗口旁边(将不常用的隐藏而将常用的增加到面板中，都是为了增加软件的使用速度，更便于操作)。

1.4 个性化设置 Photoshop CS4 的工作界面

将 Photoshop CS4 工作界面个性化处理后，不但可以在运用软件的过程中做到有条不紊，还能够在操作时如鱼得水，提高工作效率。

1.4.1 工具箱和面板的隐藏与显示

在面板的右上角有【折叠为图标】按钮或者【展开面板】按钮，只要单击相应的按钮就可以隐藏或显示面板。在工具箱上方也有或者按钮，可以隐藏或显示工具箱。

如下图所示是单独显示的【调整】面板，将鼠标指针放置在按钮上方不动，会出现“折叠为图标”字样)。

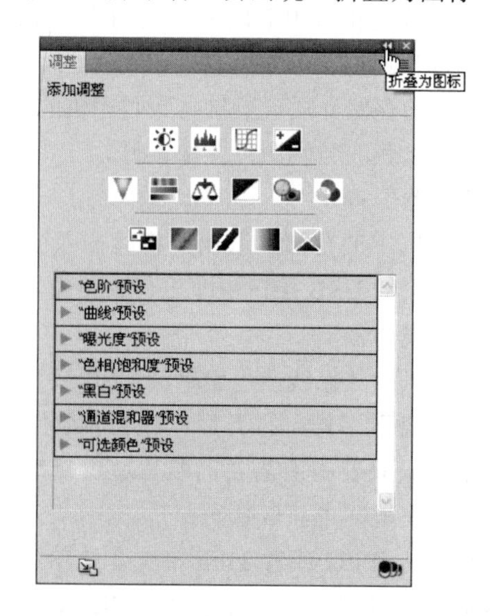

学以致用系列丛书

长见识

按 Tab 键可以显示或隐藏所有的面板和工具箱；按 Shift+Tab 组合键则工具箱不受影响，只显示或隐藏面板。

如下图所示，这是单击【调整】面板右上角的【折叠为图标】按钮后隐藏的【调整】面板。而且，按钮将自动变为【展开面板】按钮。

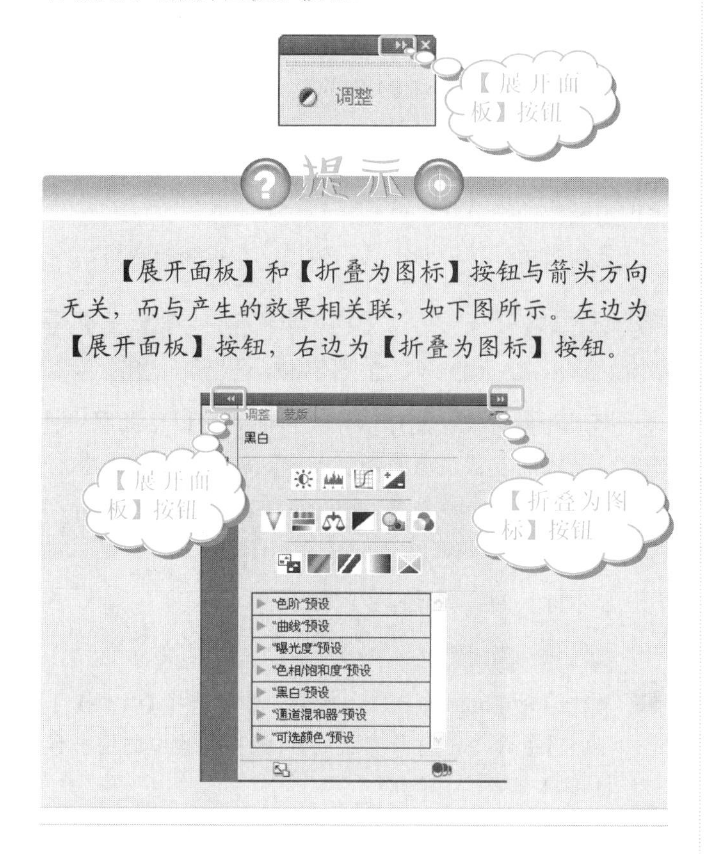

1.4.2　面板组的拆分与组合

面板的个数太多，如果每一个都独立显示在软件界面上将不利于操作。现在通过面板组的拆分和组合就能解决这个问题，具体操作步骤如下。

操作步骤

❶ 查看Photoshop CS4的工作界面，现在有两个面板需要组合在一起，如下图所示。

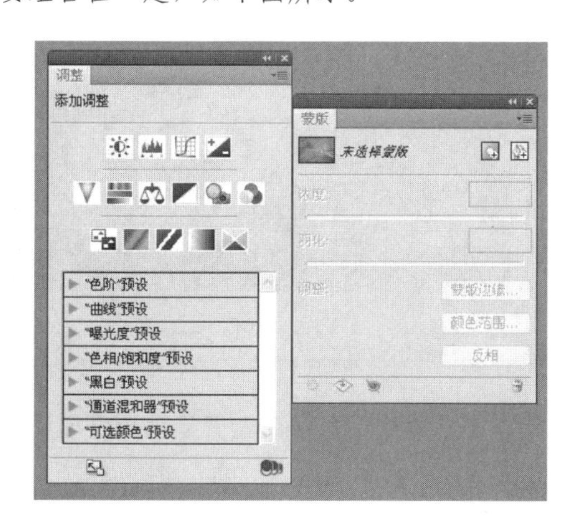

❷ 在【蒙版】面板的标题处单击，按住鼠标左键不放，拖动到【调整】面板的标题右侧，释放鼠标左键，【蒙版】面板将自动吸附到【调整】面板右侧，如下图所示。

❸ 单击【调整】面板标签就能切换到【调整】面板，如下图所示。

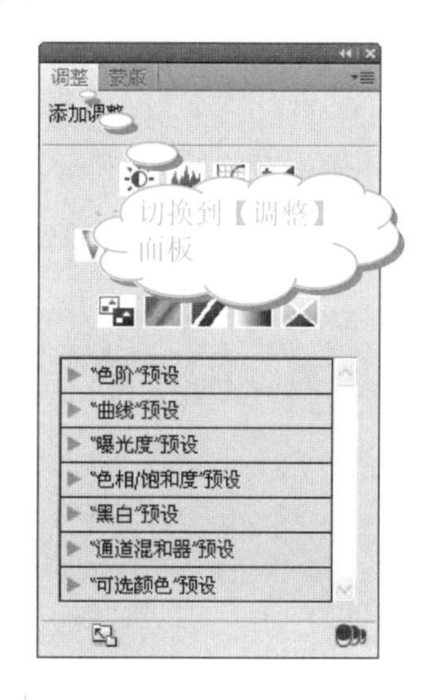

提示

在面板上的黑色条上单击，按住鼠标左键不放拖动，就能移动整个面板组，如下图所示。

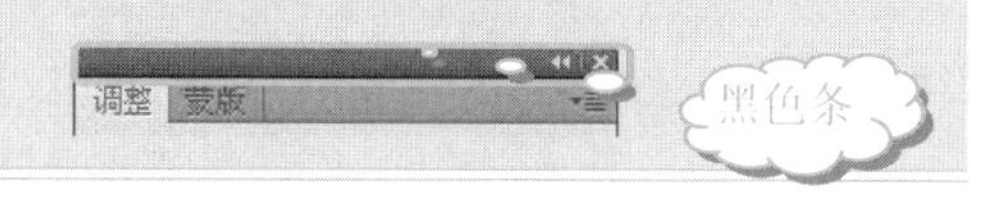

1.4.3　复位面板组显示

如果面板改动太多，最后觉得还是原始的面板比较好，可以在菜单栏中选择【窗口】|【工作区】|【基本功能(默认)】命令，将面板全部复位，如下图所示。

学以致用系列丛书

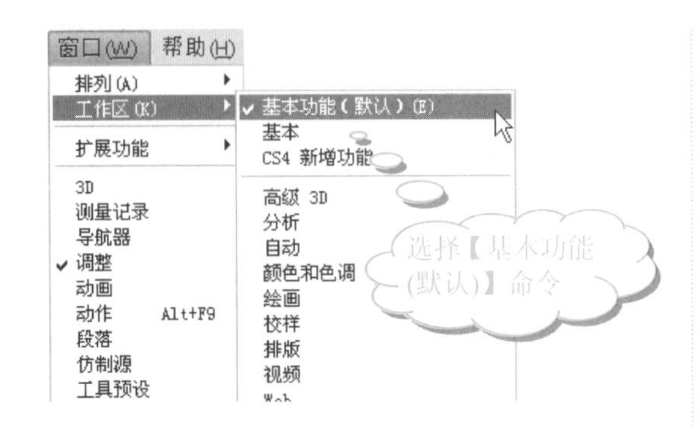

提示

【窗口】菜单中的命令前面有选中标记✓的，表示在工作界面中已经显示了相应的面板；反之，则相应的面板为隐藏状态。

1.4.4 打造自己的工作界面

通过隐藏和显示面板，拆分和组合面板组，用户可以打造属于自己的个性化工作界面，加快操作速度，减少操作和寻找面板的时间，如下图所示。

对于 Photoshop CS4 的各个面板，建议做如下调整。

- 工具箱比较常用，所以将其展开显示。
- 历史记录、动作、画笔、仿制源、字符和段落等属于常用的面板，但是有时只需选用其中的几种，所以将这些面板隐藏起来。
- 调整、蒙版、色板、图层、路径和通道等面板是每次都会用的，所以将这些面板展开，放在窗口右侧。其中图层、路径和通道联系紧密，甚至彼此相互关联，于是组合在一起；调整、蒙版和色板联系紧密，也组合在一起以便操作。

1.5 了解 Photoshop CS4 的辅助工具

在使用 Photoshop CS4 中的工具编辑数码照片时，需要注意图像的精细度，这样才能使数码照片修改后显得更为真实。而必要的辅助工具可以帮助用户更好、更快地调整图像的细节！

下面介绍三种辅助工具：标尺、参考线和网格。

1.5.1 标尺和参考线

标尺和参考线在制作图像文件时，可以帮助用户精确定位光标的位置，从而确定图像区域的位置和大小。

1. 标尺

显示标尺的具体操作步骤如下。

操作步骤

1. 首先启动 Photoshop CS4 软件，然后选择【文件】|【打开】命令，打开素材文件(配书光盘中的图书素材\第 1 章\1-5-1.jpg)。
2. 然后单击【查看额外内容】按钮，从弹出的菜单中选择【显示标尺】命令，如下图所示。

3. 这时在【显示标尺】命令左侧显示选中标记✓，并在图像窗口中显示出标尺，如下图所示。

小知识：在使用【缩放工具】单击图像时，按住 Ctrl＋空格键可以放大图像；按住 Alt＋空格键可以缩小图像。另外，按住 Ctrl＋“+”或者“-”组合键时，可直接放大或缩小图像，而不需要单击图像；按 Ctrl+Alt+“+”和 Ctrl+Alt+“-”组合键，

2. 参考线

如果需要在图像窗口内精确作图，可以利用参考线进行操作。下面介绍显示/隐藏和锁定参考线的方法。

操作步骤

❶ 启动 Photoshop CS4 软件，选择【文件】|【打开】命令，打开素材文件(配书光盘中的图书素材\第 1 章\1-5-1.jpg)，如下图所示。

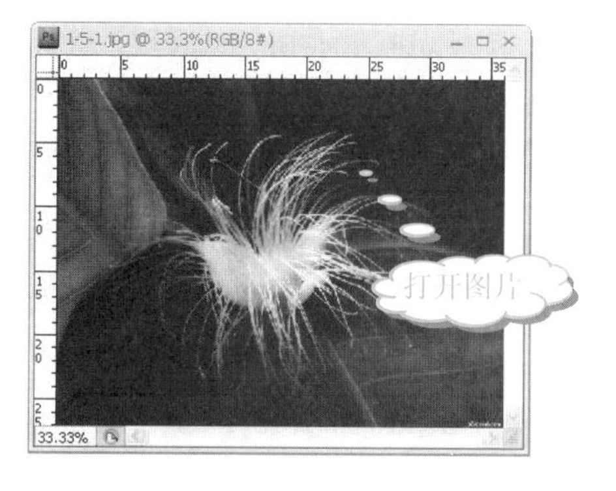

❷ 如果标尺没有显示，参照前面的方法将标尺显示出来，将鼠标指针移动到横向标尺处，按住鼠标左键不放，往图像中心拖动至合适的位置，松开鼠标左键，就可以添加一条横向参考线，如下图所示。

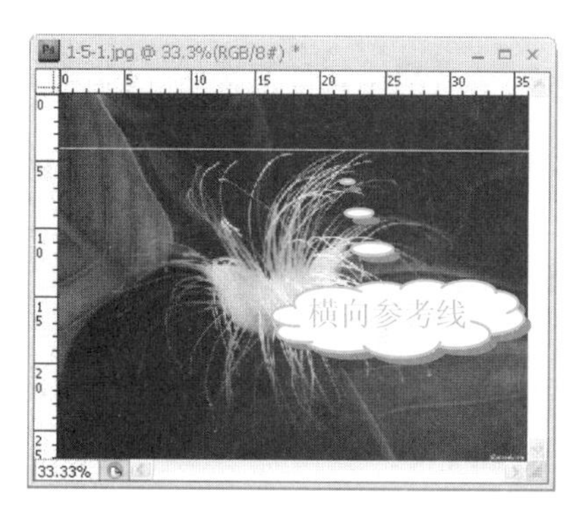

❸ 将鼠标指针移动到纵向标尺处，采用同样的方法，可以显示出纵向参考线，如下图所示。

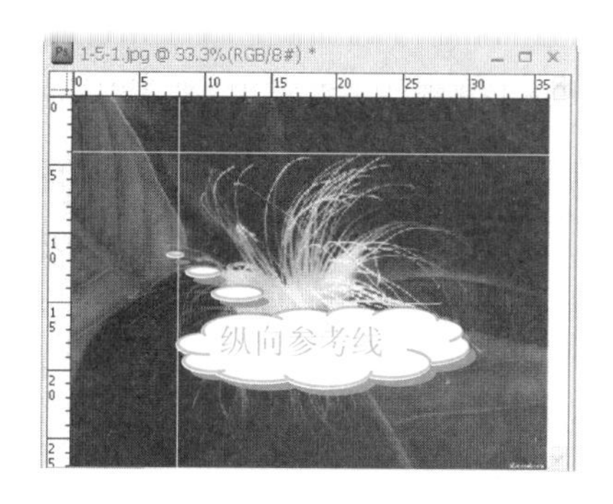

❹ 单击【查看额外内容】按钮，从弹出的菜单中选择【显示参考线】命令，取消前面的选中标记，会发现图像中的参考线全部被隐藏起来了，如下图所示。

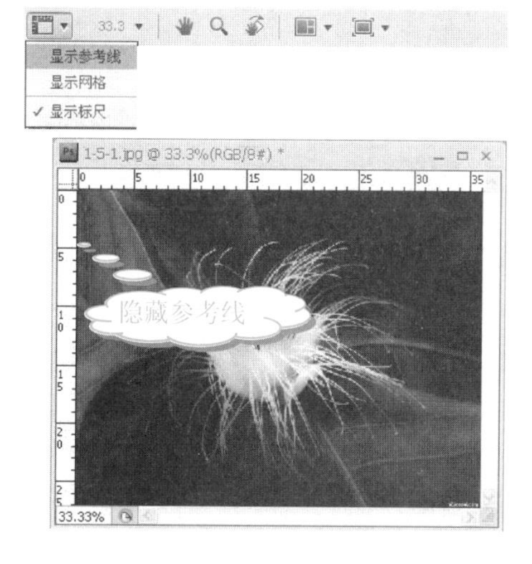

❺ 如果想要显示参考线，只要再次单击【查看额外内容】按钮，在弹出的菜单中选择【显示参考线】命令，就会发现参考线又全部显示出来了，如下图所示。

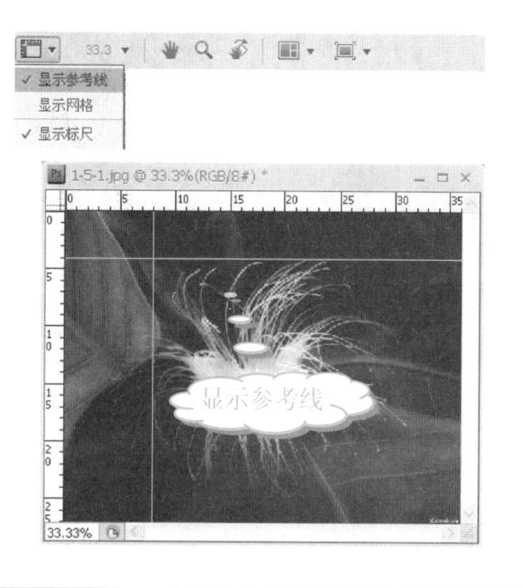

学以致用系列丛书

使用【橡皮擦工具】时，按住Alt键擦拭图像，等同于在其属性栏中选中【抹到历史记录】复选框。

提示

在显示参考线的情况下，打印文档时也不会在文档中显示出参考线。

6 选择【视图】|【对齐到】|【参考线】命令，使其前面出现选中标记，如下图所示。

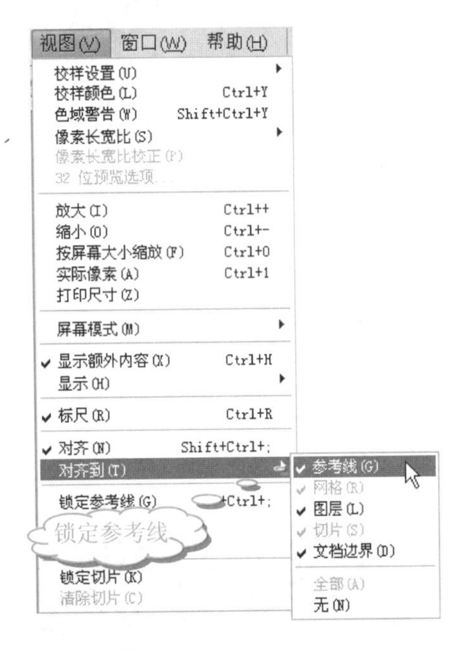

7 单击工具箱中的【矩形选框工具】按钮，在图像中央绘制一个矩形框。然后将鼠标指针移至选框中间，按住鼠标左键不放，拖动鼠标即可移动选框。这时，会发现将矩形选框移至参考线附近时，矩形框会自动吸附到参考线上，如下图所示。

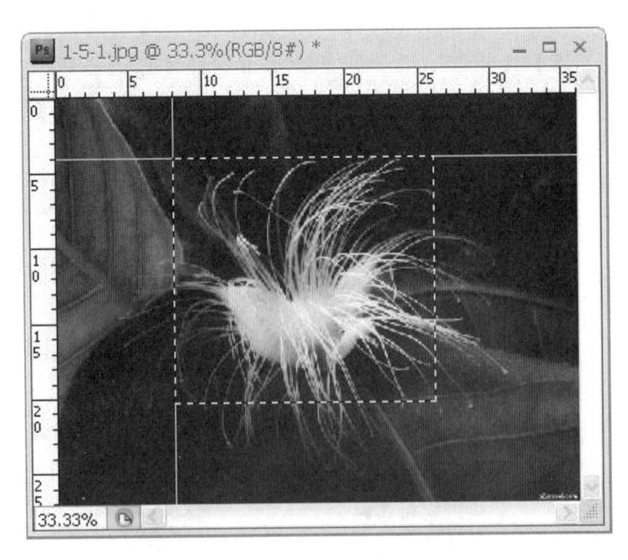

提示

如果想要删除参考线，可以单击工具箱中的【移动工具】按钮，然后将指针放置在该参考线上。当指针变成双向箭头形状时，按住鼠标左键不放，拖至标尺所在位置即可删除参考线。

1.5.2 网格

使用网格可以精确地将图片等分成 n 小块，打开网格的具体操作步骤如下。

操作步骤

1 启动 Photoshop CS4 软件，选择【文件】|【打开】命令，打开素材文件(配书光盘中的图书素材\第 1 章\1-5-1.jpg)，然后选择【编辑】|【首选项】|【参考线、网格和切片】命令，如下图所示。

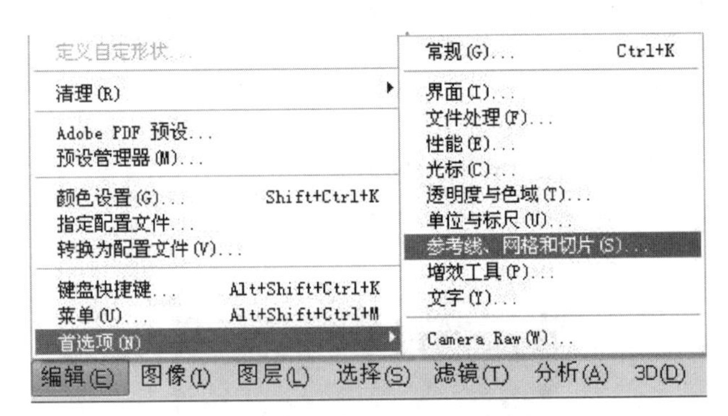

2 弹出【参考线、网格和切片】选项页，在右侧窗格的【网格】选项组中，可以设置网格颜色、网格线间隔、网格样式和子网格数目，如下图所示。

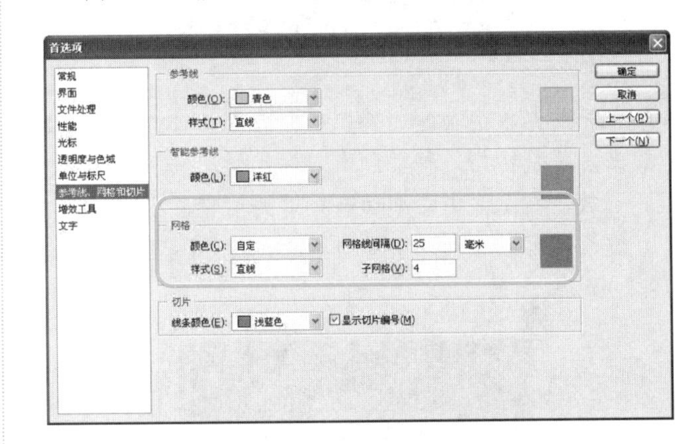

3 单击【确定】按钮，然后再单击【查看额外内容】按钮，从弹出的菜单中选择【显示网格】命令，查看图像的网格效果，如下图所示。

长见识 使用工具箱中的【涂抹工具】时，按住 Alt 键可用前景色涂抹图像。

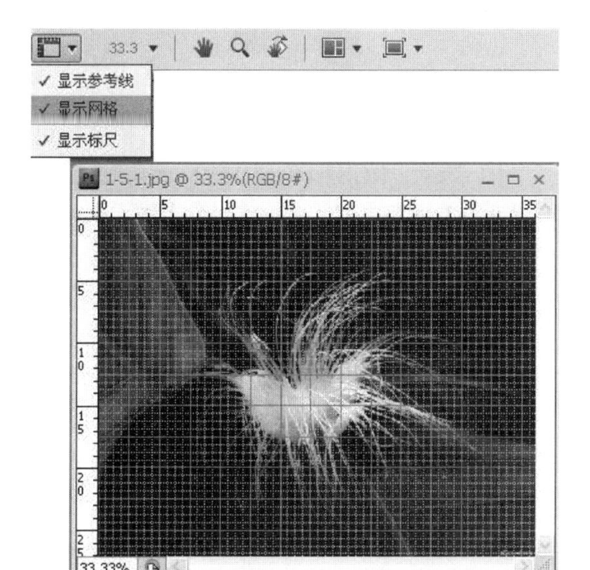

1.6 使用Photoshop CS4查看和整理照片

要学习处理数码照片，首先要学会如何在软件中查看和整理照片。本章将介绍如何新建图像文件、打开素材图像以及存储图像文件。

1.6.1 新建图像文件

新建图像文件之前必须要确定文件的尺寸和分辨率。文件的尺寸决定了创建的文件的宽度和高度，而分辨率是图像处理中的一个非常重要的概念，是指每英寸所包含的像素数量。

图像的分辨率与图像文件的大小有关，一般分辨率越高，文件也就越大。

图像的分辨率不仅与图像本身有关，还与显示器、打印机和扫描仪等设备有关。

在实际应用中，首先要确定合理的图像分辨率，否则会造成图像失真。

选择图像分辨率考虑的主要因素如下。

- ❖ 图像用于打印，分辨率可以设置高一些。因为打印机所需要的分辨率较高，如果分辨率设置得过低，图像中会出现像素方格，使图像看起来不光滑，甚至模糊不清。
- ❖ 网络图像的分辨率可以设置得低一点，以免传输速度过慢。

提示

矢量图形的大小与分辨率无关，因为它并不是由像素组成的。

各种图像输出一般使用的具体分辨率(由小到大排列)如下所示。

- ❖ 喷绘：20~45 dpi
- ❖ 写真：60~150 dpi
- ❖ 屏幕、网络：72~96 dpi
- ❖ 报纸、打印：150~250 dpi
- ❖ 商业印刷：250~300 dpi
- ❖ 高档彩色印刷：350 dpi

新建图像文件的具体操作步骤如下。

操作步骤

1. 启动Photoshop CS4软件，选择【文件】|【新建】命令，如下图所示。

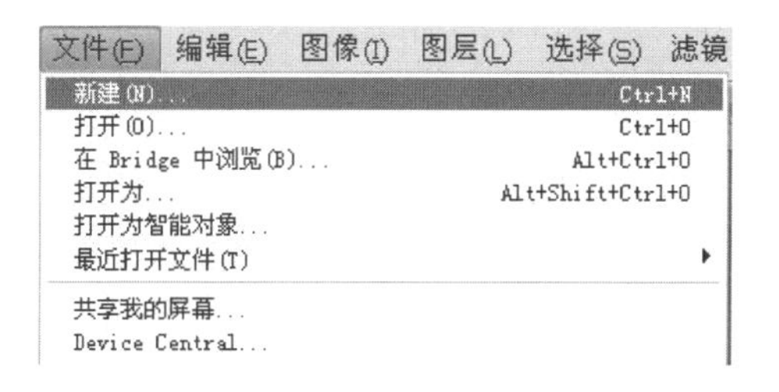

2. 打开【新建】对话框，设置【宽度】为700像素，【高度】为400像素，【分辨率】为72像素/英寸，【颜色模式】为RGB颜色，【背景内容】为白色，如下图所示。

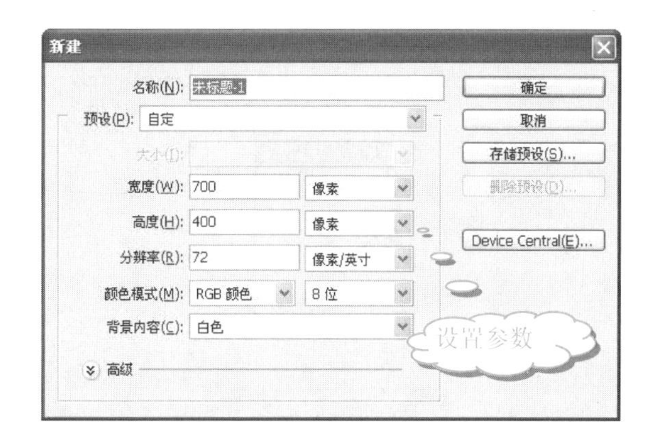

3. 单击【确定】按钮，即可新建一个空白图像文档，如下图所示。

按住Alt键后，使用【仿制图章工具】在打开的图像窗口中单击图像，即可获得取样点。

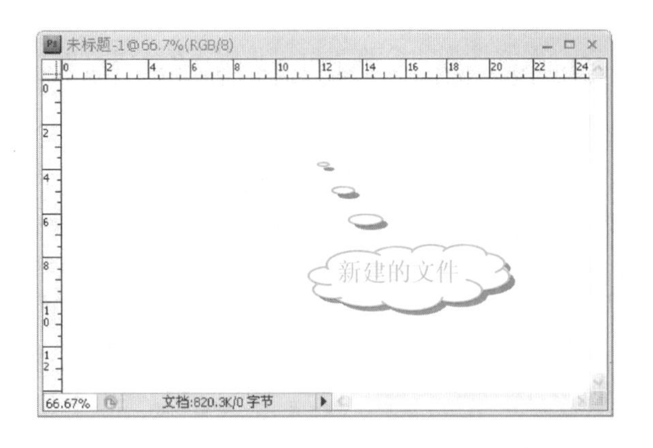

【新建】对话框中的各参数的含义如下。

❖ 【名称】：设置文件的名称。

❖ 【预设】：单击【预设】右侧的下拉按钮，从弹出的下拉列表中可以选择新建文件的预设尺寸，如下图所示。一般情况下，该选项保持默认设置，即从弹出的下拉列表中选择【自定】选项。然后在【宽度】、【高度】和【分辨率】选项中设置具体的文件尺寸。

❖ 【宽度】、【高度】和【分辨率】：设置文件的宽度、高度和分辨率，可以单击右侧的下拉按钮，从弹出的下拉列表中选择需要的单位。【宽度】和【高度】参数的单位如下图所示。

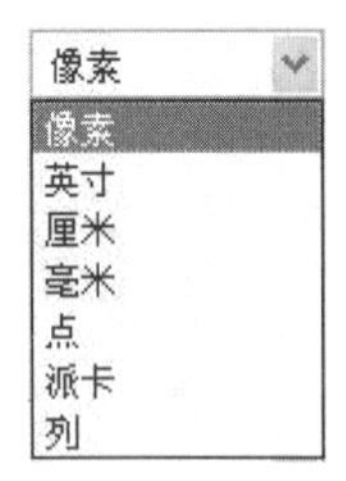

【宽度】和【高度】参数的单位相同。一般情况下，设置【宽度】和【高度】的单位为像素。而【分辨率】的单位为“像素/英寸”，如右上图所示。

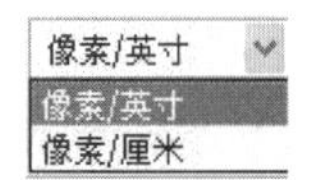

❖ 【颜色模式】：设置文件的颜色模式，包括位图、灰度、RGB 颜色、CMYK 颜色和 Lab 颜色，如下图所示。

❖ 【背景内容】：新建文件的背景内容，包括白色、背景色和透明，如下图所示。

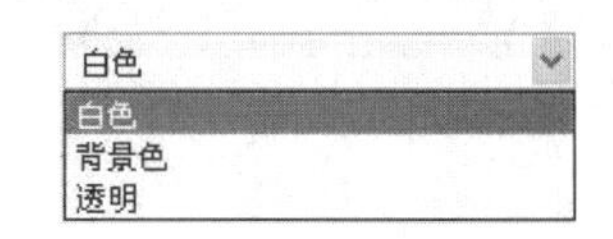

提示

选择不同的背景内容，文件的颜色也会不同。

❖ 【白色】：文件的颜色为白色。

❖ 【背景色】：文件的颜色为设置的背景色。

❖ 【透明】：文件没有像素点。

1.6.2 打开素材图像

在处理图像文件时，经常需要打开保存的素材图像进行编辑。在Photoshop CS4中打开素材图像的方式很多，具体操作步骤如下。

操作步骤

❶ 启动 Photoshop CS4 软件，选择【文件】|【打开】命令，如下图所示。

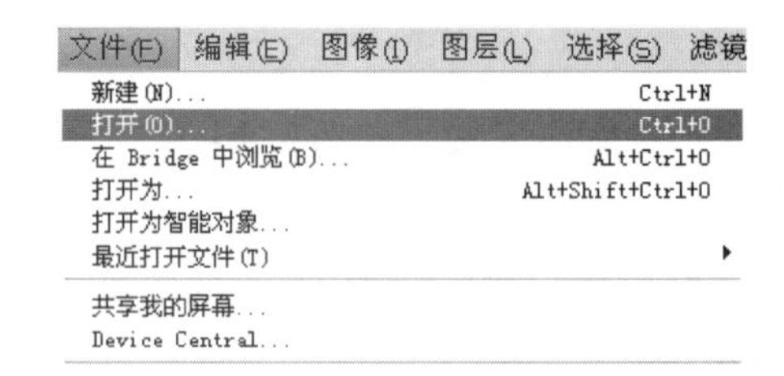

❷ 在弹出的【打开】对话框中，选择图像所在的路径，单击需要的图片文件(配书光盘中的图书素材\第 1 章\1-6.jpg)，单击【打开】按钮，如下图所示。

长见识

使用【横排文字蒙版工具】或【直排文字蒙版工具】输入文字后，若想要移动文字的位置，可以选择菜单栏中的【选择】|【在快速蒙版模式下编辑】命令，在快速蒙版模式下再使用【移动工具】移动文字。

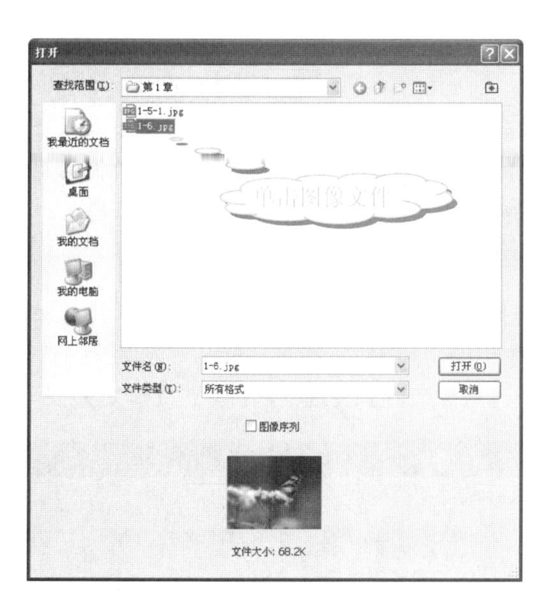

❸ 打开的素材图片如下图所示。

提示

在 Photoshop CS4 软件的空白图像窗口中双击，也会弹出【打开】对话框，如下图所示。

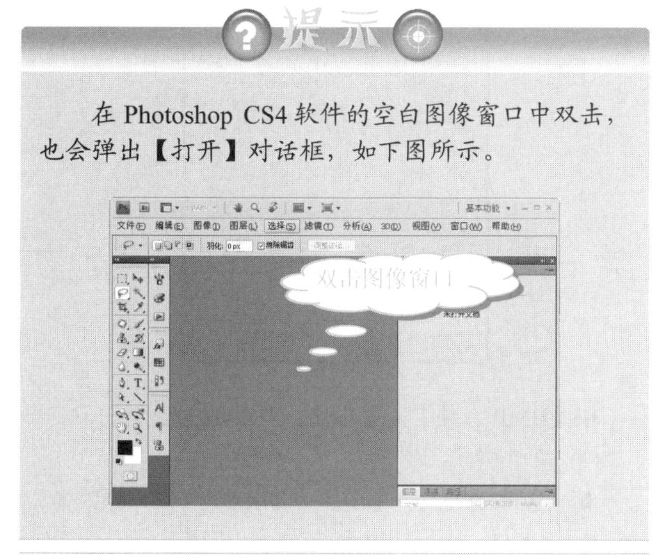

1.6.3 存储图像文件

在 Photoshop CS4 中编辑图像时，所进行的编辑操作会存储在计算机的内存中。但是这种存储是临时性的，如果关闭计算机电源，那么计算机内存中的所有信息将会丢失。因此，在 Photoshop CS4 中编辑完图像后，保存图像文件是很重要的。

在保存图像文件前，应该选择正确的文件存储格式。Photoshop 提供了多种文件的存储格式，用户可以随心所欲地将作品保存为所需要的文件格式。

操作步骤

❶ 启动 Photoshop CS4 软件，选择【文件】|【打开】命令，打开素材图片(配书光盘中的图书素材\第 1 章\1-6.jpg)，如下图所示。

❷ 选择【文件】|【存储为】命令，如下图所示。

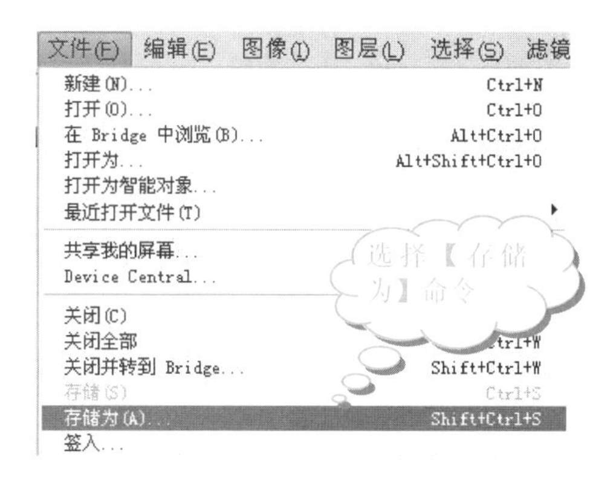

❸ 打开【存储为】对话框，单击【格式】右侧的下拉按钮，从弹出的下拉列表中可以选择文件的存储格式，如下图所示。

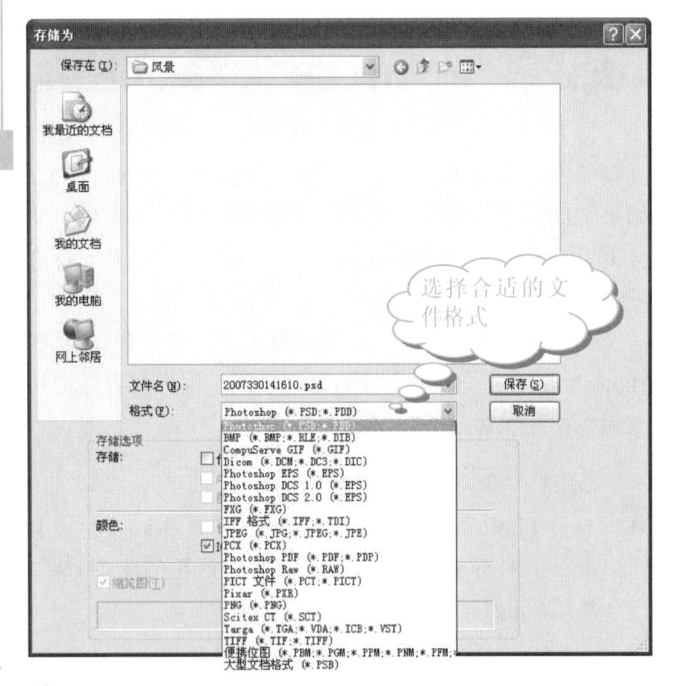

❹ 选择合适的文件格式以及文件存储路径后，单击【保存】按钮，就可以完成保存操作。

在【存储为】对话框中，单击【保存在】右侧的下拉按钮，从弹出的下拉列表中可以选择文件的存储路径。例如，将文件存储在D盘的“风景”文件夹中。此时，需要记住文件位置，以便日后使用该文件时，能快速地找到保存的文件。

选择不同的文件格式后，还会弹出不同的对话框，这里就不再赘述。用户可以根据文字提示，进而选择不同的文件参数进行设置。

下面介绍一些常用的文件格式。

1. Photoshop 自身的文件格式

Photoshop 自身保存的文件格式的扩展名为 PSD 和 PDD(这一类文件都可以直接在 Photoshop CS4 中打开)。这种文件格式支持 Photoshop 中用到的所有图像模式，包括位图、灰度、双色调、RGB 颜色、CMYK 颜色和 Lab 颜色等。另外，它还支持图层和专色通道等。由于该格式包含文件的所有信息，所以一般作为源文件使用。

由于 Photoshop 自身的文件格式基本不被其他软件支持，所以如果想要将编辑过的图像输出到其他软件，就必须选择其他合适的文件格式，这里就不再详细介绍。

选择 Photoshop 自身的文件格式后，单击【保存】按钮，将弹出如下图所示的对话框。一般保持默认设置，即选中【最大兼容】复选框，再单击【确定】按钮。

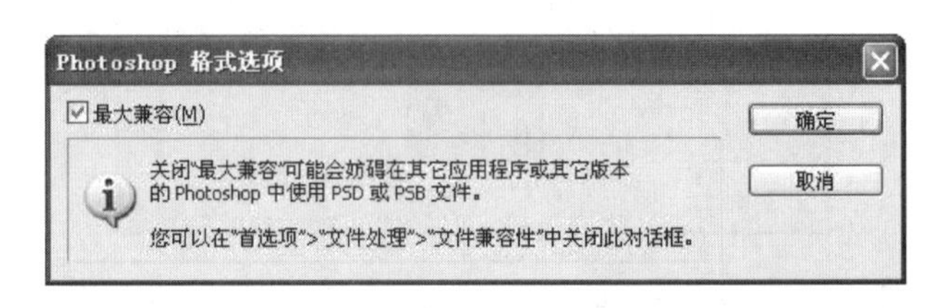

2. BMP 文件格式

BMP 文件格式是 Microsoft 公司创建的，最早用于其推出的 Windows 系统。随着 Windows 系统的普及，现在几乎所有的软件都支持 BMP 文件格式。BMP 文件格式是最常用的文件格式之一。

在 BMP 图像文件中，每个像素可以占用 1 位(单色)、4 位(16 色)、8 位(256 色)、16 位(高彩色)、24 位(真彩色)和 32 位(增强型真彩色)。其中，前面 3 个选项有颜色索引表，而后面 3 个选项则是直接的颜色值。

保存为 BMP 文件格式时，将弹出【BMP 选项】对话框，如下图所示。

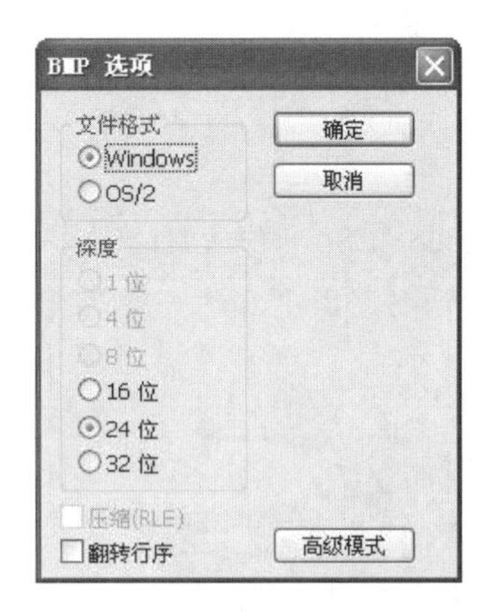

在【BMP 选项】对话框中，各参数的含义如下。

(1) 文件格式

❖ Windows：表示适用于 Windows 操作系统。

❖ OS/2：表示适用于 OS/2 操作系统。

(2) 深度

表示描述一个像素所使用的位数。

使用【移动工具】时，按键盘上的方向键，可以以1像素的距离移动图层上的图像；按住Shift+方向键，可以以10像素的距离移动图像；而按住Alt键拖动选区将会复制选区，并移动复制的选区。

(3) 高级模式

单击该按钮，将弹出【BMP 高级模式】对话框，可以进行更加详细的参数设置，如下图所示。

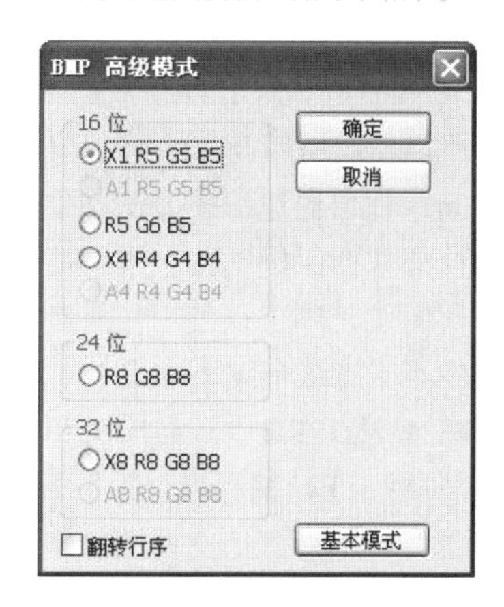

3. JPEG 文件格式

JPEG(Joint Photographic Experts Group，联合摄影专家组)由 ISO 和 CCITT 两个国际标准化组织共同推出，主要运用于摄影图像的存储和显示。JPEG 是一种图像文件格式，又是一种压缩技术，它已经成为数字化摄影图像领域中工业标准的图像格式。

JPEG 数据压缩方式采用的是一种有损压缩技术，也就是说经过 JPEG 压缩，图像就无法再精确还原为初始状态。但是由于其压缩率很高，压缩丢失的信息对于人眼来说很难察觉到，所以其被广泛运用于摄影领域进行压缩操作。它的压缩比可以达到 1∶10，甚至 1∶100。但其压缩和还原的速度都很慢，印刷时不建议使用。

保存为 JPEG 文件格式时，将弹出【JPEG 选项】对话框，如下图所示。

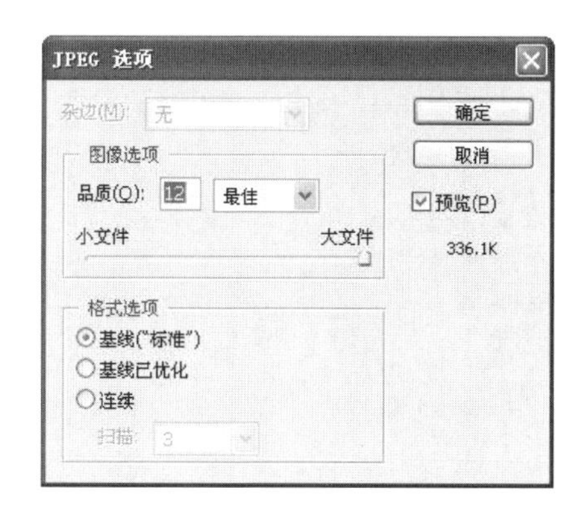

在【JPEG 选项】对话框中，各参数的含义如下。

(1) 图像选项

设置图像的品质，品质越高，图像文件越大。

(2) 格式选项

❖ 【基线(“标准”)】：使用大多数浏览器识别的格式。

❖ 【基线已优化】：优化图像的色彩品质并产生较小的文件(但是所有的 Web 浏览器都不支持这种格式)。

❖ 【连续】：使图像在下载时能逐步地显示出来。(但是这种文件的缺点是文件较大，而且不是所有的应用程序和浏览器都支持这种格式。另外，选中这种格式，使用扫描仪扫描文件时，还要设置扫描线的数量)。

建议初学者只修改品质大小，其他参数都保持默认值，单击【确定】按钮即可。

4. Targa 文件格式

Targa 文件格式通常用于保存数字化的彩色照片。Targa 格式得到了 MS-DOS、Windows、Unix 以及其他操作系统和平台的支持，是许多数字图像处理及其他运用程序所产生的高质量图像的常用格式。

保存为 Targa 图像时，将弹出【Targa 选项】对话框，如下图所示。

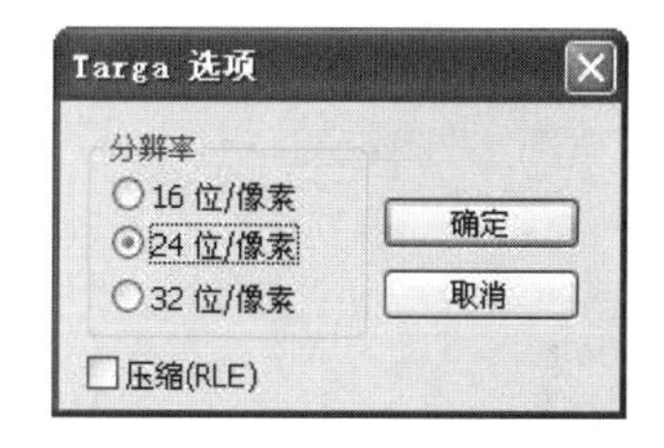

5. Photoshop EPS 文件格式

Photoshop EPS 文件格式是大多数图文排版系统所使用的格式，能确保图像在各种不同平台和媒体之间的一致性，是一种与设备无关的图像文件格式。

Photoshop EPS 格式可以包含矢量数据，为 Photoshop 中的形状图层、文字等提供了很好的支持。

Photoshop EPS 作为打印机和其他输出设备的输出格式，目前已经普及到了多种系统平台，例如 Macintosh 机和 PC 机，并得到了许多运用软件的支持。在这种文件格式中，可以保存多种格式的图像和文字(因为不采用压缩技术，所以文件比较大)。

保存为 Photoshop EPS 文件格式时，将弹出【EPS 选项】对话框，如下图所示。

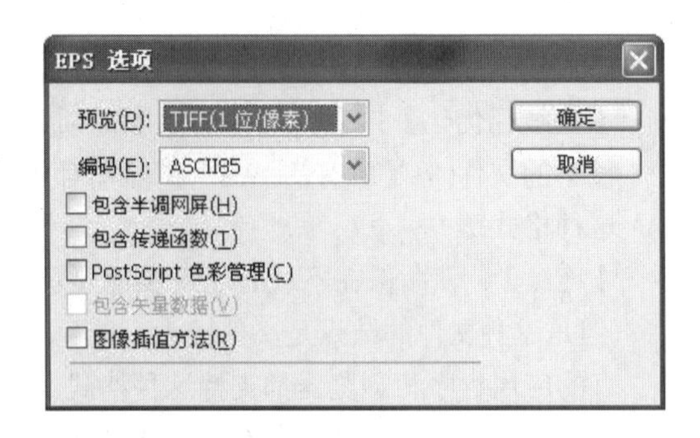

6. Photoshop DCS 1.0(2.0) EPS 文件格式

Photoshop DCS 1.0(2.0) EPS 文件格式与 Photoshop EPS 相比具有更大的灵活性。Photoshop DCS 1.0 EPS 格式能够将一幅 CMYK 分色图像生成 5 个文件，其中前 4 个文件分别为 CMYK 图像中各颜色通道的单独的高分辨率文件，第 5 个文件是一个 72dpi 低分辨率灰度或彩色文件，代表所有通道的合成。

Photoshop DCS 2.0 EPS 主要用于保存包含专色通道和矢量数据的 Photoshop 图像，并用于制版。具体选择 1.0 还是 2.0，要根据当地的制版公司的 RIP 对该格式是否支持的情况而定。一般情况下，1.0 的兼容性较大。

保存为 Photoshop DCS 1.0 EPS 文件格式时，将弹出【DCS 1.0 格式】对话框，如下图所示。

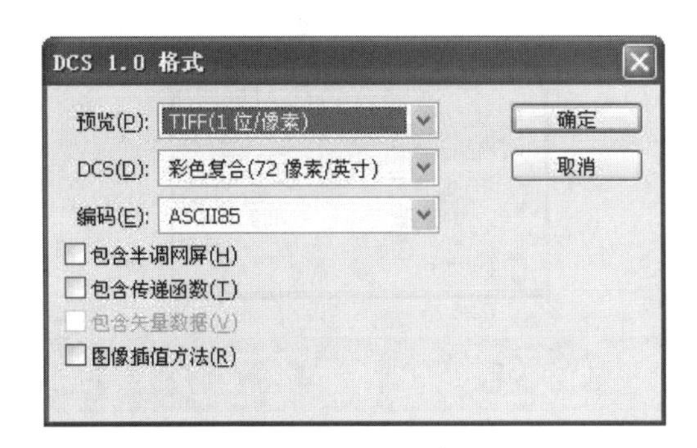

保存为 Photoshop DCS 2.0 EPS 格式时，将弹出【DCS 2.0 格式】对话框，如下图所示。

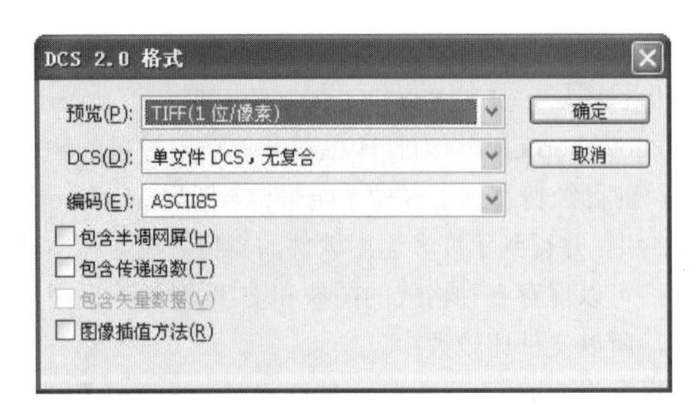

单击【编码】右侧的下拉按钮，将弹出如下几种编码方式的列表可供选择。

- ASCII：最常用的编码方法。如果从 Windows 系统打印图像或打印出现错误时，可以选用 ASCII 编码。
- ASCII85：用于二进制数据到 ASCII 编码数据的转换。而且，ASCII85 生成的数据量比 ASCII 少，所以使用率较高。
- 二进制：使用快速编码方法产生较小的输出文件并使源数据保持不变。如果是从 Mac OS 系统打印图像，则建议使用二进制编码。但是有些软件不支持这个编码方式。
- JPEG 低品质/JPEG 中等品质/JPEG 高品质/JPEG 最佳品质：JPEG 编码将会丢失一些图像数据以压缩文件，从而降低文件的打印输出质量。要得到最好的打印效果，建议选择【JPEG 最佳品质】选项压缩图像文件。

7. TIFF 文件格式

TIFF 文件格式是最常用的印刷图像保存格式，可以在 Mac、PC 系统中跨平台使用。TIFF 格式被所有点阵、矢量、排版软件所兼容。在 Photoshop 6.0 以后的版本中，这种格式的文件可以包含图层、路径和 Alpha 通道。如果不是特殊需要，建议合并图层并去掉多余的路径，以免排版时出现不必要的错误。

保存为 TIFF 文件格式时，将弹出【TIFF 选项】对话框，如下图所示。

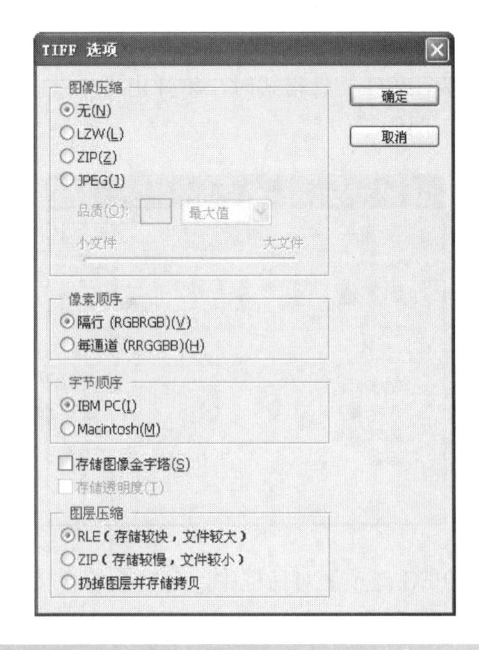

8. PDF 文件格式

PDF(便携文档)文件格式是一种灵活的，跨平台、跨

在菜单栏中选择【窗口】|【信息】命令，打开【信息】面板。单击工具箱中的【标尺工具】按钮，在图像上单击并拖出一条直线，然后按住 Alt 键从第一条线的端点上再拖出第二条直线，这样两条直线之间的夹角和线的长度都会显示在【信息】面板上。

应用程序的文件格式。PDF 文件格式可以精确地显示并保留字体、页面版式以及矢量和位图图形。Photoshop PDF 格式支持标准 Photoshop 格式所支持的所有颜色模式和功能，以及 JPEG 压缩和 WinZip 压缩。

1.6.4 关闭图像文件

将图像文件关闭的方法很简单。假设对素材图片(配书光盘中的图书素材\第 1 章\1-6.jpg)进行了特效处理后，需要关闭该图像文件，则只要单击图像窗口右上角的【关闭】按钮 × 即可，如下图所示。

注意

处理好图像后，最好先将其保存。如果已经对图像进行过处理而没有保存，在关闭图像文件窗口时，会弹出 Adobe Photoshop CS4 Extended 对话框，如下图所示。

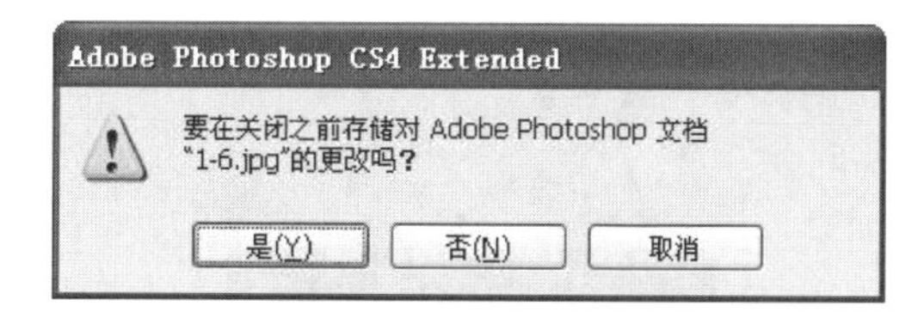

1.7 使用 Photoshop CS4 工具箱

Photoshop CS4 软件的工具箱中包含了要使用的所有工具，本节主要通过实例介绍各种工具的用途以及使用方法。

1.7.1 抓手工具和缩放工具

【抓手工具】：用于移动图像，使图像处于可视范围。

【缩放工具】：用于将图像放大和缩小，使图像处于可视范围，但不影响图像打印的大小。

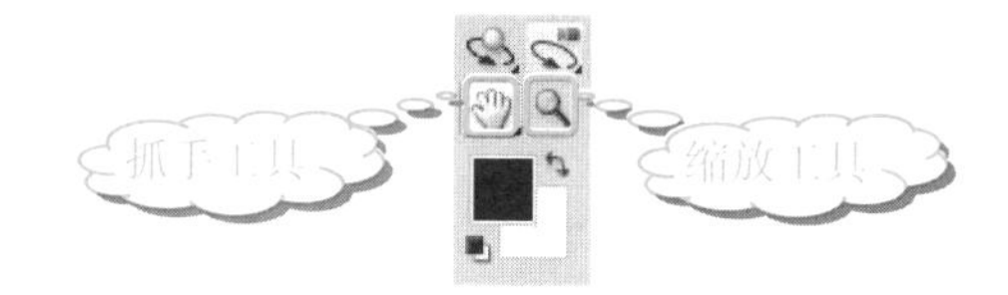

使用【抓手工具】和【缩放工具】的具体操作步骤如下。

操作步骤

1. 启动 Photoshop CS4 软件，选择【文件】|【打开】命令，打开素材图片(配书光盘中的图书素材\第 1 章\1-7-1.jpg)，如下图所示。

2. 单击工具箱中的【缩放工具】按钮，将花蕊部分放大，查看图像的细节部分，如下图所示。

在 Photoshop 的所有对话框中，【取消】按钮都可以通过按住 Alt 键变为【复位】按钮。单击【复位】按钮后，就可以轻松地恢复到初始值而无须取消重新操作。

❸ 图像的部分内容被挡住，这时，单击工具箱中的【抓手工具】按钮，在图像中单击，按住鼠标左键不放，向上和向左拖动。调整好图片位置后，再释放鼠标左键。这样，图像的主体部分就尽收眼底了，如下图所示。

1.7.2 选区工具与套索工具

选区工具与套索工具主要用来绘制选区，只有对特定区域进行选定，才能为选区添加颜色和背景，甚至对选区内图像进行修改。所以，在编辑图像的某一部分之前，必须先选择区域。

1. 选区的绘制

绘制选区的方式有很多，主要的选区工具有 6 种：选框工具、套索工具、快速选择工具、钢笔工具、路径选择工具和形状工具(后面 3 种可以将路径转换为选区，将在路径中详细介绍)，如下图所示。

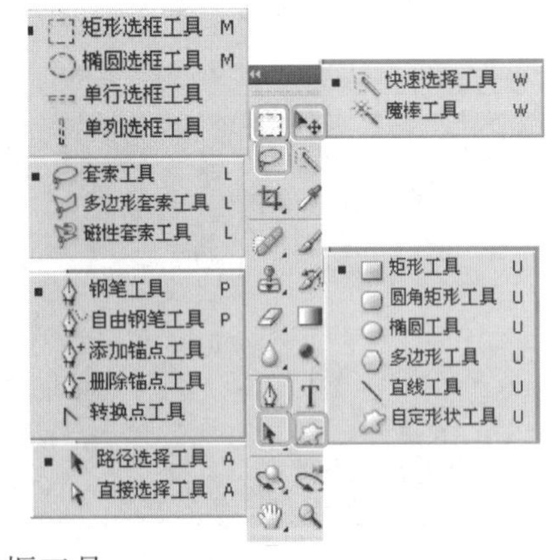

(1) 选框工具

右击工具箱中的【矩形选框工具】按钮，将弹出如右上图所示的列表。

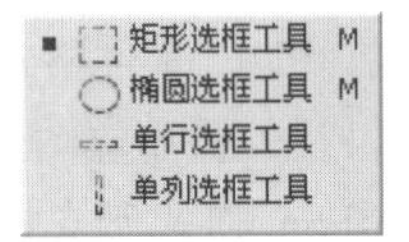

选框工具分为 4 种：【矩形选框工具】、【椭圆选框工具】、【单行选框工具】和【单列选框工具】，具体使用方法如下。

操作步骤

❶ 启动 Photoshop CS4 软件，选择【文件】|【打开】命令，打开素材图片(配书光盘中的图书素材\第 1 章\1-7-2.jpg)。然后单击【矩形选框工具】按钮，在图像的左上角单击，按住鼠标左键不放并拖动，如下图所示。

❷ 按 Ctrl+D 组合键，取消选区。右击工具箱中的【矩形选框工具】按钮，从弹出的下拉列表中选择【椭圆选框工具】选项。在图像窗口中单击，按住鼠标左键不放，拖动鼠标建立选区，如下图所示。

使用绘画工具(如【画笔工具】、【铅笔工具】等)，按住 Shift 键在文档中单击，可将两次单击的点用直线连接。

提示

使用【椭圆选框工具】的同时按住 Shift 键，得到是正圆选区。

❸ 按 Ctrl+D 组合键，右击工具箱中的【矩形选框工具】按钮，从弹出的下拉列表中选择【单行选框工具】选项，在图像中间单击，按住鼠标左键不放，拖动鼠标建立水平选区，如下图所示。

❹ 按 Ctrl+D 组合键，取消选区。右击工具箱中的【矩形选框工具】按钮，从弹出的下拉列表中选择【单列选框工具】选项，在图像中间单击，按住鼠标左键不放，拖动鼠标建立垂直选区，如下图所示。

(2) 套索工具

右击工具箱中的【套索工具】按钮，将弹出如下图所示的下拉列表。

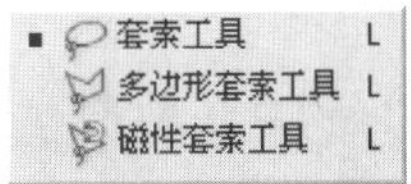

套索工具分为以下 3 种。

❖ 【套索工具】：使用【套索工具】能够选择图像中任意形状的一部分。
❖ 【多边形套索工具】：单击图像中不同点，可以建立直边选区轮廓的角点。
❖ 【磁性套索工具】：如果希望选择的图像区域不包含背景元素，可以利用磁性套索工具沿着相应区域的边缘单击。然后，在元素的边缘移动(不必拖动)【磁性套索工具】即可建立选区。如遇到不满意的点，可以按 Delete 键，逐个删除最接近光标的点。

套索工具的具体使用方法如下。

操作步骤

❶ 启动 Photoshop CS4 软件，选择【文件】|【打开】命令，打开素材图片(配书光盘中的图书素材\第 1 章\1-7-3.jpg)。单击工具箱中的【套索工具】按钮，按住鼠标左键不放并拖动，建立的选区为交叠区域，如下图所示。

❷ 查看工具箱中的【设置前景色】按钮，确保前景色为黑色，如下图所示。

学以致用系列丛书

按住 Alt 键，使用【吸管工具】在图像上单击，即可设置取样点的颜色为前景色。打开【信息】面板，单击工具箱中的【颜色取样器工具】按钮，按住 Shift+I 组合键，即可监视当前图片的颜色变化。

提示

如果前景色不是黑色的，将输入法改为英文输入法后，按D键，恢复前景色为默认黑色，背景色为默认白色。

单击工具箱中的【默认前景色和背景色】按钮，也能快速将前景色设置为黑色，背景色设置为白色。

❸ 按Alt+Delete组合键，填充前景色。然后按Ctrl+D组合键取消选区，查看选区范围，如下图所示。

【多边形套索工具】的具体使用方法如下。

操作步骤

❶ 单击【历史记录】标签，打开【历史记录】面板，单击【打开】选项，恢复到一开始打开的状态，如下图所示。

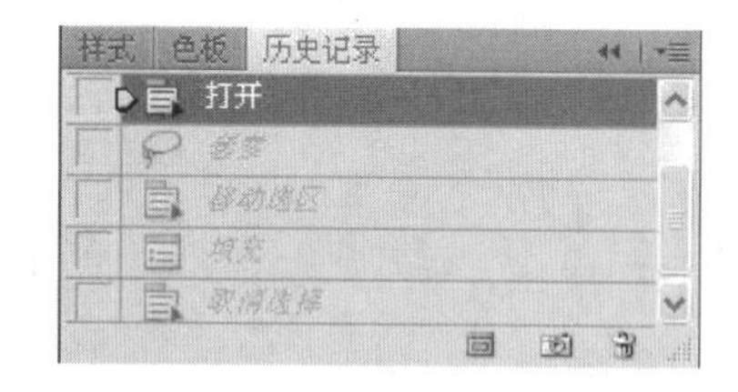

❷ 单击工具箱中的【多边形套索工具】按钮，然后逐个单击多边形的各个角点。当鼠标指针回到起始点的时候，图像上的鼠标指针右侧将出现小圆圈，最后单击建立选区，如右上图所示。

❸ 按Alt+Delete组合键填充并查看选区，如下图所示。

【磁性套索工具】的具体使用方法如下。

操作步骤

❶ 单击【历史记录】标签，打开【历史记录】面板，单击【打开】选项，恢复到图像一开始打开的状态，如下图所示。

❷ 单击工具箱中的【磁性套索工具】按钮，然后单击图像并沿着叶子的边缘拖动。如果选择区域边缘和背景的颜色差距很大，Photoshop会自动找到最适合的点；如果选择区域边缘和背景的颜色差距很小，就必须单击图像，强制加点，最后回到起始点时，鼠标指针右侧会出现一个小圆圈，此时单击即可建

长知识：按住Ctrl+Alt组合键拖动鼠标，可以复制当前图层或选区内容。

立选区，如下图所示。

如果想删除不需要的点，按Delete键即可将最接近鼠标指针的点删除。

❸ 按Alt+Delete组合键填充并查看选区，如下图所示。

2. 数码图像选区的处理

建立的选区不是一成不变的，可以对选区进行处理，例如对选区进行移动、边界、平滑、扩展、收缩和羽化等操作。本节将以【磁性套索工具】建立选区为例讲解数码图像选区的处理方法。

(1) 数码图像选区的移动

图像选区的移动很简单，具体操作步骤如下。

操作步骤

❶ 启动Photoshop CS4软件，选择【文件】|【打开】命令，打开素材图片(配书光盘中的图书素材\第1章\1-7-4.jpg)。单击工具箱中的【磁性套索工具】按钮，在图像上单击，按住鼠标左键不放，移动鼠标建立选区，如下图所示。

❷ 查看【磁性套索工具】的属性栏，单击【新选区】按钮，如下图所示。

❸ 将鼠标指针放置在选区中间，鼠标指针将变成带方框的箭头形状，如下图所示。

❹ 在图像窗口中单击，按住鼠标左键不动，拖动鼠标即可移动选区，如下图所示。

如果单击工具箱中的其他选框工具(任意一个建立选区的工具)，都可以参照以上方法进行选区的移动操作。

(2) 数码图像选区的边界

使用【边界】命令，可以对选区内的图像进行描边，具体操作步骤如下。

操作步骤

1. 选择【文件】|【打开】命令，打开素材图片(配书光盘中的图书素材\第 1 章\1-7-4.jpg)。单击工具箱中的【磁性套索工具】按钮，按住鼠标左键不放，拖动鼠标，建立选区，如下图所示。

2. 选择菜单栏中的【选择】|【修改】|【边界】命令，如下图所示。

选择(S) 滤镜(T) 分析(A) 3D(D) 视图(V) 窗口(W)
全部(A) Ctrl+A
取消选择(D) Ctrl+D
重新选择(E) Shift+Ctrl+D
反向(I) Shift+Ctrl+I
所有图层(L) Alt+Ctrl+A
取消选择图层(S)
相似图层(Y)
色彩范围(C)...
调整边缘(F)... Alt+Ctrl+R
修改(M)
边界(B)...
平滑(S)...
扩展(E)
扩大选取(G)
选择【边界】命令

3. 弹出【边界选区】对话框，在【宽度】文本框中输入 4，如右上图所示。

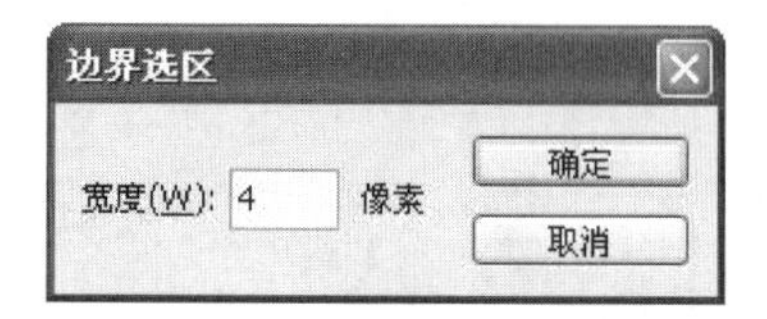

4. 单击【确定】按钮，查看图像选区已经建立的边界，如下图所示。

5. 按 Alt+Delete 组合键，填充前景色，查看图像描边。然后按 Ctrl+D 组合键，取消选区，如下图所示。

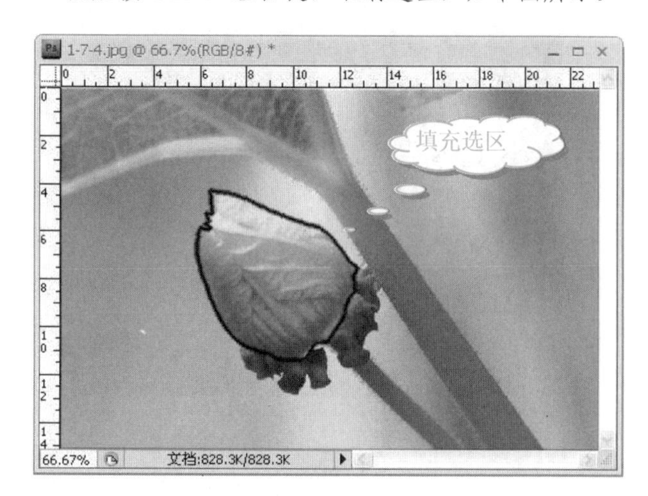

(3) 数码图像选区的平滑

将图像选区的尖锐部分，通过修改平滑度，进行平滑处理，具体操作步骤如下。

操作步骤

1. 选择【文件】|【打开】命令，打开素材图片(配书光盘中的图书素材\第 1 章\1-7-4.jpg)。单击工具箱中的【磁性套索工具】按钮，单击图像，按住鼠标左键不放，拖动鼠标，建立选区，如下图所示。

使用【通过拷贝的图层】(或【通过剪切的图层】)命令，可以只用一步就同时完成拷贝和粘贴(或剪切和粘贴)操作。

❷ 选择菜单栏中的【选择】|【修改】|【平滑】命令，如下图所示。

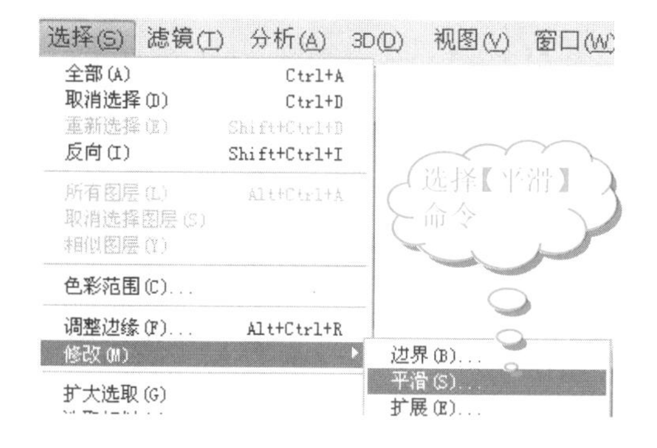

❸ 弹出【平滑选区】对话框，在【取样半径】文本框中输入 10，如下图所示。

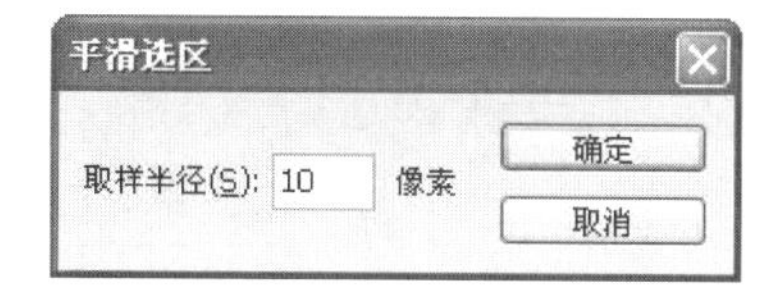

❹ 单击【确定】按钮，查看图像选区的平滑效果，如下图所示。

❺ 按 Alt+Delelte 组合键，填充选区。按 Ctrl+D 组合键，取消选区。然后观察选区的平滑效果，如下图所示。

提示

图像尖端部分已经被平滑处理了。

(4) 数码图像选区的扩展

将图像选区向外扩展一定的像素值，具体操作步骤如下。

操作步骤

❶ 选择【文件】|【打开】命令，打开素材图片(配书光盘中的图书素材\第 1 章\1-7-4.jpg)。单击工具箱中的【磁性套索工具】按钮，单击图像，按住鼠标左键不放，拖动鼠标，建立选区，如下图所示。

❷ 选择菜单栏中的【选择】|【修改】|【扩展】命令，如下图所示。

学以致用系列丛书

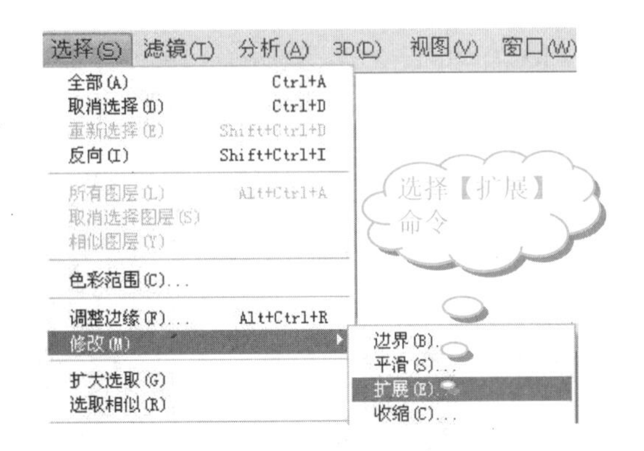

❸ 弹出【扩展选区】对话框，在【扩展量】文本框中输入10，如下图所示。

❹ 单击【确定】按钮，查看图像选区的扩展效果，如下图所示。

(5) 数码图像选区的收缩

将图像选区向内收缩一定的像素值，具体操作步骤如下。

操作步骤

❶ 选择【文件】|【打开】命令，打开素材图片(配书光盘中的图书素材\第1章\1-7-4.jpg)。单击工具箱中的【磁性套索工具】按钮，按住鼠标左键不放，拖动鼠标，建立选区，如右上图所示。

❷ 选择菜单栏中的【选择】|【修改】|【收缩】命令，如下图所示。

❸ 弹出【收缩选区】对话框，在【收缩量】文本框中输入10，如下图所示。

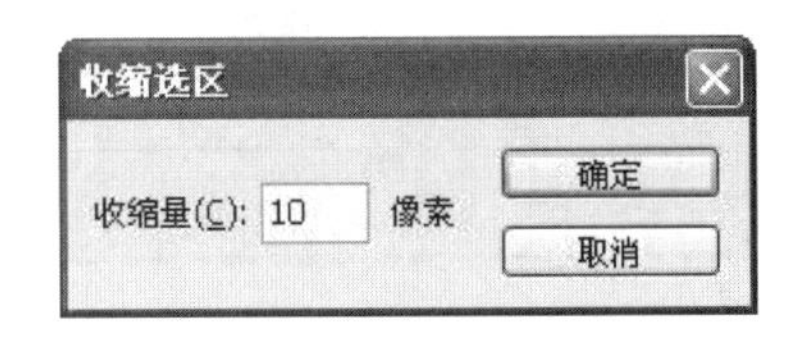

❹ 单击【确定】按钮，查看图像选区的收缩效果，如下图所示。

使用工具箱中的任意工具(除了【抓手工具】)时，按空格键即可将其快速地转换成【抓手工具】，修改图像窗口的可视范围。

(6) 数码图像选区的羽化

将图像选区的边缘部分以渐进的方式过渡，直到像素透明化。具体操作步骤如下。

操作步骤

❶ 选择【文件】|【打开】命令，打开素材图片(配书光盘中的图书素材\第 1 章\1-7-4.jpg)。单击工具箱中的【磁性套索工具】按钮，按住鼠标左键不放，拖动鼠标，建立选区，如下图所示。

❷ 选择菜单栏中的【选择】|【修改】|【羽化】命令，如下图所示。

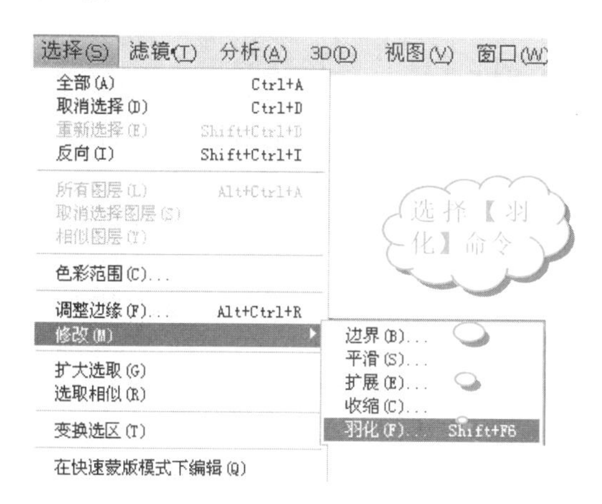

❸ 弹出【羽化选区】对话框，在【羽化半径】文本框中输入 20，如下图所示。

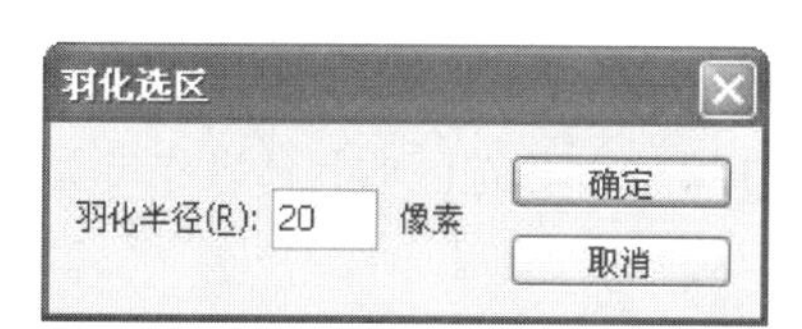

❹ 单击【确定】按钮，查看图像选区效果，发现效果不明显，如右上图所示。

❺ 再选择菜单栏中的【选择】|【反向】命令，将选区反向选择，如下图所示。

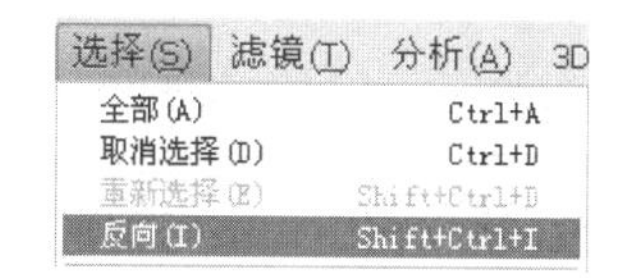

❻ 按 Delete 键，删除选区内的图像。按 Ctrl+D 组合键，取消选区。再次查看选区，即可看到梦幻的羽化效果，如下图所示。

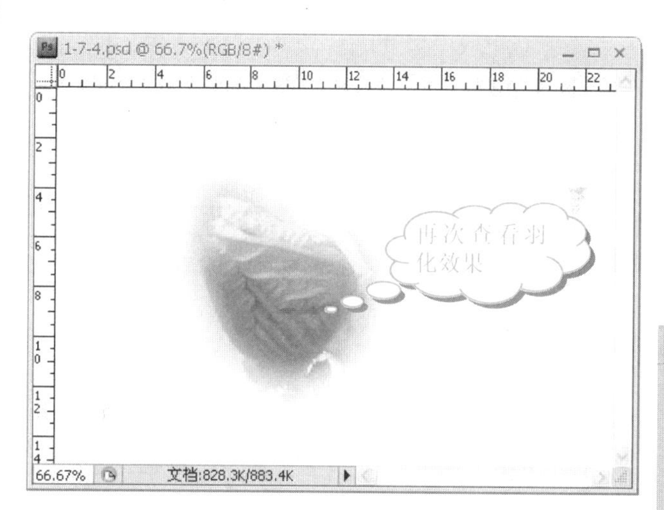

3. 数码图像选区的调整

如果第一次绘制的选区轮廓不正确，对选区进行处理后，还是没有达到满意的效果，此时就可以通过以下两种方法解决问题：第一，重新绘制选区；第二，修改选区轮廓。为了节省时间，往往都会选择第二种方法。

手工调整选区轮廓的方法有以下 3 种。

❖ 在选区轮廓中增加一部分。
❖ 在选区轮廓中减去一部分。
❖ 交叉两个选区轮廓。

Alt+Backspace 和 Ctrl+Backspace 组合键的功能分别为填充前景色和填充背景色。

在创建选区时，属性栏中会出现一些属性按钮。从左至右依次显示为【新选区】、【添加到选区】、【从选区减去】和【与选区交叉】按钮，如下图所示。

(1) 在选区中增加部分选区

要在现有的选区内增加部分选区，有以下两种方法。

- ❖ 按 Shift 键的同时，单击【新选区】按钮。
- ❖ 单击工具属性栏中的【添加到选区】按钮。

在选区中增加部分选区的具体操作步骤如下。

操作步骤

❶ 选择【文件】|【打开】命令，打开素材图片(配书光盘中的图书素材\第 1 章\1-7-5.jpg)，如下图所示。

❷ 单击工具箱中的【磁性套索工具】按钮，按住鼠标左键不放，拖动鼠标，建立选区，如下图所示。

❸ 在【磁性套索工具】的工具属性栏中，单击【添加到选区】按钮，框选另一片叶子，如右上图所示。

❹ 按 Alt+Delete 组合键，填充前景色。再查看选区，如下图所示。

注意

在建立选区时，为了减少麻烦，需要明确工具属性栏中 4 个按钮的作用。然后再单击相应的按钮，否则就需要重新绘制选区。

(2) 在选区中减去部分选区

在选区中减去部分选区的方法有以下两种。

- ❖ 先建立选区，然后按住 Alt 键的同时选择适合的选区工具，再建立减去的选区。
- ❖ 单击工具属性栏中的【从选区减去】按钮，然后建立减去的选区。

在选区中减去部分选区的具体操作步骤如下。

操作步骤

❶ 选择【文件】|【打开】命令，打开素材图片(配书光盘中的图书素材\第 1 章\1-7-5.jpg)，如下图所示。

如果最近复制了一张图片保存在【剪贴板】中，Photoshop 在新建文件的时候会以【剪贴板】中图片的尺寸作为新建图片的默认大小。要忽略这个特性而使用上一次新建文件时的设置，在打开 Photoshop 软件的时候，需要按住 Alt 键，再新建文件。

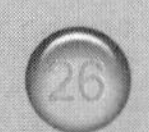

❷ 单击工具箱中的【矩形选框工具】按钮，建立选区，如下图所示。

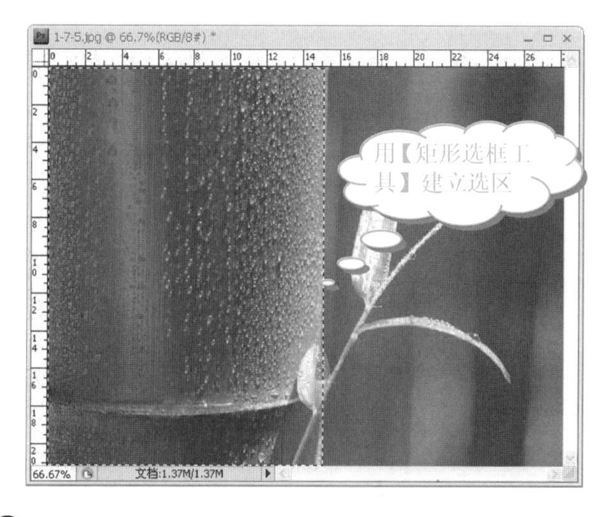

❸ 然后单击工具箱中的【磁性套索工具】按钮，并在工具属性栏中单击【从选区减去】按钮，减去叶子，如下图所示。

❹ 按 Alt+Delete 组合键，填充前景色，查看选区，如右上图所示。

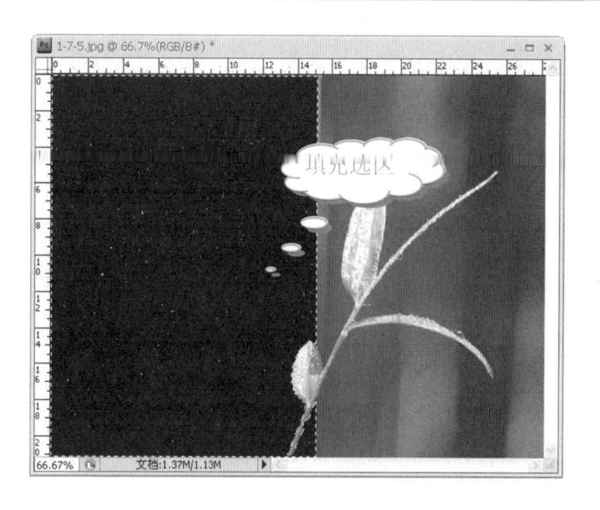

(3) 交叉两个选区

交叉两个选区就是保留当前选区与新的选区重叠的部分。只要单击工具属性栏中的【与选区交叉】按钮，然后建立选区即可。

操作步骤

❶ 单击工具箱中的【磁性套索工具】按钮，建立选区，如下图所示。

❷ 然后单击工具箱中的【矩形选框工具】按钮，并在工具属性栏中单击【与选区交叉】按钮，建立选区，如下图所示。

学以致用系列丛书

在工具箱中双击【抓手工具】按钮，可以使图像在图像窗口中以全屏状态显示；双击【缩放工具】按钮，可使图像以1：1的比例显示。

❸ 按 Alt+Delete 组合键，填充前景色，如下图所示。

1.7.3 魔棒工具

右击工具箱中的【快速选择工具】按钮，将弹出如下图所示的下拉列表。

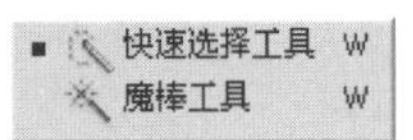

魔棒工具主要有以下两种。

❖ 【快速选择工具】：该工具属于系统智能选择工具。

❖ 【魔棒工具】：使用【魔棒工具】必须确保要建立选区的多个图像之间的像素颜色相同或相近。使用时，只需在图像内部单击即可。

【魔棒工具】的具体使用方法如下。

操作步骤

❶ 选择【文件】|【打开】命令，打开素材图片(配书光盘中的图书素材\第 1 章\1-7-6.jpg)，如下图所示。

❷ 单击工具箱中的【魔棒工具】按钮，查看其工具属性栏，如右上图所示。

❸ 因为现在所要选取的是所有花瓣，所以在工具属性栏中单击【添加到选区】按钮，在【容差】文本框中输入 60，然后选中【消除锯齿】复选框并取消选中【连续】复选框，如下图所示。

注意

在【魔棒工具】的工具属性栏中，必须设置容差值。若容差值太小，只能选择小部分区域；若容差值太大，选区会超出所要范围。

❹ 在图像的花瓣上单击，查看选区效果，如下图所示。

❺ 为了看清选区效果，按 Alt+Delete 组合键，填充前景色(黑色)，如下图所示。

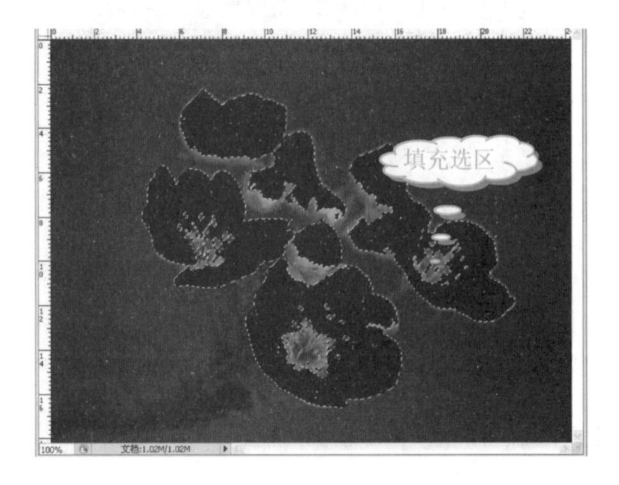

在使用自由变换工具时，按住 Alt 键即可先复制图层，然后在复制的图层上进行变换操作。

1.7.4 变换工具

在菜单栏中选择【编辑】|【变换】命令，将弹出如下图所示的菜单。

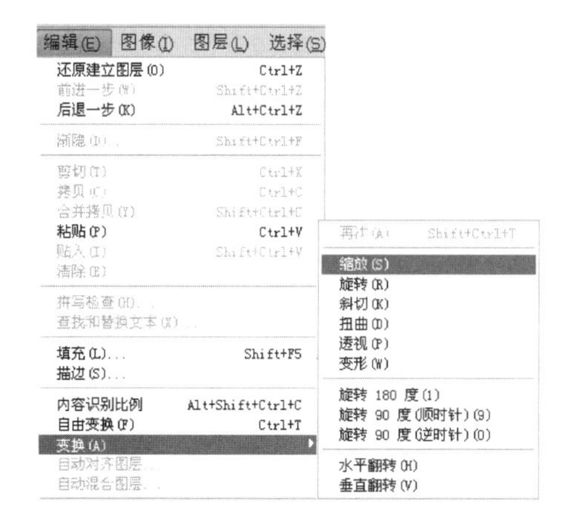

【变换】子菜单中有再次、缩放、旋转、斜切、扭曲、透视、变形、旋转180度、旋转90度(顺时针)、旋转90度(逆时针)、水平翻转和垂直翻转共12个命令。

注意

在运用【变换】命令之前，如果要对【背景】图层进行变换操作，必须先把【背景】图层转换为普通图层，然后再选择【变换】命令。

将【背景】图层转换为普通图层的具体操作步骤如下。

操作步骤

1. 选择【文件】|【打开】命令，打开素材图片(配书光盘中的图书素材\第1章\1-7-7.jpg)。在【图层】面板中双击【背景】图层缩略图，如下图所示。

2. 弹出【新建图层】对话框，单击【确定】按钮，如下图所示。

提示

在【名称】文本框中可以输入新建图层的名称；【颜色】是指所在图层的颜色，单击右侧的下拉按钮，在弹出的下拉列表中可以选择自己喜欢的颜色，如下图所示。

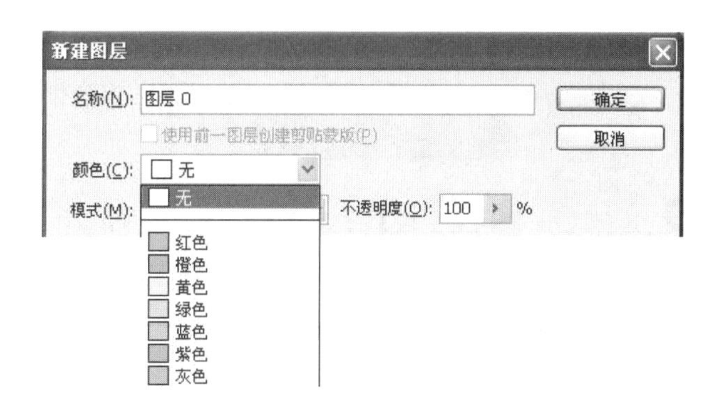

注意

如果在【新建图层】对话框的【颜色】下拉列表框中选择【红色】选项，单击【确定】按钮后，则在【图层】面板中，图层前的缩略图变成红色，如下图所示。

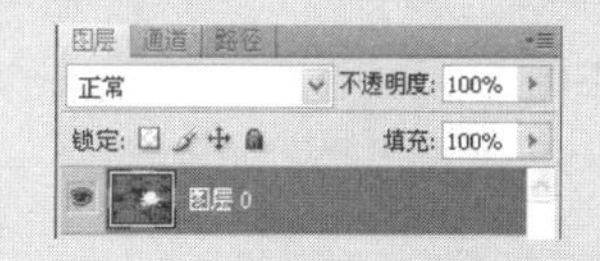

提示

【模式】和【不透明度】分别对应于【图层】上的【混合模式】和【不透明度】选项，如下图所示。

3. 单击【确定】按钮，即可将【背景】图层转化为普通图层，如下图所示。

1. 缩放

对数码图片进行放大或缩小操作，可以直接改变图像的宽度或高度，具体操作步骤如下。

把选区或图层从一个文档拖向另一个文档时，按住Shift键可以使其在目标文档上居中显示。如果源文档和目标文档的大小相同，被拖动的元素会被放置在与源文档位置相同的地方；如果目标文档包含选区，所拖动的元素会被放置在选区的中心。

操作步骤

1. 选择【文件】|【打开】命令，打开素材图片(配书光盘中的图书素材\第 1 章\1-7-7.jpg)。在【图层】面板中双击【背景】图层缩略图，将其转化为普通图层，如下图所示。

2. 选择【编辑】|【变换】|【缩放】命令，如下图所示。

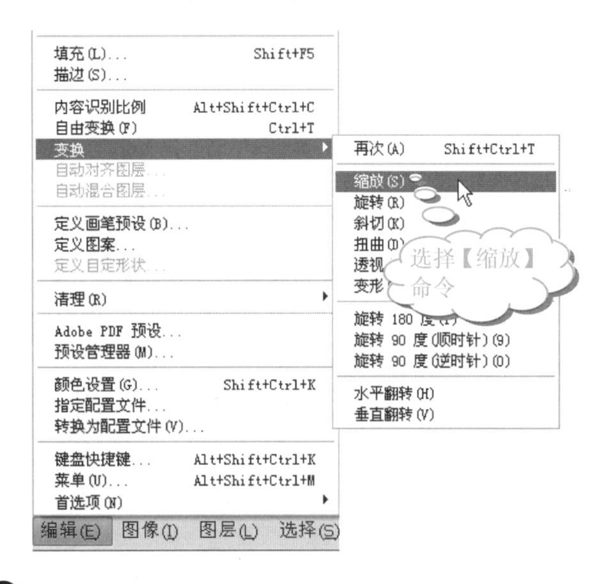

3. 此时在图像的四周会出现 8 个小方框，将鼠标指针移到方框上。当鼠标指针转变为双向箭头时，单击小方框，按住鼠标左键不放，拖动鼠标，就可以任意改变图像的高度和宽度，如下图所示。

提示

移动变换中的图像，只需要将鼠标指针移动到变换的图像内。当鼠标指针变成黑色实心三角形形状时，按住鼠标左键不放，拖动鼠标即可。

技巧

- 选中需要变换的图层，按 Ctrl+T 组合键，可以进行缩放操作。
- 变换命令可以针对某一图层，不一定要对所有的图层操作。而【图像】菜单中的【图像旋转】命令则是对所有的图层操作。
- 在选择【缩放】命令时，如果想等比例调节图像的宽和高，必须同时按住 Shift 键。

4. 按 Enter 键，完成变换命令，调节框消失。

2. 旋转

对数码图像进行旋转操作，具体操作步骤如下。

操作步骤

1. 选择【文件】|【打开】命令，打开素材图片(配书光盘中的图书素材\第 1 章\1-7-7.jpg)。在【图层】面板中，双击【背景】图层缩略图，将其转化为普通图层。然后选择【编辑】|【变换】|【旋转】命令，如下图所示。

2. 将鼠标指针放置在图像的四个角外的某一点，鼠标指针将变成双向弧形箭头，如下图所示。

长见识：使用【矩形选框工具】或【椭圆选框工具】绘制一个选区后，按 Alt 键拖动矩形或椭圆选区，即可删除相应的矩形或椭圆选区；按住 Shift 键拖动矩形或椭圆选区，即可添加相应的矩形或椭圆选区。

③ 在图像窗口中单击图像，按住鼠标左键不放，根据箭头的方向拖动鼠标。当旋转到满意的位置后，再释放鼠标左键。这样，图像就可以被旋转到任意角度了，如下图所示。

④ 最后按 Enter 键，完成旋转操作。

以上方法是针对任意角度的设置，如果想使图像旋转 90° 或者 45° 等特殊角度，采用上述方法手动调整角度的时候，将显得很麻烦。所以，可以采用图像的特殊角度旋转方法进行操作，即在选择【编辑】|【变换】|【旋转】命令后，按住 Shift 键拖动鼠标。

3. 斜切

将图像由正面位置转换为斜向的位置。例如，可以通过【斜切】命令，把正常位置的图像放置在另外一张图像中，具体操作步骤如下。

操作步骤

① 选择【文件】|【打开】命令，打开素材图片(配书光盘中的图书素材\第 1 章\1-7-8.jpg)，如下图所示。

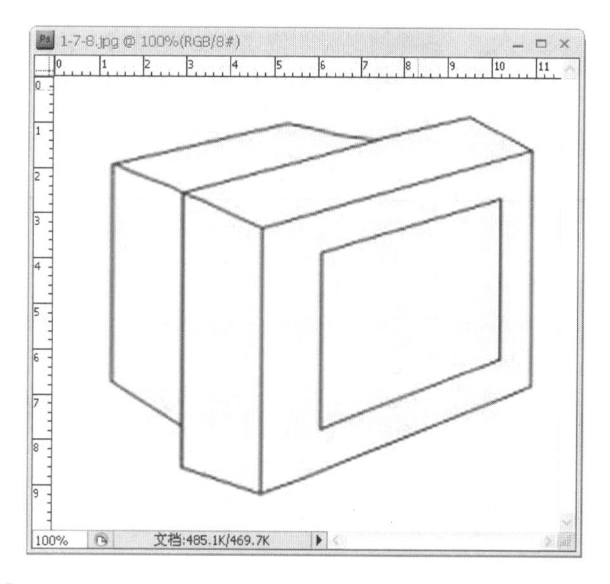

② 选择【文件】|【打开】命令，打开素材图片(配书光盘中的图书素材\第 1 章\1-7-7.jpg)，如下图所示。

③ 单击工具箱中的【移动工具】按钮，将素材图片(1-7-7.jpg)拖到素材图片(1-7-8.jpg)上，如下图所示。

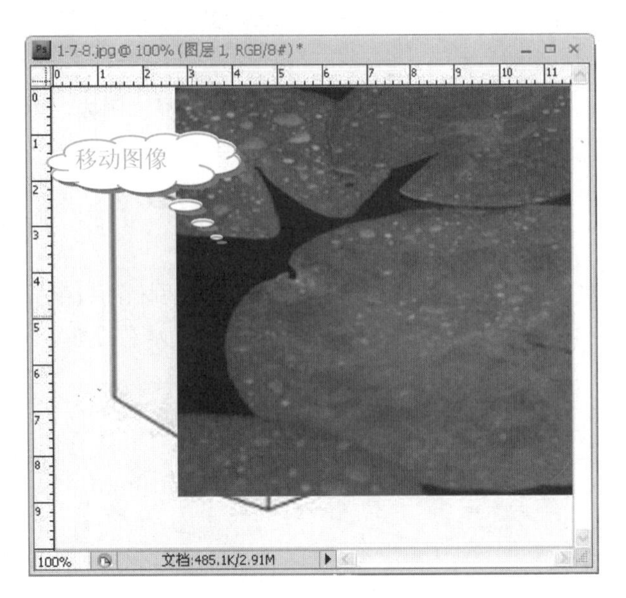

技巧

当两个文件的标题栏重叠在一起，不方便操作时，如下图所示。可以在第二个标题栏中单击，按住鼠标左键不放，往窗口右边拖动，两幅图片就会被分开了，这样更便于使用【移动工具】，如下图所示。

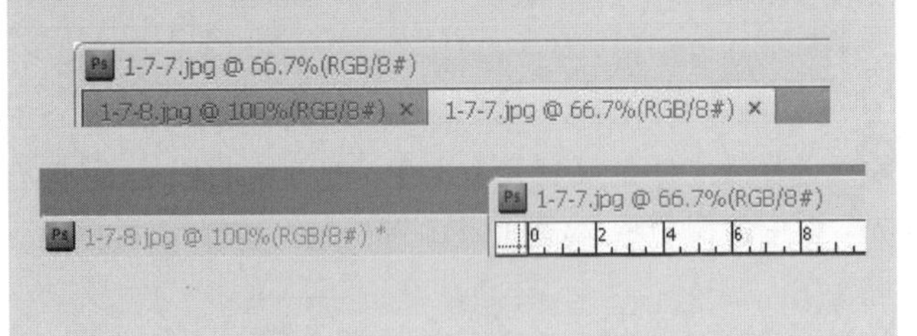

4 查看【图层】面板，就会发现在 1-7-8 图像文件中自动添加了【图层 1】图层，如下图所示。

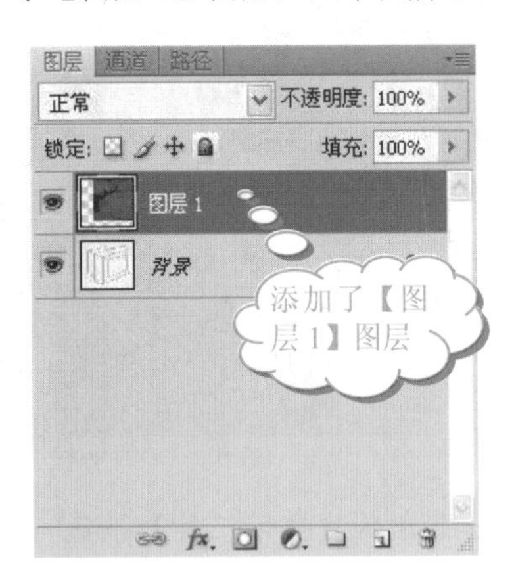

5 选择【编辑】|【变换】|【斜切】命令，如右上图所示。

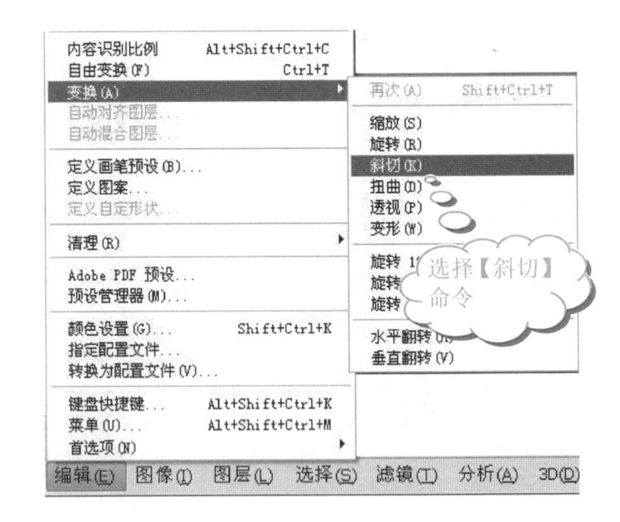

6 在图像中，将鼠标指针放在图像的四个角外，会发现鼠标指针变成了空心的三角形。先将图像缩小，然后单击图像，按住鼠标左键不放，拖动鼠标至所需要的节点位置，如下图所示。

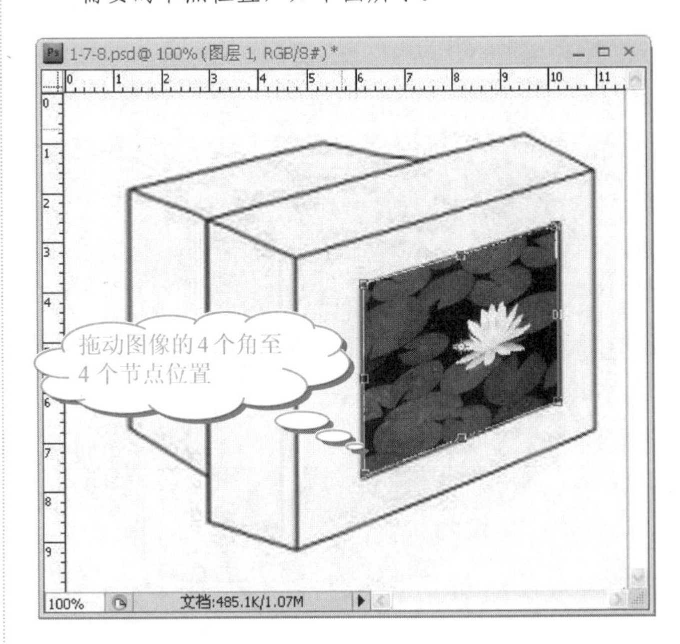

7 按 Enter 键，完成斜切操作。

技巧

在选择【变换】命令时，按 Ctrl+Alt 组合键，可以在对顶角的图像之间双向变换；按 Shift+Alt 组合键，可以在相邻的角之间双向变换。

4. 扭曲

使数码图像随着节点之间的距离缩短而压缩，图像边与边之间的距离也随之成正比例变化。

长见识：如果想选择两个选区之间的部分，在已有的选区上按住 Shift+Alt 组合键进行拖动即可。

操作步骤

❶ 选择【文件】|【打开】命令，打开素材图片(配书光盘中的图书素材\第1章\1-7-7.jpg)。在【图层】面板中，双击【背景】图层缩略图，将其转化为普通图层，然后选择【编辑】|【变换】|【扭曲】命令，如下图所示。

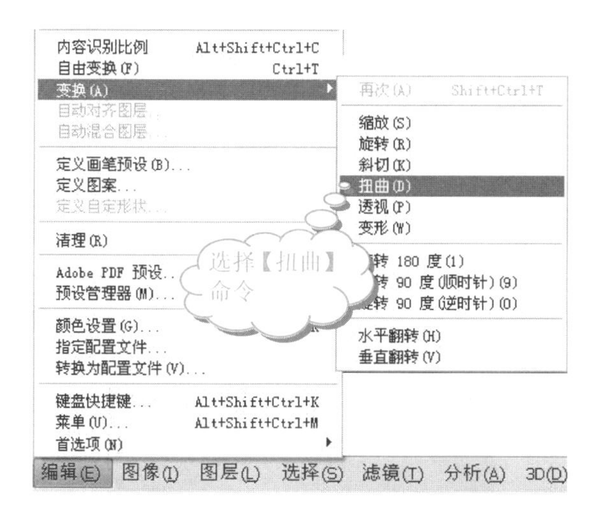

❷ 在图像中，将鼠标指针放在图像四个角外。当鼠标指针变成空心的三角形(和斜切时的形状一样)时，单击图像，按住鼠标左键不放，拖动鼠标移动节点并查看扭曲，如下图所示。

❸ 在图像内双击，执行扭曲操作。

5. 透视

同时对相邻的两个节点起作用，针对需要进行透视处理的图片，具体操作方法和上述方法相同，所以这里就不再赘述。

提示

【透视】的特点是相邻的两个角在移动鼠标时，会同时往内部或外部移动。

如下图所示是进行透视操作后的图像效果。

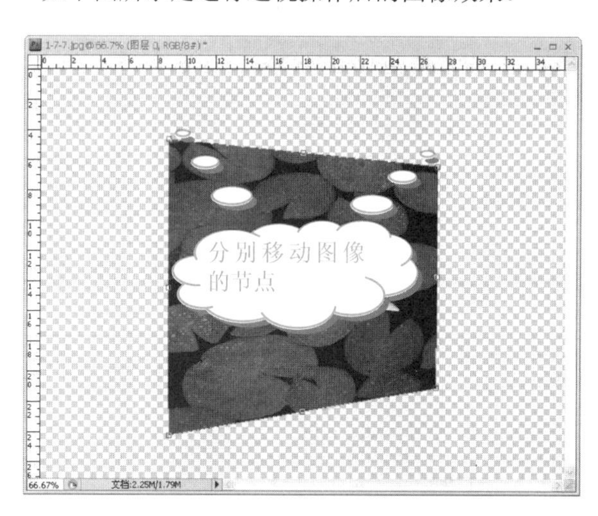

6. 变形

变形即对图像进行弧面处理。简单地说，本实例就是把数码图像附着在花瓶上。

操作步骤

❶ 选择【文件】|【打开】命令，打开素材图片(配书光盘中的图书素材\第1章\1-7-9.jpg)，如下图所示。

❷ 选择【文件】|【打开】命令，打开素材图片(配书光

学以致用系列丛书

在【画笔】面板中选择已创建的画笔样式时，若已创建了多个相似的画笔，可将鼠标指针停留在画笔样式上，显示出当前画笔的名称，从而区分相似的画笔样式加以选择。

盘中的图书素材\第 1 章\1-7-7.jpg)。单击工具箱中的【移动工具】按钮，将素材图片(1-7-7.jpg)拖动到素材图片(1-7-9.jpg)上，如下图所示。

❸ 按 Ctrl+T 组合键，对图像进行变换操作。按住 Shift 键，将鼠标指针移动到图像的一个节点上，然后拖动鼠标，将图像缩小，如下图所示。

❹ 按 Enter 键，完成缩放操作。选择【编辑】|【变换】|【变形】命令，如右上图所示。

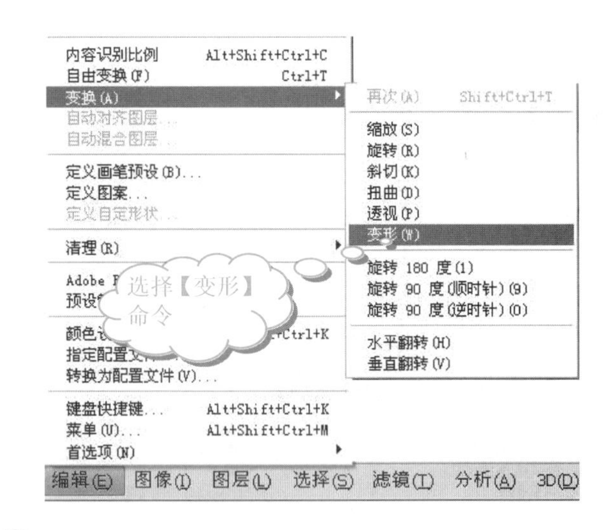

❺ 将图像按花瓶的形状调整，查看图像效果，如下图所示。

❻ 按 Enter 键，完成变形操作。在【图层】面板中，设置【图层 1】的混合模式为【正片叠底】，如下图所示。

❼ 查看图像效果，如下图所示。

在已创建的选区中，如果想要删除部分选区，可以在按住 Alt 键的同时，在选区中创建一个新的选区，这样，在原有选区上就会自动减去新创建的选区。

1.7.5　画笔工具和铅笔工具

画图工具使用彩色的线条绘图，且一般情况下使用前景色绘图。画图工具分为 3 种，如下图所示。

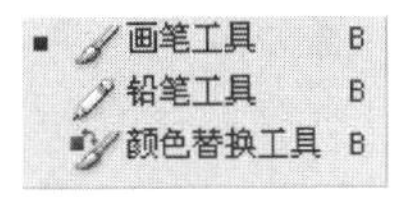

❖ 【画笔工具】：按选定的画笔绘制线条，画笔可以是自定义的，也可以是软件中自带的。在使用画笔前可以设置【画笔】面板，调整间隔、模糊等参数。在通常情况下，画笔线条比较柔和的，边界与背景之间会有模糊过渡。

❖ 【铅笔工具】：与【画笔工具】画出的线条比较，铅笔线条是硬边的，铅笔线条和背景色之间没有模糊过渡。

❖ 【颜色替换工具】：替换用【画笔工具】或者【铅笔工具】绘制的线条颜色，但是不能替换黑色。

打开【画笔】面板，如下图所示。

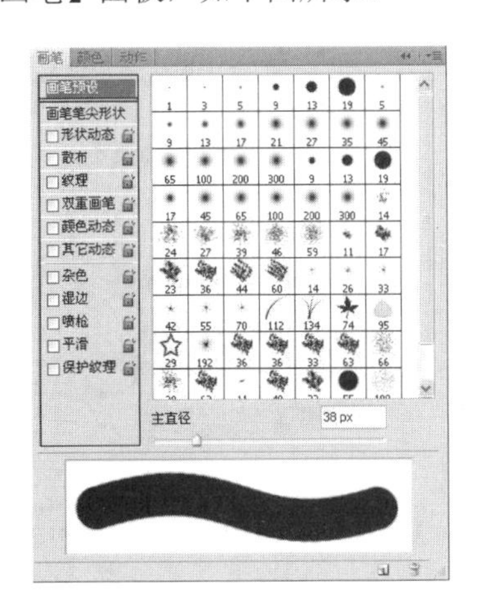

【画笔】面板可以进行画笔预设操作，只要在选择好画笔类型之后，切换到【画笔笔尖形状】选项页进行设置即可，如下图所示。

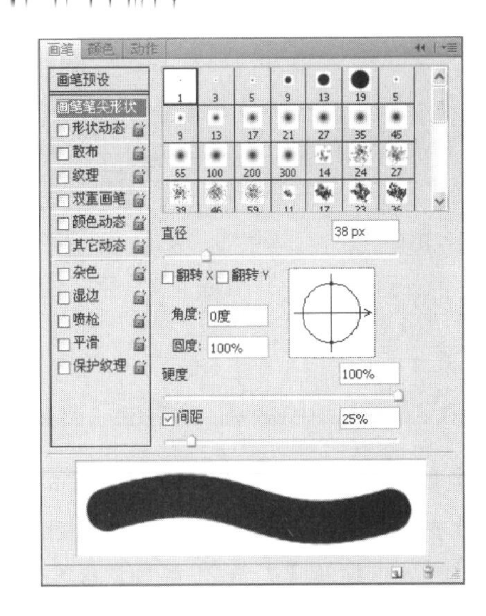

在【画笔】面板中有 11 个复选框，可以针对画笔样式进行调整。操作方法是单击【画笔笔尖形状】标签，选中相应的复选框，然后设置参数即可(在数码图像的调整中，画笔用得比较少。但在下一章节中绘制眼睫毛时，将具体介绍画笔中常用的命令和操作特点)。

操作步骤

❶ 启动 Photoshop CS4 软件，选择【文件】|【新建】命令，将【名称】改为“画笔和铅笔练习”，并设置文档【宽度】为 10 厘米，【高度】为 10 厘米，【分辨率】为 72 像素/英寸，如下图所示。

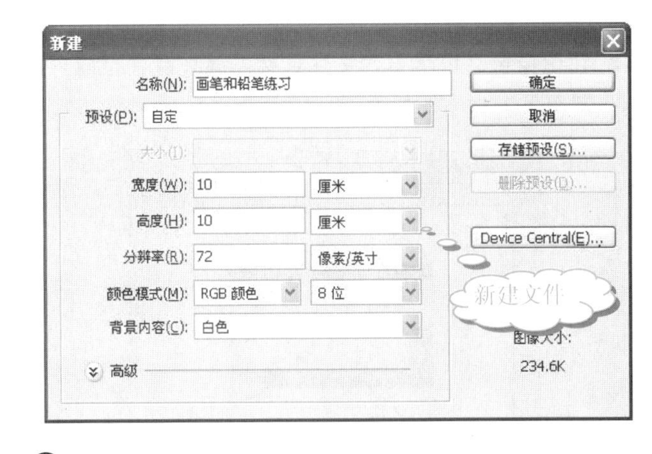

❷ 单击【确定】按钮，新建一个空白文档。将【前景色】设置为黑色，单击工具箱中的【矩形选框工具】按钮⬚，建立选区，如下图所示。

要重新放置矩形或椭圆选框，需要先创建选区边框(在此过程中应一直按住鼠标按键)。然后，按住空格键并继续拖动即可调整已经绘制的选区位置。

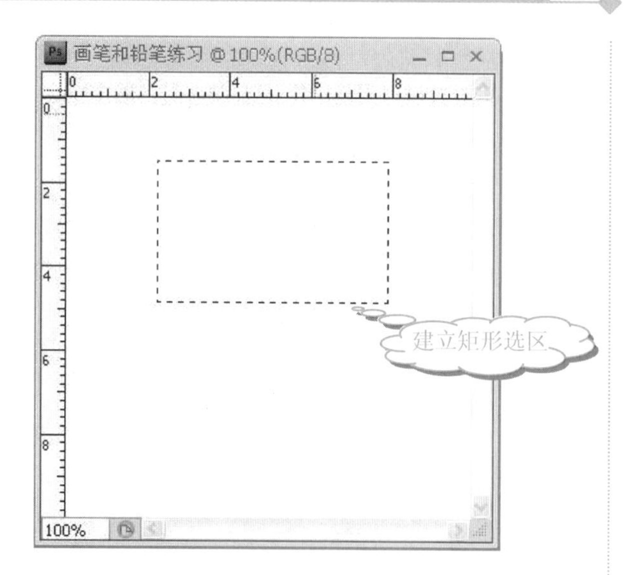

3 单击工具箱中的【画笔工具】按钮，在画笔的工具属性栏中单击【画笔】右侧的下拉按钮，在弹出的下拉列表中选择【柔角 21 像素】画笔样式，如下图所示。

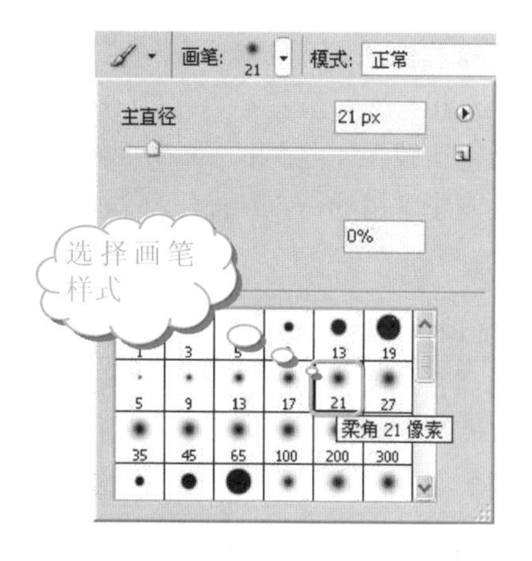

4 在图像窗口中单击，按住鼠标左键拖动鼠标即可绘制图案，如下图所示。

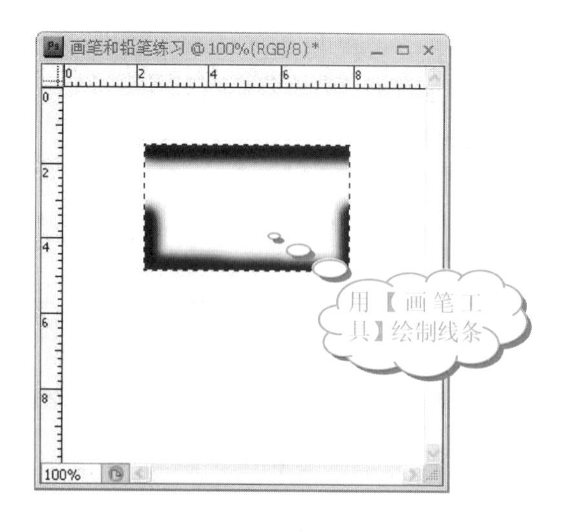

提示

在选区内操作可以预防误操作，因此只要建立了精确的选区，就可以用【画笔工具】绘制任意图案。

5 按 Ctrl+D 组合键，取消选区。单击工具箱中的【椭圆选框工具】按钮，建立椭圆选区，如下图所示。

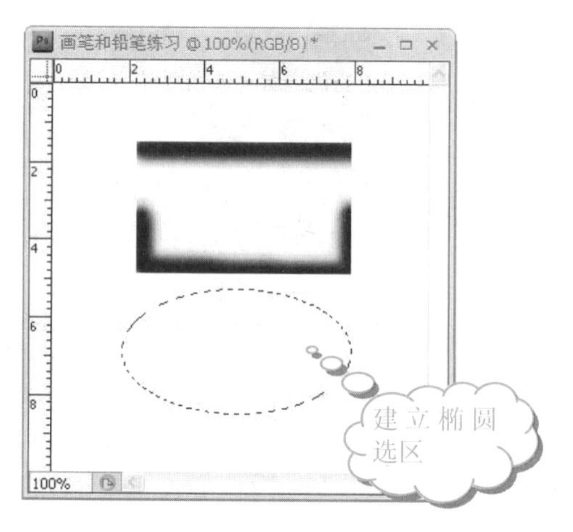

6 将【前景色】设置为红色，单击工具箱中的【铅笔工具】按钮。参照前面的方法，在其工具属性栏中设置【画笔】为【柔角 17 像素】，如下图所示。

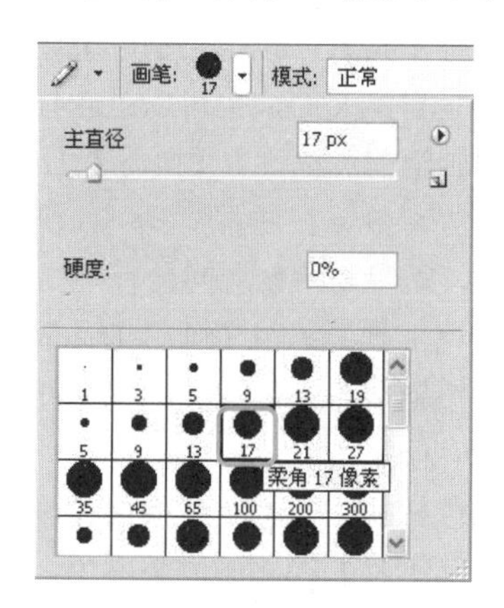

7 在椭圆选区内绘制图案，如下图所示。

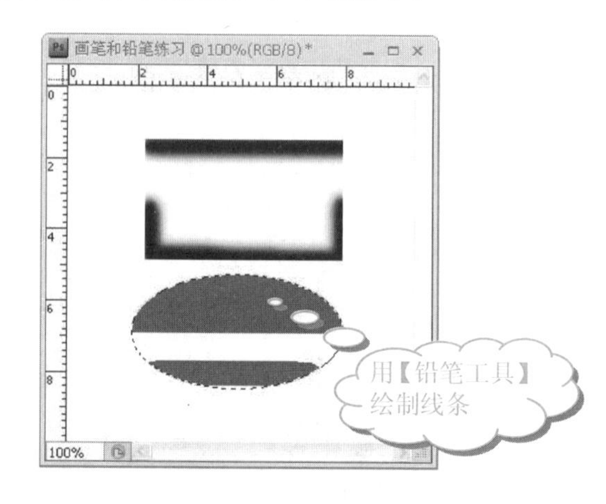

学以致用系列丛书

长见识：如果在没有选取图像选区的情况下，选择【编辑】|【定义画笔预设】命令，则会将当前图像窗口中的图像定义为画笔样式。

注意

虽然绘制矩形和椭圆形时，使用的【画笔工具】都是选择的柔角画笔样式，但是用【画笔工具】绘制的边界比较柔和，而用【铅笔工具】绘制的边界就比较硬朗。

8. 按Ctrl+D组合键，取消选区。单击工具箱中的【颜色替换工具】按钮。设置【前景色】为绿色，然后在图像的正中间绘制一条直线，查看图像效果，如下图所示。

注意

使用【颜色替换工具】之前，必须使用【画笔工具】或【铅笔工具】绘制图案。而【颜色替换工具】不能绘制黑色区域。绘制的颜色(除了黑色)的明度和前景色颜色效果是一样的。

【画笔工具】和【铅笔工具】比较相似，但还是有区别的，其主要区别简介如下。

- 二者都是用前景色绘图，但【画笔工具】用于创建柔边的颜色，而【铅笔工具】用于创建硬边手画线。
- 可以在【画笔】面板中指定【画笔工具】的流量，并可以启用喷枪样式建立画笔；而【铅笔工具】则不具备这些功能，且属性栏中没有【流量】复选框。
- 【铅笔工具】的属性栏中有【自动抹除】复选框，而【画笔工具】没有。

注意

【铅笔工具】的自动抹除功能就是指笔刷取样点的颜色由笔刷中心的十字光标选定，具体颜色选定规则如下。

- 若十字光标处为前景色，则绘制背景色。
- 若十字光标处为背景色，则绘制前景色。
- 若十字光标处为其他颜色(包括透明)，则绘制背景色。

1.7.6　渐变工具和油漆桶工具

在工具箱中右击【渐变工具】按钮，弹出的下拉列表中包括【渐变工具】和【油漆桶工具】两个选项，如下图所示。

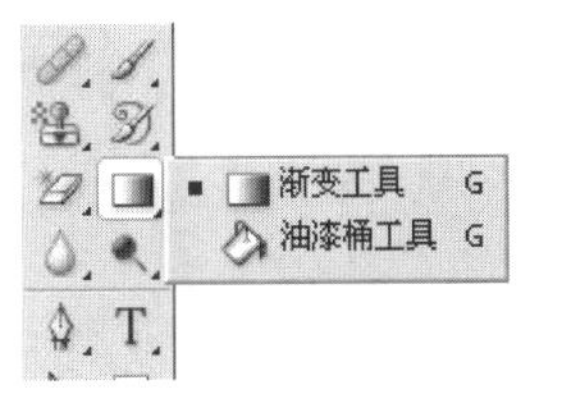

1. 填充固定色或图案

【油漆桶工具】又称为【填充工具】，可以使用该工具单击图像窗口中的选区，用前景色或图案对该选区进行填充。

提示

可以选择【编辑】|【填充】命令，使用前景色或图案对选区进行填充。

注意

如果在使用【填充】命令时，没有选择选区，Photoshop将默认填充当前图层。

操作步骤

1. 启动Photoshop CS4软件，选择【文件】|【新建】命令，将【名称】改为“填充色”，并设置【宽度】为10厘米，【高度】为10厘米，【分辨率】为72像素/英寸，如下图所示。

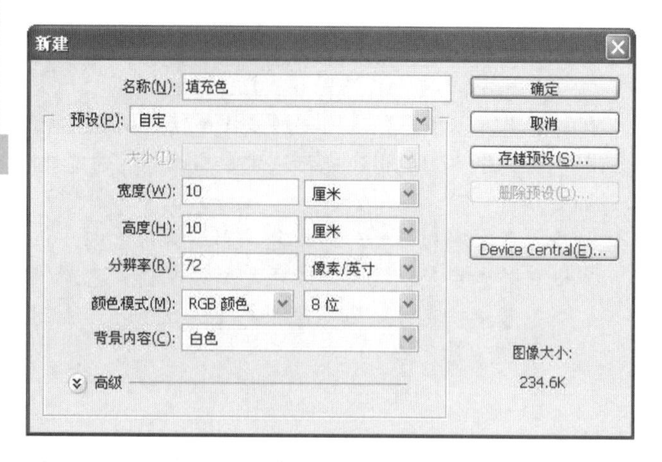

❷ 单击【确定】按钮，新建文件。单击工具箱中的【设置前景色】按钮，打开【拾色器(前景色)】对话框，设置参数为(R:36，G:48，B:207)，如下图所示。

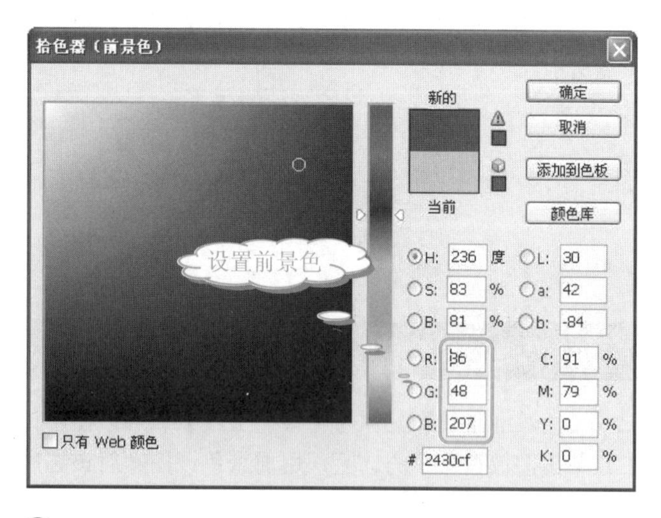

❸ 单击【确定】按钮，将【前景色】设置为蓝色。在【图层】面板中，单击【创建新图层】按钮，新建【图层 1】图层，如下图所示。

❹ 单击工具箱中的【矩形选框工具】按钮，在图像中建立选区，如右上图所示。

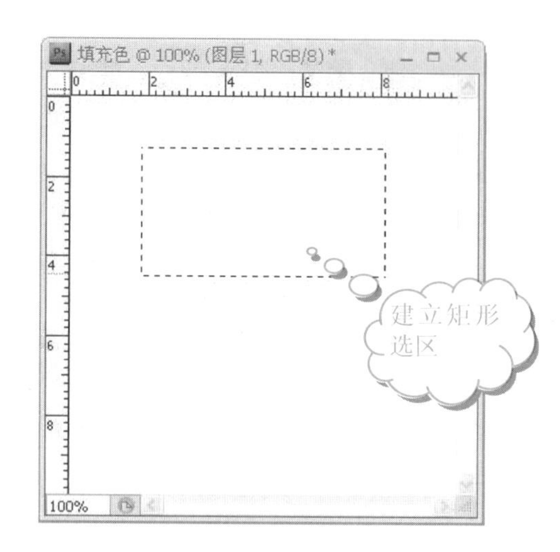

❺ 单击工具箱中的【油漆桶工具】按钮，在选区内单击填充，如下图所示。

提示

用前景色填充选区也可以先选择【编辑】|【填充】命令,然后在【填充】对话框中单击【使用】右侧的下拉按钮，在弹出的下拉列表中选择【前景色】选项，最后单击【确定】按钮，如下图所示。

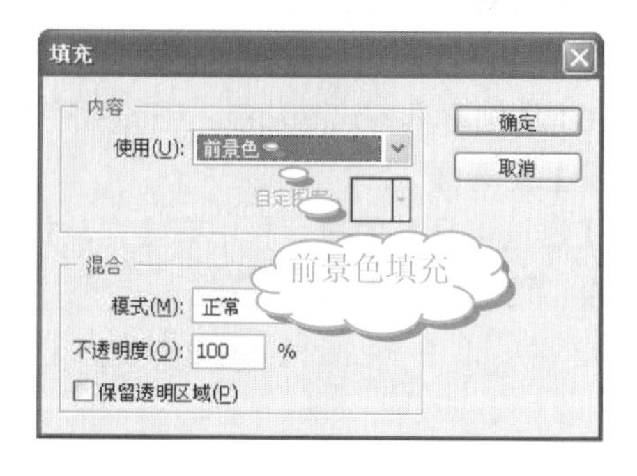

❻ 按 Ctrl+D 组合键，取消选区。如果要填充图案，必须先创建选区。单击工具箱中的【矩形选框工具】

学以致用系列丛书

长见识 在菜单栏中选择【选择】|【重新选择】命令(或按 Ctrl+Shift+D 组合键)，可以载入或恢复之前的选区。

按钮，在图像中建立选区，如下图所示。

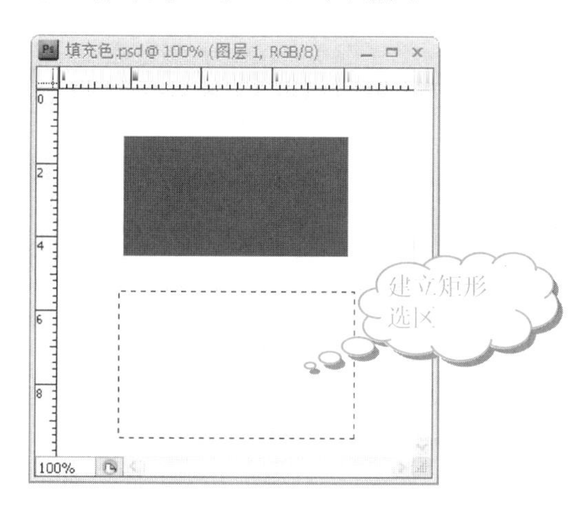

❼ 在工具箱中单击【油漆桶工具】按钮，在属性栏中单击【前景】右侧的下三角按钮，选择【图案】选项。接着单击【图案】右侧的下三角按钮，单击要选择的图案(图案可以自定义，其操作将在下面的章节中详细介绍)，如下图所示。

定义图案的方法：首先绘制要定义的图案或者选取现有的图案(确定现在的文件就是图案全图)；然后选择【编辑】|【定义图案】命令，如下图所示，打开【定义图案】对话框，选择自定义的图案，再单击【确定】按钮即可。

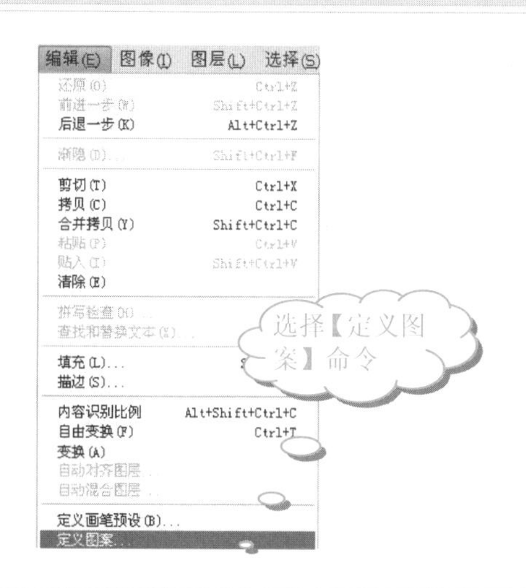

❽ 在选区内单击，查看图像效果，如下图所示。

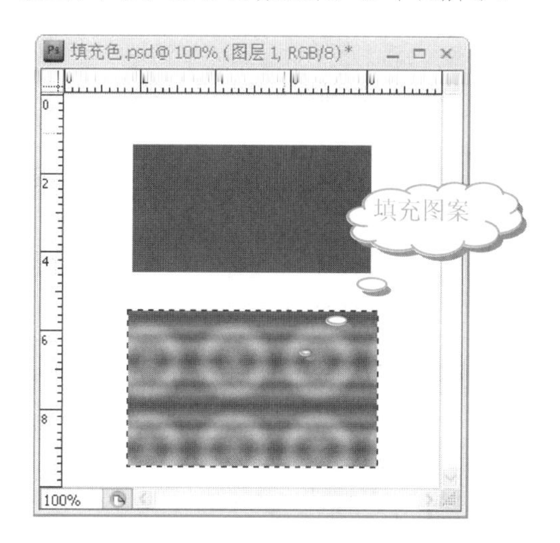

图案的大小和图像的分辨率成反比例关系，即分辨率越高，填充的图案越小。

在建立选区后，可以按Ctrl+Delete组合键填充背景色，按Alt+Delete组合键填充前景色。

2. 填充渐进色

渐变即指一种颜色逐渐变化成另一种颜色。例如，彩虹的颜色为红橙黄绿青蓝紫，就是一种比较复杂的渐变。

【渐变工具】的作用是对选区填充渐变色，它是一个颜色的序列，即从一个颜色逐渐过渡到另一种颜色。使用方法是在选区中的一端单击，按住鼠标左键不放，拖至选区的另一端，然后释放鼠标左键即定义了渐变色。

【渐变工具】的工具属性栏如下图所示。

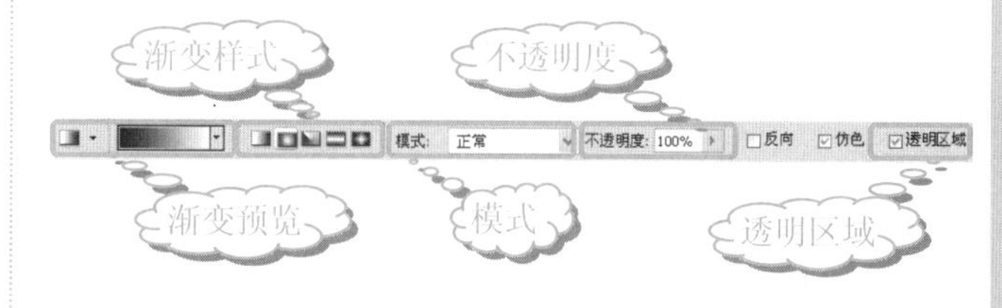

- 【渐变预览】：在【渐变预览】中可以预览选择的渐变颜色。单击【渐变预览】按钮将打开【渐变编辑器】对话框(下面会详细讲解【渐变编辑器】对话框)。
- 【渐变样式】：单击相应的渐变样式按钮可以选择渐变的样式。通过选择不同的渐变样式，可以在图像中显示出不同的渐变效果。

- ❖ 【模式】和【不透明度】：选择不同的模式可以设置不同的颜色方式；不透明度值越低，渐变色就越接近于透明色。
- ❖ 【透明区域】：可创建不同透明等级的渐变。

设置渐变编辑器的具体操作如下。

操作步骤

1. 单击【渐变预览】按钮后，将弹出【渐变编辑器】对话框，如下图所示。

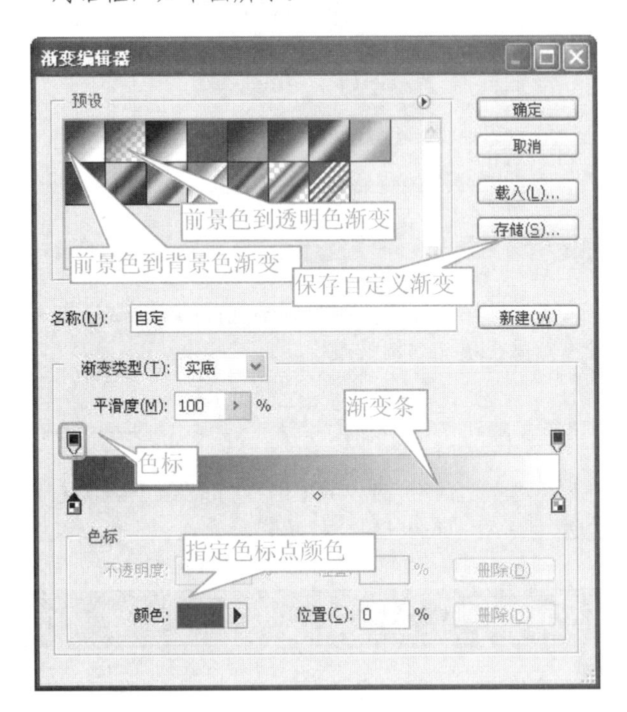

2. 单击【渐变条】上方的【色标】按钮，然后在【渐变条】下方的【色标】选项组中，可以修改色标的不透明度和位置，如下图所示。

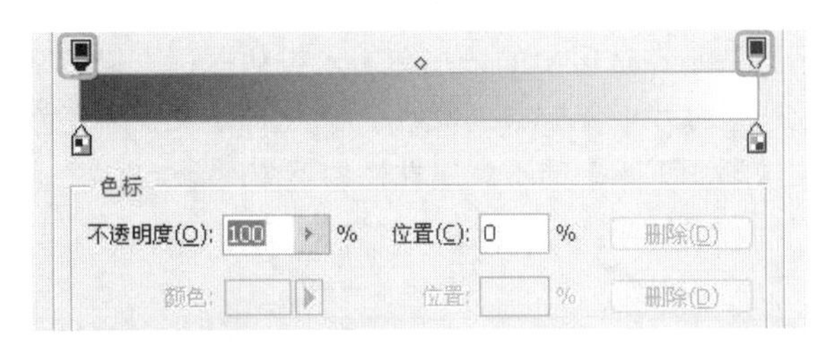

3. 单击【渐变条】下方的【色标】按钮，然后在【渐变条】下的【色标】选项组中，可以修改色标的颜色和位置，如下图所示。

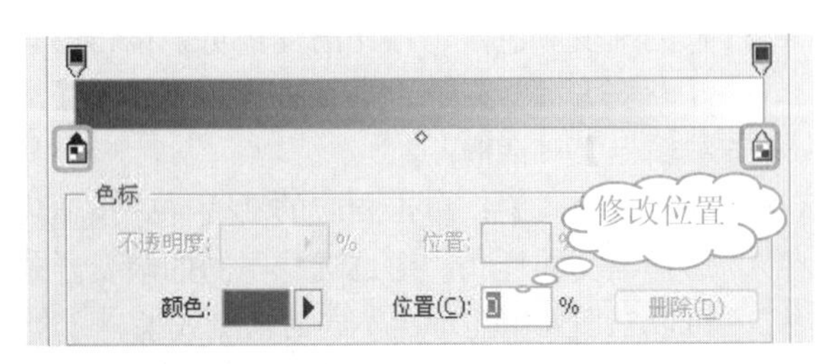

提示

将鼠标移至渐变条上方或者下方，当鼠标指针变成手形时单击渐变条，可以创建色标，如下图所示。

在【渐变工具】的属性栏中包含 5 种渐变样式，依次为【线性渐变】、【径向渐变】、【角度渐变】、【对称渐变】和【菱形渐变】，如下图所示。

提示

上图中黑色代表的是前景色，白色代表的是背景色。在属性栏中单击不同的按钮，再在图像上单击，按住鼠标左键不放并拖动，可以设置不同样式的渐变。

- ❖ 【线性渐变】：线性渐变样式会在单击的起点到终点位置之间产生一定范围内的线性颜色变化。
- ❖ 【径向渐变】：径向渐变会在一个中央点产生同心的渐变环。拖动的起点定义了渐变环的中心点，释放鼠标左键的位置定义了渐变环的终止点。
- ❖ 【角度渐变】：又称为锥形渐变，角度渐变样式会根据鼠标的拖动，顺时针产生渐变颜色。
- ❖ 【对称渐变】：可以在两个方向使得颜色变弱。当创建一个线性渐变时，将会反射到图像的另一面。
- ❖ 【菱形渐变】：创建一系列的菱形渐变。

对这 5 种渐变样式的具体操作如下。

操作步骤

1. 选择【文件】|【新建】命令，在弹出的【新建】对话框中，设置【名称】为“渐变色”，【宽度】为 10 厘米，【高度】为 10 厘米，【分辨率】为 72 像素/英寸，【颜色模式】为 RGB 颜色，【背景内容】为白色，并单击【确定】按钮，如下图所示。

按住 Ctrl 键单击【图层】面板上的图层缩略图，可加载选区；再按住 Ctrl+Alt+Shift 组合键单击另一个图层的缩略图，可以选取两个图层的相交区域。

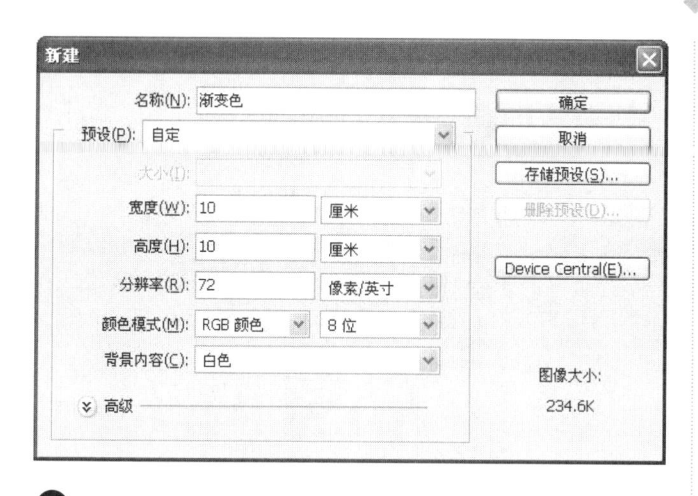

❷ 单击工具箱中的【渐变工具】按钮，在属性栏中单击【渐变预览】按钮，打开【渐变编辑器】对话框，设置渐变条如下图所示。

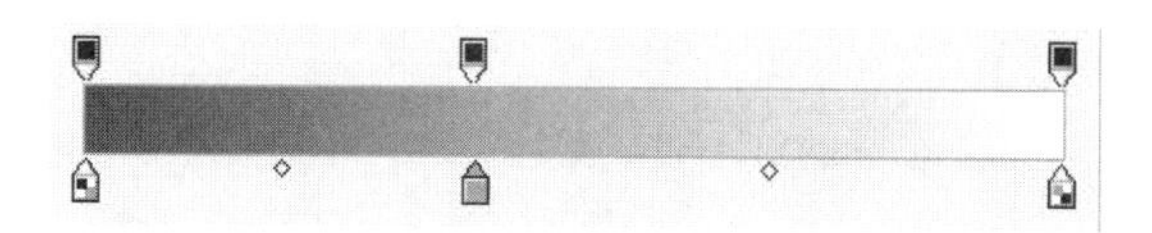

❸ 单击【渐变工具】属性栏中的【线性渐变】按钮，在图像上的圆圈处单击，按住鼠标左键不放，拖动鼠标，到达方框处时释放鼠标左键即可绘制线性渐变，如下图所示。

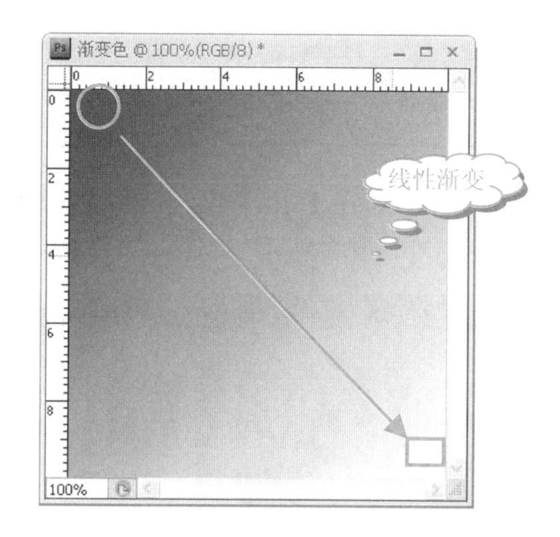

❹ 单击工具属性栏中的【径向渐变】按钮，在图像上的圆圈处单击，按住鼠标左键不放，拖动鼠标，到达方框处时释放鼠标左键即可绘制径向渐变，如右上图所示。

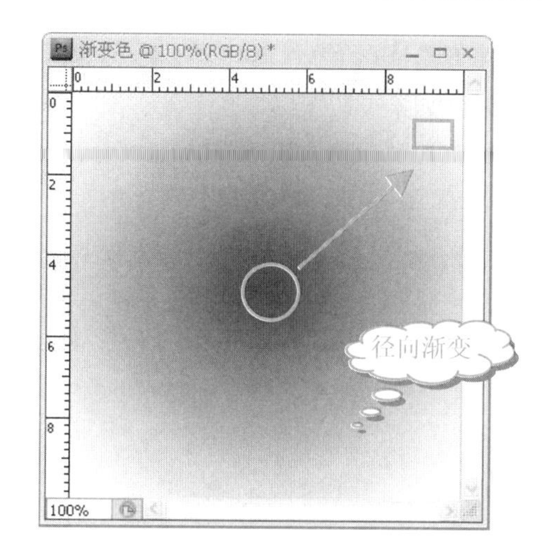

❺ 单击工具属性栏中的【角度渐变】按钮，在图像上的圆圈处单击，按住鼠标左键不放，拖动鼠标，到达方框处时释放鼠标左键即可绘制角度渐变，如下图所示。

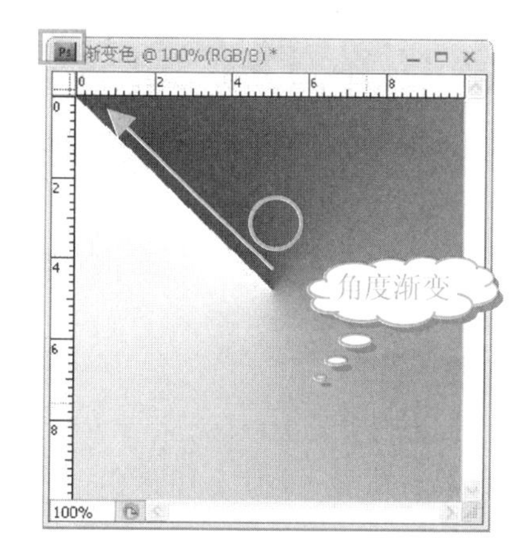

❻ 单击工具属性栏中的【对称渐变】按钮，在图像上的圆圈处单击，按住鼠标左键不放，拖动鼠标，到达方框处时释放鼠标左键即可绘制对称渐变，如下图所示。

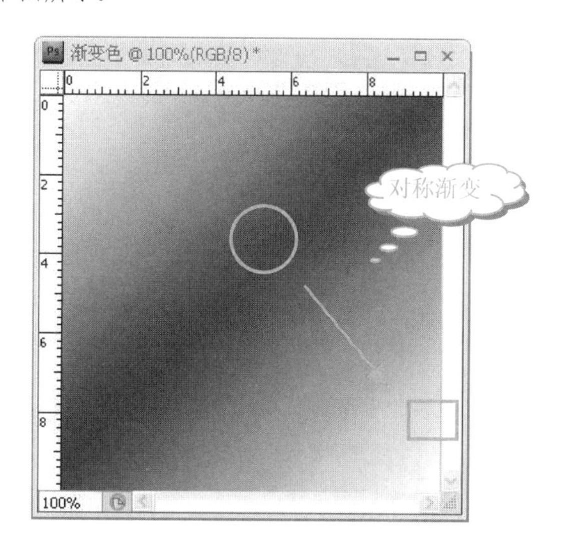

❼ 单击工具属性栏中的【菱形渐变】按钮，在图像上的圆圈处单击，按住鼠标左键不放，拖动鼠标，到达方框处时释放鼠标左键即可绘制菱形渐变，如下图所示。

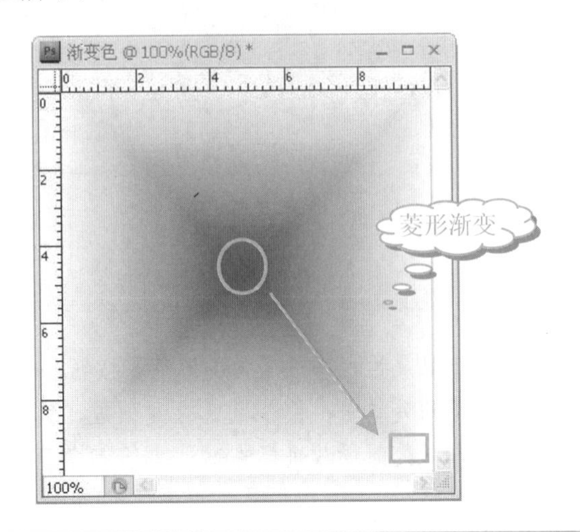

3. 描边

描边可以为图像创建框架和轮廓，描边常用的方法有如下 3 种。

第一种方法，运用【编辑】|【描边】命令，具体操作步骤如下。

操作步骤

❶ 选择【文件】|【打开】命令，打开素材图片(配书光盘中的图书素材\第 1 章\1-7-10.jpg)，如下图所示。

❷ 单击【矩形选框工具】按钮，选取全部图像，或者按 Ctrl+A 组合键全选图像，如下图所示。

❸ 选择【编辑】|【描边】命令，如下图所示。

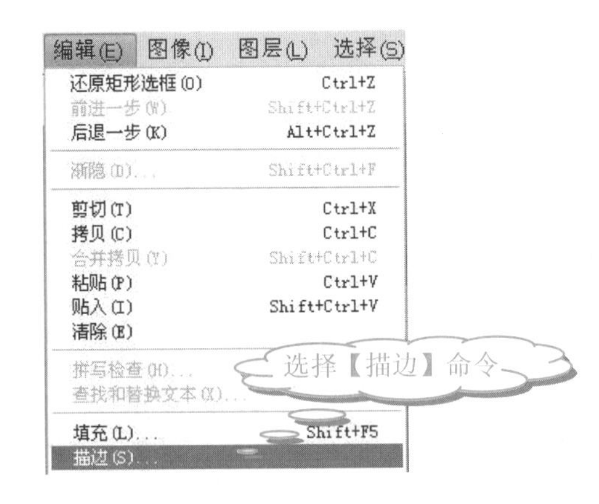

❹ 打开【描边】对话框，在【描边】选项组中设置【宽度】为 20px，并单击【颜色】右侧的颜色块，如下图所示。

❺ 在【选取描边颜色】对话框中，设置参数(R:13，G:99，B:143)，如下图所示。

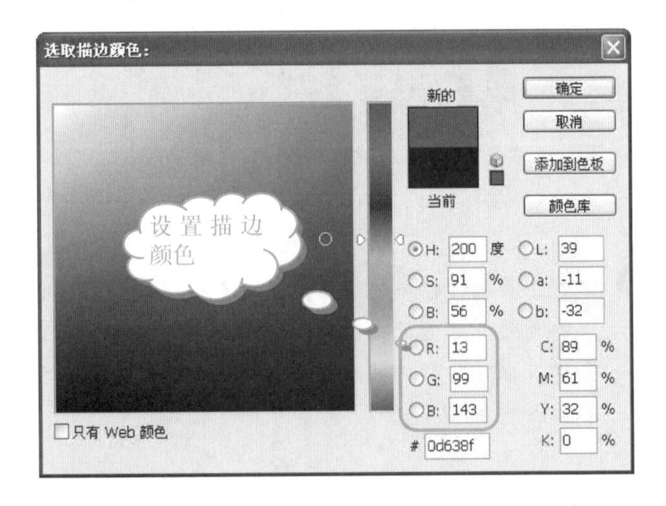

❻ 连续两次单击【确定】按钮，然后按 Ctrl+D 组合键，取消选区。查看图像效果，如下图所示。

单击工具箱中的【渐变工具】按钮，按 Shift+“+”组合键和 Shift+“-”组合键，可以在其属性栏的【混合】选项中切换不同的模式；按 Alt+Shift+“某一字符”组合键，可以快速切换到某一特定模式，例如按 Alt+Shift+K 组合键可以设置为【变暗】模式

第二种操作方法，选择【选择】|【修改】|【边界】命令(上面章节已经介绍，这里就不再赘述)。

第三种操作方法，单击【图层】面板中的【添加图层样式】按钮，在弹出的菜单中选择【描边】命令，具体操作步骤如下。

操作步骤

❶ 选择【文件】|【打开】命令，打开素材图片(配书光盘中的图书素材\第 1 章\1-7-10.jpg)。在【图层】面板中双击【背景】图层缩略图，将其转换成普通图层，如下图所示。

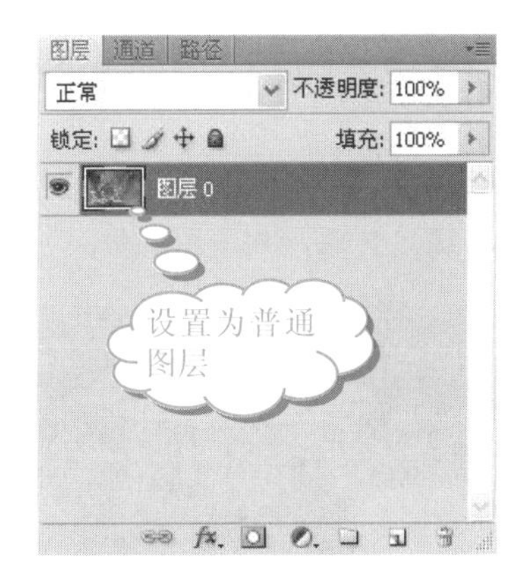

❷ 在【图层】面板中单击【添加图层样式】按钮，在弹出的菜单中选择【描边】命令，如下图所示。

❸ 弹出【图层样式】对话框，选中【描边】复选框，在右侧窗格中设置【大小】为 10 像素，【位置】为内部，【填充类型】为颜色，如下图所示。

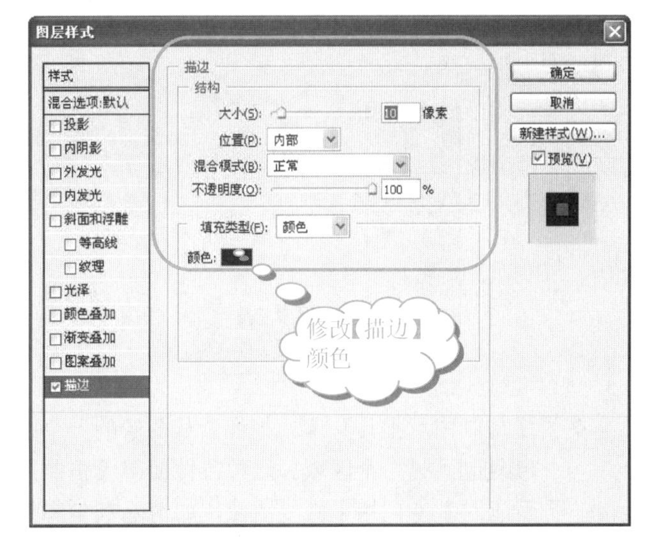

提示

单击【颜色】右侧的颜色块，可以在弹出的【选取描边颜色】对话框中修改描边颜色。

❹ 单击【确定】按钮，查看图像的描边效果，如下图所示。

注意

如果在【位置】下拉列表框中选择【居外】选项，描边的效果是看不到的，除非把画布增大。因为实际上描边的效果在图像的选区外。

如果在【位置】下拉列表框中选择【居中】选项，看到的描边大小其实是描边大小的一半。

默认情况下，创建调整图层和填充图层时将自动创建图层蒙版，并将前景色和背景色默认为灰度值，以便对蒙版进行编辑。

1.7.7 图章工具

在工具箱中右击【仿制图章工具】按钮，弹出的列表中包含【仿制图章工具】和【图案图章工具】两个选项，如下图所示。

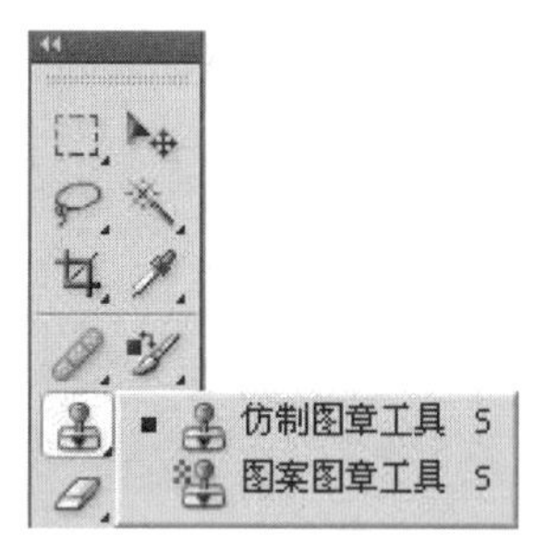

- ❖ 【仿制图章工具】：把像素从图像的一个区域复制到另一个区域。这种特性使得【仿制图章工具】专门用于修复图像，如消除灰尘和划痕、修复缺陷以及除去涣散的背景元素等。
- ❖ 【图案图章工具】：使用该工具，首先要定义图案，然后才能把定义的图案绘制到现有的特效图像上。

如果单击工具箱中的【仿制图章工具】按钮，然后直接在图像上单击，会弹出 Adobe Photoshop CS4 Extended 对话框，如下图所示。

定义源的具体操作步骤如下。

操作步骤

1. 在工具箱中单击【仿制图章工具】按钮，将鼠标指针移到文档内，查看此时的鼠标指针如下图所示。

2. 按住 Alt 键，查看鼠标指针的变化，如下图所示。

3. 靶标中心的图像就是“源”的中心点，按住 Alt 键和鼠标左键不放，拖动一段距离，再释放鼠标左键。然后单击图像，即可选定源。

注意

如果要在每次停止并重新开始绘画时使用最新的取样点进行绘制，则需要选中工具属性栏中的【对齐】复选框。

使用【仿制图章工具】操作的目的是复制图像中的部分内容，具体操作步骤如下。

操作步骤

1. 选择【文件】|【打开】命令，打开素材图片(配书光盘中的图书素材\第 1 章\1-7-11.jpg)，如下图所示。

2. 单击工具箱中的【仿制图章工具】按钮，在图像中按住 Alt 键定义源，如下图所示。

3. 在其工具属性栏中设置画笔的【主直径】为 26px，选中【对齐】复选框，如下图所示。

4. 单击工具箱中的【椭圆选框工具】按钮，在图像上建立选区。然后在两个选区内分别单击并拖动鼠

学以致用系列丛书

标，如下图所示。

❺ 取消选中工具属性栏中的【对齐】复选框，在图像中的两个选区内分别单击，拖动鼠标，如下图所示。

提示

从上面两个步骤可以看出，如果在【仿制图章工具】属性栏中选中【对齐】复选框，则从源所在的图像上开始对整幅图像进行仿制；如果在【仿制图章工具】属性栏中取消选中【对齐】复选框，则针对源所在位置进行重复仿制。

使用【图案图章工具】操作的目的是将图案复制到图像上，具体操作步骤如下。

操作步骤

❶ 选择【文件】|【打开】命令，打开素材图片(配书光盘中的图书素材\第 1 章\1-7-12.jpg)，如右上图所示。

❷ 选择【编辑】|【定义图案】命令，打开【图案名称】对话框，如下图所示。

编辑(E)　图像(I)　图层(L)　选择(S)
还原(O)　Ctrl+Z
前进一步(W)　Shift+Ctrl+Z
后退一步(K)　Alt+Ctrl+Z
渐隐(D)...　Shift+Ctrl+F
剪切(T)　Ctrl+X
拷贝(C)　Ctrl+C
合并拷贝(Y)　Shift+Ctrl+C
粘贴(P)　Ctrl+V
贴入(I)　Shift+Ctrl+V
清除(E)
拼写检查(H)...
查找和替换文本(X)...
填充(L)...　Shift+F5
描边(S)...
内容识别比例　Alt+Shift+Ctrl+C
自由变换(F)
变换(A)
自动对齐图层...
自动混合图层...
定义画笔预设(B)...
定义图案...
选择【定义图案】命令

❸ 在【图案名称】对话框中，设置【名称】为图案，单击【确定】按钮，如下图所示。

❹ 选择【文件】|【打开】命令，打开素材图片(配书光盘中的图书素材\第 1 章\1-7-11.jpg)，如下图所示。

学以致用系列丛书

如果可供采样的区域很小，而需要抹除的区域很大。此时，应尽量使用不同的采样点，而不要总徘徊在同一个采样点附近。

5 单击工具箱中的【图案图章工具】按钮，在其工具属性栏中选择已定义的图案，如下图所示。

提示

如果在【图案图章工具】属性栏中没有想要的图案，可以单击【图案】右侧的三角形按钮，再从弹出的列表中单击右侧的三角形按钮，从弹出的下拉菜单中选择需要的命令，弹出如下图所示的对话框后，单击【确定】按钮替换画笔图案即可。

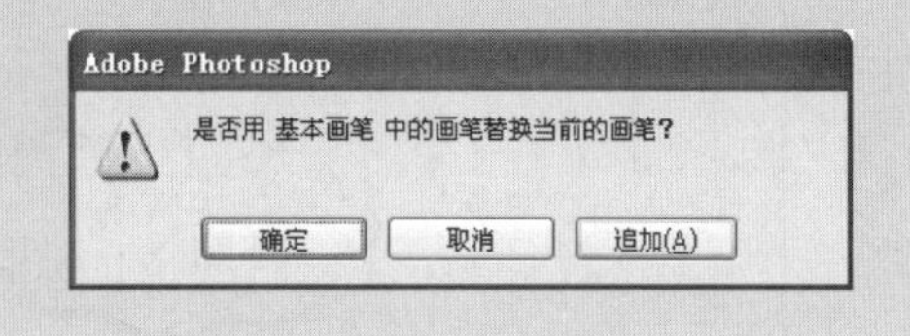

6 在图像中单击，按住鼠标左键不放拖动鼠标，如下图所示。

1.7.8 修复工具

右击工具箱中的【污点修复画笔工具】按钮，将弹出如下图所示的列表。

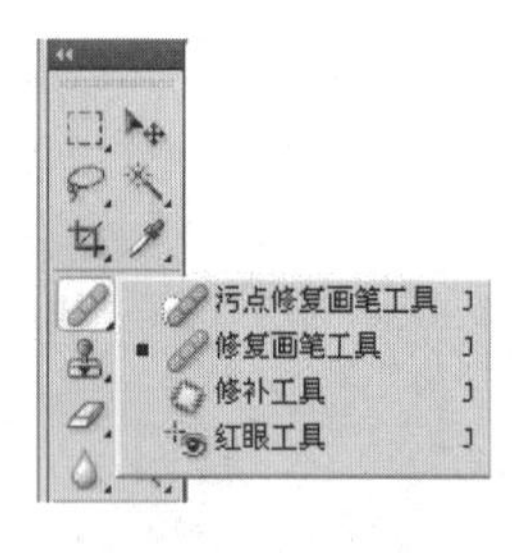

修复工具分为 4 种：【污点修复画笔工具】、【修复画笔工具】、【修补工具】和【红眼工具】。

【修复画笔工具】是【仿制图章工具】的扩展，可以将图像中的一部分纹理细节与另一处的颜色和亮度值合并，具体操作步骤如下。

操作步骤

1 选择【文件】|【打开】命令，打开素材图片(配书光盘中的图书素材\第 1 章\1-7-13.jpg)。单击【修复画笔工具】按钮，在图像中找出与需要覆盖的图像颜色相近的部分，按住 Alt 键单击，如下图所示。

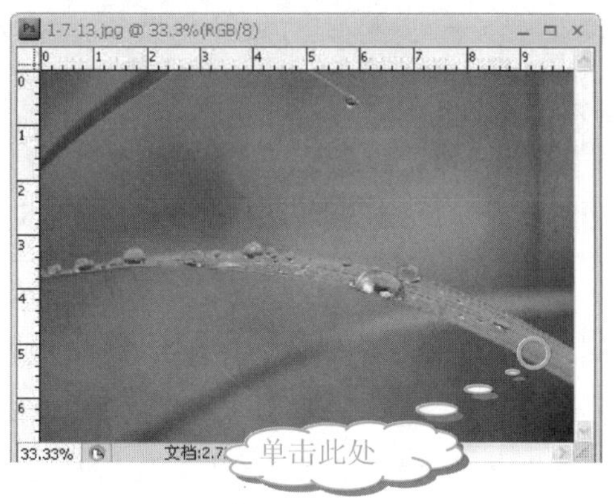

2 在其工具属性栏中设置画笔的【直径】为 25px，如下图所示。

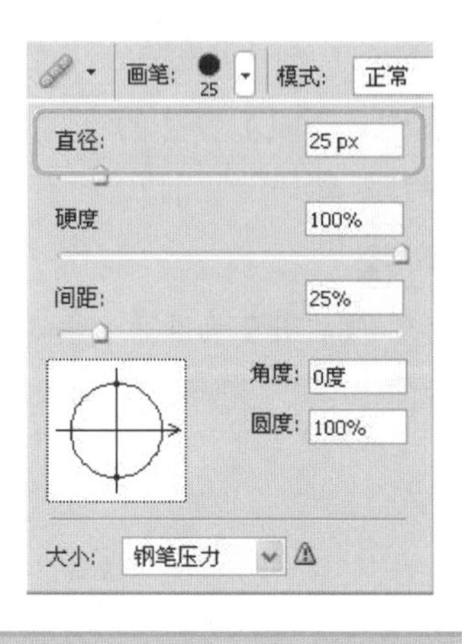

长见识 打开【仿制源】面板，输入 W(宽度)或 H(高度)的百分比数值，可以修改源的大小。

❸ 在所需要覆盖的图像上建立选区，如下图所示。

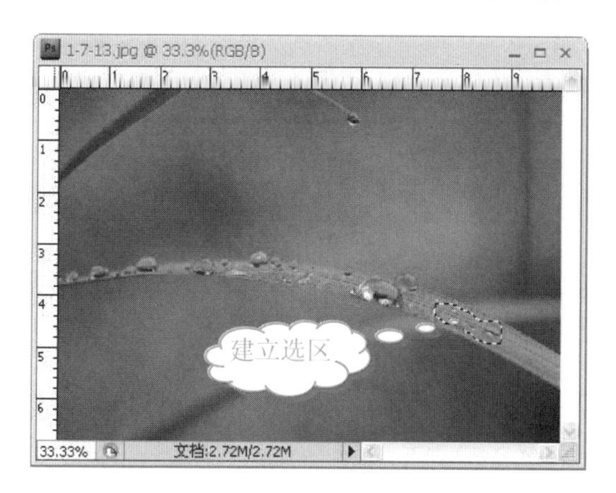

❹ 按住鼠标左键不放，拖动鼠标覆盖掉图中的水珠区域，如下图所示。

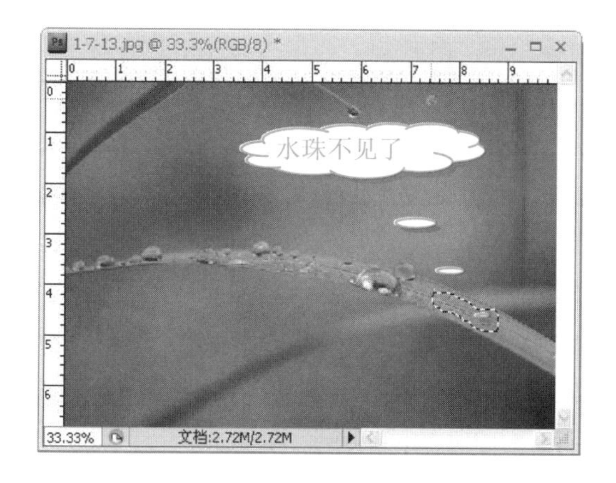

❺ 按Ctrl+D组合键取消选区。

使用【修补工具】操作的目的也是处理图像的纹理细节，具体操作步骤如下。

操作步骤

❶ 选择【文件】|【打开】命令，打开素材图片(配书光盘中的图书素材\第1章\1-7-13.jpg)。单击工具箱中的【修补工具】按钮，在图像窗口中单击要修补的部分，按住鼠标左键不放拖动鼠标，建立选区，如下图所示。

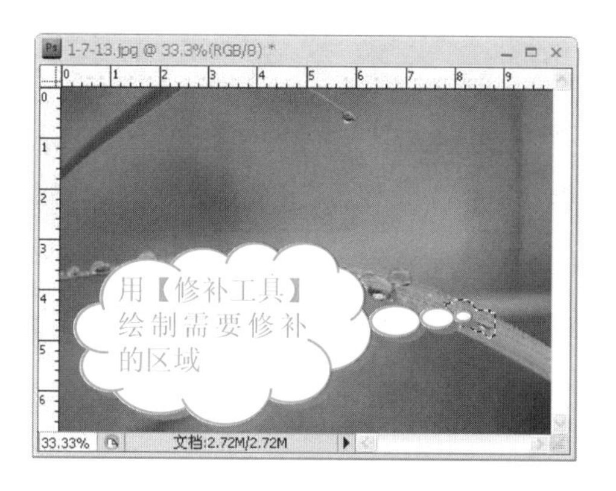

❷ 在选区内单击，按住鼠标左键不放，移动选区以覆盖掉图中的水珠区域，如下图所示。

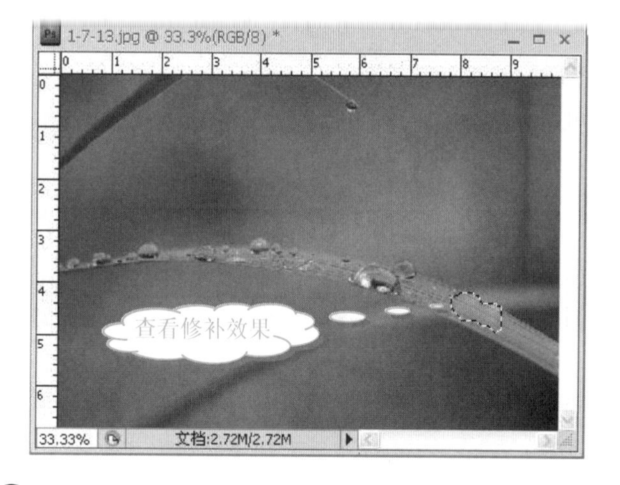

❸ 按Ctrl+D组合键取消选区。

【修复画笔工具】和【修补工具】经常被用于人物脸部的修复，特别是针对青春时期的少女，脸上有讨厌的青春痘。只要使用这两个工具，青春痘就会消失得无影无踪。

使用【红眼工具】操作的目的是为了除去人物眼睛中的红光，具体操作步骤如下。

操作步骤

❶ 选择【文件】|【打开】命令，打开素材图片(配书光盘中的图书素材\第1章\1-7-14.jpg)，如下图所示。

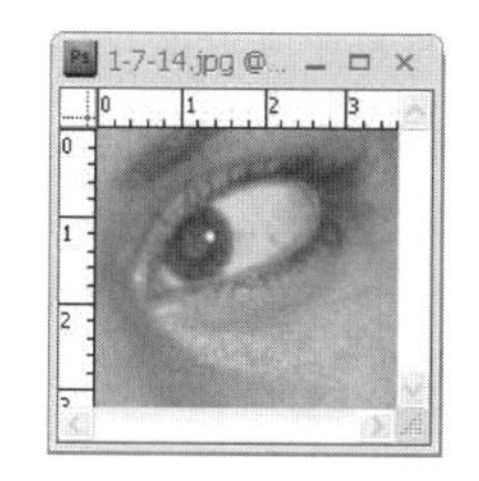

❷ 单击工具箱中的【红眼工具】按钮，在图像的红眼区域单击，按住鼠标左键不放拖动鼠标，绘制区域，遮住红眼部位，如下图所示。

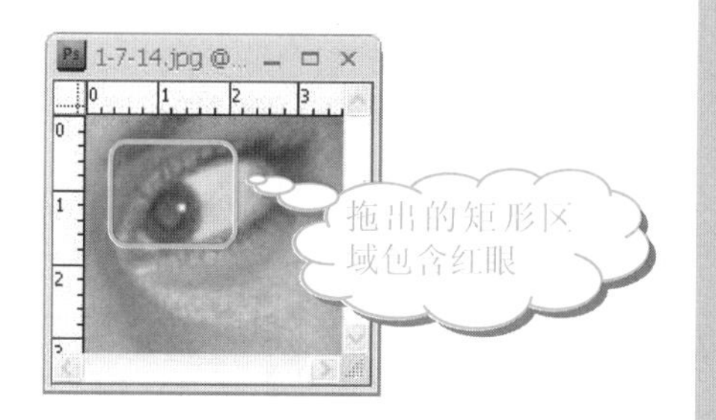

❸ 查看图像中的效果，如下图所示。

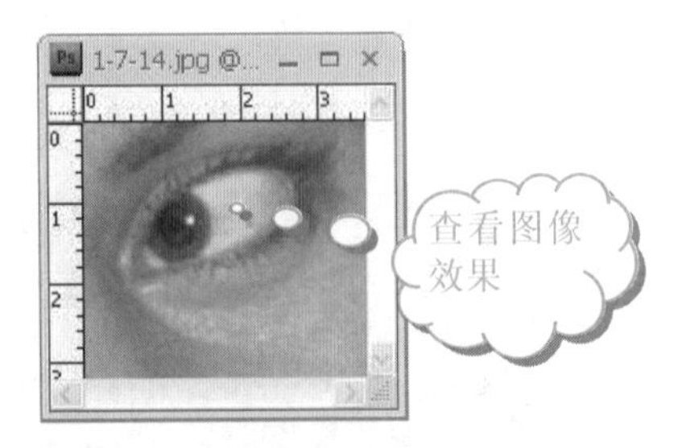

1.7.9 编辑工具

编辑工具可以在图像的局部区域创建特殊效果。编辑工具包含【模糊工具】、【锐化工具】、【涂抹工具】、【减淡工具】、【加深工具】和【海绵工具】等，如下图所示。

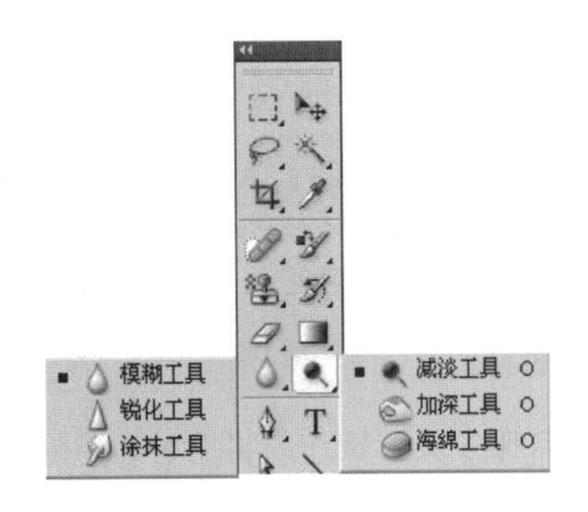

- 【模糊工具】：Photoshop 提供的两种聚焦工具之一，【模糊工具】通过降低相邻像素的对比度来达到模糊图像的效果。
- 【锐化工具】：另一种聚焦工具，它通过提高相邻像素的对比度有选择地锐化图像。

注意

一般而言，【模糊工具】和【锐化工具】不易控制，而且经常需要反复锐化图像。

- 【涂抹工具】：用于在图像中涂抹颜色。
- 【减淡工具】：用于使图像局部变亮。
- 【加深工具】：用于使图像局部变暗。
- 【海绵工具】：可以吸收图像的饱和度和对比度。通过修改工具属性栏中的参数，能够增加饱和度和对比度的值。

操作步骤

❶ 选择【文件】|【打开】命令，打开素材文件(配书光盘中的图书素材\第 1 章\1-7-15.jpg)，单击工具箱中的【矩形选框工具】按钮，建立选区，如右上图所示。

❷ 单击工具箱中的【模糊工具】按钮，在其工具属性栏中设置画笔的【主直径】为 101px，【强度】为 20%，如下图所示。

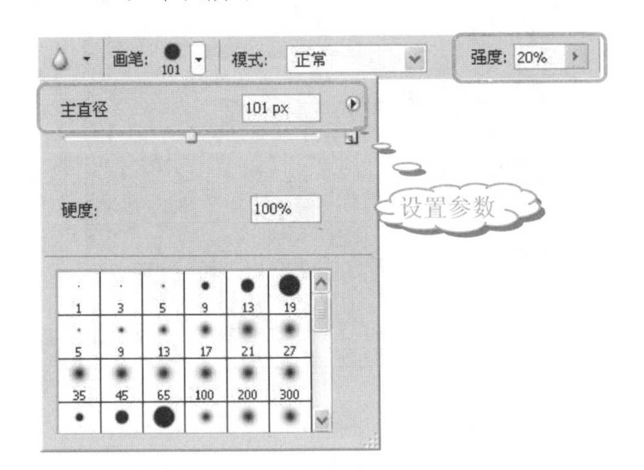

❸ 在图像上单击，按住鼠标左键不放拖动鼠标，如下图所示。

❹ 打开【历史记录】面板，取消【模糊工具】操作，如下图所示。

长见识 选择【图像】|【裁切】命令裁剪图像后，所有在裁剪范围外的像素都会丢失。要想无损裁剪图像，则应该选择【图像】|【画布大小】命令。

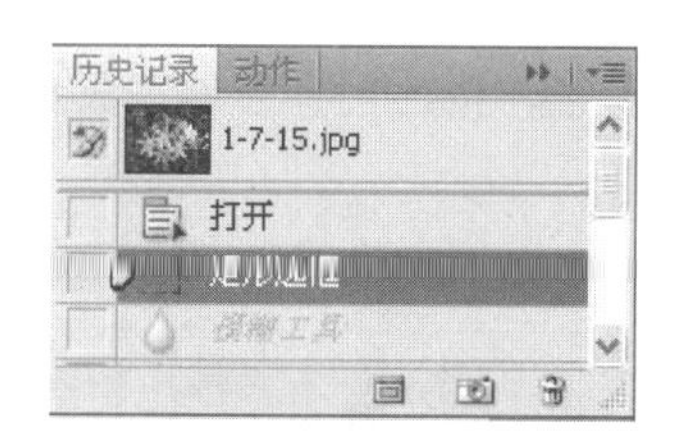

❺ 右击工具箱中的【模糊工具】按钮，从弹出的下拉列表中选择【锐化工具】选项，在其工具属性栏中设置参数，如下图所示。

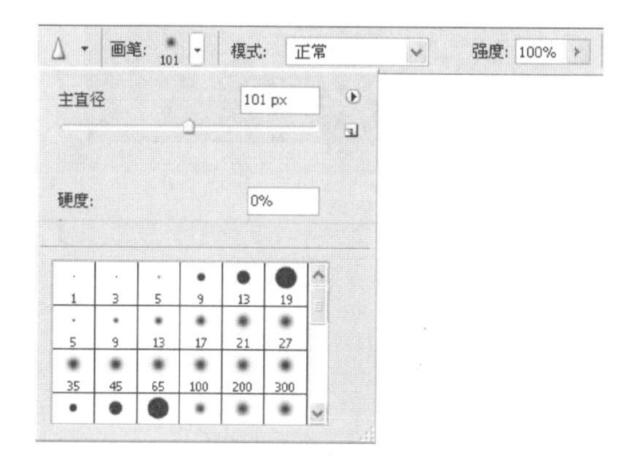

❻ 在图像上单击，按住鼠标左键不放拖动鼠标，如下图所示。

注意

使用【锐化工具】可以使图像的边缘变得更加尖锐，突出显示图像。

❼ 在【历史记录】面板中，取消【锐化工具】操作，如下图所示。

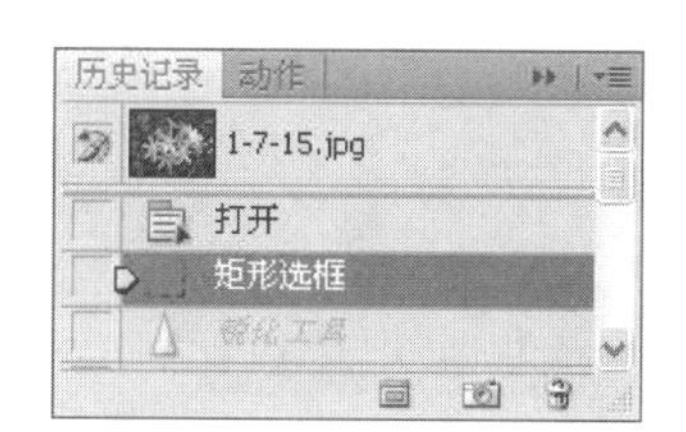

❽ 右击工具箱中的【模糊工具】按钮，从弹出的下拉列表中选择【涂抹工具】选项，在其工具属性栏中设置参数，如下图所示。

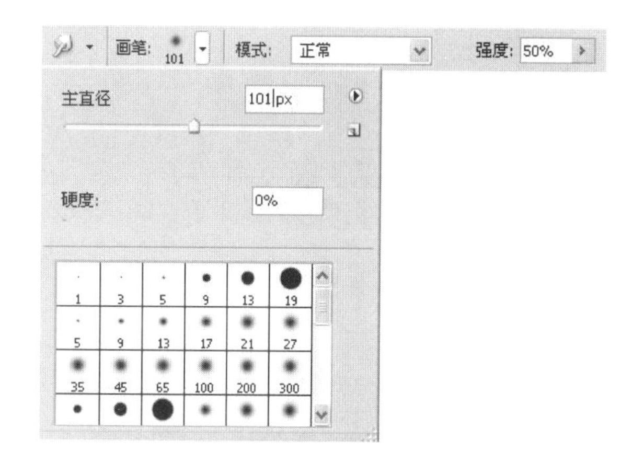

❾ 在图像上单击，按住鼠标左键不放拖动鼠标，如下图所示。

注意

【涂抹工具】是随着鼠标拖动的方向，将图像抹开的。

❿ 在【历史记录】面板中，取消【涂抹工具】操作，如下图所示。

⓫ 单击工具箱中的【减淡工具】按钮，在其工具属性栏中设置参数，如下图所示。

在图像窗口中输入文字后，如果想要调整个别字母之间的距离，可以在两个字母之间单击，然后按住Alt键，再按左右方向键调整字母之间的距离。

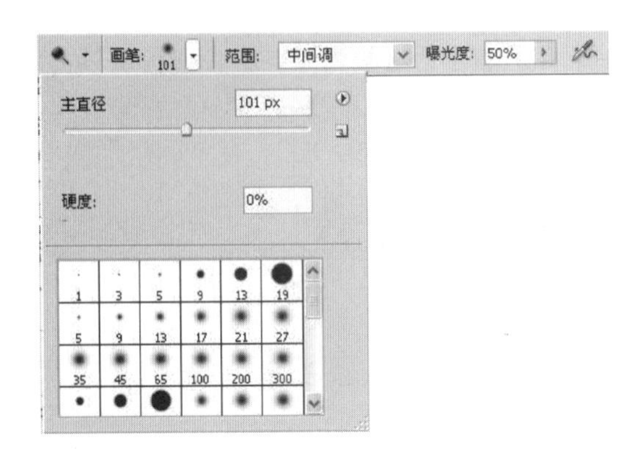

⑫ 在图像上单击，按住鼠标左键不放拖动鼠标，如下图所示。

⑬ 在【历史记录】面板中，取消【减淡工具】操作，如下图所示。

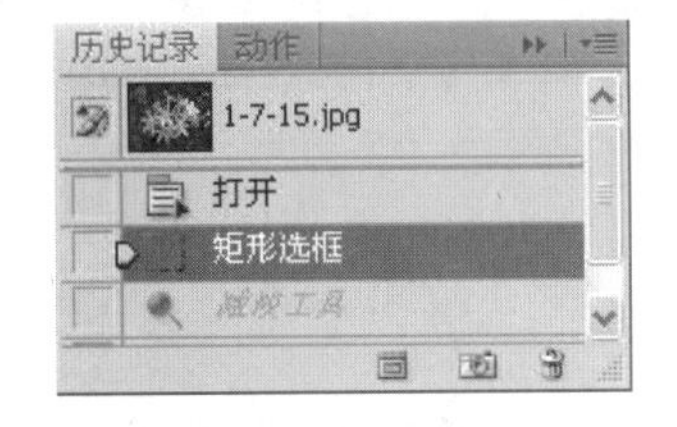

⑭ 右击工具箱中的【减淡工具】按钮，从弹出的下拉列表中选择【加深工具】选项，在其工具属性栏中设置参数，如下图所示。

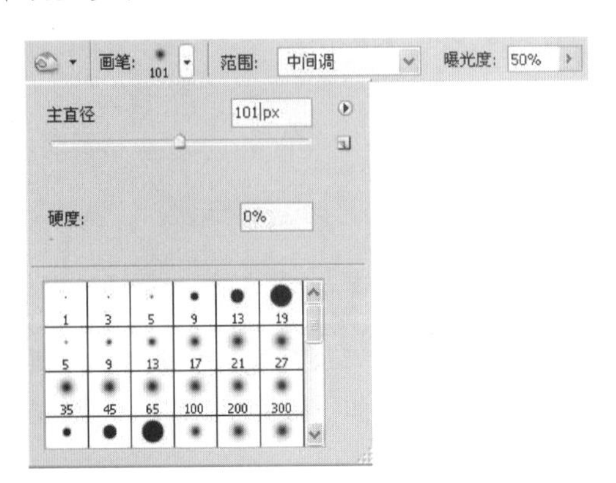

⑮ 在图像上单击，按住鼠标左键不放拖动鼠标，如下图所示。

⑯ 在【历史记录】面板中，取消【加深工具】操作，如下图所示。

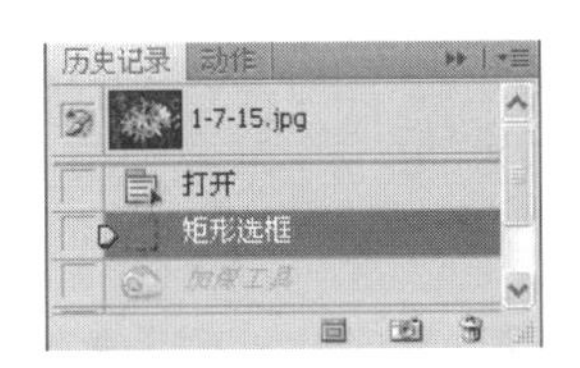

⑰ 右击工具箱中的【减淡工具】按钮，从弹出的下拉列表中选择【海绵工具】选项，在其工具属性栏中设置参数，如下图所示。

注意

【海绵工具】的工具属性栏里有两种模式：【降低饱和度】和【饱和】。如果只需要改变图像的饱和度，则不需要在属性栏的右侧选中【自然饱和度】复选框。

⑱ 在图像上单击，按住鼠标左键不放拖动鼠标，如下图所示。

要想快速改变任意文本框中显示的数值，可以先选中该数字，然后将光标定位到文本框中，就可以用上下方向键来改变该数值的大小了。如果在用方向键改变数值的同时按下Shift键，则数值的改变速度会加快。

提示

在这里选中了【自然饱和度】复选框，所以【海绵工具】的作用是添加局部图像的自然饱和度。

【海绵工具】如果用在灰度图像上，其效果会更微妙，降低或增加相邻像素的对比度会更明显。

1.7.10 橡皮擦工具

橡皮擦工具分为3种：【橡皮擦工具】、【背景橡皮擦工具】和【魔术橡皮擦工具】，如下图所示。

- 【橡皮擦工具】：按照背景色对单层图像或者图像的背景进行操作。
- 【背景橡皮擦工具】：在普通图层上使用，可以擦除该图像，显示出【背景】图层的图像；在【背景】图层上使用，在擦拭的地方会留下透明的痕迹，即将背景的部分像素删除。
- 【魔术橡皮擦工具】：擦除近似颜色。

注意

【魔术橡皮擦工具】的操作方法是单击；而【背景橡皮擦工具】和【橡皮擦工具】的操作方法是单击后，按住鼠标左键不动并拖动鼠标。

首先，介绍【橡皮擦工具】的具体操作步骤。

操作步骤

1. 选择【文件】|【打开】命令，打开素材图片(配书光盘中的图书素材\第1章\1-7-16.jpg)，如右上图所示。

2. 单击工具箱中的【橡皮擦工具】按钮，再单击【设置背景色】按钮，打开【拾色器(背景色)】对话框，设置参数，单击【确定】按钮，如下图所示。

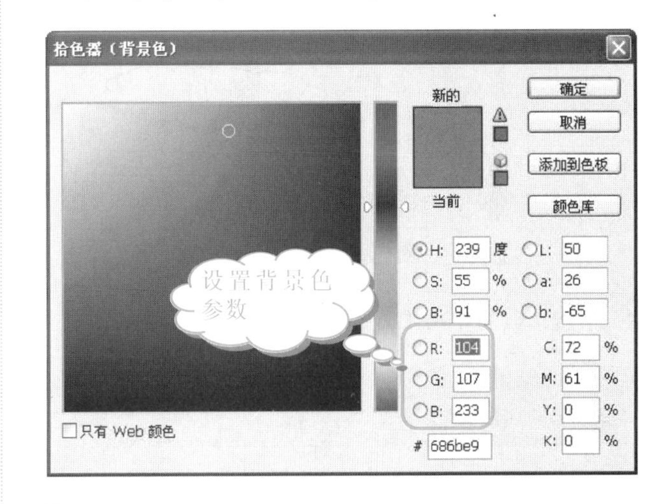

3. 在图像上单击，按住鼠标左键不动，拖动鼠标擦除区域(上面会有些蓝色痕迹)，如下图所示。

在【背景】图层上使用【橡皮擦工具】，只能将图像的像素变为背景色。因此，若想擦除【背景】图层上的内容并使其变为透明，应先将【背景】图层转换为普通图层。

提示

【橡皮擦工具】是用背景色填充选区，而【画笔工具】是用前景色填充选区。

接着，介绍【背景橡皮擦工具】的具体使用方法。

操作步骤

1. 选择【文件】|【打开】命令，打开素材图片(配书光盘中的图书素材\第 1 章\1-7-16.jpg)，在【图层】面板中单击【创建新图层】按钮，创建新的图层，如下图所示。

2. 单击工具箱中的【画笔工具】按钮，在【图层 1】图层上随意绘制，如下图所示。

3. 右击工具箱中的【橡皮擦工具】按钮，从弹出的下拉列表中选择【背景橡皮擦工具】选项，在其工具属性栏上设置参数。在【图层 1】图层上单击，按住左键不放拖动鼠标，将图像上不合适的部分擦除，如下图和右上图所示。

提示

【背景橡皮擦工具】的工具属性栏中有 3 种取样样式：连续、一次和背景色板。其含义各不相同，这里不再赘述。

最后，介绍【魔术橡皮擦工具】的具体使用方法。

操作步骤

1. 选择【文件】|【打开】命令，打开素材图片(配书光盘中的图书素材\第 1 章\1-7-16.jpg)，如下图所示。右击工具箱中的【橡皮擦工具】按钮，从弹出的下拉列表中选择【魔术橡皮擦工具】选项，将颜色相近的区域擦除，如把右侧的红色花瓣擦除。

2. 在【魔术橡皮擦工具】的工具属性栏中，设置参数，如下图所示。

容差: 32 ☑消除锯齿 ☑连续 ☐对所有图层取样 不透明度: 100%

长见识

在使用【背景橡皮擦工具】时，鼠标指针为⊕形状。鼠标指针中间的“+”号就是取样的定位点。单击图像确定取样点后，即可擦除与取样点颜色容差值相近的颜色。

❸ 在红色区域单击，查看图像效果，如下图所示。

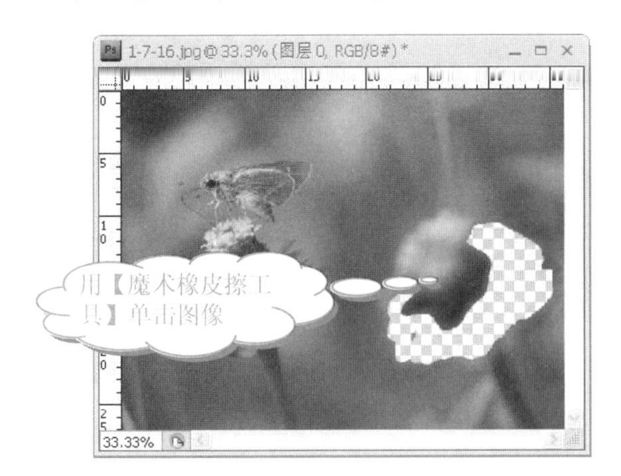

提示

【魔术橡皮擦工具】和【魔棒工具】有很多相似之处。它们都是区域选取，操作方法也一样，且在属性栏中都包含容差值。

1.7.11　恢复工具

Photoshop CS4 中的【历史记录画笔工具】和【历史记录艺术画笔工具】都属于恢复工具，它们需要配合【历史记录】面板使用。所谓历史记录是指在图像处理的某个阶段创建快照后，无论执行了何种操作，系统均会保存该状态。

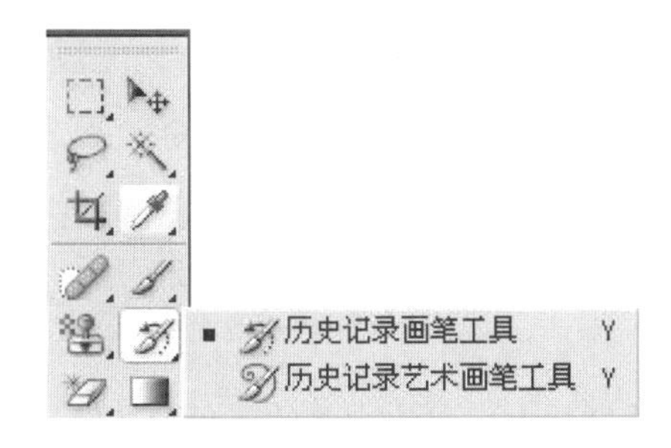

【历史记录画笔工具】可以选择性地反馈到【历史面板】中先前已经保存的状态。操作方法是单击【历史面板】中的【设置历史记录画笔的源】图标，选取想要进行操作的源状态，如下图所示。

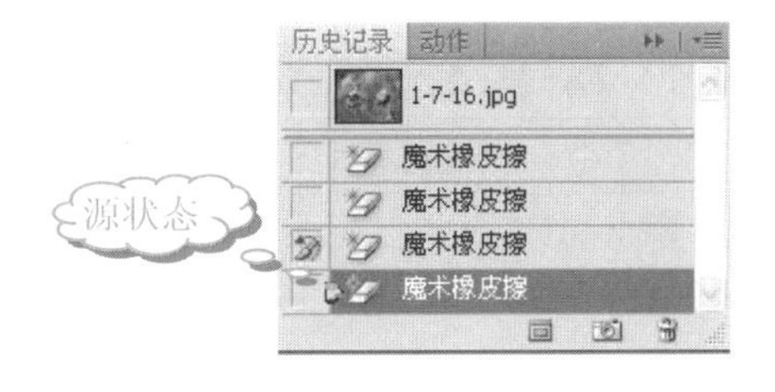

提示

【历史记录画笔工具】和【背景橡皮擦工具】的用法类似。但【背景橡皮擦工具】还原的是【背景】图层的图像，而【历史记录画笔工具】还原的是“源”状态的图像。

【历史记录艺术画笔工具】可以根据【历史记录】面板中当前画笔的状态，应用各种特殊效果。

操作步骤

❶ 选择【文件】|【打开】命令，打开素材图片(配书光盘中的图书素材\第 1 章\1-7-17.jpg)，如下图所示。

❷ 选择【窗口】|【历史记录】命令，打开【历史记录】面板，设置源状态，如下图所示。

❸ 单击工具箱中的【历史记录艺术画笔工具】按钮，在其工具属性栏中单击【切换画笔面板】按钮，打开【画笔】面板。切换到【画笔笔尖状态】选项页，设置参数，单击【流星】画笔，如下图所示。

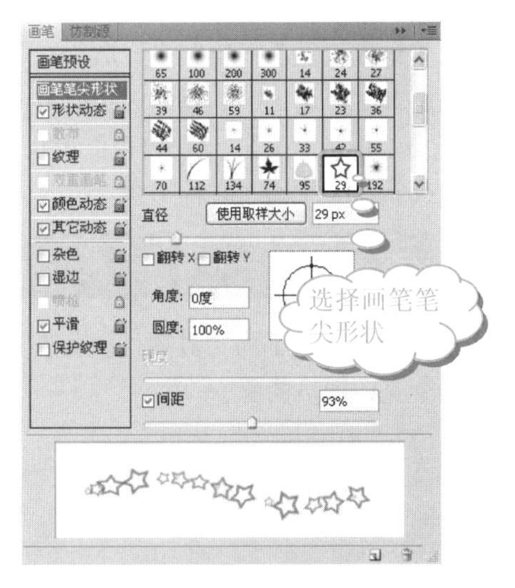

❹ 在图像上单击，按住鼠标左键不放，拖动鼠标，如下图所示。

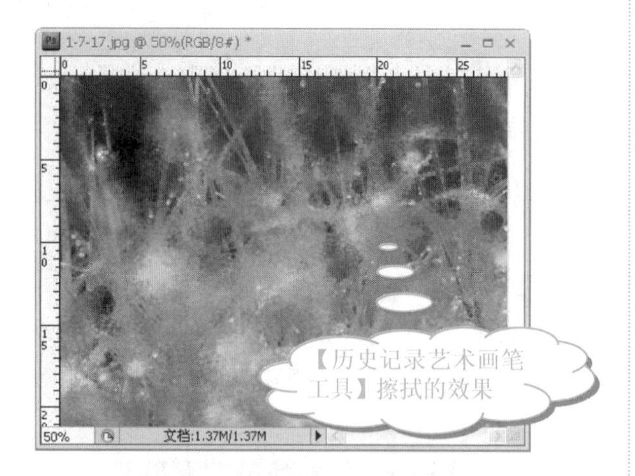

1.7.12 形状工具

下面将详细介绍形状工具及其工具属性栏等方面的知识。

1. 形状工具

右击工具箱中的【矩形工具】按钮，可弹出包含 6 种不同形状工具的下拉列表，如下图所示。

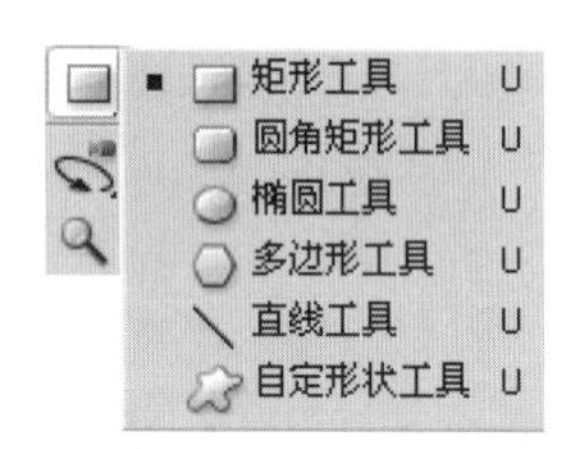

- ❖ 【矩形工具】：绘制矩形形状。
- ❖ 【圆角矩形工具】：绘制具有圆角的矩形，可以自定义圆角的大小。
- ❖ 【椭圆工具】：绘制椭圆或圆形。
- ❖ 【多边形工具】：绘制多边形。
- ❖ 【直线工具】：绘制直线。
- ❖ 【自定形状工具】：绘制自由的形状。Photoshop CS4 提供了大约 250 种形状。

2. 形状工具属性栏

下面以【直线工具】的工具属性栏为例，详细介绍各个参数的含义，如下图所示。

(1) 形状的种类

在工具属性栏中，形状的种类有如下 3 种，如下图所示。

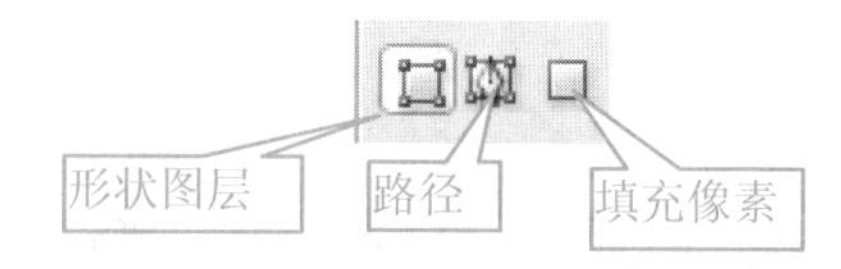

- ❖ 【形状图层】：在画面上绘制形状时，【图层】面板上自动生成一个命名为“形状×”的新图层，并在【路径】面板上保存矢量形状。
- ❖ 【路径】：在画面上绘制形状时，此形状自动转变为路径线段，并在【路径】面板中保存为工作路径。
- ❖ 【填充像素】：在画面上绘制形状时，在原图层上自动以前景色填充。在【图层】面板和【路径】面板中不会保存形状，就好像在形状区域用【油漆桶工具】填充一样。

(2) 形状工具的种类

形状工具的种类如下图所示。

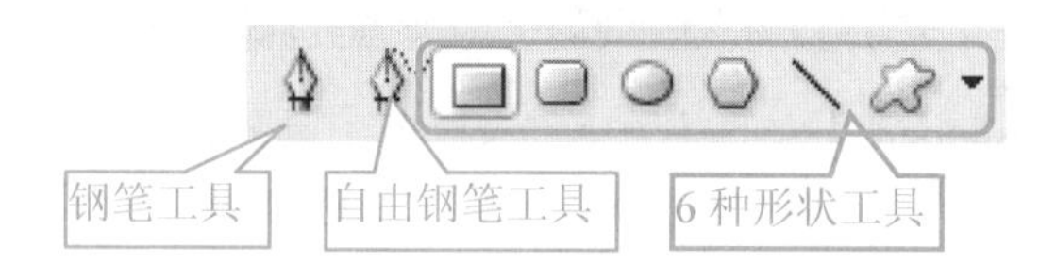

- ❖ 钢笔工具：用于绘制路径。
- ❖ 自由钢笔工具：用于绘制连贯的路径。
- ❖ 6 种形状工具：上一小节中已经介绍过。

(3) 形状样式和颜色

指定形状图层时，可以设置图层的样式及填充颜色，如下图示。

- ❖ 【样式】：单击右侧的三角形按钮，可以为形状添加样式，如下图所示。也可以在【样式】面板中添加自定义的样式。

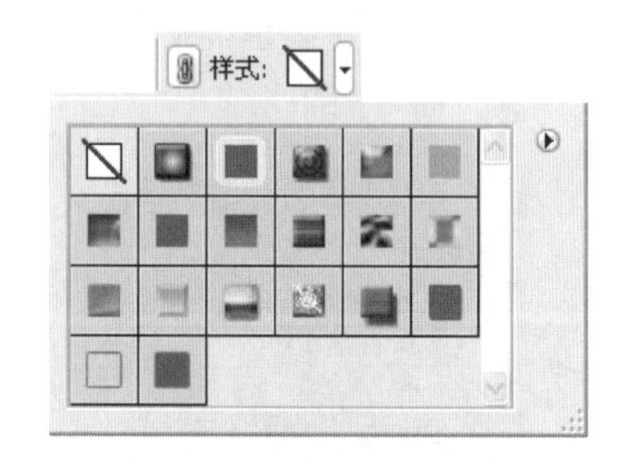

- ❖ 【颜色】：单击【颜色】右侧的颜色块，将弹

矢量图是使用形状工具或钢笔工具绘制的直线和曲线，与分辨率无关。因此，调整矢量图的大小，将其存储为 PDF 文件格式的时候，会保持清晰的边缘。

出【颜色编辑器】对话框，可以设置形状图层的颜色。

在形状工具的属性栏中单击【填充像素】按钮时，属性栏中会出现如下几个选项。

- ❖ 【模式】：设置形状区域的混合模式。
- ❖ 【不透明度】：设置形状的不透明度。
- ❖ 【消除锯齿】：选中该复选框，将使形状边缘变得光滑。

3. 形状工具的特点

初步认识形状工具后，下面一起来看看形状工具的特点有哪些。

- ❖ 形状可编辑。与像素不同，通过移动控制点和控制柄可以改变形状，而且还能对形状进行缩放、旋转、扭曲和倾斜操作。
- ❖ 形状有助于提高低分辨率的图像缺陷。通过基于矢量的精确轮廓，使图像显示更加清晰。
- ❖ 图层样式可以应用于形状图层，且形状图层和普通图层一样，可以添加图层样式。
- ❖ 形状与图像的分辨率无关。由于形状是基于矢量的，所以，图像的放大操作，不会妨碍图像的清晰度。

4. 绘制和编辑形状

绘制形状时，首先要在属性栏中选择绘制形状的类型(形状图层、路径或填充像素)，然后在画面上拖动鼠标，即可绘制出所需要的形状。

在绘制形状之前，要设置形状的参数。例如：单击【形状图层】按钮时，要先设置【颜色】和【样式】；单击【填充像素】按钮时，要先设置【模式】和【不透明度】等。

单击【矩形工具】按钮，并单击属性栏上形状选项右侧的下三角按钮，将弹出【矩形选项】的属性框，可以设置形状的参数，如右上图所示。

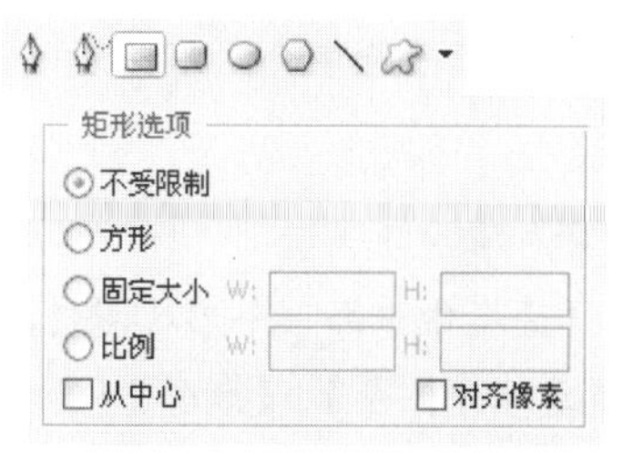

单击【直线工具】按钮，可以设置直线的参数，如下图所示。

通过编辑形状的填充图层，可以很容易地填充颜色、渐变或图案。另外，还可以编辑形状的矢量蒙版以修改形状轮廓，并应用图层样式。

要使用颜色来填充形状图层，具体的操作步骤如下。

操作步骤

1. 若想更改形状的颜色，可以在【图层】面板中双击形状图层缩略图。这里双击【形状 1】图层缩略图，如下图所示。

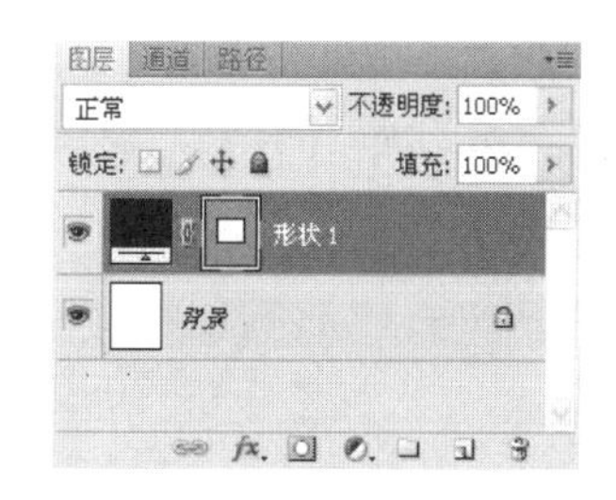

2. 打开【拾取实色】对话框，选取一种颜色，单击【确定】按钮即可，如下图所示。

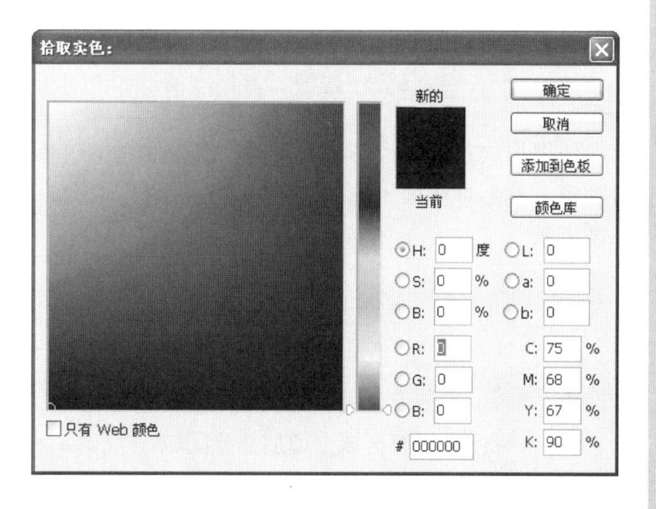

学以致用系列丛书

要使用图案或渐变来填充形状图层，具体的操作步骤如下。

操作步骤

❶ 在【图层】面板中选择一个形状图层，然后选择【图层】|【新建填充图层】|【渐变】(或【图案】)命令，如下图所示。

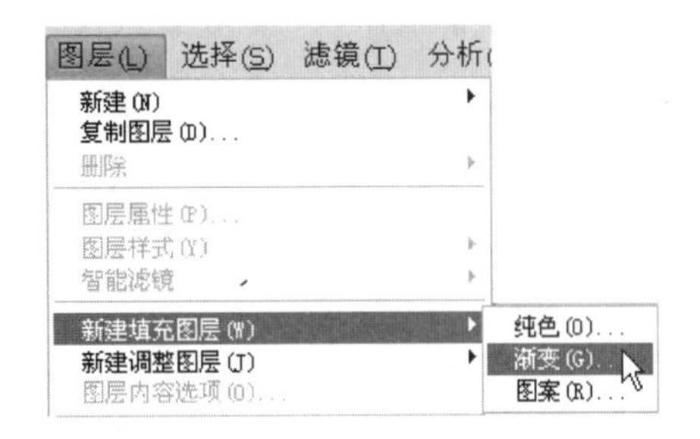

❷ 打开【新建图层】对话框，设置渐变(或图案)的参数，单击【确定】按钮，如下图所示。

要修改形状轮廓，可以在【图层】面板或【路径】面板中单击形状图层的缩略图，然后使用形状工具或【钢笔工具】来更改形状。

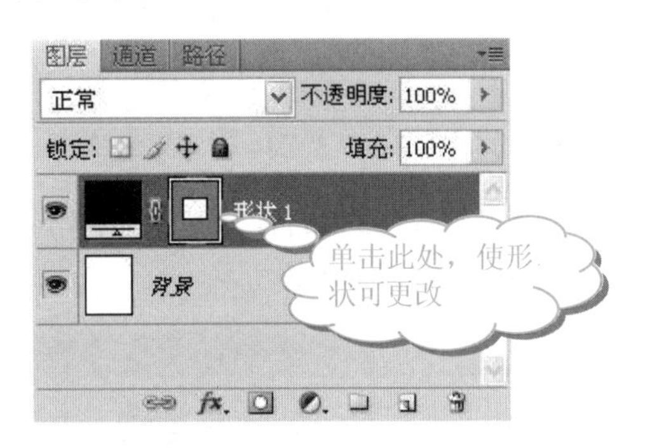

使用形状工具更改形状时，可以在属性栏中选择形状类型，然后在画面上拖动鼠标，对选区进行修改，如下图所示。

❖ ：单独选择某一区域。
❖ ：在原有区域上增加部分区域。
❖ ：从原有区域上减去部分区域。
❖ ：选取与原来区域重合的部分。
❖ ：减去与原来重合的部分。

下面介绍形状的一些基本操作。

❖ 移动形状而不更改其大小或比例：可以按住空格键的同时拖移形状。
❖ 删除形状图层：可以先在【图层】面板上选中形状图层，然后单击【图层】面板下方的【删除图层】按钮。接着，在弹出的 Adobe Photoshop CS4 Extended 对话框中单击【确定】按钮，如下图所示。

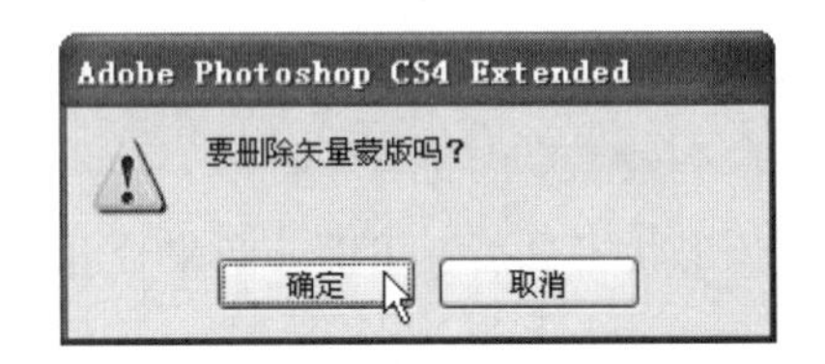

❖ 删除形状路径：可以在【路径】面板上选中形状图层，单击【路径】面板下方的【删除当前路径】按钮，然后在弹出的 Adobe Photoshop CS4 Extended 对话框中单击【是】按钮。
❖ 复制形状图层：只要在【图层】面板上拖动形状图层到【图层】面板下方的【创建新图层】按钮上即可。
❖ 复制形状路径：只要在【路径】面板上拖动形状图层到【路径】面板下方的【创建新路径】按钮上即可。

1.7.13 钢笔工具和路径工具

使用钢笔工具可以创建直线和平滑流畅的曲线，也可以组合使用钢笔工具和形状工具创建复杂的形状。

右击工具箱中的【钢笔工具】按钮，在弹出的下拉列表中包含 5 种钢笔工具，如下图所示。

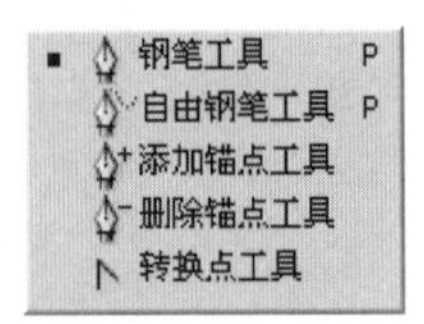

❖ 【钢笔工具】：在画面上绘制路径时，将创建一个点。单击产生转角，拖动产生平点。
❖ 【自由钢笔工具】：在画面上拖动鼠标，随着拖动的轨迹创建路径。
❖ 【添加锚点工具】：单击已经绘制好的路径，创建控制点。

在图像编辑过程中，可以选择【图像】|【排列】子菜单中的相关命令，调整当前工作图层的顺序。

❖ 【删除锚点工具】：单击路径中已有的控制点，便可将其删除。

❖ 【转换点工具】：在转角的控制点上拖动鼠标，使其变成平滑点，或者在平滑点上单击，使其变为转角点。

创建路径后，可以通过以下两种工具选择和编辑路径，如下图所示。

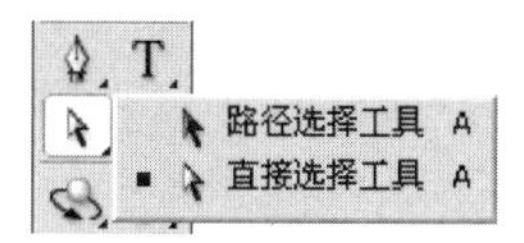

❖ 【路径选择工具】：单击选择全部路径。如果存在多个子路径，则会选择鼠标指针下面的子路径。

❖ 【直接选择工具】：选择或拖动控制点和控制柄，可以调整所有路径的形状。

只要使用【自由钢笔工具】在画面上拖动鼠标，便可以创建一条路径。不过，用这种方式绘制的路径通常不太准确，可以在绘制完后，使用【直接选择工具】拖动控制点对其进行修改。

1. 编辑路径

绘制好路径以后，如果对原路径不满意，可以通过以下方法进行操作。

(1) 调整路径

使用【直接选择工具】可以对绘制好的路径的控制点、控制柄、直线段和曲线段分别进行修改。

❖ 移动控制点：单击路径中的某个点，或者框选出多个点，拖动鼠标，可以移动控制点的位置。

❖ 移动控制柄：选中路径中的某个点，拖动其控制柄，可以改变曲线的曲率，如下图所示。

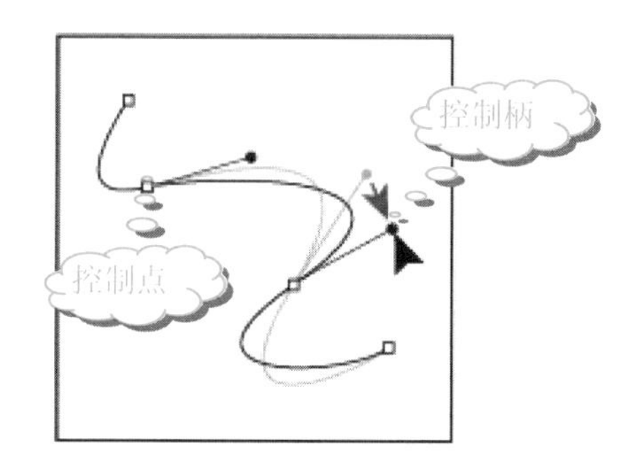

❖ 移动曲线段：拖动曲线段，可以改变曲线段的曲率，如下图所示。

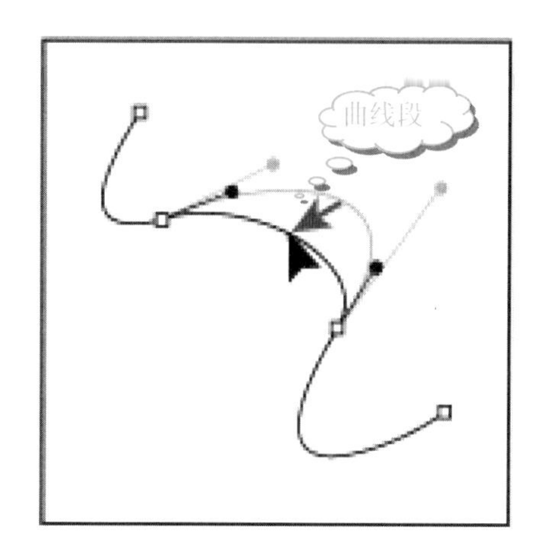

(2) 断开或连接路径

要断开路径，需要在工具箱中单击【直接选择工具】按钮，再单击路径上需要断开的控制点，然后按 Delete 键，就可以将原路径断开为两个路径。

要连接两条断开的路径，则可以单击工具箱中的【钢笔工具】按钮，然后单击一条路径上的一个端点，再单击或拖动另一条路径的端点，这样就可以将两条路径连接起来了。

(3) 转换点

下面将具体介绍角点、平滑点和拐点之间的转化。

❖ 要将平滑点转换成没有方向线的拐点，只要单击控制点即可。

❖ 要将平滑点转换为带有方向线的角点，则需要先单击【直接选择工具】按钮；然后单击控制点，显示出控制柄；再拖移控制柄，使方向线断开，如下图所示。

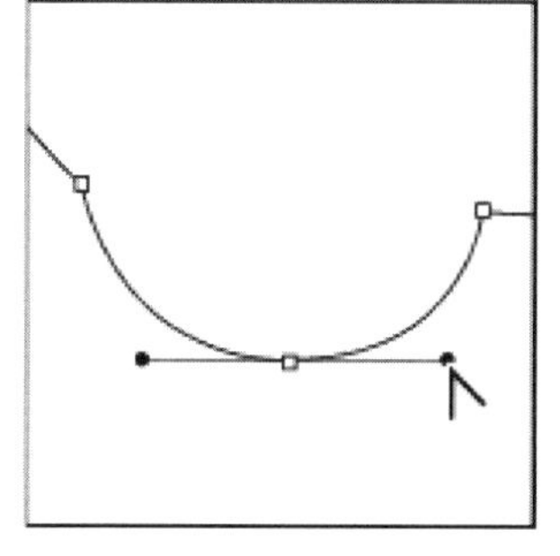
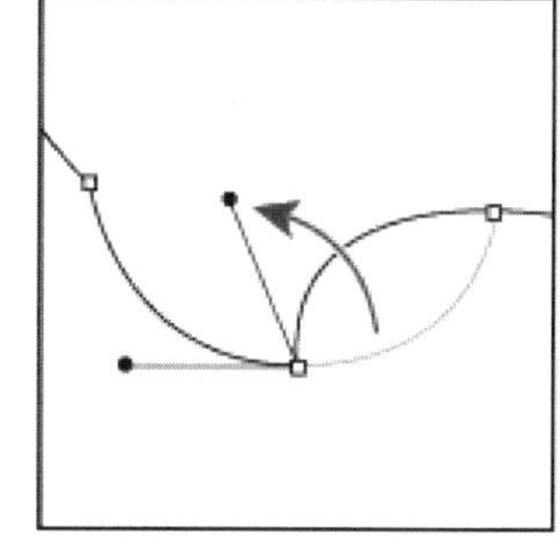

❖ 要将拐点转换成平滑点，则用鼠标从拐点上向外拖移，显示出控制柄即可。

2. 路径的描边与填充

对于路径，除了上面介绍的操作外，还可以进行描边和填充操作。

(1) 填充路径

根据闭合路径所围住的区域，用指定的颜色进行填充，便可达到沿着路径填充的效果。

操作步骤

1. 选中需要填充的路径，在画面上右击，从弹出的快捷菜单中选择【填充子路径】命令，如下图所示。

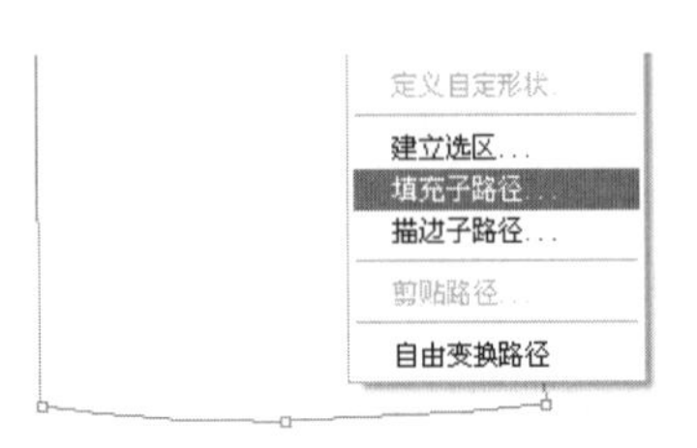

2. 弹出【填充子路径】对话框，在【内容】选项组中的【使用】下拉列表框中选择要填充的内容，然后单击【确定】按钮，如下图所示。

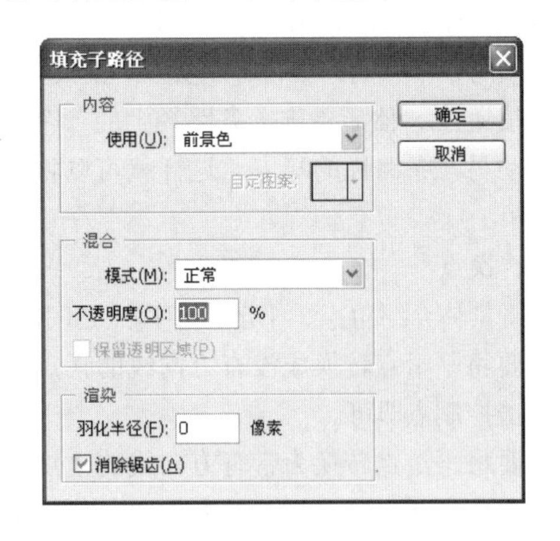

(2) 描边路径

描边路径的方法和填充路径很相似，只要选中需要描边的路径，然后在画面上右击，从弹出的快捷菜单中选择【描边子路径】命令，再在弹出的【描边子路径】对话框中设置参数即可。

3. 关于【路径】面板

【路径】面板的工作界面如下图所示。

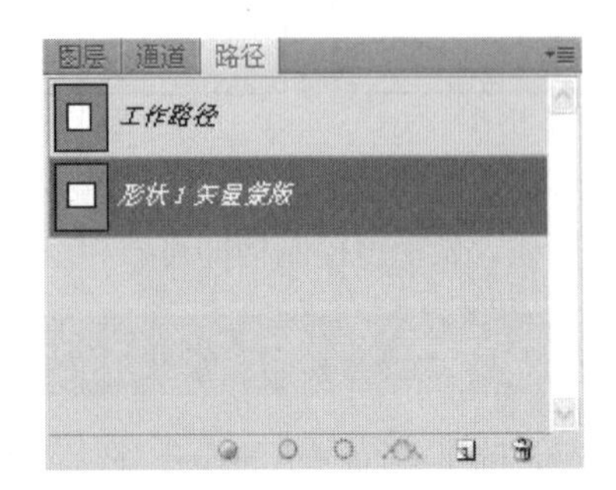

【路径】面板下方各个按钮的功能简介如下。

- ❖ ：用前景色填充路径。
- ❖ ：用画笔描边路径。
- ❖ ：将路径作为选区载入。
- ❖ ：从选区建立工作路径。
- ❖ ：建立一个新路径。
- ❖ ：删除当前的路径。

单击【路径】面板右上角的三角形按钮，从弹出的下拉菜单中可以选择相应的命令(如【新建路径】等)进行操作，如下图所示。

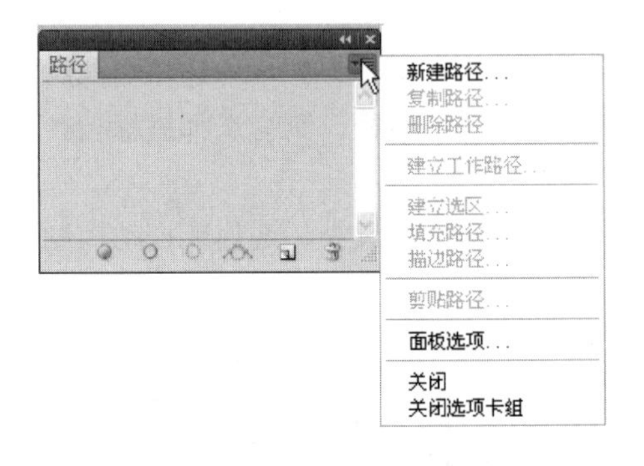

1.7.14 文字工具

右击工具箱中的【横排文字工具】按钮，在弹出的下拉列表中包含 4 种文字工具：【横排文字工具】、【直排文字工具】、【横排文字蒙版工具】和【直排文字蒙版工具】，如下图所示。

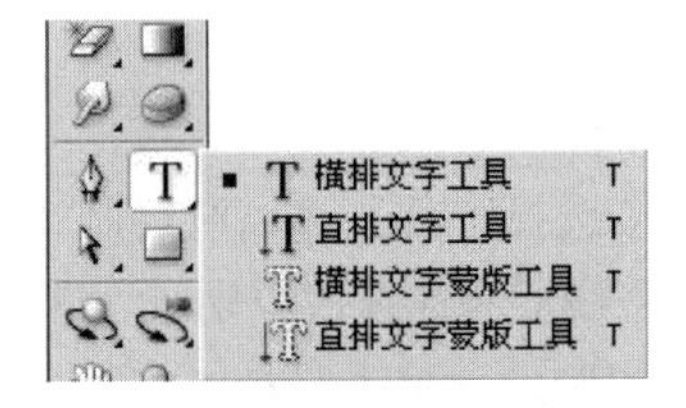

- ❖ 【横排文字工具】：可以在水平方向排列文字。
- ❖ 【直排文字工具】：可以在垂直方向排列文字。
- ❖ 【横排文字蒙版工具】：横向文字蒙版，即输入的文字是横向的，且文字输入后将直接转变为选区。
- ❖ 【直排文字蒙版工具】：纵向文字蒙版，和【横排文字蒙版工具】功能相似，只不过文字的排列是垂直的。

文字工具的具体使用方法如下。

操作步骤

1. 选择【文件】|【新建】命令，在弹出的【新建】对话框中的【名称】文本框中输入“文字”，并设置

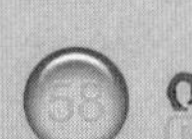

长见识：用任意绘图工具画出直线笔触：先在起点位置单击鼠标，然后按住 Shift 键，再将鼠标指针移到终点单击即可。

【宽度】和【高度】均为10厘米，【分辨率】为72像素/英寸，如下图所示。

❷ 单击【确定】按钮，新建一个“文字”空白文档，如下图所示。

❸ 单击工具箱中的【横排文字工具】按钮 T，在图像窗口中单击，按住鼠标左键不动，拖动鼠标，绘制一个矩形框，如下图所示。

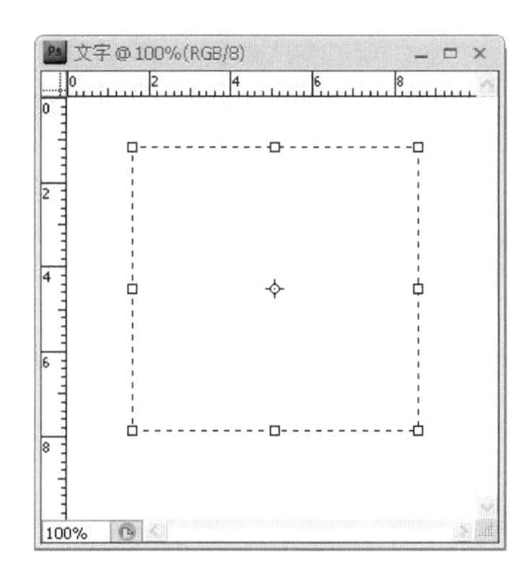

❹ 输入“文字”，如右上图所示。

❺ 在【横排文字工具】的属性栏中，参数设置如下图所示。在Photoshop中提供了多种字体，用户可以根据自己的需要选择相应的字体，并设置文本的大小和颜色。

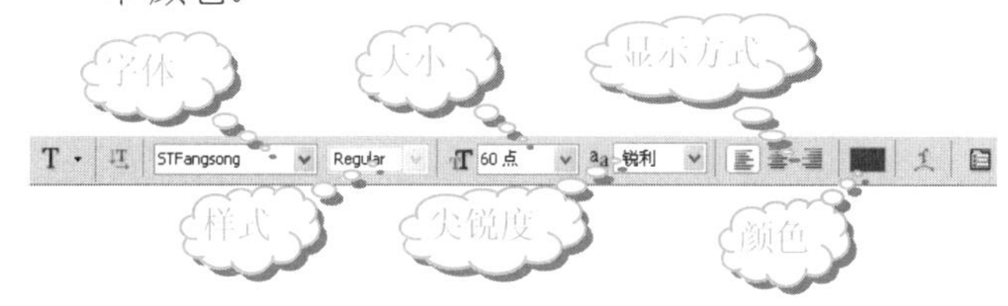

提示

通过【横排文字蒙版工具】和【直排文字蒙版工具】可以将字体转化为选区，然后就可以运用选区的知识进一步处理图像。

1.8 思考与练习

选择题

1. 在拍摄数码照片时，主线放置在______的位置，会让人觉得呆板。

A. 图像中间　　B. 图像偏上

C. 图像偏下　　D. 刻意倾斜

2. 在下图中，如果想要建立选区，使用______最方便、最快捷。

A. 套索工具　　B. 多边形工具
C. 磁性套索工具　　D. 魔棒工具

3. 按住 Ctrl+______组合键，取消选区。

A. A　　B. D
C. B　　D. M

操作题

1. 打开素材图片(配书光盘中的图书素材\第 1 章\1-7-7.jpg)，选择适当的工具建立选区以选中花朵部分，并填充红色。

2. 新建一个文档，使用适当的形状工具，创建一个八角形，并在该图形上填充图案。

长见识

Photoshop 可以保留基于矢量的文字轮廓，因此在缩放文字、调整文字大小后，生成的文字可能具有犀利的边缘。

第2章 简单上手——数码照片的编辑

有时，用数码相机拍摄的照片很完美，不需要修改。但是有时，拍摄的照片或多或少总有些缺陷。学习本章内容后，就可以对数码照片进行简单的编辑，使照片变得更加完美。

学习要点

- ❖ 改变照片图像大小
- ❖ 裁剪照片图像
- ❖ 调整照片图像的角度

学习目标

通过对本章的学习，读者首先应该了解数码照片编辑工具的使用效果；其次了解编辑工具的具体操作方法；最后能够熟练地使用各种编辑工具。

2.1 改变照片图像大小

使用Photoshop CS4软件改变数码照片图像的大小是数码照片构图的基础。下面就来介绍改变照片图像大小的方法。

2.1.1 使用【缩放工具】改变照片图像的大小

为了更加精确地编辑图像文件，可以使用工具箱中的【缩放工具】对图像进行操作。【缩放工具】调整的是图像的可视大小，而不改变照片的实际大小。

改变图像大小包括放大、缩小和100%显示图像，具体操作步骤如下。

操作步骤

❶ 启动 Photoshop CS4 软件，选择【文件】|【打开】命令，打开素材文件(配书光盘中的图书素材\第 2 章\2-1.jpg)，如下图所示。

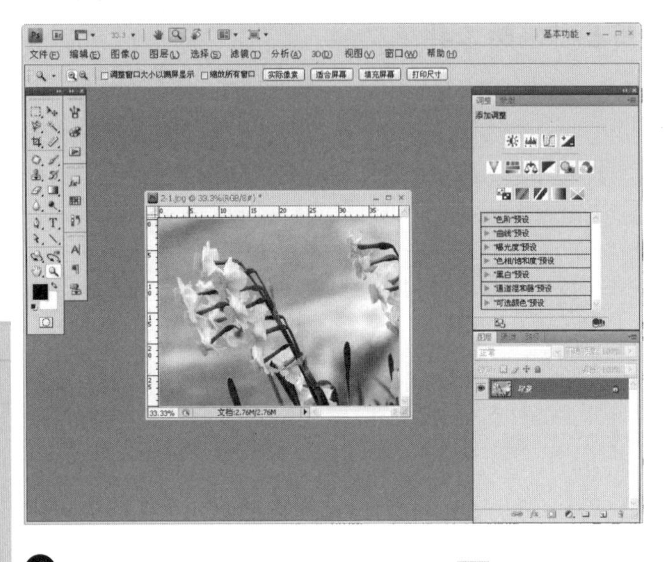

❷ 单击工具箱中的【缩放工具】按钮，查看【缩放工具】属性栏，如下图所示。

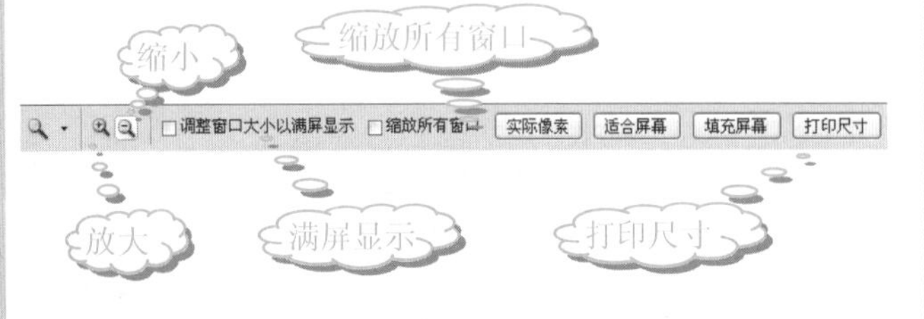

❸ 单击【缩放工具】属性栏中的【放大】按钮，再在图像上单击，如下图所示。

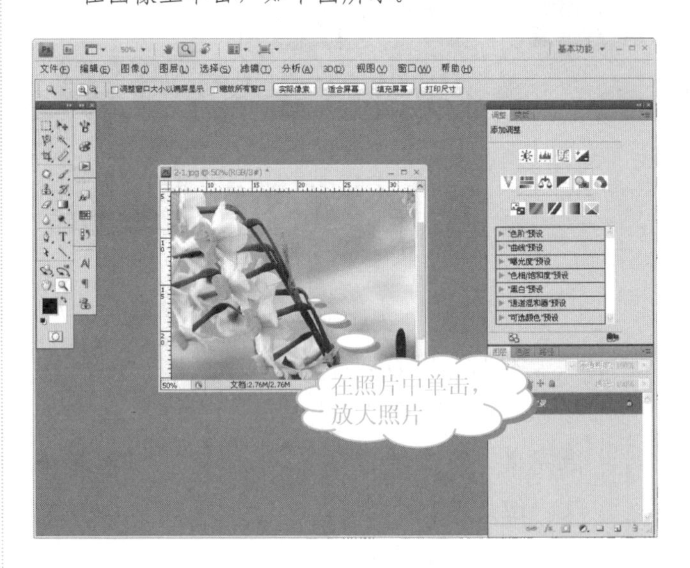

提示

同理，单击【缩放工具】属性栏中的【缩小】按钮，再在图像上单击可以使图像变小。

❹ 在【缩放工具】属性栏中选中【调整窗口大小以满屏显示】复选框，然后单击【放大】按钮，再在图像上单击，可以将图像放大显示在整个图像窗口中，如下图所示。

提示

【缩放所有窗口】一般可用于处理多张照片。只要单击某一张照片，那么其他的照片也会同时按照该照片进行相同的操作。

❺ 单击【实际像素】按钮，可以按图像的实际像素大

在 Photoshop CS4 中，放大图像的最大比例为文件的3200%。

小显示，也就是图像可以按照 100%的比例显示，如下图所示。

❻ 单击【适合屏幕】按钮，可以将图像调整为长度或宽度为满屏的效果，浏览图像的全貌，如下图所示。

❼ 单击【填充屏幕】按钮，可以填满屏幕所有可用的区域，如下图所示。

❽ 单击【打印尺寸】按钮，则可以按照图像的实际大小打印图像。

2.1.2 使用【图像大小】命令改变照片图像的大小

当图像文件占用较多的磁盘空间时，可以通过调整图像的大小来改变文件的大小。调整图像大小一般可以从图像的像素、高度、宽度和分辨率着手，具体操作步骤如下。

操作步骤

❶ 启动 Photoshop CS4 软件，选择【文件】|【打开】命令，打开素材文件(配书光盘中的图书素材\第 2 章\2-1.jpg)，如下图所示。

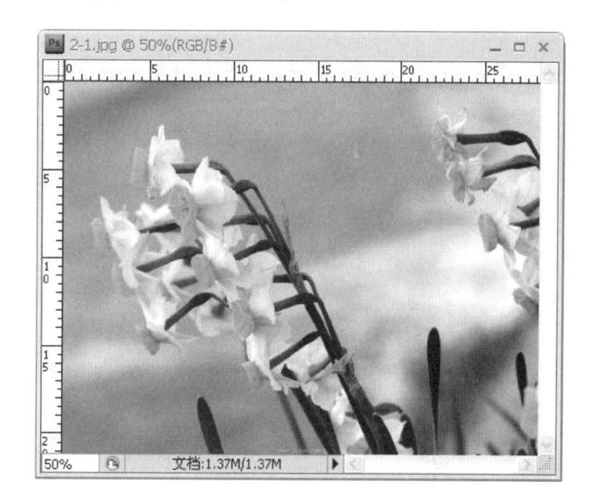

提示

计算机屏幕的大小有限，实际看到的图像大小不一定是真实的。例如，在上图中看到的图像大小为实际大小的 50%。

❷ 选择【图像】|【图像大小】命令，如下图所示。

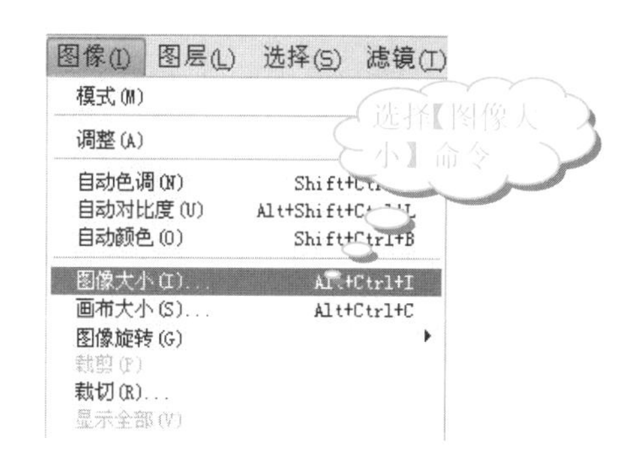

❸ 在弹出的【图像大小】对话框中，查看参数，如下

图所示。

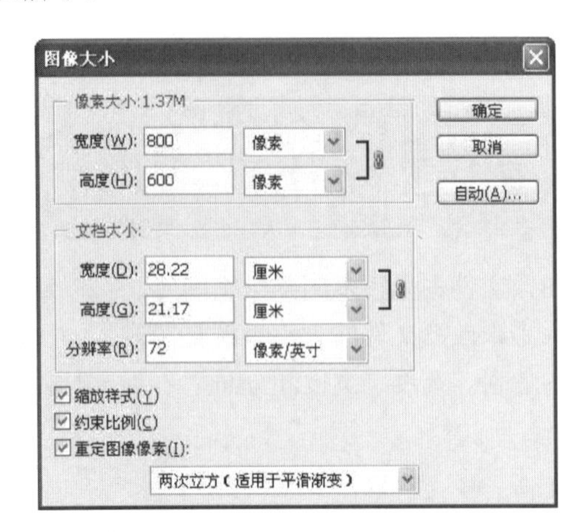

提示

在【图像大小】对话框中，各选项的含义如下。

- ❖ 【像素大小】：通过改变【宽度】和【高度】的值，改变图像在屏幕中的尺寸。
- ❖ 【文档大小】：通过改变【宽度】、【高度】和【分辨率】的值，改变图像的实际尺寸。
- ❖ 【缩放样式】：选中该复选框，可以保持图像中的样式(图层样式等)按比例进行修改。
- ❖ 【约束比例】：选中该复选框后，在【宽度】和【高度】选项后将出现链接标记，表示改变其中一项设置，另一项也将按相同比例改变。
- ❖ 【重定图像像素】：选中该复选框后，将激活【像素大小】选项组中的参数，可以改变像素的大小。若取消选中该复选框，则像素大小不发生变化。

4 在【图像大小】对话框中，设置【宽度】为 40 厘米，如下图所示。

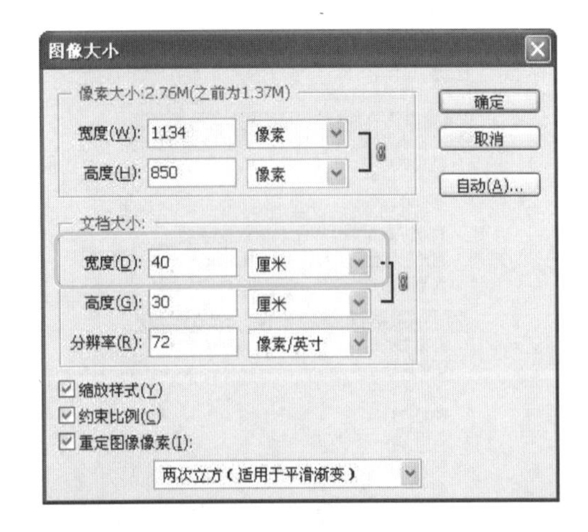

提示

因为选中了【约束比例】复选框，所以修改【宽度】的值会使【高度】的数值也随之改变。而且【像素大小】区域中的值也全部发生变化。

5 单击【确定】按钮，为了便于观看，可以使用【缩放工具】将图像缩小，如下图所示。

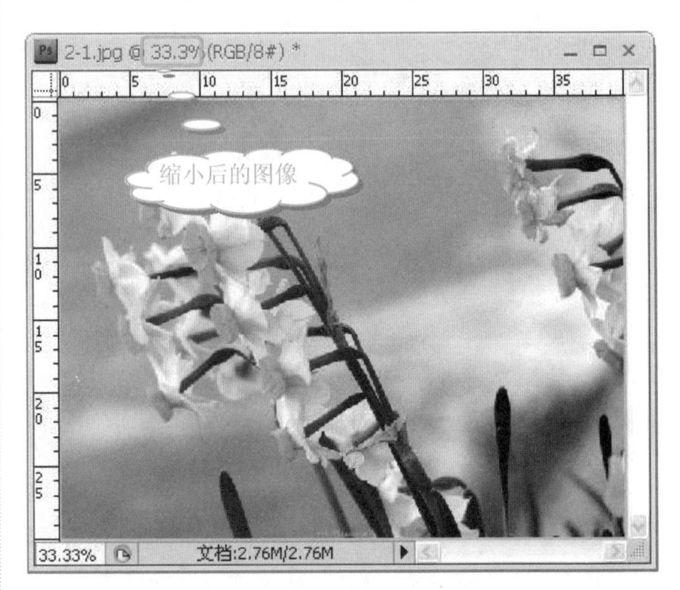

注意

在【图像大小】对话框中，调整图像大小和分辨率时，图像的大小和分辨率成反比关系，即图像增大分辨率降低，图像减小分辨率升高。

在编辑图像之前，最好先设置图像的大小和分辨率。如果编辑图像后再改变图像的大小和分辨率，原有的图像可能会失真(特别是将图像的分辨率由低调高的情况)。

一般情况下，印刷用的图像采用 300 像素/英寸，而普通的图像采用 72 像素/英寸。不过，具体图像的大小应该由具体情况而定。

2.2 裁剪照片图像

在拍摄照片的过程中，往往会遇到照片中有多余场景的情况。这时，为了使照片中的人物成为主体，需要将照片中多余的部分裁掉以达到满意的效果。

在选区内选择颜色和光线复杂的物体时，可以先选择相对简单的背景，再选择菜单栏中的【选择】|【反向】命令。

2.2.1 使用【裁剪工具】裁剪照片图像

使用【裁剪工具】可以将图像中的某部分图像裁剪为一个新的图像文件，用户可以通过它方便、快速地获得想要的图像并改变其尺寸。使用【裁剪工具】裁剪照片图像的具体操作步骤如下。

操作步骤

❶ 启动 Photoshop CS4 软件，选择【文件】|【打开】命令，打开素材文件(配书光盘中的图书素材\第 2 章\2-2.jpg)，如下图所示。

❷ 单击工具箱中的【裁剪工具】按钮，在图像上单击，拖动鼠标左键，如下图所示。

在图像裁剪的方框内单击，并拖动鼠标，可以移动裁剪框。

❸ 将鼠标指针移动至裁剪框的边缘，指针会变成双向箭头，单击图像，按住鼠标左键不放并拖动鼠标，可以改变裁剪框的大小，如下图所示。

❹ 查看【裁剪工具】的属性栏，如下图所示。

【裁剪工具】的属性栏以方便使用为主，经常使用的是【透视】功能。图像变形处理的内容将在下节中详细介绍。

❺ 按 Enter 键，完成裁剪操作，如下图所示。

2.2.2 使用【裁剪工具】以变形透视方式裁剪照片图像

使用【裁剪工具】可以以变形透视方式直接裁剪图像，具体操作步骤如下。

操作步骤

1. 启动 Photoshop CS4 软件，选择【文件】|【打开】命令，打开素材文件(配书光盘中的图书素材\第 2 章\2-3.jpg)，如下图所示。

2. 单击工具箱中的【裁剪工具】按钮，在图像上单击，拖动鼠标，如下图所示。

3. 选中【裁剪工具】属性栏中的【透视】复选框，将图像中上面的两个节点向上移动，如下图所示。

提示

在移动的同时，按住 Shift 键，可使节点沿着其两侧的边移动。

4. 按 Enter 键，查看图像效果，发现图像已经变形，视角由右边变成了左边，如下图所示。

提示

使用【裁剪工具】变形时，要注意 4 个节点的位置，只要将节点移动到合适的位置，图像就会随之变形。【裁剪工具】非常实用，如果图像的某个角度不太完美，可以通过【裁剪工具】加以调整。

2.2.3 使用【裁切】命令裁剪照片图像

【裁切】命令与图像中的颜色有关，它只能删除白色区域和透明像素，具体操作步骤如下。

操作步骤

1. 启动 Photoshop CS4 软件，选择【文件】|【打开】命令，打开素材文件(配书光盘中的图书素材\第 2 章\2-4.jpg)，如下图所示。

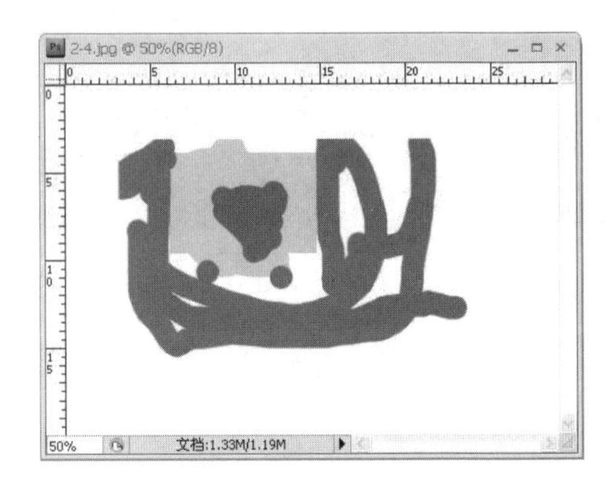

在 Photoshop CS4 中不能单独复制图层蒙版，但是当复制存在图层蒙版的图层时，图层蒙版也会一起被复制。

❷ 选择【图像】|【裁切】命令，打开【裁切】对话框，如下图所示。

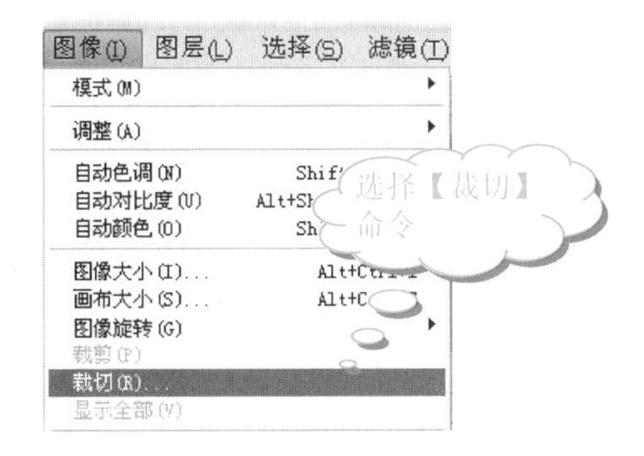

❸ 打开【裁切】对话框，在【基于】选项组中选中【左上角像素颜色】单选按钮；在【裁切掉】选项组中选中【左】和【底】复选框，如下图所示。

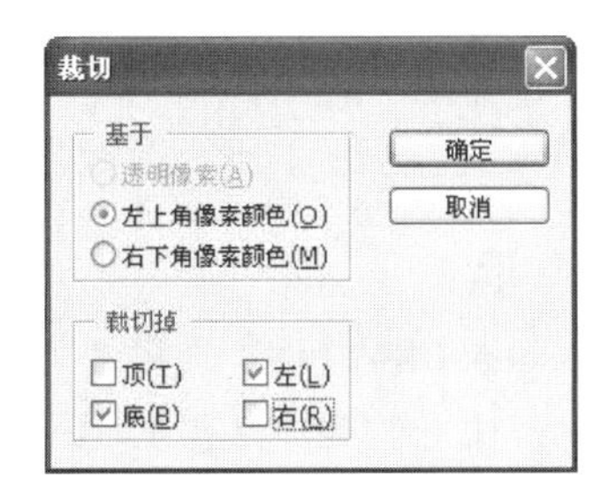

在【裁切】对话框的【基于】选项组中，只有当图像中有透明像素时，才可以选中【透明像素】单选按钮；【左上角像素颜色】表示以图像左上角的颜色为依据裁切图像；【右下角像素颜色】表示以图像右下角的颜色为依据裁切图像。

而在【裁切掉】选项组中，【顶】、【左】、【底】和【右】复选框分别表示裁切图像的顶部、左侧、底部和右侧。

❹ 单击【确定】按钮，查看图像效果，如下图所示。

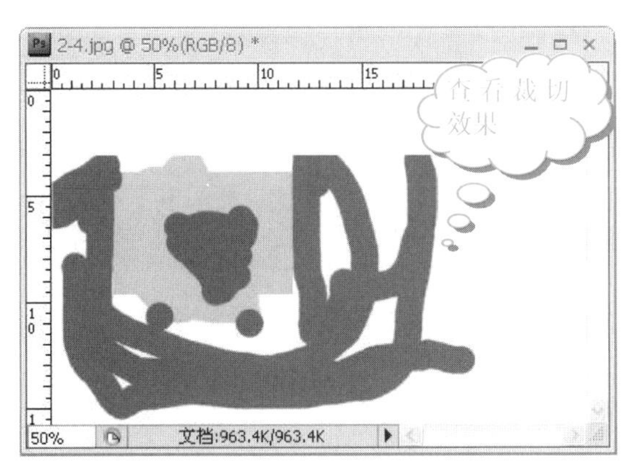

❺ 再选择【图像】|【裁切】命令，打开【裁切】对话框，设置参数如下图所示。

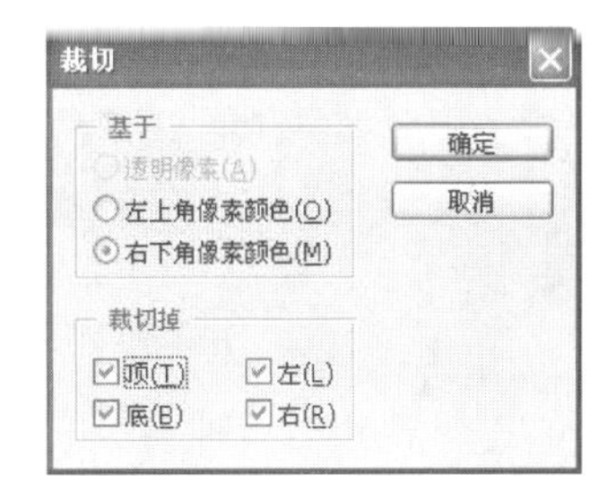

❻ 单击【确定】按钮，查看图像效果，如下图所示。

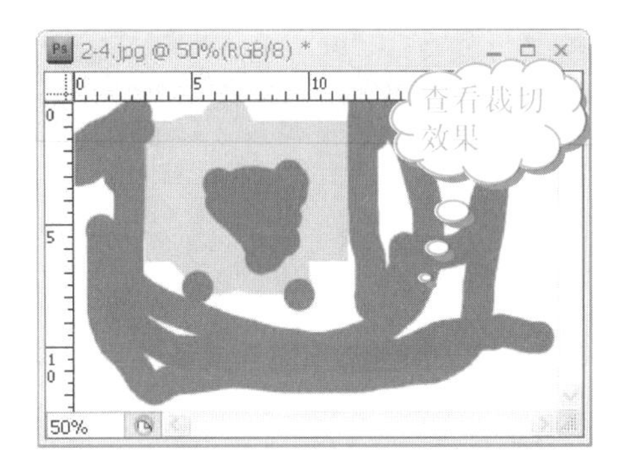

注意

【裁切】命令与选区无关，只和图像中的颜色像素有关。

2.2.4 用【裁剪】命令裁剪照片图像

【裁剪】命令和选区密切相关，它只能在选区上操作，具体操作步骤如下。

操作步骤

❶ 启动 Photoshop CS4 软件，选择【文件】|【打开】命令，打开素材文件(配书光盘中的图书素材\第2章\2-5.jpg)，如下图所示。

❷ 单击工具箱中的【矩形选框工具】按钮⬚，在图像上单击，拖动鼠标建立选区，如下图所示。

注意

运用【裁剪】命令时需要先建立选区。但如果使用【椭圆选框工具】建立选区后，再运用【裁剪】命令得到的将是图像与椭圆选框外切的矩形范围。其他建立选区的工具也一样，所以，一般使用【裁剪】命令时就会直接使用【矩形选框工具】。

❸ 选择【图像】|【裁剪】命令，如下图所示。

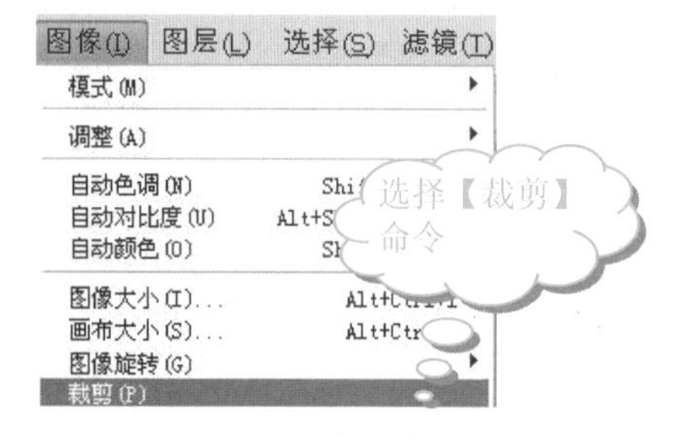

❹ 查看图像效果，此时选区依然存在，如下图所示。

2.3 调整照片图像的角度

在处理数码照片的时候，经常需要调整照片图像的角度。下面就一起来看看调整照片角度的方法！

2.3.1 使用【标尺工具】和【任意角度】命令旋转照片图像

【标尺工具】是一个测量工具，可以测量图像窗口内任意两点之间的距离。只要按住鼠标左键不放，从起点拖动到终点即可，具体操作步骤如下。

提示

按住 Shift 键，使用【标尺工具】可以将图像以45°角的倍数旋转。

操作步骤

❶ 启动 Photoshop CS4 软件，选择【文件】|【打开】命令，打开素材文件(配书光盘中的图书素材\第 2 章\2-6.jpg)。首先单击工具箱中的【标尺工具】按钮，然后在图像中单击需要测量距离的一侧，按住鼠标左键不放，拖动至另一侧，如下图所示。

提示

测量两点间的距离时，【标尺工具】将绘制一条直线(这条线不会打印出来)。

❷ 查看【标尺工具】的属性栏，如下图所示。

X: 275.46 Y: 150.00 W: 437.15 H: 456.00 A: -46.2° L1: 631.69 L2:

提示

【标尺工具】属性栏中各个字母的含义简介如下。

- X 和 Y 表示起始位置的坐标。
- W 和 H 分别表示在 X 轴和 Y 轴上移动的水平距离和垂直距离。
- A 表示相对于轴测量的角度。
- L1 表示移动的总距离。使用量角器时移动的距离有两个(L1 和 L2)。

❸ 选择【图像】|【图像旋转】|【任意角度】命令，如下图所示。

❹ 在【旋转画布】对话框中，设置【角度】为刚才使用【标尺工具】测量出来的值(−46.2)，选中【度(顺时针)】单选按钮，如下图所示。

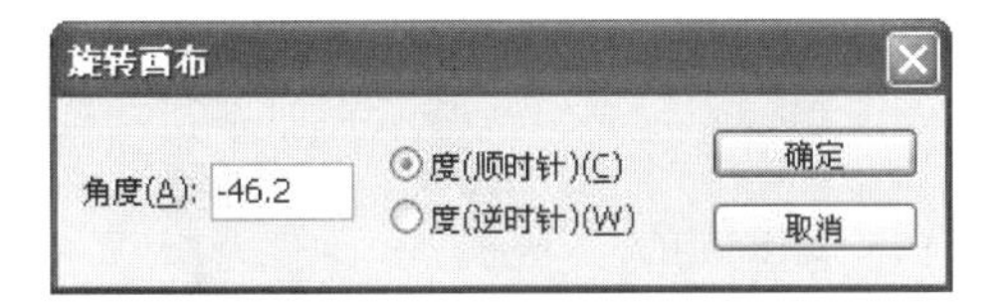

❺ 单击【确定】按钮，查看图像效果，如下图所示。

2.3.2　使用【图像旋转】命令调整照片图像的角度

【图像旋转】命令共分为 6 种：180 度、90 度(顺时针)、90 度(逆时针)、任意角度、水平翻转画布和垂直翻转画布(后面两个命令会在本章的后面几节具体介绍)，如下图所示。

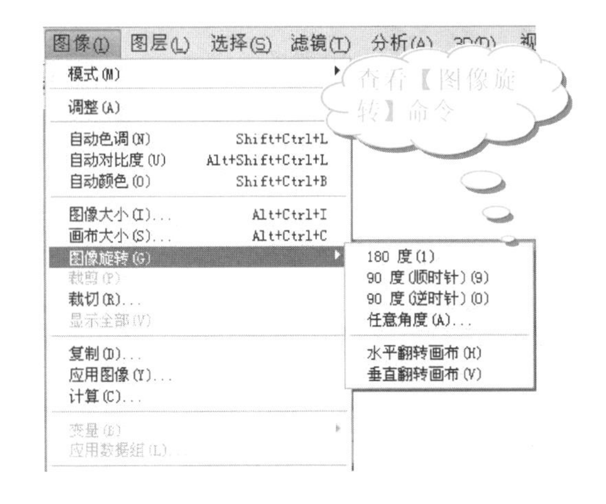

使用【图像旋转】命令调整照片图像的角度，具体操作步骤如下。

操作步骤

❶ 启动 Photoshop CS4 软件，选择【文件】|【打开】命令，打开素材文件(配书光盘中的图书素材\第 2 章\2-7.jpg)，如下图所示。

❷ 选择【图像】|【图像旋转】|【180 度】命令，查看图像效果，如下图所示。

❸ 单击【历史记录】按钮，打开【历史记录】面板后。单击【打开】操作，取消【旋转画布】操作，如下图所示。

提示

打开【历史记录】面板，然后在面板内的步骤上单击，这是一个方便快捷的删除操作步骤的方法，可以一次删除多个步骤。

❹ 选择【图像】|【图像旋转】|【90 度(顺时针)】命令，查看图像效果，如下图所示。

❺ 选择【图像】|【图像旋转】|【水平翻转画布】命令，查看图像效果，如下图所示。

❻ 选择【图像】|【图像旋转】|【垂直翻转画布】命令，查看图像效果，如下图所示。

提示

步骤 4 到步骤 6 之间没有使用【历史记录】面板，只要将上下的图片相互对照以便查看效果即可。

2.3.3 使用【图像旋转】命令校正倒立的照片图像

根据上一节的介绍，校正倒立的照片图像有两种方法：一种是选择【图像】|【图像旋转】|【180 度】命令，另一种是选择【图像】|【图像旋转】|【垂直翻转画布】

在【新建】对话框中，【高度】和【宽度】的单位除了常用的【像素】选项外，还有【英寸】、【厘米】、【毫米】、【点】和【派卡】。而且，【宽度】要比【高度】多一个单位，即【列】选项。

命令，具体操作步骤如下。

操作步骤

1. 启动 Photoshop CS4 软件，选择【文件】|【打开】命令，打开素材文件(配书光盘中的图书素材\第 2 章\2-8.jpg)，如下图所示。

2. 选择【图像】|【图像旋转】|【180 度】命令，查看图像效果，如下图所示。

3. 单击【历史记录】按钮，打开【历史记录】面板。单击【打开】步骤，取消【旋转画布】操作，如下图所示。

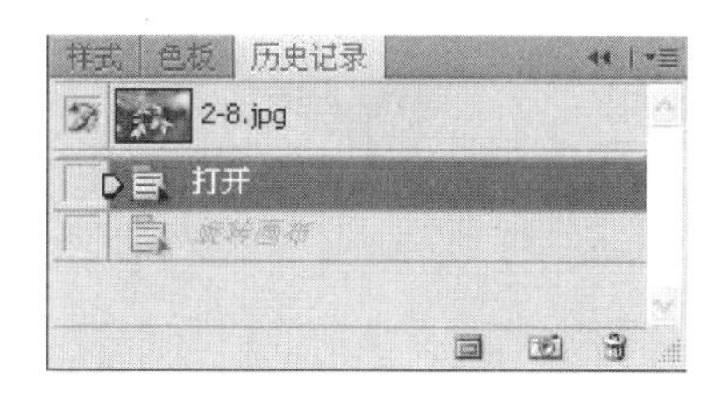

4. 选择【图像】|【图像旋转】|【垂直翻转画布】命令，查看图像效果，如右上图所示。

提示

查看第 2 步和第 4 步的图像效果，发现虽然都是将倒立的图像转正，但是左右方向相反，所以用户可以根据自己的需要选择合适的命令。

2.3.4 使用【图像旋转】命令翻转照片图像

在【图像旋转】命令中，使用【水平翻转画布】和【垂直翻转画布】命令，可以快速地翻转照片图像。

下面将对比使用【水平翻转画布】和【垂直翻转画布】后的效果，具体操作步骤如下。

操作步骤

1. 启动 Photoshop CS4 软件，选择【文件】|【打开】命令，打开素材文件(配书光盘中的图书素材\第 2 章\2-9.jpg)，如下图所示。

无论使用什么工具，右击图像窗口中没有图像显示的灰色区域，都会弹出快捷菜单，其中包含灰色、黑色、自定和选择自定颜色共 4 个命令，选择相应的命令，即可更改图像窗口的显示颜色。

❷ 选择【图像】|【图像旋转】|【水平翻转画布】命令，可以将画布在水平方向上翻转，如下图所示。

❸ 选择【图像】|【图像旋转】|【垂直翻转画布】命令，可以将画布在垂直方向上翻转，如下图所示。

【水平翻转画布】是将照片图像在水平的方向镜像；而【垂直翻转画布】是将照片图像在垂直方向镜像。因此，用户可以选用以上两个命令做镜像效果图像。

2.4 思考与练习

选择题

1. 关于【裁切】命令的使用，以下说法正确的是______。
   A. 在使用【裁切】命令之前必须要先建立选区
   B. 使用【裁切】命令可以将图像最终裁剪成椭圆形
   C. 【裁切】命令可以裁剪照片的彩色区域
   D. 【裁切】命令只能裁剪照片的白色区域或者透明区域
2. 关于改变照片图像大小的使用，以下说法正确的是______。
   A. 使用【缩放工具】能够改变图像的分辨率
   B. 使用【图像大小】命令只能按长宽的比例修改图像的大小
   C. 使用【图像大小】命令能改变图像的分辨率
   D. 使用【缩放工具】可改变图像最终打印大小
3. 在【裁切】对话框中，以下选项不存在的是______。
   A. 左上角像素颜色　　B. 上
   C. 右下角像素颜色　　D. 右

操作题

1. 打开素材文件(配书光盘中的图书素材\第 2 章\2-5.jpg)，选择适当的工具按透视方式裁剪图像，如下图所示。观察图像裁剪后的效果。

2. 打开素材文件(配书光盘中的图书素材\第 2 章\2-5.jpg)，选择适当的命令将照片图像旋转60度(顺时针)，效果如下图所示。

学以致用系列丛书

默认情况下，【历史记录】面板将列出当前操作之前的 20 个状态。Photoshop 将自动删除较早的状态，以便释放更多的空间。如果要在整个操作过程中保留某个特定的状态，则需要为该状态创建快照。

第 3 章 美丽永驻——数码照片的打印与冲印

如果将照片放在电脑中，电脑一旦出现无法挽回的故障，照片就可能再也找不回来了。如果将照片打印或冲印出来，这样不仅可以将照片放在身边，还可以随时拿出来回味一下呢！

学习要点

❖ 数码打印的基础知识
❖ 打印照片前的准备
❖ 打印数码照片的方法

学习目标

通过对本章的学习，读者首先应该熟悉打印的概念和意义；其次了解打印之前的注意事项；最后能够熟练地打印出满意的照片。

3.1 数码打印的基础知识

数码打印区别于传统的打印，采用的是数字印刷技术。数码打印正在慢慢地被各印刷厂和设计公司所认可。

胶版印刷需要经过四色片、打样、晒版、冲版、挂版、洗橡皮布、归位调整、水墨平衡和印刷等工序才能完成适合中长版的印刷。虽然印刷技术的进步，使得CTP(计算机直接制版)的应用和印刷机的自动化程度不断提高，但是对于印量在 100 份以下、要求立等可取、按需付印和内容(姓名、地址和图片等)需要个性化或可变数据印刷的印品，仍然不能满足客户的要求。而且，印刷品的特点是成本高、不经济。

数码印刷是数字技术发展的结晶，是对传统胶印工序多、周期长和起量限制不足的补充。数码印刷具有使用电子文件直接输出，不需要印刷胶片和印刷打样，可以一张起印，立等可取，可实现个性化，支持可变数据印刷，经济快捷等特点。它特别适用于印量少、品种多、时间短、个性化和可变数据印件的印刷。

3.1.1 什么是数码冲印

数码冲印技术属于感光产业的尖端技术，是数字输入、图像处理和图像输出的全部过程。它采用彩扩的方式，将数码图像在彩色相纸上曝光并输出彩色相片，是一种高速度、低成本、高质量制作数码相片的方法。

数字输入是传统底片、反转片和成品相片通过数码冲印机的扫描系统，将扫描的数字图像输入到冲印机连接的电脑中的一种输入方式。数码相机的存储介质有闪存记忆体(如 SM 卡、CF 卡等)、磁记录体(如 1.44MB 软盘等)和相变记录体(如 CD-R/CD-RW 等)，可以直接将数据读入电脑中。由此可见，数码冲印不只是冲印数码相机拍摄的图像，还可以冲印传统胶片，以及其他各种存储介质中的数字图像。

传统的冲印不能传输到计算机上，服务受对象限制。而数码照片全部以计算机图形文件的形式存在。所以，数码冲印可以对照片进行修改以改善传统冲印不能解决的问题，如底片褪色、曝光不足等。另外，还可以根据自己的爱好随意剪裁或进行数码照片图像的特殊处理，例如添加怀旧效果等。因此，在数码冲印的过程中，就产生了一系列的图片加工制作服务，例如修改照片、设计照片和制作个性名片等。

3.1.2 数码打印机的标准

现阶段数码打印机的生产致力于对多种介质的适应性，采用的是世界首创的“双定影技术”。定影是对墨粉高温加热使之溶解、固化在纸张表面的过程。传统的数码印刷系统采用“单定影装置”，在处理照片或特殊纸张时由于加热效能被削弱，只能采用降速输出方式来满足定影温度的需求；而“双定影装置”能够自动识别纸张并选择单次定影或二次强化定影。这样，“降速”问题就迎刃而解了。而且，“双定影装置”还能避免传统方式下的厚印件卷曲现象。

数码打印的另一个主要技术是在墨粉上进行了创新，采取无油定影，使用了新型革命性墨粉，只有 5.5 微米的 V 墨粉技术，与双定影技术配合使用，从而达到“光泽最优化”。因为数码打印不使用硅油，也就排除了硅油线条的问题。另外，双定影组件可依据介质自动调整光泽。

出色的印件来自墨粉与纸张的亲密合作，而传统墨粉由于颗粒粗糙不均匀，在处理铜版纸等有光泽的纸张时，画面的暗部墨粉分布过密，导致细节和层次的缺失。V 墨粉可以扩大色域，所以，能在多种纸张介质上实现商业印刷级别的画质。

对介质的高适应性归根于 3 层橡胶转印带，其代替了原来的 1 层转印带技术。在树脂带的基础上增加了弹性层，这在传送表面凹凸不平或纹理复杂的纸张时能确保墨粉准确地吸附并受热凝固在纸张表面，使线条、文字、图案更完整、更清晰。

3.2 打印照片前的准备

在打印照片前，读者必须要了解打印的方式是多样的，出现的效果也是各式各样的。了解打印的要求和步骤是非常必要的，这直接决定了图像打印出来的最终效果。

3.2.1 图像处理

在将 Photoshop 制作的图片送去印刷前，应尽量做到以下几点要求。

- 确保图片的分辨率为 300 像素/英寸。
- 确保图片模式为 CMYK 模式。
- 确保实底(如纯黄色、纯黑色等)无杂色。

长见识

按 Ctrl+K 组合键，在弹出的【首选项】对话框中，切换到【常规】选项卡，在【选项】选项组中选中【导出剪贴板】复选框，则可以直接使用 Windows 系统剪贴板处理从屏幕上截取的图像。

- ❖ 文件最好为未合并图层的 PSD 文件格式。
- ❖ 图片的文字说明最好不要在 Photoshop 内完成，因为一旦转为图片格式以后，字会变得不清楚。Photoshop 一般只包含图像范畴。如果是做一个印刷页面，最好将图像、图形和文字分别使用不同的软件进行处理。

下面详细讲解图像打印前所需要进行的一些具体操作步骤。

操作步骤

❶ 选择【文件】|【打开】命令，打开本书附赠光盘中的提供的任意一张素材图片。选择【图像】|【图像大小】命令，打开【图像大小】对话框，设置【分辨率】为 300 像素/英寸，如下图所示。

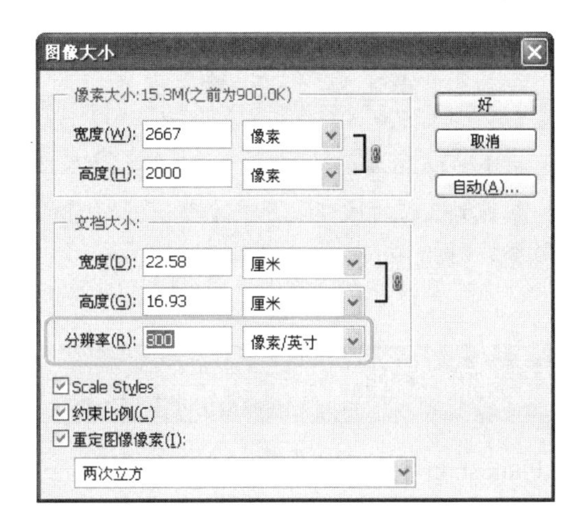

❷ 选择【图像】|【模式】|【CMYK 颜色】命令，将图像设置为 CMYK 模式，如下图所示。

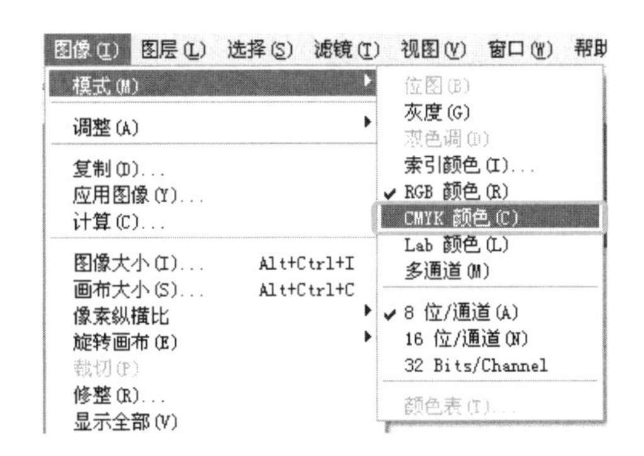

对于交付印刷的图像，最主要的是要注意图像的分辨率和图像尺寸的问题。计算公式为：分辨率=加网线数×1.5-2。其次是色彩模式的问题，彩色图像的色彩模式，要使用 CMYK 模式；黑白图像，如果不是特殊要求，一般为灰度模式。对于类似条形码这种一定要表现成点阵图像形式的线条稿图像，则分辨率一般不低于 1200 像素/英寸，色彩模式为二进制值(Bitmap)。

另外，网点搭配也是影响图像质量的重要因素。对于反差、网点大小及灰色的平衡数据的 CMYK 网点搭配情况，一定要与后序印刷工艺相匹配。例如，如果使用胶版纸印刷，一般网点反差在 5%～85%之间；如果是铜版纸印刷，网点反差在 2%～98%之间。

3.2.2 色彩的校正

印刷品的色彩和色阶范围与原稿的色彩和色阶范围存在较大差别，所以后期处理图片的色彩是很重要的。

1. 使用【可选颜色】校正图像

操作步骤

❶ 选择【文件】|【打开】命令，打开本书附赠光盘中的提供的任意一张素材图片。在【调整】面板上单击【可选颜色】按钮，如下图所示。

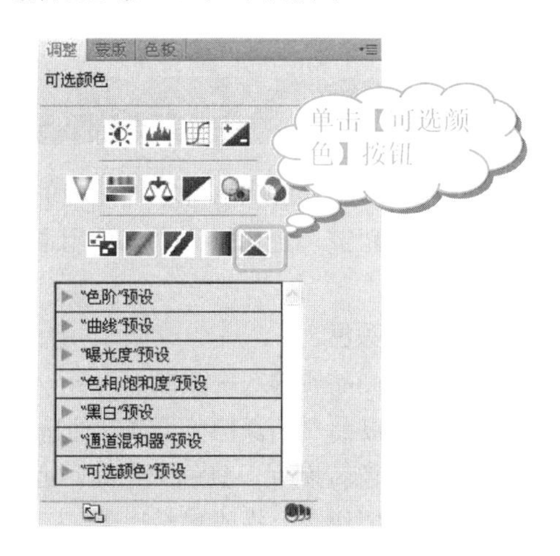

❷ 在【可选颜色】设置界面中，调节滑块，设置参数，如下图所示。

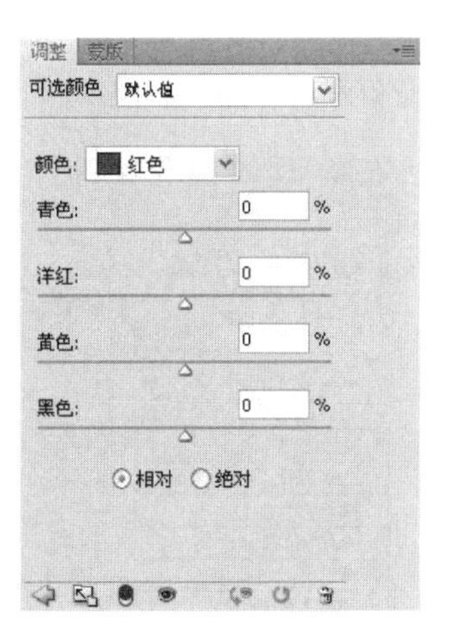

❸ 在【可选颜色】设置界面底部，选中【相对】单选

学以致用系列丛书

按钮表示使用当前图像的油墨；选中【绝对】单选按钮表示使用设置的油墨，如下图所示。

4 单击【颜色】下拉按钮，在弹出的下拉列表中选择喜欢的颜色，如下图所示。

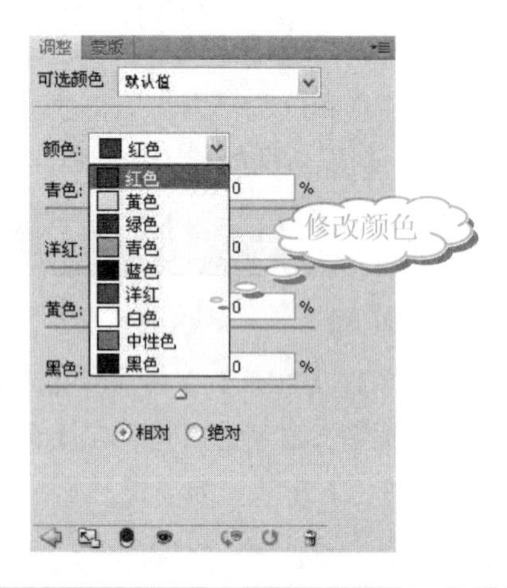

2. 使用通道混和器校正图像

通道混和器可以将当前颜色通道中的像素与其他颜色通道中的像素按一定比例混合。使用通道混和器可以进行如下操作。

- 调整颜色。
- 创建高品质的灰度图像。
- 创建高品质的深棕色调或其他色调的图案。
- 将图像转换到一些色彩空间，或从色彩空间中转移图像，交换或复制通道。

操作步骤

1 选择【文件】|【打开】命令，打开本书附赠光盘中的提供的任意一张素材图片。在【调整】面板中单击【通道混和器】按钮，如下图所示。

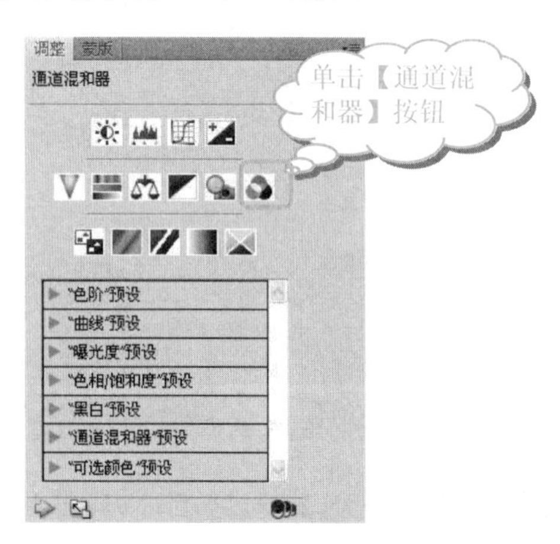

2 在【通道混和器】设置界面中，可以根据实际需要设置参数，得到相应的效果，如下图所示。

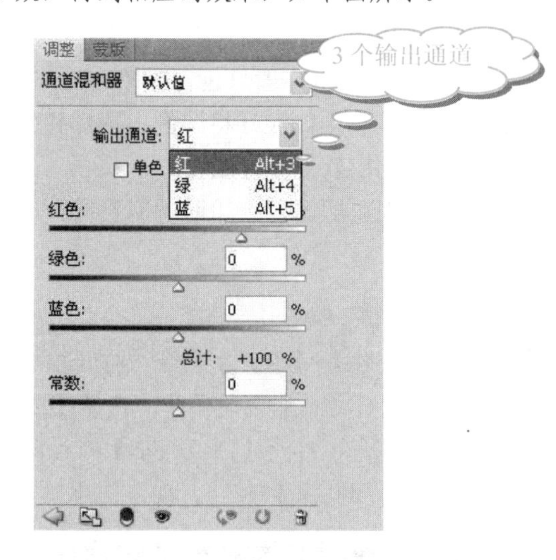

提示

当超出打印的色彩范围时，Photoshop 会在【通道混和器】属性栏的底部显示一个带有感叹号的黄色三角形警告图标⚠。

3.2.3 打样和出片

在 Photoshop 中创建的图像，除了用于输入到其他程序外，很多时候需要将图像打印出来以供使用。因此，打印效果的好坏，将直接影响到图像的使用。为了得到清晰而生动的印刷图像，必须对印刷图像的产生以及系统校正操作对印刷质量的作用有所了解。

在对图片做好印前处理后，要试着打印一张样片，用于观察打印的效果。在样片出来后，根据样片的好坏程度，再对图像进行色彩的调整和处理，最后得到较好的图像打印效果。

如果是印刷灰度图像，直接用激光打印机产生样张即可。如果是彩色图像，产生样张有 3 种方法：数字样张、非印刷样张和印刷样张。

1. 数字样张

数字样张是通过直接输出 Photoshop 文件中的数字数据进行打印得到的。数字样张一般是由热蜡打印机、彩色激光打印机或染料打印机产生的，不过也可以用喷墨打印机或其他高性能打印机产生。

虽然数字样张能产生与胶片输出非常接近的效果，但它并不是图像照排机的胶片产生的，所以不能得到色

在【色阶】对话框中单击【自动】按钮和选择【图像】|【自动色调】命令，得到的效果是一样的。

彩输出的高保真效果。因此，数字样张在设计阶段是非常重要的。

2. 非印刷样张

非印刷样张比数字样张更能反映图像的打印效果。非印刷样张是由图像照排机的胶片产生，并最终送到印刷厂的样张。非印刷样张主要包括覆盖样张和层压样张两种类型。

- ❖ 覆盖样张：由在重叠的醋酸胶片上曝光的 4 幅不同的图像构成。
- ❖ 层压样张：它的每个颜色都是层压在一种片基材料上的，能准确指示颜色，并判断出最终的打印样张是否出现了波纹图案。

3. 印刷样张

印刷样张是标准的样张，它是由真正的印刷机印版产生的，而且所采用的纸张也是真正输出时选用的纸张。因此，它与最终打印的效果是一样的。印刷样张一般在单张纸印刷机上生成，且能够很好地预测点增益，评价最终的色彩。

3.2.4　选择相纸

光有好的打印机并不能完全表现出原有照片的精彩。照片的打印质量时好时坏，可能是打印设备问题，也可能是照片打印纸(也称相纸)对打印质量产生了影响。因为相纸是承载照片效果的最重要的载体。

选择相纸的关键，需要注意以下几点。

- ❖ 将纸张从包装袋中抽出，平铺在桌面上，观察纸张两边是否上翘。如果有严重的翘起现象，则证明纸张不合格。这主要与相纸的正反面涂布和涂层的优劣以及生产车间温度的控制有关。如果相纸翘起现象严重，有时候会出现打印机不进纸或是卡纸的故障。
- ❖ 目测相纸表面是否出现划痕或黑点。如果表面出现上述情况，则证明相纸不合格。因为优质的厂家采用的涂布车间均为无尘车间。在正常情况下，涂层表面不会出现划痕及黑点之类的问题，只有小厂会存在上述情况。
- ❖ 观察相纸表面的光滑度和平整度。好的相纸摸上去表层光滑并有塑料质感，而差的相纸则呈干涩状态。可用手指沾点水，在相纸涂层涂抹，如光滑则说明相纸涂层合格；如果发涩或有黏着感则说明相纸表层涂布质量不好，防水性能也比较差。
- ❖ 鉴别相纸的涂布涂料。相纸的涂布分为胶状涂布和粉状涂布。胶状涂布成本高，平滑度、紧密度、色彩还原力及防水性能都远远优于粉状涂布。鉴别方法是在相纸的上方向内侧折叠，并用力沿折缝处多折几次，然后展开相纸。好的相纸在折缝处不会出现脱粉现象；而差的相纸则有脱粉现象，因为采用的是低成本的粉状涂布。质量较差的涂布可能导致打印机严重损坏。
- ❖ 看纸张白度。在纸张白度的鉴别中有两种白：一种是本白(发红)，一种是荧光白(发蓝)。国外专家研究表明，蓝光会伤害人的眼睛，而且所添加的荧光粉也有致癌作用。所以，国内所有的出口相纸都采用高档相原纸及涂布涂料，从而呈现发红的本白，而劣质相纸则呈现发蓝的荧光白。
- ❖ 看相纸的底纸。目前国内的优质相纸采用的均为进口相原纸或是国内生产的铸涂相原纸。这类纸张紧密度高、透气防水性和柔韧性强，市场价在九千元/吨左右。而劣质的相纸采用低成本的白卡作为相纸底纸。这类底纸很厚且发蓝光、柔韧性极差。区别办法是目测相纸背面，如果纸张发蓝，则说明是白卡；如果纸张发红，则说明是铸涂相原纸。另外，用力揉搓相纸几次，如果出现裂缝，则说明是白卡底纸；如果没有明显裂缝，且未出现脱粉现象，则说明是相原纸。白卡底纸手感较硬较厚，涂层往往很薄，很难达到色彩还原的鲜明效果。
- ❖ 鉴别防水性能。在相纸表面滴少许水，几分钟后观察纸张前面是否有水渗出。
- ❖ 将打印机调整到适当的 DPI，观察纸张的打印效果及墨水的快干速度。
- ❖ 将整包相纸取出，观察切边是否整齐。

3.3　打印数码照片

使用 Photoshop 制作出非常漂亮的图像后，可以将图像打印到纸上或是出片印刷。由于打印数码照片涉及印刷技术，因此 Photoshop 的打印输出功能比一般的应用程序要复杂一些，本节中将详细讲述打印输出的有关功

【色相/饱和度】命令用来调整图像的色相、亮度和饱和度。对于连续色调层次丰富的原稿，调节量不要太大，否则会出现断层现象，破坏色调的连续性。

能。

3.3.1 设置打印参数

在这里设置打印的参数分为两类：一类是页面设置，直接决定了打印图像的页面大小、纸张类型、打印的进纸渠道和打印的方向；另一类是打印设置，通过一系列的校准，查看图像是否符合打印的最佳效果。

1. 页面设置

同大多数的打印工作一样，数码照片在打印前，可以进行页面设置(分辨率已经在第 1 章介绍过)。选择【文件】|【页面设置】命令，打开【页面设置】对话框，如下图所示。

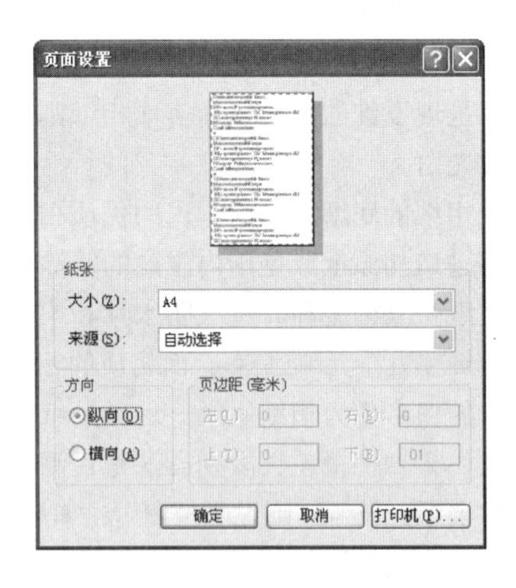

在【页面设置】对话框中，各参数的含义如下。

(1) 纸张

❖ 【大小】：下拉列表中列出了常用的各种规格的纸张大小，如下图所示。

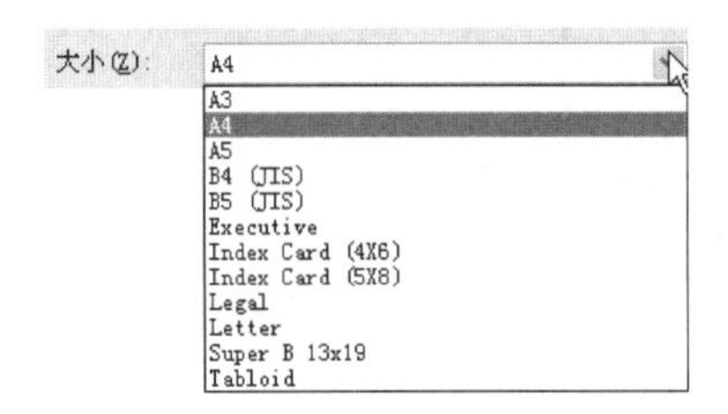

❖ 【来源】：下拉列表中列出了打印机的各种进纸渠道，可以根据需要从中选择需要的渠道，如下图所示。

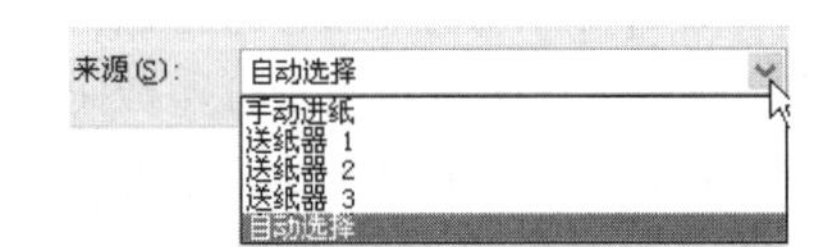

(2) 方向

在【方向】选项组中包括【纵向】和【横向】两个单选按钮。例如，选中【纵向】单选按钮，则可以将纸纵向放置。

(3) 页边距(毫米)

可以设置图像与纸张边缘的距离。

根据所选打印机的不同，【页面设置】对话框中可能还有一些其他的选项，这里不再赘述。

2. 打印设置

打印设置是更为细化的打印参数设置，可以定位打印图像的位置等，便于对打印图像进行校准，设置具体参数。下面就在实例中来了解【打印】对话框中每个参数的作用。

操作步骤

1. 选择【文件】|【打开】命令，打开素材图片(配书光盘中的图书素材\第 3 章\打印.jpg)。然后选择【文件】|【打印】命令，打开【打印】对话框，对图像进行相关的打印设置，如下图所示。

2. 单击对话框中上部的【纵向打印纸张】按钮或【横向打印纸张】按钮，可以选择纸张的打印方向是水平还是垂直。
3. 对话框中间部分可以定位图像的打印位置。在【位置】选项组中选中【图像居中】复选框可以确保图像在水平和垂直方向上都位于纸张的中央；如果取消选中该复选框，则可以在【顶】文本框中输入图像的上边距离纸张上边的值；在【左】文本框中输入图像的左边距离纸张左边的值，如下图所示。在改变打印位置时，位于对话框左上角的预览图中会

在制作照片的过程中，为了使图像更为自然，可以在选取选区后对选区的边缘进行羽化操作。这样，才能达到接近真实摄影的效果。羽化值因时而定，但一般不超过2px。

及时地反映设置的变化，如下图所示。

4 Photoshop CS4 可以实现缩放打印，即将图像按一定比例缩放后再打印。在【缩放后的打印尺寸】选项组中，可以在【缩放】、【高度】和【宽度】文本框中输入图像的缩放打印比例或打印尺寸的高度值和宽度值。这三个值是相互关联的，改变其中的一个值时，其余两个值也将自动做出相应的变化。如果想使打印出来的图像尺寸正好符合纸张的尺寸，可以选中【缩放以适合介质】复选框，系统将自动缩放图像，使得图像刚好可以完整地打印在纸张上，如下图所示。

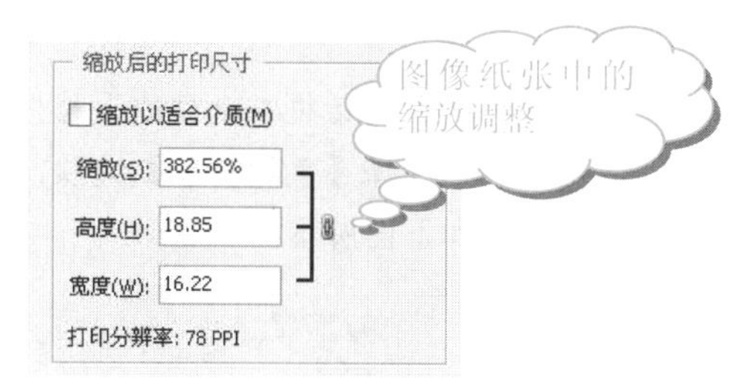

5 选中【定界框】复选框，还可以在预览图中拖动图像外框上的控制点来缩放图像，如下图所示。

6 在对话框右侧的下拉列表中选择【输出】选项，可以对打印标记和函数进行设置，如下图所示。

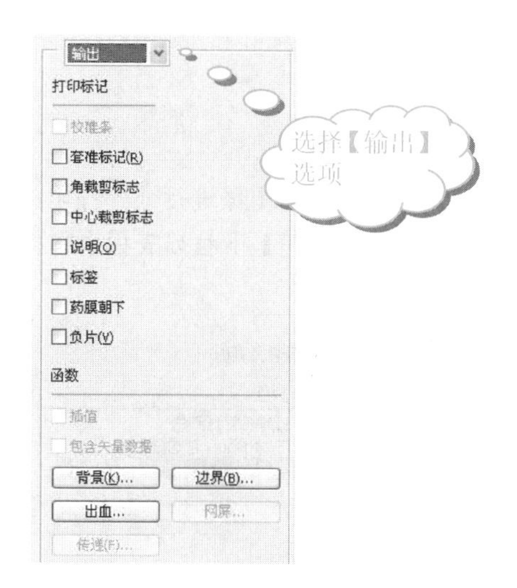

7 要选择在纸张上的空白区域打印某种颜色的背景，可以单击【背景】按钮，打开【拾色器】对话框，在该对话框中选择某种颜色作为背景打印到图像以外的区域。例如，将背景设置为绿色，得到的图像如下图所示。

8 出血可以在图像内打印裁剪标记。单击【出血】按钮，打开【出血】对话框，在该对话框中可以指定出血的宽度值，如下图所示。

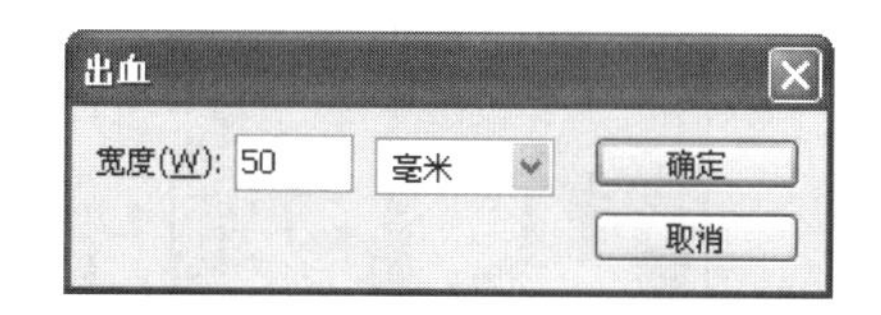

9 单击【边界】按钮，可以在图像的周围打印一个黑色的边框。这个选项适用于边缘是白色的图像，这样可以清楚地看到黑色的边缘线条，否则打印在白色纸上，将无法判断实际打印图像的大小。在弹出的【边界】对话框中，可以指定打印边框的宽度，如下图所示。

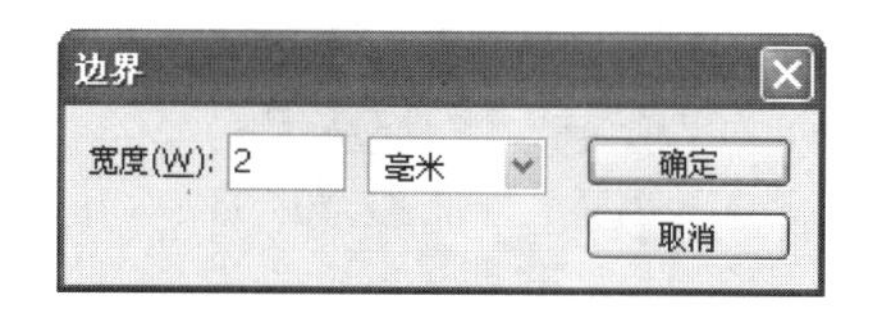

10 在【打印标记】选项组中，可以选择是否打印校准条、套准标记、角裁剪标志、中心裁剪标志、说明、标签、药膜朝下和负片等内容。

11 校准条是用于校准颜色的颜色条，选中【校准条】复选框可以在图像的旁边打印校准条。

12 套准标记用于对齐各个分色板，选中【套准标记】复选框可以打印套准标记，如下图所示。

在默认情况下，【背景】图层功能受限，它可以执行工具箱以及菜单栏上的相关操作，但不能执行【图层】面板上的相关操作。

⑬ 裁剪标志用于指示图像的裁剪位置，包括角裁剪标志和中心裁剪标志。选中【角裁剪标志】和【中心裁剪标志】复选框可以分别打印这两种裁剪标志。如下图所示是裁剪标志的预览图。

⑭ 选中【标签】复选框可以在图像的上方打印文件名，如下图所示。

⑮ 选中【负片】复选框，打印的图像显示反转效果，如右上图所示。

⑯ 【药膜朝下】复选框用于决定打印时图像在胶片中的位置。选中【药膜朝下】复选框，可以将图像打印在胶片的下面。通常胶片打印采用药膜朝下方式。

⑰ 如果要印刷彩色图像，则需要将图像中的 C、M、Y、K 颜色或其他专色分别打印到不同的样板上，这个过程叫分色。

⑱ 单击【打印】对话框右上角的下拉按钮，从弹出的下拉列表中选择【色彩管理】选项，各个参数将发生变化，如下图所示。

⑲ 如果要对当前图像进行分色打印，可以在对话框中的【颜色处理】下拉列表框中选择【分色】选项，如下图所示。

若想恢复选区状态，可以在设置选区后，按 Ctrl+Shift+D 组合键来载入之前的选区。

分色打印之前，必须先将图像的模式转化为CMYK模式。

3.3.2 打印图像

完成图像的页面设置和打印选项设置后，就可以开始打印图像了，具体操作步骤如下。

操作步骤

❶ 选择【文件】|【页面设置】命令，弹出【页面设置】对话框，单击【打印机】按钮，如下图所示。

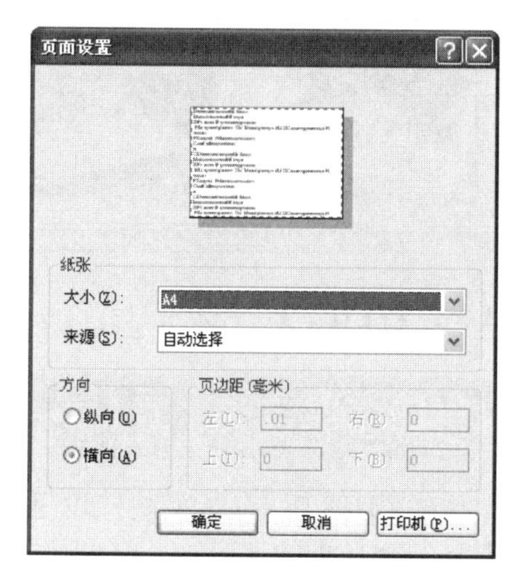

❷ 弹出【页面设置】对话框，如下图所示。

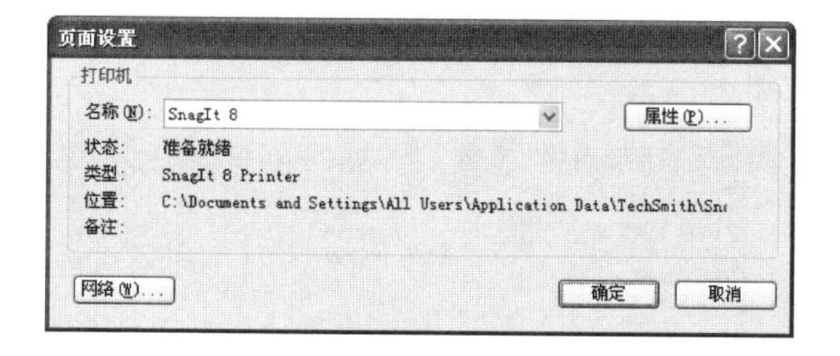

在【打印机】选项组中的【名称】下拉列表框中列出了已安装到系统的所有打印机名称，用户可以从中选择某个打印机打印当前的图像。

❸ 选择【文件】|【打印】命令，在弹出的对话框中单击【打印】按钮。弹出【打印】对话框，如右上图所示。

在【打印】对话框中，部分参数的含义如下。

- 【页面范围】：选择要打印的页面。
- 【全部】：打印整个区域。
- 【选定范围】：打印选定的范围。
- 【页码】：打印指定的页码范围。

❹ 在【打印】对话框中，可以选择打印机和打印份数。Photoshop支持多份打印，即一次打印多份同样的图像文档。可以单击【份数】右侧的微调按钮设置需要打印的份数，也可以直接在【份数】文本框中输入数值。这样，系统便可以一次打印指定份数的图像文档，如下图所示。

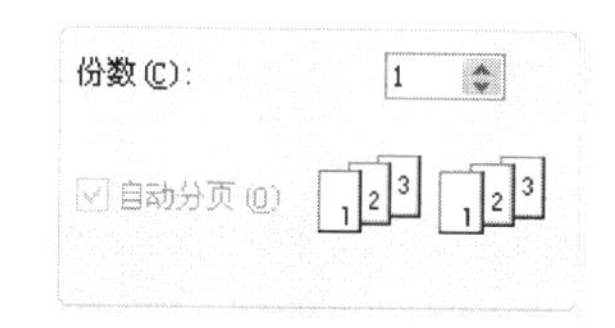

❺ 在Photoshop中打印图像文档时，可以将打印的内容输出到一个打印文件中，而不是输出到打印机上。打印文件中包含了打印命令，用户也可以在其他计算机上打印这个文件。只要选中【打印到文件】复选框即可，如下图所示。

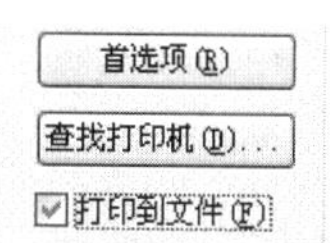

❻ 如果要使用当前的默认设置直接打印图像，可以选

按住Shift键单击【颜色】面板下的颜色条，可以改变显示的色谱类型，包括RGB色谱、CMYK色谱和灰度色谱。也可以在颜色条上右击，从弹出的快捷菜单中选择色彩模式。

择【文件】|【打印一份】命令，如下图所示。

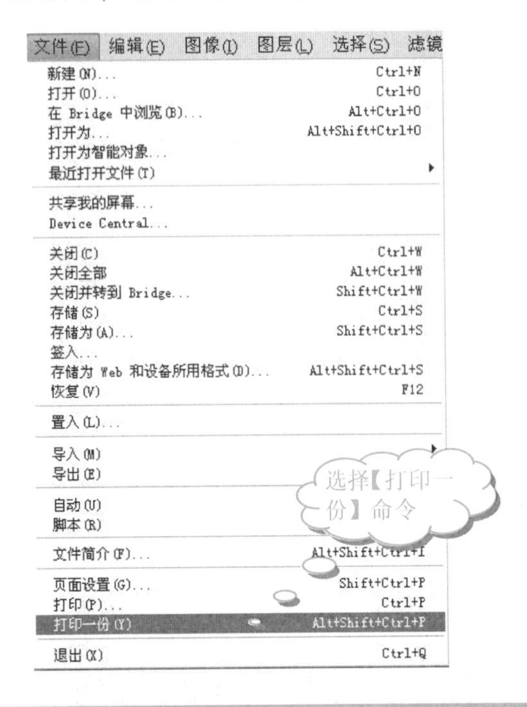

3.3.3 打印指定的图像

如果一次打开很多图片，或一个文件中有很多张图片，但是只要打印其中的一部分图片，就可以在【打印】对话框中的【页面范围】选项组中设置打印的范围，从而指定需要打印的图像，如下图所示。

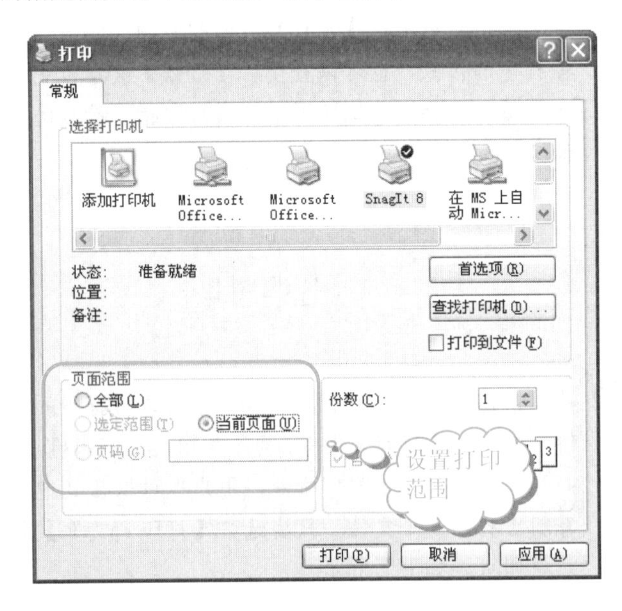

也可以先激活要打印的图像，然后直接打印，具体操作步骤如下。

操作步骤

1. 打开并激活要打印的图片(配书光盘中的图书素材\第 3 章\打印.jpg)，如下图所示。

2. 选择【文件】|【打印】命令就可以打印激活的图像。

3.3.4 打印多张图像

如果要打印多张图像，可以单张打印，也可以运用【批处理】命令同时打印多张图像，具体操作步骤如下。

操作步骤

1. 选择【文件】|【自动】|【批处理】命令，如下图所示。

2. 在【批处理】对话框中，可以进行相应的设置，然后单击【确定】按钮打印图像，如下图所示。

长见识：在 Photoshop 中可以将所有图层或可见图层导出到单独的文件中，操作方法是选择【文件】|【脚本】|【将图层导出到文件】命令。

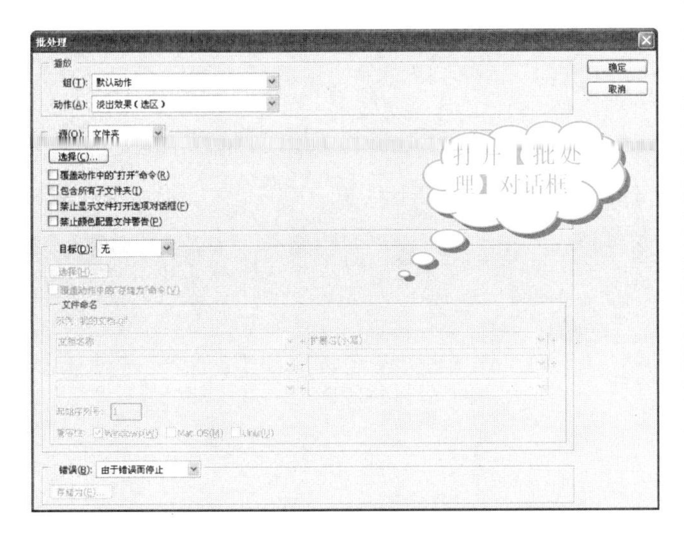

选择相应的参数设置就可以实现批处理文件，加快处理速度。由于相对较复杂，这里不做过多介绍。

3.4　思考与练习

选择题

1. 利用【通道混和器】命令不可以________。

   A. 创建高品质的灰度图像

   B. 调整每个通道的亮度

   C. 创建高品质的深棕色调或其他色调的图案

   D. 将图像转换到一些色彩空间，或从色彩空间中转移图像、交换或复制通道。

2. 【可选颜色】的属性栏中包含有关颜色的选项，以下的选项不存在的是________。

   A. 红色　　B. 白色

   C. 灰色　　D. 黑色

3. 在【页面设置】对话框中，以下的选项不存在的是______。

   A. 大小　　B. 位置

   C. 来源　　D. 方向

操作题

1. 打开素材文件(配书光盘中的图书素材\第 3 章\打印.jpg)，对图像进行打印设置，在【出血】对话框中设置【宽度】为 10 毫米。

2. 在第一题的基础上，再选择相应的命令进行设置，打印 10 张“打印”图像文件。

当显示的图像大小超过图像窗口的范围时，按 Home 键可以卷动至图像的左上角；按 End 键可以卷动至图像的右下角；按 Page UP 键可以卷动至图像的上方；按 Page Down 键可以卷动至图像的下方；按 Ctrl+Page Up 组合键可以卷动至图像的左方；按 Ctrl+ Page Down 组合键可以卷动至图像的右方。

第4章 整容天书——照片修补

拍一张照片只需要几秒，但是很难保证照片的质量。照片修补技巧可以对存在缺陷的照片进行修补，让您不再有后顾之忧。

学习要点

- ❖ 挽救曝光过度的照片
- ❖ 修补整体曝光不足的照片
- ❖ 修补阴影过强的照片
- ❖ 清晰化模糊的照片
- ❖ 调暗照片的背景
- ❖ 调整灰暗的照片

学习目标

通过对本章的学习，读者首先应该学会对图像的各个不足之处进行检测；然后了解各种效果不佳的照片需要选择哪些命令进行调整；最后能够根据需要熟练地使用相应的命令，让照片呈现出更好的效果。

4.1 挽救曝光过度的照片

照片如果曝光过度，会让人有种刺眼的感觉。不过没关系，只要经过 Photoshop CS4 处理后，照片就会柔和很多。下面一起来看看如何挽救曝光过度的照片！

4.1.1 制作分析

挽救曝光过度的照片就是通过调整照片的色彩，给刺眼的照片部分覆盖上一层暗光，使其变得柔和。

最终制作效果如下图所示。

4.1.2 照片处理

本实例的制作首先要为照片添加蒙版，然后在蒙版中对照片进行【色相/饱和度】调整，具体操作步骤如下。

操作步骤

❶ 启动 Photoshop CS4 软件，选择【文件】|【打开】命令，打开素材文件(配书光盘中的图书素材\第 4 章\4-1.jpg)，如右上图所示。

❷ 在【图层】面板上，将【背景】图层拖至【创建新图层】按钮上，将【背景】图层复制为【背景 副本】图层，如下图所示。

❸ 切换到【通道】面板，单击【将通道作为选区载入】按钮，将 RGB 通道载入选区，如下图所示。

按 F 键，可以在 Photoshop 的三种不同屏幕显示方式(标准显示模式、带菜单的全屏显示模式和全屏显示模式)下进行切换。在全屏模式下按 Shift+F 组合键，可以设置是否显示菜单。

❹ 在【图层】面板中，确认【背景 副本】图层处于激活的状态，单击【添加图层蒙版】按钮，为【背景 副本】图层添加蒙版，如下图所示。

注意

添加蒙版不会破坏原来的图像，只是在图像上覆盖了一层朦胧的效果。

❺ 在【图层】面板中，将【背景 副本】图层的【混合模式】设置为【正片叠底】，如下图所示。

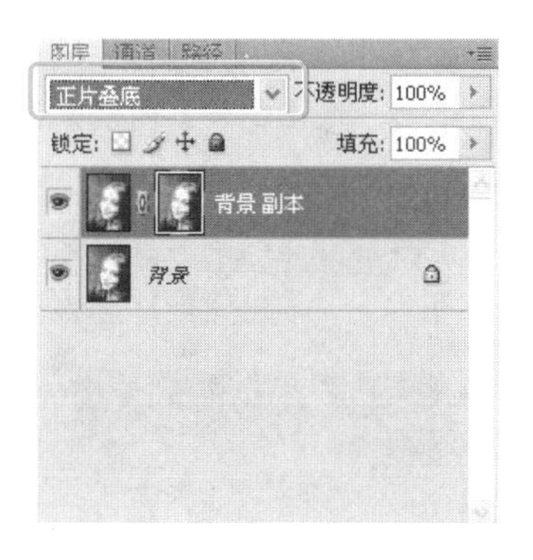

❻ 查看正片叠底的图像效果，如下图所示。

❼ 选择【图像】|【调整】|【色相/饱和度】命令，如下图所示。

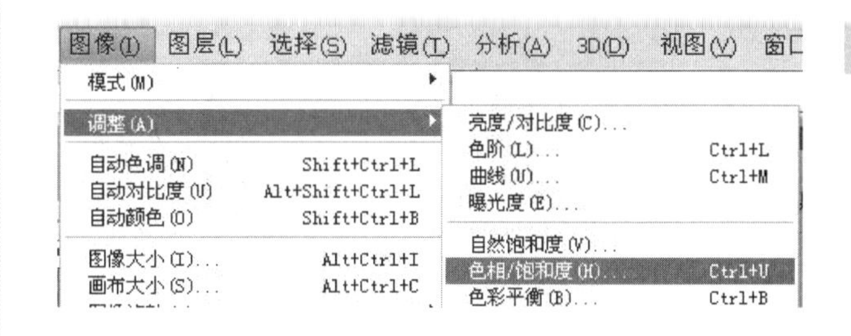

提示

此时，不能使用【调整】面板中的【色相/饱和度】选项，因为这里是对蒙版进行调节，而不是对整个图层进行调节。

❽ 在【色相/饱和度】对话框中，设置【饱和度】为-60，如下图所示。

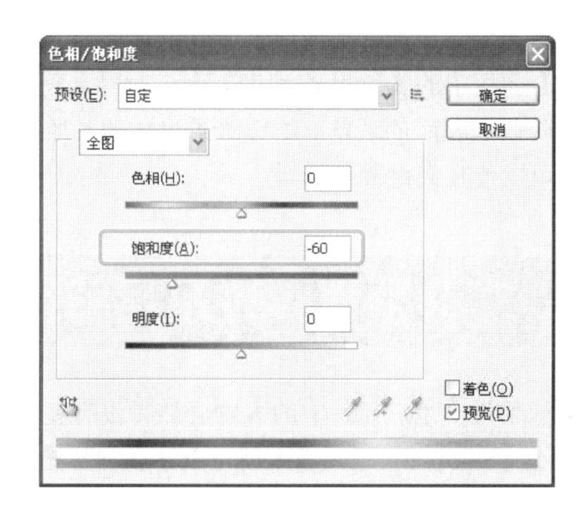

❾ 单击【全图】右侧的下拉按钮，在弹出的下拉列表中选择【红色】选项，设置【饱和度】为-100，如下图所示。

❿ 单击【确定】按钮，查看最终图像效果，如下图所示。

学以致用系列丛书

单击【图层】面板上的【添加图层蒙版】按钮，所加入的蒙版默认显示为当前选区的所有内容；按住Alt键单击【添加图层蒙版】按钮，所加入的蒙版为隐藏当前选区所有内容。

长见识

4.1.3 活用诀窍

在本实例中，通过【通道】命令添加蒙版，再结合【调整】面板中的【色相/饱和度】命令对附上蒙版的照片进行降低饱和度的调整，给曝光过度的照片附上一层暗色，可以使其变得柔和。

4.2 修补整体曝光不足的照片

由于曝光不足，照片中的人物会显得没有精神，用Photoshop CS4处理一下，马上就可以让人物容光焕发。

4.2.1 制作分析

处理曝光过度的照片就是合理分布照片的黑度、白度和灰度。

最终制作效果如下图所示。

4.2.2 照片处理

本实例的制作就是对照片进行色阶操作，具体操作步骤如下。

操作步骤

❶ 启动Photoshop CS4软件，选择【文件】|【打开】命令，打开素材文件(配书光盘中的图书素材\第4章\4-2.jpg)，如下图所示。

❷ 在【图层】面板上，将【背景】图层拖动至【创建新图层】按钮上，将【背景】图层复制为【背景 副本】图层，如下图所示。

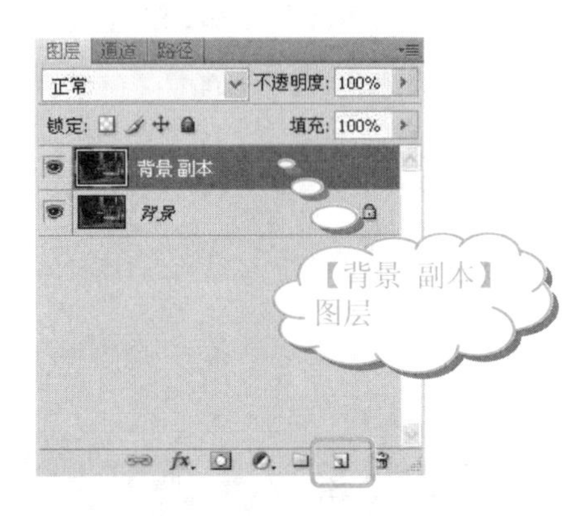

❸ 在【调整】面板中单击【色阶】按钮，如下图所示。

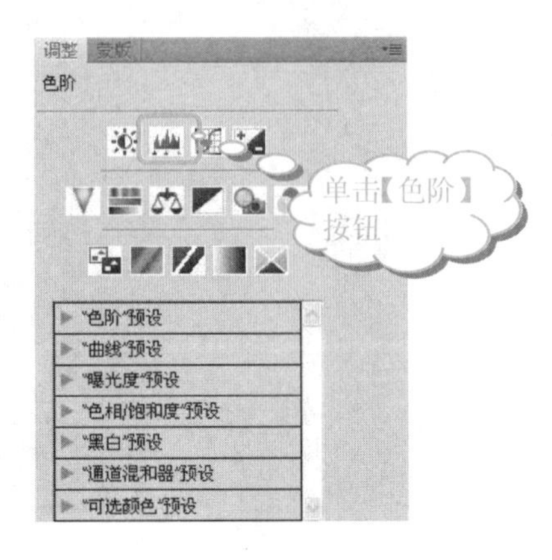

❹ 在【色阶】设置界面中，设置【输入色阶】为 0、1.64、133，如下图所示。

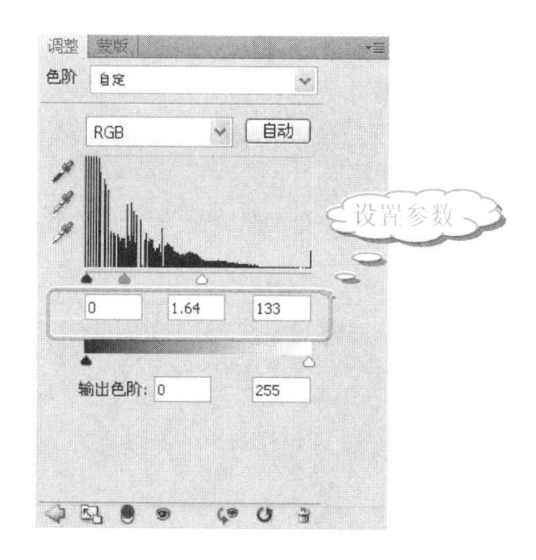

注意

查看曝光不足照片的色阶时，可以看到【输入色阶】的峰值柱状图上，照片的像素主要集中在左侧，这就是照片曝光不足的原因。

调整的时候，只要将【输入色阶】右侧的白色滑块向左移动，就会使照片变亮，这个时候也可以适度地将灰色滑块向左移动，照片就会变得更清晰，层次也会变得更加分明。

❺ 查看最终图像效果，如下图所示。

4.2.3　活用诀窍

在本实例中，首先打开【色阶】设置界面，查看照片的黑度、白度和灰度的属性，黑色区域过于集中在左侧代表着照片曝光不足，然后对照片的色阶进行调整，使其色度平均分布，就能解决曝光不足的问题。

4.3　修补阴影过强的照片

如果照片上阴影过强，则会使照片看上去没有灵气，因为整体的细节被阴影遮住了，此时用 Photoshop CS4 可以修补阴影过强的问题。

4.3.1　制作分析

本实例的操作主要是对图像的阴影部分进行针对性的调整。

最终制作效果如下图所示。

4.3.2　照片处理

本实例的制作就是对照片执行【阴影/高光】操作，具体操作步骤如下。

操作步骤

❶ 启动 Photoshop CS4 软件，选择【文件】|【打开】命令，打开素材文件(配书光盘中的图书素材\第 4 章\4-3.jpg)，如下图所示。

打开【曲线】对话框，展开【曲线显示选项】选项，单击【以10%增量显示详细网格】按钮▦，可以显示出更详细的网格以便对曲线进行设置。

❷ 在【图层】面板上，将【背景】图层拖至【创建新图层】按钮上，将【背景】图层复制为【背景 副本】图层，如下图所示。

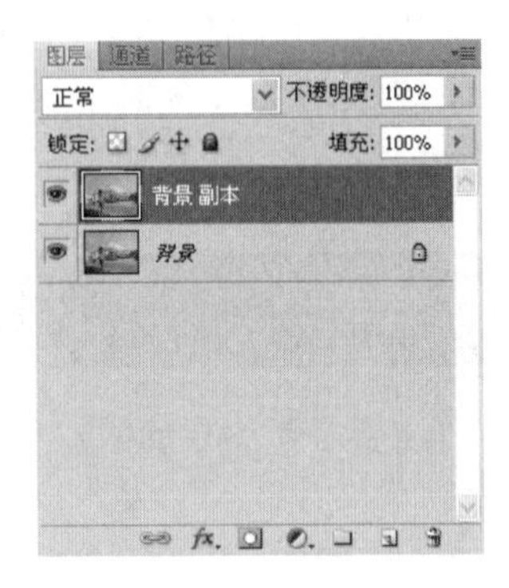

❸ 选择【图像】|【调整】|【阴影/高光】命令，如下图所示。

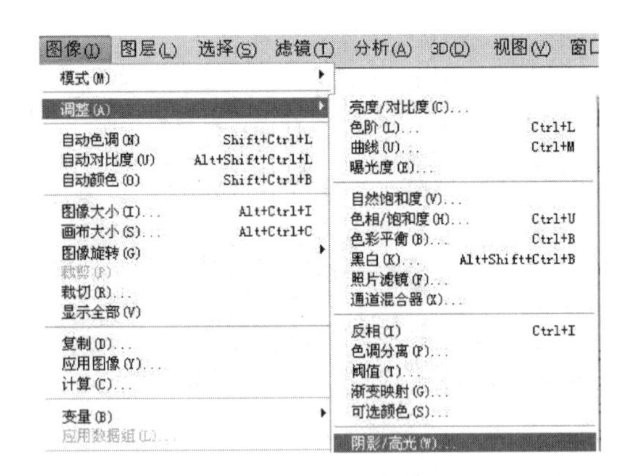

❹ 在【阴影/高光】对话框中，选中【显示更多选项】复选框，设置参数，如下图所示。

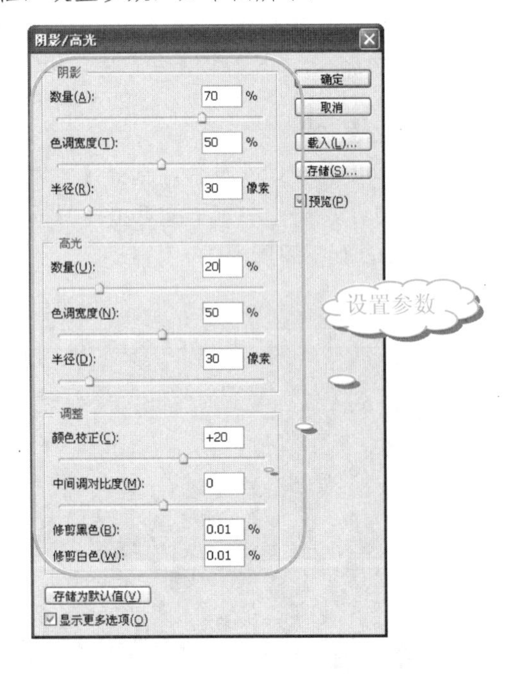

注意

【阴影/高光】可以实出显示淹没到阴影中的主体细节，使图像细节更清晰。在【阴影/高光】对话框中选中【预览】复选框，就可以在设置参数的过程中，查看图像调整的效果，操作灵活性比较强。

❺ 单击【确定】按钮，查看最终图像效果，如下图所示。

4.3.3 活用诀窍

【阴影/高光】命令适用于校正由强逆光而形成阴影或者由于太接近相机闪光灯而有些发白的照片。该命令不是简单地使图像整体变亮或变暗，而是基于阴影或高光部分周围的像素改变亮度值。正因为如此，阴影和高光都有各自的控制选项。

另外，【阴影/高光】命令还可以调整图像的整体效果，如颜色校正(调整饱和度)、中间调对比度、修剪黑色和修剪白色等。

4.4 使模糊的照片清晰化

许多时候，由于拍照的设备不够先进，或者拍照技术不好，拍出来的照片有些模糊。现在使用 Photoshop CS4 就可以对模糊不清的照片进行调整，使其成为一张清晰且色彩丰富的照片。

4.4.1 制作分析

将模糊的照片清晰化，主要是使用图层的【混合模式】对模糊的部分进行叠加，使其清晰化。

长见识：使用选区工具选择范围后，按住鼠标左键不放，再按空格键即可随意调整选取框的位置；释放鼠标左键后，可以再次调整选区的大小。

最终制作效果如下图所示。

4.4.2　照片处理

本实例的制作使用的是【锐化】和【高反差保留】功能，选出图像中需要清晰化的部分，然后运用图层的【混合模式】将模糊的部分叠加，具体操作步骤如下。

操作步骤

❶ 启动 Photoshop CS4 软件，选择【文件】|【打开】命令，打开素材文件(配书光盘中的图书素材\第 4 章\4-4.jpg)，如下图所示。

❷ 在【图层】面板上，将【背景】图层拖至【创建新图层】按钮上，将【背景】图层复制为【背景 副本】图层，如右上图所示。

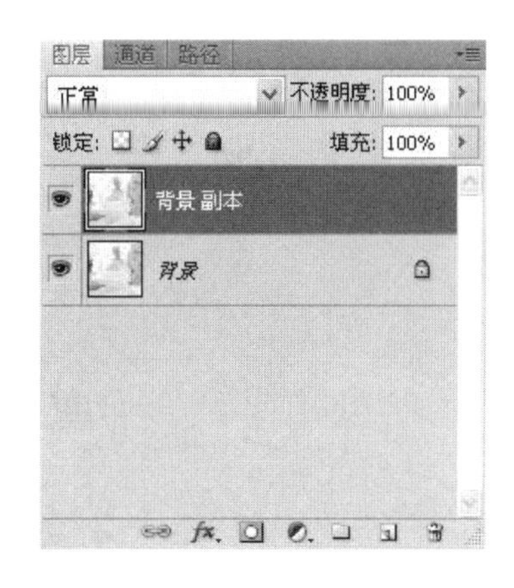

❸ 在【图层】面板中，单击【背景】图层，确定其处于激活的状态。选择【滤镜】|【锐化】|【USM 锐化】命令，如下图所示。

❹ 在弹出的【USM 锐化】对话框中，设置【数量】为 251%，【半径】为 2.0 像素，【阈值】为 3 色阶，如下图所示。

❺ 单击【确定】按钮后，单击【背景 副本】图层左侧的【指示图层可见性】按钮，将该图层隐藏，查

学以致用系列丛书

在【路径】面板中，包括【用前景色描边路径】和【用画笔描边路径】两种路径描边方式。

看图像效果，如下图所示。

❻ 在【图层】面板中，再单击【背景 副本】图层左侧的【指示图层可见性】按钮，显示图层。然后选择【图像】|【调整】|【去色】命令，如下图所示。

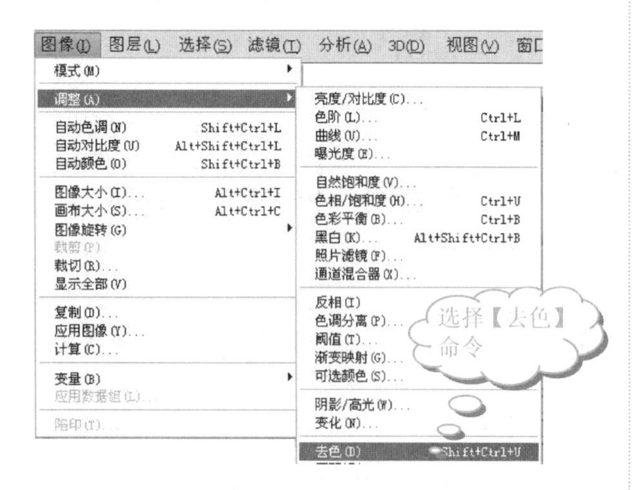

❼ 将【背景 副本】图层的图像改为黑白色，查看图像效果，如下图所示。

❽ 选择【滤镜】|【其它】|【高反差保留】命令，如下图所示。

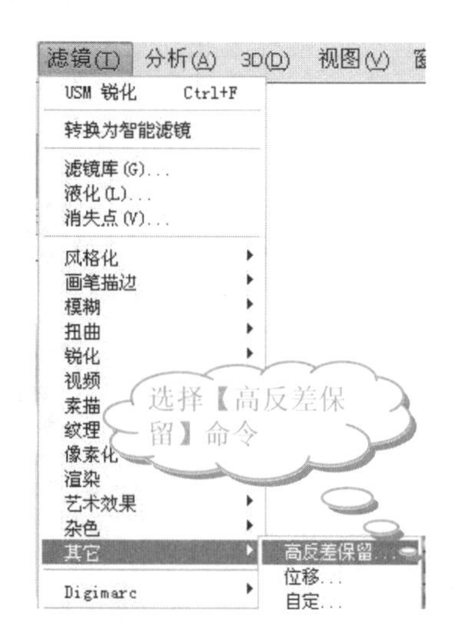

❾ 在【高反差保留】对话框中，设置【半径】为10像素，如下图所示。

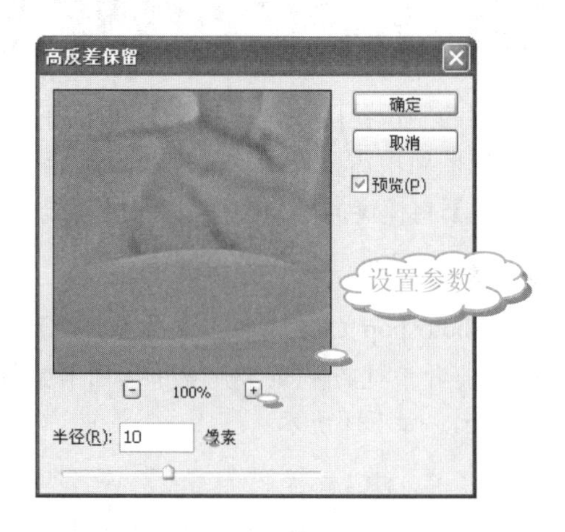

❿ 单击【确定】按钮，查看图像效果，如下图所示。

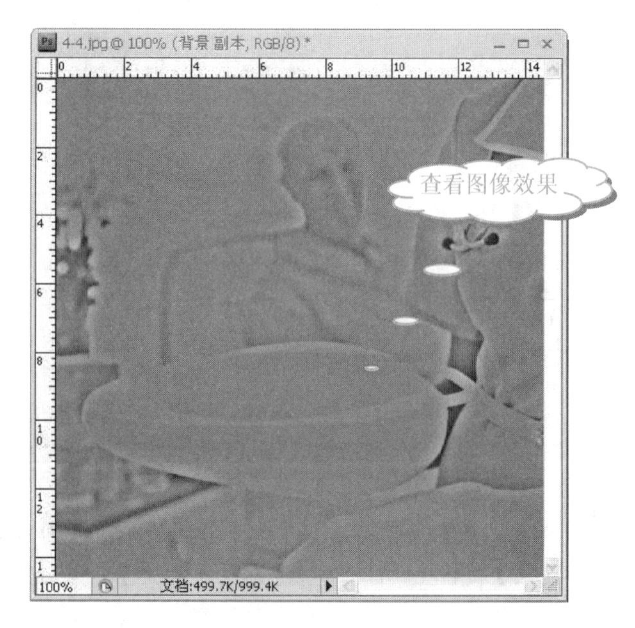

学以致用系列丛书

长见识 要找到画面的中心，可以新建一个图层，然后把辅助线吸附到垂直中心和水平中心上，其交点即为画面的中心。

⑪ 在【图层】面板中，将【背景 副本】图层的【混合模式】设置为【叠加】，如下图所示。

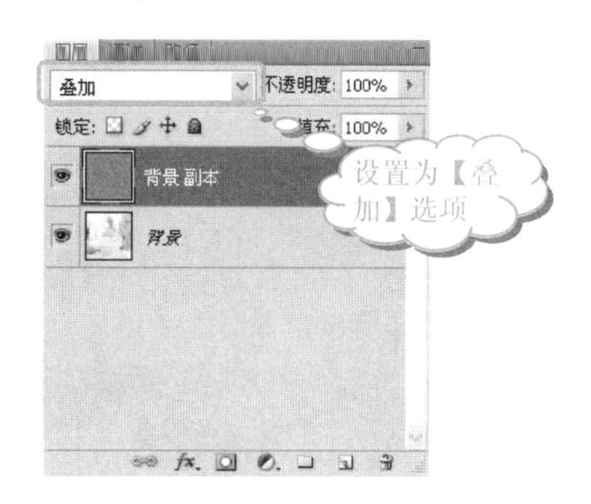

⑫ 查看图像效果，如下图所示。

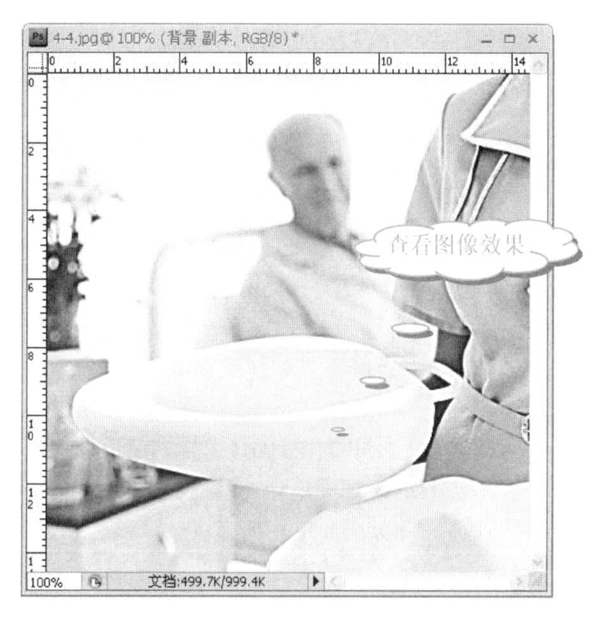

⑬ 在【图层】面板中，单击【背景 副本】图层并将其拖至【创建新图层】按钮上，将【背景 副本】图层复制为【背景 副本 2】图层，如下图所示。

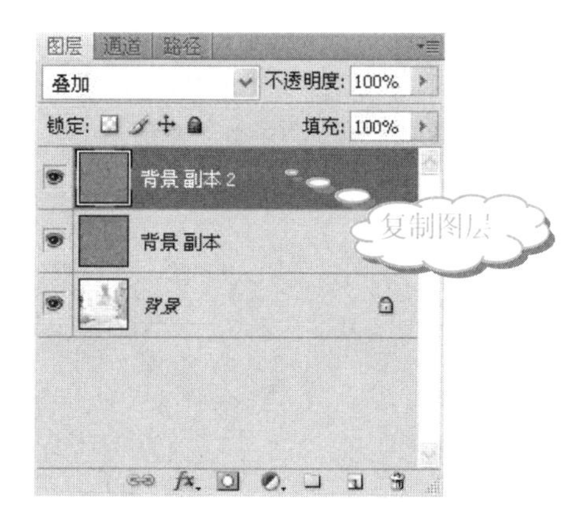

⑭ 查看图像的最终效果，如右上图所示。

4.4.3　活用诀窍

在本实例中，了解【高反差保留】功能可以将细节部分清晰化，再运用【混合模式】命令对图层进行细节部分的叠加。其实，也可以通过复制图层的方式，反复添加细节部分，从而达到清晰图片的目的。

4.5　将照片的背景调暗

拍的照片上如果背景太亮，拍摄的主体就不能很好地体现出来。下面主要讨论的就是如何将照片的背景调暗，突出主体。

4.5.1　制作分析

将照片的背景调暗主要是先选择区域，再对需要灰暗设计的部分进行调节。

最终制作效果如下图所示。

在给图像添加图层样式时，可以在不关闭【图层样式】对话框的情况下，观察图像窗口中添加了图层样式后的图像效果。

4.5.2 照片处理

本实例的制作就是先运用【通道】命令，选取图像中需要调暗的部分，然后运用【调整】面板中的【亮度/对比度】功能对需要调暗的图像进行调整，具体操作步骤如下。

操作步骤

❶ 启动 Photoshop CS4 软件，选择【文件】|【打开】命令，打开素材文件(配书光盘中的图书素材\第 4 章\4-5.jpg)，如下图所示。

❷ 在【通道】面板中，按住 Ctrl 键的同时单击【蓝】通道，建立选区，如下图所示。

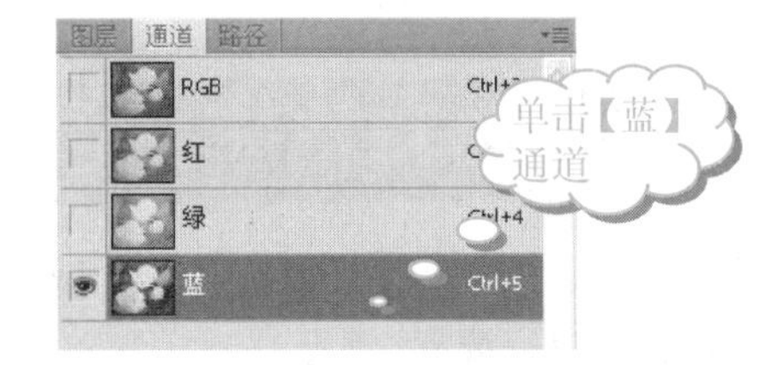

❸ 查看选区效果，如下图所示。

❹ 单击工具箱中的【磁性套索工具】按钮，在其属性栏中单击【添加到选区】按钮和【从选区减去】按钮，对选区进行修改，如下图所示。

提示

❖ 单击【添加到选区】按钮可以在原有选区的基础上，添加花朵中没有选中的部分。
❖ 单击【从选区减去】按钮可以在原有选区的基础上，减去不是花朵的部分。

❺ 在【通道】面板中单击 RGB 通道，使所有的通道处于显示状态。选择菜单栏中的【选择】|【反向】命令，将选区反选，如下图所示。

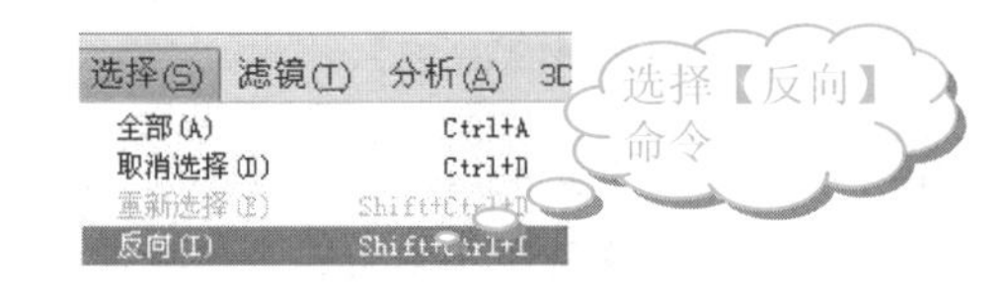

❻ 查看图像的选区效果，如下图所示。

学以致用系列丛书

合并可见图层时，按 Ctrl+Alt+Shift+E 组合键可以把所有可见图层复制一份后，再合并到当前图层。

❼ 在【图层】面板中，按Ctrl+J组合键，复制选区内的图像并创建【图层1】图层，如下图所示。

❽ 在【图层】面板中，单击【背景】图层左侧的【指示图层可见性】按钮，将【背景】图层隐藏，查看【图层1】的图像效果，如下图所示。

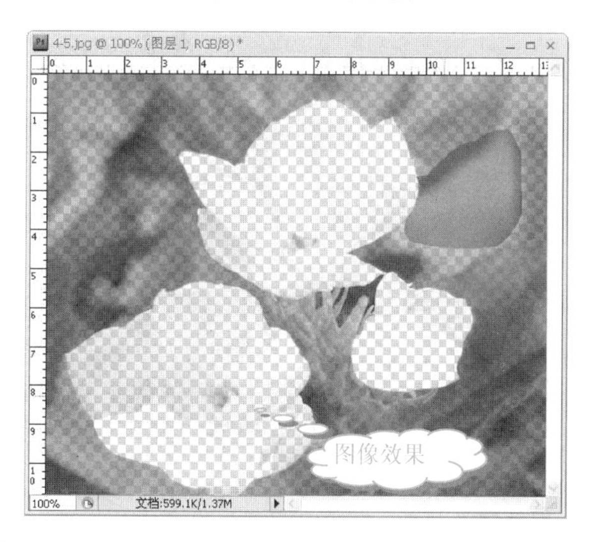

❾ 在【图层】面板中，单击【背景】图层左侧的【指示图层可见性】按钮，显示【背景】图层。然后在【调整】面板中单击【亮度/对比度】按钮，如下图所示。

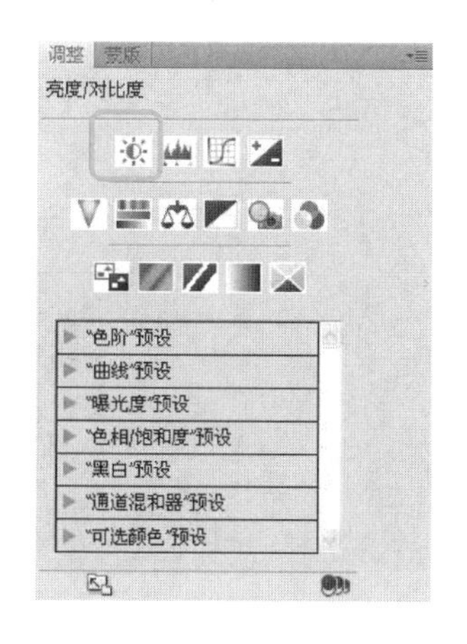

❿ 在【亮度/对比度】设置界面中设置参数，如下图所示。

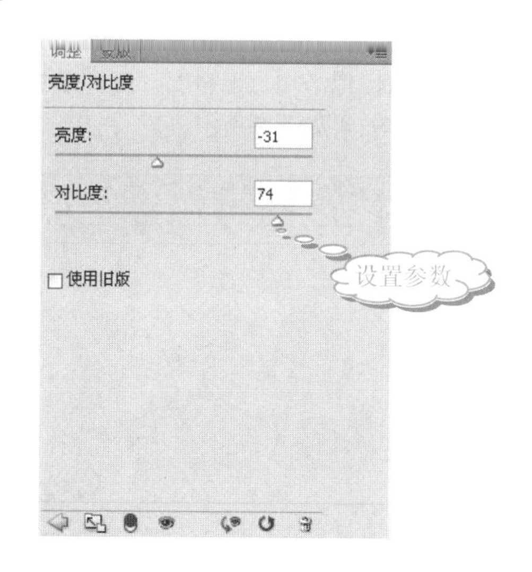

⓫ 查看最终的图像效果，如下图所示。

4.5.3　活用诀窍

在本实例中，首先运用【通道】命令选取选区，然后运用【亮度/对比度】功能对图像中需要调暗的部分进行调节。通过本实例，可以掌握调暗图像，让图像的主体变得更加突出的方法。

4.6　调整灰暗的照片

如果在阴天拍照，照片上的图像会显得黯淡无光，通过Photoshop CS4可以给这样照片增添光彩。

按Shift+Backspace组合键，可以打开【填充】对话框；按Alt+Backspace组合键，可以将前景色载入选取框；按Ctrl+Backspace组合键，可以将背景色填充到选取框内。

4.6.1 制作分析

调整灰暗的图片主要是将图片的黑白灰三色的距离拉开，然后给图像添加点饱和度，使其更加生动。

最终制作效果如下图所示。

4.6.2 照片处理

本实例的制作就是运用【色阶】命令，对图像中的色阶进行调整，使其层次更加分明。然后运用【色相/饱和度】命令，为图像添加饱和度，具体操作步骤如下。

操作步骤

❶ 启动 Photoshop CS4 软件，选择【文件】|【打开】命令，打开素材文件(配书光盘中的图书素材\第 4 章\4-6.jpg)，如下图所示。

❷ 在【调整】面板中单击【色阶】按钮，如下图所示。

❸ 在【色阶】设置界面中，单击【自动】按钮，自动调整照片的暗调和高光，如下图所示。

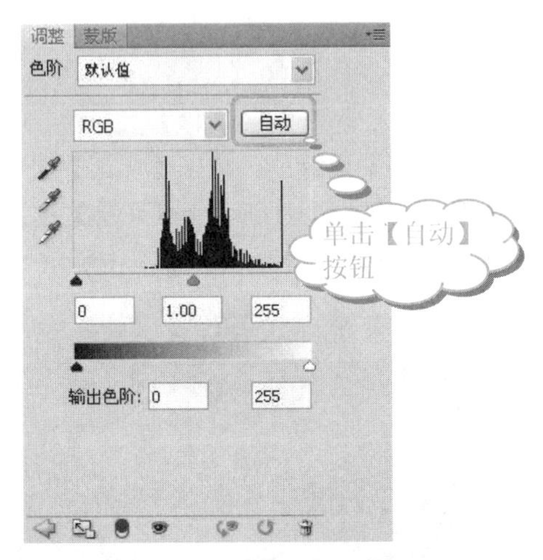

从【色阶】设置界面中的直观图可以看出这张照片的像素集中在中间调，而暗调和高光的部分几乎没有像素，所以，这张照片色调才会显得灰蒙蒙的。

❹ 查看图像效果，可以发现照片有了明显的变化，如下图所示。

学以致用系列丛书

按 Shift+Alt+Backspace 组合键，可以将前景色填入选取框内并保持透明设置；按 Shift+Ctrl+Backspace 组合键，可以将背景色填入选取框内并保持透明设置。

5 在【色阶】设置界面中，将【调整高光输入色阶】设置为150，如下图所示。

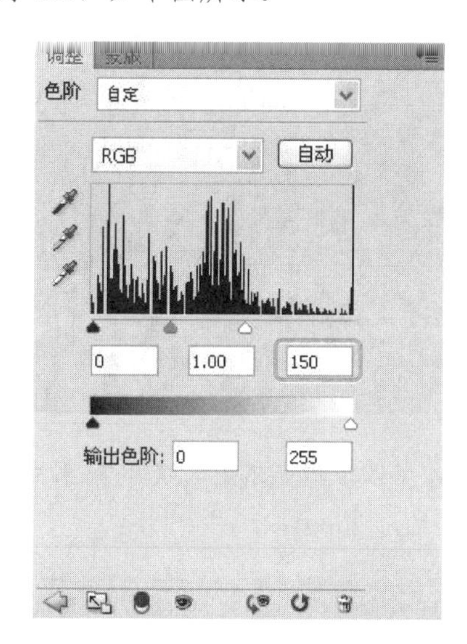

6 调整后的图片会变亮，查看图像效果，如下图所示。

7 在【色阶】设置界面中，单击【返回到调整列表】按钮，返回到【调整】面板，然后单击【色相/饱和度】按钮，如右上图所示。

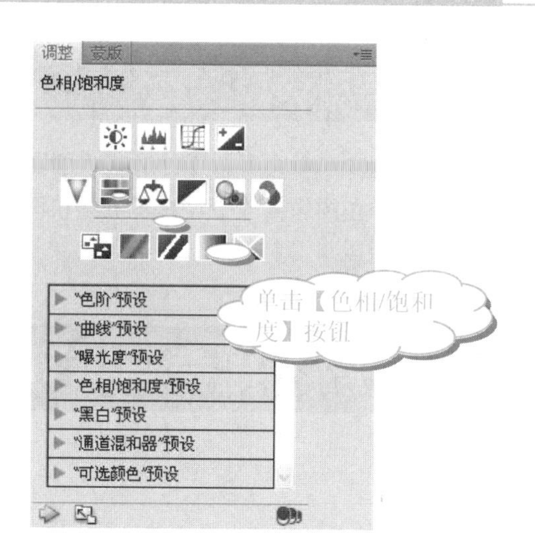

8 在【色相/饱和度】设置界面中，设置【饱和度】为+20，如下图所示。

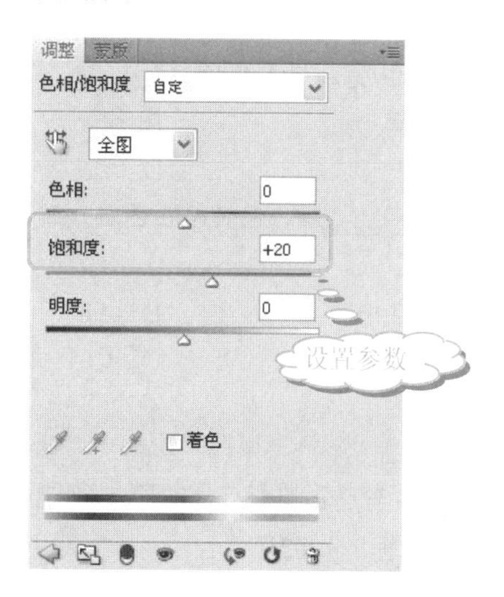

9 查看最终的图像效果，如下图所示。

学以致用系列丛书

按Ctrl+Alt+Backspace组合键，可以从历史记录中填充选区或图层，按Shift+Alt+Ctrl+Backspace组合键，可以从历史记录中填充选区或图层，并且保持透明设置。

4.6.3 活用诀窍

在本实例中，学会了怎样针对灰暗的图像进行调整。【色阶】命令在图像修改中，具备检测和调整两个功能，要学会灵活运用。

4.7 思考与练习

选择题

1. 照片曝光过度或者曝光不足可以通过________命令进行检测。

   A. 【色阶】　　B. 【通道混和器】

   C. 【曲线】　　D. 【色相/饱和度】

2. 【色相/饱和度】的按钮是________。

   A.　　B.

   C.　　D.

3. 按住______键，同时单击图层，就能将图层中的内容载入选区。

   A. 空格　　B. Alt

   C. Shift　　D. Ctrl

操作题

1. 练习修补以下阴影过强的照片(配书光盘中的图书素材\第 4 章\练习 1.jpg)。

2. 练习修补以下曝光不足的照片(配书光盘中的图书素材\第 4 章\练习 2.jpg)。

第 5 章 变脸大法——人物修饰

正所谓“美人如酒，越醇越香”。学习本章内容后，可以运用变脸大法，让人物照片越看越美，如酒般醇香，越赏越有味。一起来试试吧！

学习要点

- ❖ 挑染头发
- ❖ 细腻润滑皮肤
- ❖ 让皮肤更通透
- ❖ 添加漂亮的睫毛
- ❖ 制作唇彩效果

学习目标

通过本章的学习，读者应该掌握修饰人物的头部和皮肤的方法，熟悉美化整体以及局部特征的命令，并能够熟练地将人物修饰得毫无瑕疵，让照片中的人物将美丽发挥得淋漓尽致。

5.1 挑染头发

头发是人最显著的特点，可是由于头发很飘逸，因此在 Photoshop 中很难选取头发。不过，学过本范例之后，用户就可以精确且快速地选取头发了。然后，再为自己的头发选择适合的颜色。

5.1.1 制作分析

本范例将运用【调整】面板中的命令来选择人物的头发，再结合工具箱中的选择工具，使选取的人物头发更加完整。最后，再通过使用【调整】面板中的命令来替换头发的颜色。

最终制作效果如下图所示。

5.1.2 照片处理

本实例的制作将运用【通道混和器】选择人物，再结合选区工具，分别得到人物图层和头发图层，具体操作步骤如下。

1. 人物与头发的选取

操作步骤

❶ 启动 Photoshop CS4 软件，选择【文件】|【打开】命令，打开素材文件(配书光盘中的图书素材\第 5 章\5-1-2.jpg)，如右上图所示。

❷ 在【图层】面板中，拖动【背景】图层至【创建新图层】按钮上，复制图层为【背景 副本】图层，如下图所示。

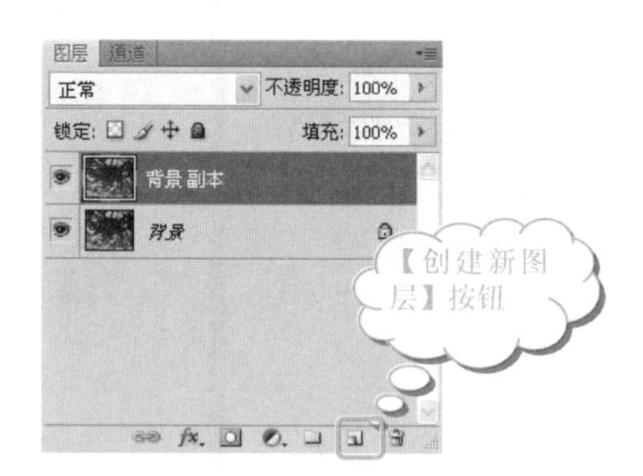

❸ 选择【文件】|【打开】命令，打开素材文件(配书光盘中的图书素材\第 5 章\5-1-1.jpg)，如下图所示。

❹ 单击工具箱中的【移动工具】按钮，在图像(5-1-1.jpg)上单击，按住鼠标左键不放，将其拖至图像(5-1-2.jpg)上，如下图所示。

长见识 把【历史记录】面板中当前图片的某一源状态拖到另一个图片的图像窗口中，可以改变目标图片的内容。

❺ 按 Ctrl+T 组合键，对图像进行变换操作，覆盖图像(5-1-2.jpg)，如下图所示。

提示

按住 Shift 键的同时进行变换操作，拖动图像的四个角所在的小方框，可以对图像进行等比例缩放。

❻ 关闭图像(5-1-1.jpg)，单击图像(5-1-2.jpg)。在【图层】面板中，拖动【图层 1】图层至【创建新图层】按钮上，复制【图层 1】图层为【图层 1 副本】图层，如下图所示。

提示

复制图层也可以在所需要的图层处于激活的状态时，按 Ctrl+J 组合键来实现。

❼ 在【调整】面板中，单击【通道混和器】按钮，如下图所示。

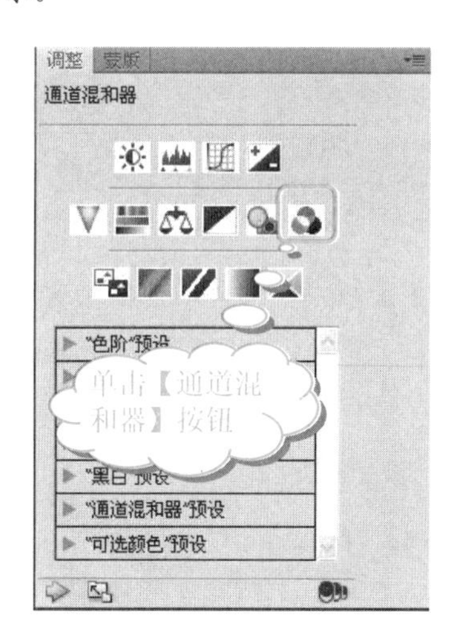

❽ 在【通道混和器】设置界面中，设置【输出通道】为【红】，【红色】为+180%，【绿色】为-200%，【蓝色】为-200%，【常数】为+162%，如下图所示。

提示

在【通道混和器】设置界面中，必须选择适当的【输出通道】选项。这里，头发主要是红色，所以选择【红】通道。用户可以根据自己的需求选择不同颜色的通道。

❾ 图像的效果如下图所示。

学以致用系列丛书

在同一图像中移动选区，原图像区域将以背景色填充；在不同图像间移动选区，将把选区中的内容复制到目标图像中。

10 在【图层】面板中，将自动创建【通道混合器 1】图层，右击该图层，从弹出的快捷菜单中选择【向下合并】命令，如下图所示。

11 这样，【通道混合器 1】和【图层 1 副本】图层就合并成了【图层 1 副本】图层，如下图所示。

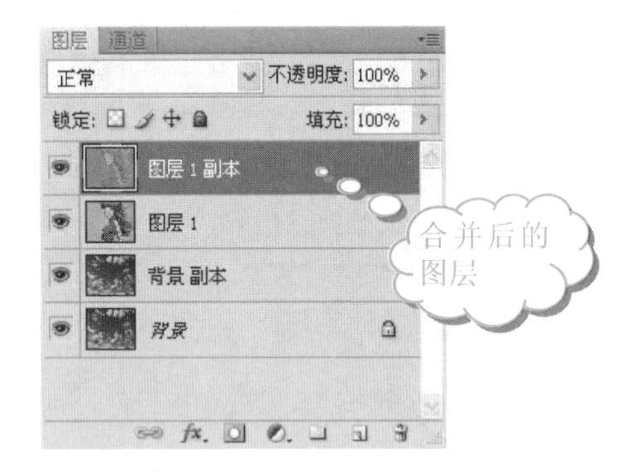

12 激活【图层 1 副本】图层，切换到【通道】面板，如下图所示。

13 单击【红】通道，其他通道就会自动处于隐藏的状态，即通道前的【指示通道可见性】按钮将消失，如下图所示。

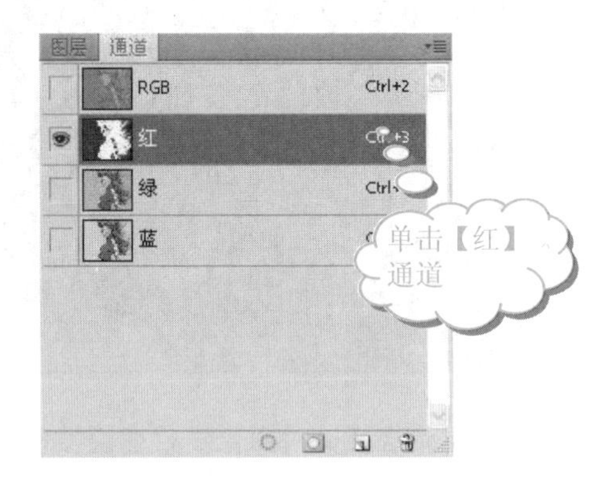

14 按 Ctrl 键的同时单击【红】通道，载入选区，如下图所示。

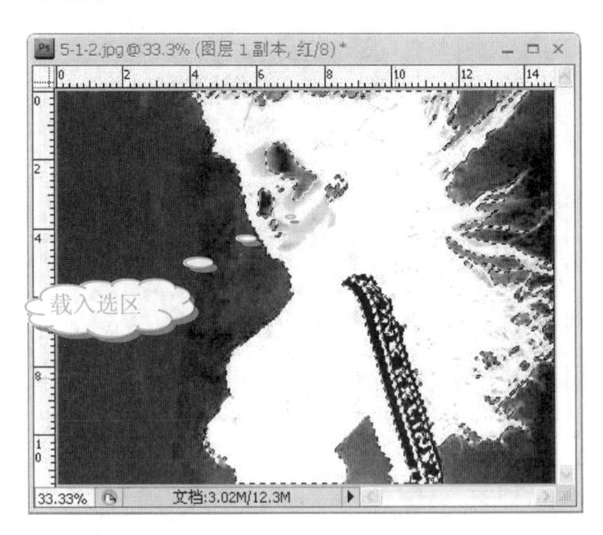

15 在【通道】面板中，单击 RGB 通道，将所有的通道显示出来，如下图所示。

16 返回到【图层】面板，单击【图层 1】图层，使其处于激活状态，如下图所示。

长见识 选择【选择】|【调整边缘】命令，可以打开【调整边缘】对话框，其中，包括了 5 种选区预览模式，分别为标准、快速蒙版、黑底、白底和蒙版。

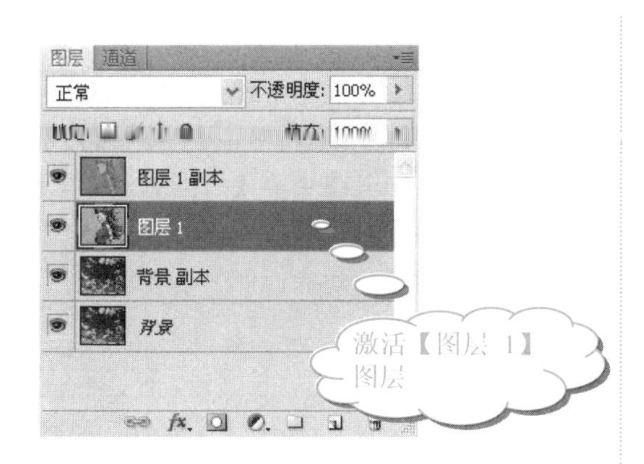

17 在【图层】面板中，单击【图层 1 副本】图层前面的【指示图层可见性】按钮，隐藏该图层。然后再单击【图层 1】图层，激活该图层，如下图所示。

提示

这里的【图层 1 副本】图层主要用来建立选区，之后不再使用，所以将其隐藏。在以后的制作中，可以将不再使用的图层隐藏以简化图像，便于进一步操作。

18 按 Ctrl+J 组合键，将【图层 1】图层中被选择的部分复制为【图层 2】图层，如下图所示。

19 在【图层】面板中，单击【背景】图层和【背景 副本】图层前面的【指示图层可见性】按钮，隐藏【背景】和【背景 副本】图层，并查看【图层 2】图层中的图像，如下图所示。

注意

上图中有方格的部分属于透明图层，表示该图层没有像素。

20 在【图层】面板中，单击【背景】图层和【背景 副本】图层前面的【指示图层可见性】按钮，显示该图层。同时激活【图层 1】图层，如下图所示。

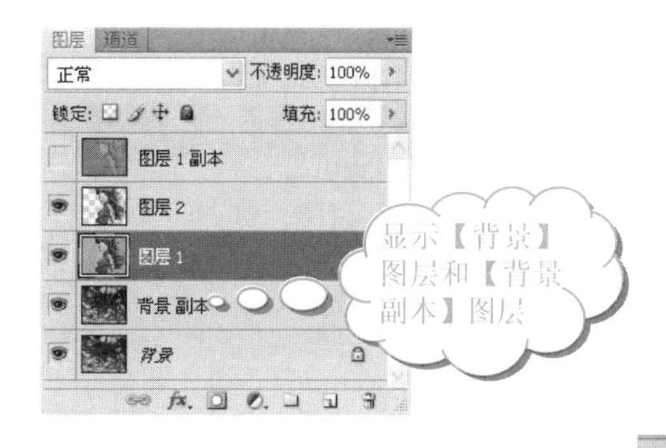

21 单击工具箱中的【磁性套索工具】按钮，选择人物与头发边缘部分，然后选择人物身体的部分，如下图所示。

注意

选取头发边缘部分，主要是因为头发与身体部分有相连的地方，这样便于得到单独的头发选区，为以后的染发操作做铺垫。

22 在【图层】面板中，选择【图层 2】图层，如下图所示。

23 在【图层】面板中，拖动【图层 2】图层至【创建新图层】上，复制【图层 2】图层为【图层 2 副本】图层，如下图所示。

24 按 Delete 键，将【图层 2 副本】图层中的选区部分删除，则【图层 2 副本】图层变成了头发选区，如下图所示。

注意

在【图层】面板中，激活图层不会改变图像中的选区所在的位置。

25 按 Ctrl+D 组合键，取消选区。在【图层】面板中，单击【图层 2 副本】图层前面的【指示图层可见性】按钮，将其隐藏。再单击【图层 1】图层，将其激活。然后单击工具箱中的【磁性套索工具】按钮，选择人物与头发边缘部分，同时注意头发与衣服的边缘、脸部与背景的边缘，如下图所示。

提示

这里的【图层 2 副本】图层在头发的染色中才会使用，在人物与头发的选取中不再使用，所以将其隐藏起来。

26 按 Ctrl+J 组合键，将选区复制为【图层 3】图层，单击【图层 1】前面的【指示图层可见性】按钮，将其隐藏，如下图所示。

提示

这里的【图层 1】图层不再使用，将其隐藏。

27 按 Ctrl 键的同时单击【图层 2】和【图层 3】图层，将两个图层都选中并右击，从弹出的快捷菜单中选择【合并图层】命令，如下图所示。

学以致用系列丛书

长见识

创建参考线时，按 Shift 键拖移参考线可以将参考线紧贴到标尺刻度处；按 Alt 键拖移参考线可以将参考线更改为水平或垂直取向。

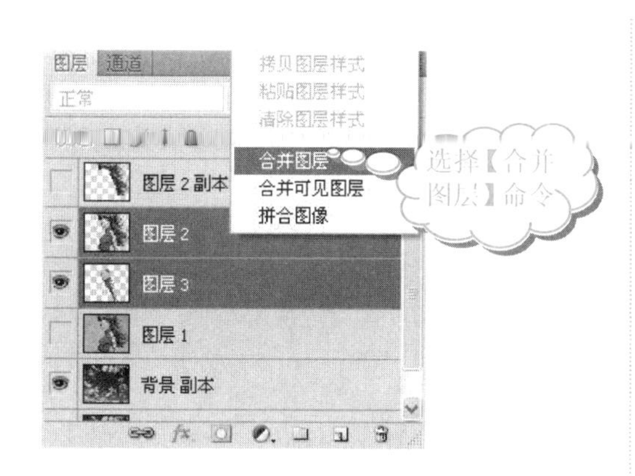

❷❽ 在【图层】面板中，【图层 2】图层和【图层 3】图层被合并为【图层 2】图层，如下图所示。

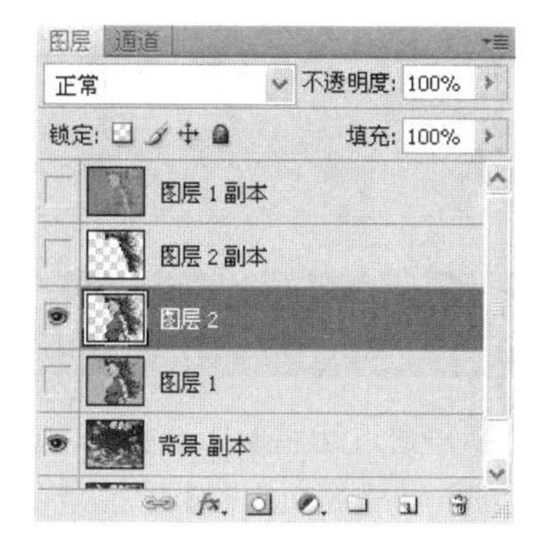

❷❾ 查看图像效果，如下图所示。

2. 头发的染色

运用【调整】面板中的【可选颜色】命令对头发进行染色，具体操作步骤如下。

操作步骤

❶ 在【图层】面板中，单击【图层 2 副本】图层前面的【指示图层可见性】按钮，将【图层 2 副本】图层显示出来，如右上图所示。

❷ 在【图层】面板中，按 Ctrl 键的同时单击【图层 2 副本】图层，选取【图层 2 副本】图层中的头发，如下图所示。

❸ 在【调整】面板中，单击【可选颜色】按钮，如下图所示。

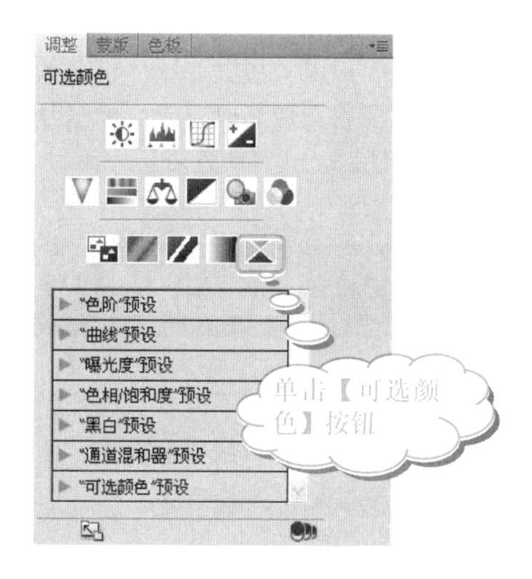

❹ 在【可选颜色】设置界面中的【颜色】下拉列表框中选择【红色】选项，并设置【青色】为-91%，【洋红】为+96%，【黄色】为-91%，【黑色】为+32%，如下图所示。

❺ 图像的最终效果如下图所示。

5.1.3 活用诀窍

在本实例中，学习了使用【通道混和器】选取图像的方法。不过，这个操作必须结合【通道】面板才能完成。

在本实例中，灵活运用了显示和隐藏图层功能，不必局限于一次性将图像选取完成，可以分几步操作，选取最简捷的方式，加快操作速度。

5.2 细腻润滑皮肤

让皮肤细腻、嫩滑，不需要买化妆品就可以做到。只需要动动手，动动脑，细心地操作，照片中的人物就能靓丽惊人，皮肤如牛奶般细滑。

5.2.1 制作分析

本例将运用快速蒙版选择皮肤区域。其次利用【滤镜】细腻润滑皮肤，对皮肤进行磨皮。然后调整图层的【混合模式】以及运用【色相/饱和度】功能将皮肤与图像完美结合。

最终制作效果如下图所示。

5.2.2 照片处理

本实例的制作通过运用蒙版选择粗糙的皮肤，然后运用【特殊模糊】和【高斯模糊】滤镜命令对皮肤磨皮，具体操作步骤如下。

1. 对粗糙皮肤进行磨皮

操作步骤

❶ 启动 Photoshop CS4 软件，选择【文件】|【打开】命令，打开素材文件(配书光盘中的图书素材\第 5 章\5-2.jpg)，如下图所示。

❷ 在【图层】面板中，拖动【背景】图层至【创建新

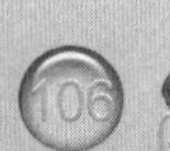

长见识 Photoshop CS4 提供了 6 个修饰工具，分别是【模糊工具】、【锐化工具】、【涂抹工具】、【减淡工具】、【加深工具】和【海绵工具】。其中，【模糊工具】和【锐化工具】被称为聚焦工具，【减淡工具】和【加深工具】被称为色调工具。

图层】按钮上，复制为【背景 副本】图层，如下图所示。

❸ 单击工具箱中的【修复画笔工具】按钮。然后在其属性栏中单击【画笔】右侧的倒三角按钮，设置画笔的【直径】为 17px，如下图所示。

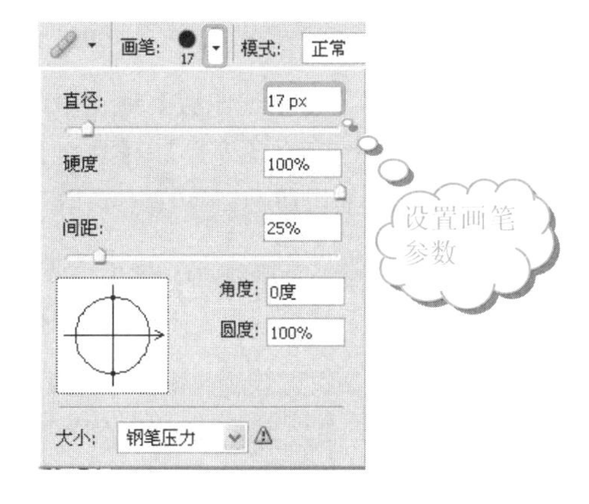

❹ 按住 Alt 键的同时在照片中选择合适的区域单击，这时鼠标指针变成十字圆圈形状，在脸上有痘痘或者疤痕的地方单击，脸就会干净很多，如下图所示。

❺ 由于脸上雀斑太多了，必须继续操作。单击工具箱中的【以快速蒙版模式编辑】按钮，设置【前景色】为黑色。单击工具箱中的【画笔工具】按钮，在其属性栏中设置【主直径】为 47px，涂抹皮肤区域，这时涂抹的颜色是红色，如下图所示。

❻ 设置工具箱中的【前景色】为白色，单击工具箱中的【画笔工具】按钮，在其属性栏中设置【主直径】为 17px，将不需要的区域用画笔划去，如下图所示。

❼ 单击【通道】面板，会发现自动创建了【快速蒙版】，

学以致用系列丛书

在【色板】面板中，直接单击颜色块，会将该颜色块设置为前景色；按 Ctrl 键单击颜色块，会将该颜色块设置为背景色；按 Alt 键单击颜色块，会将该颜色删除。

【快速蒙版】里面的黑色区域为选区，如下图所示。

8 在【通道】面板中，单击 RGB 通道前面的【指示通道可见性】按钮，隐藏 RGB 通道，查看选区是否恰当，如下图所示。

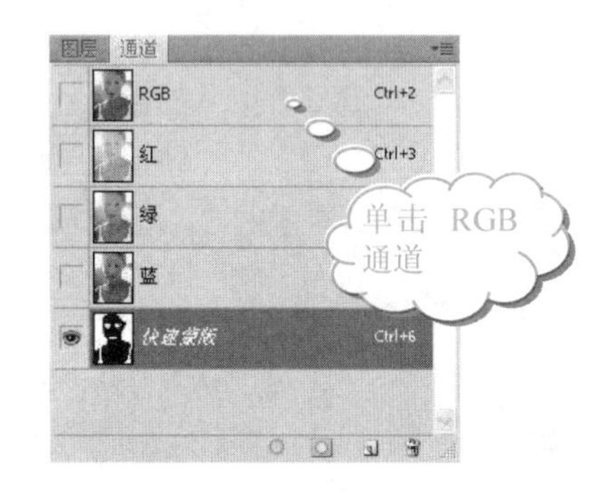

9 此时的图像效果如下图所示。

10 在【通道】面板中，再次单击 RGB 通道前面的【指示通道可见性】按钮，将 RGB 通道打开。然后单击【通道】中的【快速蒙版】通道，将【快速蒙版】通道激活。按 Q 键进入选区，选择上图中的白色区域，如右上图所示。

11 选择步骤 9 下【快速蒙版】通道中的黑色区域。然后选择菜单栏中的【选择】|【反向】命令，进行反向选择，如下图所示。

选择(S)	滤镜(T) 分析(A) 3D
全部(A)	Ctrl+A
取消选择(D)	Ctrl+D
重新选择(E)	Shift+Ctrl+D
反向(I)	Shift+Ctrl+I
所有图层(L)	Alt+Ctrl+A
取消选择图层(S)	
相似图层(Y)	

12 所得的选区如下图所示。

在按住 Alt 键的同时单击【图层】、【通道】和【路径】面板底部具有相应对话框的工具按钮时，即可弹出相应的对话框。

13 选择菜单栏中的【选择】|【修改】|【羽化】命令，如下图所示。

14 打开【羽化选区】对话框，设置【羽化半径】为 2 像素，如下图所示。

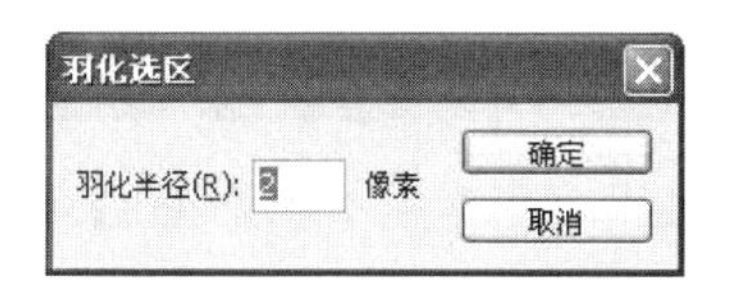

15 单击【确定】按钮，所得到的图像如下图所示。

16 在【图层】面板中，按 Ctrl+J 组合键，将选区复制到新图层，命名为“图层 1”，如下图所示。

17 【图层 1】图层是人的皮肤部分，单击【背景 副本】和【背景】图层前面的【指示图层可见性】按钮，将两个图层隐藏，查看【图层 1】图层，如下图所示。

18 显示【背景 副本】和【背景】图层，激活【图层 1】图层。选择【滤镜】|【模糊】|【特殊模糊】命令，如下图所示。

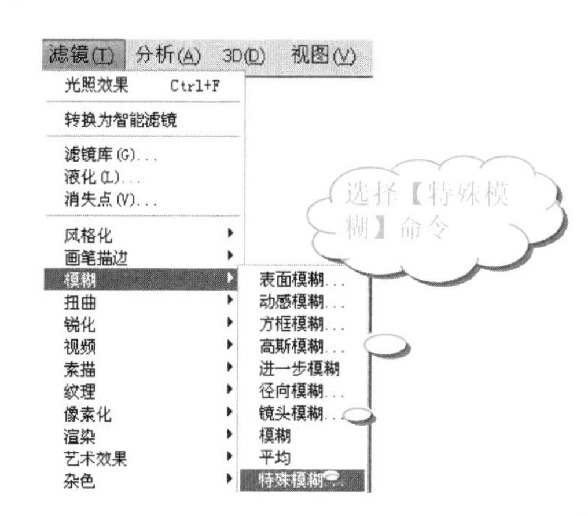

19 在【特殊模糊】对话框中，设置【半径】为 22.9，【阈值】为 22，【品质】为【低】，【模式】为【正常】，如下图所示。

学以致用系列丛书

在【图层】面板中使用图层蒙版时，按住 Shift 键并单击图层蒙版缩略图，会出现一个红叉标记，表示禁用当前蒙版；按住 Alt 键并单击图层蒙版缩略图，蒙版会以满屏方式显示，便于观察调整图像。

20 单击【确定】按钮，得到的图像如下图所示。

21 选择【滤镜】|【模糊】|【高斯模糊】命令，如下图所示。

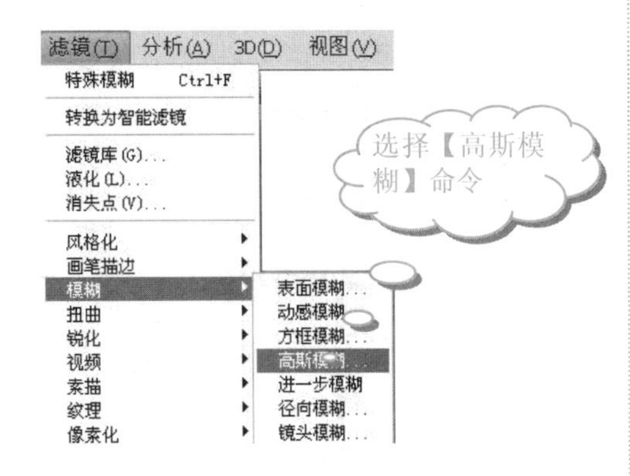

22 在【高斯模糊】对话框中，设置【半径】为1.5像素，如下图所示。

23 单击【确定】按钮，所得的图像靓丽了很多，如右上图所示。

2. 将皮肤与图像结合

本实例的制作通过运用【图层模式】和【色相/饱和度】命令调节图像的亮度，具体操作步骤如下。

操作步骤

1 在【图层】面板中，设置【图层 2】的不透明度为96%，如下图所示。

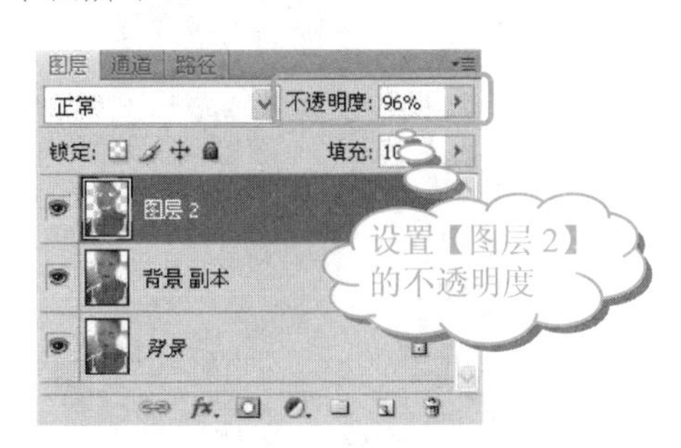

2 得到的图像效果如下图所示。

长见识

在【图层】、【通道】和【路径】面板上建立选区后，按Ctrl键并单击图层、通道或路径的缩略图，会将选区载入；按Ctrl+Shift组合键并单击图层、通道或路径的缩略图，则将其添加到当前选区中；按Ctrl+Shift+Alt组合键并单击图层、通道或路径的缩略图，则与当前选区交叉。

❸ 按Ctrl键的同时单击【图层1】和【背景 副本】图层，将两个图层都选中并右击，从弹出的快捷菜单中选择【合并图层】命令，如下图所示。

❹ 在【图层】面板中，【图层1】和【背景 副本】图层被合并为【图层1】图层，如下图所示。

❺ 在【图层】面板中，设置【图层1】的【不透明度】为88%，如下图所示。

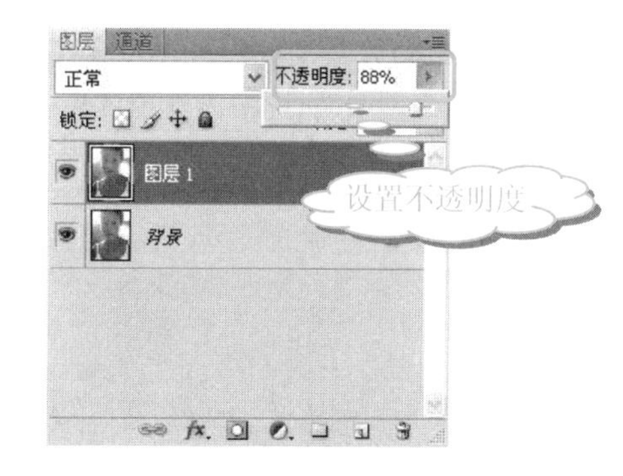

❻ 在【图层】面板上，按Ctrl+J组合键，复制【图层1】图层，如下图所示。

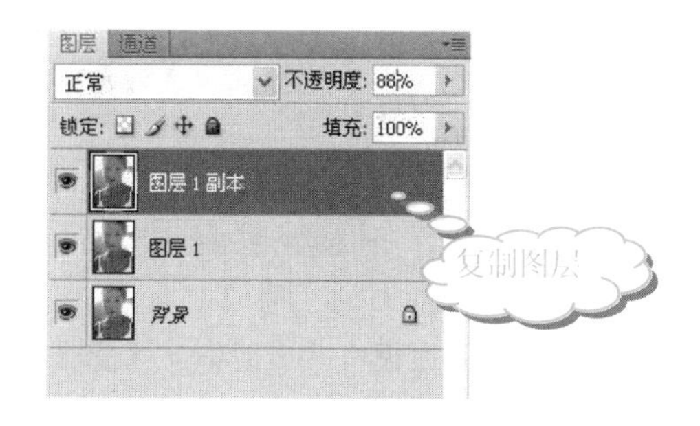

❼ 在【图层】面板中，设置【图层1 副本】的【混合模式】为【滤色】选项，【不透明度】为67%，如下图所示。

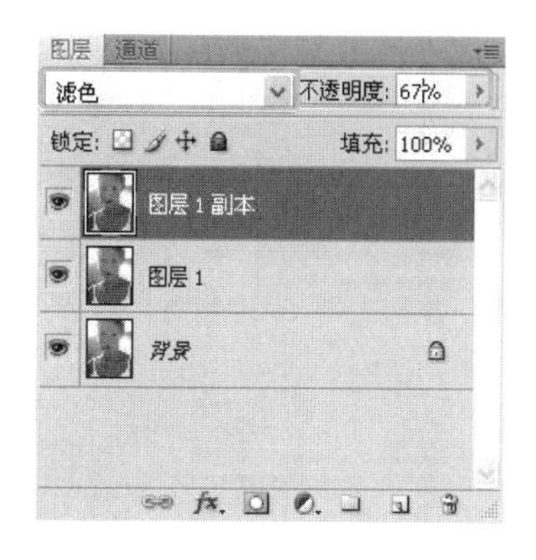

❽ 得到的图像如下图所示。

❾ 在【图层】面板中，单击【图层1】图层，激活【图层1】图层，然后在【调整】面板中单击【色相/饱和度】按钮，如下图所示。

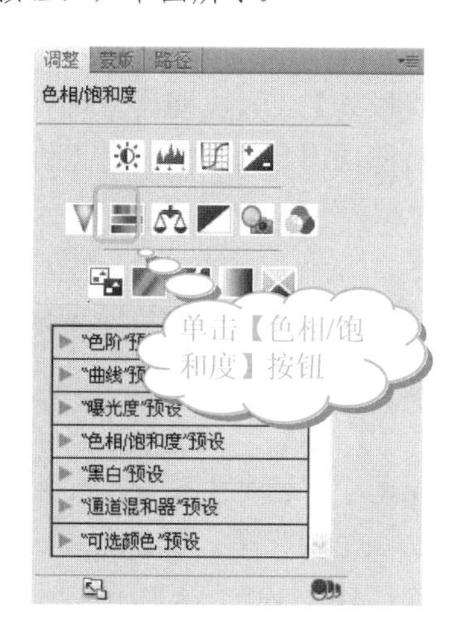

在工具箱中单击【渐变工具】按钮后，将鼠标指针定位到图像中要设置为渐变起点的位置，然后拖动以定义终点。如要将线条角度限定为45度的倍数，按住Shift键拖动鼠标即可。

长见识

❿ 在【色相/饱和度】设置界面中，设置【色相】为-121，【饱和度】为-71，【明度】为-62，如下图所示。

⓫ 照片的最终效果如下图所示。

5.2.3 活用诀窍

在本实例中，针对不规则的图像、粗略的选区可以使用【快速蒙版】。不过，这种选区必须结合【羽化】操作，以防止边缘过于尖锐。这种属于粗糙选区的图像比较适合特效图像的制作。

运用【特殊模糊】工具能够让图像中的颜色分布更均匀，同时保持图像本身的亮度。而【高斯模糊】会轻微地将图像颜色提亮。

5.3 让皮肤更通透

皮肤细腻嫩滑了，但是皮肤看起来并没有光泽，想不想让皮肤发出通透的光泽？现在就来看看如何让皮肤变得更通透光泽，具体操作方法如下。

5.3.1 制作分析

本范例将运用【滤镜】以及反复运用【图层模式】里的【滤色】和【柔光】混合模式，将图像的亮度提亮。

最终制作效果如下图所示。

5.3.2 照片处理

本实例的制作通过运用【USM 锐化】命令，对五官进行清晰处理。然后，运用【图层模式】命令将皮肤反复提亮。最后，用【高斯模糊】对柔光的图层进行处理将颜色铺开，具体操作步骤如下。

操作步骤

❶ 启动 Photoshop CS4 软件，选择【文件】|【打开】命令，打开素材文件(配书光盘中的图书素材\第 5 章\5-3.jpg)，如下图所示。

❷ 在【图层】面板中单击，拖动【背景】图层至【创

长见识：虽然锐化和模糊看起来是一对相反的操作，但是它们是不能互补的。模糊过度或者锐化过度时，如果使用锐化或模糊工具进行弥补，只会越弄越糟。

建新图层】按钮上，复制【背景】图层为【背景 副本】图层，如下图所示。

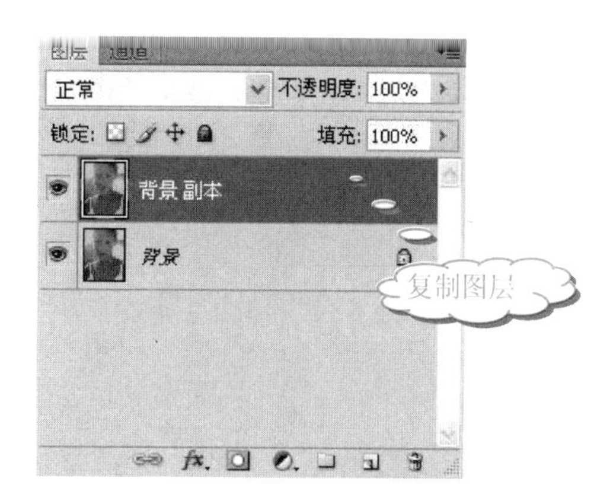

❸ 选择【滤镜】|【锐化】|【USM 锐化】命令，如下图所示。

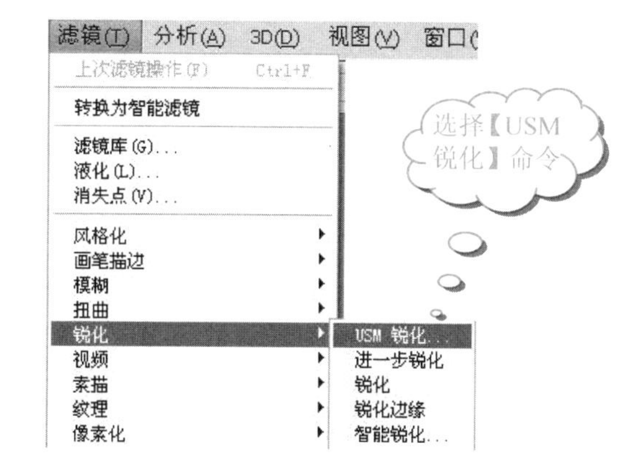

❹ 在【USM 锐化】对话框中，设置【数量】为 148%，【半径】为 1.5 像素，【阈值】为 2 色阶，在预览窗口中可查看设置效果，如下图所示。

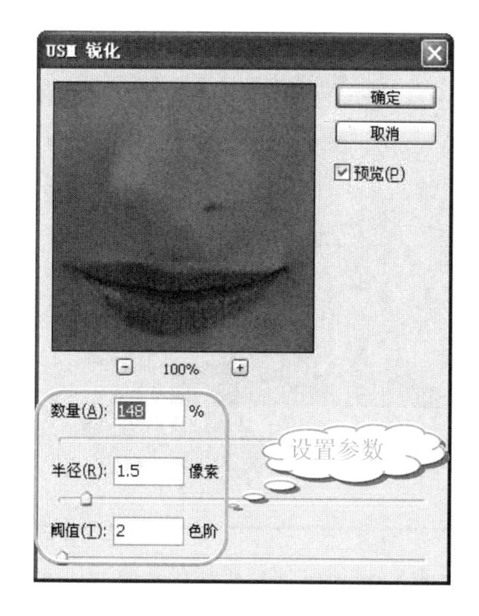

❺ 单击【确定】按钮，发现人物的五官清晰很多，效果如下图所示。

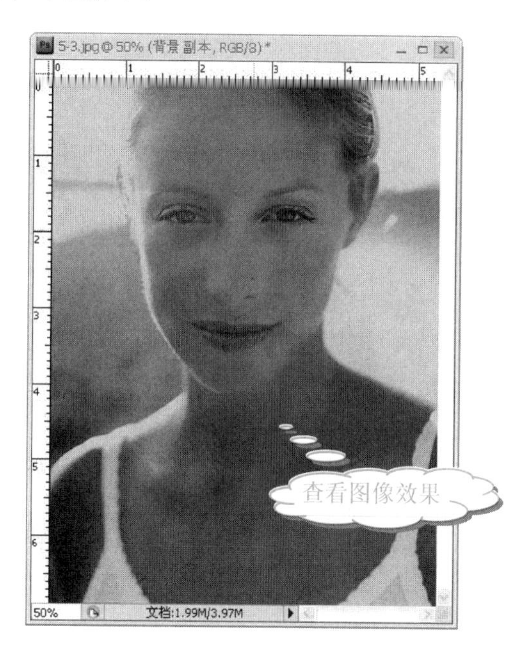

❻ 在【图层】面板中单击，拖动【背景 副本】图层至【创建新图层】按钮上，复制【背景 副本】图层为【背景 副本 2】图层，如下图所示。

❼ 在【图层】面板中，设置【背景 副本 2】图层的【混合模式】为【滤色】，并设置【不透明度】为 20%，如下图所示。

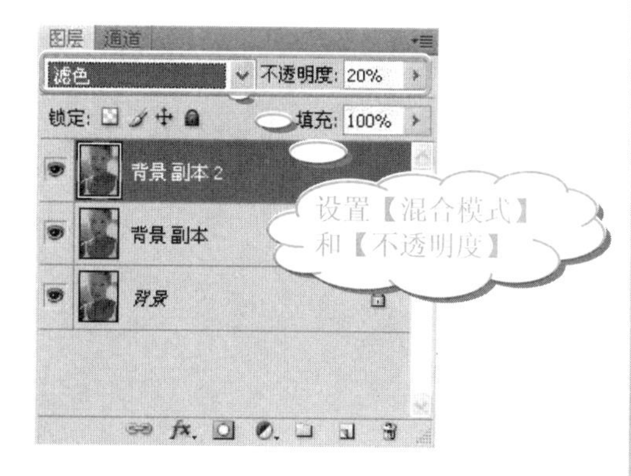

❽ 图像效果如下图所示。

学以致用系列丛书

按住 Alt 键，在图像上使用工具绘制路径时，不会显示出调节线。

9 在【图层】面板中单击，拖动【背景 副本 2】图层至【创建新图层】按钮上，复制【背景 副本 2】图层为【背景 副本 3】图层，如下图所示。

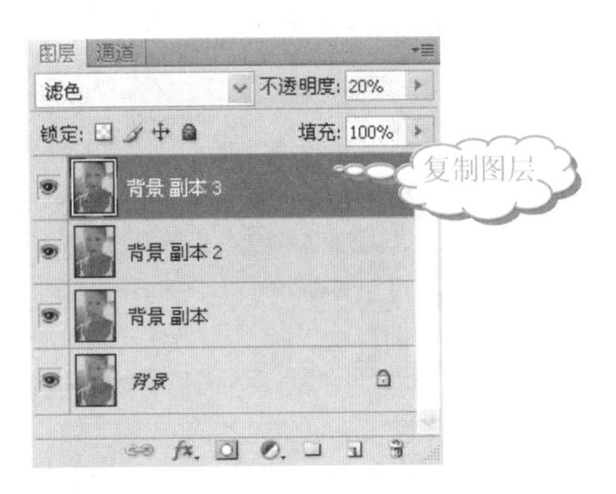

10 在【图层】面板中，设置【背景 副本 3】图层的【混合模式】为【柔光】，并设置【不透明度】为 50%，如下图所示。

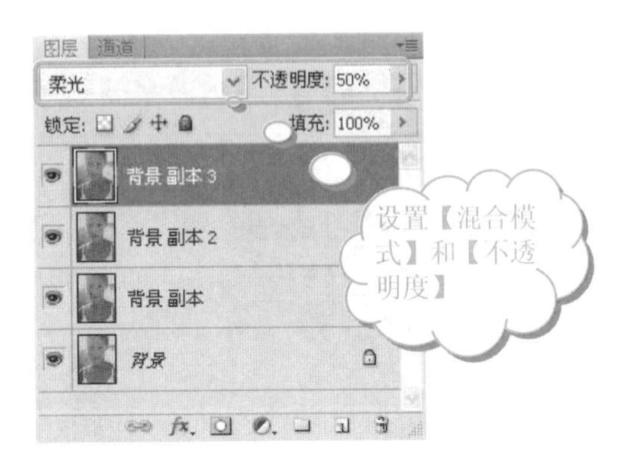

11 图像效果如右上图所示。

12 选择【滤镜】|【模糊】|【高斯模糊】命令，如下图所示。

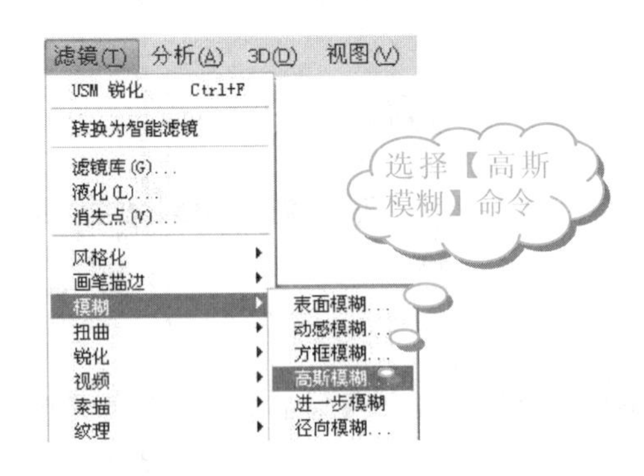

13 在【高斯模糊】对话框中，设置【半径】为 10 像素，如下图所示。

14 单击【确定】按钮，最终的图像效果如下图所示。

按住 Alt 键后在【路径】面板上，单击【删除当前路径】按钮，不会弹出提示框，而直接删除路径。

5.3.3 活用诀窍

在本实例中，学会使用【图层模式】增加图像的亮度，巧妙地运用【高斯模糊】可以将图像变得通透。而【USM锐化】是锐化人物图像时最常用的选项，不会使图像过于尖锐，而且可以体现细节。

5.4 漂亮的睫毛

脸部可以通过点缀变得更加有魅力，这里就介绍一下怎样在人物照片中添加漂亮的睫毛。

5.4.1 制作分析

本范例将运用【画笔工具】添加漂亮的睫毛。

最终制作效果如下图所示。

5.4.2 照片处理

本实例通过设置【画笔工具】的属性栏中的参数，在图像中添加睫毛，具体操作步骤如下。

操作步骤

1. 启动 Photoshop CS4 软件，选择【文件】|【打开】命令，打开素材文件(配书光盘中的图书素材\第5章\5-4.jpg)，如下图所示。

2. 在【图层】面板中，单击【创建新图层】按钮，创建新图层，如下图所示。

3. 单击工具箱中的【画笔工具】按钮，选择【窗口】|【画笔】命令(或者直接按F5键)，打开【画笔】面板，如下图所示。

学以致用系列丛书

在使用【钢笔工具】绘制路径时，按住Ctrl键不放，将使其暂时转换为【直接选择工具】，可以设置路径的形状；释放Ctrl键，即可恢复到【钢笔工具】。

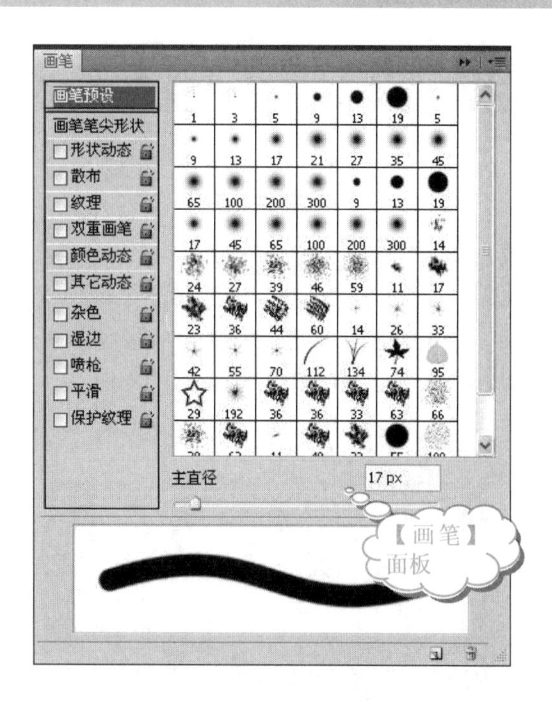

提示

在常用面板中，单击【画笔】按钮，也可以展开【画笔】面板。

❹ 在【画笔】对话框中，切换到【画笔预设】选项页，选择【沙丘草】画笔样式，如下图所示。

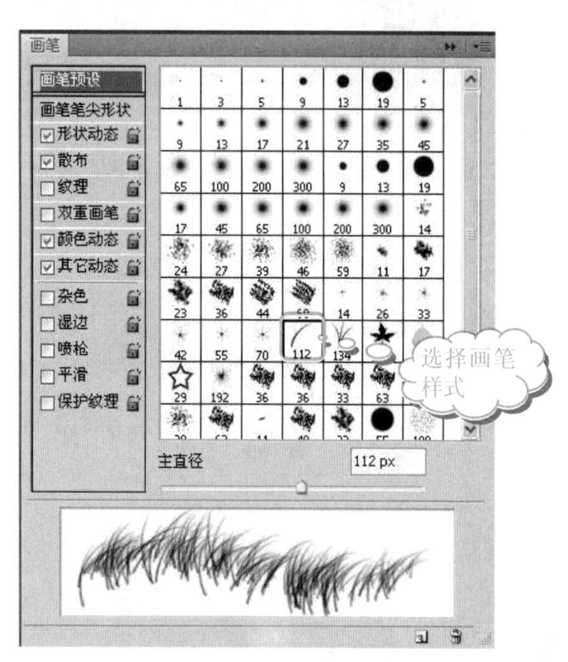

❺ 取消选中所有复选框，这时，在【画笔】面板的底部预览框中会发现草样画笔看上去已经有点像睫毛了，如右上图所示。

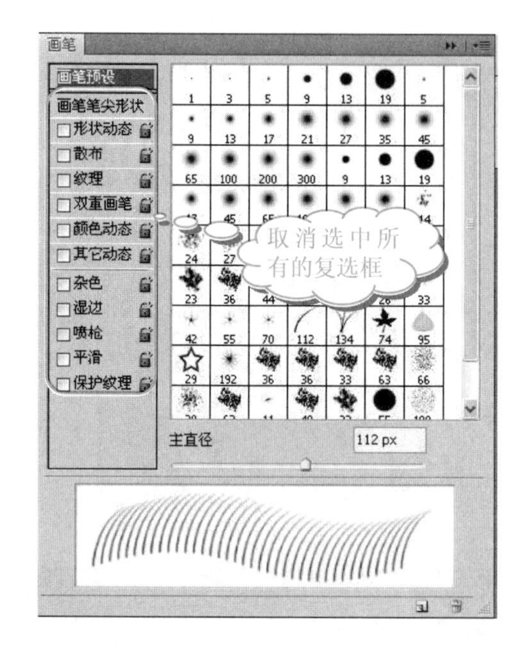

❻ 在【画笔】对话框中，切换到【画笔笔尖形状】选项页，设置【直径】为 25px，【角度】为 94 度，【间距】为 25%，如下图所示(用户可以根据自己的喜好适度调整参数)。

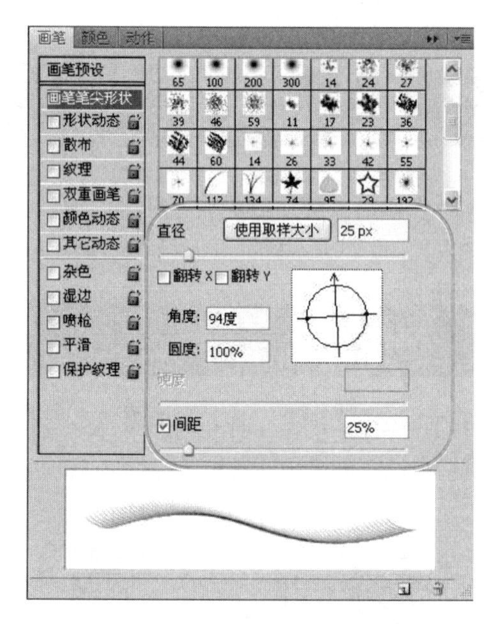

❼ 选择好画笔后，在图像人物的左眼上方，画上适当的睫毛，得到的图像如下图所示。

这里，在【画笔笔尖形状】中设置的一系列参数，如直径、角度和间距，用户都可以根据需要自定义。用本例中的数据绘制的睫毛淡而稀疏，改变参数的值可以设置更加浓密的睫毛。

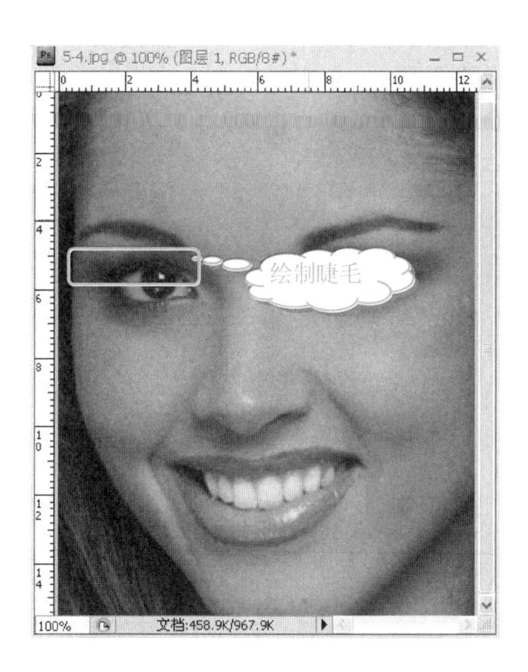

8 在【画笔】对话框中的【画笔笔尖形状】选项卡中，选中【翻转 X】复选框，如下图所示。

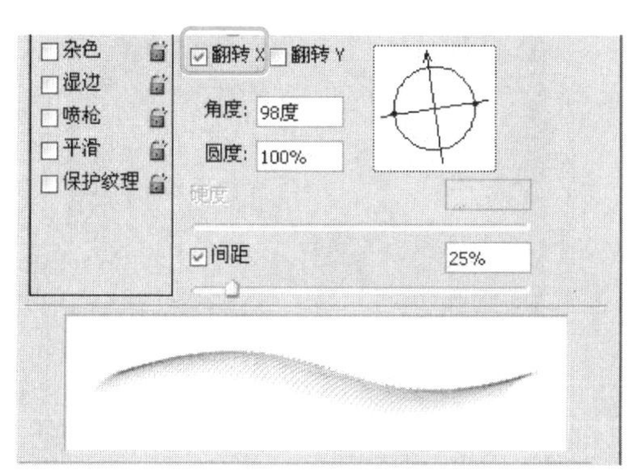

9 在图像中单击，画出左眼下面的眼睫毛，如下图所示。

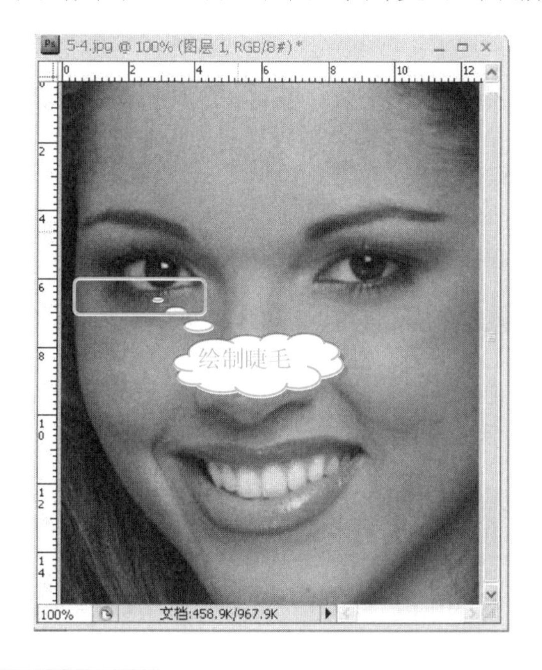

10 取消选中【翻转 X】复选框，再选中【翻转 Y】复选框，如下图所示。

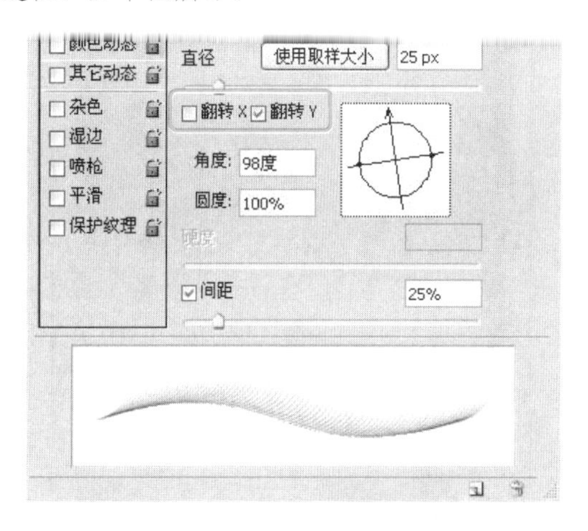

11 在图像中单击，画出右眼上面的眼睫毛，如下图所示。

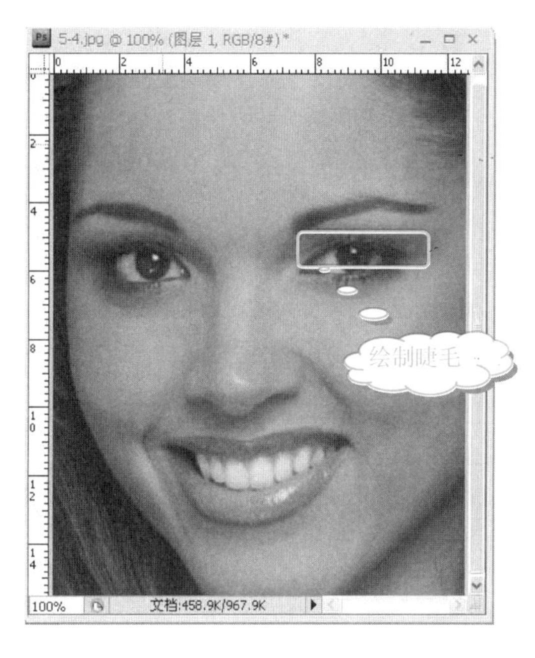

12 同时选中【翻转 X】和【翻转 Y】复选框，如下图所示。

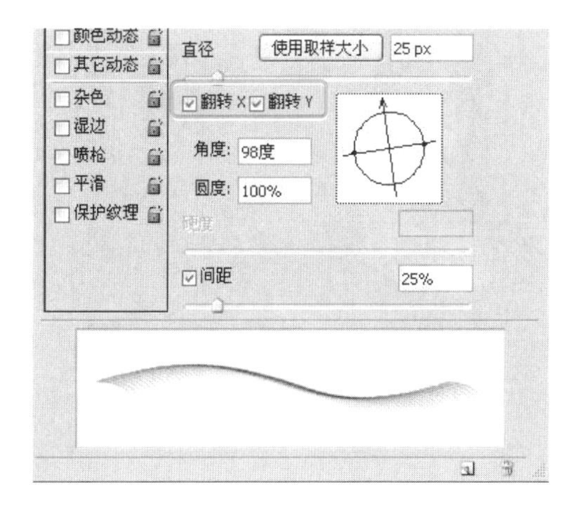

学以致用系列丛书

形状图层既可以转换为普通的图层，也可以转换为选区。

⑬ 在图像中单击，画出右眼下面的眼睫毛，如下图所示。

⑭ 单击工具箱中的【橡皮擦工具】按钮(背景色为白色)，在其工具属性栏中设置参数，如下图所示。

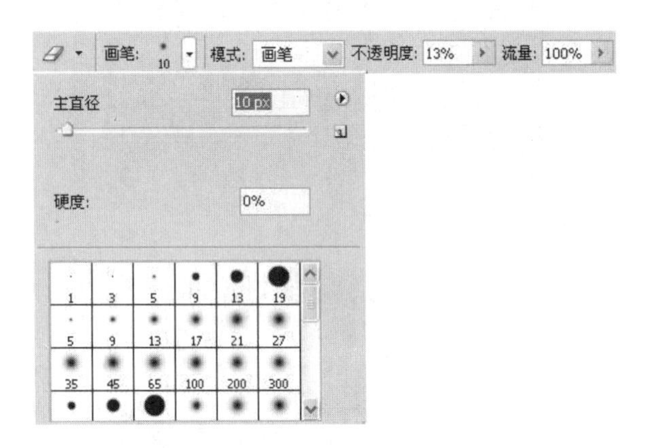

⑮ 所得的图像如下图所示。

⑯ 在【图层】面板中，设置【图层 1】图层的【不透明度】为 73%，如下图所示。

⑰ 最终的图像效果如下图所示。

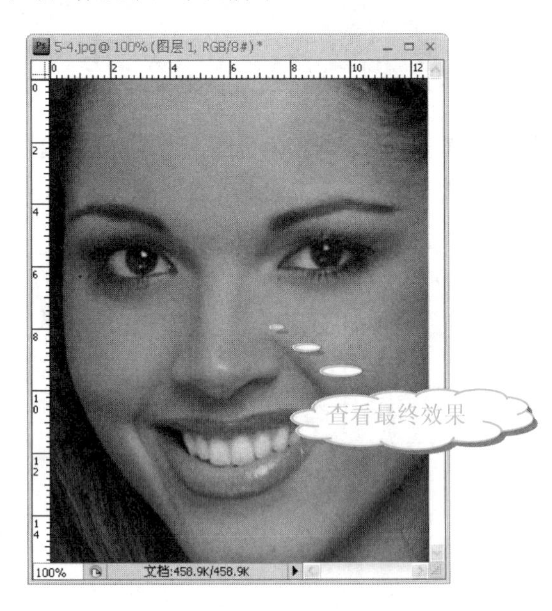

5.4.3 活用诀窍

在本实例中，学会使用【画笔工具】，注意设置【画笔】对话框中的参数，通过使用各式各样的画笔，得到很多想要的效果。

5.5 唇彩效果

美丽的唇彩可以让照片中的人物充满迷幻色彩，并且绚丽夺目。

5.5.1 制作分析

在本实例中，将【图层】面板中的【添加矢量蒙版】

如果要修改图层中的路径，则该路径必须为显示状态。

与【路径】相结合，可以将该图层的所有效果集中到路径所选取的一部分。通过【曲线】调整图像颜色；通过【画笔】对图像进行模糊操作。

最终制作效果如下图所示。

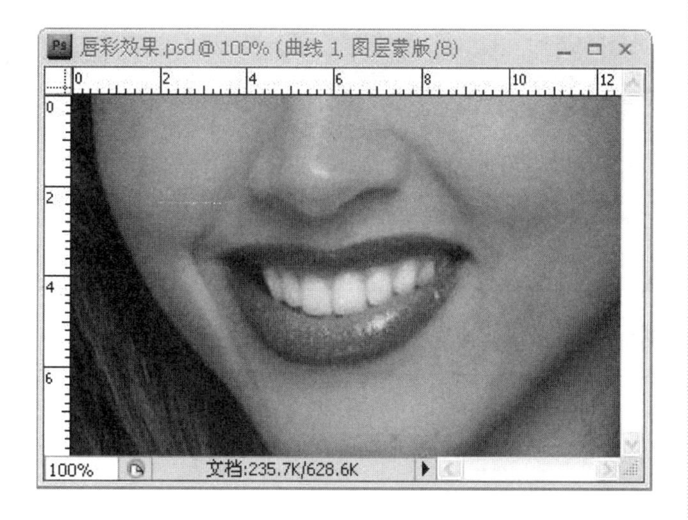

5.5.2 照片处理

本实例首先通过为图层应用【滤镜】命令。然后运用【添加图层蒙版】按钮和【路径】面板，巧妙地将图层的效果转化到嘴唇上。接着运用【混合模式】命令减弱该图层的效果。最后，运用【曲线】命令设置唇彩的颜色。具体操作步骤如下。

操作步骤

❶ 启动 Photoshop CS4 软件，选择【文件】|【打开】命令，打开素材文件(配书光盘中的图书素材/第 5 章/5-5.jpg)，如下图所示。

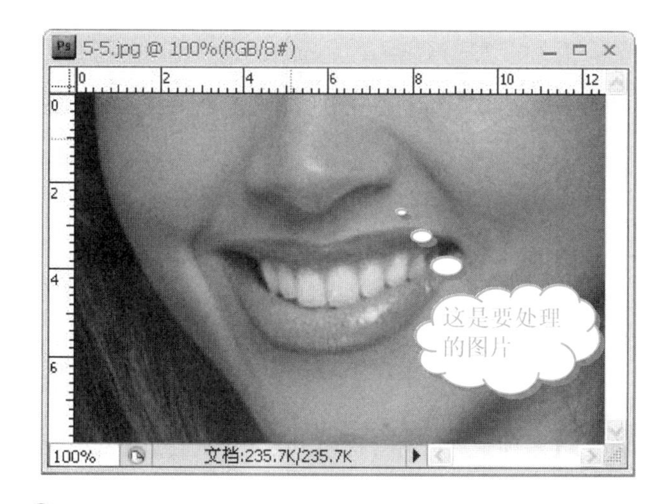

❷ 在【图层】面板中，单击右下角的【创建新图层】按钮，创建【图层 1】图层，如右上图所示。

❸ 切换到【路径】面板，单击【创建新路径】按钮，创建【路径 1】路径，如下图所示。

❹ 单击工具箱中的【钢笔工具】按钮，在适当的位置单击，建立路径，如下图所示。

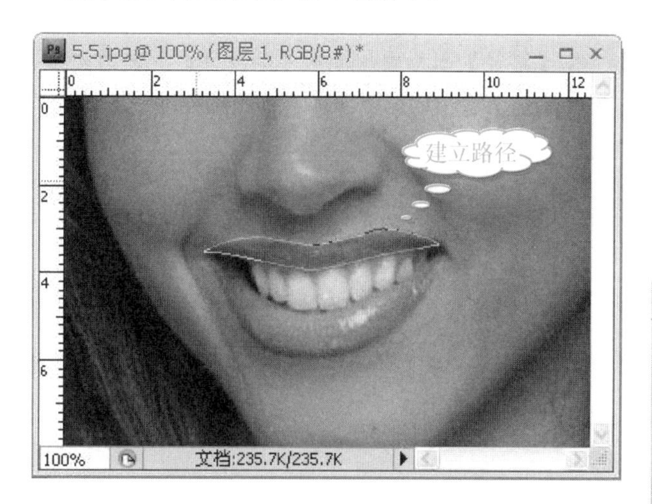

单击【钢笔工具】按钮的时候，按住 Ctrl 键，可以快速地移动路径的位置；按住 Alt 键，可以设置路径上各个点的控制柄，加快绘图速度。

❺ 接着使用【钢笔工具】在图像上单击，绘制出下嘴唇，如下图所示。

学以致用系列丛书

在【动作】面板中，如果想要在一个动作中的一条命令后增加一条命令，可以先选中该命令，然后单击【动作】面板下方的【开始记录】按钮●，选择要增加的命令，再单击【停止播放/记录】按钮■即可。

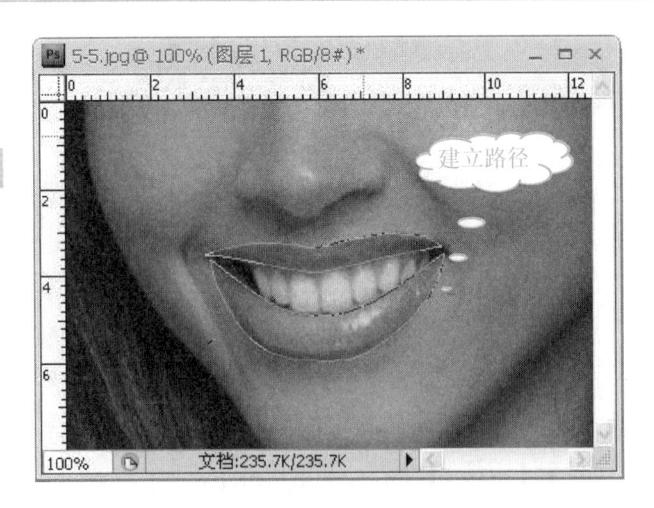

❻ 在【路径】面板中，刚才绘制的路径已经自动保存在【路径 1】中，如下图所示。

❼ 在【路径】面板中，单击【路径 1】下方的灰白区域，将图像中的路径隐藏，如下图所示。

❽ 单击工具箱中的【设置前景色】按钮，如下图所示。

❾ 在弹出的【拾色器(前景色)】对话框中，设置参数(C:0，M:0，Y:0，K:50)，使前景色为灰色，如右上图所示。

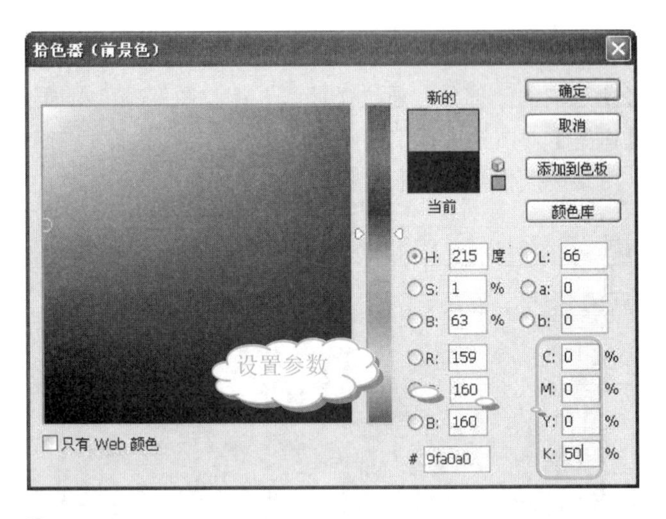

❿ 单击【确定】按钮，按 Alt+Delete 组合键，填充前景色，如下图所示。

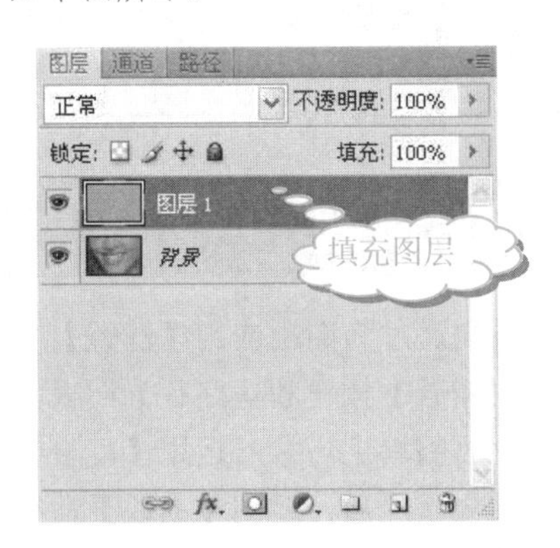

⓫ 选择【滤镜】|【杂色】|【添加杂色】命令，如下图所示。

⓬ 在【添加杂色】对话框中，设置【数量】为 5%。然后在【分布】选项组中选中【高斯分布】单选按钮，并选中【单色】复选框，如下图所示。

长见识：在【动作】面板中，按住 Ctrl 键，双击要执行的动作的名称即可执行整个动作。

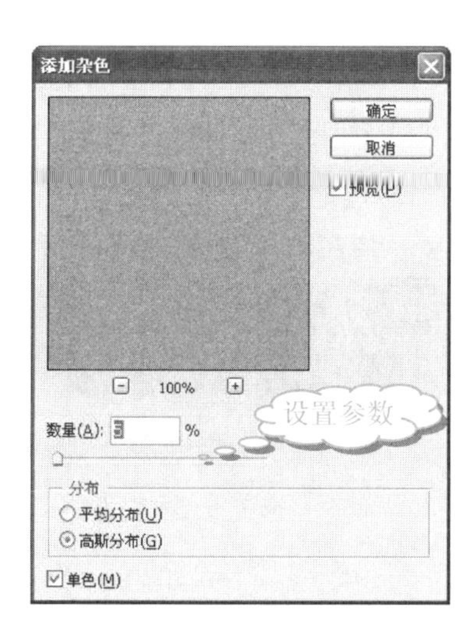

⑬ 单击【确定】按钮，查看图像效果，如下图所示。

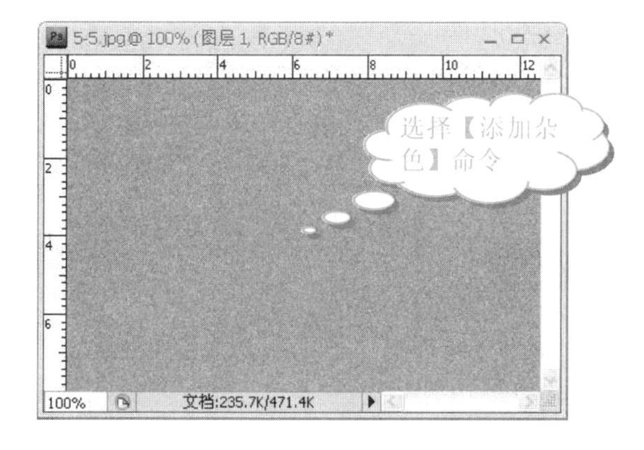

⑭ 选择【图像】|【调整】|【色阶】命令，如下图所示。

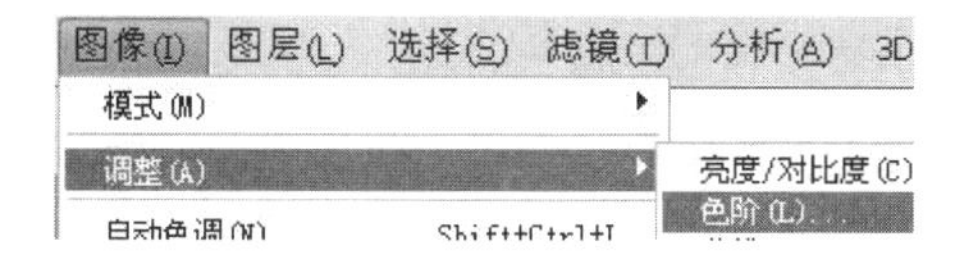

⑮ 在【色阶】对话框中，设置【通道】为 RGB，【输入色阶】为 167、1.00、230，如下图所示。

⑯ 单击【确定】按钮，查看图像效果，如右上图所示。

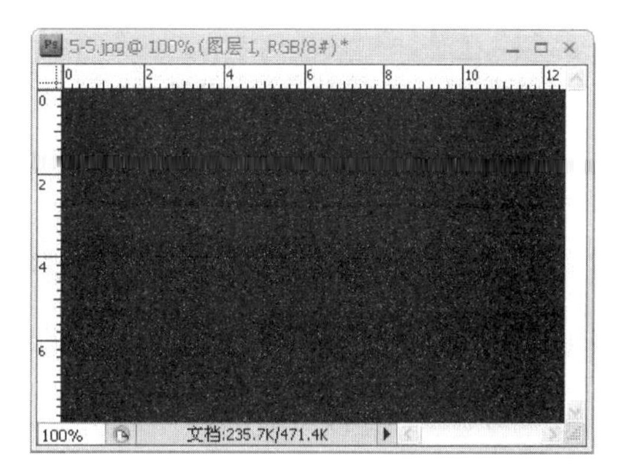

⑰ 在【图层】面板中，将【图层 1】图层的【混合模式】设置为【颜色减淡】，并将【不透明度】设置为 90%，如下图所示。

⑱ 查看图像效果，如下图所示。

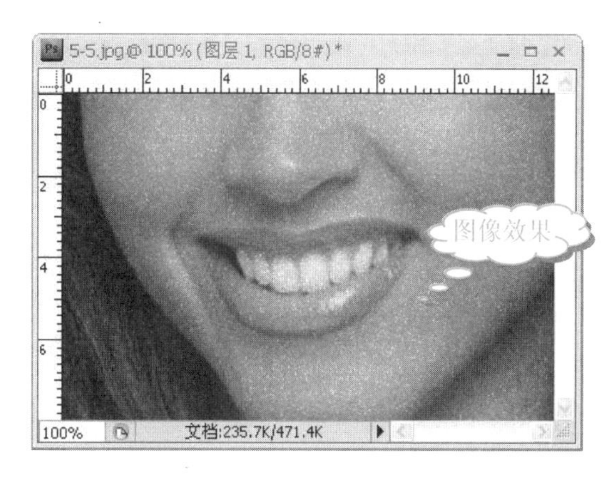

⑲ 打开【路径】面板，如下图所示。

⑳ 按 Ctrl 键的同时单击【路径 1】，将【路径 1】中的路径转化为选区，如下图所示。

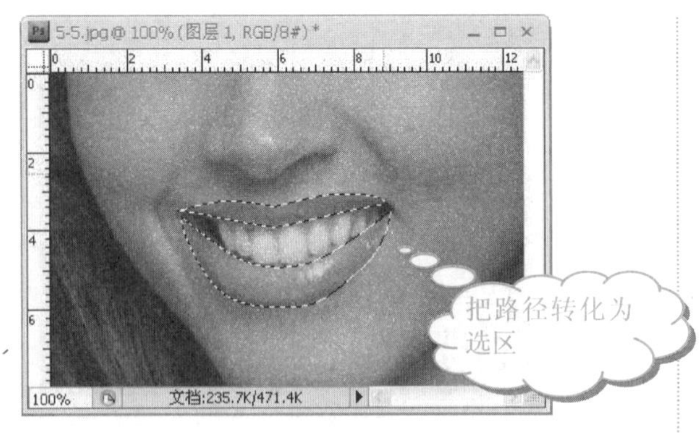

㉑ 选择菜单栏中的【选择】|【修改】|【羽化】命令，如下图所示。

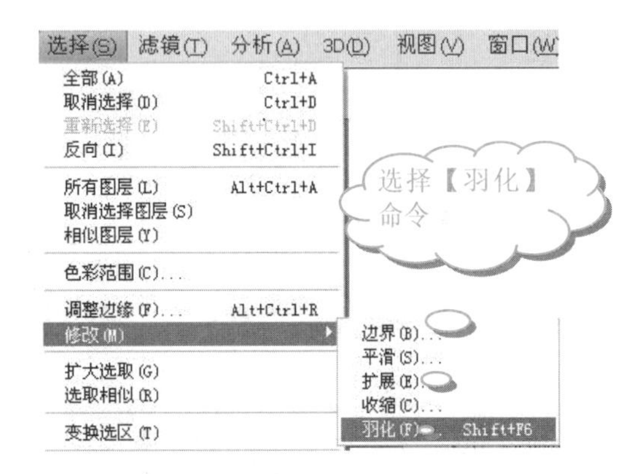

注意

按 Shift+F6 组合键，也可以弹出【羽化】对话框。

㉒ 在【羽化选区】对话框中，设置参数，设置【羽化半径】为 4 像素，如下图所示。

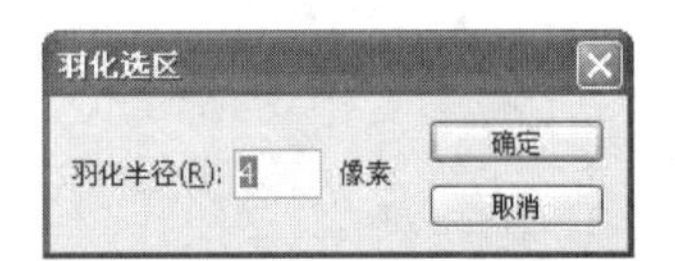

㉓ 单击【确定】按钮，查看图像中选区的变化，如下图所示。

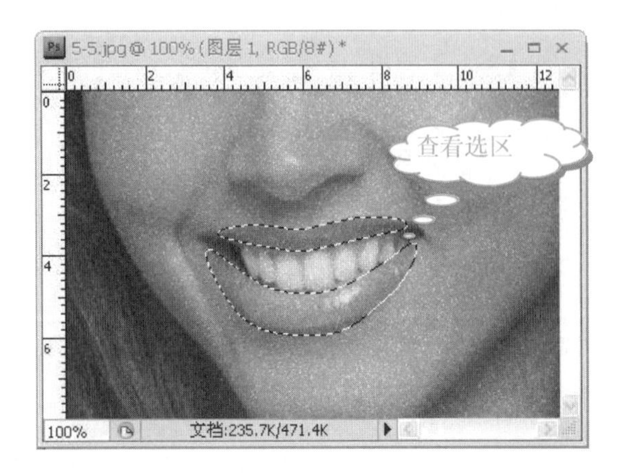

㉔ 在【图层】面板中，单击【图层 1】图层，让【图层 1】处于激活的状态。然后单击【图层】面板下方的【添加图层蒙版】按钮，如下图所示。

㉕ 查看图像效果，【图层 1】的效果已经全部集中到嘴唇的部位，如下图所示。

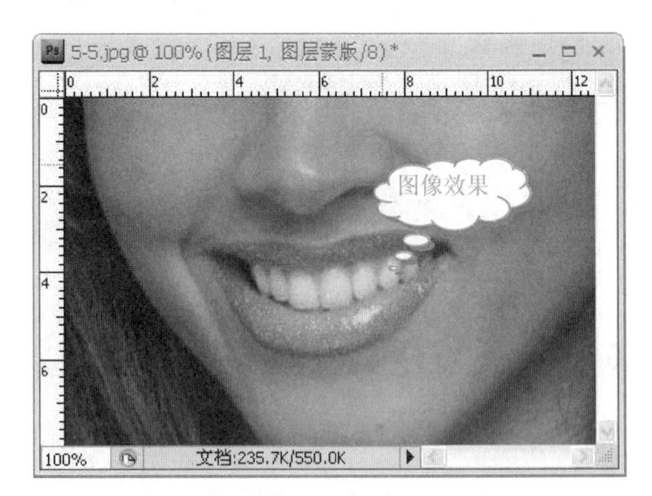

提示

虽然使用矢量蒙版将图层的效果集中到嘴唇部位，但是【图层 1】的大小还是原始大小。而且，在【图层 1】上添加效果时，仍然是对【图层 1】原始大小添加效果。

㉖ 单击工具箱中的【设置前景色】按钮，如下图所示。

㉗ 在弹出的【拾色器(前景色)】对话框中，设置前景色为白色(R:0，G:0，B:0)，如下图所示。或者直接在工具箱中单击【默认前景色和背景色】按钮，并单击【切换前景色和背景色】按钮，将前景色设置为白色。

长见识 色调分离可以使图像产生一种奇特的视觉效果，色调分离以后，尽管颜色数量少了很多，但是简化了大部分影像，突出了需要表现的主体，而且图像更具艺术味道。

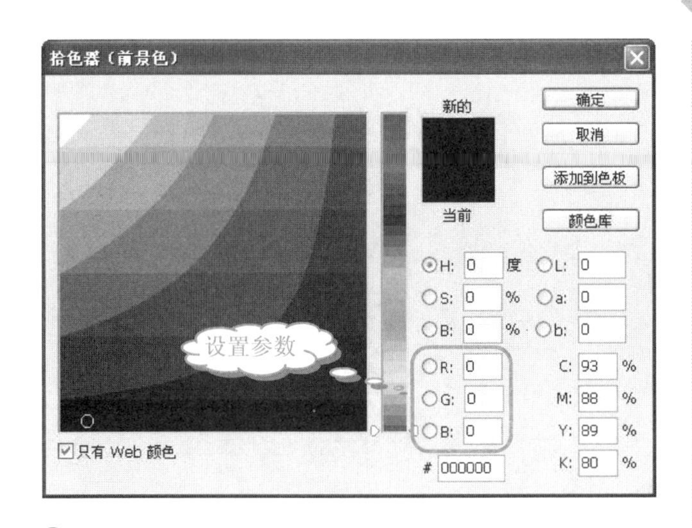

㉘ 单击工具箱中的【画笔工具】按钮，设置【画笔工具】的属性栏。单击【画笔】后的倒三角按钮，从弹出的下拉列表中选择【柔角 65 像素】选项，然后设置【主直径】为 60px，【不透明度】为 20%，如下图所示。

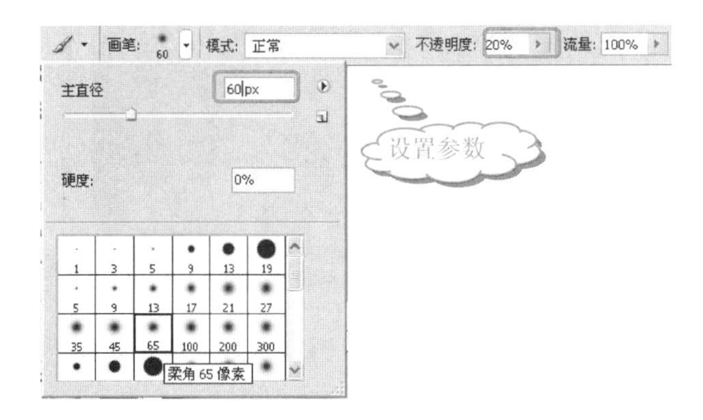

㉙ 在嘴唇过于鲜艳的部位进行擦拭，使嘴唇更自然，查看图像，如下图所示。

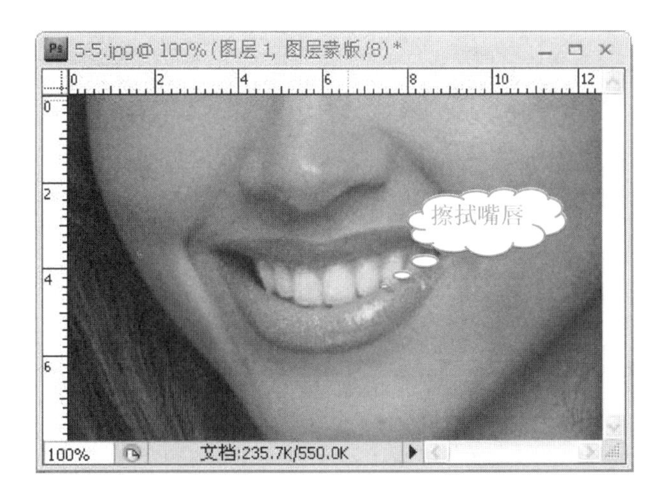

㉚ 切换到【调整】面板中，单击【曲线】按钮，如右上图所示。

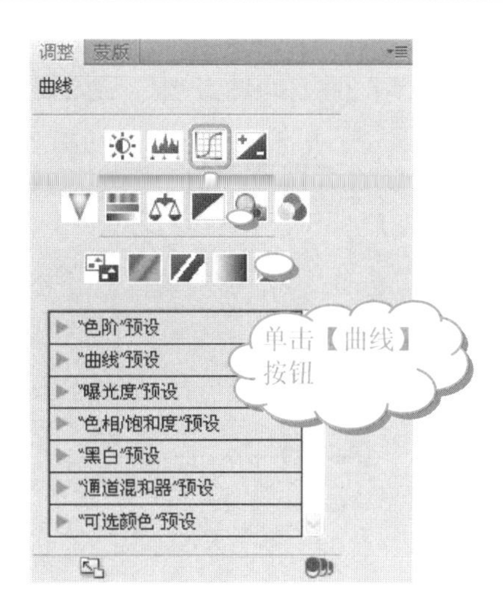

㉛ 在【曲线】设置界面中，选择 RGB 选项，设置曲线形状，使图像颜色加深，如下图所示。

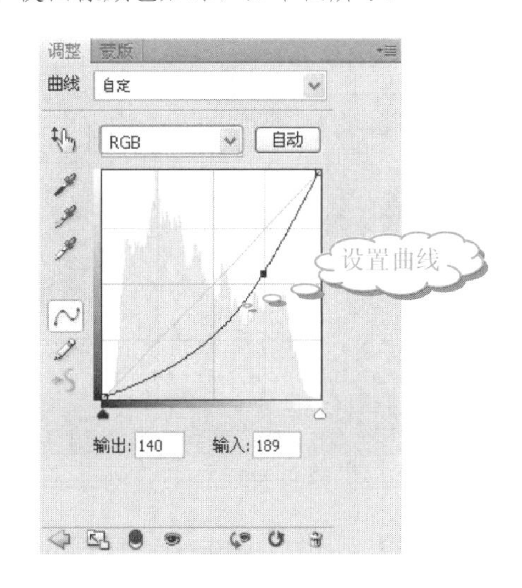

㉜ 查看图像效果，如下图所示。

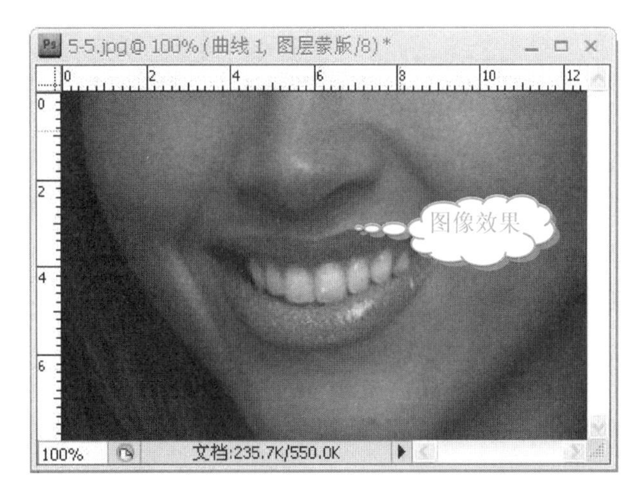

㉝ 在【曲线】设置界面中，再次设置属性。这里，单击 RGB 右侧的倒三角按钮，从弹出的下拉列表中选择【蓝】选项。然后设置曲线的形状如下图所示。

按 Ctrl+F 组合键，可以再次使用刚用过的滤镜效果。

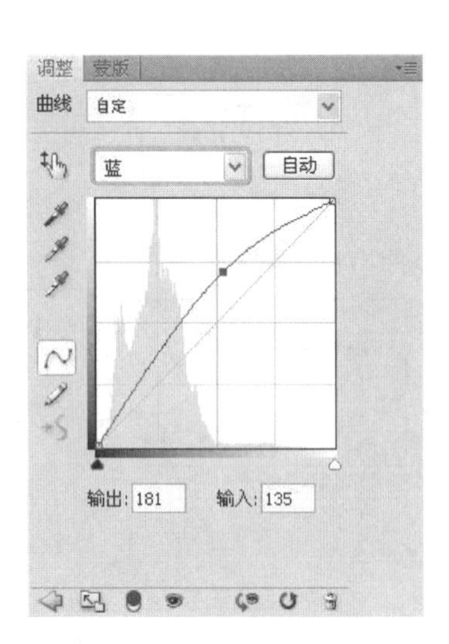

34 查看图像效果，如下图所示。

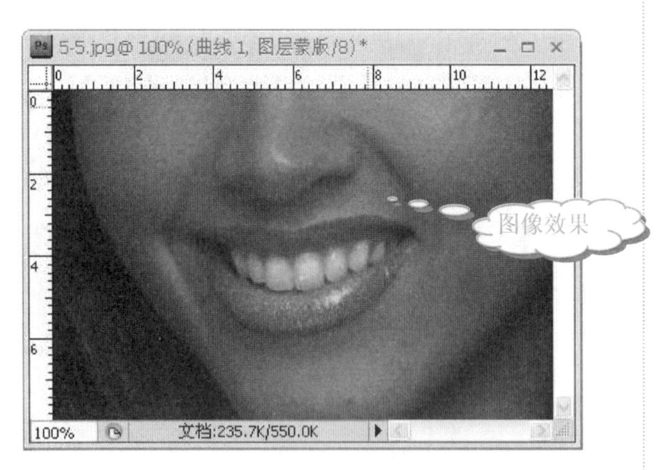

35 在【图层】面板中，单击【曲线 1】图层，将其激活，如下图所示。

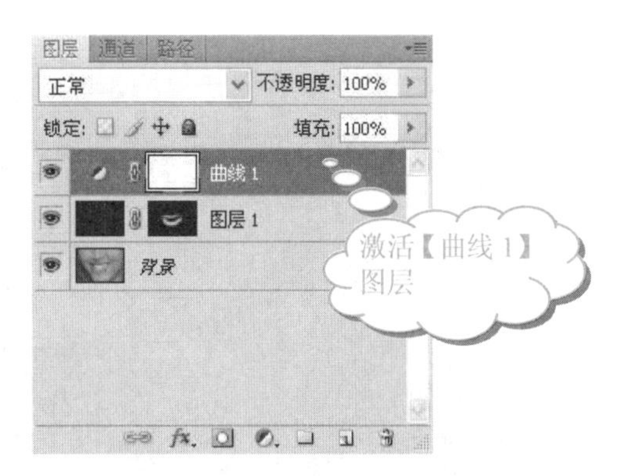

单击【调整】面板的【曲线】按钮后，在【图层】面板中会自动创建【曲线 1】图层。

36 打开【路径】面板，会发现已经自动创建了【路径 1】路径，如下图所示。

37 按 Ctrl 键的同时单击【路径 1】，建立选区，如下图所示。

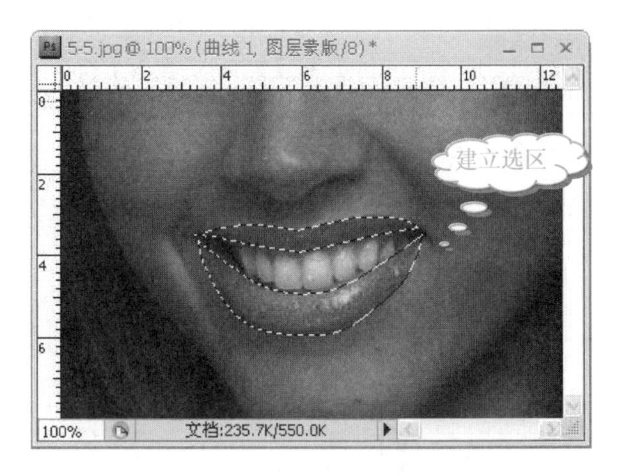

38 选择菜单栏中的【选择】|【修改】|【羽化】命令，如下图所示。

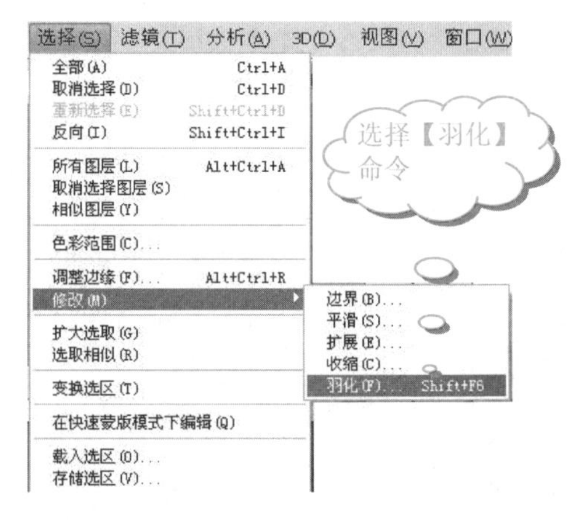

39 在【羽化选区】对话框中，设置【羽化半径】为 4 像素，如下图所示。

调整图层有以下优点：①调整图层不会破坏原图的像素值；②调整图层具有选择性，可以通过重新编辑图层蒙版，控制需要进行调整的部分；③通过复制调整图层，可以使得各个图层应用相同的颜色和色调调整。

40 单击【确定】按钮，查看图像选区变化，如下图所示。

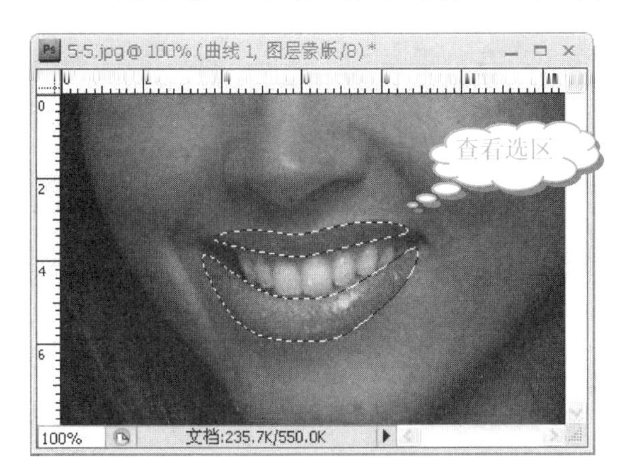

41 选择【选择】|【反向】命令，选择嘴唇之外的部分，如下图所示。

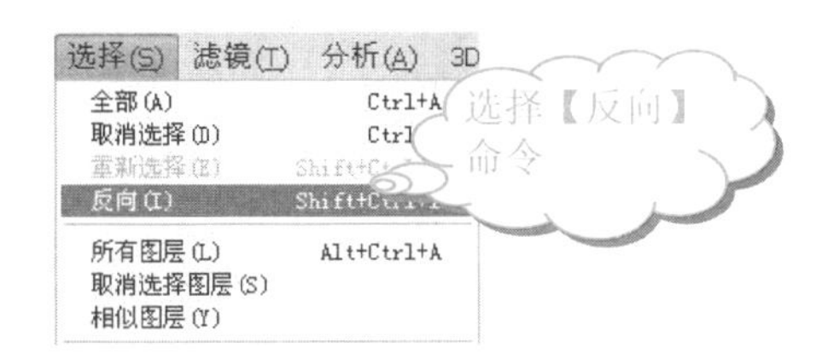

42 查看图像选区，如下图所示。

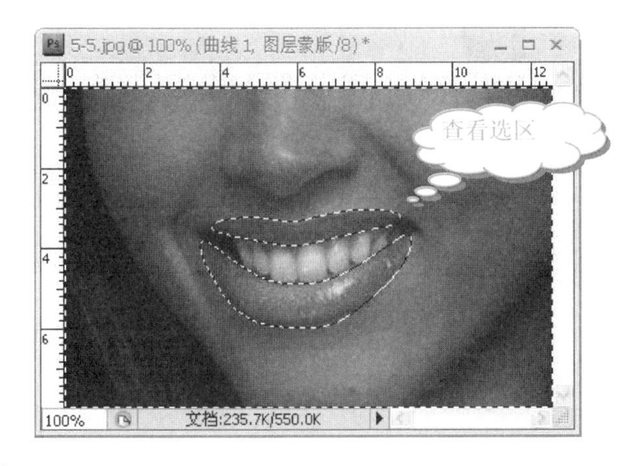

43 按Alt+Delete组合键，填充黑色（目前前景色为黑色）使图像变亮，如下图所示。

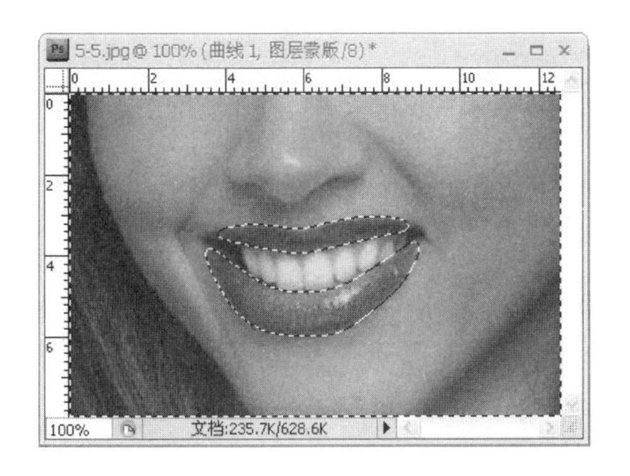

提示

填充黑色会变亮是因为没有在【曲线】命令上操作，【曲线 1】图层上右侧方框内的颜色为白色。而在填充黑色后，选区内的图像恢复为原来没有使用【曲线】命令的图像。

44 单击工具箱中的【画笔工具】按钮，在其属性栏中单击【画笔】右侧的倒三角按钮，从弹出的下拉列表中设置【主直径】为9px，并设置【不透明度】为20%，如下图所示。

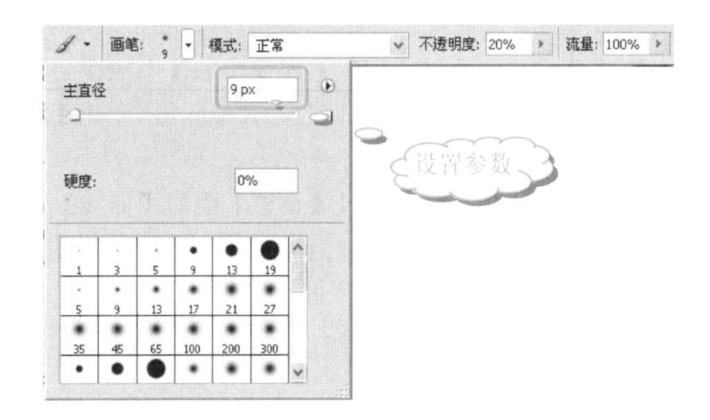

45 单击工具箱中的【切换前景色和背景色】按钮，确保前景色为白色，如下图所示。

46 在【图层】面板中，单击【曲线 1】图层，将其激活，如下图所示。

47 在嘴唇部分唇彩不太明显的区域内涂抹，将嘴唇的唇彩设置得更加自然一些。得到最终图像效果，如下图所示。

在使用选区工具建立选区后，选择菜单栏中的【选择】|【修改】|【扩展】或者【收缩】命令，在【扩展量】或者【收缩量】文本框中输入1～100之间的像素值，然后单击【确定】按钮，选框可以按指定数量的像素扩大或者缩小。其中，选区边框中沿画布边缘分布的所有部分都不受影响。

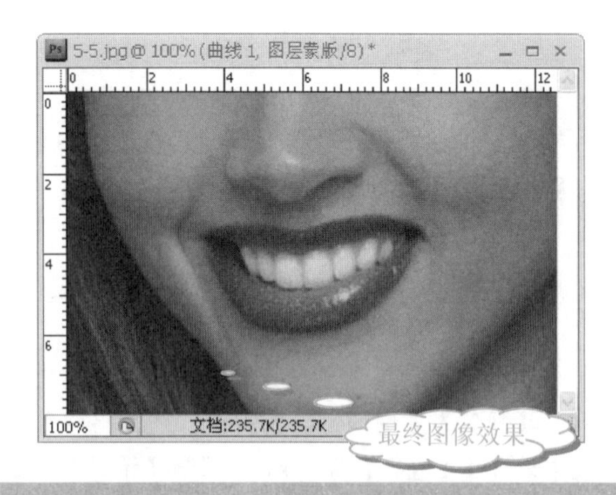

5.5.3 活用诀窍

在本实例中，通过【图层】面板中的【添加图层蒙版】可以限定图层效果区域，同时不会破坏图层，而【路径】的使用可以让选区更加精确化。

本实例还描述了如何通过【调整】中的【曲线】命令为图像添加颜色，同时还灵活而巧妙地运用【曲线】与【路径】的结合对局部进行曲线操作，使软件的运用更加快捷。

5.6 思考与练习

选择题

1. 关于【以快速蒙版模式编辑】按钮的使用，以下说法错误的是________。

   A. 填充颜色
   B. 建立选区
   C. 与【画笔工具】配合使用
   D. 前景色是黑色时，擦拭颜色是浅红色的

2. 【通道混和器】的按钮正确的是________。

   A. 　　B.
   C. 　　D.

3. 按住 Shift+F6 组合键，能够打开______对话框。

   A. 【色阶】　　B. 【羽化】
   C. 【曲线】　　D. 【色相/饱和度】

操作题

1. 打开素材文件(配书光盘中的图书素材\第 5 章\练习.jpg)，为照片中的人物添加漂亮的睫毛。

2. 在第 1 题的基础上，再为照片中的人物挑染头发。

合理组织与安排图层，改变对象的层次关系，锁定图层等操作都能通过【图层】面板来实现，特别是对于一些复杂的图像，掌握好【图层】面板的操作，效率会大大提高。

第 6 章

奥妙无穷——特效制作

一张普通照片，用 Photoshop CS4 处理后得到的特效，会更加传神。一起来看看 Photoshop 奥妙的特效制作技巧吧！

学习要点

- ❖ 制作旧照片效果
- ❖ 制作素描效果
- ❖ 制作水彩画效果
- ❖ 制作油画效果
- ❖ 制作雪景效果
- ❖ 制作下雪效果
- ❖ 制作下雨效果
- ❖ 制作阴天变晴天效果

学习目标

通过对本章的学习，读者首先应该掌握数码照片特效的制作方法；然后熟悉各种特效对应的操作步骤，能够传达准确的信息和内涵；最后将知识融会贯通，发挥想象力，制作出各种特效。

6.1 旧照片效果

有时候看惯了色彩绚丽的彩色照片，回想起那些旧的发黄的老照片，是否会觉得有种难以割舍的情怀？本章节就来介绍制作旧照片效果的方法。

6.1.1 制作分析

将普通的照片处理成旧照片的关键在于为照片添加不同程度的泛黄的颜色，以及添加一些岁月的划痕。

最终制作效果如下图所示。

6.1.2 照片处理

本实例的制作分为两个步骤，首先对照片进行泛黄处理；然后为照片添加划痕。

在整个实例制作过程中，都是通过新建调整图层的方式，实现对照片色调的更改。这样既可以保护原照片的色调不改变，又可以反复调整，对照片色调进行修改。

1. 泛黄处理

运用【色彩平衡】、【曲线】、【渐变映射】和【色相/饱和度】等命令，进行泛黄处理，具体操作步骤如下。

操作步骤

❶ 启动 Photoshop CS4 软件，选择【文件】|【打开】命令，打开素材文件(配书光盘中的图书素材\第 6 章\6-1.jpg)，如右上图所示。

❷ 单击【调整】面板上的【色相/饱和度】按钮，在【图层】面板上创建新的调整图层，如下图所示。

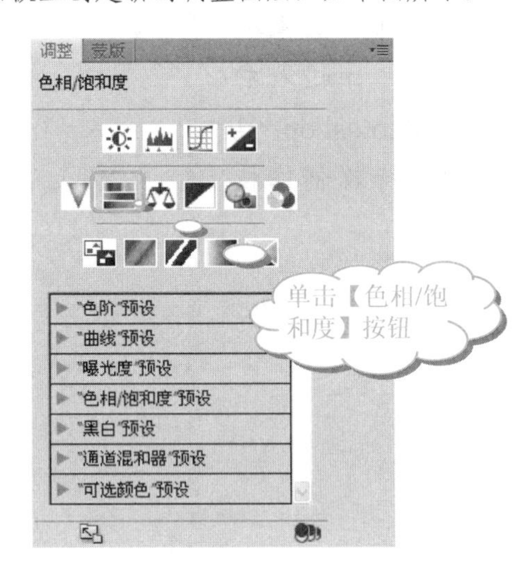

❸ 在【色相/饱和度】设置界面中，对照片的色相进行调整，分别将黄色、绿色、青色和蓝色的【明度】值调整为 100，如下图所示。

❹ 这时得到如下图所示的效果。

在菜单栏中单击【滤镜】菜单项，从弹出的【滤镜】菜单中的第一行可以查看上一条滤镜的使用情况，选择该命令即可快捷地重复执行该滤镜命令。

注意

这里将除了红色和洋红以外的颜色明度均调整为 100，所以得到的照片效果中红色就显得格外突出。

5 单击【调整】面板左下角的【返回到调整列表】按钮，然后单击【调整】面板上的【曲线】按钮，对照片的色相进行调整，如下图所示。

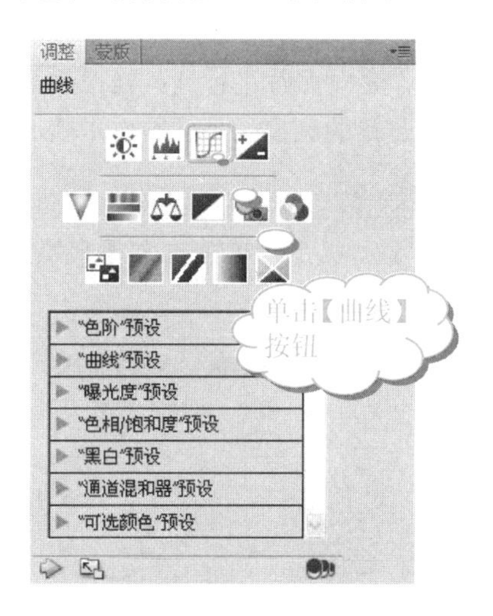

6 在【曲线】设置界面中分别选择【红】、【绿】、【蓝】选项，做相同的曲线调整，如下图所示。

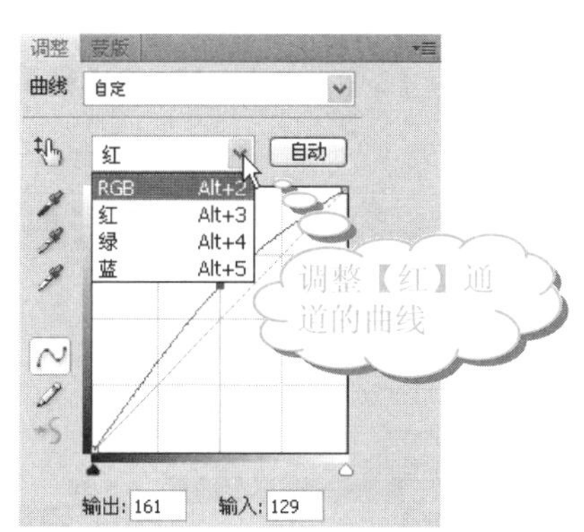

提示

分别调整单个通道曲线的好处是不会失去太多的对比度，不会出现很极端的颜色，也不用担心颜色会流失。

7 这时，照片的效果如下图所示。

8 单击【返回到调整列表】按钮，再单击【调整】面板上的【渐变映射】按钮，使用默认的黑白渐变，图中彩色信息都被隐藏起来，如下图所示。

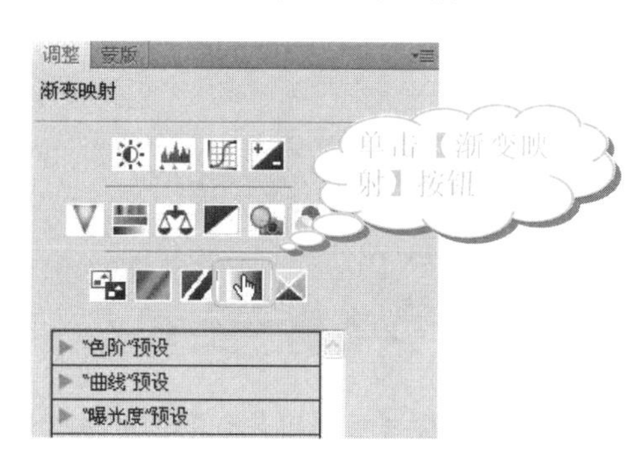

9 这时，照片的效果如下图所示。

提示

步骤9中的图像看上去和直接用【去色】命令一样，都是完全去除颜色信息。不过，用【渐变映射】的方法可以更好地保护图像。

10 单击【返回到调整列表】按钮，然后单击【调整】面板上的【色彩平衡】按钮，如下图所示。

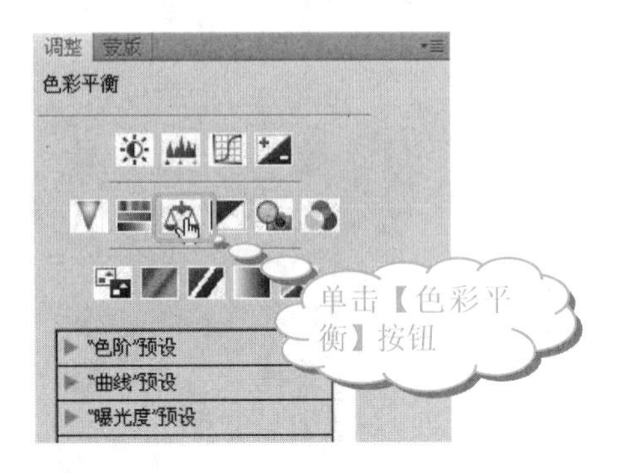

11 在【色彩平衡】设置界面中的【色调】选项组中选中【中间调】单选按钮，然后调节平衡滑竿，如下图所示。

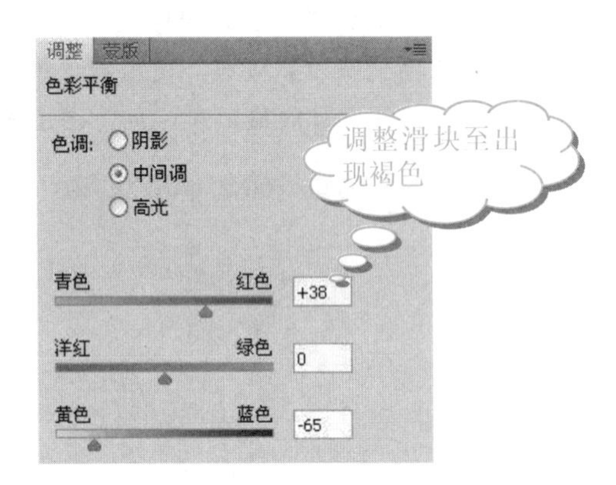

12 这时，就完成了对照片色彩的处理。照片的效果如下图所示。

注意

完成以上操作之后，还需要注意以下两点。

❖ 如果对画面的色彩不是太满意，可以针对某个调整图层进行修改。但最后一定要保证得到的效果为褐色，好像旧照片一样。

❖ 另外，在【图层】面板中，不同的调整图层的排列顺序不一样，得到的效果也不同。本例中调整图层的正确排列顺序如下图所示。

2．添加划痕

上面的操作是对照片进行泛黄处理，接下来运用【颗粒】滤镜增加照片的划痕，具体操作步骤如下。

操作步骤

1 在【图层】面板上，单击选中【背景】图层，如下图所示。

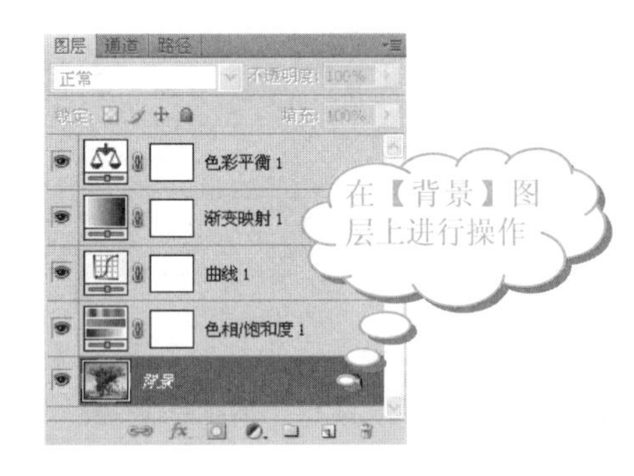

2 选择【滤镜】|【模糊】|【动感模糊】命令，如下图所示。

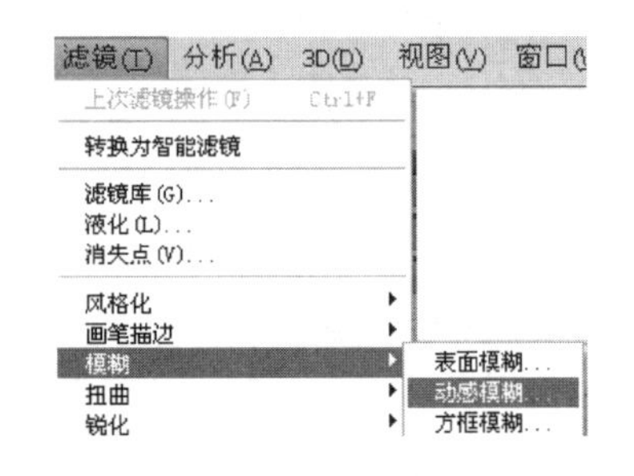

长知识

【渐变工具】与【油漆桶工具】的使用方法相似，但【渐变工具】并不是用纯色来填充对象的，它们都可以保存上次的属性设置。

❸ 在【动感模糊】对话框中，设置【角度】为 45 度，【距离】为 2 像素，如下图所示。

❹ 单击【确定】按钮，得到模糊的效果图片，如下图所示。

❺ 单击【图层】面板右下角的【创建新图层】按钮，在【背景】图层的上方新建【图层 1】图层，如下图所示。

❻ 单击工具箱中的【默认前景色和背景色】按钮，如下图所示。

❼ 按 Ctrl+Delete 组合键，将【图层 1】图层填充为白色，如下图所示。

❽ 选择【滤镜】|【纹理】|【颗粒】命令，如下图所示。

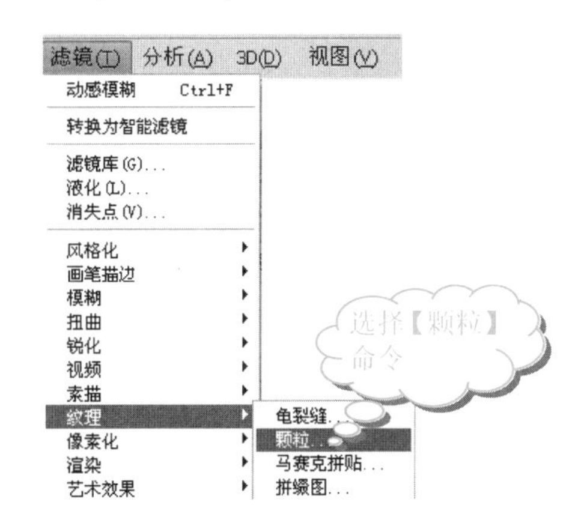

❾ 在【颗粒】对话框中，设置【强度】为 65，【对比度】为 50，【颗粒类型】为【垂直】选项，如下图所示。

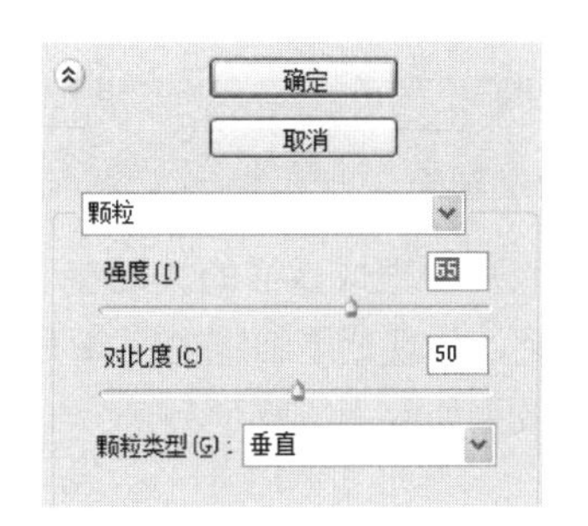

学以致用系列丛书

❿ 单击【确定】按钮，将【图层】面板上的【混合模式】设置为【正片叠底】。得到最终效果图片，如下图所示。

6.1.3　活用诀窍

在本实例中，经过多次加工，图像的颜色出现了很大变化。由于在整个操作过程中，一直保留了调整图层，所以图像的颜色没有遭到根本破坏。可以在调整图层中继续改变图像的颜色，直至满意为止。

运用调整图层改变图像颜色的方法，可以很好地保护图像的原始颜色，以方便以后的设置操作。用户在以后的设计过程中，可以不断地探索调整图层的使用。

用户可以尝试改变调整图层的排列顺序，观察截然不同的效果。

6.2　素描效果

素描无疑就是铅笔绘制，一笔一画勾出图像，虽然不是非常的具体，但是一笔一画都带给人抽象的概念，描绘出了绘画的神韵，带给人无限遐想。

6.2.1　制作分析

将普通的照片处理成素描的关键在于使照片图像呈现铅笔条纹效果，体现铅笔细腻的线条美。

最终制作效果如右上图所示。

6.2.2　照片处理

本实例的制作分为两个步骤：首先，对照片进行亮度的色阶处理；然后，制作素描的铅笔线条将其与照片的明度结合在一起。

在整个实例制作过程中，通过处理新建图层的方式，实现照片铅笔条纹。这样既可以保护原照片的亮度不改变，又可以根据照片的亮度处理条纹颜色的深浅。

运用【色阶】进行照片亮度设置，分开明度差距，然后使用【滤镜】中的【高斯模糊】、【添加条纹】和【成角的线条】等命令处理条纹，具体操作步骤如下。

操作步骤

❶ 启动 Photoshop CS4 软件，选择【文件】|【打开】命令，打开素材文件(配书光盘中的图书素材\第 6 章\6-2.jpg)，如下图所示。

在使用【滤镜】|【渲染】|【光照效果】滤镜时，若要在对话框内复制光源，可先按住 Alt 键再拖动光源即可实现复制。

❷ 在【图层】面板上的【背景】图层上按住鼠标左键不放，将【背景】图层拖动至【创建新图层】按钮上，创建【背景 副本】图层，如下图所示。

❸ 选择【图像】|【调整】|【去色】命令，如下图所示。

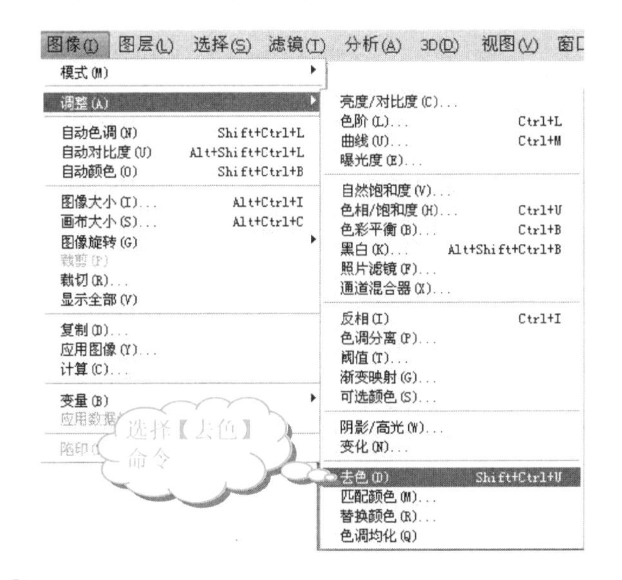

❹ 这时得到的图像已经变成黑白灰色，如下图所示。

❺ 单击【调整】面板中的【色阶】按钮，创建新的调整图层，对照片的色阶进行调整，如右上图所示。

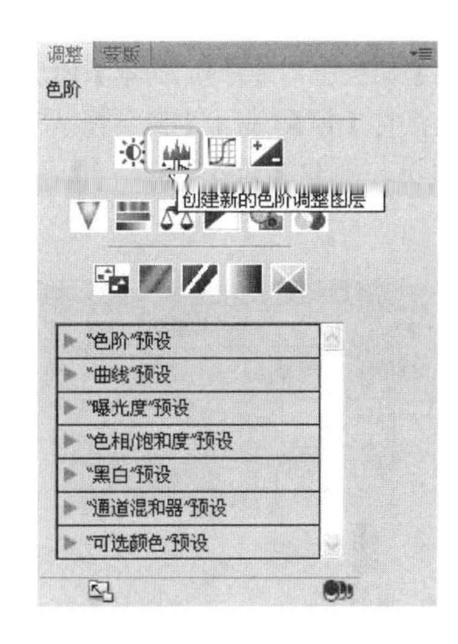

❻ 在【色阶】设置界面中，对【输入色阶】的参数进行调整，如下图所示。

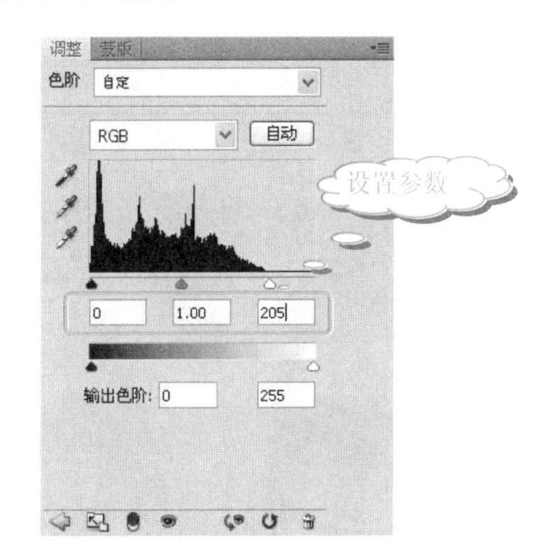

注意

在【色阶】设置界面中，【输入色阶】第三个空格的数值越小，照片图像越亮。

❼ 这时图像的效果如下图所示。

学以致用系列丛书

❽ 在【图层】面板上的【背景 副本】图层上按住鼠标左键不放，将【背景 副本】图层拖动至【创建新图层】按钮上，创建【背景 副本 2】图层，如下图所示。

❾ 按 Ctrl+I 组合键，将照片图像反相，如下图所示。

❿ 选择【滤镜】|【模糊】|【高斯模糊】命令，如下图所示。

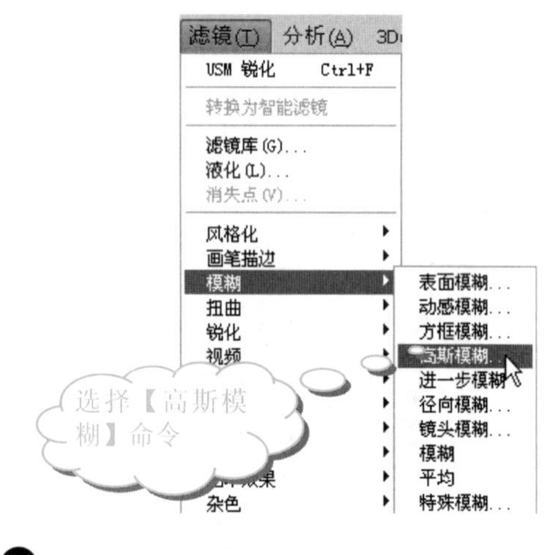

⓫ 在【高斯模糊】对话框中，设置【半径】为 2 像素，如右上图所示。

⓬ 单击【确定】按钮，这时的照片图像效果，如下图所示。

⓭ 选择【滤镜】|【杂色】|【添加杂色】命令，如下图所示。

⓮ 在【添加杂色】对话框中，设置【数量】为 7.16%，并在【分布】选项组中选中【高斯分布】单选按钮，再选中【单色】复选框，如下图所示。

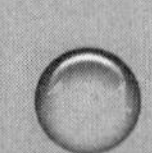

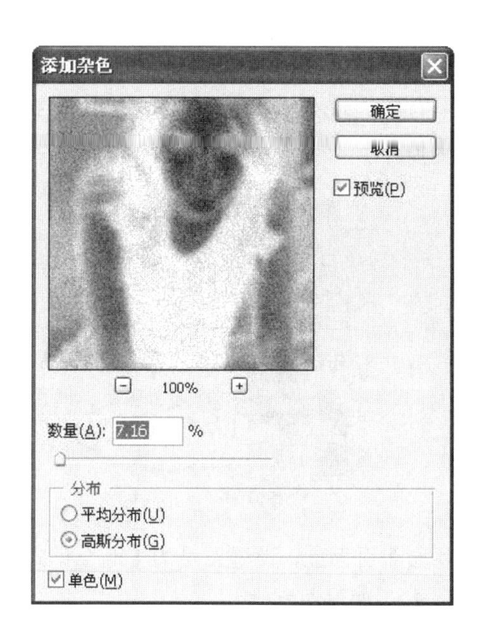

15 单击【确定】按钮，这时的照片图像效果如下图所示。

16 选择【滤镜】|【画笔描边】|【成角的线条】命令，如下图所示。

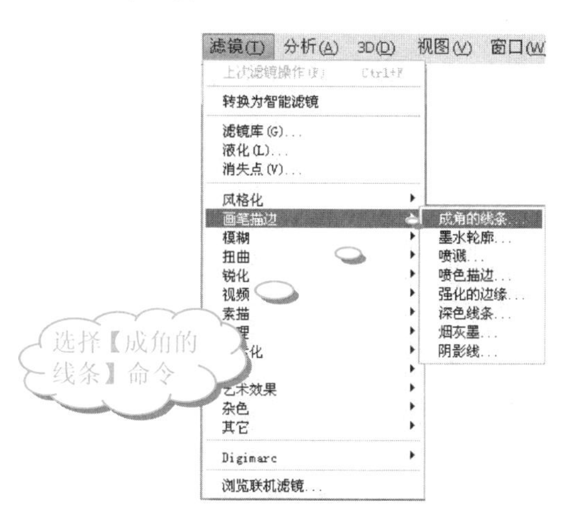

17 在【成角的线条】对话框中，设置【方向平衡】为50，【描边长度】为10，【锐化程度】为2，如下图所示。

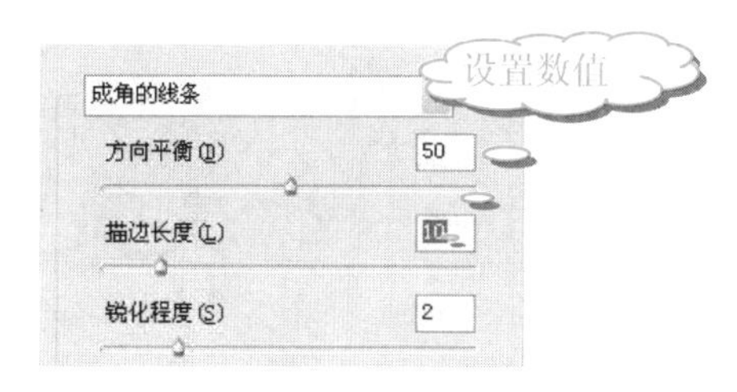

18 单击【确定】按钮，经过处理后的照片图像效果如下图所示。

19 铅笔的条纹已经处理好了，那么接下来就是将铅笔条纹和照片图像结合。确定【背景 副本2】图层处于激活的状态，在【图层】面板上设置【混合模式】为【颜色减淡】，如下图所示。

如果【背景 副本2】图层并不是处于激活的状态，那么修改其混合模式时，处理的就是其他激活图层的图层模式，达不到最初的效果。

20 这时，照片的素描效果就已经很明显了，如下图所示。

学以致用系列丛书

滤镜只针对激活的状态进行处理，例如某个选区，如果没有选定区域，则对整个图像做处理；如果只选中某个图层或某个通道，则只对当前的图层或通道起作用。

❷❶ 在【图层】面板上，单击【创建新图层】按钮。在【背景 副本 2】图层上创建【图层 1】图层，如下图所示。

❷❷ 单击工具箱中的【设置前景色】按钮，如下图所示。

❷❸ 打开【拾色器(前景色)】对话框，设置参数(C:25，M:23，Y:35，K:0)，选择一个灰色的素描纸的颜色，如下图所示。

❷❹ 在【图层】面板中的【图层 1】处于激活的状态下，按 Alt+Delete 组合键，将【图层 1】填充为前景色，如下图所示。

❷❺ 在【图层】面板上，设置图层的【混合模式】为【正片叠底】，如下图所示。

❷❻ 这时照片的素描效果就完全做好了，如下图所示。

注意

完成以上操作之后，还需要注意以下几点。

❖ 如果对画面的素描效果不是太满意，可以在【色阶】设置界面中重新设置【输入色阶】的数值。若要将照片的亮度提高，且将黑白色的区别拉大，得到的素描效果就更清晰了。

在选择滤镜之前，可以先将图像放在一个新创建的图层中，然后用滤镜命令处理该图层。这个方法可使用户把滤镜的作用效果混合到图像中去，或者改变图层的混合模式，从而得到需要的效果。

❖ 另外，使用滤镜时，要根据照片的像素大小，调整数值，不然图片会变得不清晰。

6.2.3　活用诀窍

在本实例中，经过多次加工，图像的素描线条才能够呈现出来。在整个操作过程中，通过不断创建新的图层并运用混合模式，以增大图像的亮度。用户必须对图层模式非常了解，才可以自由使用混合模式。

运用混合模式，将两个图层的亮度相结合，可以很好地保护图像的层次感，便于以后的设置操作。

6.3　水彩画效果

小时候，总是喜欢用水彩笔画画，那单纯的 24 色总是能将想要的图片完美地表现在纸面上。虽然不一定有多细致，但是简单明了。

6.3.1　制作分析

将普通的照片处理成水彩画照片的关键在于处理照片的细致度，将其变得模糊，然后设置色相，使其贴近水彩色，颜色呈现块状。

最终制作效果如下图所示。

6.3.2　照片处理

本实例的制作先是运用【特殊模糊】滤镜对照片进行块化处理，然后使用【色相/饱和度】、【混合模式】和【曲线】等命令，进行色相调整，具体操作步骤如下。

操作步骤

❶ 启动 Photoshop CS4 软件，选择【文件】|【打开】命令，打开素材文件(配书光盘中的图书素材\第 6 章\6-3.jpg)，如下图所示。

❷ 在【图层】面板上的【背景】图层上按住鼠标左键，将其拖动至【创建新图层】按钮上，创建【背景 副本】图层，如下图所示。

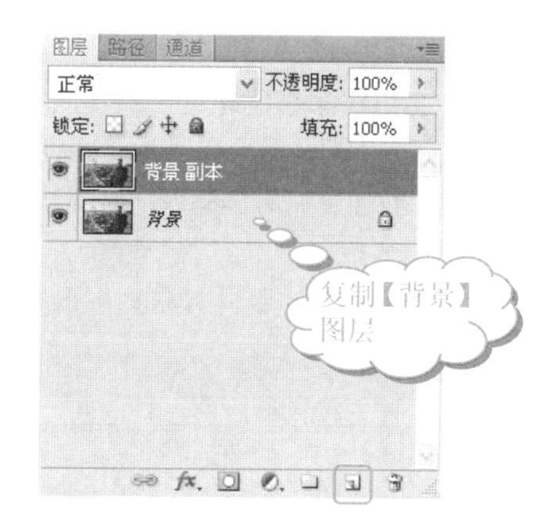

❸ 选择【滤镜】|【模糊】|【特殊模糊】命令，将照片进行特殊模糊处理，如下图所示。

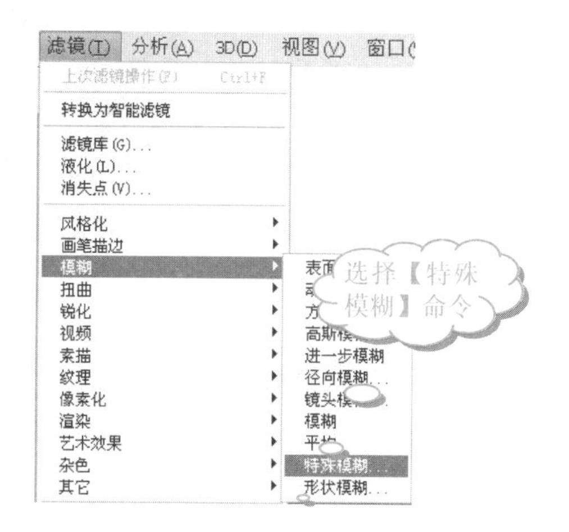

4 打开【特殊模糊】对话框，设置【半径】为13，【阈值】为70，【品质】为【低】，【模式】为【正常】，如下图所示。

提示

对照片进行特殊模糊处理就是对照片的分块处理，这时的半径值直接影响到照片分块的大小；而阈值决定了照片的细节，阈值越大，照片越模糊。

5 经过特殊模糊处理，照片效果如下图所示。

6 在【图层】面板上的【背景 副本】图层上按住鼠标左键不放，将【背景 副本】图层拖动至【创建新图层】按钮上，创建【背景 副本2】图层，如右上图所示。

7 在【调整】面板上，单击【色相/饱和度】按钮，创建新的调整图层，对照片的色相进行调整，如下图所示。

8 在【色相/饱和度】设置界面中，将【全图】的【饱和度】值调整为20，如下图所示。

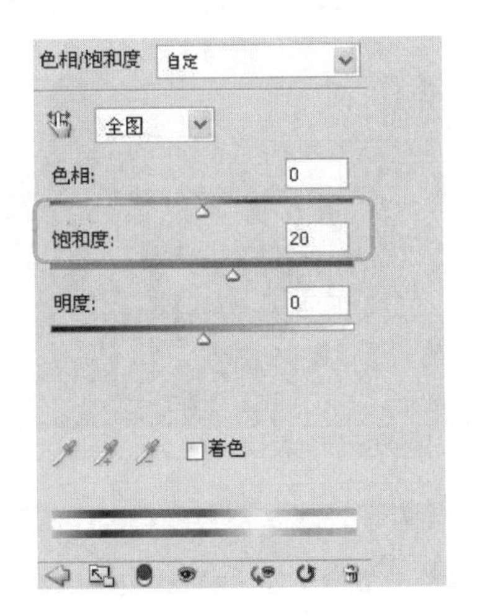

提示

增加饱和度能够让图像更为鲜亮。

❾ 这时的图像效果如下图所示。

❿ 在【图层】面板上的【混合模式】下拉列表框中选择【柔光】选项，如下图所示。

⓫ 这时得到如下图所示的效果。

⓬ 单击【返回到调整列表】按钮。然后单击【曲线】按钮，对照片的色相进行调整，如右上图所示。

⓭ 在【曲线】设置界面中，选择RGB选项并调整曲线形状，如下图所示。

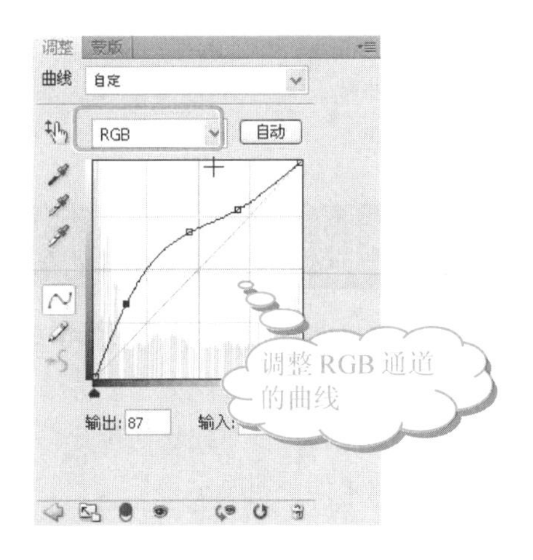

⓮ 得到最终的水彩画效果，如下图所示。

提示

使用【曲线】功能能够很容易地调整照片中不同程度的亮度，越是往上增加曲线的幅度，照片越亮，即曲线右上方代表图像亮的部分，曲线左下方代表图像暗的部分。

6.3.3 活用诀窍

在本实例中，先运用了【特殊模糊】滤镜，对图像

当停用蒙版时，滤镜蒙版缩略图上方将出现一个红色的"×"。如果想要重新启用蒙版，可以先按住Shift键，再单击滤镜蒙版缩略图。

进行块状处理；再运用了【色相/饱和度】功能，增强水彩画的颜色。接着，运用【混合模式】提亮图像，最后，运用【曲线】功能，对图像进行柔化处理。

6.4 油画效果

油画就是用一点一滴的水彩进行覆盖，颜色重叠浓郁，有着浪漫的风情。由于油画有着重叠和往复的效果，总会给人一种神秘、朦胧不真实的美，但是却又真实地呈现在人们眼前。

6.4.1 制作分析

将普通的照片处理成油画的关键在于利用【历史记录艺术画笔工具】制作成油画效果，再结合【混合模式】调整照片的亮度，将亮度对比层次拉开。

最终制作效果如下图所示。

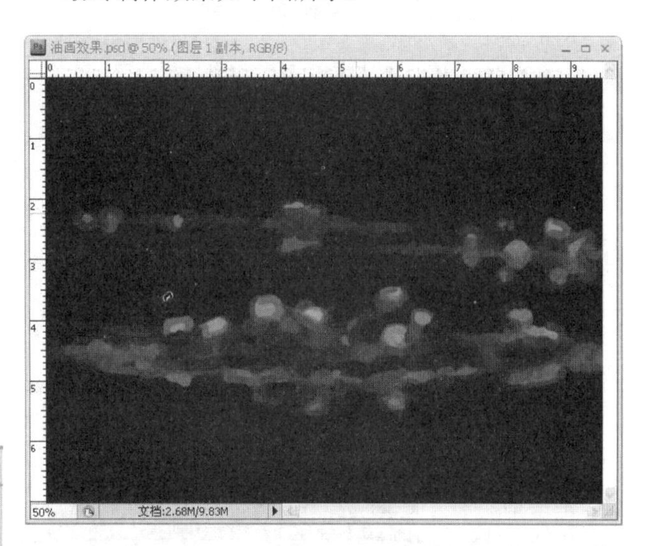

6.4.2 照片处理

本实例的制作主要是设置历史记录画笔的源，然后使用【历史记录艺术画笔工具】绘制出朦胧的效果。

在这里必须调整画笔的笔刷至适合的大小，并设置笔刷的样式，具体操作步骤如下。

操作步骤

1. 启动 Photoshop CS4 软件，选择【文件】|【打开】命令，打开素材文件(配书光盘中的图书素材\第 6 章\6-4.jpg)，如右上图所示。

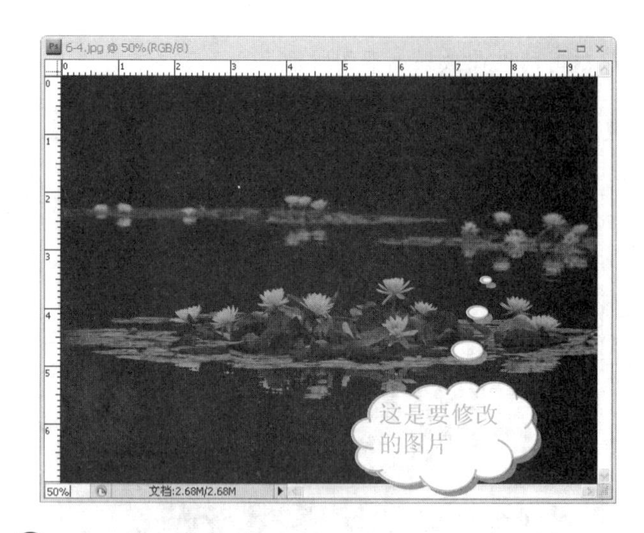

2. 单击工具箱中的【历史记录艺术画笔工具】按钮，设置其属性栏中的参数和选项。打开【画笔】下拉列表，设置【画笔】为【喷溅 39 像素】，【样式】为【绷紧中】，【区域】为 30px，如下图所示。

3. 单击【画笔】按钮，打开【画笔】面板，设置【画笔笔尖形状】为【喷溅 39 像素】，如下图所示。

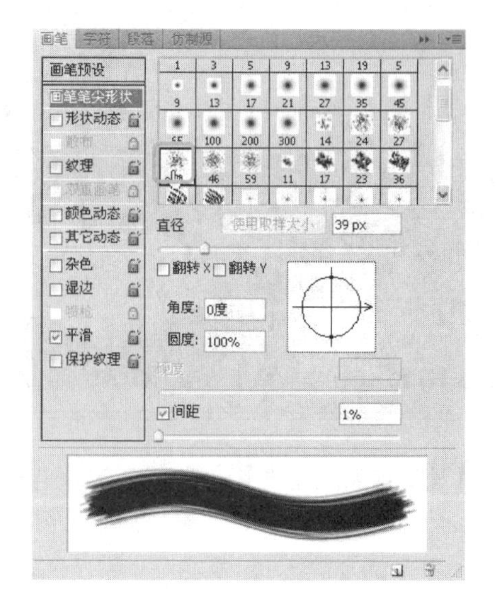

4. 在【画笔】面板中，选中【纹理】复选框，设置画

选择【滤镜】|【杂色】|【蒙尘与划痕】命令，打开【蒙尘与划痕】对话框，将【半径】和【阈值】参数设置得较高时，可以平滑图像的颜色。

笔参数，如下图所示。

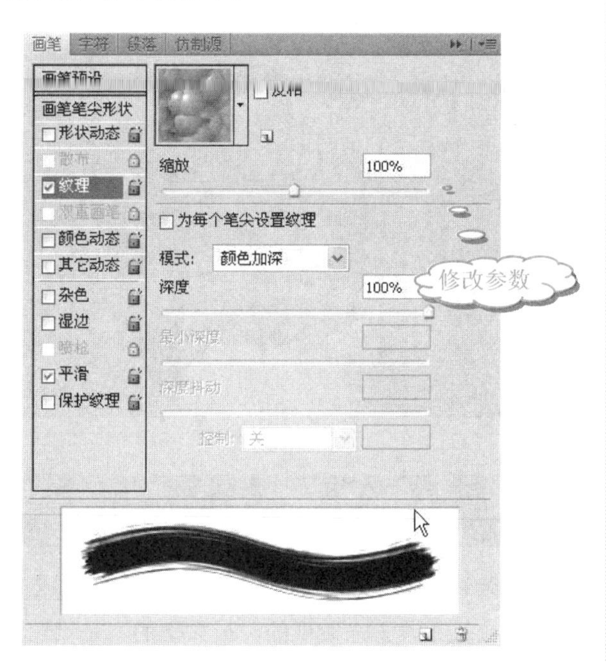

❺ 在【画笔】面板中，选中【杂色】复选框，设置画笔参数，如下图所示。

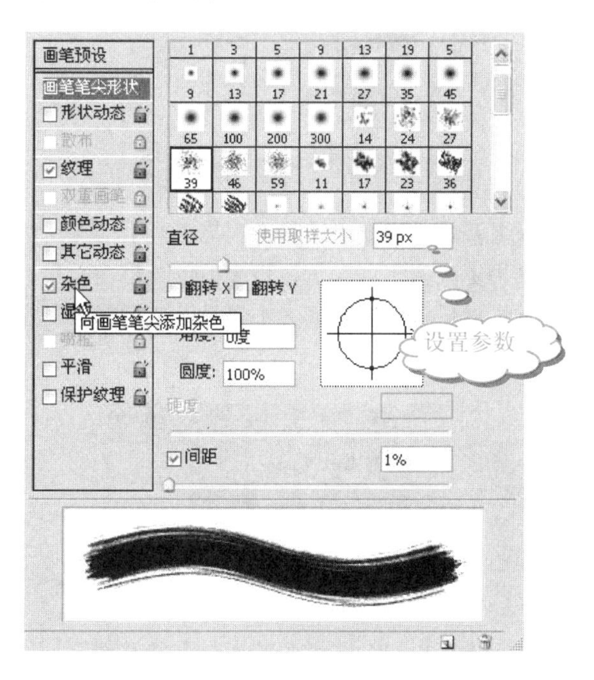

上面选中【杂色】复选框是为了在画笔笔尖上添加杂色，而下面选中【湿边】复选框则可以突出画笔描边的边缘。

❻ 在【画笔】面板中，选中【湿边】复选框，设置画笔参数，如右上图所示。

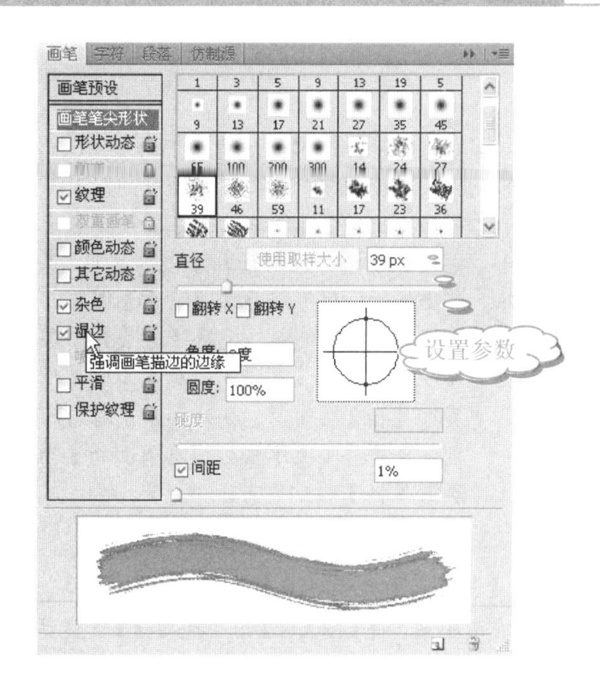

❼ 在【图层】面板上，单击【创建新图层】按钮，在【背景】图层上方创建【图层 1】图层，如下图所示。

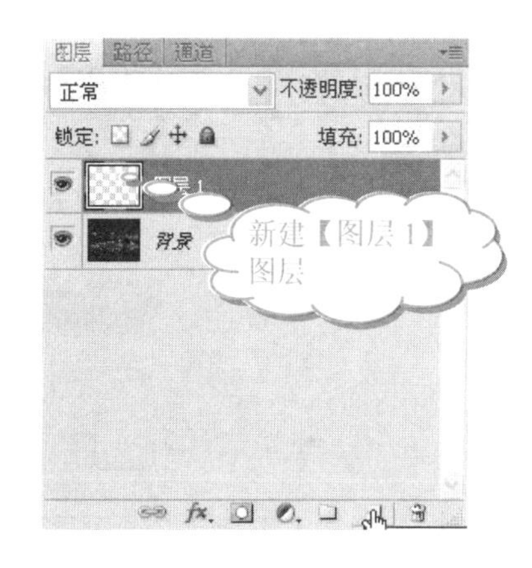

❽ 将鼠标指针移动至画面，在照片上单击，拖动鼠标，在图像上用【历史记录艺术画笔工具】进行绘制，如下图所示。

注意

在绘制的同时，还需要注意以下两点。

- 这里的绘制需要耐心，在绘制的同时，要在【历史记录艺术画笔工具】属性栏中修改画笔大小，这样能够让画面更加真实。
- 在绘制的同时可以隐藏【背景】图层，将空白【图层 1】填满。隐藏【背景】图层的操作方法是单击【背景】图层前面的【指示图层可见性】按钮。如果要恢复图层的可视性，只需要再次单击该图层前面的【指示图层可见性】按钮即可。

9 在【图层】面板上，单击【图层 1】图层，按住鼠标左键不放，将【图层 1】图层拖动至【创建新图层】按钮，创建【图层 1 副本】图层，如下图所示。

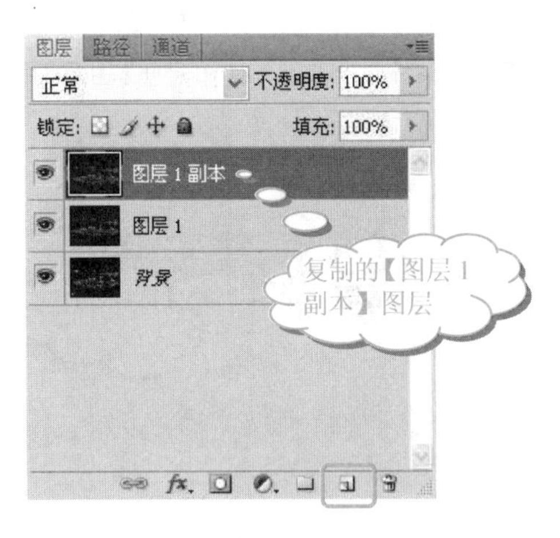

10 激活【图层 1 副本】图层，在【图层】面板上，单击【混合模式】右侧的下拉按钮，从弹出的下拉列表中选择【柔光】选项，如下图所示。

11 这时，就得到了最终的油画效果，如右上图所示。

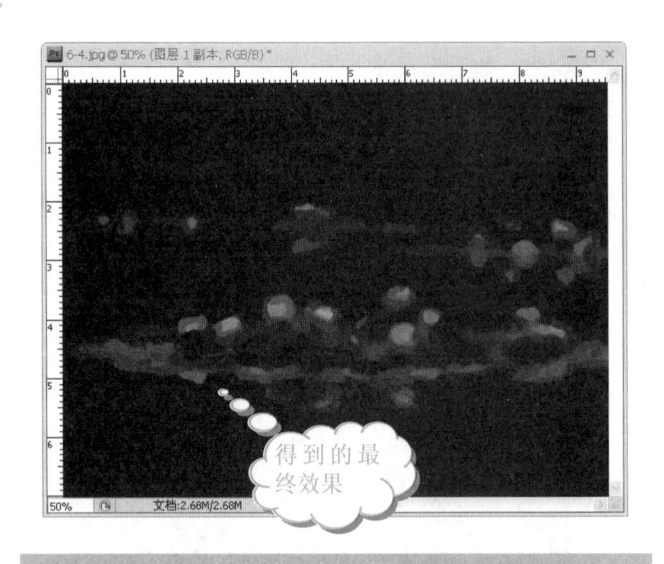

6.4.3 活用诀窍

在本实例中，图像的油画效果主要是通过【历史记录艺术画笔工具】来实现的。最关键的就是设置【历史记录艺术画笔工具】的源，而源的位置就在【历史记录】面板中，如下图所示。

以上就是【历史记录艺术画笔工具】的源所在的位置，如果更改位置，只需在步骤前的方框内单击，如下图所示。然后，设置画笔大小以及画笔的样式，在图像上绘制。

使用【历史记录艺术画笔工具】能够根据原始照片各个部分的颜色，来结合画笔的笔刷创建艺术图像。

6.5 雪景效果

本章向用户介绍如何给风景照添加雪景特效。白色是圣洁的象征，给风景增加雪景可以改善图片的视觉效果。

长见识 直接按键盘上的数字键即可改变当前工具或图层的不透明度。按 1 键表示将透明度设置为 10%，按 5 键表示将透明度设置为 50%。以此类推，按 0 键表示将透明度设置为 100%。连续按数字键 85 表示将透明度设置为 85%。

6.5.1 制作分析

制作本实例的关键在于巧妙地运用【通道】制作白雪皑皑的效果。

最终制作效果如下图所示。

6.5.2 照片处理

本实例的制作分为以下两个步骤：首先，利用【通道】制作积雪的区域；接着，将做好的积雪与原图像混合处理，给风景附上一层白雪。

1. 制作积雪

运用【通道】面板制作积雪的效果，具体操作步骤如下。

操作步骤

❶ 启动 Photoshop CS4 软件，选择【文件】|【打开】命令，打开素材图片(配书光盘中的图书素材\第 6 章\6-5.jpg)，如下图所示。

❷ 在【图层】面板上，将【背景】图层拖动到【创建新图层】按钮上，创建【背景 副本】图层，如右上图所示。

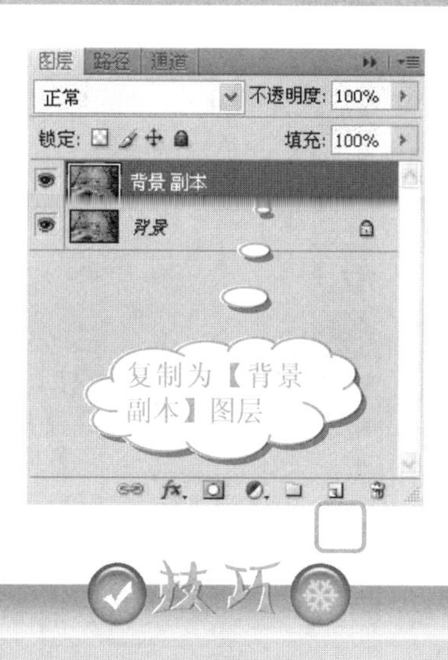

技巧

除此之外，复制图层还有如下方法。

- 单击【背景】图层使其处于激活状态，按 Ctrl+J 组合键复制【背景】图层为【背景 副本】图层。
- 选择【图层】|【复制图层】命令，在弹出的【复制图层】对话框中，单击【确定】按钮。
- 单击【背景】图层使其处于激活状态，按 Alt 键的同时向下拖动【背景】图层，此时生成的【背景 副本】图层在【背景】图层的下方，然后拖动【背景 副本】图层至【背景】图层的上方即可。

❸ 选择菜单栏中的【选择】|【全部】命令(或者按 Ctrl+A 组合键)，选取画面上的所有内容。按下 Ctrl+C 组合键，复制选区的内容，如下图所示。

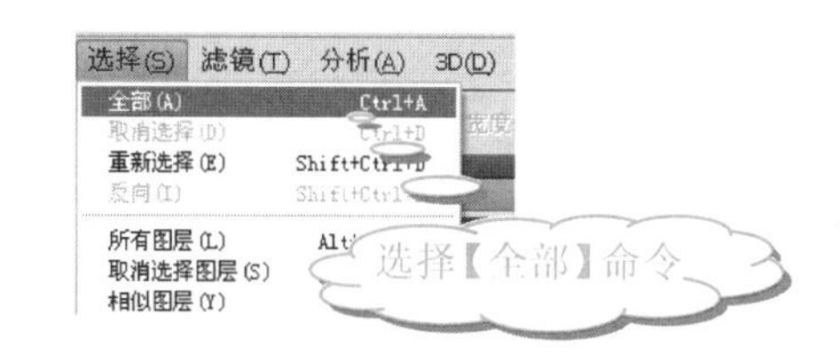

❹ 切换到【通道】面板，如下图所示。

❺ 单击【通道】面板右下角的【创建新通道】按钮，新建 Alpha1 通道，如下图所示。

若要清除某个图层上所有的样式，可以按住 Alt 键双击该图层上的图层样式图标；若要关闭图层上的某个样式，按住 Alt 键，然后在图层的样式子菜单中选中其名称即可。

6 此时画面上是全黑的，按 Ctrl+V 组合键，粘贴刚才复制的内容到 Alpha1 通道上，如下图所示。

7 选择【滤镜】|【艺术效果】|【胶片颗粒】命令，如下图所示。

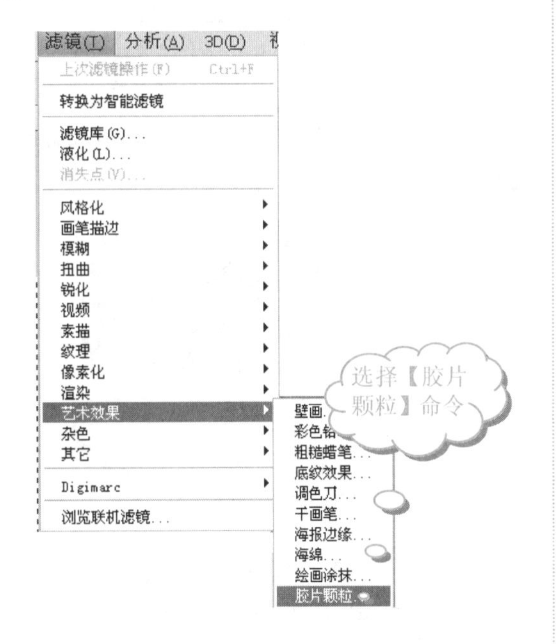

8 在【胶片颗粒】对话框中，设置【颗粒】为 3，【高光区域】为 8，【强度】为 5，如下图所示。

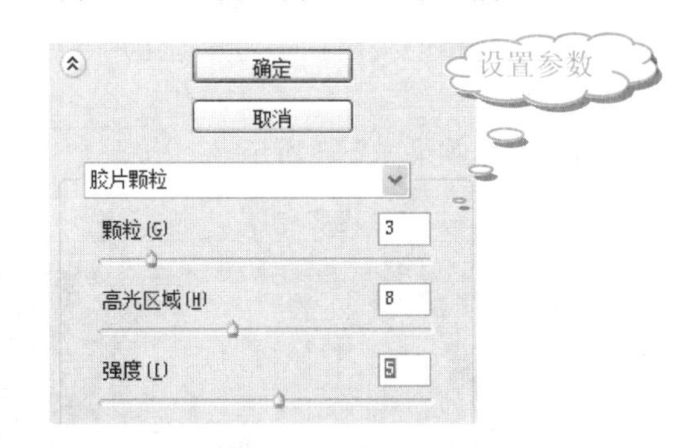

9 单击【确定】按钮，关闭【胶片颗粒】对话框，得到的图像效果如下图所示。

2. 雪与风景合成

下面，返回【图层】面板，将积雪的效果与原图完美结合，具体操作步骤如下。

操作步骤

1 按住 Ctrl 键不放，同时在【通道】面板中，单击 Alpha1 通道的通道缩略图，将 Alpha1 通道载入选区，如下图所示。

使用【滤镜】|【液化】命令能够很好地使图像产生变形，特别适用于制作缠绕效果。

❷ 按Ctrl+C组合键，复制选区内的内容。

❸ 切换到【图层】面板，单击【背景 副本】图层，按Ctrl+V组合键，粘贴刚才复制的内容，如下图所示。

❹ 这时，白雪皑皑的景色就完成了。【图层】面板上自动新建了一个【图层1】图层，如下图所示。

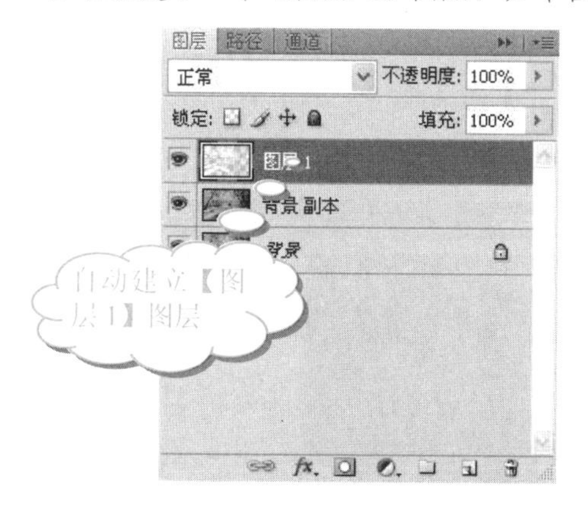

6.5.3 活用诀窍

巧妙地运用【通道】面板，可以创建复杂的选区，对图层进行操作，从而得到多种艺术效果。

6.6 下雪效果

本章主要介绍如何制作下雪的效果，给风景照添加下雪的特效。

6.6.1 制作分析

制作本实例的关键在于运用【点状化】和【动感模糊】滤镜制作下雪效果，然后再对照片的亮度进行调整。

最终制作效果如下图所示。

6.6.2 照片处理

本实例的制作分为以下两个步骤：首先，利用【滤镜】和【阈值】制作下雪的场景；然后，将做好的积雪与原图像混合处理；最后，将水面朦胧化。

1. 制作下雪效果

运用【滤镜】和【阈值】制作下雪效果，具体操作步骤如下。

操作步骤

❶ 启动Photoshop CS4软件，选择【文件】|【打开】命令，打开素材图片(配书光盘中的图书素材\第6章\6-6.jpg)，如下图所示。

❷ 在【图层】面板上，将【背景】图层拖动到【创建新图层】按钮上，创建【背景 副本】图层，如下图所示。

学以致用系列丛书

在选择【滤镜】|【液化】命令时，必须先选取选区，否则将弹出警告对话框，提示"不能完成液化命令，因为选择区域是空的"。

❸ 在【图层】面板上，单击【创建新图层】按钮，创建【图层 1】图层，如下图所示。

❹ 单击工具箱中的【默认前景色和背景色】按钮，如下图所示。

❺ 按 Alt+Delete 组合键填充前景色，将【图层 1】填充为黑色，如下图所示。

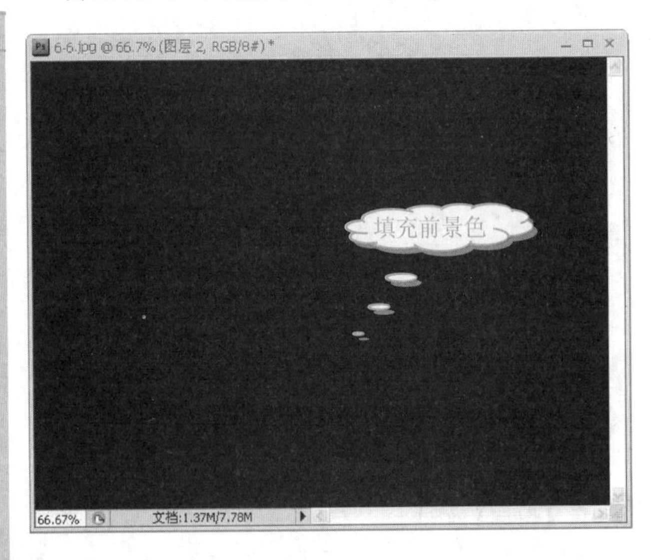

❻ 单击工具箱上的【切换前景色和背景色】按钮，将前景色和背景色对调，如下图所示。

❼ 选择【滤镜】|【像素化】|【点状化】命令，如下图所示。

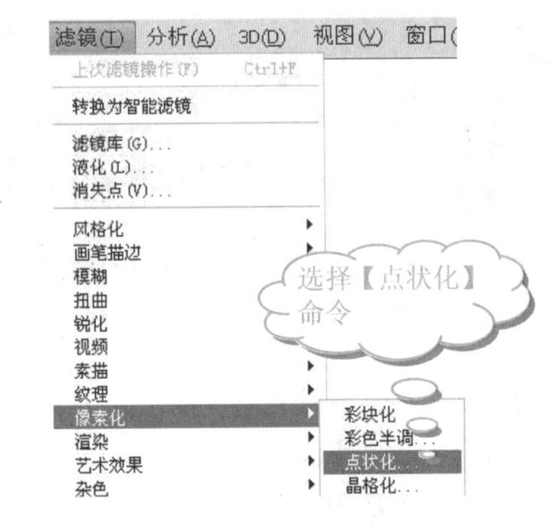

❽ 在【点状化】对话框中，在【单元格大小】文本框中输入 3，如下图所示。

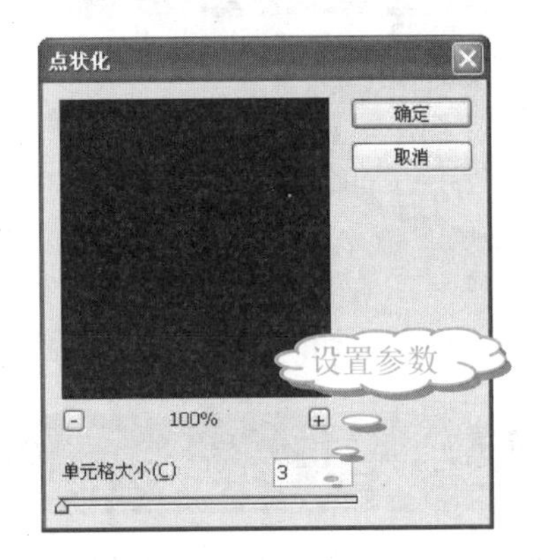

❾ 单击【确定】按钮，图像如下图所示。

长见识 按 Ctrl 键后，【移动工具】就具备了自动选择功能。这时，只要单击某个图层上的对象，那么 Photoshop 就会自动切换到那个对象所在的图层；但是一旦释放 Ctrl 键，【移动工具】就不再具备自动选择功能，这样就可以防止误选操作。

10 切换到【调整】面板，单击【阈值】按钮，如下图所示。

11 在【阈值】设置界面中，设置【阈值色阶】为31，如下图所示。

12 得到的图像效果如下图所示。

13 在【图层】面板中，按住Ctrl键的同时选中【图层1】和【阈值1】图层并右击，从弹出的快捷菜单中选择【合并图层】命令，合并两个图层，如下图所示。

14 图层合并为【阈值1】图层，如下图所示。

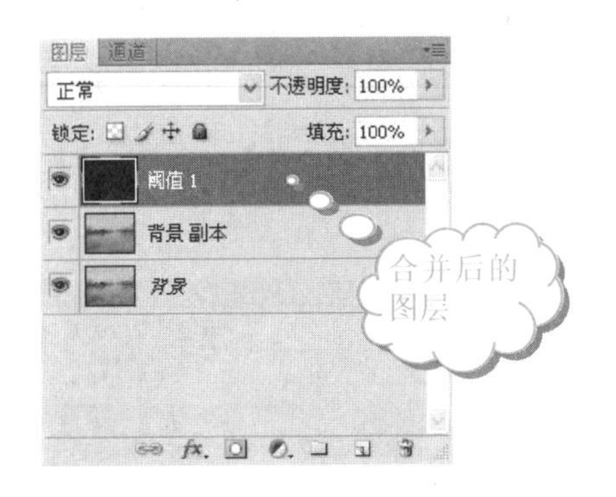

15 选择【滤镜】|【模糊】|【动感模糊】命令，如下图所示。

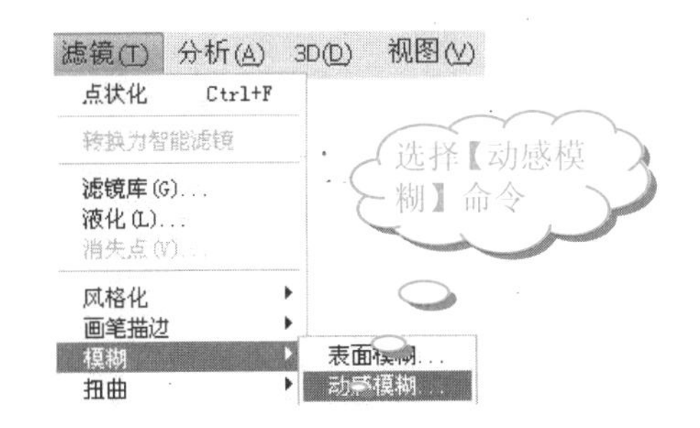

16 在【动感模糊】对话框中，设置【角度】为-60度，【距离】为4像素，如下图所示。

学以致用系列丛书

在【图层】面板中不能同时拖动多个图层到另一个文档中(即使它们是链接的)。

长见识

17 单击【确定】按钮，按两次 Ctrl+F 组合键，可再次重复【动感模糊】处理，所得图像如下图所示。

18 在【图层】面板中，将【混合模式】设置为【滤色】，如下图所示。

19 所得的照片图像如下图所示。

2. 雪与景色合成

下面继续运用【滤镜】命令，结合【画笔工具】与【橡皮擦工具】，将下雪的效果与原图完美结合，具体操作步骤如下。

操作步骤

1 在原有的操作基础上，单击【图层】面板中的【背景 副本】图层，让其处于激活的状态，如下图所示。

2 选择【滤镜】|【渲染】|【光照效果】命令，如下图所示。

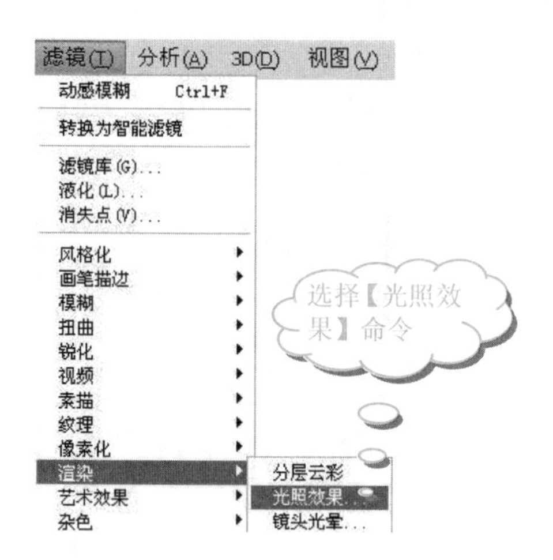

3 在【光照效果】对话框中，设置【光照类型】为【全光源】，【强度】为 17，【光泽】为 0，【材料】为 -99，【曝光度】为 0，【环境】为 11，如下图所示。

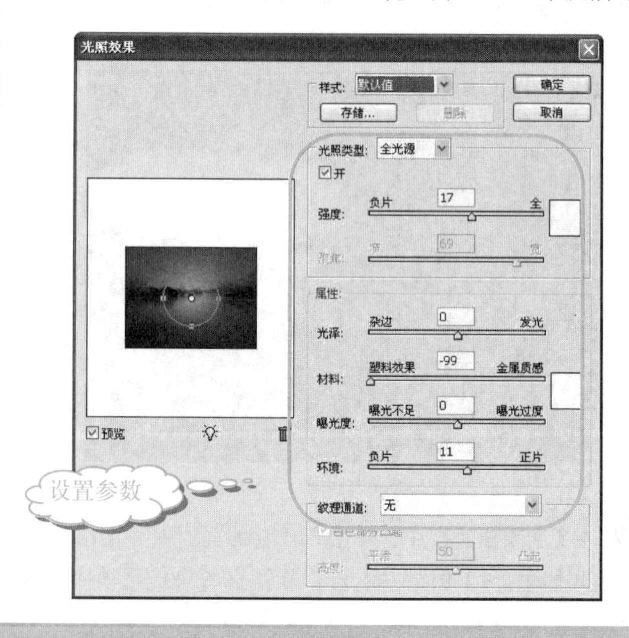

提示

选择【滤镜】|【渲染】|【光照效果】命令，可以整体改变照片的亮度。

❹ 所得的照片里的天气已经变得较暗了，如下图所示。

❺ 在【图层】面板中，单击【阈值1】图层，使其处于激活状态，如下图所示。

❻ 单击工具箱中的【橡皮擦工具】按钮，然后单击工具箱中的【默认前景色和背景色】按钮，如下图所示。

❼ 调整【橡皮擦工具】属性栏中的参数，设置【不透明度】为22%，【流量】为100%。然后单击【画笔】右侧的倒三角按钮，在弹出的下拉列表中设置【主直径】为49px，如右上图所示。

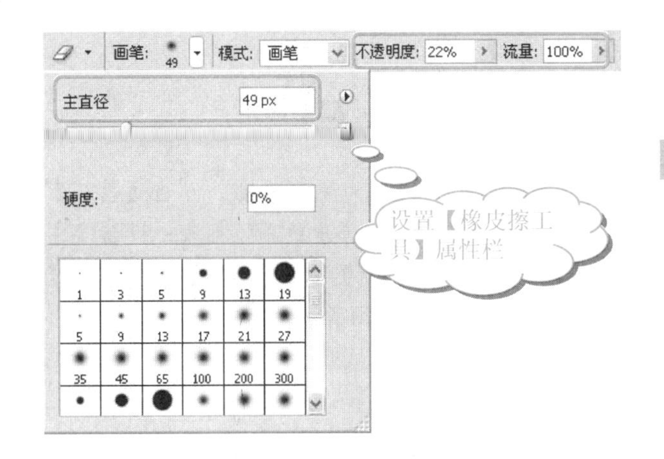

❽ 单击图像，按住鼠标左键不放，拖动鼠标，擦拭图像过于清晰的雪花，如下图所示。

提示

使用【橡皮擦工具】对图像进行擦拭，可以使照片上过于清晰的雪花变得模糊。

❾ 在【图层】面板上，单击【背景 副本】图层，再单击【创建新图层】按钮，在【背景 副本】图层上方创建新图层，重命名为“图层1”，如下图所示。

❿ 单击工具箱中的【画笔工具】按钮，然后单击【切换前景色和背景色】按钮，如下图所示。

学以致用系列丛书

双击【图层】面板中带T字样的图层(文字图层)，可以再次对该图层进行编辑。

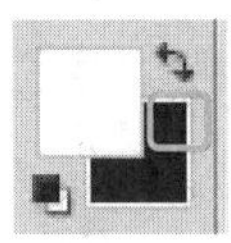

⑪ 设置【画笔工具】属性栏的参数，单击【画笔】右侧的倒三角按钮，在弹出的下拉列表中设置【主直径】为 30px。接着设置【不透明度】为 21%，【流量】为 100%，如下图所示。

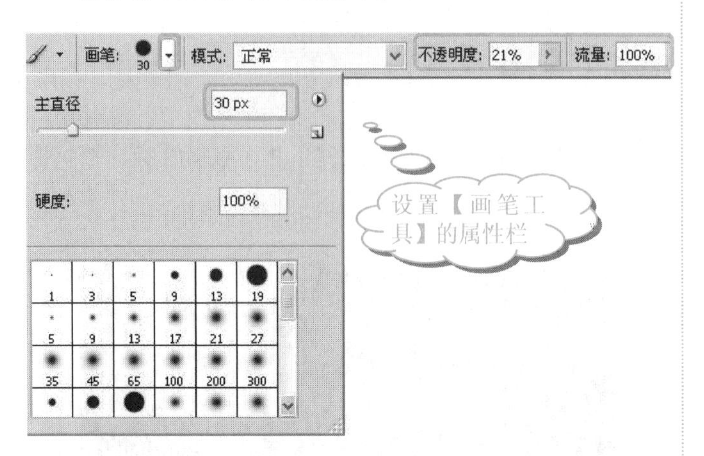

提示

在这里使用【画笔工具】可以将照片上的水面附上一层雾气。

⑫ 在图像上单击，按住鼠标左键不放，拖动鼠标，得到的图像效果如下图所示。

⑬ 在【图层】面板中，调整【图层 1】的【不透明度】为 21%，如下图所示。

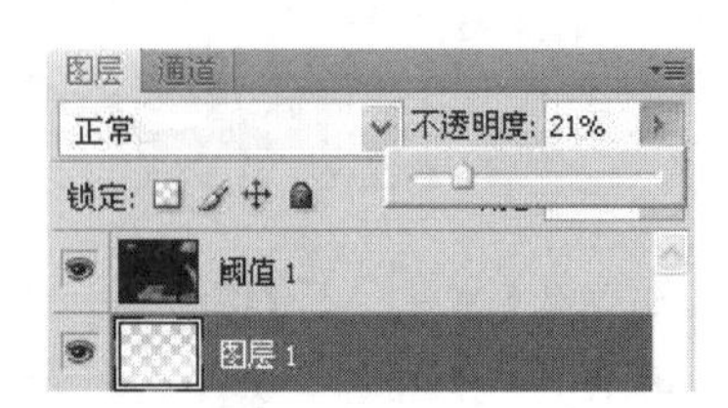

⑭ 这时，得到的最终图像如下图所示。

6.6.3 活用诀窍

运用【点状化】滤镜可以得到斑点图像；使用【动感模糊】滤镜能够使图像产生角度的模糊动态；使用【橡皮擦工具】可以使图像变模糊化；【画笔工具】和【图层】上的【不透明度】值相结合能够增加雾化效果。

6.7 下雨效果

本节给风景照添加下雨的特效，使人体会到一股湿气弥漫的感觉。

6.7.1 制作分析

本实例的制作与下雪效果一样，不同的是对照片的亮度进行调整后，要运用【水波】命令制作水波纹理效果。

最终制作效果如下图所示。

长见识：在以 GIF 格式存储文件时，也可以使用【存储为 Web 和设备所用格式】命令将图层存储为一个或多个 GIF 文件。

6.7.2　照片处理

本实例的制作分为以下两个步骤：首先，利用【添加杂色】命令和【阈值】功能制作下雨的场景；然后，将做好的下雨效果与原图像混合处理，在水面上制作水纹。

1．制作下雨效果

制作下雨效果，具体操作步骤如下。

操作步骤

❶ 启动 Photoshop CS4 软件，选择【文件】|【打开】命令，打开素材图片(配书光盘中的图书素材\第 6 章\6-7.jpg)，如下图所示。

❷ 在【图层】面板上，将【背景】图层拖动到【创建新图层】按钮上，创建【背景 副本】图层，如下图所示。

❸ 在【图层】面板上，单击【创建新图层】按钮，创建【图层 1】图层，如右上图所示。

❹ 单击工具箱中的【默认前景色和背景色】按钮，如下图所示。

❺ 按 Alt+Delete 组合键填充前景色，填充【图层 1】为黑色，如下图所示。

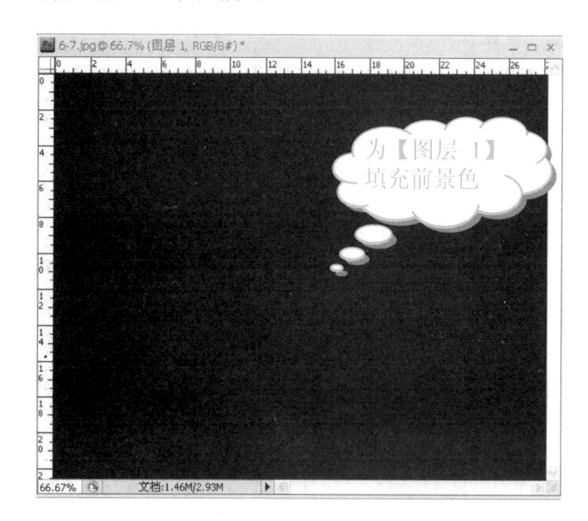

❻ 选择【滤镜】|【杂色】|【添加杂色】命令，如下图所示。

学以致用系列丛书

在 Photoshop 中，可以使用多种格式(包括 PSD、BMP、JPEG、PDF、Targa 和 TIFF)将图层作为单个文件导出和存储。可以将不同的格式设置应用于单个图层，也可以将一种格式应用于所有导出的图层。

❼ 在【添加杂色】对话框中，将【数量】设置为5%，如下图所示。

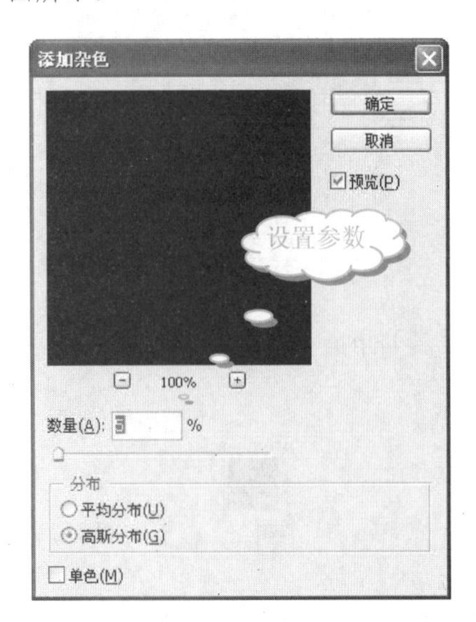

❽ 单击【确定】按钮，图像如下图所示。

❾ 切换到【调整】面板，单击【阈值】按钮，如下图所示。

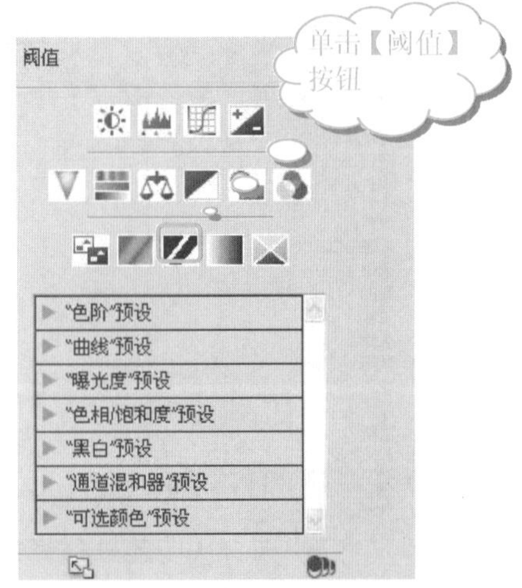

❿ 打开【阈值】设置界面，设置【阈值色阶】为24，如下图所示。

⓫ 应用后，图像如下图所示。

⓬ 在【图层】面板中，按住Ctrl键不放，同时选中【图层1】和【阈值】图层，然后右击，从弹出的快捷菜单中选择【合并图层】命令，合并两个图层，如下图所示。

⓭ 两个图层被合并为【阈值1】图层，如下图所示。

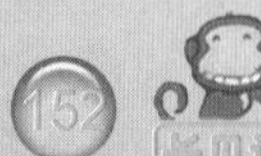

当一个图层同时应用【斜面和浮雕】和【投影】图层样式时，必须设置相同方向和角度的光线，才能制作出具有统一性的图像。

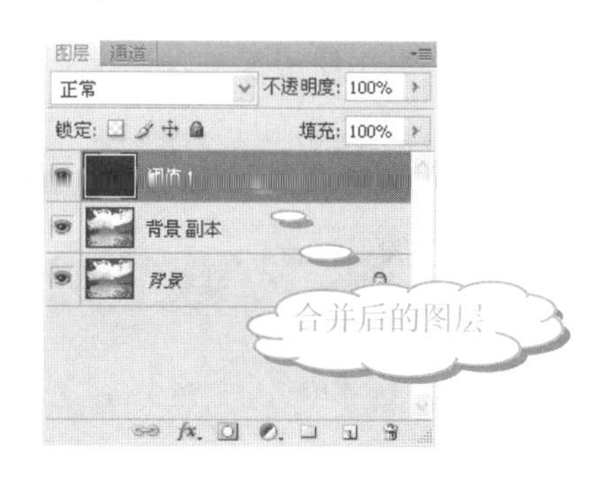

14 选择【滤镜】|【模糊】|【动感模糊】命令，如下图所示。

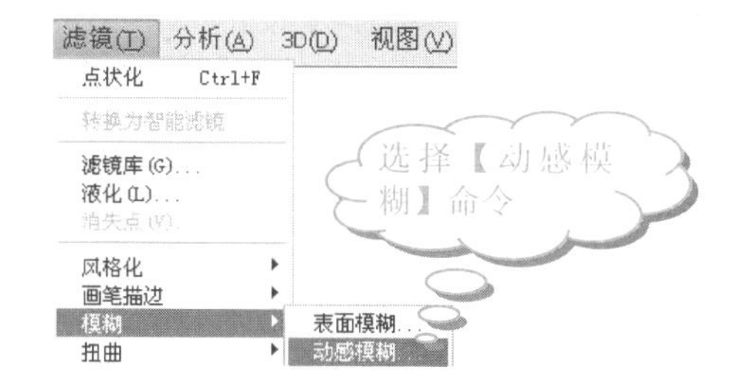

15 在【动感模糊】对话框中，设置【角度】为-72 度，【距离】为 47 像素，如下图所示。

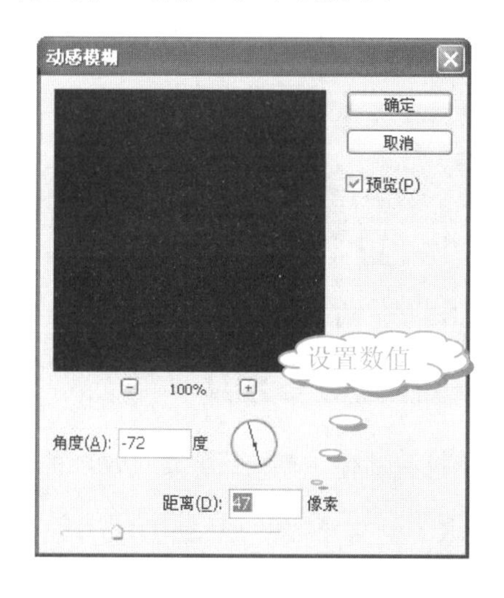

16 单击【确定】按钮，按两次 Ctrl+F 组合键，再次重复【动感模糊】滤镜处理，所得图像如下图所示。

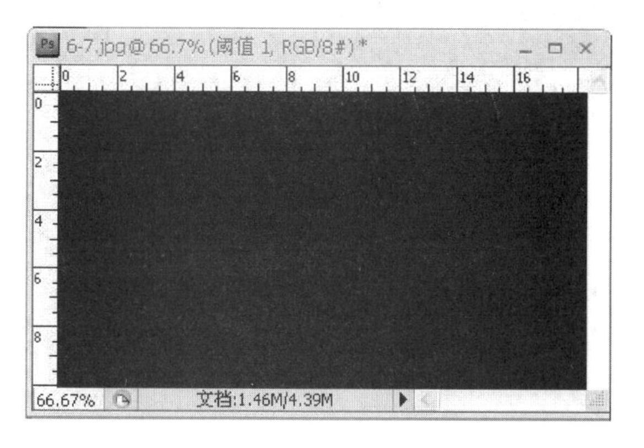

17 在【图层】面板中，将【混合模式】设置为【滤色】，如下图所示。

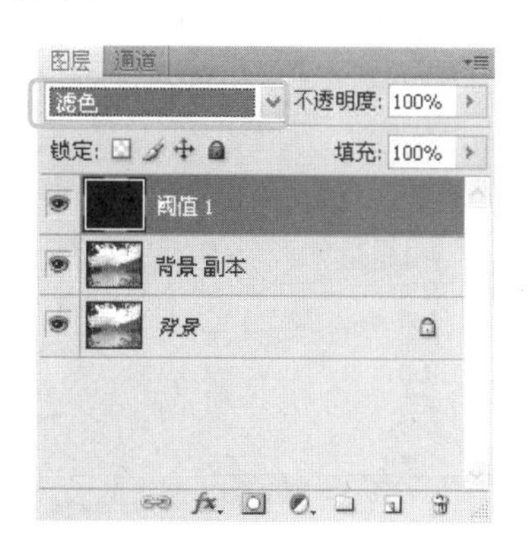

18 所得的照片图像如下图所示(因为图像亮度太高，暂时看不出来，继续操作)。

2. 雨与景色合成

下面运用【滤镜】命令和【橡皮擦工具】，将下雨的效果与原图完美结合，然后制作一些水波纹，具体操作步骤如下。

操作步骤

1 在原有的操作基础上，单击【图层】面板中的【背景 副本】图层，使其处于激活的状态，如下图所示。

学以致用系列丛书

当前工具为【移动工具】时，右击画布可以打开当前所有图层的快捷菜单(按从上到下排序)，选择图层的名称可以使其变为当前图层。

❷ 选择【滤镜】|【渲染】|【光照效果】，如下图所示。

❸ 在【光照效果】对话框中，设置【光照类型】为【全光源】，【强度】为10，【光泽】为0，【材料】为69，【曝光度】为0，【环境】为8，如下图所示。

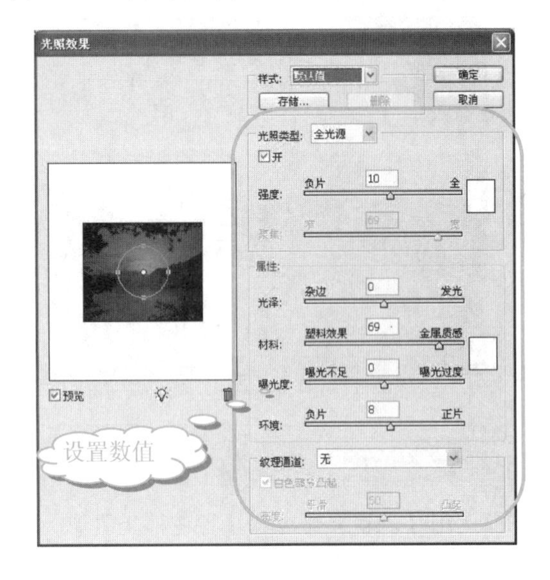

❹ 现在照片中的天空已经变得较暗了，下雨的效果已经显示出来了，如下图所示。

❺ 在【图层】面板中，单击【阈值1】图层，使其处于激活状态，如下图所示。

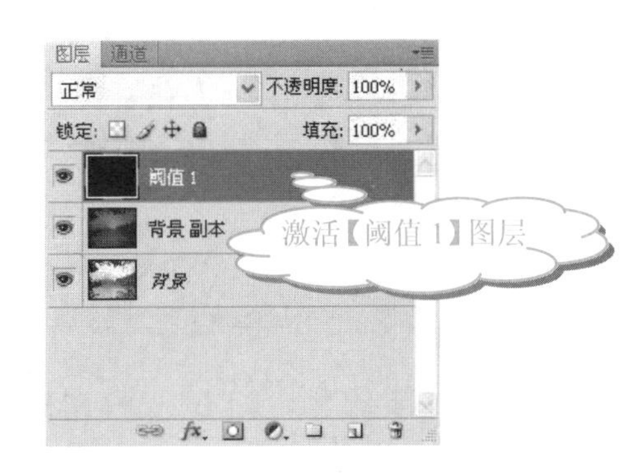

❻ 单击【橡皮擦工具】按钮，然后单击工具箱上的【默认前景色和背景色】按钮，如下图所示。

❼ 在【画笔】属性栏中，设置【主直径】为37px，【不透明度】为13%，【流量】为100%，如下图所示。

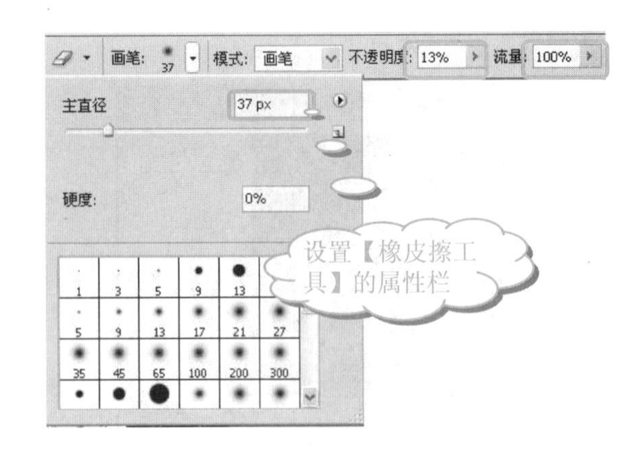

❽ 单击并拖动鼠标，擦拭图像过于清晰的雨丝，如下图所示。

长见识：在【图层】面板上，右击文字图层(不可编辑图层)，从弹出的快捷菜单中选择【栅格化文字】命令，可以将其转换为普通图层进行编辑。

❾ 在【图层】面板上单击【背景】图层，使其处于激活状态，如下图所示。

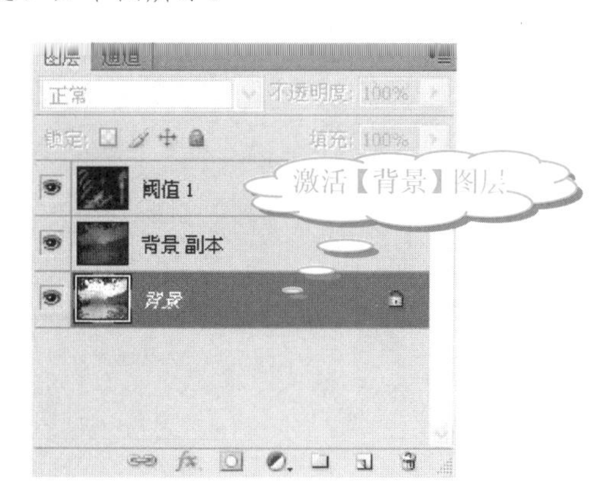

❿ 单击工具箱中的【椭圆选框工具】按钮◯，再单击图像，拖动鼠标以创建选区，如下图所示。

⓫ 按 Ctrl+J 组合键，将选区复制为【图层 1】图层，如下图所示。

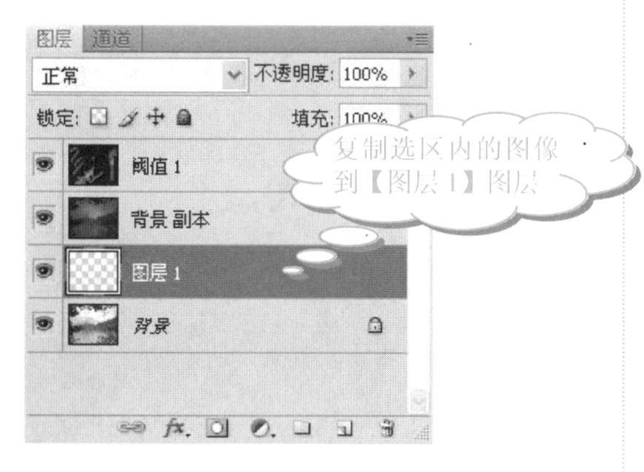

⓬ 在【图层】面板上，将【图层 1】图层拖动至【背景副本】图层上，如右上图所示。

⓭ 按 Ctrl 键，同时单击【图层 1】图层，将椭圆选中，如下图所示。

⓮ 选择【滤镜】|【扭曲】|【水波】命令，如下图所示。

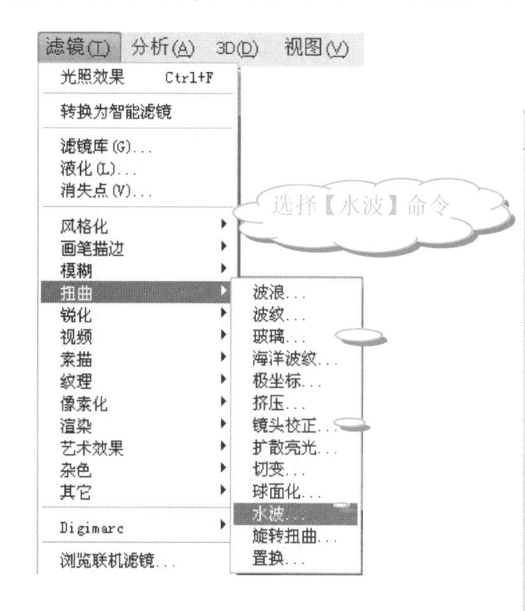

⓯ 在【水波】对话框中，设置【数量】为 15，【起伏】为 4，并在【样式】下拉列表框中选择【水池波纹】

学以致用系列丛书

Photoshop 蒙版可以将不同的灰度值转换为对应的透明度，并作用到蒙版所在的图层上，使图层不同部位的透明度产生相应的变化。黑色表示完全透明，白色表示完全不透明。

选项，如下图所示。

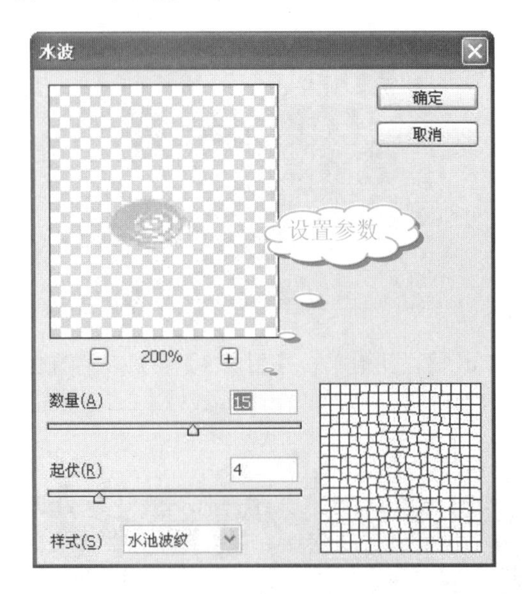

16 单击【确定】按钮。在【图层】面板中，调节【图层 1】的不透明度为 9%，如下图所示。

17 得到有水波纹的图像，如下图所示。

18 单击工具箱中的【移动工具】按钮，按住 Alt 键的同时移动鼠标，复制【图层 1】图层为【图层 1 副本】图层，如下图所示。

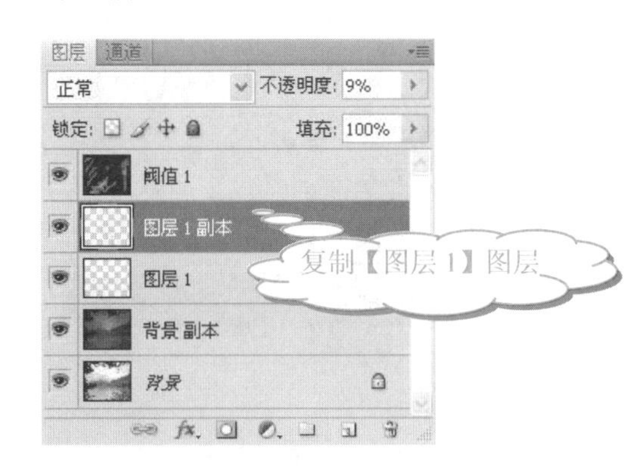

19 按 Ctrl+T 组合键，对【图层 1 副本】图层进行变换操作，调整水波纹大小，如下图所示。

20 多次重复步骤 18 和步骤 19，得到最终效果图，如下图所示。

学以致用系列丛书

长见识

单击图像窗口左下角的三角形按钮▶，从弹出的列表中可以选择显示的信息，包括 Version Cue、文档大小(默认)、文档配置文件、文档尺寸、测量比例、暂存盘大小、效率、计时、当前工具和 32 位曝光。

6.7.3 活用诀窍

巧妙利用【滤镜】中的【水波】命令制作水波纹，然后改变水波纹的大小，得到很多和下雪效果相似的部分。希望用户能够通过不同的参数练习，更深刻地了解【杂色】和【点状化】滤镜的不同之处，以及【动感模糊】的使用范围。

6.8 阴天变晴天照片效果

一张阴天的照片，看上去总是有些阴郁，但是只要用 Photoshop 软件处理一下，阴暗的天气就会马上变得晴朗，人也会变得精神了。

6.8.1 制作分析

在制作过程中，重点在于将阴天的照片运用类似的晴天照片进行颜色匹配，然后再逐个处理天空颜色，让照片显得更自然。

阴天变晴天的最终制作效果如下图所示。

6.8.2 照片处理

本实例的制作运用了【匹配颜色】命令，具体操作步骤如下。

操作步骤

❶ 启动 Photoshop CS4 软件，选择【文件】|【打开】命令，打开素材文件(配书光盘中的图书素材\第 6 章\6-8-1.jpg)，如右上图所示。

❷ 选择【文件】|【打开】命令，打开素材文件(配书光盘中的图书素材\第 6 章\6-8-2.jpg)，如下图所示。

❸ 确定图片(6-8-1.jpg)处于激活状态，选择【图像】|【调整】|【匹配颜色】命令，如下图所示。

❹ 在【匹配颜色】对话框中，设置【明亮度】为 200，【颜色强度】为 41，【渐隐】为 38。在【源】下拉列表框中选择(6-8-2.jpg)选项，如下图所示。

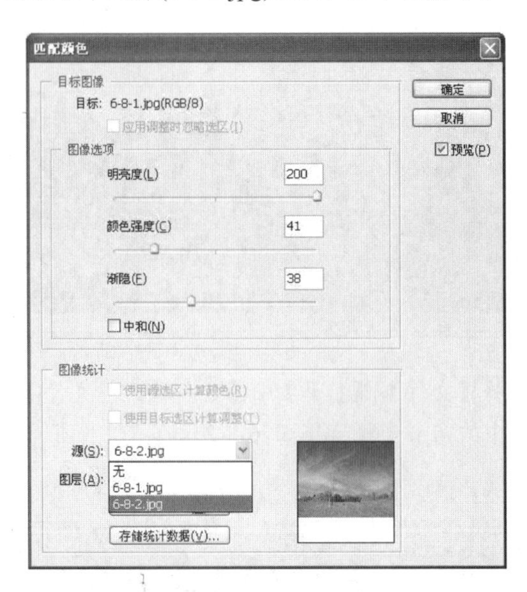

❺ 单击【确定】按钮，查看图像效果，如下图所示。

❻ 发现照片的颜色偏蓝，在【调整】面板中，单击【色相/饱和度】按钮，如下图所示。

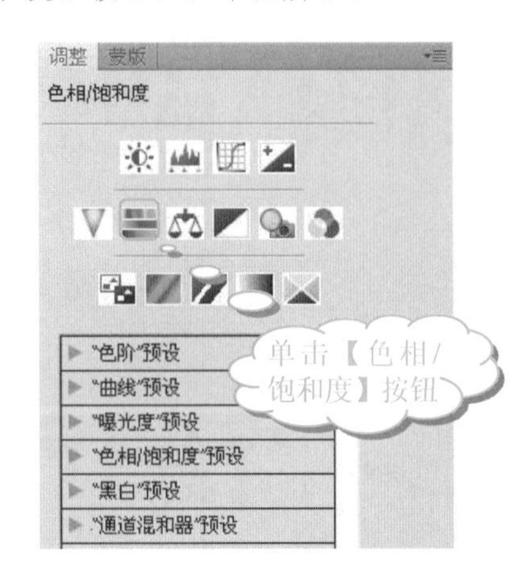

❼ 在【色相/饱和度】设置界面中的下拉列表框中选择【蓝色】选项，设置【饱和度】为－70，【明度】为＋19，如下图所示。

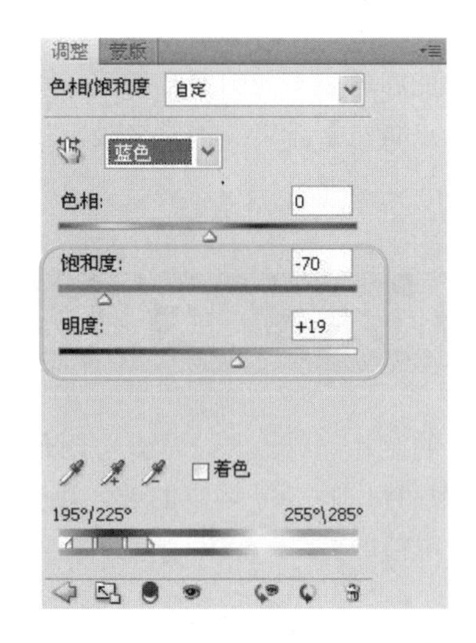

❽ 查看图像效果，如下图所示。

❾ 在【通道】面板中，单击【蓝】通道，将其他通道隐藏，如下图所示。

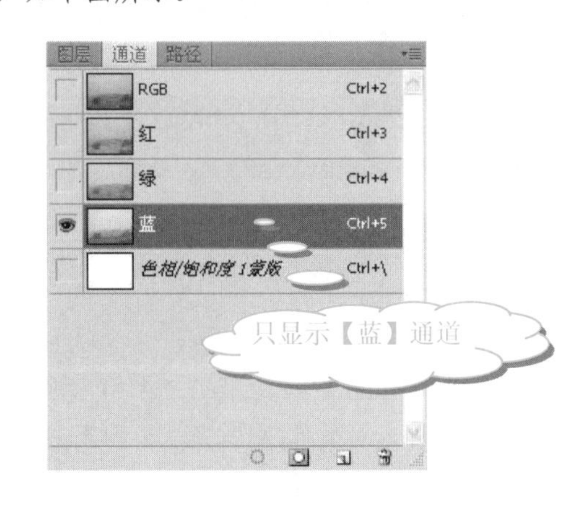

如果图像明亮的色彩因选择【USM 锐化】命令而产生过度的现象时，可以先将图像转换成 Lab 颜色模式，然后在明度通道中选择【USM 锐化】命令，这样不但可以达到图像清晰的目的，还可以避免对色彩产生影响。

❿ 单击工具箱中的【魔棒工具】按钮，在其属性栏中设置【容差】为50，并单击【添加到选区】按钮，在图像中单击天空区域，建立选区，如下图所示。

⓫ 在【通道】面板中，单击RGB通道，将图像的所有通道都打开。然后切换到【图层】面板，单击【背景】图层，将其拖动至【创建新图层】按钮上，复制【背景】图层为【背景 副本】图层，如下图所示。

⓬ 按Delete键，将【背景 副本】图层选区内的图像删除，查看图像效果，如下图所示。

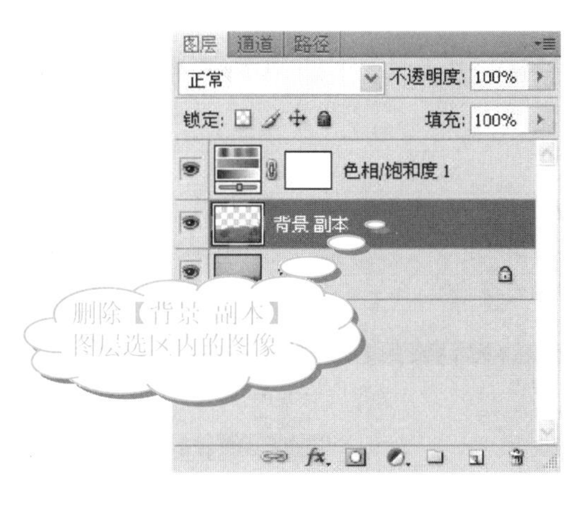

⓭ 按Ctrl+D组合键，取消选区。在【图层】面板中，按住Shift键的同时选中【色相/饱和度 1】图层和【背景 副本】图层并右击，从弹出的快捷菜单中选择【合并图层】命令，如下图所示。

⓮ 在【图层】面板中，将【色相/饱和度】图层的【混合模式】设置为【叠加】，如下图所示。

⓯ 查看这时的图像效果，如下图所示。

⓰ 将图像(6-8-2.jpg)激活，单击工具箱中的【矩形选框

若要检查由扫描仪输入的图像是否理想，可以打开【信息】面板观察图像的亮部及暗部数值。当亮部数值达到240，而暗部数值达到10时，表明这个图像包含足够的细节。

工具】按钮，在图像中单击，拖动部分天空区域，如下图所示。

17 单击【移动工具】按钮并在选区内单击，按住鼠标左键不放，拖动至图像(6-8-1.jpg)上，如下图所示。

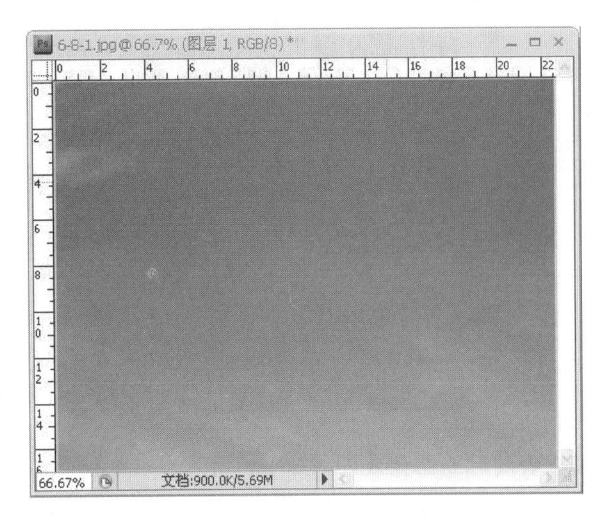

18 按 Ctrl+T 组合键，对图像进行变换操作，调整其大小和位置，查看图像效果，如下图所示。

19 按 Enter 键，确定变换命令。在【图层】面板中，将【图层 1】图层拖动至【色相/饱和度】图层下方，如下图所示。

20 在【图层】面板中，按住 Ctrl 键单击【色相/饱和度】图层，建立选区，查看图像效果，如下图所示。

注意

【图层 1】和【色相/饱和度】图层重叠的地方会不协调，这是因为【色相/饱和度】的【混合模式】为叠加，所以必须将【图层 1】图层中多余的图像删除。

21 在【图层】面板中，激活【图层 1】图层。选择菜单栏中的【选择】|【修改】|【羽化】命令，如下图所示。

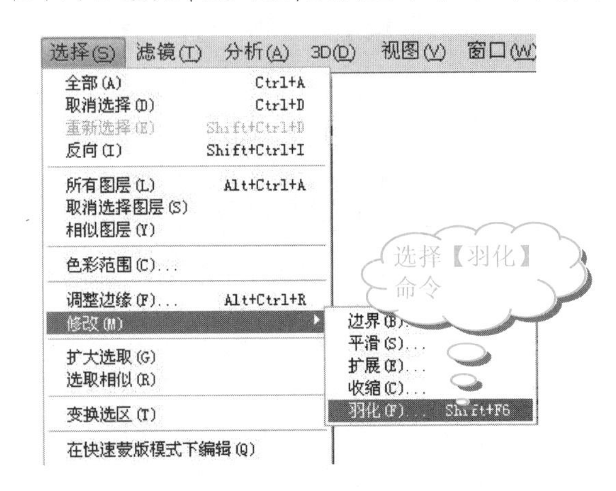

学以致用系列丛书

若要将彩色图片转为黑白图片，可先将颜色模式转化为Lab模式，然后单击【通道】面板中的明度通道，再选择【图像】|【模式】|【灰度】命令。由于Lab模式的色域更宽，这样转换后的图像层次感比较丰富。

注意

因为建立选区的图层和使用选区的图层不同，所以必须分别选择。

22 在【羽化选区】对话框中，设置【羽化半径】为5像素，如下图所示。

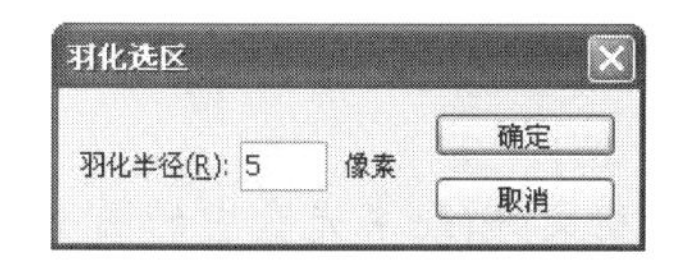

23 单击【确定】按钮，按Delete键，删除选区内的图像，再按Ctrl+D组合键，取消选区，查看图像效果，如下图所示。

提示

图像中两幅图融合的操作，可以使用【羽化】命令，然后运用Delete键，修饰尖锐的边缘。

24 此时，图像色彩过弱需要调整。在【图层】面板中，单击【色相/饱和度1】图层，将其激活。在【调整】面板中，单击【色相/饱和度】按钮，如下图所示。

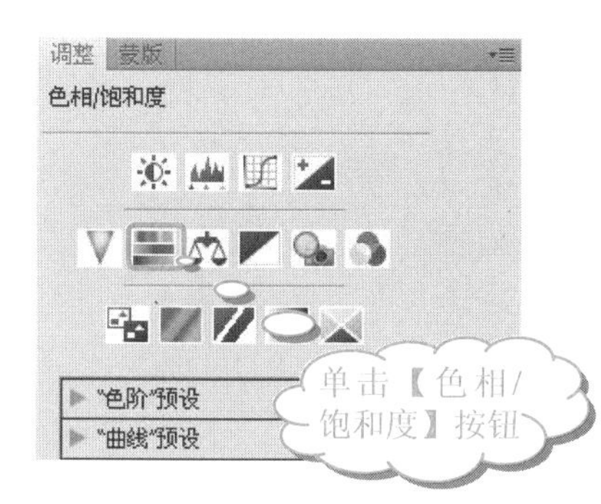

25 在【色相/饱和度】设置界面中，设置【色相】为+19，如下图所示。

26 查看最终的图像效果，如下图所示。

6.8.3　活用诀窍

本实例要学会运用晴天的照片将阴转晴，这里主要介绍了【匹配颜色】命令。这种效果不仅可以针对风景照，也可以针对人物照，让阴天的照片也可以散发晴天的光彩，使得人物和景物都熠熠生辉。

6.9　思考与练习

选择题

1. 下面两幅图从左到右的转变是通过________命令进行的。

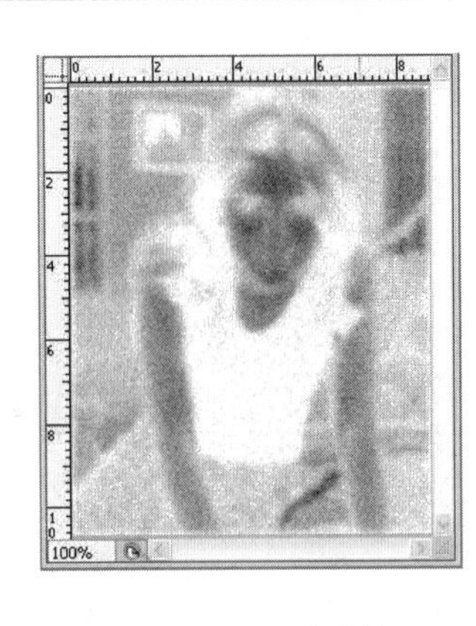
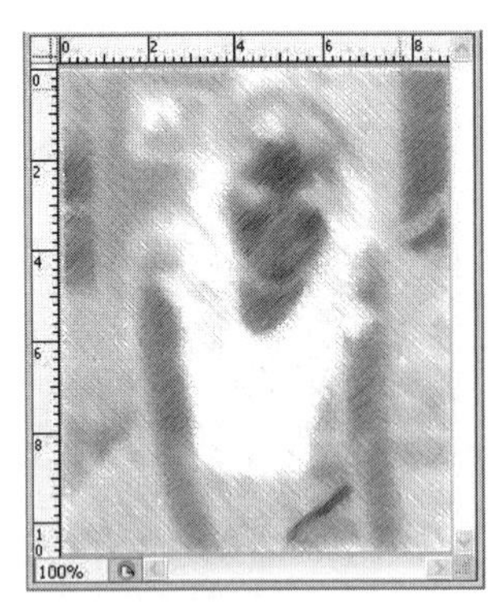

A. 【径向模糊】　　B. 【成交的线条】

C. 【高斯模糊】　　D. 【动感模糊】

2. 如果想要打开【画笔】面板，以下操作错误的是________。

A. 单击【画笔】按钮

B. 单击【画笔工具】属性栏中的【切换到画笔面板】按钮

C. 选择【窗口】|【画笔】命令

D. 单击【画笔工具】属性栏中【画笔】右侧的倒三角按钮

3. 油画效果所采用的绘制工具是________。

A. 【历史记录艺术画笔工具】

B. 【历史记录画笔工具】

C. 【涂抹工具】

D. 【画笔工具】

操作题

1. 打开素材文件(配书光盘中的图书素材\第 6 章\6-2.jpg)，将其制作成水彩画效果。

2. 打开素材文件(配书光盘中的图书素材\第 6 章\6-8-2.jpg)，运用【通道】和【胶片颗粒】命令制作出积雪效果。

长见识

在 Photoshop 中存储文件时，如果是图表就用 gif 格式，如果是照片就用 jpg 格式；黑白图片建议先转换成灰度，然后保存为 gif 格式。如果颜色小于 256 色，用 gif 格式；如果是真彩色，就一定要用 jpg 格式。

第 7 章

另有玄机——艺术文字

文字特效不但有趣，还非常实用。所以，本章将详细介绍在Photoshop CS4中制作新颖文字特效的方法。心动不如行动，一起来看看吧！

学习要点

❖ 制作三明治效果文字
❖ 制作奶酪效果文字
❖ 制作蛇皮效果文字
❖ 制作霓虹灯效果文字
❖ 制作彩虹三维效果文字

学习目标

通过对本章的学习，读者首先应该明确制作文字的思路，记住操作对字体产生的作用；其次要求能够针对不同的思路，想到一系列的解决方法，进而采用不同的方法制作出各种艺术文字。

7.1 三明治效果文字

三明治是日常的饮食产品，到处都可以看到。不过，三明治纹理比较复杂，它的表面凹凸不平，而且上面还会撒有黑胡椒粉，制作起来比较困难。该实例将详细讲解三明治效果文字的制作方法。

7.1.1 制作分析

三明治文字的制作过程比较复杂，首先制作三明治文字的选区；其次为选区添加三明治文字的纹理；然后加上黑胡椒粉效果；最后为三明治文字添加颜色。

制作的最终效果如下图所示。

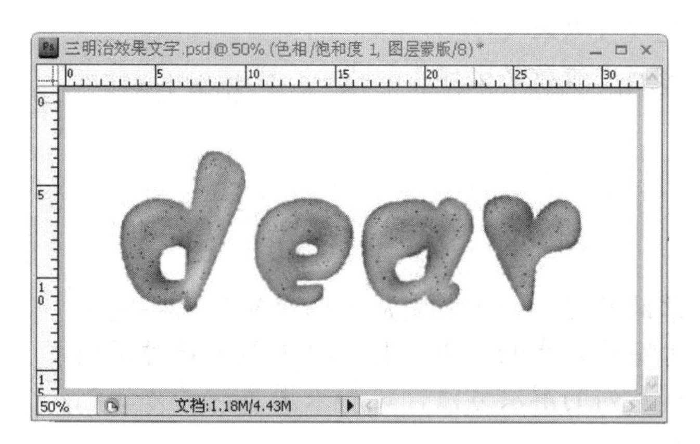

7.1.2 照片处理

首先通过【滤镜】制作三明治文字的选区；然后通过【通道】存储三明治文字的选区；其次将选区通过【滤镜】中的各项命令形成三明治文字的艺术效果；接着再选取文字中不规则的颗粒，制作黑胡椒粉效果；最后运用【调整】命令为三明治文字添加适合的颜色。

1. 三明治文字选区制作

在制作三明治文字选区的过程中，首先需要设置字体，然后通过【滤镜】中的命令制作选区，最后通过【通道】保存选区，具体操作步骤如下。

操作步骤

❶ 启动 Photoshop CS4 软件，选择【文件】|【新建】命令，在【新建】对话框中，将【名称】改为“三明治效果文字”，在【预设】下拉列表框中选择【自定】选项。设置【宽度】为 32 厘米，【高度】为 16 厘米，【分辨率】为 72 像素/英寸，【颜色模式】为 RGB 颜色，【背景内容】为白色，如下图所示。

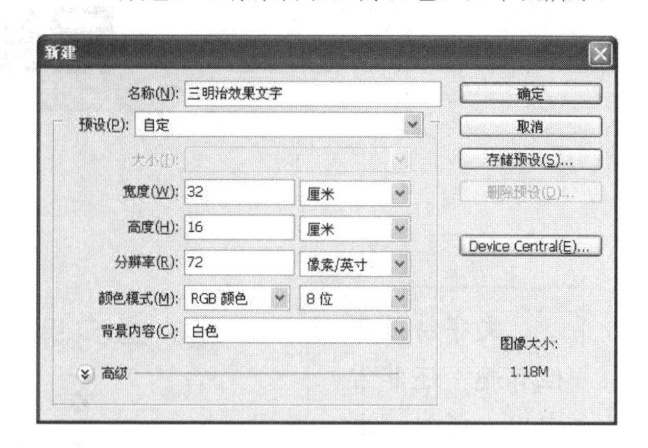

❷ 单击【确定】按钮，这样就新建了一个名为“三明治效果文字”的文件，如下图所示。

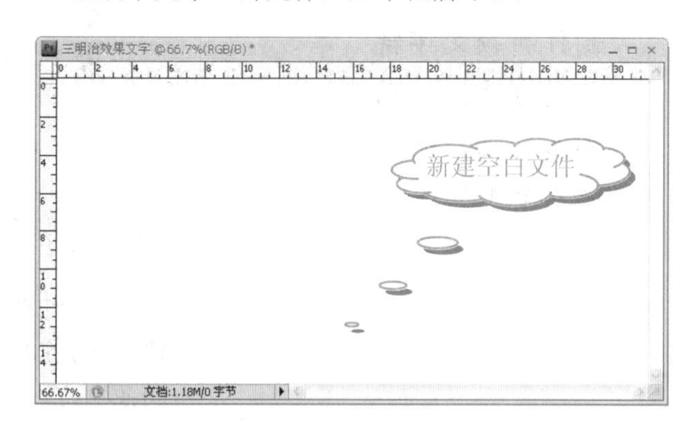

❸ 单击工具箱中的【横排文字工具】按钮T，并单击【设置前景色】按钮，在打开的【拾色器(前景色)】对话框中，设置参数，如下图所示。

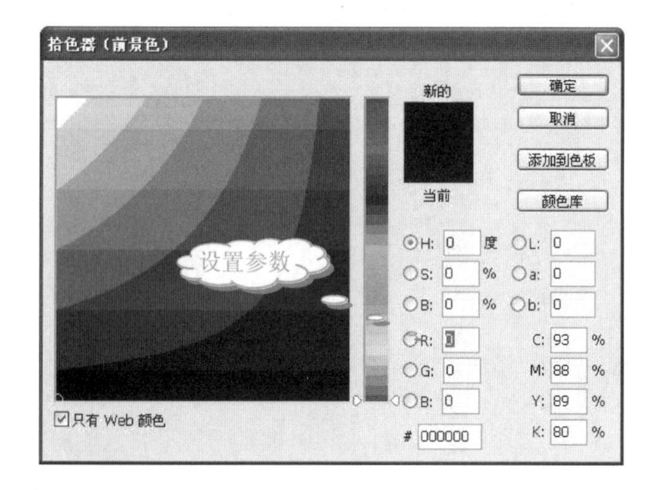

❹ 在图像上单击，拖动鼠标，设置合适的文字区域，如下图所示。

学以致用系列丛书

在进行文字输入之前可以添加相应的字体，方法是在计算机中，打开【控制面板】窗口，双击【字体】图标，将需要的字体复制粘贴到【字体】窗口中即可。

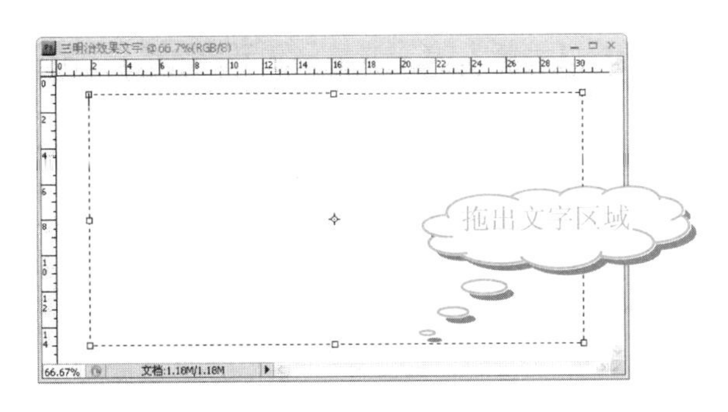

❺ 在【横排文字工具】属性栏中单击【切换字符和段落面板】按钮，弹出【字符】面板。选择【字体】为“汉仪萝卜体简”(配书光盘中的图书素材\第7章\汉仪萝卜体简.ttf)，在【设置字体大小】文本框中输入300点，如下图所示。

❻ 在图像窗口中输入dear，这时图像效果如下图所示。

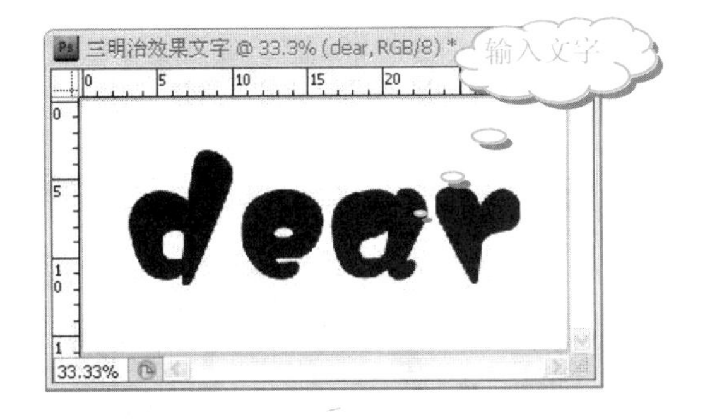

❼ 选择【图层】|【拼合图像】命令，将dear图层与【背景】图层合并，如下图所示。

❽ 此时的【图层】面板如下图所示。

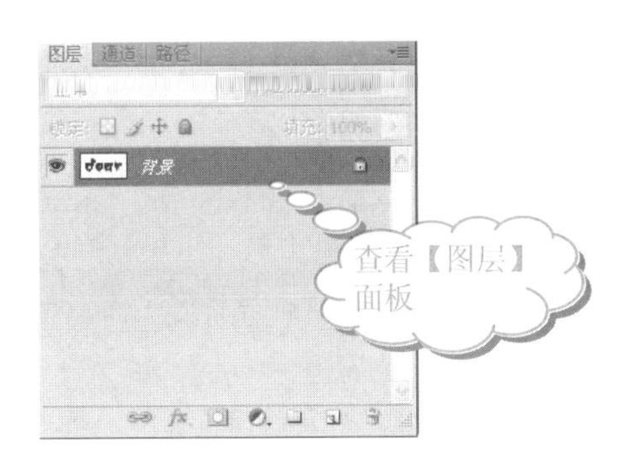

❾ 切换到【通道】面板，单击【红】通道，将其激活。单击【通道】面板右侧的按钮，选择【复制通道】命令，如下图所示。

❿ 打开【复制通道】对话框，将其命名为“1”，如下图所示。

⓫ 单击【确定】按钮，此时在【通道】面板上就创建了1通道，如下图所示。

⓬ 在【通道】面板上，将1通道拖至【创建新通道】按钮上，复制1通道为“1副本”，并单击【1副本】

学以致用系列丛书

单击【字符】面板中的按钮，从弹出的下拉列表中选择【复位字符】命令，可以将字符设置为默认状态。

通道将其激活，如下图所示。

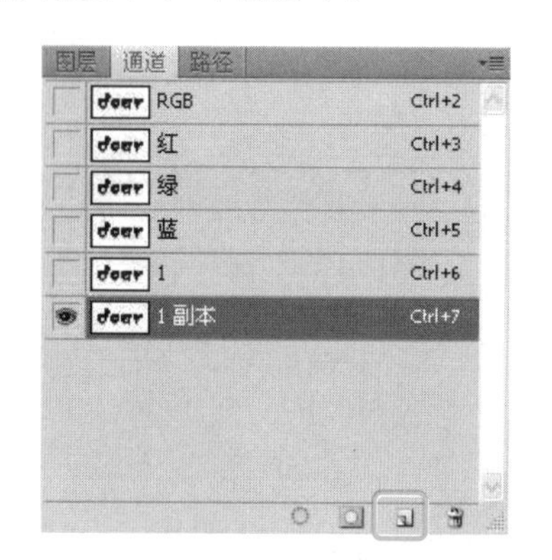

⑬ 选择【滤镜】|【像素化】|【晶格化】命令，如下图所示。

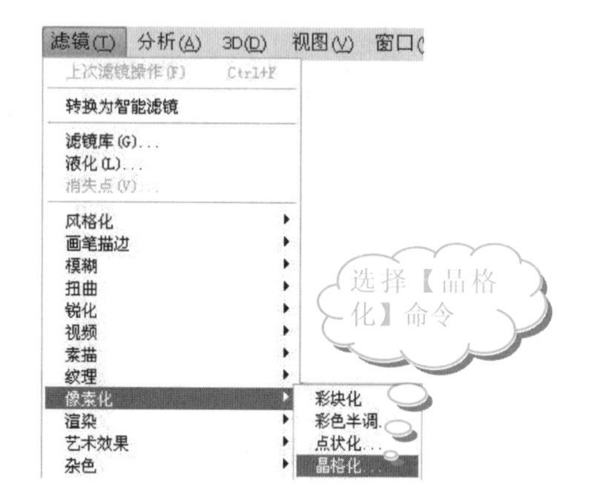

⑭ 在【晶格化】对话框中，设置【单元格大小】为6，如下图所示。

⑮ 单击【确定】按钮，文字效果如下图所示。

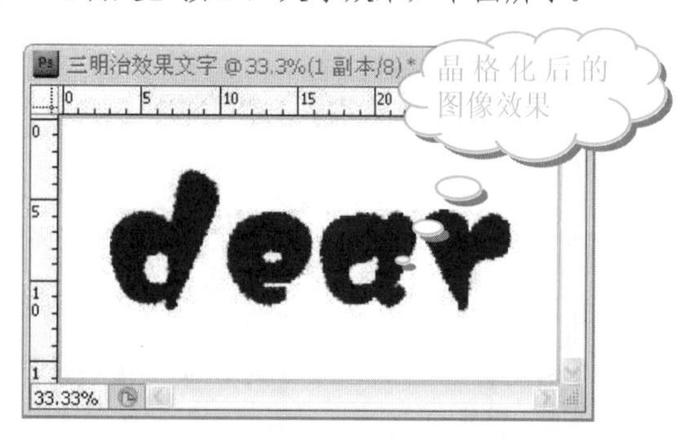

⑯ 选择【编辑】|【渐隐晶格化】命令，如下图所示。

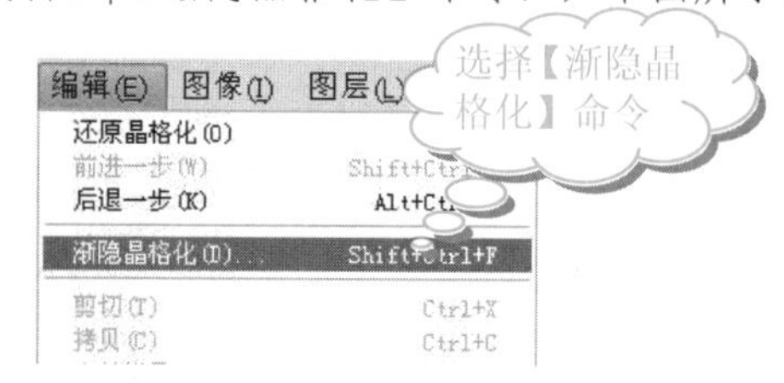

⑰ 在【渐隐】对话框中，设置【不透明度】为45%，如下图所示。

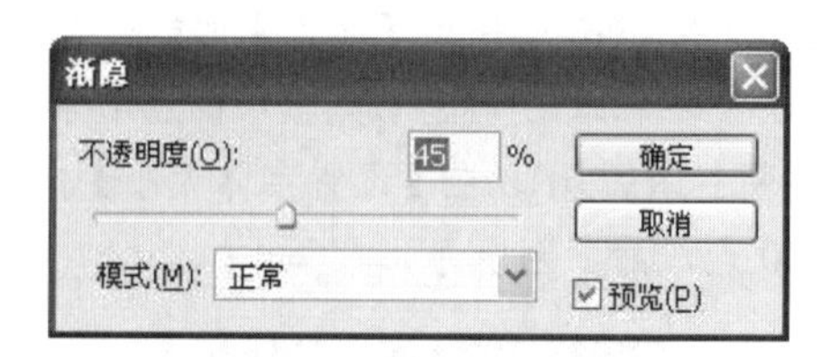

⑱ 单击【确定】按钮，得到的图像效果如下图所示。

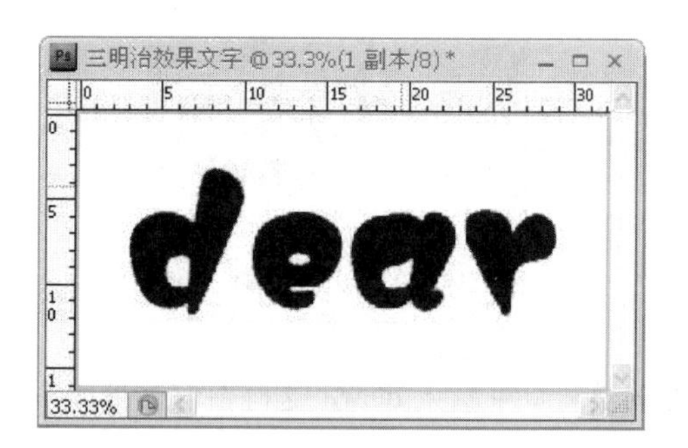

⑲ 按Ctrl+I组合键，将文字颜色和背景色进行反相，图像效果如下图所示。

2. 三明治文字立体效果

三明治文字的立体效果很简单，首先通过先前做的文字选区制定大致的字体形态，然后运用【滤镜】中的【高斯模糊】和【浮雕效果】命令，就可以制作出三明治文字的立体效果。

操作步骤

❶ 在【图层】面板中，单击【背景】图层，将其激活，然后按Ctrl+Delete组合键，将【背景】图层填充为

由于显示器的视差影响，人们很难感受到真实印刷文字的大小。10号或11号文字是标准的阅读文字，正文或标注性文字不宜采用过大的文字。

白色，如下所示。

❷ 在【通道】面板中，按住 Ctrl 键的同时，单击【1 副本】通道，建立选区，如下图所示。

❸ 在【图层】面板上单击【背景】图层，将其激活，按 Alt+Delete 组合键，将选区填充黑色，如下图所示。

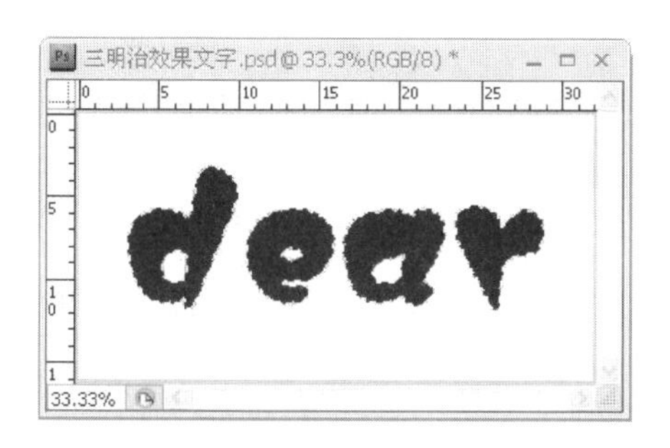

❹ 按 Ctrl+D 组合键，取消选区。选择【滤镜】|【模糊】|【高斯模糊】命令，打开【高斯模糊】对话框，如下图所示。

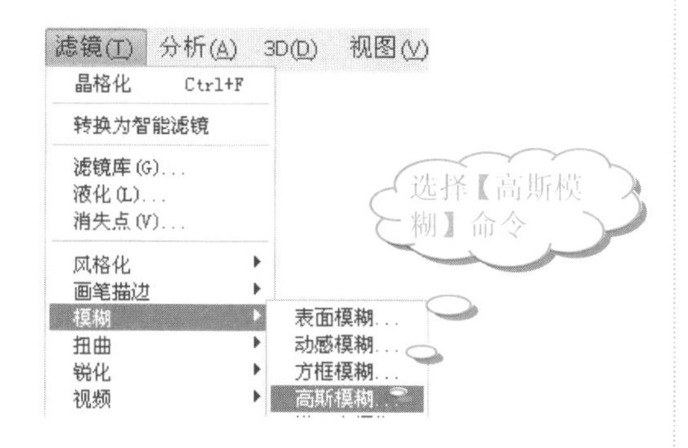

❺ 在【高斯模糊】对话框中，设置【半径】为 14 像素，如下图所示。

❻ 单击【确定】按钮，查看图像效果，如下图所示。

❼ 选择【滤镜】|【风格化】|【浮雕效果】命令，如下图所示。

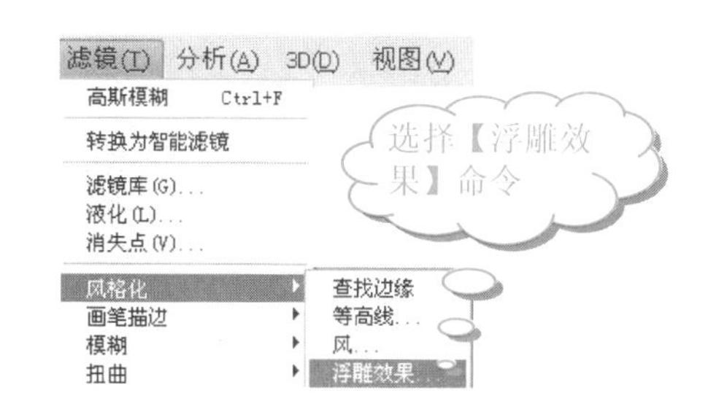

❽ 弹出【浮雕效果】对话框，设置【角度】为 135 度，【高度】为 12 像素，如下图所示。

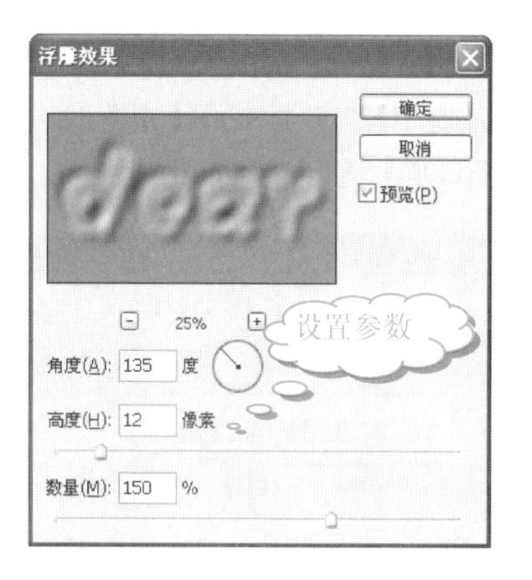

❾ 单击【确定】按钮，查看图像效果，如下图所示。

学以致用系列丛书

在【图层】面板中选中形状图层，选择【图层】|【栅格化】|【形状】命令，即可栅格化形状图层，将其转换为普通图层。

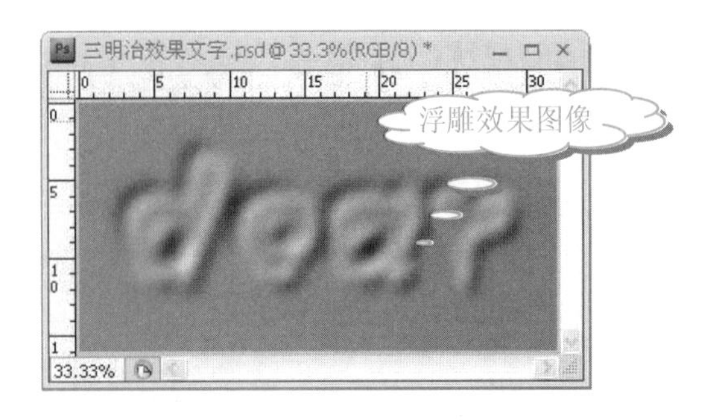

⑩ 在【图层】面板中，将【背景】图层拖动至【创建新图层】图标上，复制【背景】图层为【背景 副本】图层，如下图所示。

⑪ 选择菜单栏中的【选择】|【载入选区】命令，如下图所示。

⑫ 在【载入选区】对话框中的【通道】下拉列表框中，选择【1 副本】通道，如下图所示。

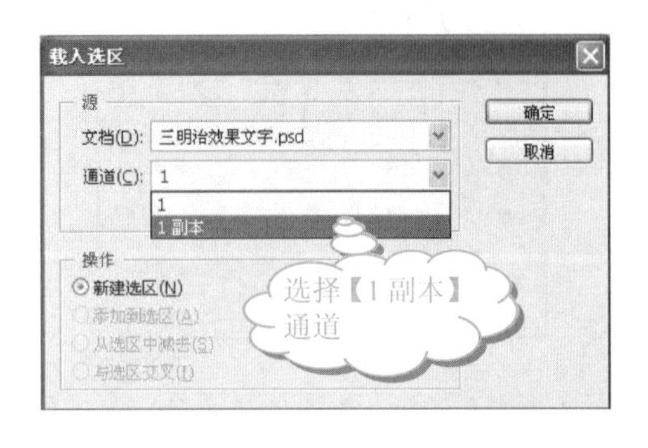

⑬ 单击【确定】按钮，载入选区，如下图所示。

⑭ 选择菜单栏中的【选择】|【修改】|【羽化】命令，如下图所示。

⑮ 在【羽化选区】对话框中，设置【羽化半径】为 6 像素，如下图所示。

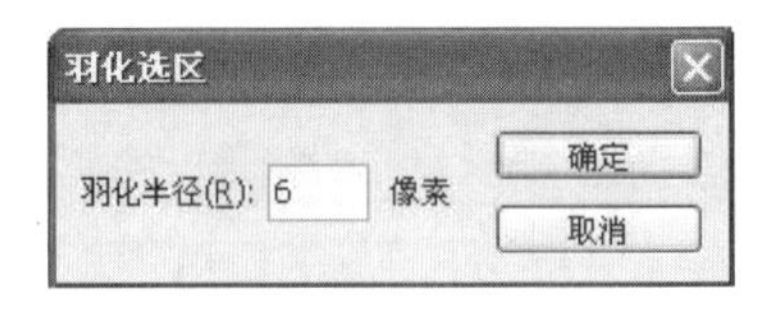

⑯ 单击【确定】按钮，查看图像选区的效果，如下图所示。

⑰ 选择菜单栏中的【选择】|【反向】命令，反选选区，如下图所示。

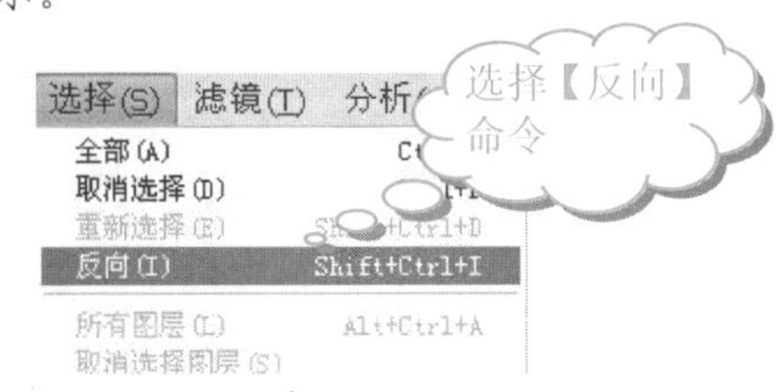

通过复制粘贴 Photoshop 拾色器中所显示的 16 进制颜色值，可以在 Photoshop 和其他程序(支持 16 进制颜色值的任何程序)之间交换颜色数据。

18 查看图像的选区效果，如下图所示。

19 单击工具箱中的【设置前景色】按钮，设置前景色为黑色，按 Alt+Delete 组合键，填充选区，如下图所示。

20 选择【编辑】|【渐隐填充】命令，如下图所示。

21 在【渐隐】对话框中，设置【不透明度】为 50%，如下图所示。

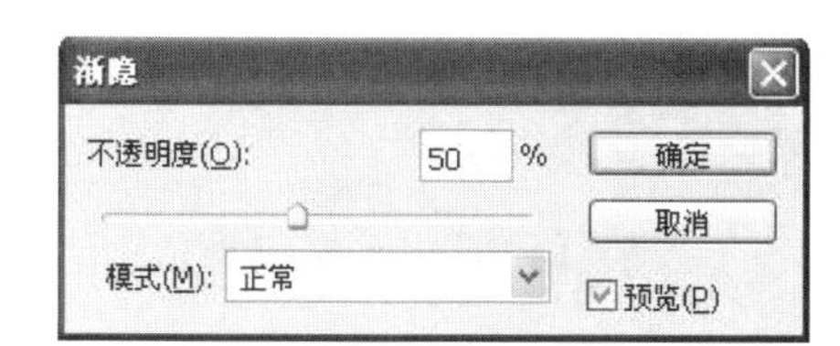

22 单击【确定】按钮，查看图像效果，如下图所示。

3. 三明治文字的纹理效果

三明治文字的纹理效果很复杂，主要通过运用【滤镜】中的各个命令，并结合【编辑】菜单中的【渐隐】命令，制作三明治文字纹理效果。

操作步骤

1 按 Ctrl+D 组合键，取消选区。选择【滤镜】|【素描】|【铬黄】命令，如下图所示。

2 在【铬黄渐变】设置界面中，设置【细节】为 4，【平滑度】为 8，如下图所示。

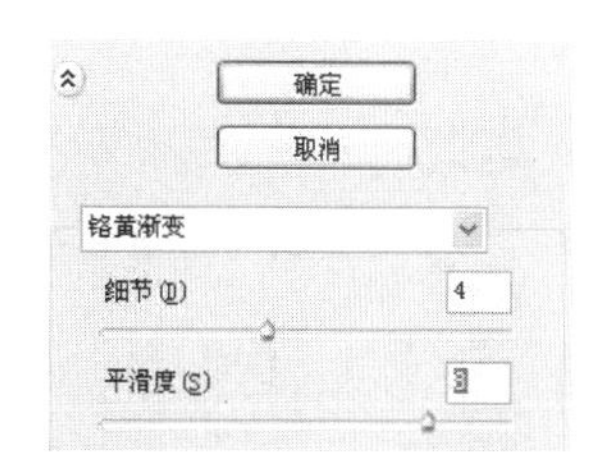

3 单击【确定】按钮，图像效果如下图所示。

4 选择【编辑】|【渐隐铬黄】命令，如下图所示。

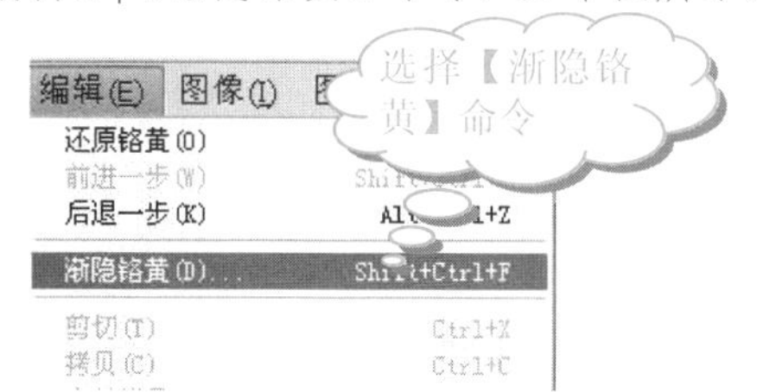

❺ 在【渐隐】对话框中，设置【不透明度】为 8%，如下图所示。

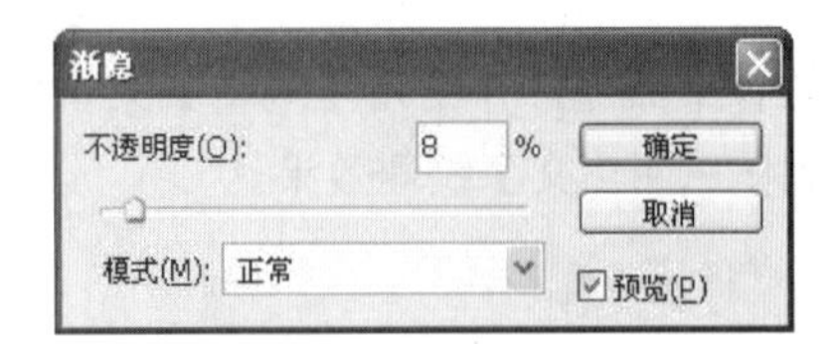

❻ 查看图像效果，如下图所示。

❼ 选择【滤镜】|【艺术效果】|【海绵】命令，如下图所示。

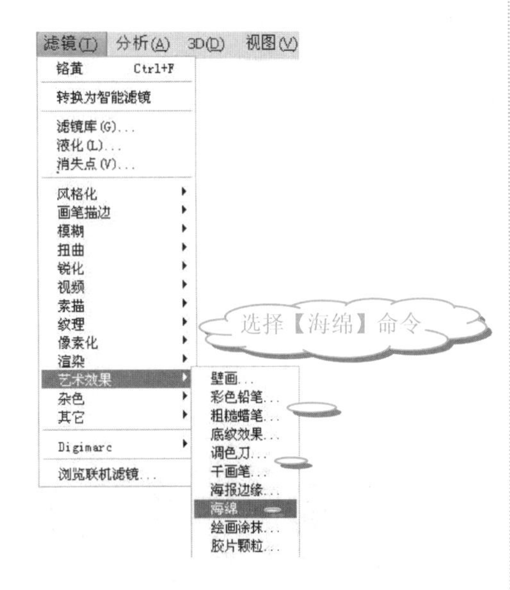

❽ 在【海绵】设置界面中，设置【画笔大小】为 2，【清晰度】为 12，【平滑度】为 5，如下图所示。

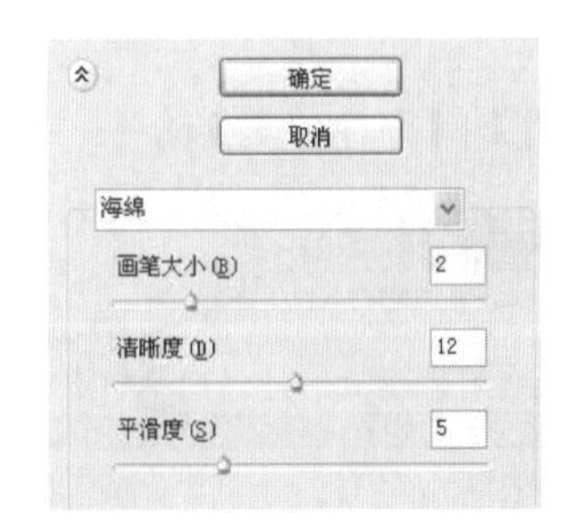

❾ 单击【确定】按钮，查看图像效果，如右上图所示。

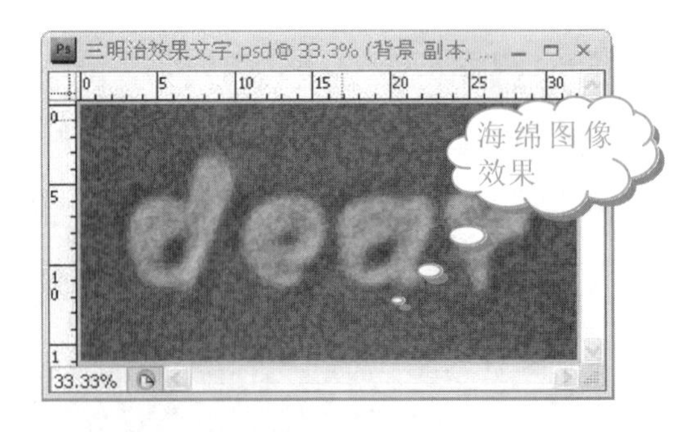

❿ 选择【编辑】|【渐隐海绵】命令，如下图所示。

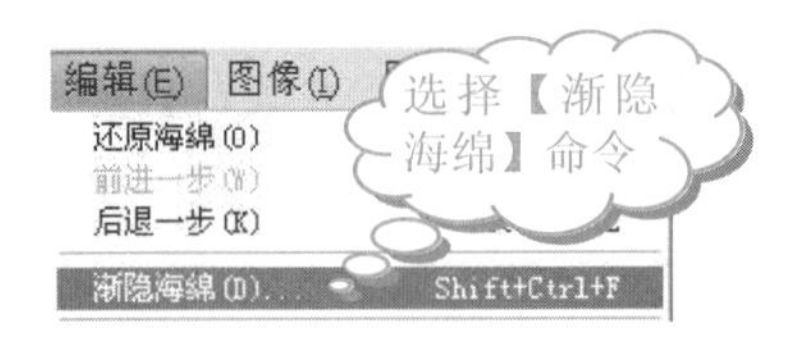

⓫ 在【渐隐】对话框中，设置【不透明度】为 20%，如下图所示。

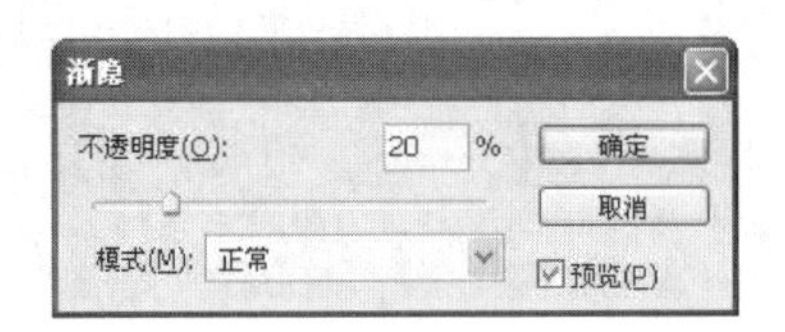

⓬ 单击【确定】按钮，查看图像效果，如下图所示。

⓭ 选择【滤镜】|【艺术效果】|【干画笔】命令，如下图所示。

要把一个彩色的图像转换为灰度图像，一般的方法是在菜单栏中选择【图像】|【模式】|【灰度】命令。其实，也可以选择【图像】|【去色】命令，将彩色图像中的颜色去掉。

⓮ 在【干画笔】设置界面中，设置【画笔大小】为2，【画笔细节】为8，【纹理】为1，如下图所示。

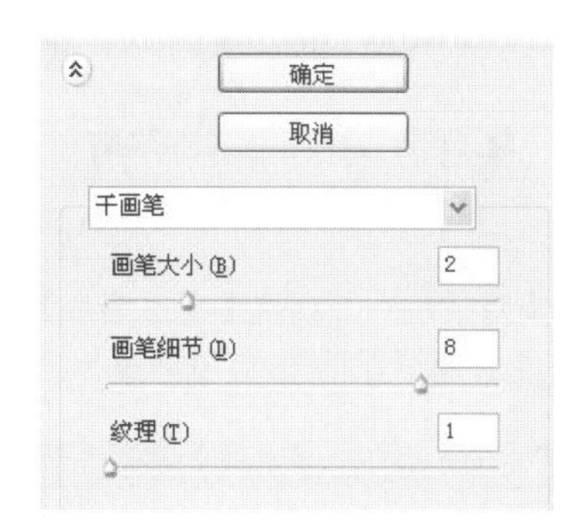

⓯ 单击【确定】按钮，查看图像效果，如下图所示。

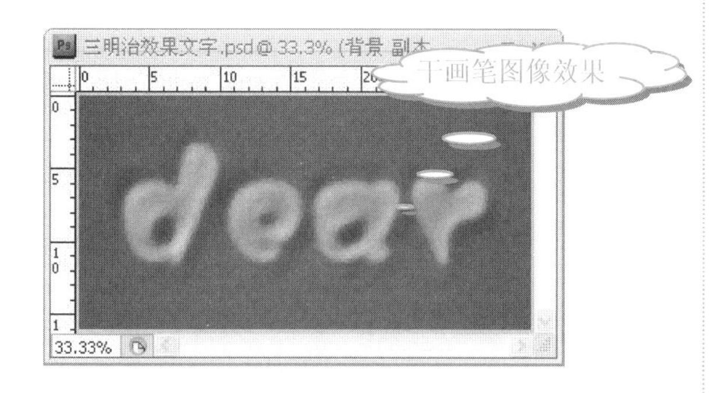

⓰ 选择【编辑】|【渐隐干画笔】命令，如下图所示。

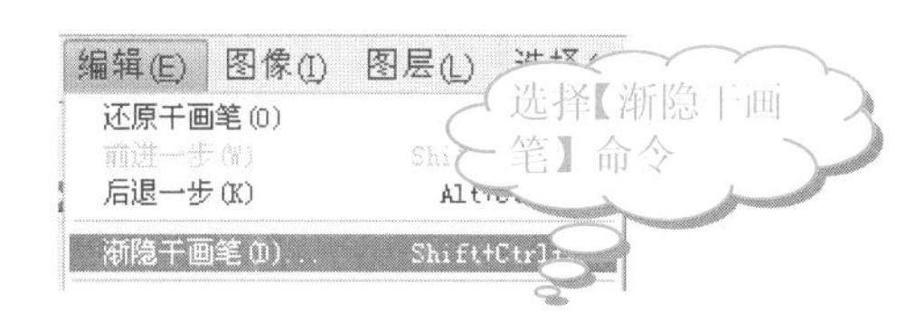

⓱ 在【渐隐】对话框中，设置【不透明度】为15%，如下图所示。

⓲ 单击【确定】按钮，查看图像效果，如下图所示。

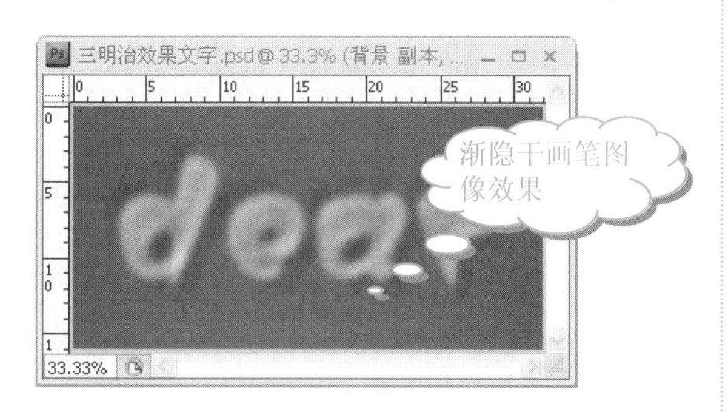

⓳ 选择【滤镜】|【画笔描边】|【墨水轮廓】命令，如下图所示。

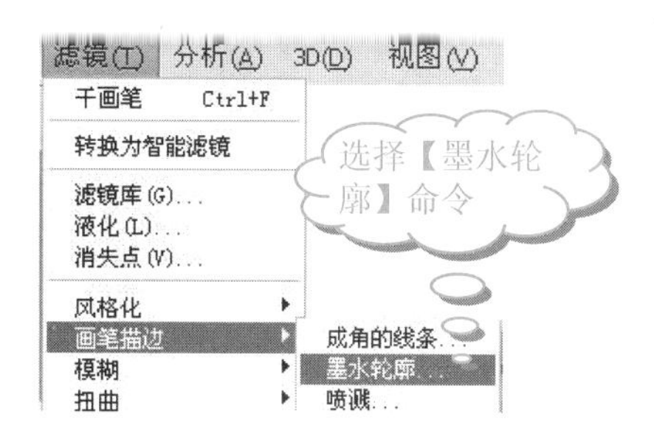

⓴ 在弹出的【墨水轮廓】设置界面中，设置【描边长度】为4，【深色强度】为20，【光照强度】为10，如下图所示。

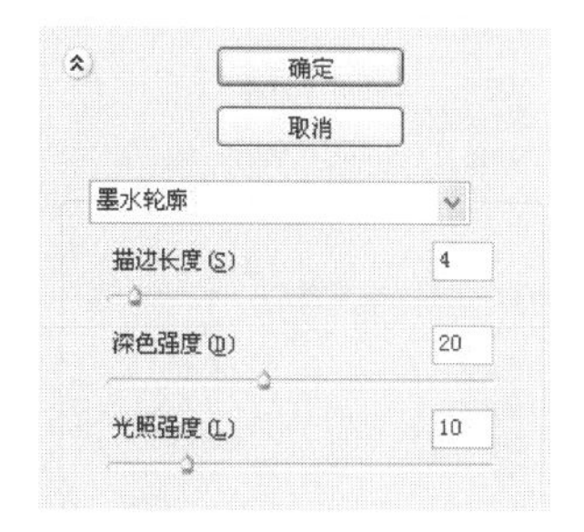

㉑ 单击【确定】按钮，查看图像效果，如下图所示。

㉒ 选择【编辑】|【渐隐墨水轮廓】命令，如下图所示。

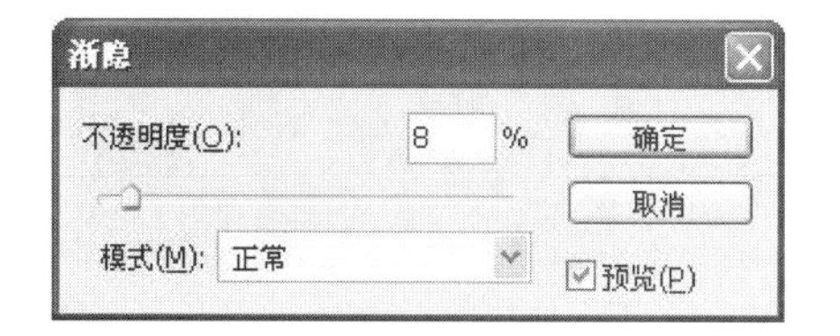

㉓ 在【渐隐】对话框中，设置【不透明度】为8%，如下图所示。

渐隐

不透明度(O): 8 %　确定　取消

模式(M): 正常　☑预览(P)

学以致用系列丛书

如果想要让颜色转换成灰度时，显得更加细腻，可以选择【图像】|【模式】|【Lab颜色】命令，先把图像转化成Lab颜色模式，然后切换到【通道】面板，删除a通道和b通道，即可得到一幅灰度更加细腻的图像。

长见识

24 单击【确定】按钮，查看图像效果，如下图所示。

25 选择【滤镜】|【素描】|【网状】命令，如下图所示。

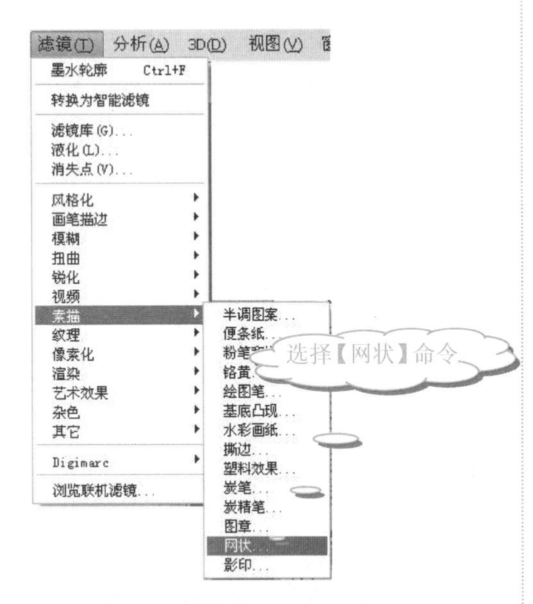

26 在【网状】设置界面中，设置【浓度】为 12，【前景色阶】为 40，【背景色阶】为 5，如下图所示。

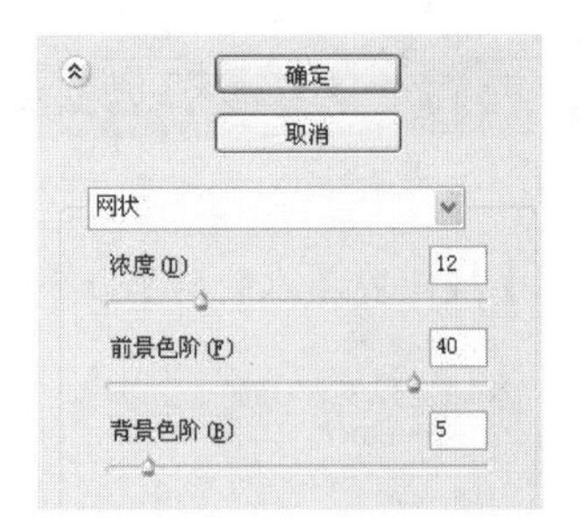

27 单击【确定】按钮，查看图像效果，如下图所示。

28 选择【编辑】|【渐隐网状】命令，如下图所示。

29 在【渐隐】对话框中，设置【不透明度】为 8%，【模式】为【正片叠底】，如下图所示。

30 单击【确定】按钮，查看图像效果，如下图所示。

31 选择【滤镜】|【扭曲】|【扩散亮光】命令，如下图所示。

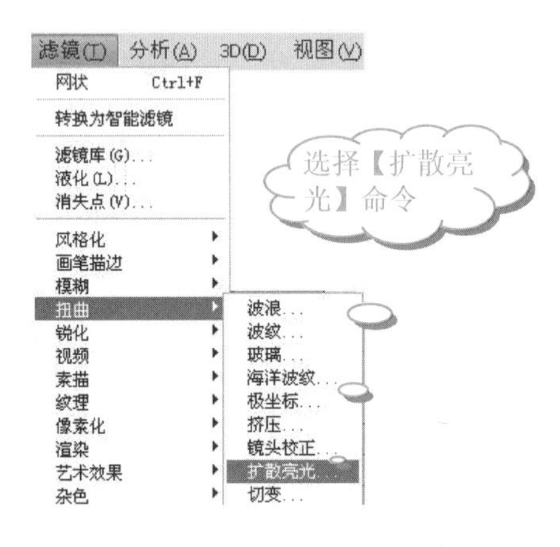

32 在【扩散亮光】设置界面中，设置【粒度】为 6，【发光量】为 10，【清除数量】为 15，如下图所示。

选择【滤镜】|【风格化】|【凸出】命令，可以弹出【凸出】对话框，在【类型】选项组中有两种凸出方式：【块】和【金字塔】。

33 单击【确定】按钮，查看图像效果，如下图所示。

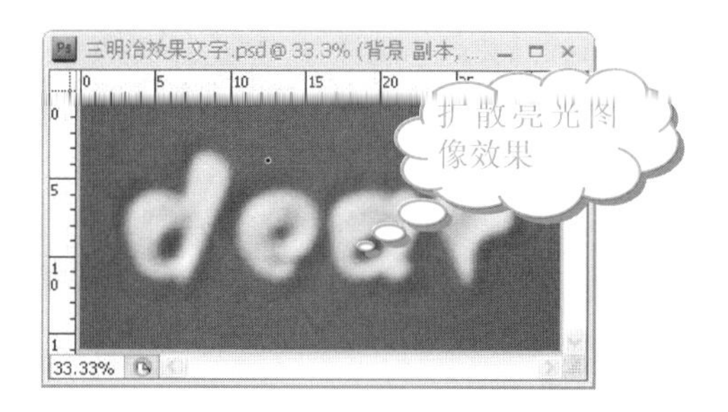

34 选择【编辑】|【渐隐扩散亮光】命令，如下图所示。

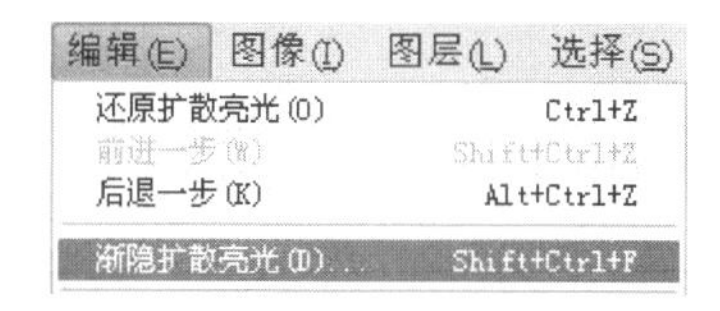

35 在【渐隐】对话框中，设置【不透明度】为 20%，【模式】为【正片叠底】，如下图所示。

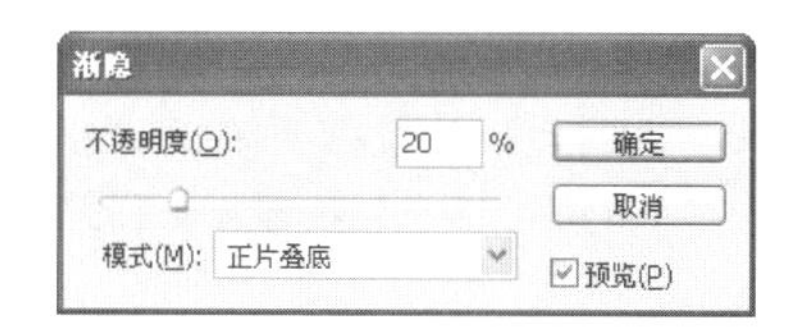

36 单击【确定】按钮，查看图像效果，如下图所示。

37 选择【滤镜】|【杂色】|【添加杂色】命令，如下图所示。

38 在【添加杂色】对话框中，设置【数量】为 1.5%，在【分布】选项组中选中【高斯分布】单选按钮，再选中【单色】复选框，如下图所示。

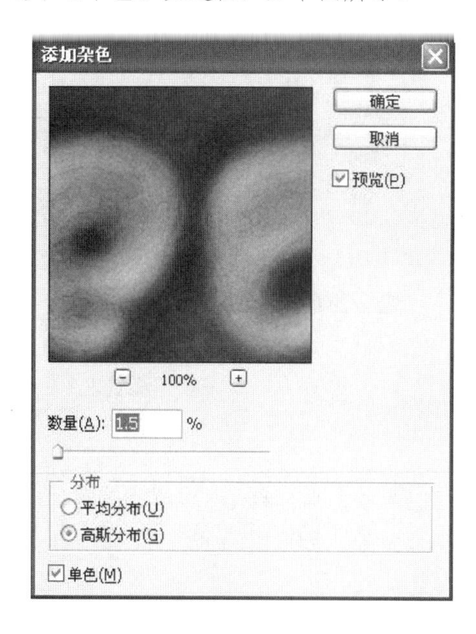

39 单击【确定】按钮后，查看图像的效果如下图所示。

40 在【图层】面板中，单击【创建新图层】图标，新建【图层 1】图层。然后按 D 键，将工具箱中的前景色和背景色设置为默认的黑色和白色，如下图所示。

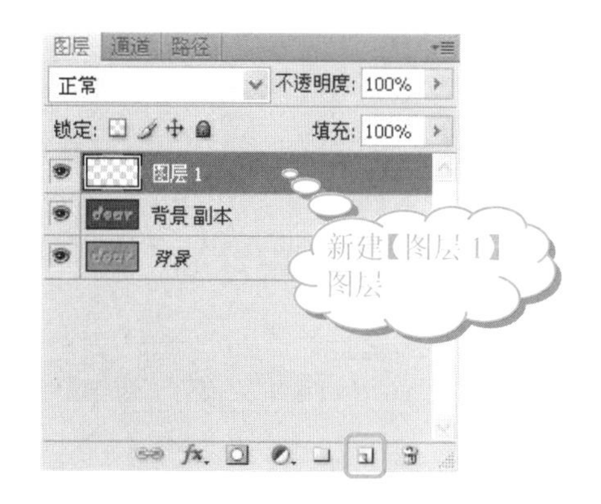

41 选择【滤镜】|【渲染】|【云彩】命令，如下图所示。

学以致用系列丛书

选择【滤镜】|【模糊】|【镜头模糊】命令，在弹出的【镜头模糊】对话框中的【镜面高光】选项组中，拖动【阈值】滑块可以选择亮度截止点，即比该截止点值高的所有像素都被视为镜面高光。

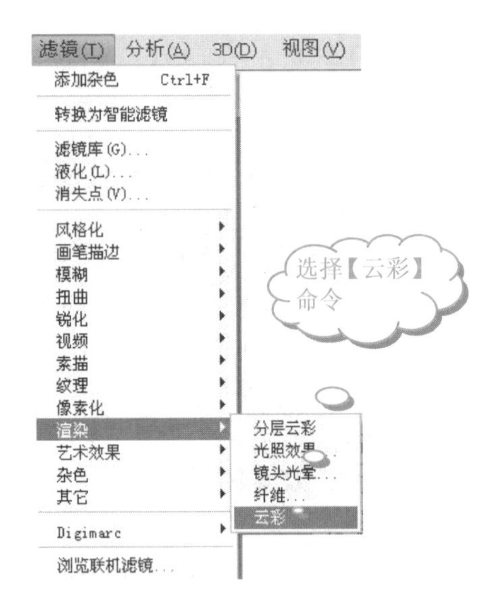

42 【图层 1】为由前景色和背景色混合而成的云彩效果，查看图像效果，如下图所示。

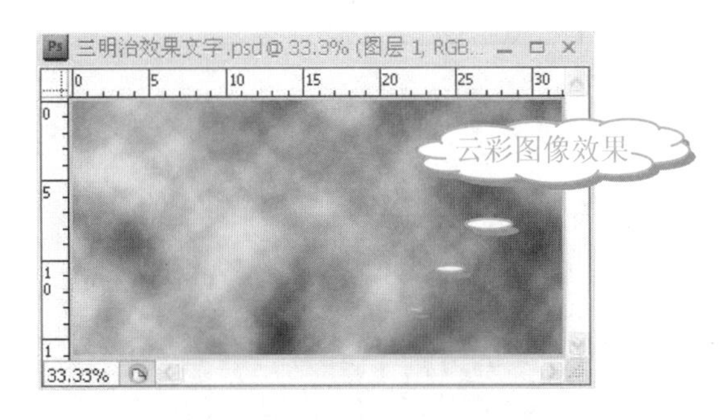

43 选择【滤镜】|【艺术效果】|【干画笔】命令，如下图所示。

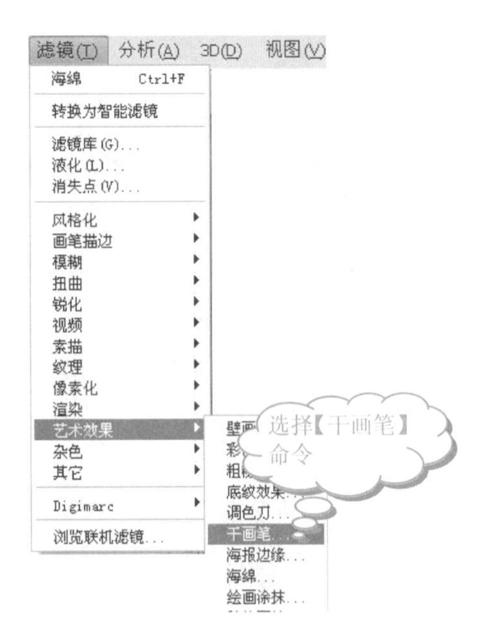

44 在【干画笔】对话框中，设置【画笔大小】为 2，【画笔细节】为 8，【纹理】为 1，如右上图所示。

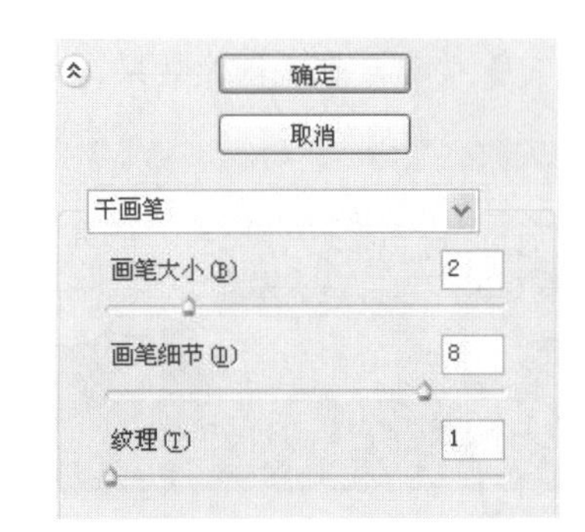

45 单击【确定】按钮，查看图像效果，如下图所示。

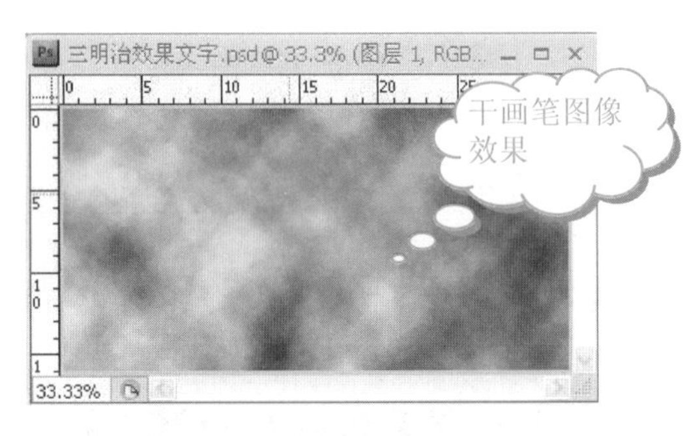

46 此时效果不太明显，连续按三次 Ctrl+F 组合键，重复【干笔画】命令，查看图像效果，如下图所示。

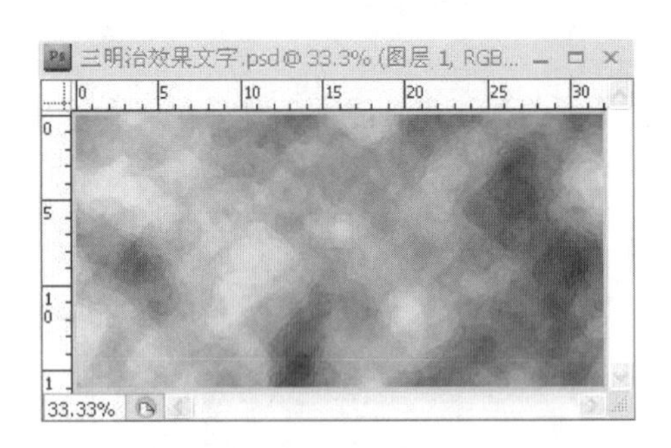

47 选择【滤镜】|【艺术效果】|【木刻】命令，如下图所示。

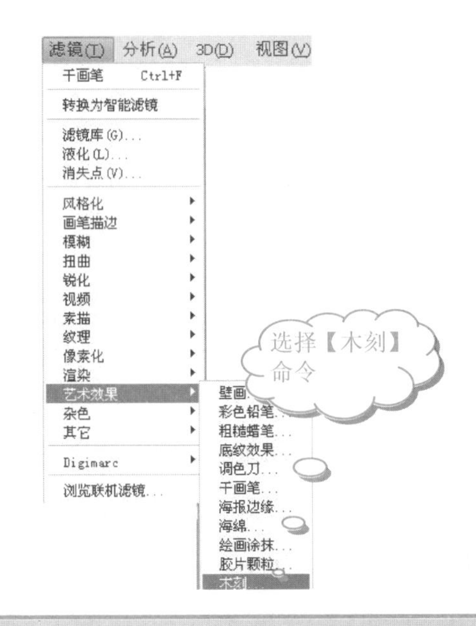

长见识 切换标准模式和快速蒙版模式的快捷键为 Q。

48 在【木刻】设置界面中，设置【色阶数】为5，【边缘简化度】为8，【边缘逼真度】为2，如下图所示。

49 单击【确定】按钮，查看图像效果，如下图所示。

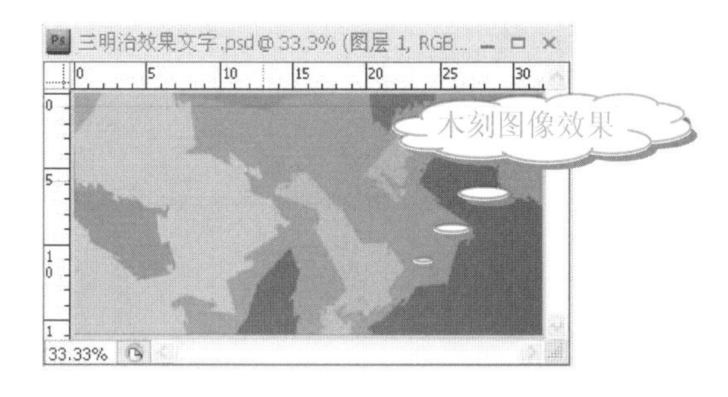

50 在【图层】面板中，将【图层1】的【混合模式】设置为【柔光】，【不透明度】设置为50%，并单击【背景】图层前面的【指示图层可见性】按钮，隐藏【背景】图层，如下图所示。

51 在【图层】面板中右击【图层1】图层，从弹出的快捷菜单中选择【向下合并】命令，合并【图层1】和【背景 副本】图层，如下图所示。

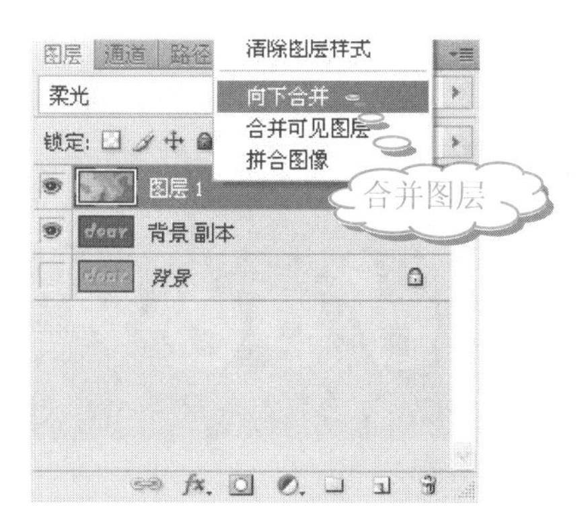

52 查看图像效果，如下图所示。

4. 三明治文字的黑胡椒粉效果

三明治文字的黑胡椒粉效果的制作主要是通过【滤镜】命令将字体中的不规则的颗粒选出，然后选择【图层样式】命令，调整黑胡椒粉的立体效果。

操作步骤

1 在【图层】面板上单击【创建新图层】按钮，新建【图层1】图层，如下图所示。

2 按Ctrl+Delete组合键，将【图层1】填充为白色，如下图所示。

3 选择菜单栏中的【选择】|【载入选区】命令，如下图所示。

学以致用系列丛书

❹ 在【载入选区】对话框中，单击【通道】右侧的下拉按钮，在弹出的下拉列表中选择【1 副本】选项，建立选区，如下图所示。

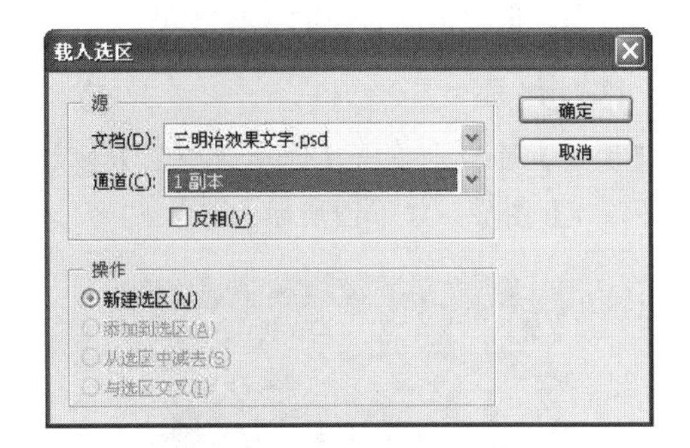

❺ 查看图像选区，如下图所示。

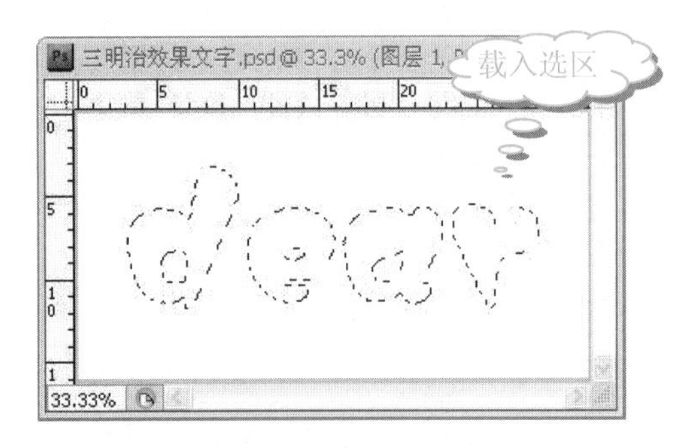

❻ 选择菜单栏中的【选择】|【修改】|【收缩】命令，如下图所示。

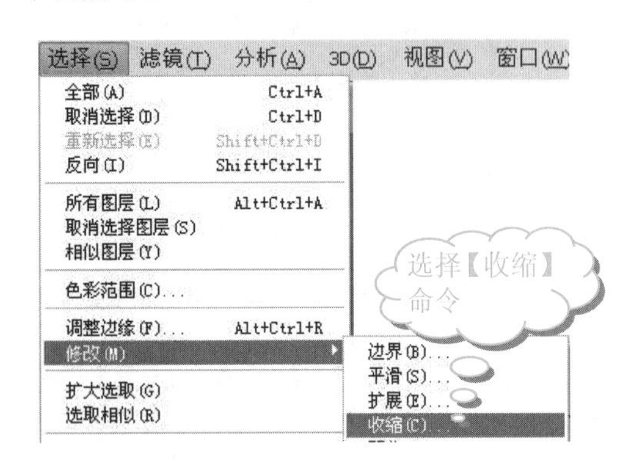

❼ 在【收缩选区】对话框中，设置【收缩量】为 6 像素，如下图所示。

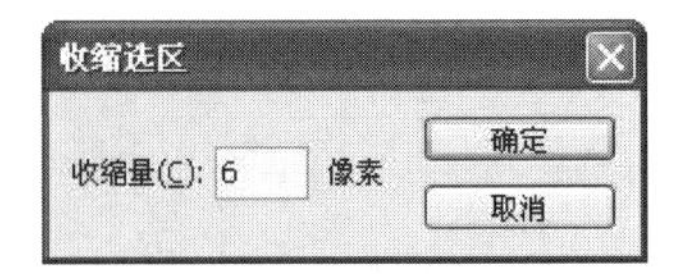

❽ 查看选区效果，如下图所示。

❾ 按 Ctrl+Delete 组合键，在选区中填充背景色(黑色)，如下图所示。

❿ 按 Ctrl+D 组合键，取消选区。然后选择【图像】|【调整】|【反相】命令，如下图所示。

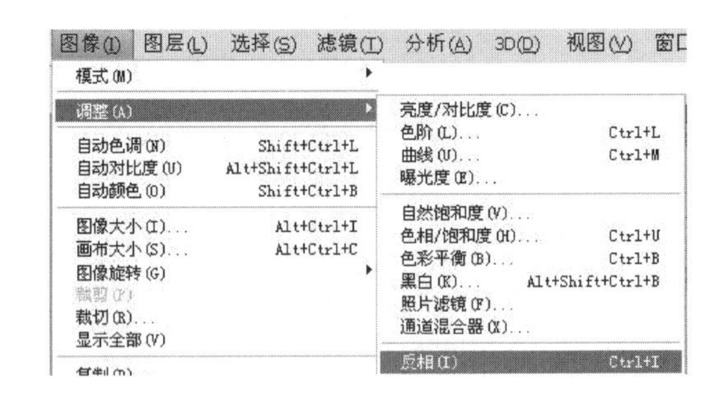

⓫ 查看图像效果，如下图所示。

使用【钢笔工具】绘制路径时，只要按下小键盘上的 Enter 键(注意不是主键区)，那么路径就会立即被作为选区载入。

⑫ 选择【滤镜】|【纹理】|【染色玻璃】命令，如下图所示。

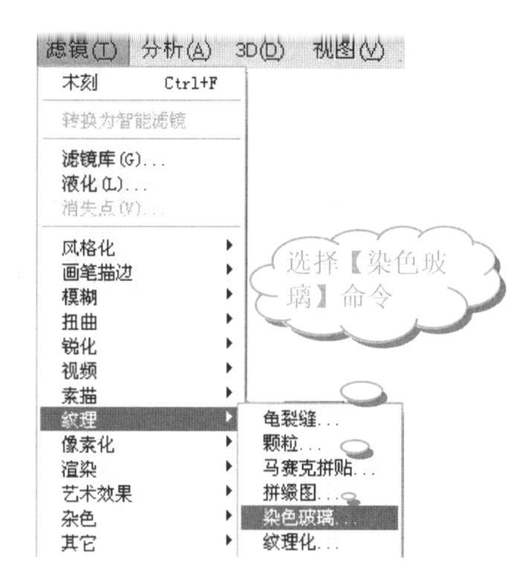

⑬ 在【染色玻璃】设置界面中，设置【单元格大小】为2，【边框粗细】为4，【光照强度】为0，如下图所示。

⑭ 单击【确定】按钮，查看图像效果，如下图所示。

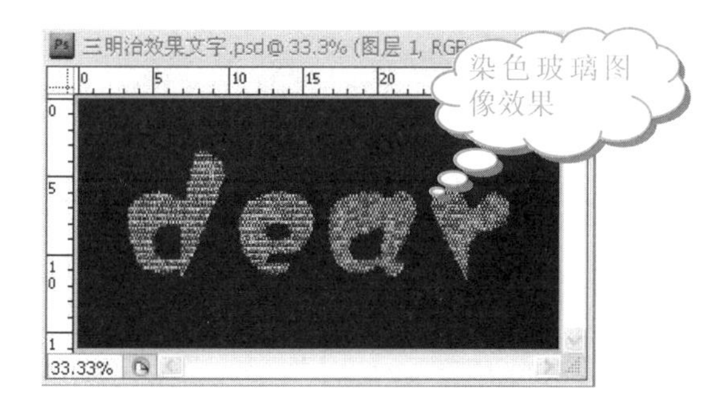

⑮ 选择【滤镜】|【模糊】|【高斯模糊】命令，如下图所示。

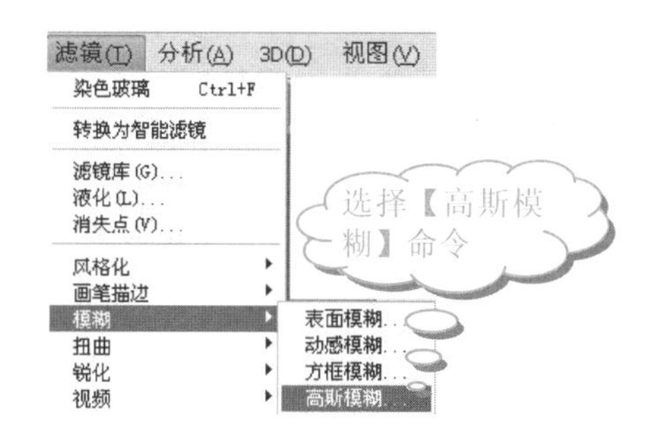

⑯ 在【高斯模糊】对话框中，设置【半径】为2像素，如下图所示。

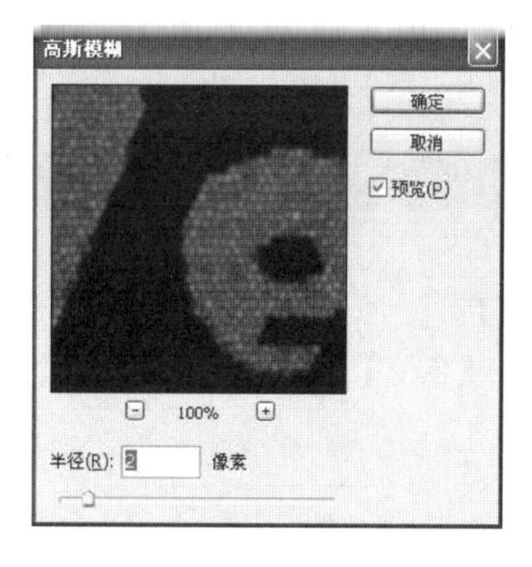

⑰ 单击【确定】按钮，查看图像效果，如下图所示。

⑱ 在【调整】面板中单击【色阶】按钮，如下图所示。

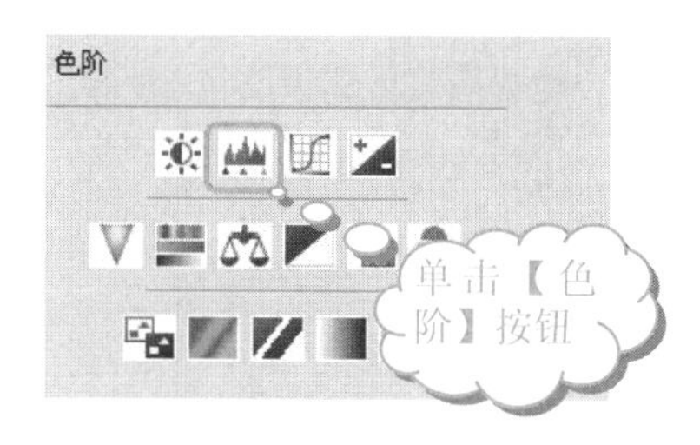

⑲ 在【色阶】设置界面中，设置【输入色阶】的数值为102、1.00、128，如下图所示。

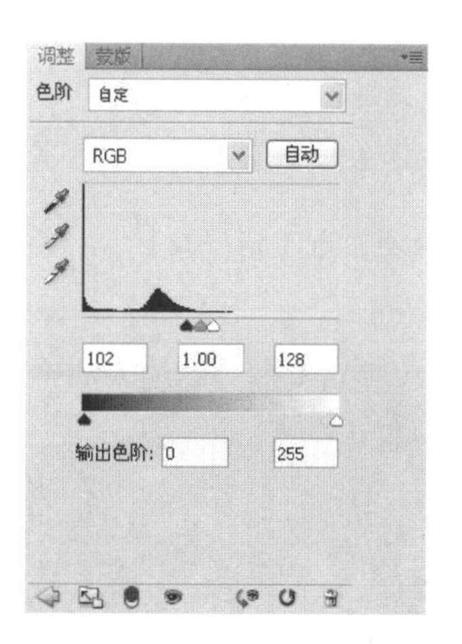

⑳ 查看图像效果，如下图所示。

学以致用系列丛书

应用【渐隐】命令类似于在一个单独的图层上应用滤镜效果，然后再使用图层不透明度和混合模式。

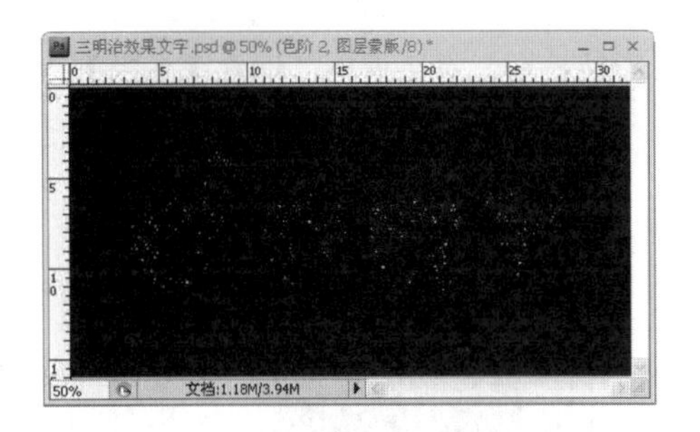

21 在【调整】面板中，单击【返回到调整列表】按钮，再次单击【色阶】按钮，如下图所示。

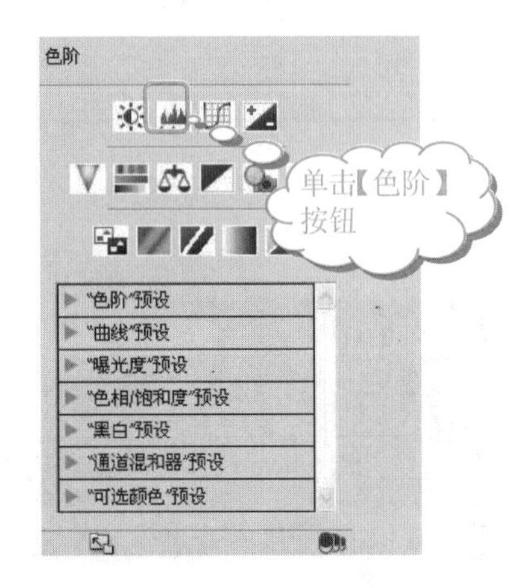

22 在【色阶】设置界面中，设置【输入色阶】的数值为66、1.00和150，如下图所示。

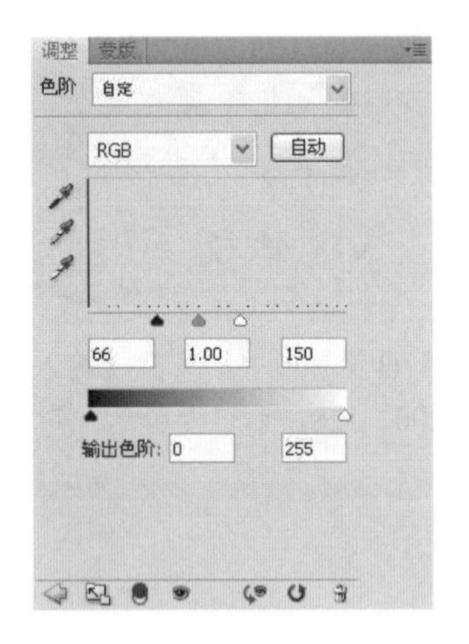

23 查看图像效果，如下图所示。

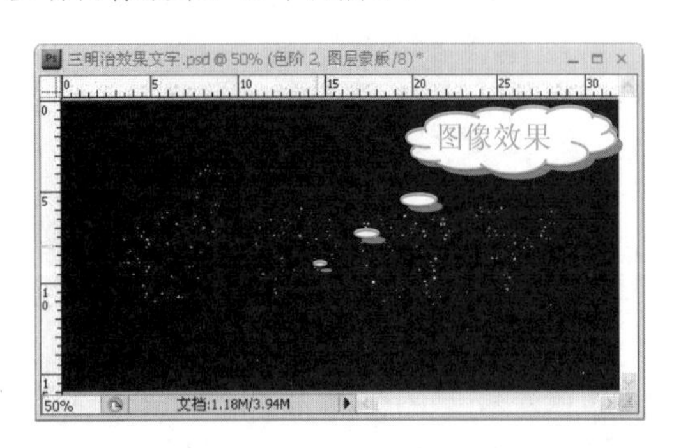

24 在【通道】面板中，右击【蓝】通道，从弹出的快捷菜单栏中选择【复制通道】命令，如下图所示。

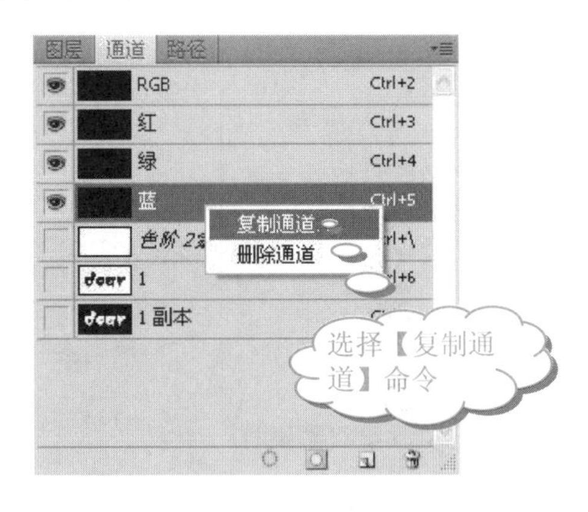

25 在【通道】面板中，复制【蓝】通道为【蓝 副本】通道，如下图所示。

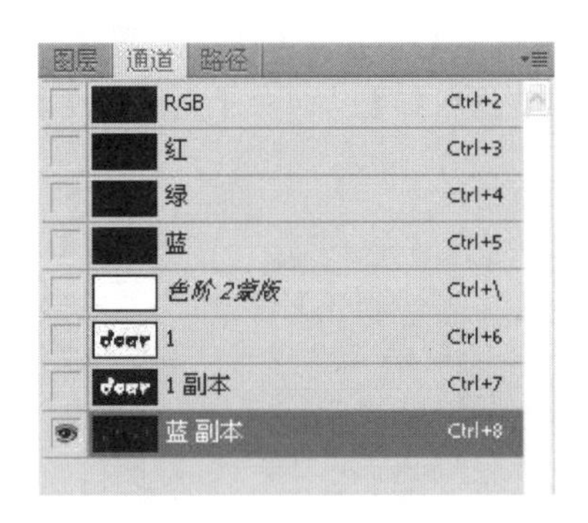

26 在【图层】面板中，单击【色阶2】、【色阶1】和【图层1】图层前面的【指示图层可见性】按钮，将它们隐藏，如下图所示。

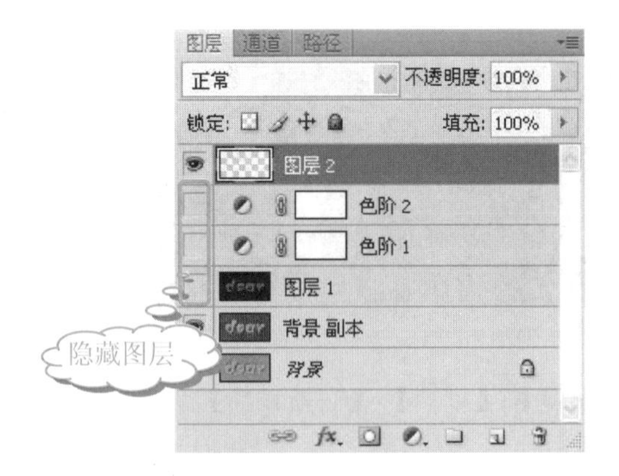

【色阶2】、【色阶1】和【图层1】图层主要用于建立【蓝 副本】通道，隐藏是因为不需要再使用。其实，也可以直接删除这三个图层。

27 设置【前景色】为黑色，按Alt+Delete组合键，将【图层2】填充黑色，如下图所示。

长见识 【自定】滤镜可以根据自定义的数学运算(称为卷积)，更改图像中的每个像素的亮度值，根据周围的像素值为每个像素重新指定一个值。

28 选择菜单栏中的【选择】|【载入选区】命令，如下图所示。

29 弹出【载入选区】对话框，在【通道】下拉列表框中选择【蓝 副本】命令，建立选区，如下图所示。

30 查看选区效果，如下图所示。

31 选择菜单栏中的【选择】|【反向】命令，如右上图所示，根据实际排版调整文字。

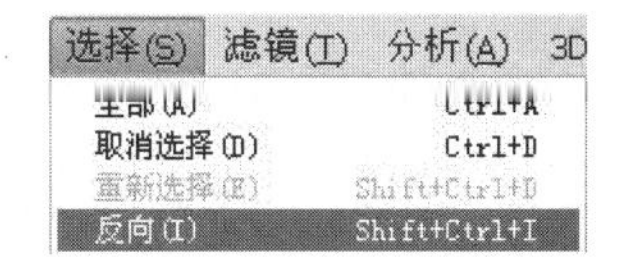

32 按Delete键，将【图层2】选区内的图像删除，查看图像效果，如下图所示。

33 按Ctrl+D组合键，取消选区。激活【图层2】图层，单击【图层样式】按钮，在弹出的下拉列表中选择【斜面和浮雕】命令，如下图所示。

34 在【图层样式】对话框中，设置【样式】为外斜面，【方法】为平滑，【深度】为100%。再选中【上】单选按钮，设置【大小】为5像素，【软化】为0像素，【角度】为120度，如下图所示。

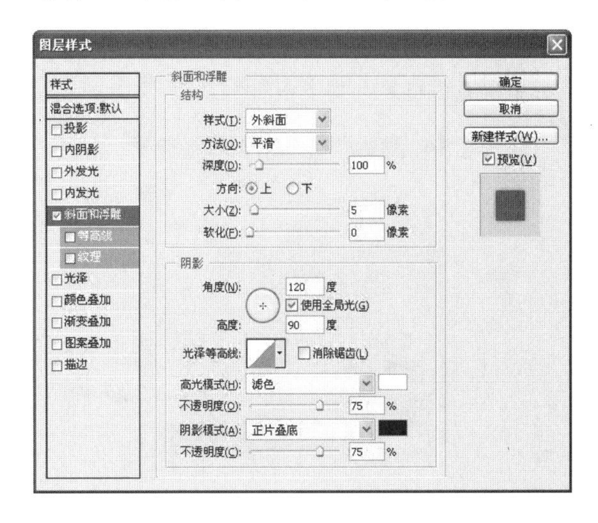

选择【滤镜】|【其他】|【自定】命令，在弹出的【自定】对话框中显示了由文本框组成的网格，可以在这些文本框中输入数值。

35 单击【确定】按钮，查看图像中的效果如下图所示。

在这里的【图层样式】是针对【图层 2】内的图像进行的。

36 在【图层】面板中，将【图层 2】图层的【不透明度】调整为 65%，完成黑胡椒粉的制作，如下图所示。

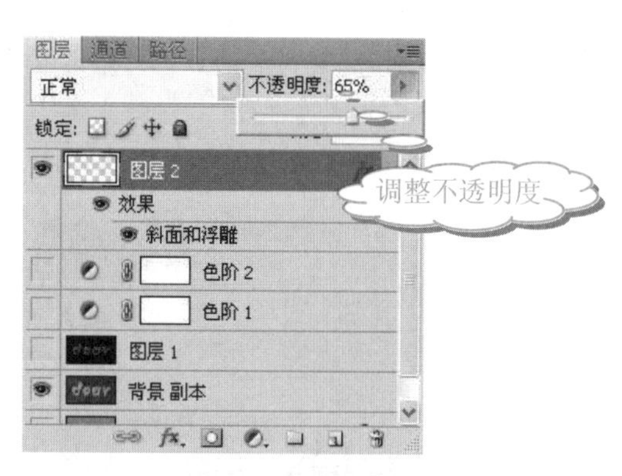

5. 三明治文字的形体与色彩

三明治文字的形体与色彩的制作主要是通过【载入选区】命令将文字部分建立选区，然后运用【调整】面板中的命令，为字体附上三明治的颜色效果。

操作步骤

1 在【图层】面板中，单击【背景】图层，确定【前景色】为白色，按 Alt+Delete 组合键，将【背景】图层填充为白色，如下图所示。

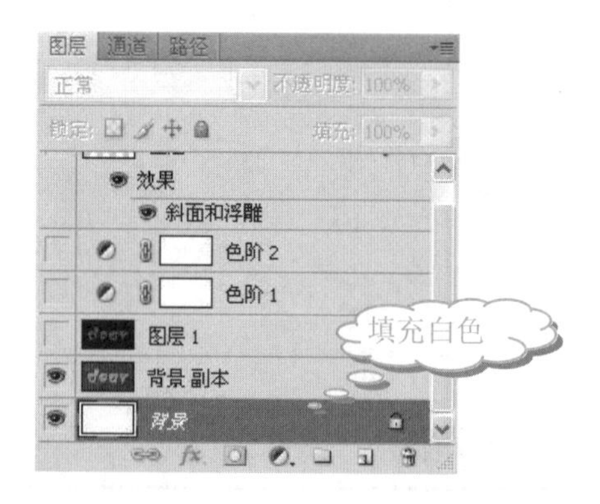

2 在【图层】面板中，单击【背景 副本】图层，确定其处于激活状态，如下图所示。

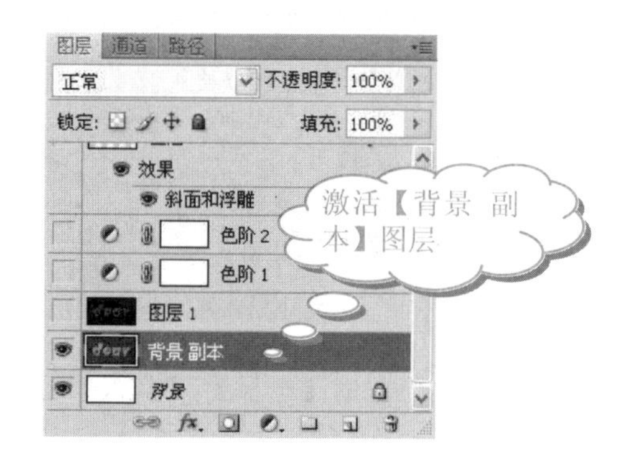

3 选择菜单栏中的【选择】|【载入选区】命令，如下图所示。

4 弹出【载入选区】对话框，在【通道】下拉列表框中选择【1 副本】选项，如下图所示。

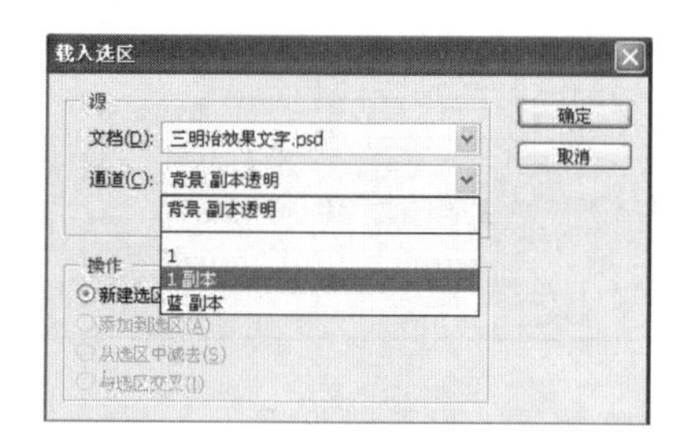

5 单击【确定】按钮查看图像中的选区，效果如下图所示。

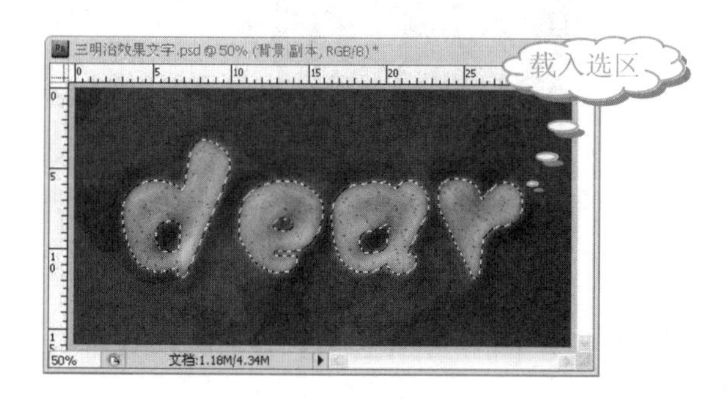

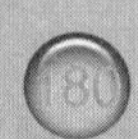

长见识 若要保留图像的清晰边缘，只需要应用相应的滤镜菜单命令即可；若要得到柔和的边缘，即可将图像边缘羽化，然后再应用相应的滤镜菜单命令。

❻ 选择菜单栏中的【选择】|【反向】命令，反选选区，如下图所示。

❼ 确定图像中的选区变化，如下图所示。

❽ 按 Delete 键，将选区内的图像删除，如下图所示。

❾ 在【图层】面板中，单击【图层 2】图层，使其处于激活状态，如下图所示。

❿ 在【调整】面板中，单击【色相/饱和度】按钮，如右上图所示。

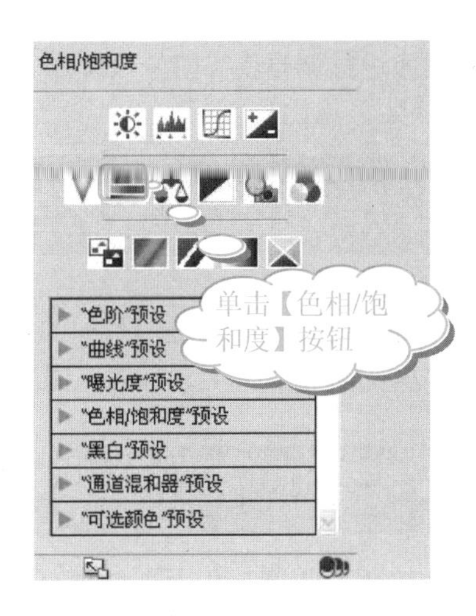

⓫ 在【色相/饱和度】设置界面中，设置【色相】为 34，【饱和度】为 36，【明度】为 0，如下图所示。

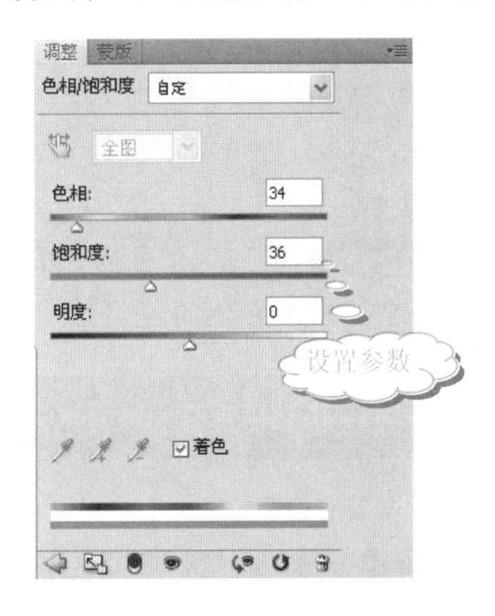

⓬ 得到最终的图像效果，如下图所示。

7.1.3 活用诀窍

在本节实例中，详细介绍了三明治字体的制作，使用了多种【滤镜】菜单中的命令。希望用户可以观察各个命令在操作时的差异，从而熟练使用滤镜命令。同时，本节还介绍了如何通过【通道】存储选区，以及通过对

学以致用系列丛书

【通道】内图像进行调整获得图像效果。

7.2 奶酪效果文字

奶酪大家都见过，现在通过一系列的操作，就可以在字体上体现出奶酪效果。

7.2.1 制作分析

首先制作奶酪的图案，其次将图案与字体结合，建立奶酪的立体效果。最后，为奶酪添加纹理效果。

制作的最终效果如下图所示。

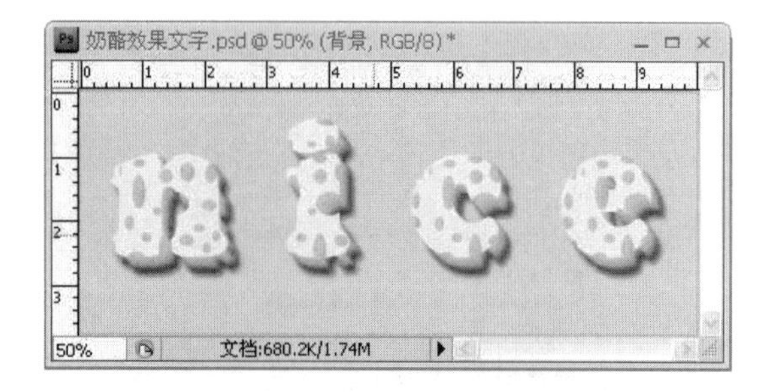

7.2.2 照片处理

下面一起来看看奶酪效果文字的制作方法吧！

1. 奶酪图案的制作

奶酪图案主要是在黄颜色的图像上添加大小不等的椭圆气孔；然后运用【位移】命令，将椭圆孔布满图像；最后将图像定义为图案，具体操作步骤如下。

操作步骤

❶ 启动 Photoshop CS4 软件，选择【文件】|【新建】命令，在【新建】对话框中设置参数如下图所示。

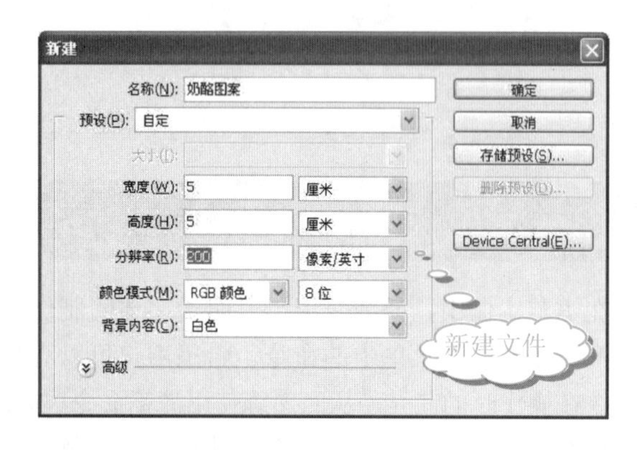

❷ 单击【确定】按钮，这样就新建了“奶酪图案”文件。在【图层】面板中，单击【创建新图层】按钮，新建【图层 1】图层，如下图所示。

❸ 单击工具箱中的【设置前景色】按钮，打开【拾色器(前景色)】对话框，设置参数(C:0，M:0，Y:30，K:0)，如下图所示。

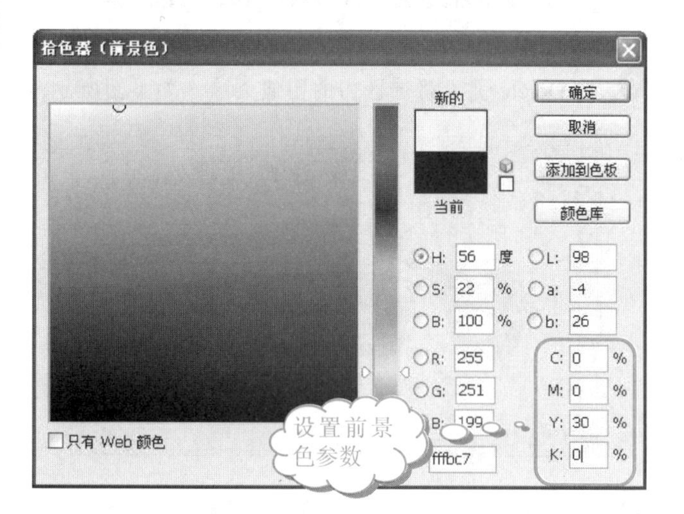

❹ 单击【确定】按钮，按 Alt+Delete 组合键，填充前景色，如下图所示。

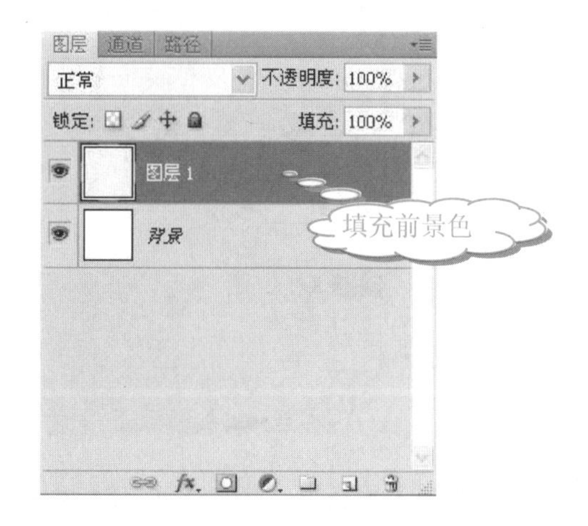

❺ 单击工具箱中的【椭圆选框工具】按钮，单击属性

长见识：【炭精笔】、【玻璃】、【粗糙蜡笔】、【纹理化】和【底纹效果】滤镜对话框中都有纹理化选项，可以使图像看起来像是画在纹理(如画布和砖块)上，或是透过玻璃观看一样。

栏中的【添加到选区】按钮，然后在画面中绘制出大小不同的椭圆形选区，如下图所示。

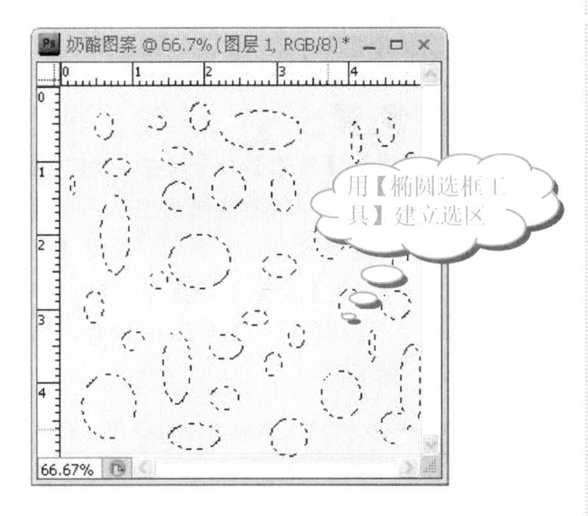

❻ 按 Delete 键，删除选区内的图像，得到的图像效果如下图所示。

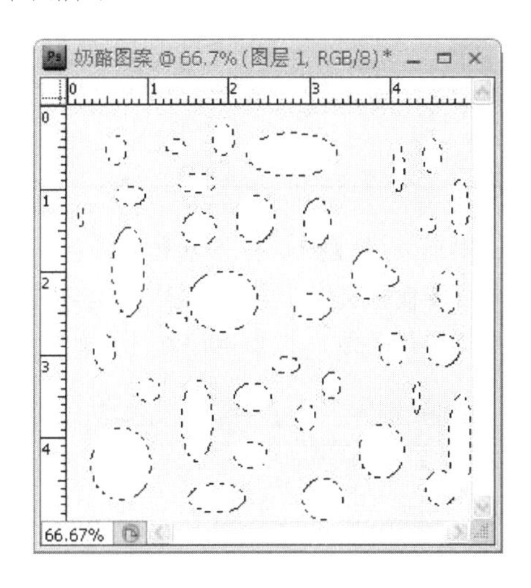

❼ 在【图层】面板中，单击【背景】图层前面的【指示图层可见性】按钮，隐藏【背景】图层，如下图所示。

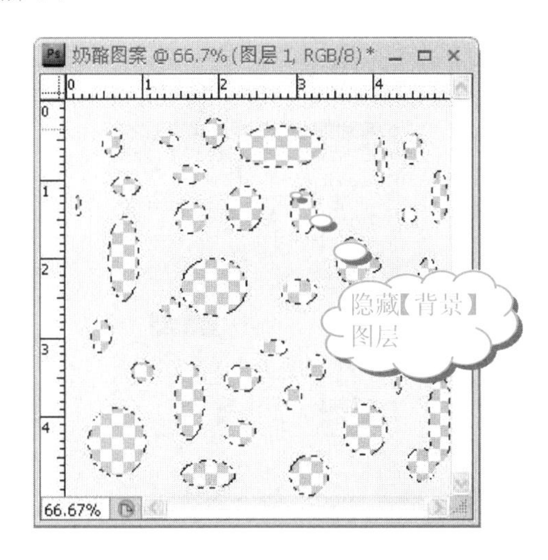

❽ 按 Ctrl+D 组合键，取消选区。选择【滤镜】|【其它】|【位移】命令，如下图所示。

❾ 在【位移】对话框中，设置【水平】为+100 像素右移，【垂直】为 100 像素下移，并在【未定义区域】选项组中选中【折回】单选按钮，如下图所示。

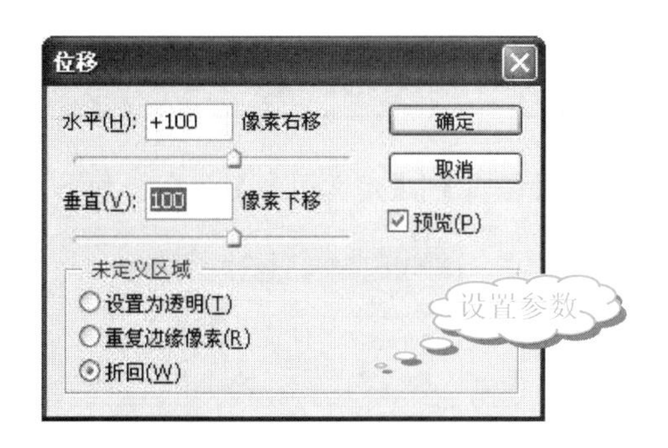

❿ 单击【确定】按钮，查看图像效果，如下图所示。

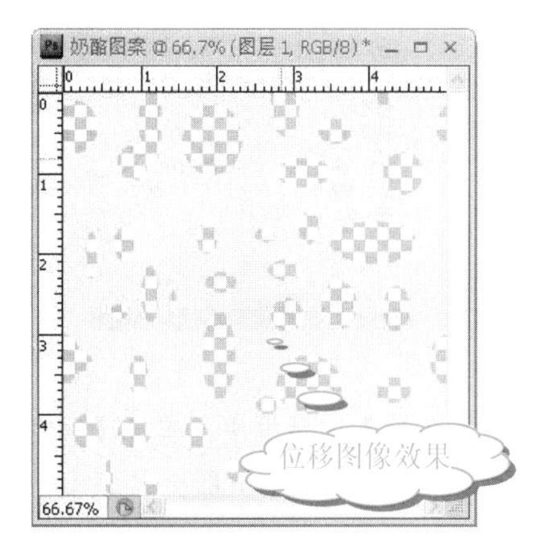

提示

选择【位移】命令，主要是使图像的位置发生偏移，这样为图像中的透明椭圆布满整个画面作铺垫。

⓫ 选择【图像】|【图像大小】命令，如下图所示。

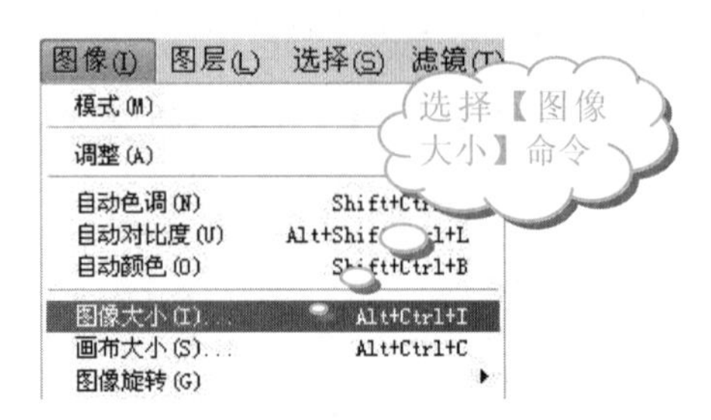

⓬ 在【图像大小】对话框中，取消选中【约束比例】复选框，并设置【分辨率】为100像素/英寸，如下图所示。

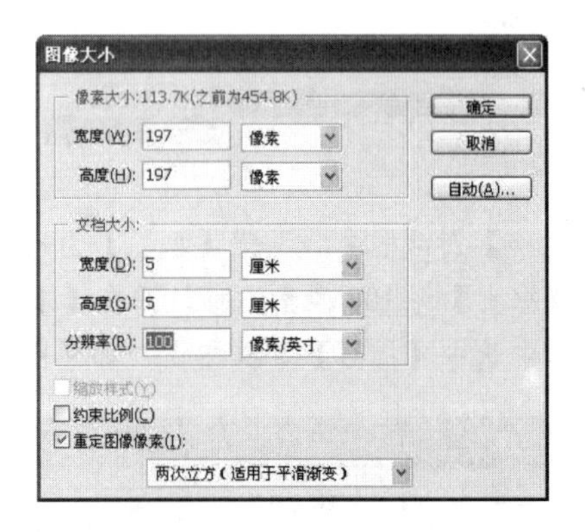

⓭ 选择【编辑】|【定义图案】命令，如下图所示。

⓮ 在【图案名称】对话框中，单击【确定】按钮，完成奶酪图案的制作，如下图所示。

2. 奶酪文字的立体效果

奶酪文字的立体效果很简单，主要是复制4个图层，然后对每个图层进行移动和亮度的调整。

操作步骤

❶ 选择【文件】|【新建】命令，在【新建】对话框中，将【名称】改为“奶酪效果文字”，在【预设】下拉列表框中选择【自定】选项。设置【宽度】值为10厘米，【高度】值为3.75厘米，【分辨率】为200像素/英寸，【颜色模式】为RGB颜色，【背景内容】为白色，如下图所示。

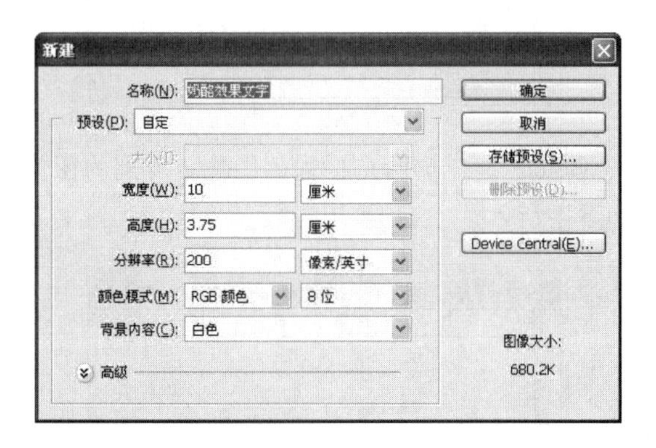

❷ 单击工具箱中的【默认前景色和背景色】按钮，然后单击【横排文字工具】按钮T。单击图像窗口，按住鼠标左键不放，拖出矩形选区，如下图所示。

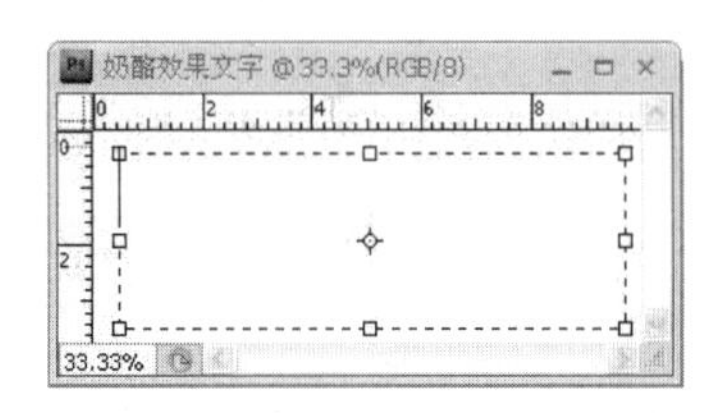

❸ 在【横排文字工具】属性栏中，单击【切换字符和段落面板】按钮，在弹出的【字符】面板中，设置【字体】为Cooper Black，【设置字体大小】为88点，如下图所示。

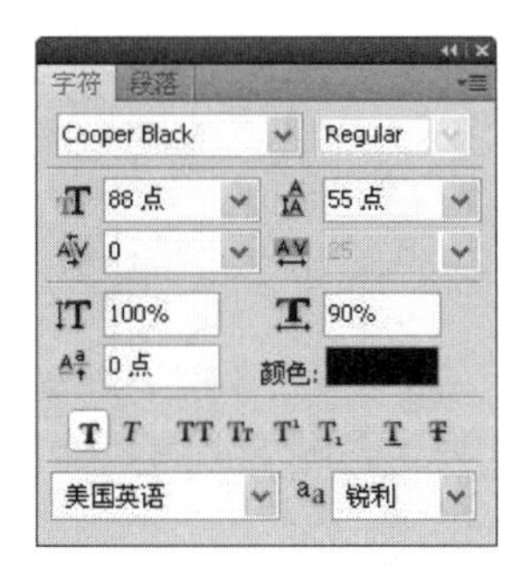

❹ 在图像中输入nice，如下图所示。

对于图像模式为8位/通道的图像，可以通过【滤镜库】应用大多数滤镜。

❺ 在【图层】面板中，按住 Ctrl 键的同时，单击文字图层，建立选区，如下图所示。

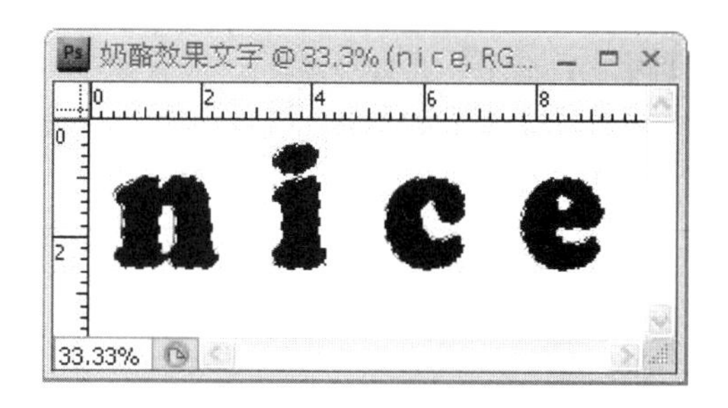

❻ 在【图层】面板中，将 nice 图层拖至底部的【删除图层】按钮上，将 nice 图层删除，如下图所示。

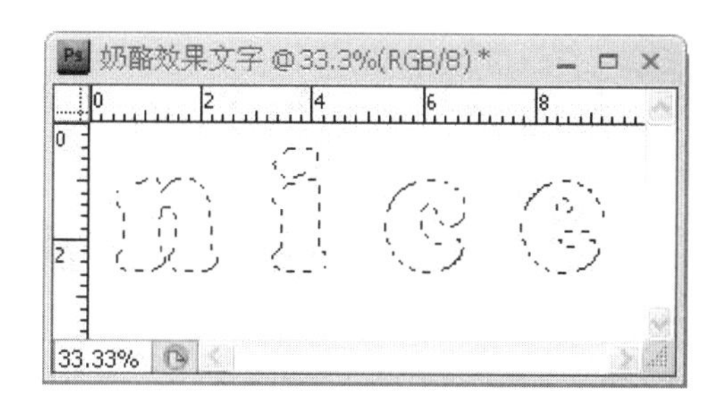

❼ 在【图层】面板中，单击【创建新图层】按钮，新建【图层 1】图层，然后选择【编辑】|【填充】命令，如下图所示。

❽ 在【填充】对话框中，单击【使用】右侧的下拉按钮，从弹出的下拉列表中选择【图案】选项，然后在【自定图案】下拉列表中选择刚才定义的【奶酪图案】图案，如右上图所示。

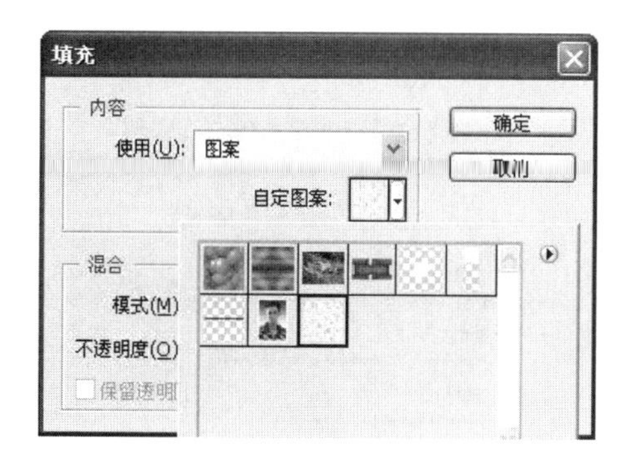

❾ 单击【确定】按钮，查看图像效果，如下图所示。

❿ 在【图层】面板中，将【图层 1】图层拖至【创建新图层】按钮上，复制【图层 1】图层为【图层 2】图层，然后单击【图层 2】图层左侧的【指示图层可见性】按钮，将其隐藏，如下图所示。

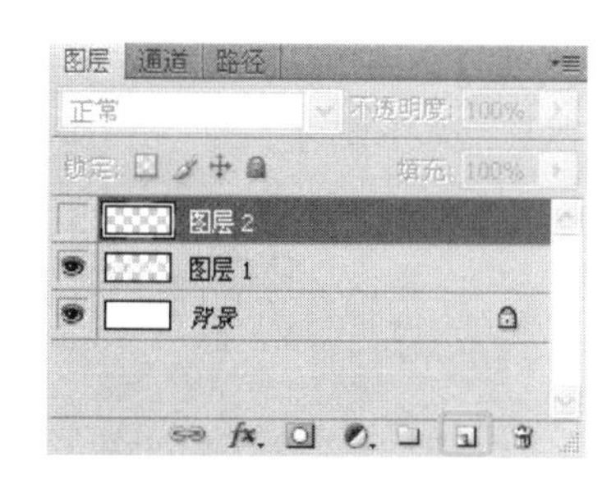

⓫ 在【调整】设置界面中，单击【色相/饱和度】按钮，如下图所示。

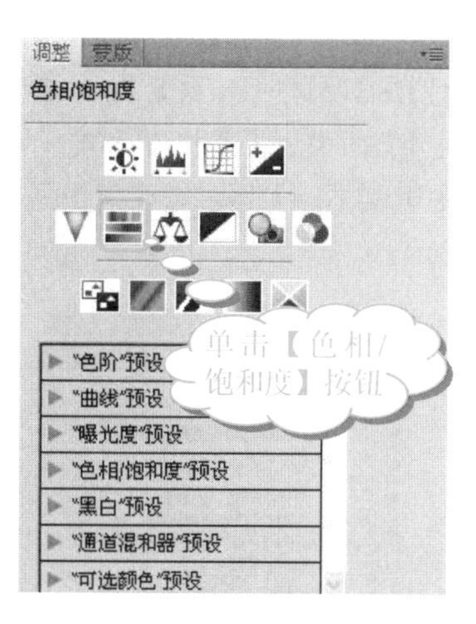

⓬ 在【色相/饱和度】设置界面中，选中【着色】复选框，设置【色相】为 45，【饱和度】为 100，【明

度】为-20，如下图所示。

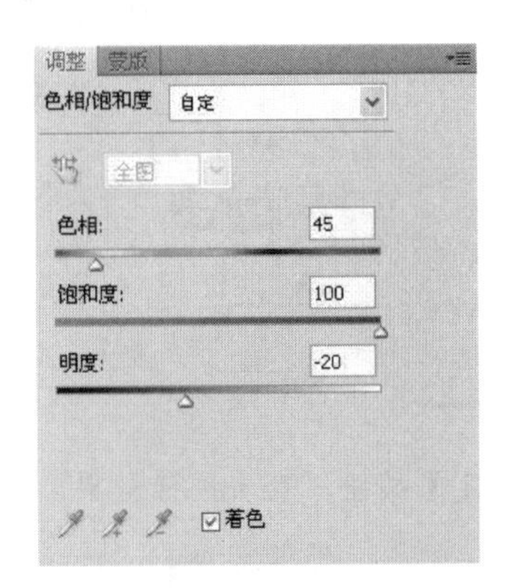

13 查看图像效果，如下图所示。

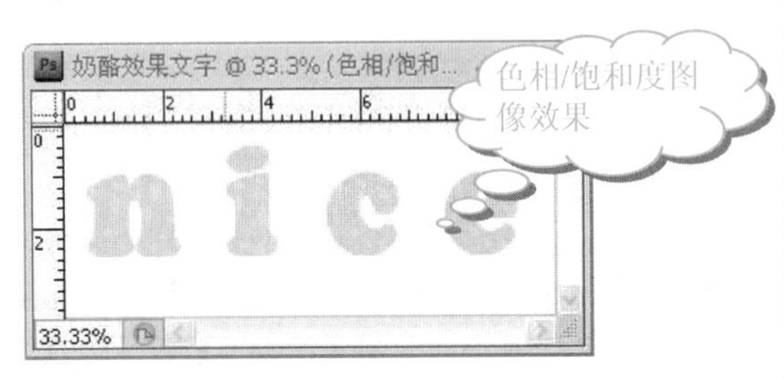

14 在【图层】面板中，按住 Ctrl 键的同时单击【色相/饱和度】和【图层 1】图层，然后右击，从弹出的快捷菜单中选择【合并图层】命令，合并为【色相/饱和度 1】图层，如下图所示。

15 在【图层】面板中，将【色相/饱和度 1】图层拖至【创建新图层】图标上，反复拖动 4 次，复制【色相/饱和度 1】图层为【色相/饱和度 1 副本】到【色相/饱和度 1 副本 4】图层，注意图层排列的顺序，如下图所示。

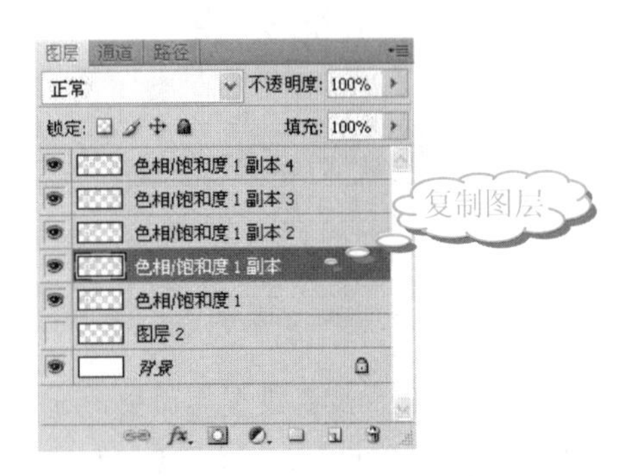

16 单击工具箱中的【移动工具】按钮，确定【色相/饱和度 1 副本 4】处于激活的状态，然后按向下键 1 次、向右键 2 次，设置图像位置，如下图所示。

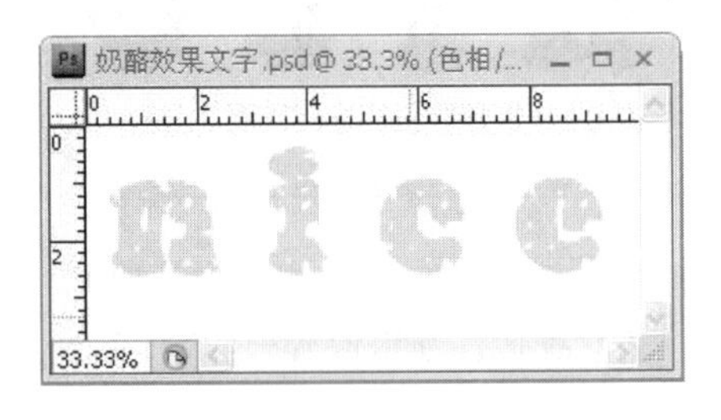

17 在【图层】面板中，激活【色相/饱和度 1 副本 3】图层，然后按向下键 3 次、向右键 3 次，将图像向右下方轻移，如下图所示。

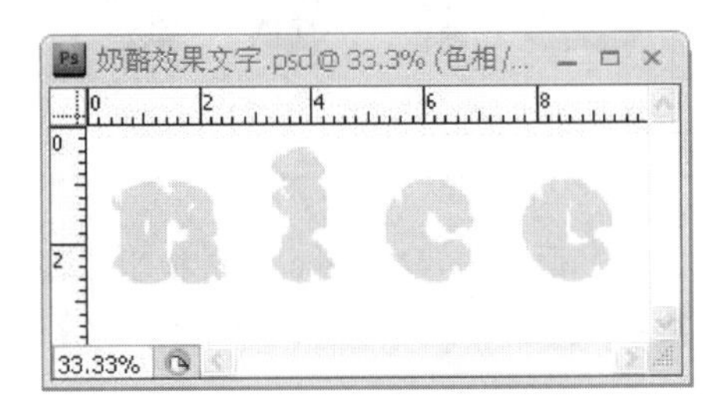

18 再选择【图像】|【调整】|【亮度/对比度】命令，如下图所示。

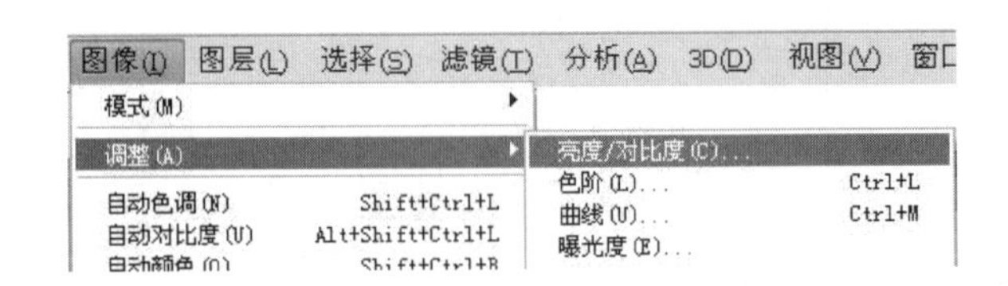

19 在【亮度/对比度】对话框中，设置【亮度】的数值为-25，如下图所示。

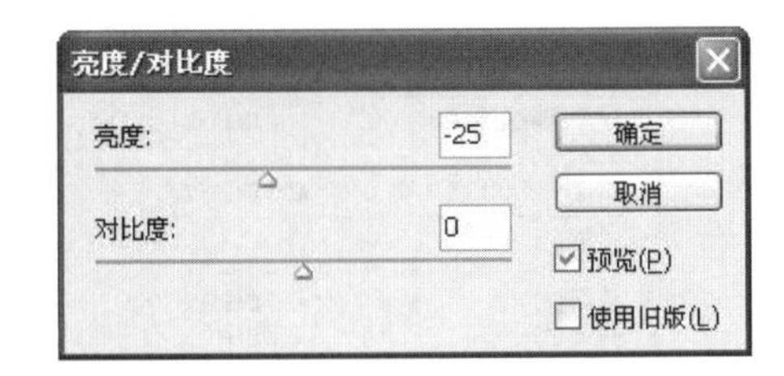

20 单击【确定】按钮，这时会发现图像的立体感变强了，如下图所示。

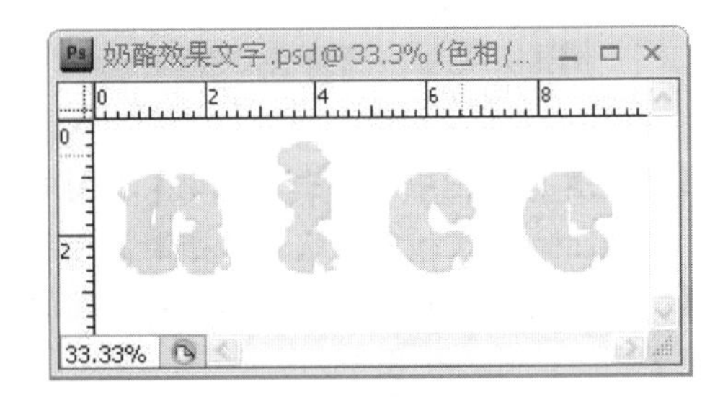

在 Photoshop 中，按 Ctrl+N 组合键即可打开【新建】对话框，且【预设】为【剪贴板】选项。

21 用同样的方法，在【图层】面板中，单击【色相/饱和度 1 副本 2】图层，确定其处于激活状态，按向下键5次、向右键5次，稍微移动图像如下图所示。

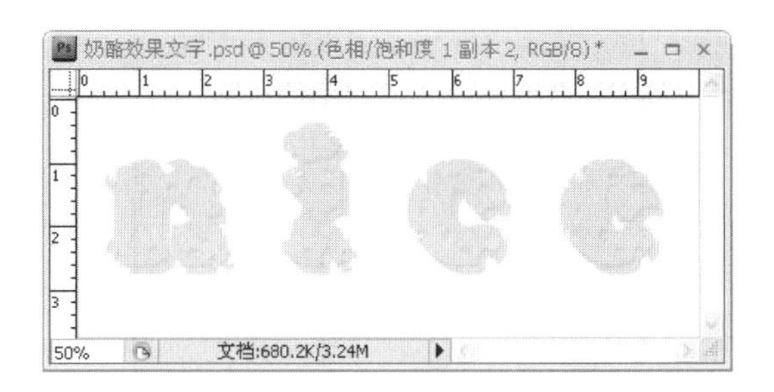

22 选择【图像】|【调整】|【亮度/对比度】命令，打开【亮度/对比度】对话框，设置【亮度】为-40，如下图所示。

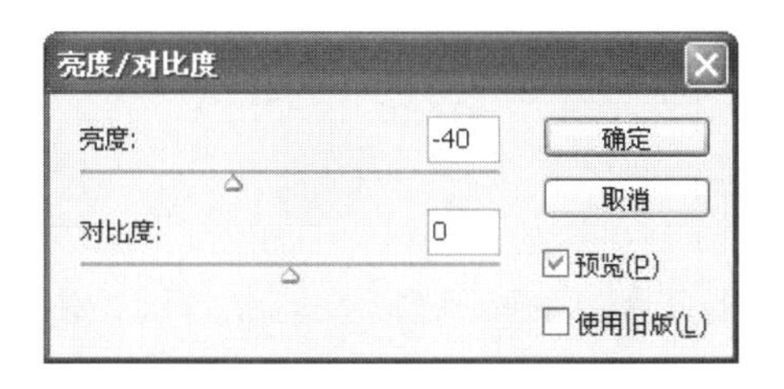

23 单击【确定】按钮，查看图像效果，如下图所示。

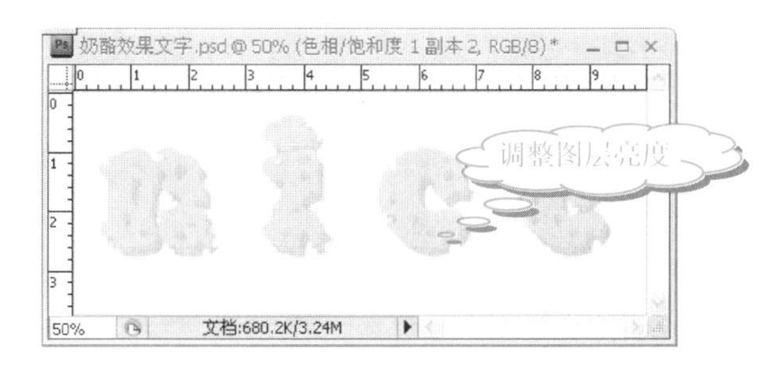

24 在【图层】面板中，激活【色相/饱和度 1 副本】图层，然后按向下键6次、向右键7次，将图像轻移，如下图所示。

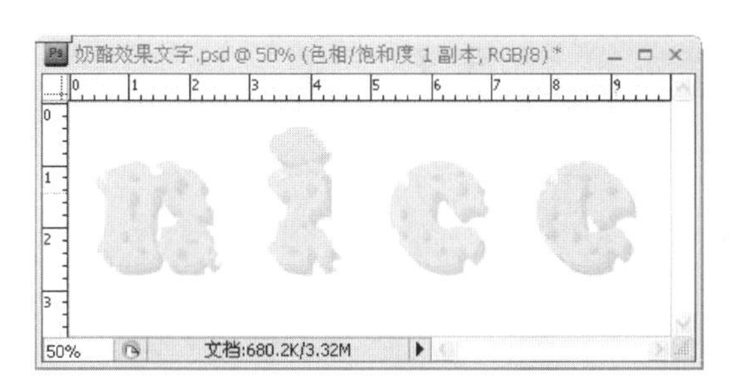

25 选择【图像】|【调整】|【亮度/对比度】命令，打开【亮度/对比度】对话框，设置【亮度】为-60，如右上图所示。

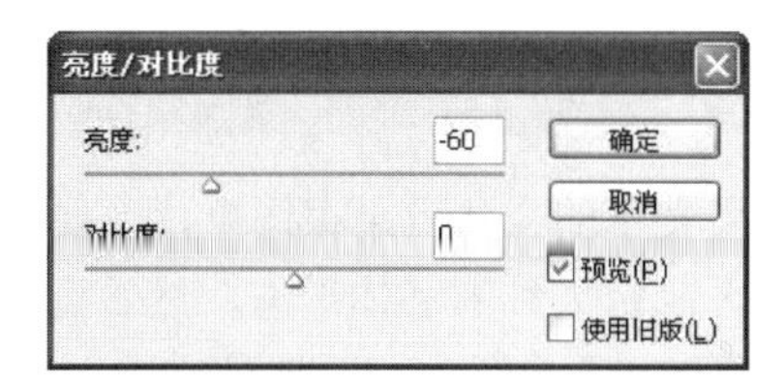

26 单击【确定】按钮，查看图像效果，如下图所示。

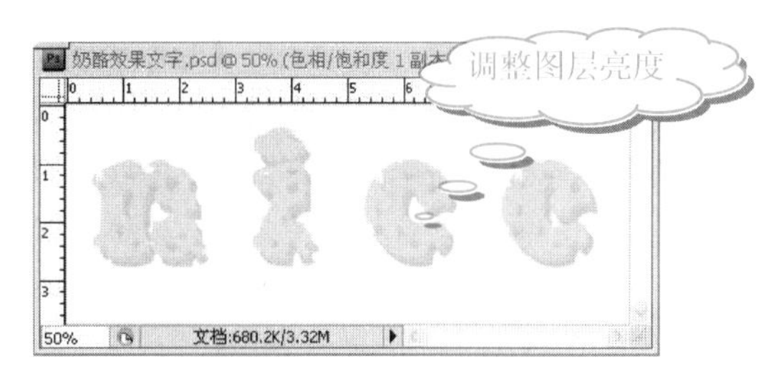

27 在【图层】面板中，激活【色相/饱和度 1】图层，然后按向下键9次、向右键8次，将图像轻移，如下图所示。

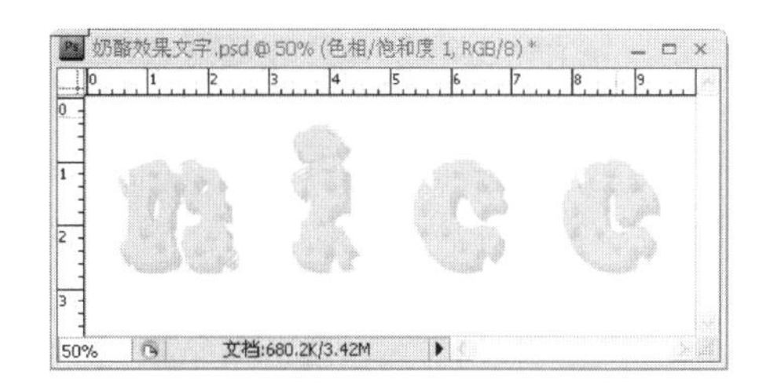

28 选择【图像】|【调整】|【亮度/对比度】命令，打开【亮度/对比度】对话框，设置【亮度】为-65，如下图所示。

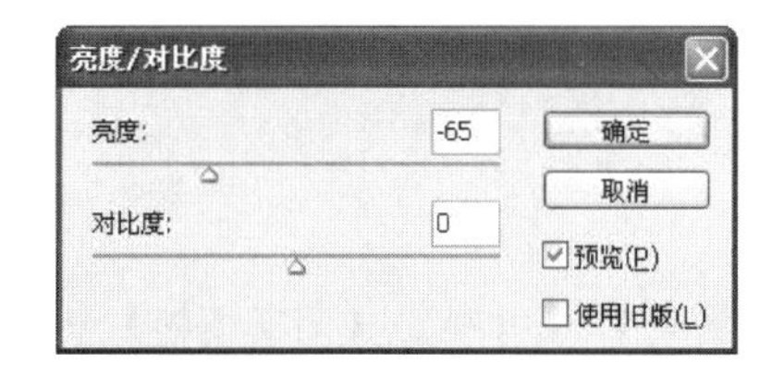

29 单击【确定】按钮，查看图像效果，如下图所示。

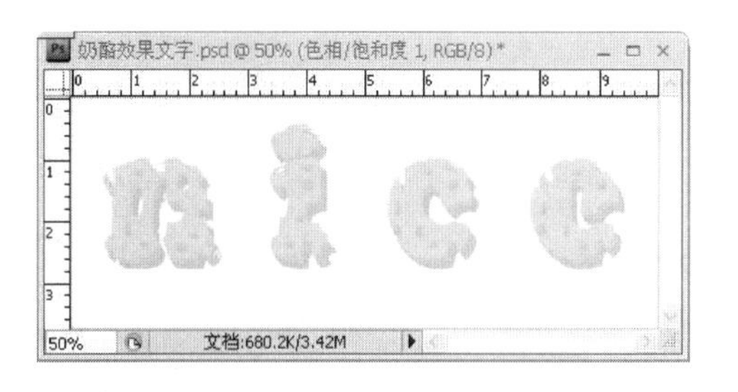

通过轻移和调整亮度能够增加字体的层次感，随着轻移的增加和亮度的降低，字体的深度会更明显。

在Photoshop中，按Ctrl+Alt+N组合键可以打开【新建】对话框，且【预设】默认为【自定】选项。

3. 奶酪效果文字的纹理

奶酪效果文字的立体效果很简单，主要通过先前制作的文字选区制定大致的字体形态，然后运用【高斯模糊】和【浮雕效果】滤镜制作三明治文字立体效果。

操作步骤

❶ 在【图层】面板中，同时选中【色相/饱和度 1】图层到【色相/饱和度 1 副本 4】图层并右击，从弹出的快捷菜单栏中选择【合并图层】命令，将这 5 个图层合并，并重命名为“图层 1”，如下图所示。

❷ 查看【图层】面板，如下图所示。

❸ 选择【滤镜】|【模糊】|【高斯模糊】命令，如下图所示。

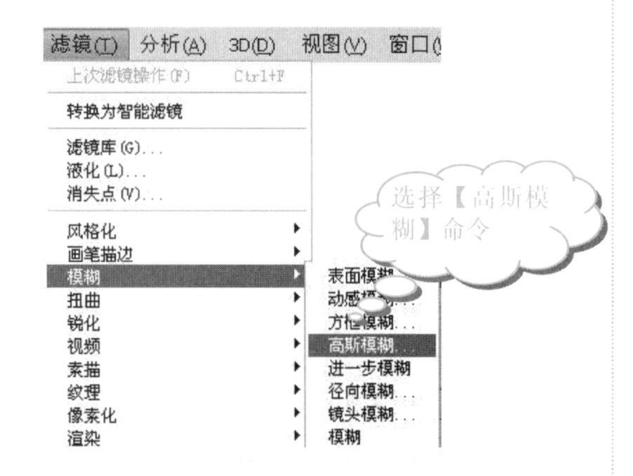

❹ 在【高斯模糊】对话框中，设置【半径】为 0.6 像素，如下图所示。

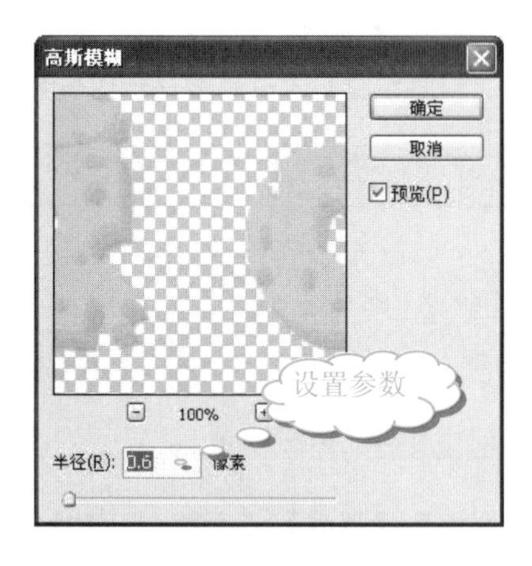

❺ 单击【确定】按钮，查看图像效果，如下图所示。

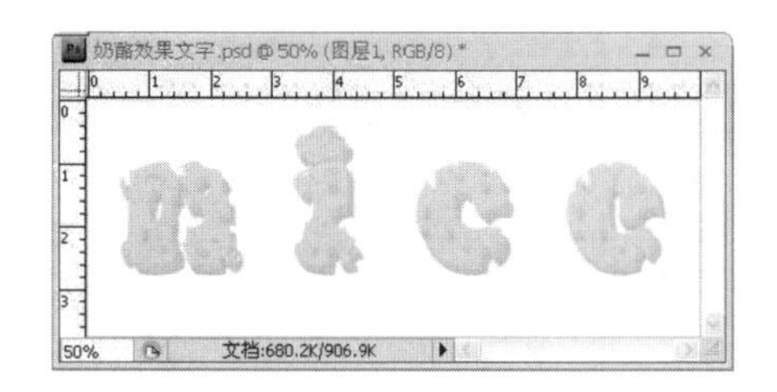

❻ 在【图层】面板中，按住 Ctrl 键的同时单击【图层 1】图层，建立选区，如下图所示。

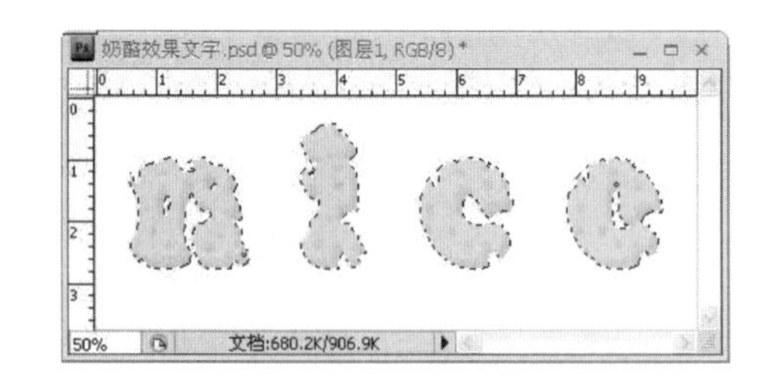

❼ 选择【滤镜】|【杂色】|【添加杂色】命令，如下图所示。

长见识

要想关闭当前图像文档，可以直接按 Ctrl+W 组合键，然后在弹出的 Adobe Photoshop CS4 Extended 对话框中，单击【是】按钮确定关闭文档。

❽ 在【添加杂色】对话框中，设置【数量】为3%，如下图所示。

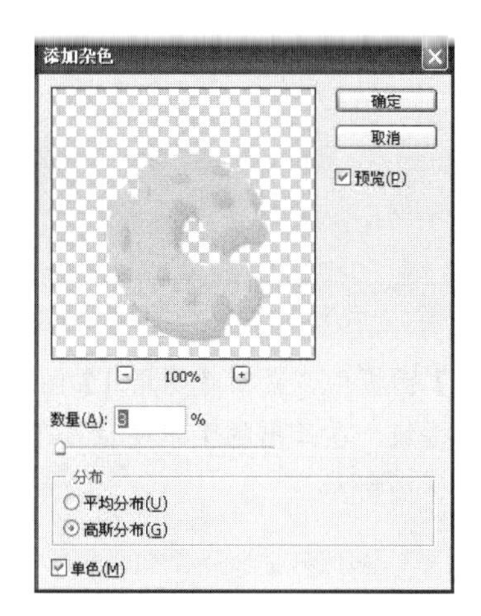

❾ 单击【确定】按钮，查看图像效果，如下图所示。

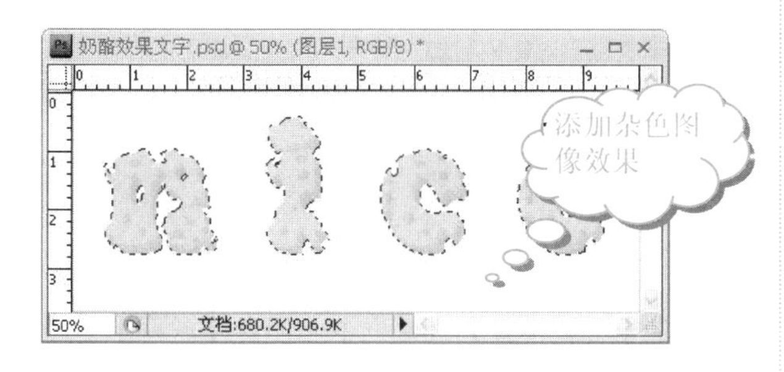

❿ 选择【滤镜】|【模糊】|【动感模糊】命令，如下图所示。

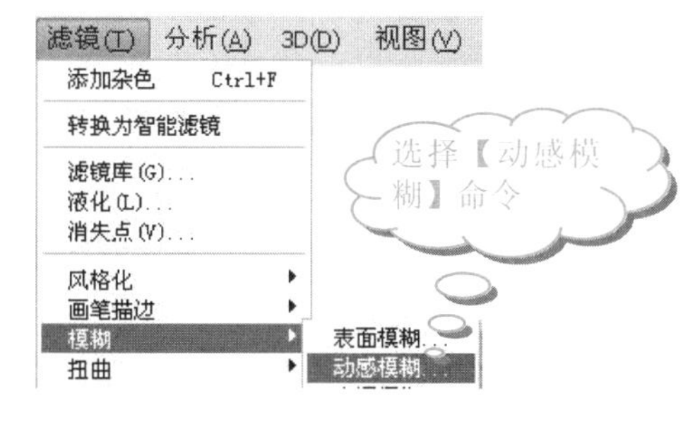

⓫ 在【动感模糊】对话框中，设置参数如下图所示。

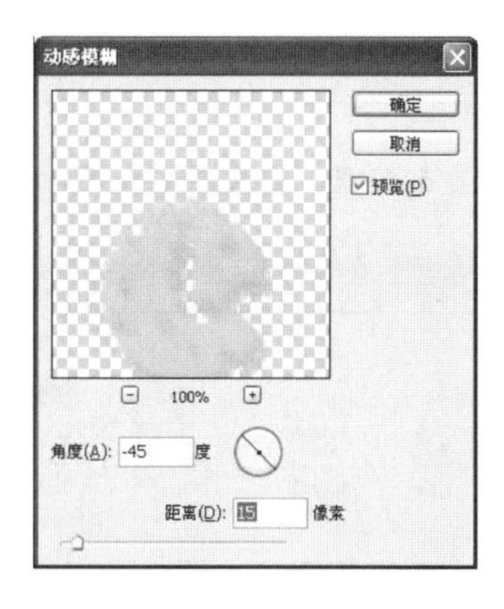

⓬ 单击【确定】按钮，查看图像效果，如下图所示。

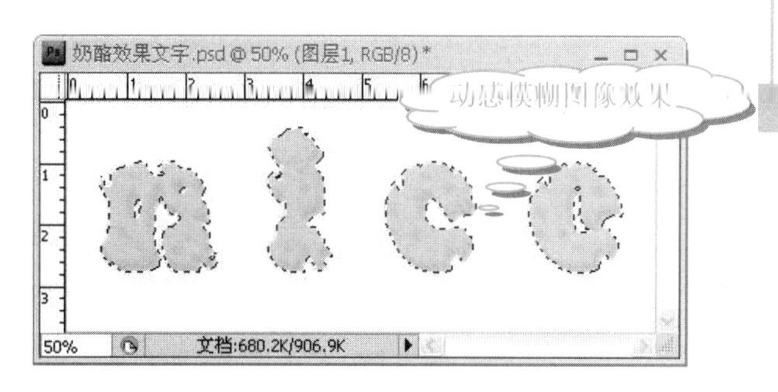

⓭ 在【调整】面板中，单击【色相/饱和度】按钮，如下图所示。

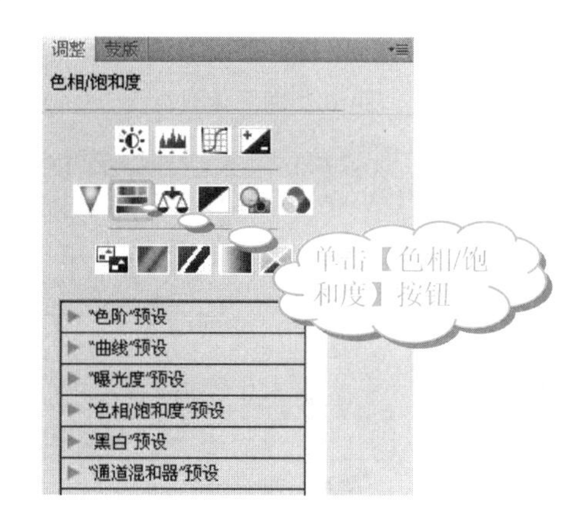

⓮ 在【色相/饱和度】设置界面中，设置【色相】为3，【饱和度】为30，【明度】为-10，如下图所示。

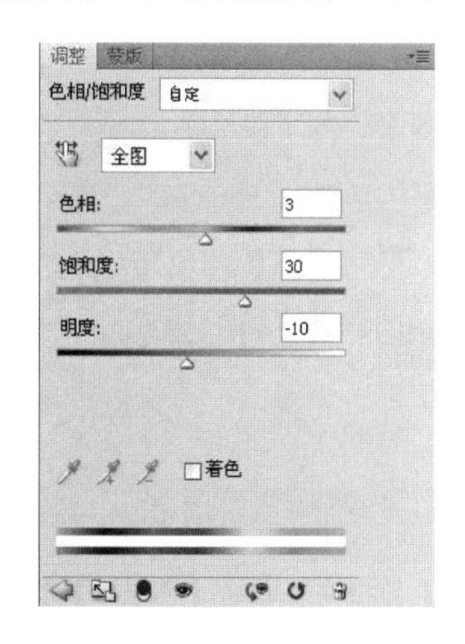

⓯ 查看图像效果，如下图所示。

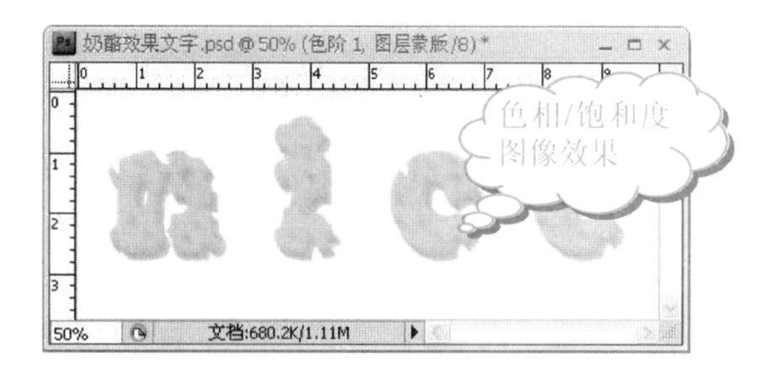

学以致用系列丛书

要想保存文档中的图片，可以按Ctrl+S组合键，在弹出的【存储为】对话框中，选择文件保存路径，为文件添加文件名，最后单击【确定】按钮保存文件。

长见识

16 在【调整】面板中，单击【返回到调整列表】按钮，然后单击【色阶】按钮，如下图所示。

17 在【色阶】设置界面中，设置【输入色阶】为 50、1.00、255，如下图所示。

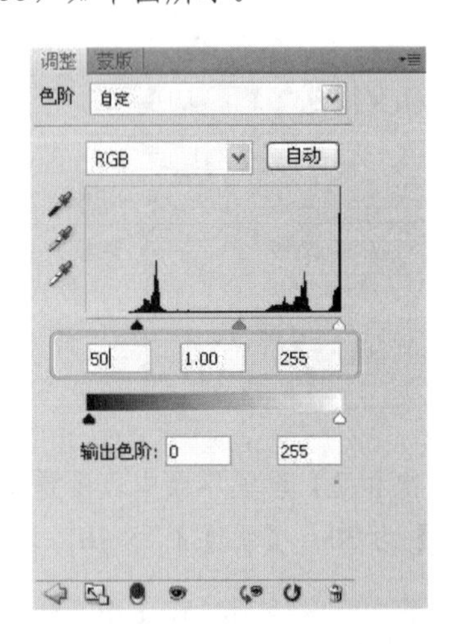

18 查看图像效果，如下图所示。

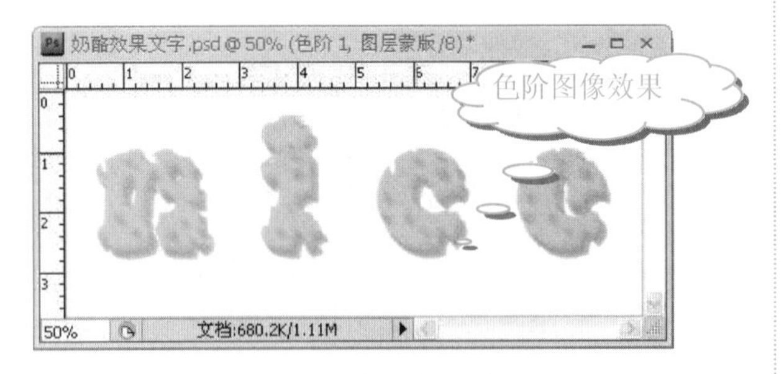

19 在【图层】面板中，单击【图层 2】前面的【指示图层可见性】按钮，将该图层显示出来。然后将其拖动至所有图层的上方，如下图所示。

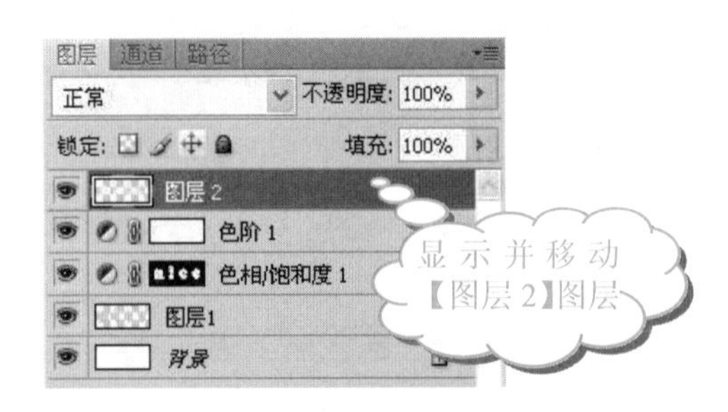

20 查看图像效果，如下图所示。

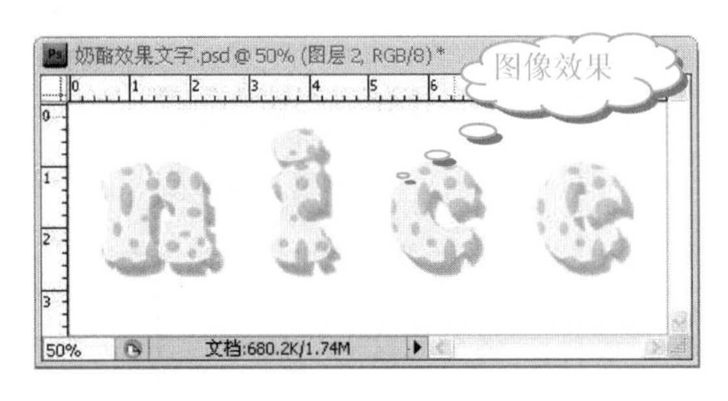

21 在【图层】面板中，激活【图层 1】图层，单击【图层样式】按钮，在弹出的菜单中选择【斜面和浮雕】命令，如下图所示。

22 在【图层样式】对话框中，设置【深度】为 50%，【大小】为 0 像素，【软化】为 3 像素，并选中【上】单选按钮，如下图所示。

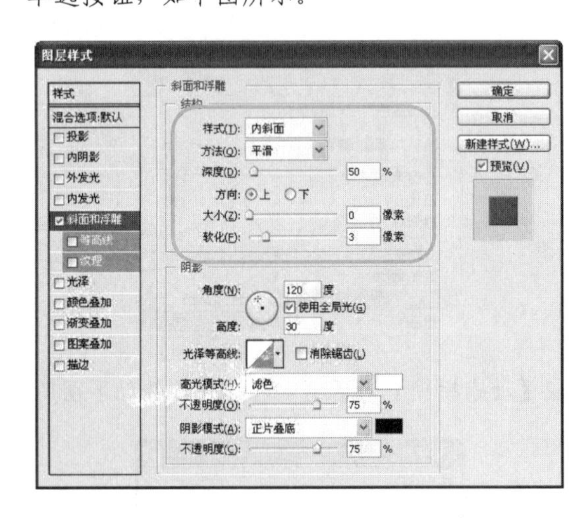

23 单击【确定】按钮，查看图像效果，如下图所示。

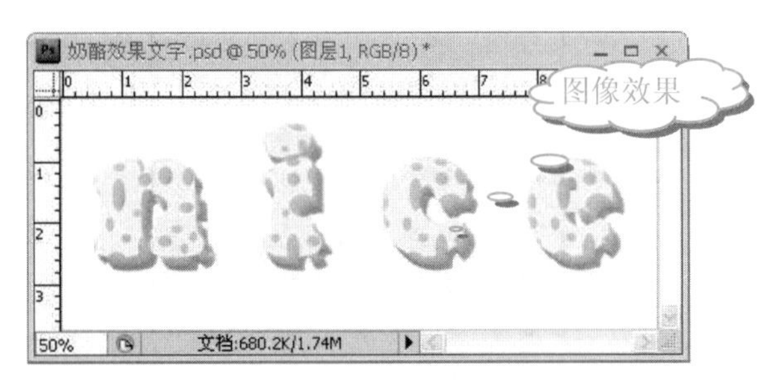

学以致用系列丛书

如果想要存储文档的副本，可以按 Ctrl+Alt+S 组合键，打开【存储为】对话框进行设置。

24 在【图层】面板中，双击【图层1】图层，打开【图层样式】对话框。选中【投影】复选框，设置【不透明度】为60%，【距离】为7像素，【扩展】为0%，【大小】为7像素，如下图所示。

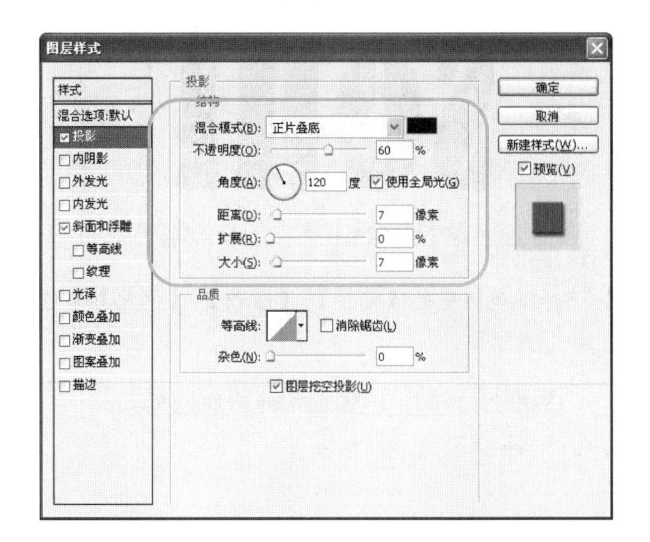

25 单击【确定】按钮，查看图像效果，如下图所示。

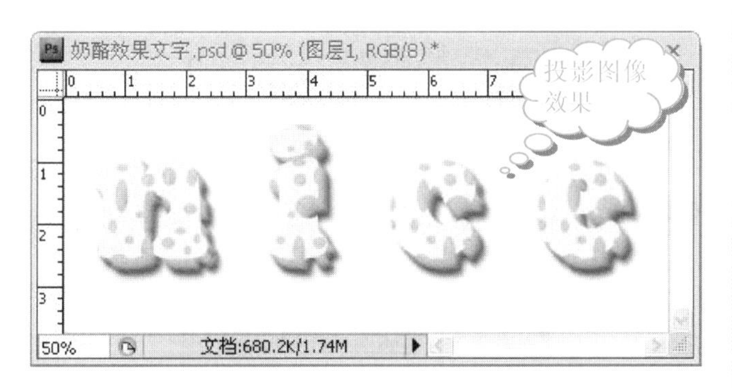

26 在【图层】面板中，单击【背景】图层，将其激活。确定前景色为浅红色(或者木纹色)，按Alt+Delete组合键，填充前景色，如下图所示。

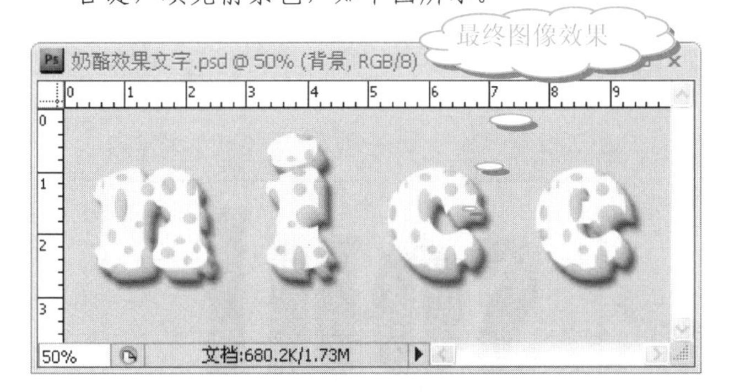

7.2.3 活用诀窍

在本节实例中，详细地介绍了奶酪效果文字的制作，并且清晰地展示了制作时，应该注意的问题以及所需要的步骤。

主要通过复制和移动图层，以及调整图层的亮度来增强字体的立体效果。

7.3 蛇皮效果文字

蛇皮可以给人一种威慑和震撼力，下面就介绍蛇皮效果文字的制作方法。

7.3.1 制作分析

首先制作蛇的背面纹理达到将其环绕在字体上的效果，并对蛇背面进行色相等设置，然后制作字体剩余的蛇肚皮效果，并与蛇背面相结合。

最终的效果如下图所示。

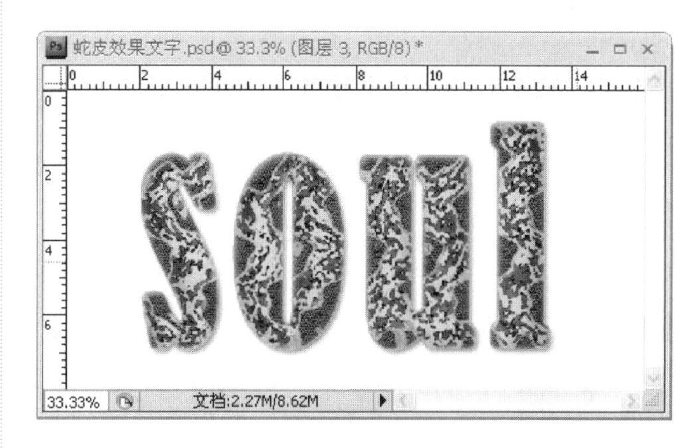

7.3.2 照片处理

在本实例中，蛇的肚皮主通过【波浪】命令，产生环绕效果形成的；背面的纹理主要运用【水彩】命令形成的；肚皮的纹理主要运用【染色玻璃】命令形成。

操作步骤

1 启动Photoshop CS4软件，选择【文件】|【新建】命令，在【新建】对话框中，将【名称】改为“蛇皮效果文字”，在【预设】下拉列表框中选择【自定】选项。设置【宽度】值为16厘米，【高度】值为8厘米，【分辨率】为200像素/英寸，【颜色模式】为RGB颜色，【背景内容】为白色，如下图所示。

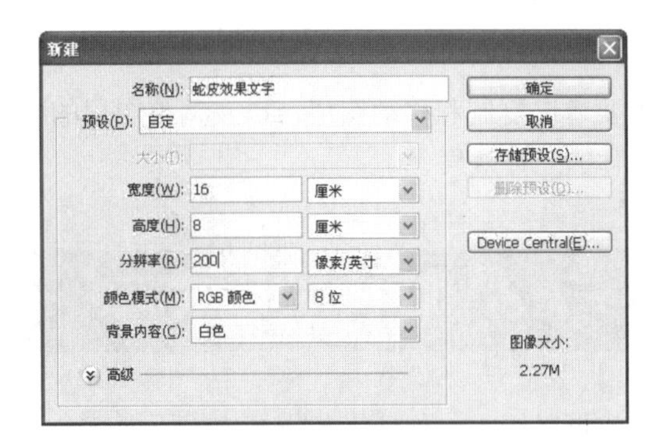

❷ 单击【确定】按钮，这样就新建了“蛇皮效果文字”文件。将【前景色】设置为黑色，然后单击工具箱中的【横排文字工具】按钮T，在工具箱中单击【切换字符和段落面板】按钮，打开【字符】面板，设置【字体】为 Bernard MT Condensed，【设置字体大小】为 210 点，如下图所示。

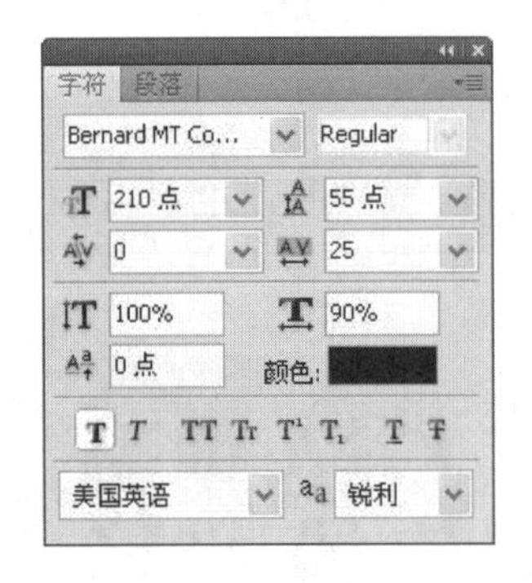

❸ 在图像窗口中输入 soul，如下图所示。

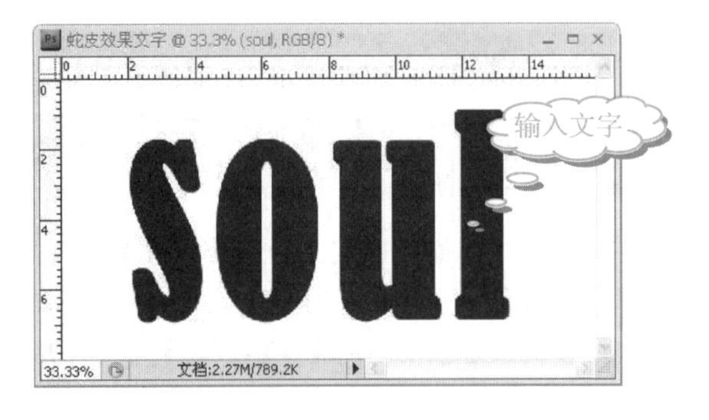

❹ 选择【图层】|【栅格化】|【文字】命令，将文字层转换为普通层，如下图所示。

❺ 在【图层】面板中，按住 Ctrl 键的同时单击 soul 图层，建立选区，如下图所示。

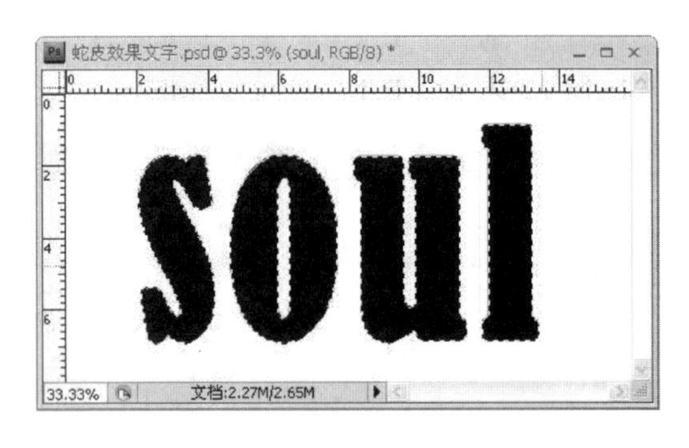

❻ 选择菜单栏中的【选择】|【修改】|【羽化】命令，如下图所示。

❼ 在【羽化选区】对话框中，设置【羽化半径】为 5 像素，如下图所示。

❽ 单击【确定】按钮，按 Shift+Ctrl+I 组合键，将选区反向，按 Delete 键将字体的尖锐部分删除，如下图所示。

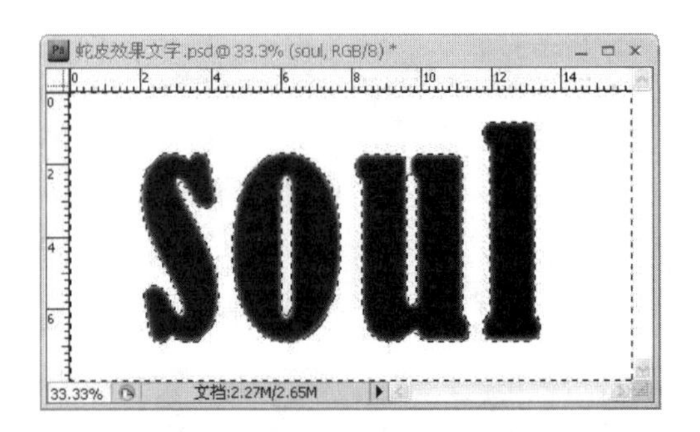

❾ 按 Ctrl+D 组合键，取消选区。单击工具箱中的【设置前景色】按钮，打开【拾色器(前景色)】对话框，设置参数(C:65，M:0，Y:100，K:0)，然后单击【确

按 Ctrl+P 组合键，可以打开【打印】对话框，对想要打印的文档进行设置，如图像在打印纸张上的位置、缩放后的打印尺寸等。

定】按钮，如下图所示。

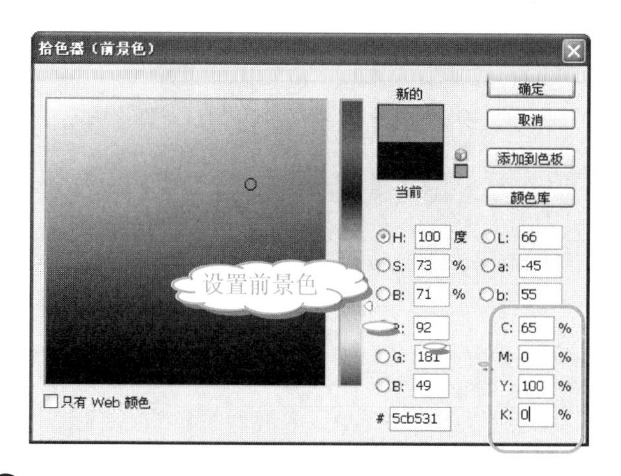

10 在【图层】面板中，单击【创建新图层】按钮，新建【图层 1】图层，如下图所示。

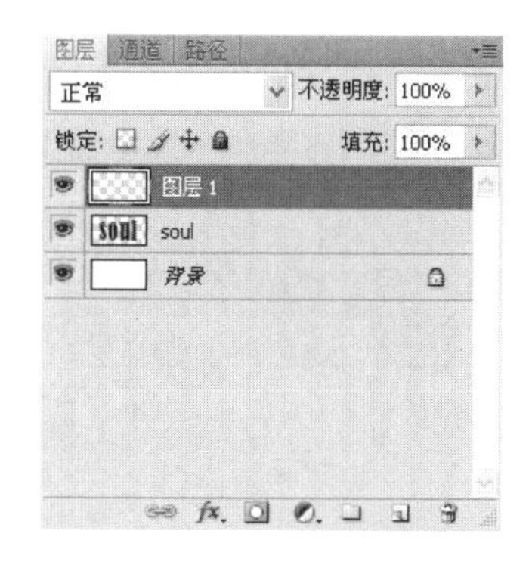

11 按住 Ctrl 键的同时单击 soul 图层，建立选区，按 Alt+Delete 组合键，填充前景色，如下图所示。

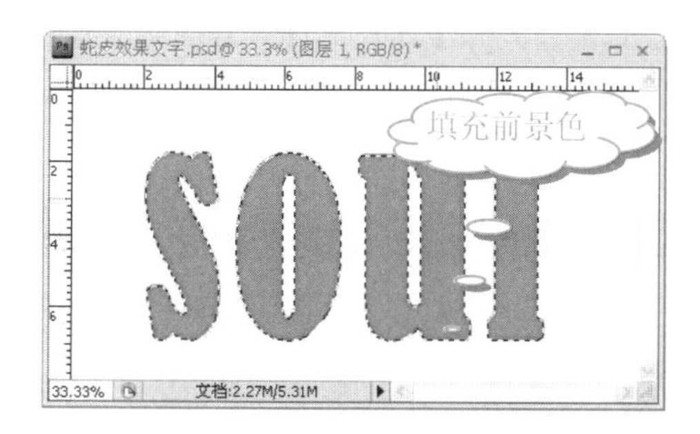

12 选择【滤镜】|【纹理】|【颗粒】命令，如下图所示。

13 在【颗粒】设置界面中，设置【强度】为 20，【对比度】为 40，并在【颗粒类型】下拉列表框中选择【柔和】选项，如下图所示。

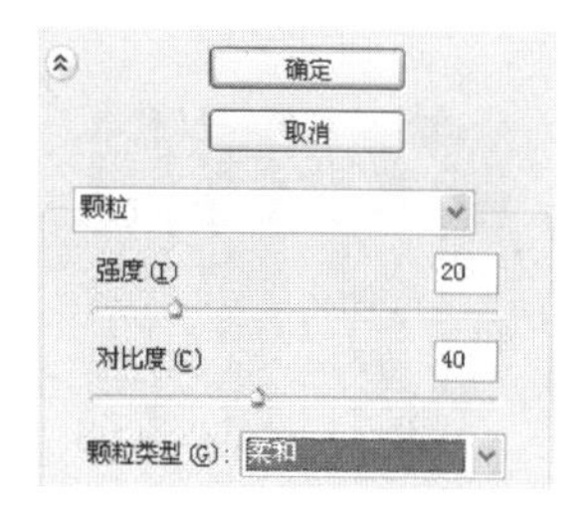

14 单击【确定】按钮，查看图像效果，如下图所示。

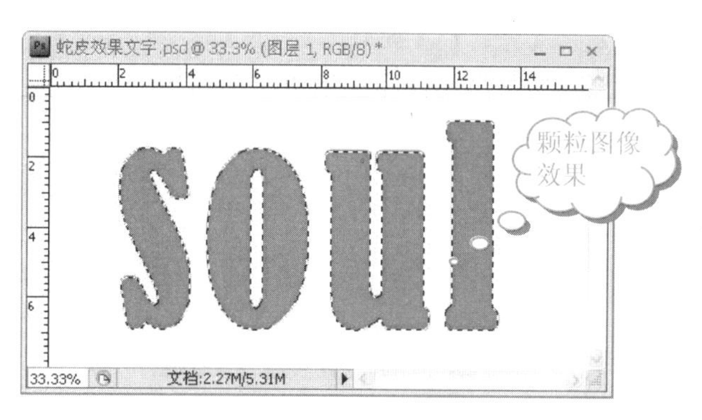

15 选择【滤镜】|【艺术效果】|【干画笔】命令，如下图所示。

16 在【干画笔】设置界面中，设置【画笔大小】为 2，【画笔细节】为 6，【纹理】为 3，如下图所示。

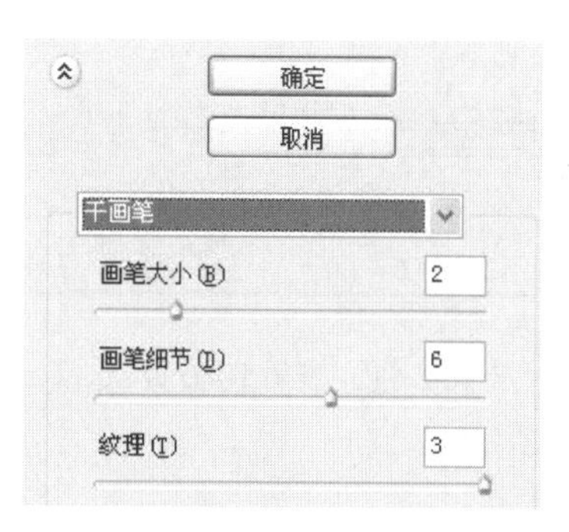

按 Ctrl+K 组合键可以打开【首选项】对话框，且对应的是【常规】选项卡；按 Ctrl+K+2 组合键，可以切换到【界面】选项卡；按 Ctrl+K+3 组合键，可以切换到【文件处理】选项卡，以此类推，可分别切换到【性能】、【光标】、【透明度与色域】、【单位和标尺】、【参考线、网格和切片】以及【增效工具】选项卡。

❶⑦ 单击【确定】按钮，查看图像效果，如下图所示。

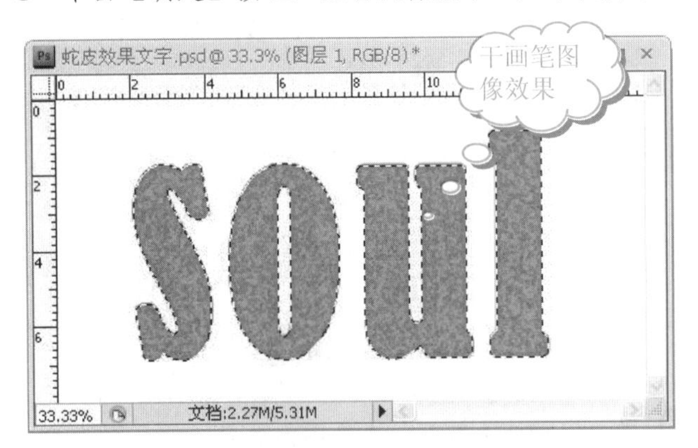

❶⑧ 选择【滤镜】|【扭曲】|【波浪】命令，如下图所示。

❶⑨ 在【波浪】对话框中，设置【生成器数】为5，并设置【波长】和【波幅】的【最小】值分别为10和5，【最大】值分别为120和35；【比例】的【水平】和【垂直】参数均为100%；在【类型】选项组中选中【正弦】单选按钮，在【未定义区域】选项组中选中【重复边缘像素】单选按钮，如下图所示。

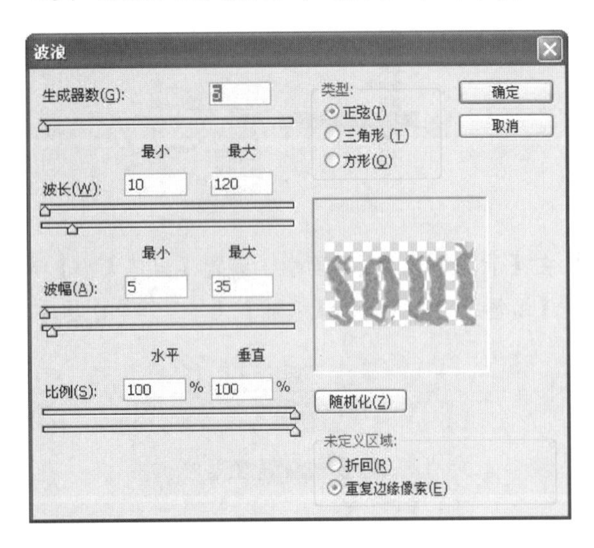

❷⓪ 单击【确定】按钮，查看图像效果，如右上图所示。

提示

在【波浪】对话框中，多次单击【随机化】按钮，才能产生满意的随机图案效果。

❷① 在【图层】面板中，单击soul图层前面的【指示图层可见性】按钮，将其隐藏，如下图所示。

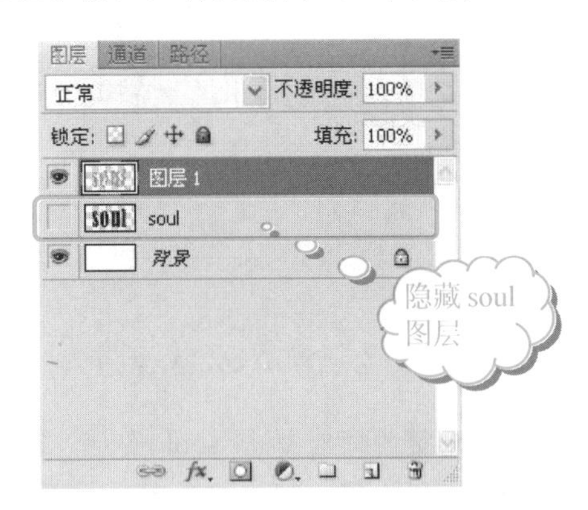

❷② 单击工具箱中的【设置前景色】按钮，打开【拾色器(前景色)】对话框，设置参数(C:61，M:0，Y:92，K:0)，如下图所示。

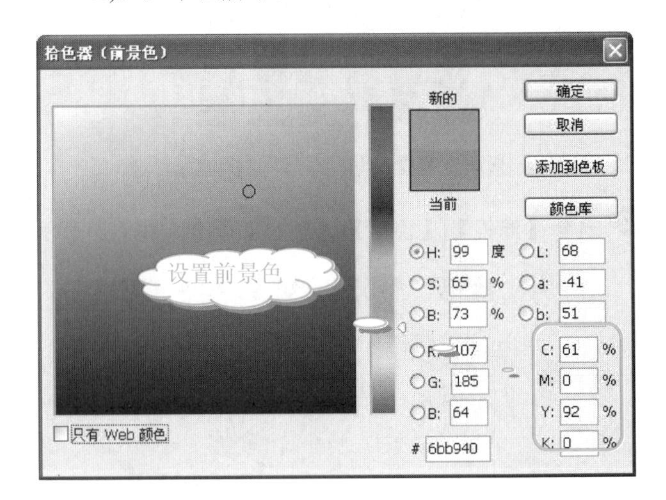

❷③ 单击【确定】按钮，再单击工具箱中的【设置背景色】按钮，打开【拾色器(背景色)】对话框，设置参数(C:59，M:0，Y:28，K:0)，如下图所示。

长见识：选择【文件】|【存储为Web和所用格式】命令处理16位/通道的图像时，Photoshop会将16位/通道模式的图像转换为8/位/通道模式。此外，对于32位/通道的图像只能使用【存储为】命令将其存储为Photoshop、PSB(大型文档格式)、OpenEXR、便携位图、Radiance和TIFF等格式。

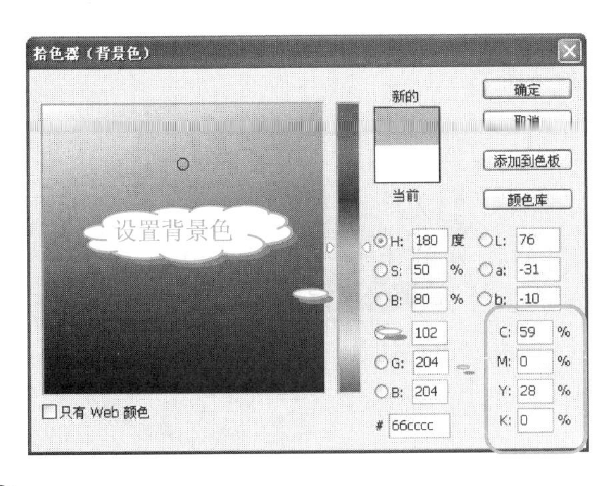

24 单击【确定】按钮，在【图层】面板中，确定【图层 1】处于激活的状态。选择【滤镜】|【艺术效果】|【水彩】命令，如下图所示。

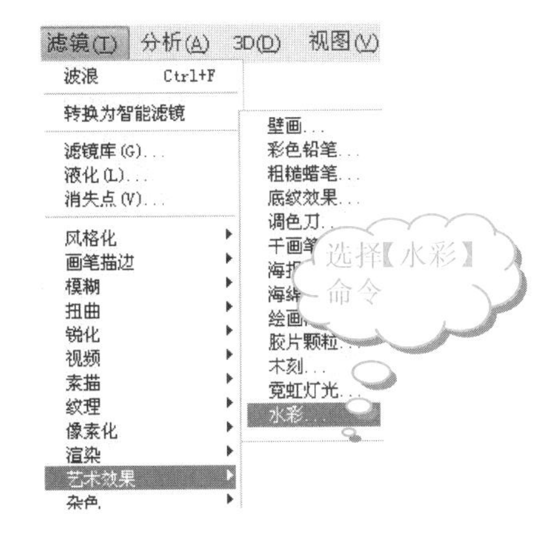

25 在【水彩】设置界面中，设置【画笔细节】为 8，【阴影强度】为 1，【纹理】为 1，如下图所示。

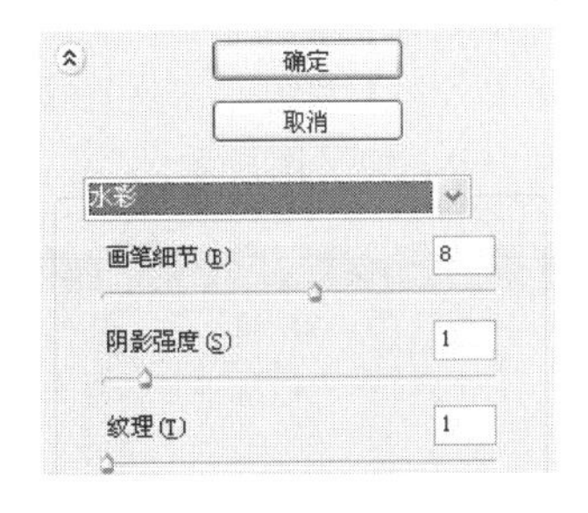

26 单击【确定】按钮，查看图像效果，如下图所示。

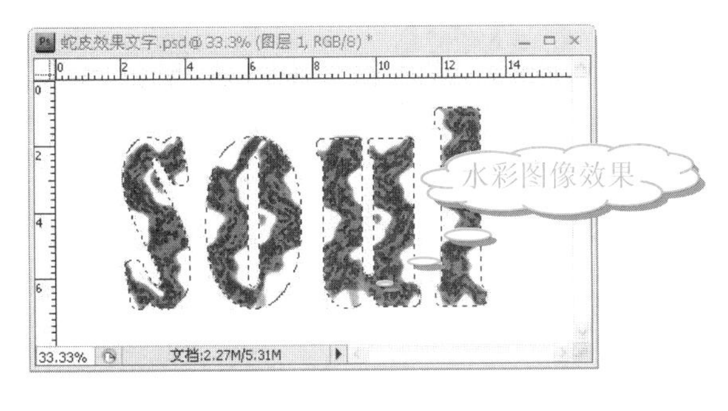

提示

设置前景色和背景色主要是为【水彩】做铺垫，前景色和背景色不同，所得到的【水彩】效果也不同。

27 在【通道】面板中，单击【将选区存储为通道】按钮，文字的选区被存储为 Alpha1 通道。单击 Alpha1 通道左侧的【指示通道可见性】按钮，显示 Alpha1 通道。然后再单击其他通道左侧的【指示通道可见性】按钮，将其他通道隐藏，如下图所示。

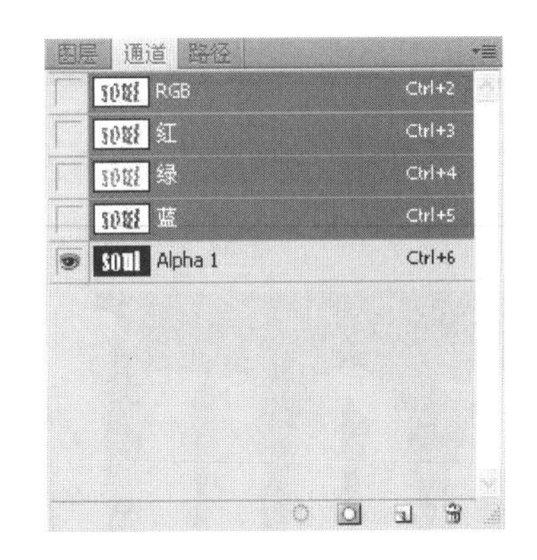

28 查看 Alpha1 通道中的图像，如下图所示。

29 在【通道】面板中，单击 Alpha1 通道，使其处于激活状态，然后选择【滤镜】|【模糊】|【高斯模糊】命令，如下图所示。

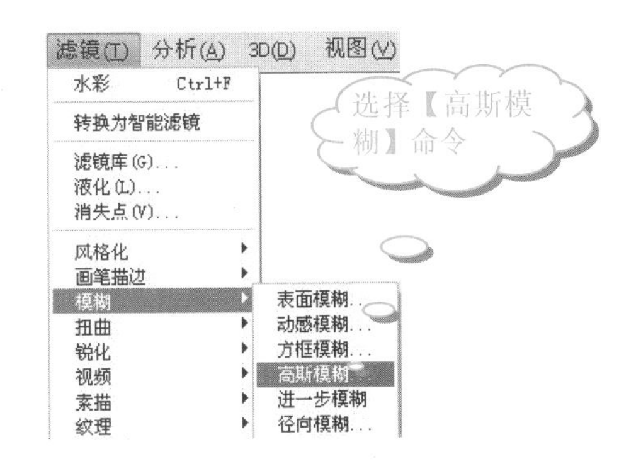

30 在【高斯模糊】对话框中，设置【半径】为 16 像素，如下图所示。

学以致用系列丛书

和 Windows 操作平台的其他软件一样，在 Photoshop CS4 中的【打开】对话框中，文件的查看方式主要有缩略图、平铺、图标、列表和详细信息等。

31 单击【确定】按钮，查看图像效果，如下图所示。

32 连续按 5 次 Alt+Ctrl+F 组合键，打开【高斯模糊】对话框，分别在【半径】文本框中输入 13、10、7、4 和 1，再单击【确定】按钮，查看图像效果，如下图所示。

通过反复使用【高斯模糊】命令，将设置的【半径】值逐渐减小，可使图像边缘产生光滑的过渡色，使图像更有立体感。

33 在【通道】面板中，单击 RGB 通道左侧的【指示通道可见性】按钮，将其显示出来。再单击 Alpha1 通道左侧的【指示通道可见性】按钮，将其隐藏，如下图所示。

34 在【图层】面板中，单击【图层 1】图层，将其激活。然后选择【滤镜】|【渲染】|【光照效果】命令，如下图所示。

35 在【光照效果】对话框中，在【光照类型】下拉列表框中选择【点光】选项，并设置【强度】为 17，【聚焦】为 100，如下图所示。

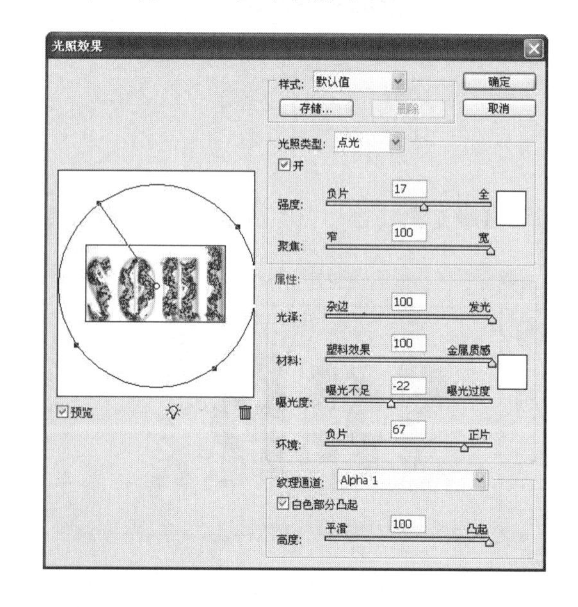

长见识 图像文件格式大致可以分为两大类：一种是 Pixel-Based(基于像素)格式，用来描述由像素组成的图像；另外一种是 Text-Based(基于文本)格式，用来描述版面设计文件。

36 单击【确定】按钮，查看图像效果，如下图所示。

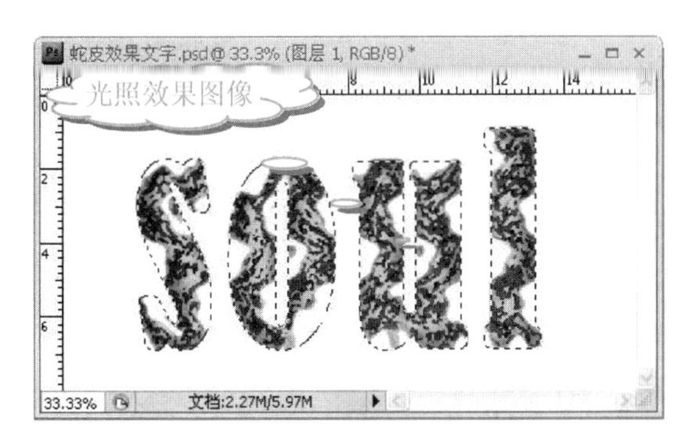

37 在【调整】面板中，单击【色相/饱和度】按钮，如下图所示。

38 在【色相/饱和度】设置界面中，设置【色相】为-82，【饱和度】为-57，【明度】为-6，如下图所示。

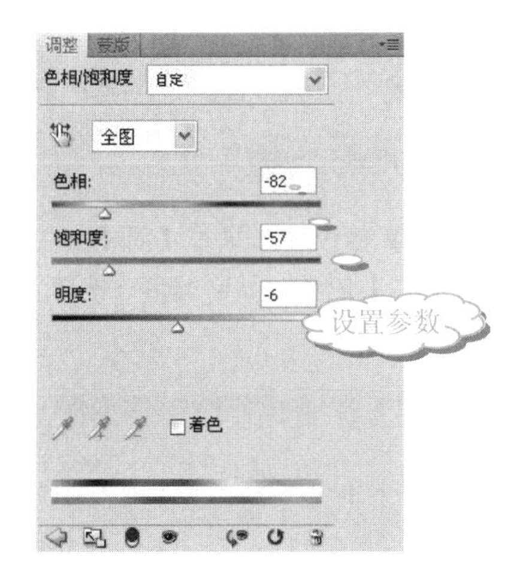

39 查看图像效果，如下图所示。

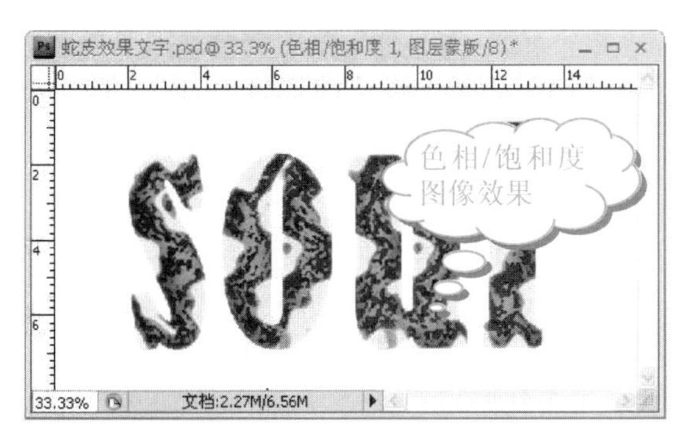

40 在【图层】面板中，单击【色相/饱和度 1】图层，将其激活。右击该图层，从弹出的快捷菜单中选择【向下合并】命令，将其与【图层 1】合并，并命名为【图层 1】图层，如下图所示。

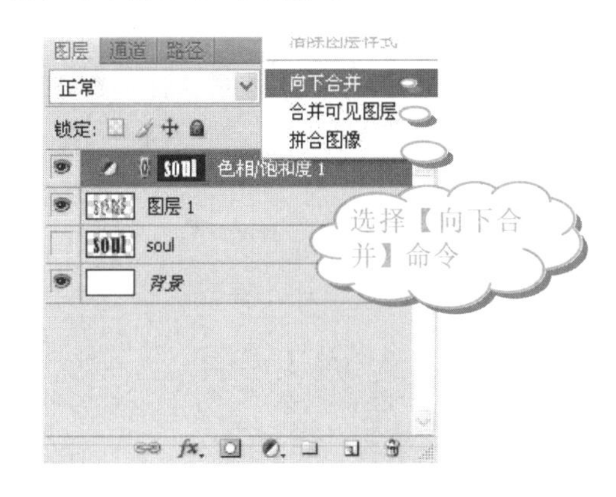

41 选择【图层】|【图层样式】|【混合选项】命令，如下图所示。

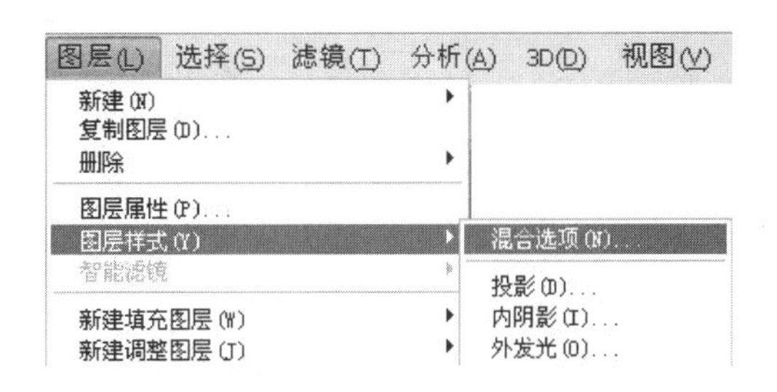

42 在弹出的【图层样式】对话框中，选中【斜面和浮雕】复选框，设置【样式】为内斜面，【方法】为平滑，【深度】为830%，【大小】和【软化】均为0像素，【高度】为32度，如下图所示。

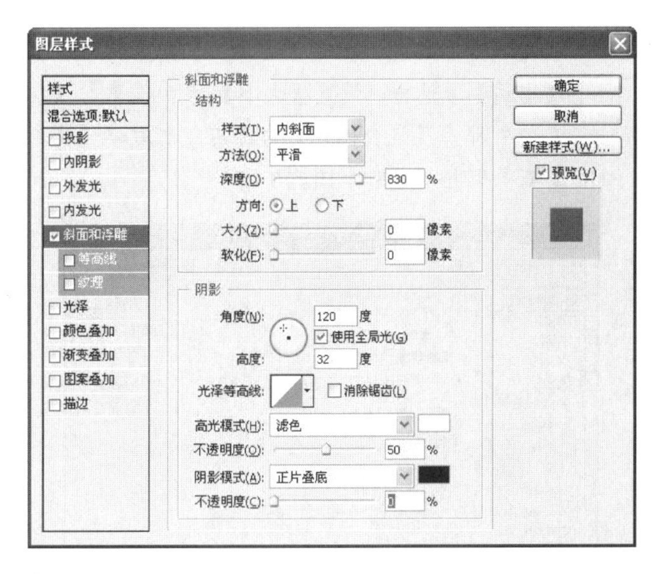

43 选中【颜色叠加】复选框，设置【混合模式】为【叠加】，【不透明度】为100%。然后单击【混合模式】

学以致用系列丛书

在菜单栏中单击【窗口】菜单项，在弹出的下拉菜单中可以选择相应的命令，在工作界面中显示或者隐藏面板，如3D、测量记录、导航器、调整、动画、动作、段落、仿制源等。

右侧的色块，如下图所示。

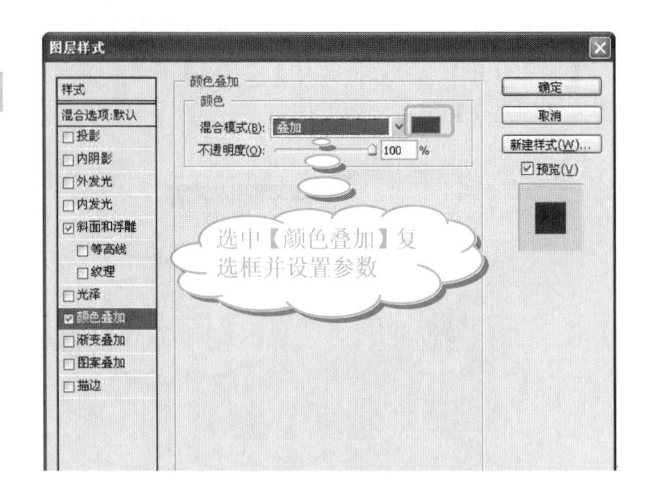

44 在【选取叠加颜色】对话框中，设置参数(C:28，M:16，Y:69，K:0)，如下图所示。

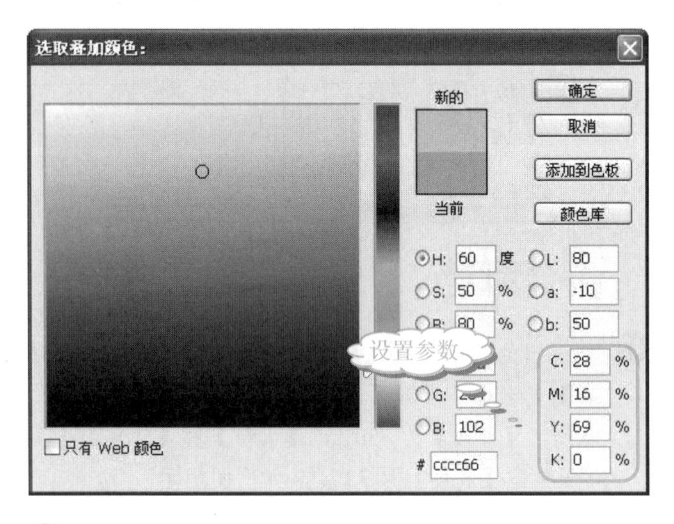

45 单击【确定】按钮，在【图层样式】对话框中，选中【描边】复选框，设置【大小】为1像素，【位置】为外部，【混合模式】为正常。然后单击【颜色】右侧的色块，如下图所示。

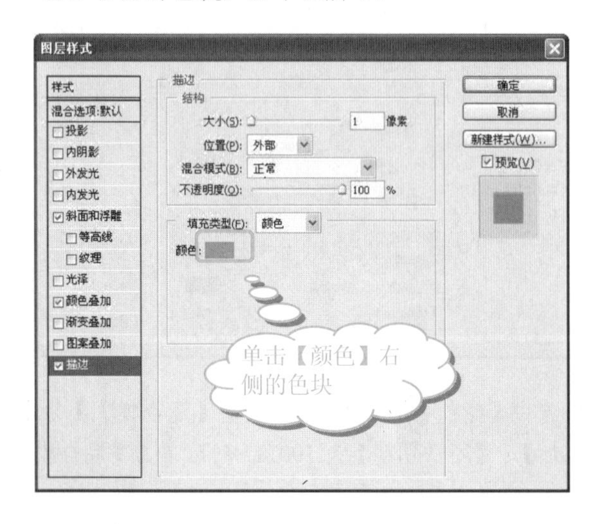

46 在【选取描边颜色】对话框中，设置参数(C:27，M:45，Y:87，K:0)，如下图所示。

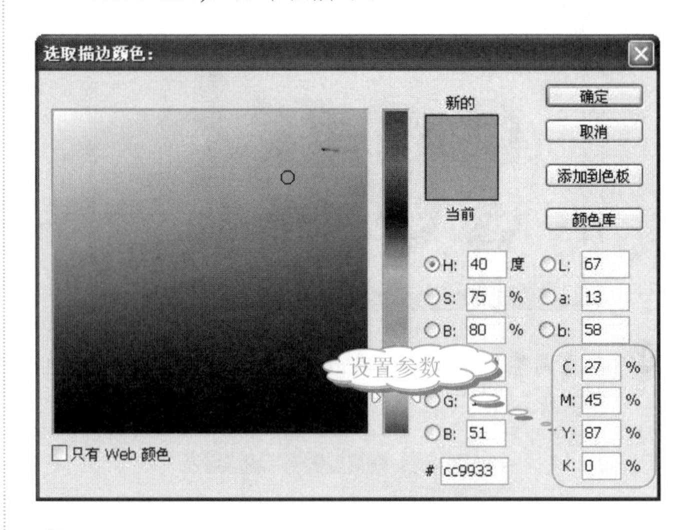

47 单击【确定】按钮。再单击【图层样式】对话框中的【确定】按钮，查看图像效果，如下图所示。

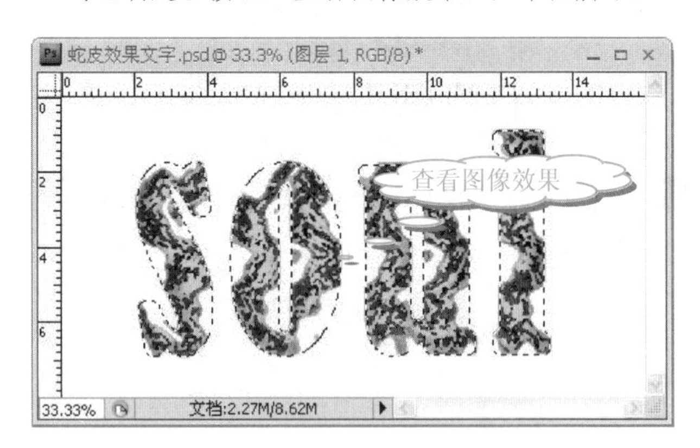

48 在【图层】面板中，单击【创建新图层】按钮，新建【图层2】图层，并将其拖动至【图层1】下方，如下图所示。

49 按住Ctrl键的同时单击soul图层，建立选区。然后，按D键，将前景色设置为默认的黑色。按Alt+Delete组合键，在【图层2】图层上填充前景色。查看图像效果如下图所示。

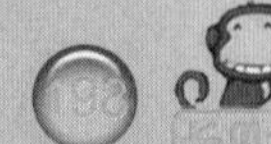

如果想要更改【吸管工具】的取样大小，可以从其工具属性栏中的【取样大小】下拉列表框中，选择相应的选项进行设置。

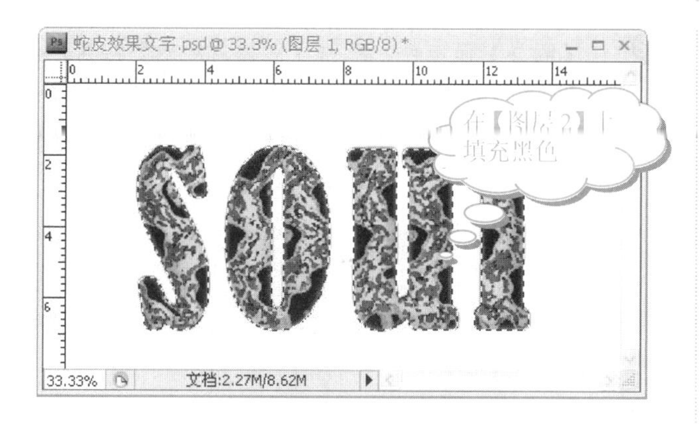

50 单击【设置前景色】按钮，打开【拾色器(前景色)】对话框，设置参数(C:25，M:45，Y:62，K:0)，如下图所示。

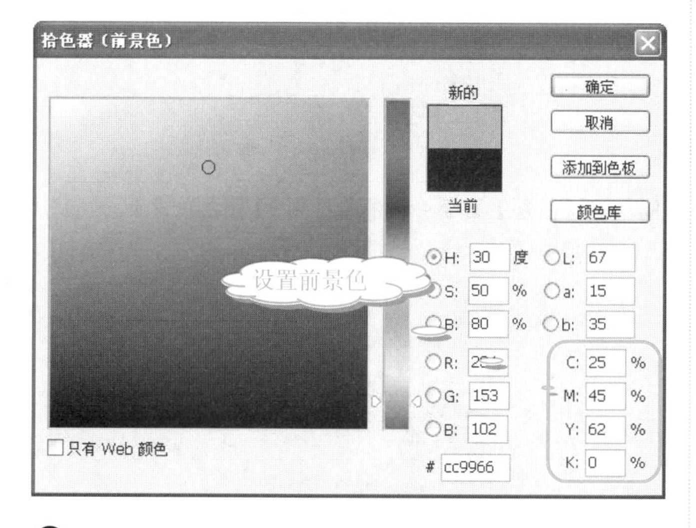

51 单击【确定】按钮。选择【滤镜】|【纹理】|【染色玻璃】命令，如下图所示。

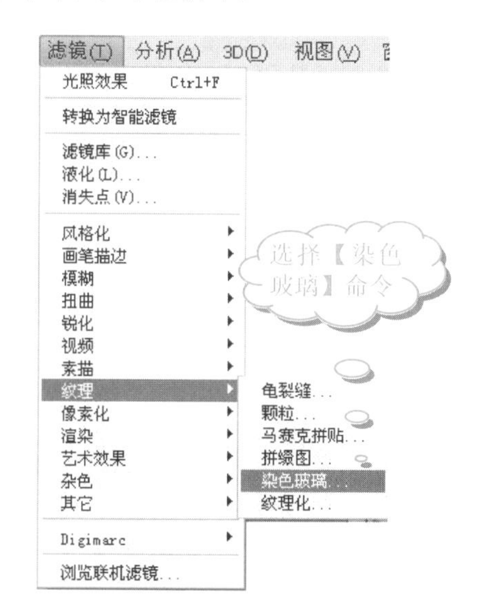

52 在弹出的【染色玻璃】对话框中，设置【单元格大小】为3，【边框粗细】为2，【光照强度】为1，如下图所示。

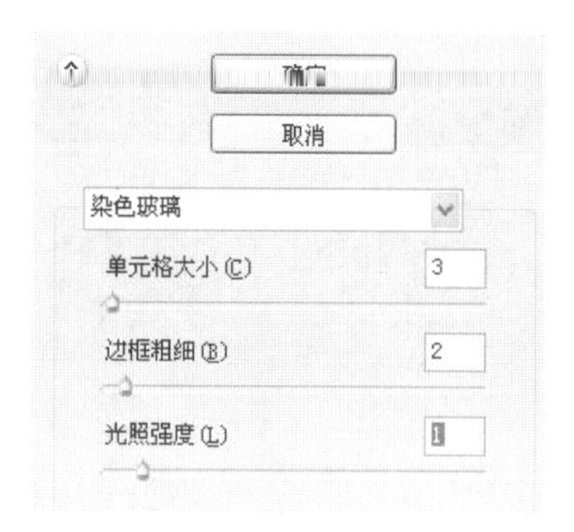

53 单击【确定】按钮，查看图像效果，如下图所示。

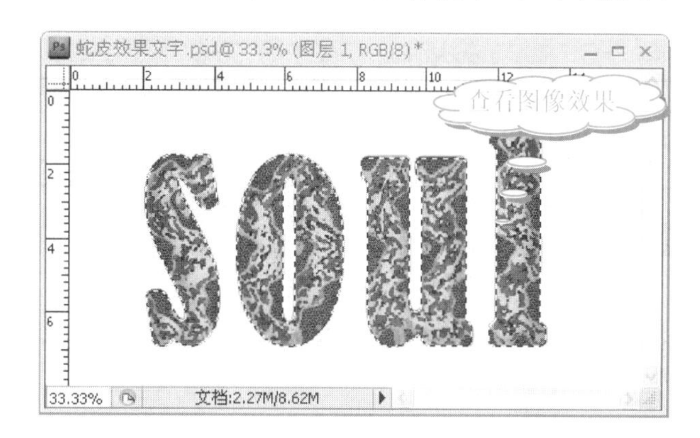

注意

【染色玻璃】滤镜可以将图像重新绘制为多个相邻的单元格，并填充前景色。

54 在【图层】面板中，双击【图层2】图层左侧的【指示图层可见性】按钮将其显示。然后双击该图层，在打开的【图层样式】对话框中，选中【投影】复选框，设置参数如下图所示。

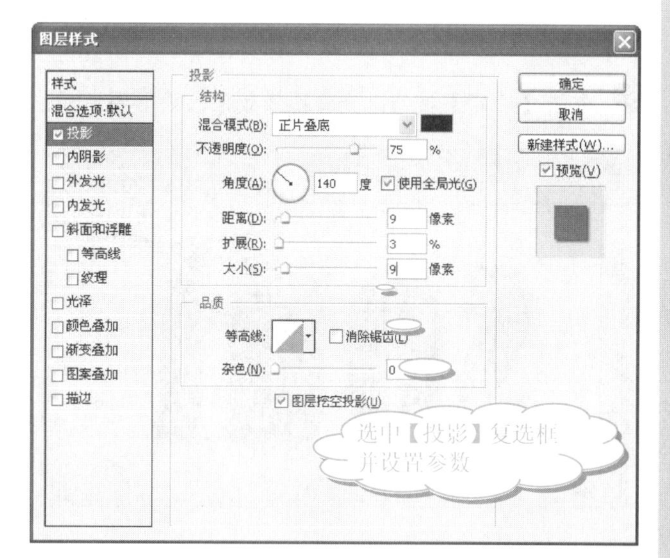

学以致用系列丛书

如果选区小而羽化半径大，则选区可能会显得很模糊，以至于看不到并因此不可选，从而弹出提示对话框，提示“选中的像素不超过50%”字样。此时需要减少羽化半径或者增大选区的大小。

55 在【图层样式】对话框中，选中【斜面和浮雕】复选框，设置参数如下图所示。

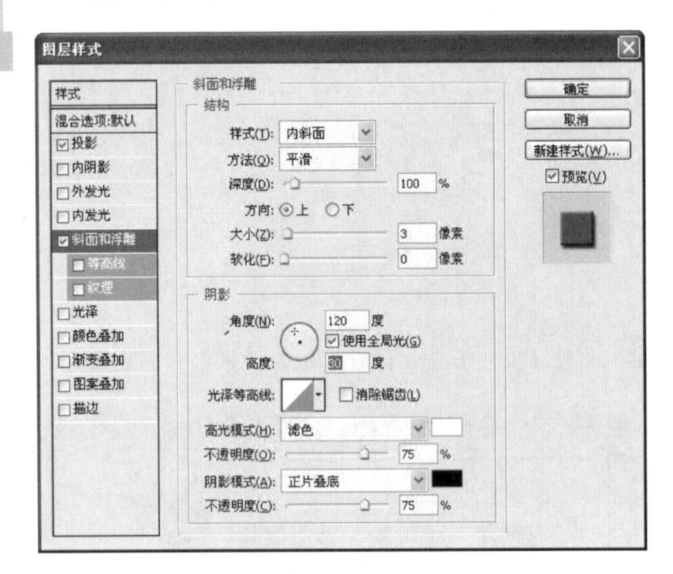

56 在【图层样式】对话框中，选中【描边】复选框，设置参数如下图所示。

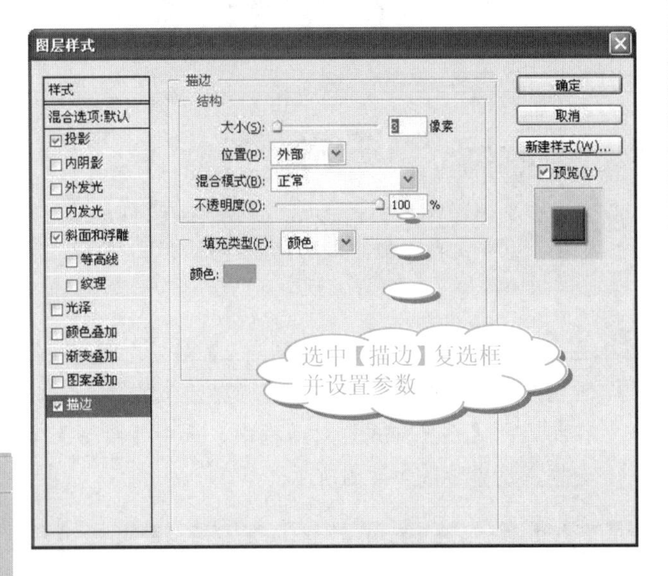

57 单击【确定】按钮，查看图像效果，如下图所示。

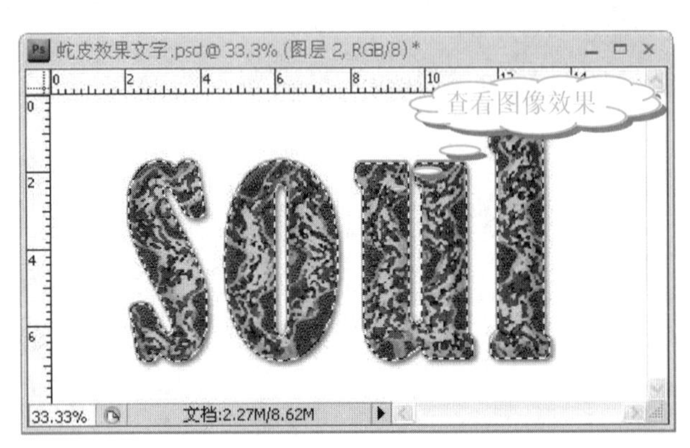

58 在【图层】面板中，单击【创建新图层】按钮，新建【图层 3】图层，载入 soul 图层的选区，填充【前景色】为灰色(C:0，M:0，Y:0，K:50)。此时的【图层】面板如下图所示。

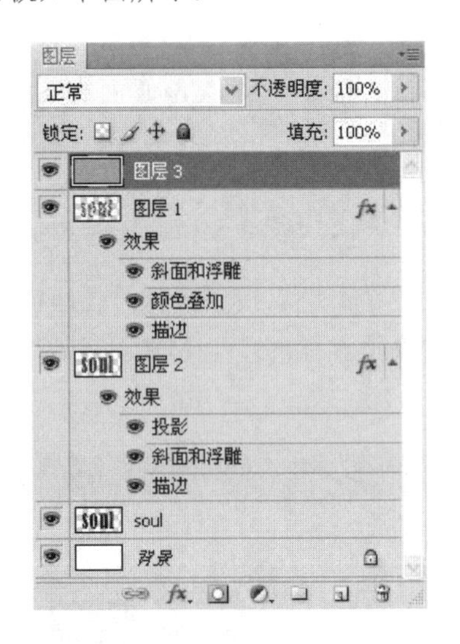

59 在【图层】面板中，将【图层 3】图层的【混合模式】设置为【叠加】，如下图所示。

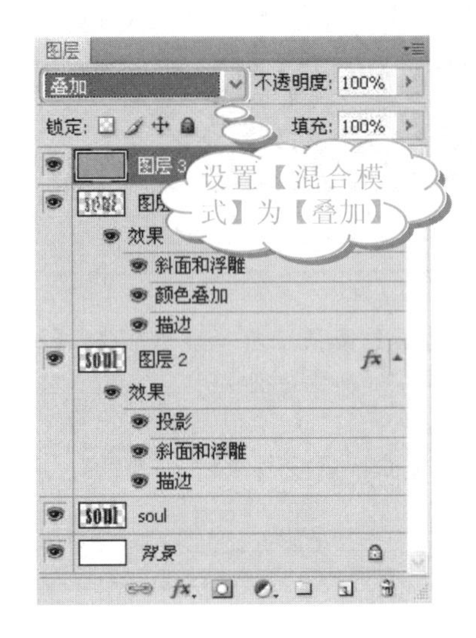

60 得到最终的图像效果，如下图所示。

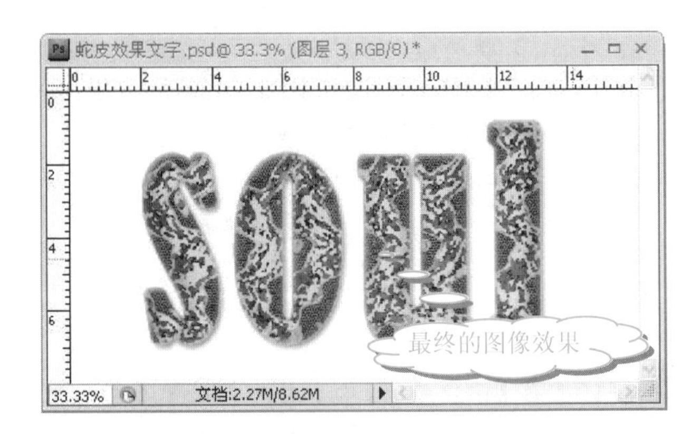

长见识 打开【色彩范围】对话框后，如果需要在【色彩范围】对话框中的【图像】和【选择范围】预览之间切换，只需要按 Ctrl 键即可。

7.3.3 活用诀窍

在本节实例中，详细地介绍了蛇皮效果文字的制作，并且清晰地展示了实现立体效果的操作。在这里主要运用了【通道】面板，并结合了【光照效果】滤镜，以及【图层】面板中的【图层样式】。

如果想要提亮图像，可以先新建一个图层，然后填充该图层为灰色，最后更改该图层的混合模式。

7.4 霓虹灯效果文字

每当夜幕降临的时候，大街上的霓虹灯就会为世界增添一道五彩斑斓的风景线。本节就来介绍霓虹灯效果文字的制作方法。

7.4.1 制作分析

在霓虹灯效果文字制作过程中，首先要制作霓虹灯的黑白效果，然后运用【渐变工具】为其黑白效果附上彩色渐变。

最终的效果如下图所示。

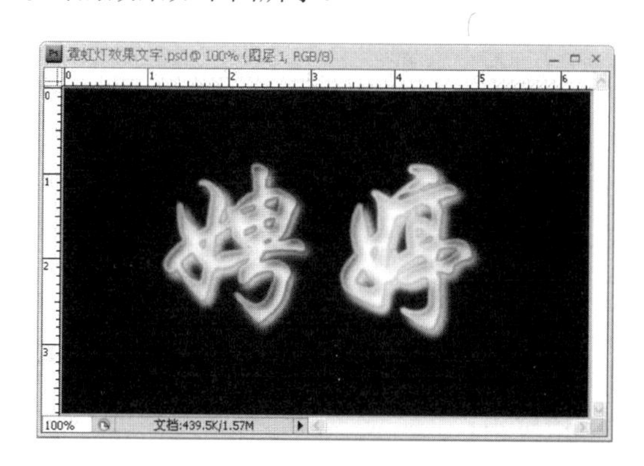

7.4.2 照片处理

在本实例中，制作霓虹灯效果文字，主要是通过【计算】命令，将通道进行两两结合。然后运用【渐变工具】在黑白效果文字的图层下方制作一个渐变色彩的图层，调节图层的【混合模式】，将两个图层的效果结合，具体操作步骤如下。

操作步骤

❶ 启动 Photoshop CS4 软件，选择【文件】|【新建】命令，在【新建】对话框中，将【名称】改为“霓虹灯效果文字”，在【预设】下拉列表框中选择【自定】选项，设置【宽度】值为 500 像素，【高度】值为 300 像素，【分辨率】为 200 像素/英寸，【颜色模式】为 RGB 颜色，【背景内容】为白色如下图所示。

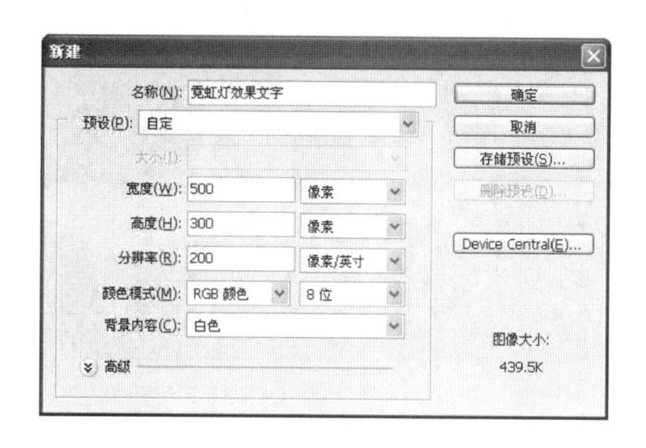

❷ 在【通道】面板中，单击【创建新通道】按钮，新建 Alpha1 通道，如下图所示。

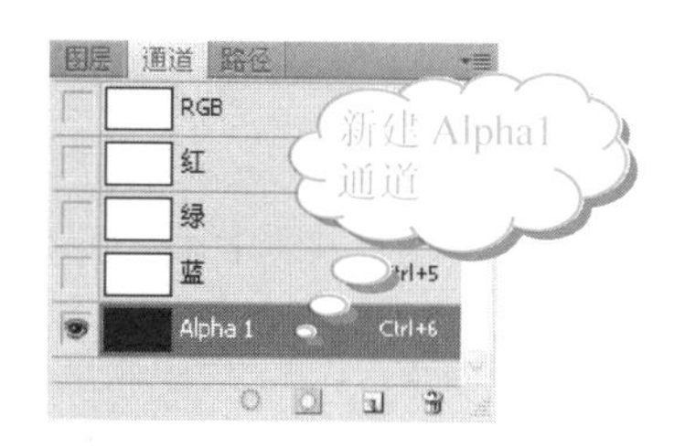

❸ 单击工具箱中的【横排文字工具】按钮 T，在工具栏属性栏中单击【切换字符和段落面板】按钮，打开【字符】面板，设置【字体】为华文行楷，【设置字体大小】为 60 点，如下图所示。

❹ 在图像中单击，拖动一个矩形区域，输入“娉婷”文字，如下图所示。

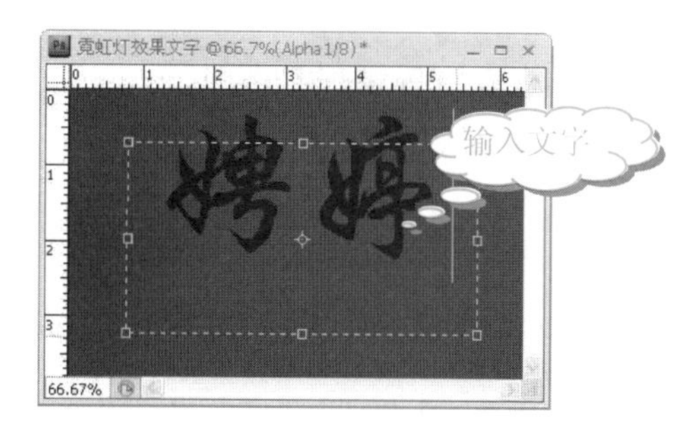

学以致用系列丛书

在【平滑】对话框中，【取样半径】的像素值范围为 1～100。设置参数后，单击【确定】按钮，可以清除基于颜色选区中的杂散像素。

长见识

5 单击工具箱中的【移动工具】按钮，在图像中拖动，将字体移至图像的中间，如下图所示。

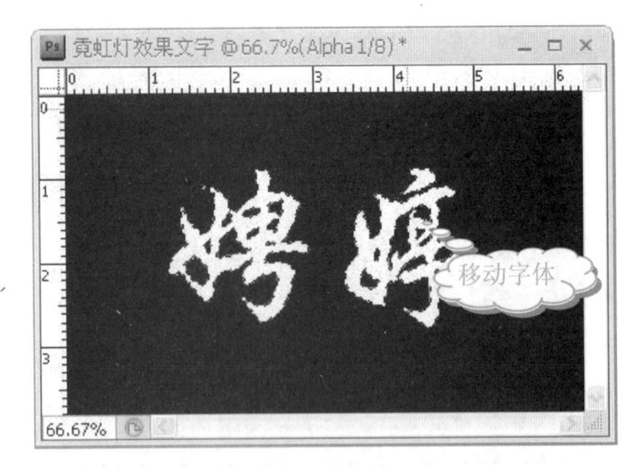

提示

在 Alpha1 通道中输入文字后，文字将会自动建立选区。

6 按 Ctrl+D 组合键，取消选区。然后选择【滤镜】|【模糊】|【高斯模糊】命令，如下图所示。

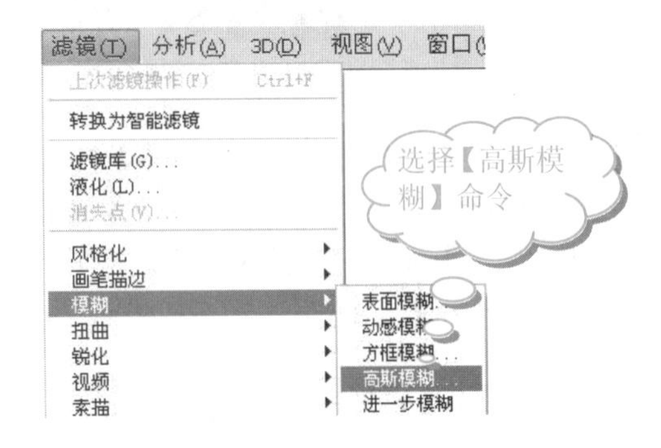

7 在【高斯模糊】对话框中，设置【半径】为 1.6 像素，如下图所示。

8 单击【确定】按钮，查看图像效果，如右上图所示。

9 在【通道】面板中，拖动 Alpha1 通道至【创建新通道】按钮上，复制 Alpha1 通道为【Alpha1 副本】通道，如下图所示。

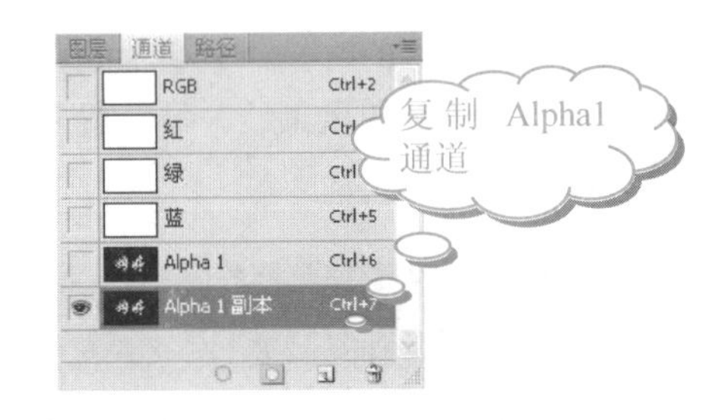

10 选择【滤镜】|【模糊】|【高斯模糊】命令，如下图所示。

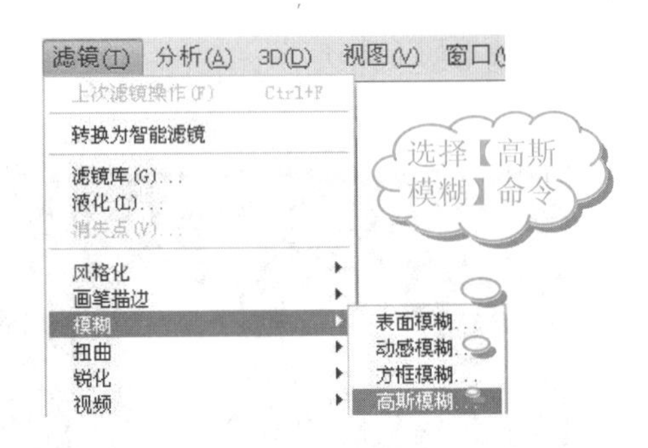

11 在【高斯模糊】对话框中，设置【半径】为 3.7 像素，如下图所示。

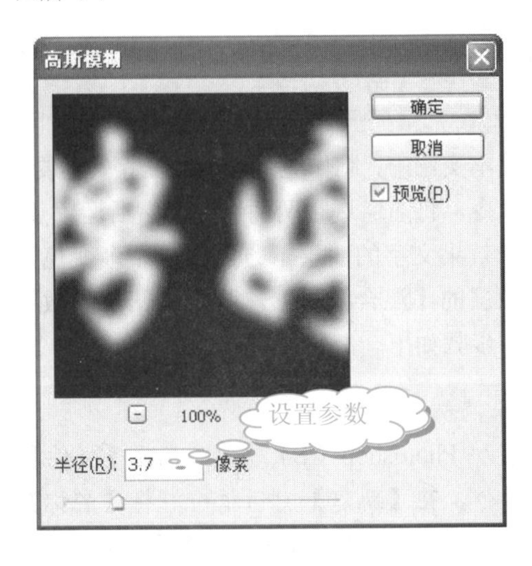

在【单行选框工具】和【单列选框工具】的属性栏中除了【羽化】选项外，其他选项均为灰色不可编辑状态。实际上，【羽化】选项虽然可设置，但由于两种选框工具的像素值只有 1px，所以羽化设置也就毫无意义。

⑫ 单击【确定】按钮，查看图像效果，如下图所示。

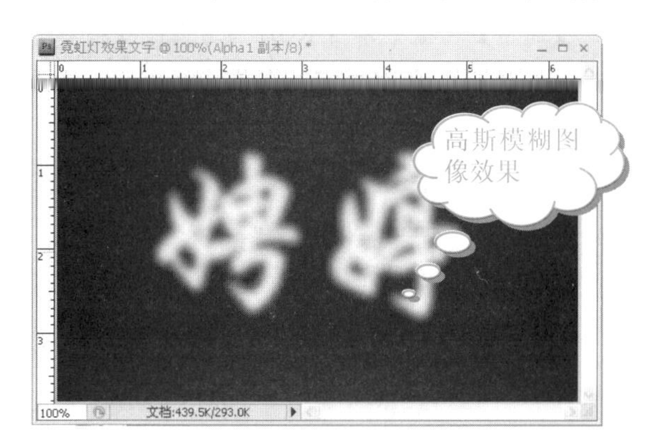

⑬ 单击工具箱中的【移动工具】按钮，按向下键和向右键各5次，将【Alpha1 副本】通道向下移动5个像素然后再向右移动5个像素，如下图所示。

提示

按键盘上的方向键(向上、向下、向左和向右)时，图像会相应地向上、向下、向左和向右移动，且每次移动均为一个像素。

⑭ 在图像上只是移动了一下距离，并没有特殊的变化。接着，选择【图像】|【计算】命令，如下图所示。

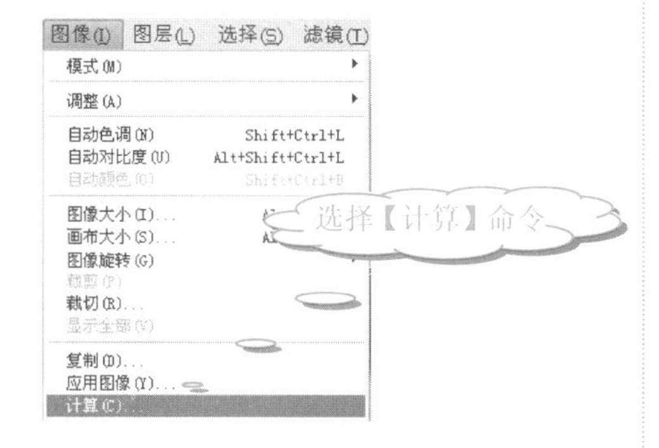

⑮ 在【计算】对话框中，设置【源1】选项组中的【通道】为Alpha1，【源2】选项组中的【通道】为【Alpha1副本】。并在【混合】下拉列表框中选择【差值】选项，设置【结果】为【新建通道】，如下图所示。

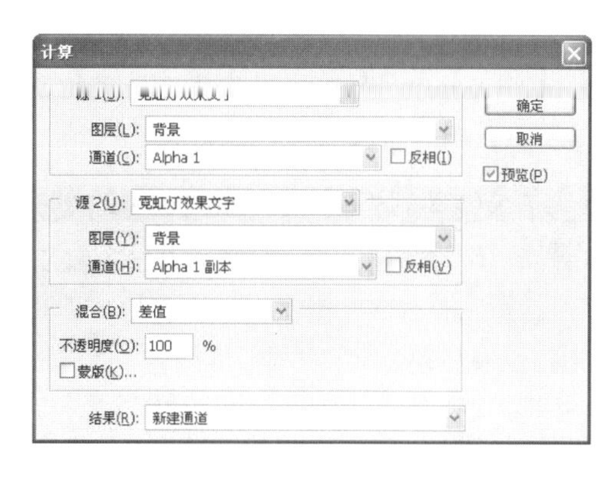

⑯ 单击【确定】按钮。在【通道】面板中，新建Alpha2通道，如下图所示。

⑰ 查看Alpha2通道中的图像，如下图所示。

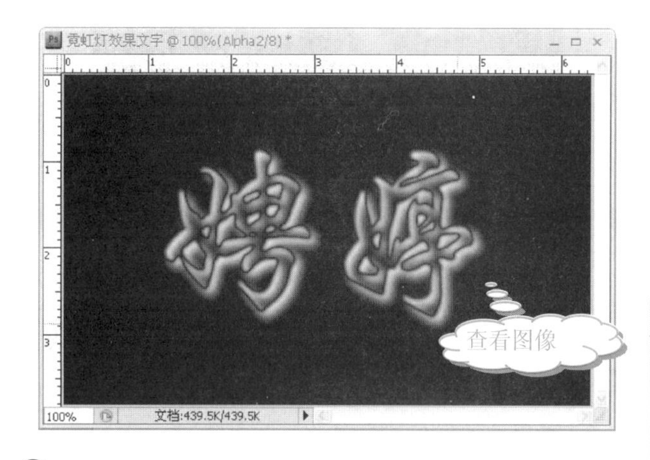

⑱ 选择【图像】|【计算】命令，如下图所示。

学以致用系列丛书

要想还原/重做前一步操作，可按Ctrl+Z组合键；要想还原两步以上的操作，则需要按Ctrl+Alt+Z组合键。

长见识

19 在【计算】对话框中，设置【源 1】选项组中的【通道】为 Alpha1，【源 2】选项组中的【通道】为 Alpha2。并在【混合】下拉列表框中选择【排除】选项，设置【结果】为【新建通道】，如下图所示。

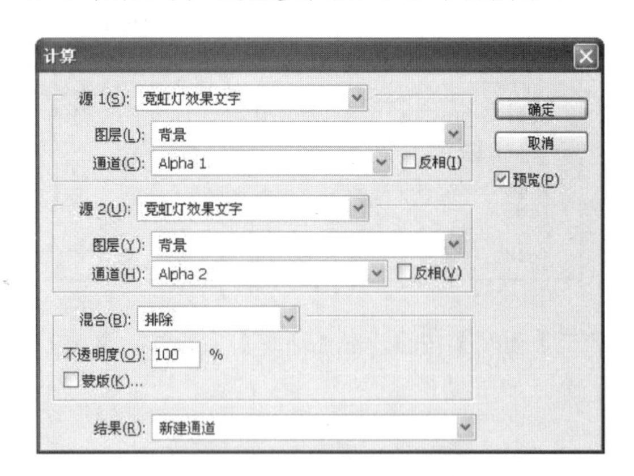

20 单击【确定】按钮，在【通道】面板中创建 Alpha3 通道的图像效果，如下图所示。

提示

运用【计算】命令，将两个通道以混合模式中的方式结合，得到霓虹灯的字体。

21 单击工具箱中的【矩形选框工具】按钮，将 Alpha3 通道中的图像全部框选，如下图所示。

22 按 Ctrl+C 组合键，复制 Alpha3 通道中的图像，然后在【通道】面板中单击 RGB 通道前的【指示通道可见性】按钮，将 RGB 通道显示出来，如下图所示。

23 在【图层】面板中，单击【创建新图层】按钮，新建【图层 1】图层，如下图所示。

24 按 Ctrl+V 组合键，粘贴 Alpha3 通道中的图像到【图层 1】图层，如下图所示。

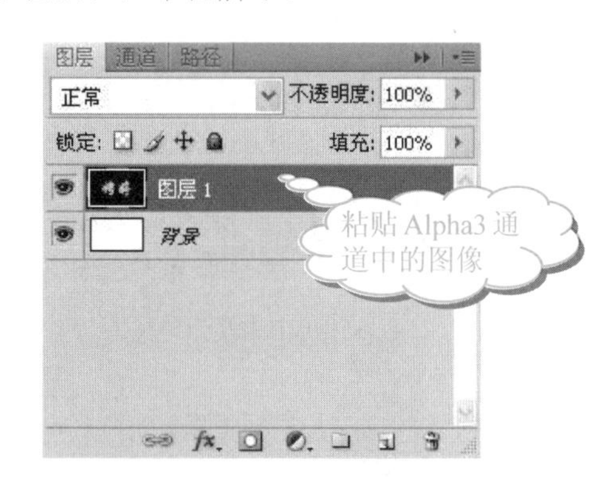

提示

步骤 21 到步骤 24 的操作目的是将 Alpha3 通道中的图像复制到【图层 1】图层中，便于在以后的步骤中为文字添加色彩。

25 在【图层】面板中，单击【背景】图层，将其激活。然后单击【创建新图层】按钮，新建【图层 2】图层，如下图所示。

长见识 当重新将一个拆分出来的面板再组合到原来的面板组中时，该面板的位置只能排列到面板组中其他面板之后。

㉖ 单击工具箱中的【渐变工具】按钮，再单击其工具属性栏中的渐变条，如下图所示。

㉗ 在【渐变编辑器】对话框中，单击【预设】右侧的三角形按钮，在弹出的下拉菜单中选择【协调色 2】命令，如下图所示。

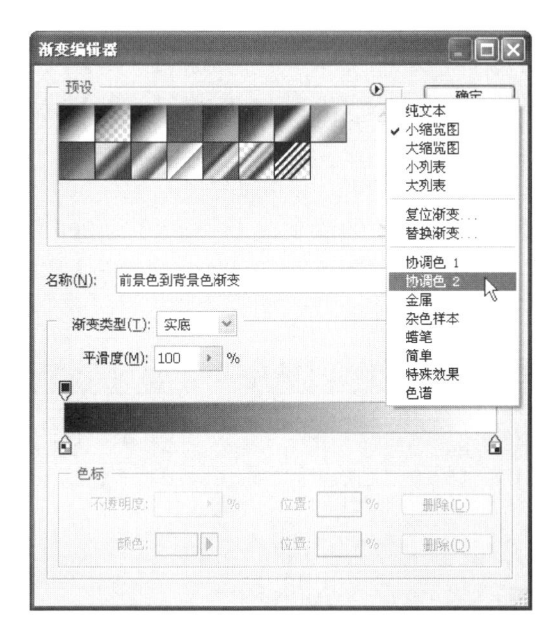

㉘ 弹出【渐变编辑器】对话框，单击【确定】按钮替换当前的渐变色，如下图所示。

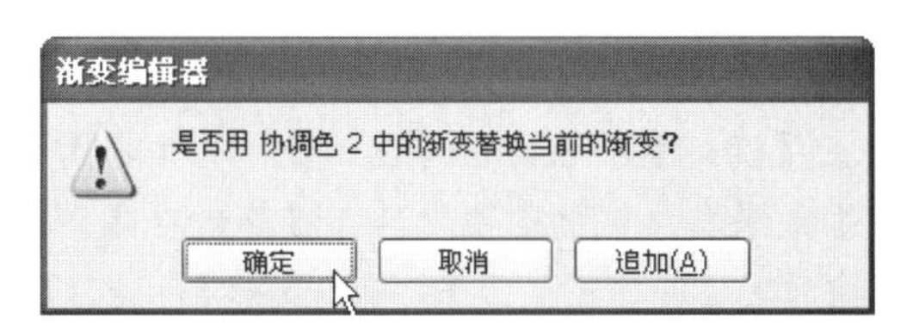

提示

单击【确定】按钮，替换渐变色；单击【取消】按钮，关闭对话框；单击【追加】按钮，则在原有渐变色的后面添加新的渐变色。

㉙ 返回【渐变编辑器】对话框，在【预设】列表框中单击【洋红、绿色、黄色】渐变图标，如下图所示。

提示

用户可以根据自己的喜好设置渐变条，这里直接选择现有的渐变继续操作。

㉚ 单击【确定】按钮，然后在图像中单击，从左向右，拖曳一条直线，对【图层 2】图层进行渐变操作。此时的【图层】面板如下图所示。

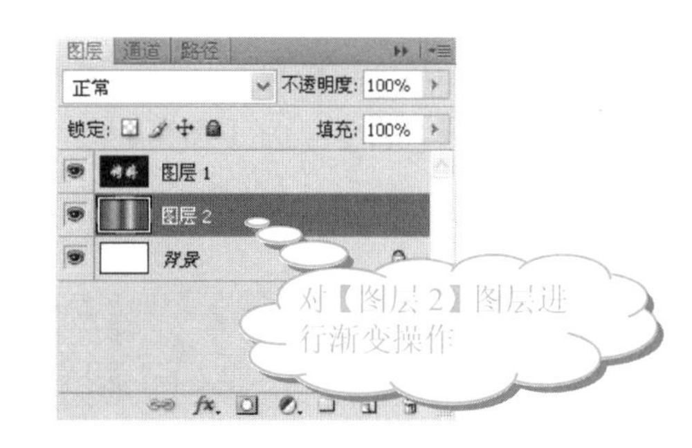

提示

【图层 2】被【图层 1】覆盖了，只能在【图层】面板中查看渐变效果。不过，也可以单击【图层 1】左侧的【指示图层可见性】按钮，将【图层 1】隐藏，然后来查看【图层 2】中的渐变效果。

㉛ 在【图层】面板中，单击【图层 1】图层，将其激活，然后将其【混合模式】设置为【强光】，如下图所示。

32 查看最终的图像效果，如下图所示。

7.4.3 活用诀窍

在本节实例中，详细地介绍了【计算】命令。通过【计算】命令，可以将两个通道以相应的混合模式结合在一起来制作霓虹灯文字的立体效果，清晰明了。

将渐变的颜色图层放置在文字图层的下方，将文字图层的【混合模式】调整为【强光】选项，就可以巧妙地为文字赋予彩色效果。

7.5 彩虹三维效果文字

每当下雨后，天空中就有可能出现彩虹，可是彩虹总是转瞬即逝。下面就来介绍彩虹三维效果文字的制作方法。

7.5.1 制作分析

在彩虹三维效果文字制作过程中，首先要制作文字路径；然后制作文字的截面图层，并复制相应的图层，将其分别移动到每个路径的起始位置；最后运用【描边路径】命令对路径进行描边。

最终的效果如下图所示。

7.5.2 照片处理

制作彩虹三维效果文字的具体操作步骤如下。

操作步骤

1 启动 Photoshop CS4 软件，选择【文件】|【新建】命令，在【新建】对话框中，将【名称】改为“彩虹三维效果文字”。接着在【预设】下拉列表框中选择【自定】选项。设置【宽度】值为 500 像素，【高度】值为 300 像素，【分辨率】为 200 像素/英寸，【颜色模式】为 RGB 颜色，【背景内容】为白色，如下图所示。

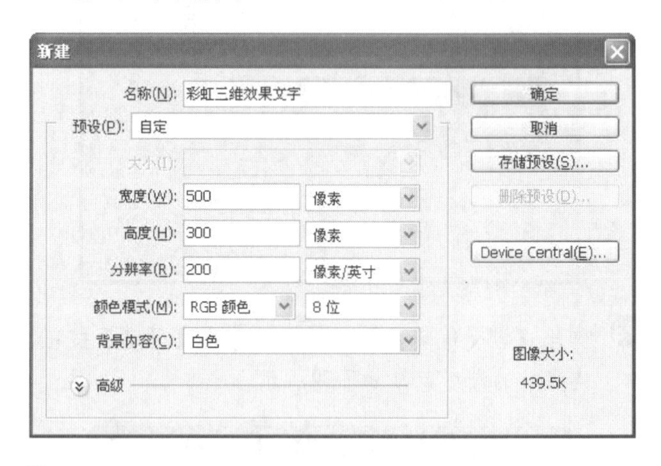

2 单击【确定】按钮，这样就新建了一个名为“彩虹三维效果文字”的空白文件。接着，在【图层】面板中单击【创建新图层】按钮，新建【图层 1】图层，如下图所示。

❸ 将【前景色】设置为黑色，按 Alt+Delete 组合键，将【图层 1】图层填充黑色，如下图所示。

❹ 将前景色设置为白色，单击工具箱中的【横排文字工具】按钮T，在属性栏中单击【切换字符和段落面板】按钮，打开【字符】面板，设置【字体】为 Freestyle Script，【设置字体大小】为 100 点，如下图所示。

❺ 在图像中拖出矩形区域，输入单词，如下图所示。

❻ 单击工具箱中的【移动工具】按钮，在图像上单击，将文字拖动到文档的中间，如下图所示。

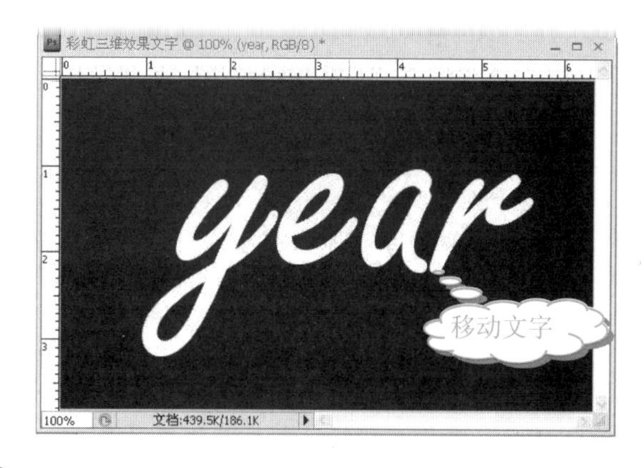

❼ 在【路径】面板中，单击【创建新路径】按钮，新建【路径 1】路径，如下图所示。

❽ 单击工具箱中的【钢笔工具】按钮，沿着字体本身的弧度制造圆滑的字体路径，如下图所示。

提示

运用【钢笔工具】时，每完成一个字体，单击【路径】面板下的灰色区域，即可完成这个字体的路径，然后单击【路径 1】路径，建立新的字迹路径。

【路径 1】中总共建立了四个路径。运用【钢笔工具】绘制路径时巧妙地结合 Ctrl 和 Alt 键，可以更好地使用【钢笔工具】。

在 Photoshop CS4 中，可以将图像中的颜色快速重新映射为单色，或者让 Photoshop 分析图像并提取转换设置建议。

❾ 在【图层】面板中，单击【创建新图层】按钮，新建【图层 2】图层，如下图所示。

❿ 单击工具箱中的【渐变工具】按钮，在其属性栏中，单击【角度渐变】按钮，然后单击渐变条，如下图所示。

⓫ 在【渐变编辑器】对话框中，单击【预设】右侧的三角形按钮，在弹出的下拉菜单中选择【复位渐变】命令，然后单击【色谱】图标，如下图所示。

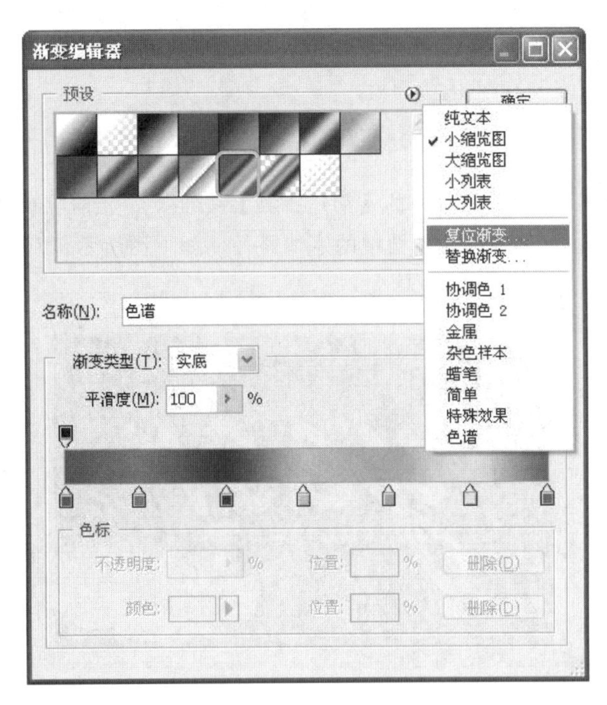

注意

这里之所以要单击【预设】右侧的三角形按钮，在弹出的下拉菜单中选择【复位渐变】命令，是因为之前将【预设】修改为了【协调色 2】选项。

⓬ 单击【确定】按钮，在图像的中上位置单击，拖动鼠标，如右上图所示。

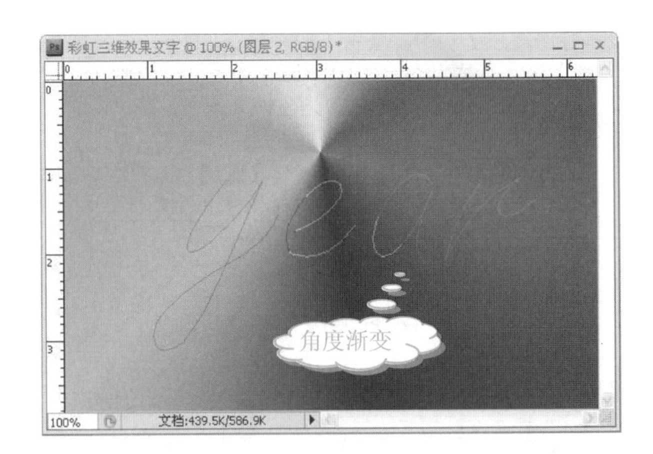

⓭ 单击工具箱中的【椭圆选框工具】按钮，在渐变色谱的中心位置单击，按住鼠标左键不动，然后按住 Shift+Alt 组合键的同时拖动鼠标，建立选区，如下图所示。

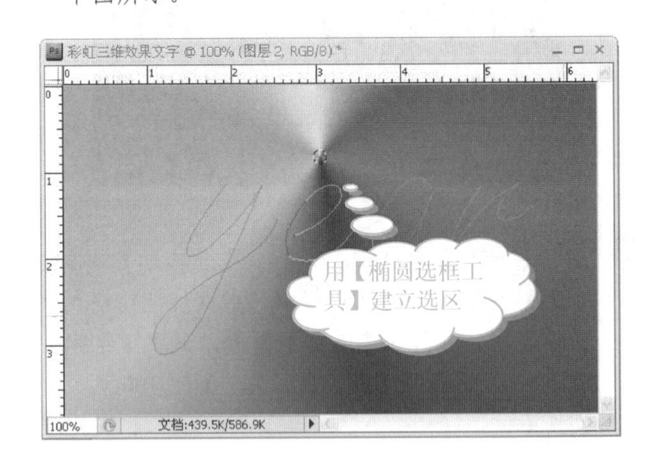

提示

在这一步中，运用【椭圆选框工具】建立的选区大小将直接决定彩虹三维效果文字截面的粗细。

⓮ 在【路径】面板中，单击【路径 1】下方的灰色区域，取消【路径 1】的激活状态，如下图所示。

提示

如果不取消【路径 1】的激活状态，在步骤 15 中，按 Delete 键会将【路径 1】中的路径删除。

绘制曲线路径时，锚点数量越少越好，因为如果锚点数量过多不仅会增加绘制的步骤，同时也不利于后期的修改。

15 返回【图层】面板，按 Shift+Ctrl+I 组合键，将选区反选，然后按 Delete 键，将【图层 2】图层中的选区图像删除，如下图所示。

16 在【图层】面板中，将【图层 2】图层拖动至【创建新图层】按钮上，复制图层(一共 4 个渐变图层)，如下图所示。

17 在【路径】面板中，单击【路径 1】路径，将其激活，然后单击工具箱中的【移动工具】按钮，分别将 4 个渐变图层的图像放置在四个字母的路径的起始位置，如下图所示。

提示

4 个渐变图层以从下往上的排列顺序，分别对应字母 y、e、a、r。

18 单击工具箱中的【涂抹工具】按钮，在工具属性栏上设置【强度】为 100%，并选中【对所有图层取样】复选框，如下图所示。

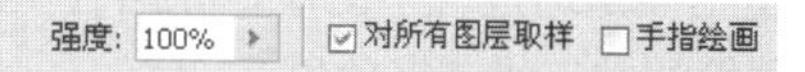

19 在【路径】面板中，右击【路径 1】路径，从弹出的快捷菜单中选择【描边路径】命令，如下图所示。

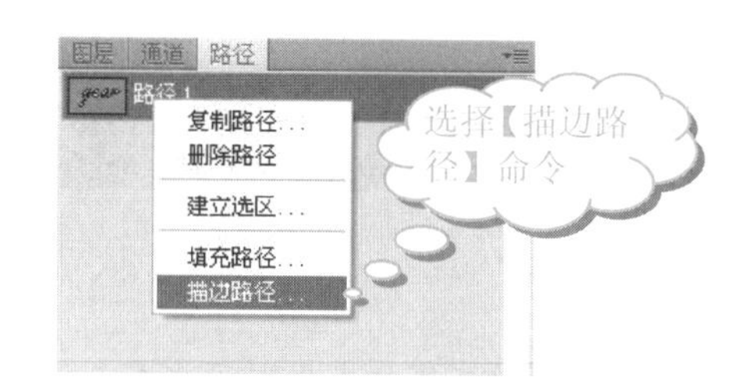

20 在【描边路径】对话框中，单击【画笔】右侧的下拉按钮，从弹出的下拉列表中选择【涂抹】选项，如下图所示。

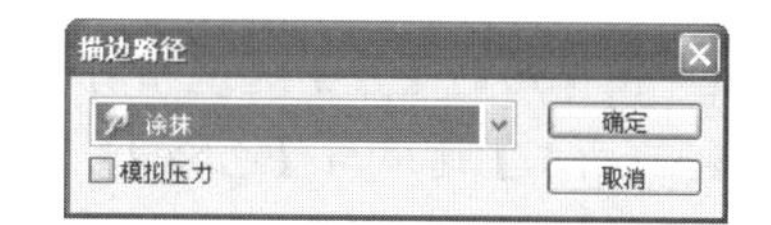

21 单击【确定】按钮，查看图像效果，如下图所示。

22 在【路径】面板中，单击【路径 1】下方的灰色区域，将图像上的路径隐藏，单击 4 个渐变图层左侧的【指示图层可见性】按钮，将其隐藏，得到最终的图像效果，如下图所示。

在选择路径的情况下，停在路径上方的【钢笔工具】可以自动判断增加或减少锚点。如果停在路径上，则为添加锚点状态；如果停在锚点上，则为删除锚点状态。

7.5.3 活用诀窍

在本节实例中，详细地介绍了彩虹三维效果文字的制作。这里主要是通过文字图层，在路径上进行描边，产生的一种简洁的三维文字效果。

文字的截面图层可以多样，产生的效果也就多样，用户可以运用各种方法尝试各种形状的文字截面图层。

7.6 思考与练习

选择题

1. 在三明治文字的黑胡椒粉效果中，有关建立【蓝 副本】通道，下面说法错误的是________。
   - A. 【蓝 副本】里的白色区域将作为黑胡椒粉的覆盖区域
   - B. 【蓝 副本】通道中的【背景 副本】图层与盖印图像后的【蓝】通道相同
   - C. 【蓝 副本】通道与【色阶 2】图层的【蓝】通道相同
   - D. 【蓝 副本】通道会随着图层的增加而变化

2. 关于霓虹灯效果文字的建立，以下说法正确的是________。
   - A. 字体的色彩是将文字放置于渐变色图层下方，然后运用调整渐变色图层的混合模式达到改变字体颜色的目的
   - B. 如果字体的背景色是灰色，也能达到同样的效果，只是黑色转换为灰色
   - C. 霓虹灯字体的立体感是通过设置【图层样式】对话框中的参数得到的
   - D. 霓虹灯字体的立体感是通过图层之间的复制和移动，以及不同图层的模式形成的。

3. 按______组合键，能快速地打开【曲线】对话框。

   A. Ctrl+M　　B. Ctrl+B

   C. Shift+M　　D. Alt+B

操作题

1. 参考本章所介绍的内容，试着制作出“水晶字”效果文字，如下图所示。

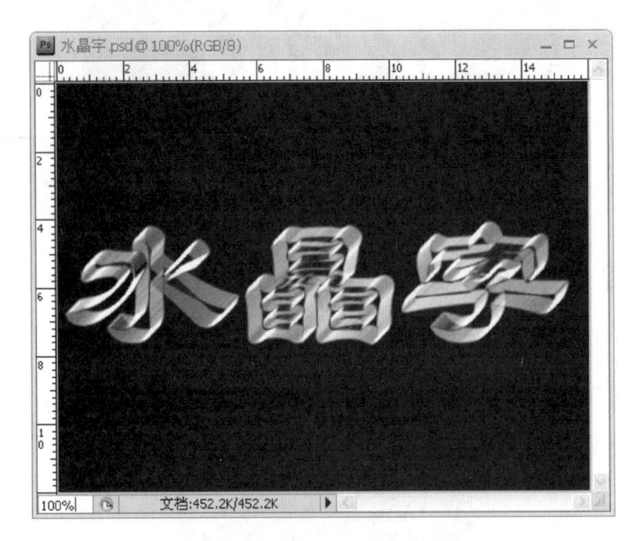

2. 参考本章所介绍的内容，试着制作出“饼干字”效果文字，如下图所示。

复制图像后，【图层】面板中将自动产生相应的新图层。如果是在本图像窗口中复制图像，复制后的图像将与原来的图像重合在一起。此时，可以使用【移动工具】调整其位置。

第 8 章

美轮美奂——婚纱设计

拍摄结婚照是每个人一生中最快乐的事情。可是婚纱照片太普通，怎么办？使用 Photoshop 对照片进行处理，就可以使婚纱照片显示出多种风格，一起来看看吧！

学习要点

- ❖ 设计艺术梦幻婚纱效果
- ❖ 设计暖暖婚纱效果
- ❖ 设计梦幻绿色婚纱效果
- ❖ 设计暗调夜晚婚纱效果
- ❖ 设计十字星光婚纱效果

学习目标

通过对本章的学习，读者首先应该思考如何制作出多姿多彩的婚纱效果；然后通过本章的练习学会运用各种命令；最后能够理解这些命令的操作原理，熟练地运用这些命令完成任何想要的婚纱照片效果。

8.1 艺术梦幻婚纱效果

要想给婚纱照增添梦幻的效果，让其与众不同，就来看看本章节的内容吧！

8.1.1 制作分析

将照片处理成艺术梦幻效果的重点在于调整照片中的颜色，将其替换为梦幻色彩。

最终制作效果如下图所示。

8.1.2 照片处理

本实例的制作就是调整照片的颜色，充分运用【色阶】、【可选颜色】、【照片滤镜】和【色相/饱和度】等命令，进行颜色调节，具体操作步骤如下。

操作步骤

❶ 启动 Photoshop CS4 软件，打开素材文件(配书光盘中的图书素材\第 8 章\8-1.jpg)，如下图所示。

❷ 在【图层】面板上，将【背景】图层拖动至【创建新图层】按钮上，复制【背景】图层为【背景 副本】图层，如下图所示。

❸ 选择【滤镜】|【模糊】|【高斯模糊】命令，如下图所示。

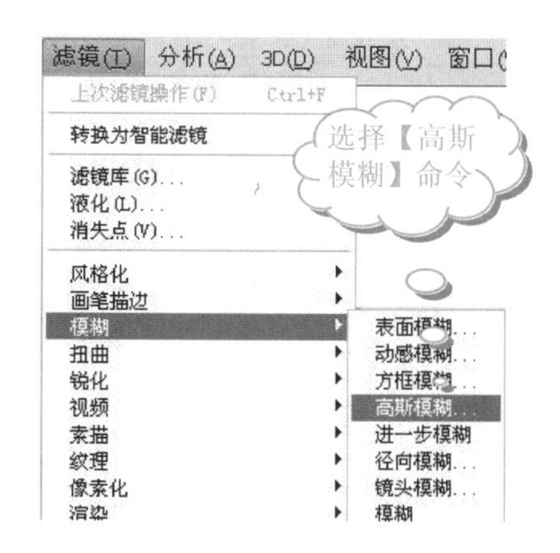

❹ 在【高斯模糊】对话框中，设置【半径】为 4 像素，如下图所示。

❺ 单击【确定】按钮，并在【图层】面板中将【混合模式】设置为【正片叠底】，如下图所示。

在选择【自由变换】命令调整图像的大小后，按 Enter 键可以应用变换；按 Esc 键可以取消变换，恢复到图像的原始状态。

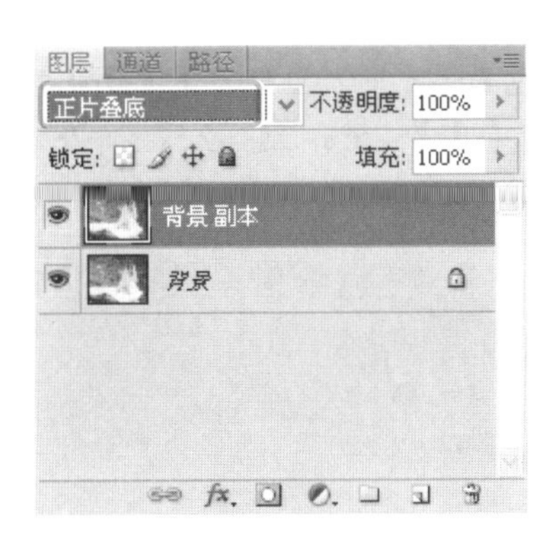

❻ 查看图像效果，如下图所示。

❼ 选择【图像】|【调整】|【色阶】命令，如下图所示。

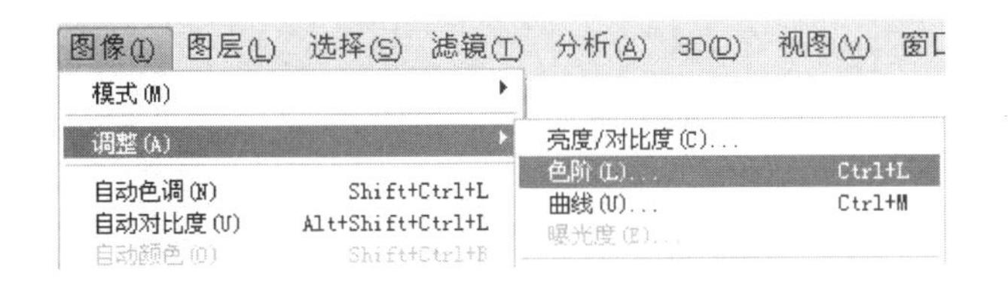

❽ 在【色阶】对话框中，设置【输入色阶】为 0、1.70 和 246，如下图所示。

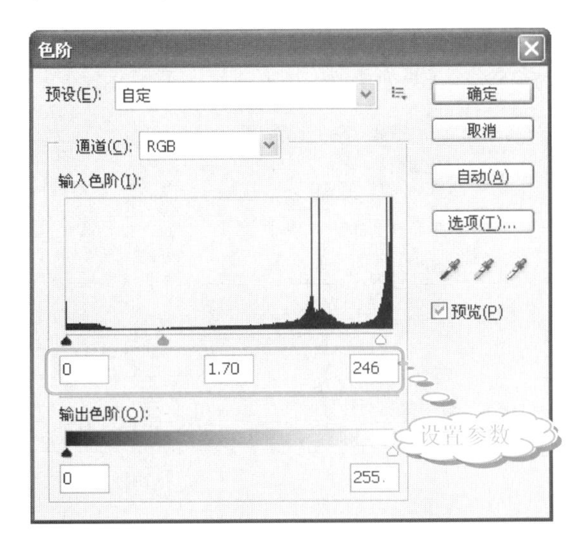

❾ 单击【确定】按钮，查看照片的效果，如下图所示。

❿ 在【调整】面板中，单击【可选颜色】按钮，如下图所示。

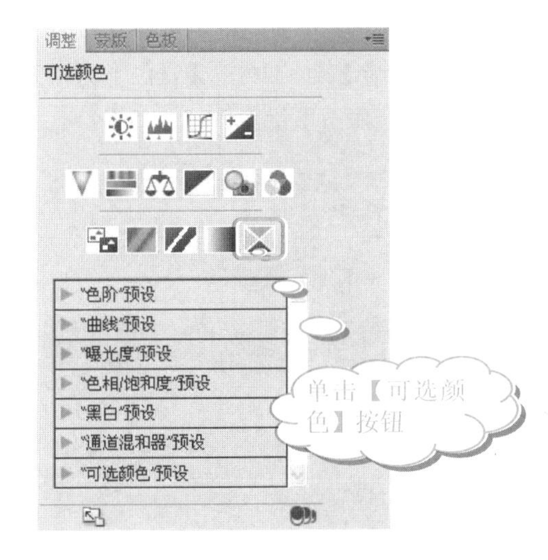

⓫ 在【可选颜色】设置界面中，在【颜色】下拉列表框中选择【红色】选项。然后设置【青色】为+32%，【洋红】为+36%，【黄色】为-37%。最后选中【相对】单选按钮，如下图所示。

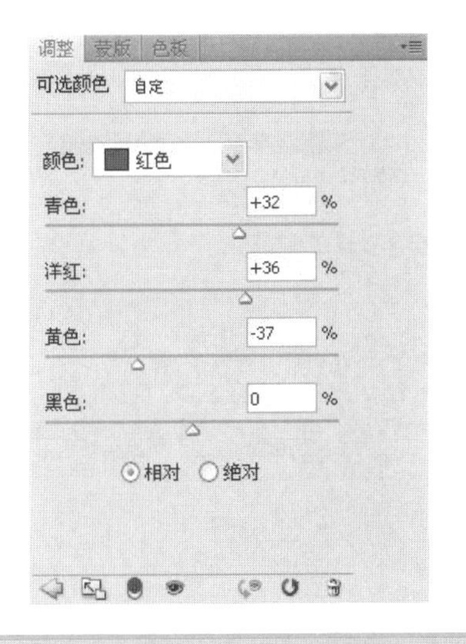

学以致用系列丛书

复制文件中的对象时，可以先用【选择工具】选定对象，然后单击【移动工具】按钮，再按住 Alt 键不放，当鼠标指针变成黑色和白色重叠在一起的两个箭头时，拖动鼠标到所需位置即可复制对象。

⑫ 在【颜色】下拉列表框中选择【黄色】选项。然后设置【青色】为-70%，【洋红】为-67%，【黄色】为-95%，如下图所示。

⑬ 在【颜色】下拉列表框中选择【绿色】选项，然后设置【青色】为-22%，【洋红】为+79%，【黄色】为-83%，如下图所示。

⑭ 在【颜色】下拉列表框中选择【青色】选项，然后设置【青色】为+73%，【洋红】为+99%，【黄色】为-41%，如下图所示。

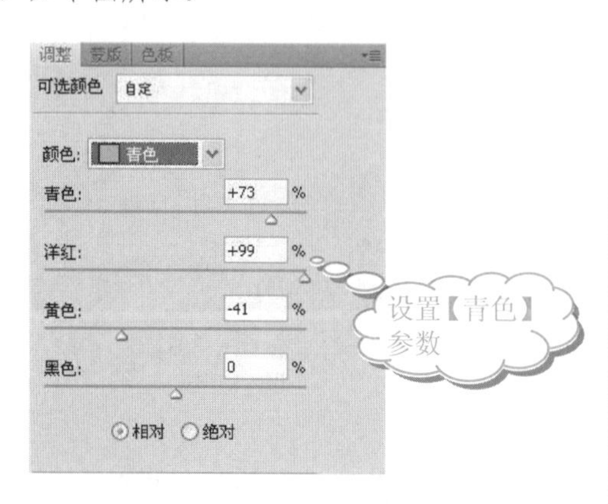

⑮ 在【颜色】下拉列表框中选择【蓝色】选项，然后设置【青色】为26%，【洋红】为-78%，【黄色】为100%，如下图所示。

⑯ 在【颜色】下拉列表框中选择【洋红】选项，然后设置【青色】为100%，【洋红】为-14%，【黄色】为100%，【黑色】为-43%，如下图所示。

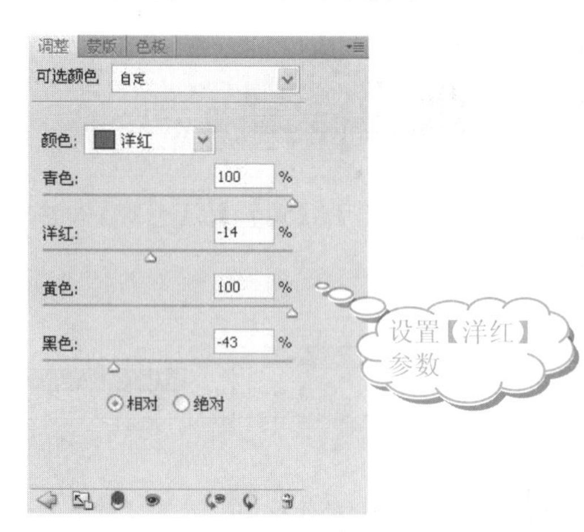

⑰ 在【颜色】下拉列表框中选择【白色】选项，然后设置【青色】为-57%，【洋红】为-30%，【黄色】为25%，【黑色】为-26%，如下图所示。

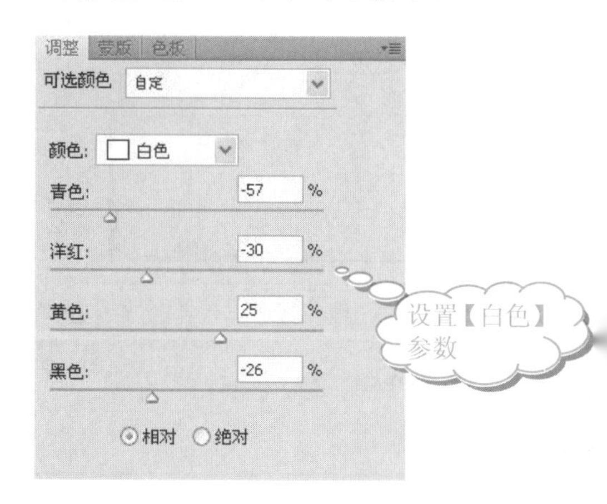

当使用【画布大小】命令减小画布大小时，将会弹出 Adobe Photoshop CS4 Extended 对话框，提示“新画布大小小于当前画布大小；将进行一些剪切”。此时，单击【继续】按钮将会裁切部分图像；单击【取消】按钮则返回【画布大小】对话框，可以重新进行设置。

18 在【颜色】下拉列表框中选择【中性色】选项，然后设置【青色】为9%，【洋红】为17%，【黄色】为6%，如下图所示。

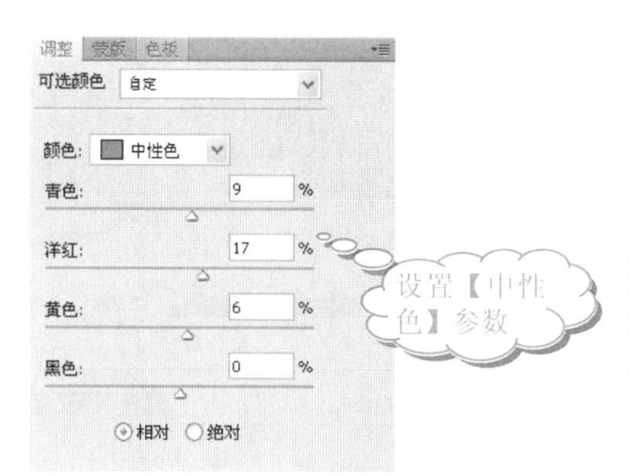

19 在【颜色】下拉列表框中选择【黑色】选项，然后设置【青色】为2%，【洋红】为34%，【黄色】为3%，如下图所示。

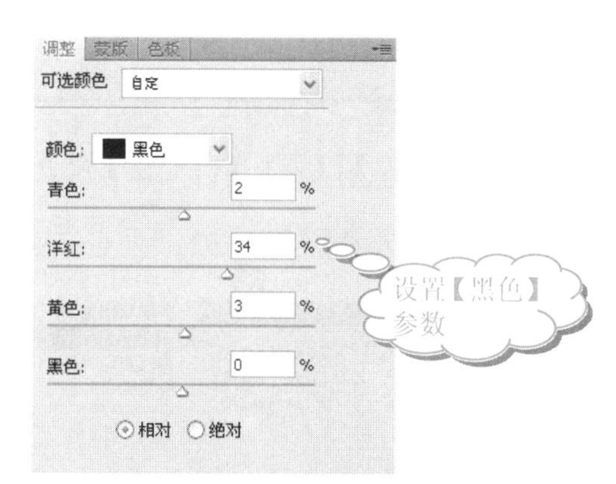

注意

在这里的【可选颜色】设置界面中，是针对图像中所拥有的各种颜色进行逐个调整，转换图像的颜色的。

20 通过调整【可选颜色】之后，查看图像效果，如下图所示。

21 在【可选颜色】设置界面中，单击【返回到调整列表】按钮。返回【调整】面板，再单击【色相/饱和度】按钮，如下图所示。

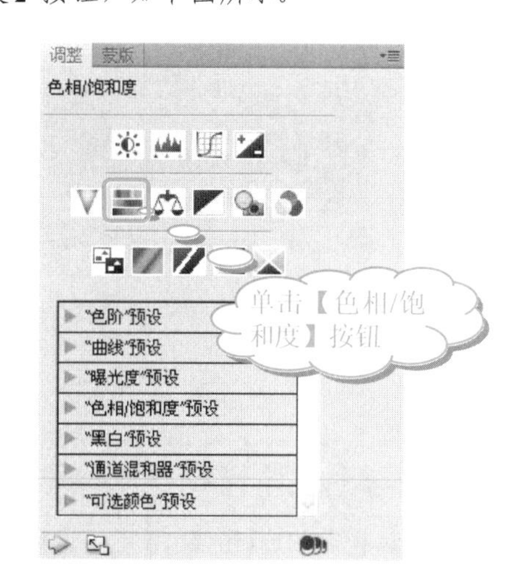

22 在【色相/饱和度】设置界面中，设置【饱和度】为-19，如下图所示。

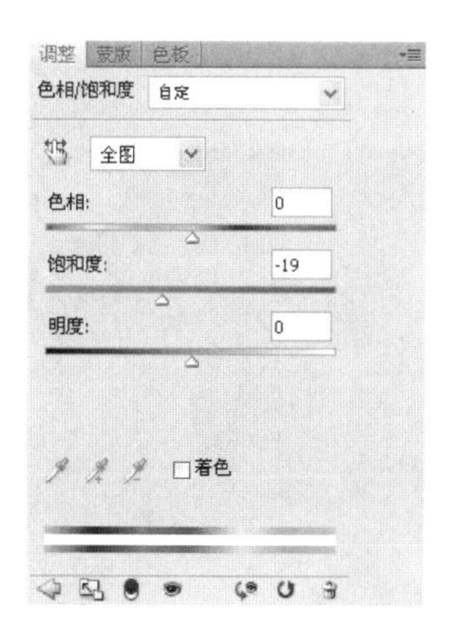

23 调整饱和度后，查看图像效果，颜色自然了很多，如下图所示。

学以致用系列丛书

打开【首选项】对话框，切换到【性能】选项卡，在【历史记录和高速缓存】选项组中的【历史记录状态】微调框中可以设置历史记录数，最大值为1000。

24 在【图层】面板中，单击【创建新图层】按钮，创建【图层 1】图层，然后按 Shift+Ctrl+Alt+E 组合键，将现有的图像盖印到【图层 1】图层上，如下图所示。

注意

在这一步中，对比【图层 1】图层、【背景 副本】图层和【背景】图层，区别盖印和复制图层的不同点。

25 单击工具箱中的【椭圆选框工具】按钮，在图像中选出人物的大致范围，如下图所示。

26 选择菜单栏中的【选择】|【反向】命令，将选区反向选择，如下图所示。

27 选择菜单栏中的【选择】|【修改】|【羽化】命令，如下图所示。

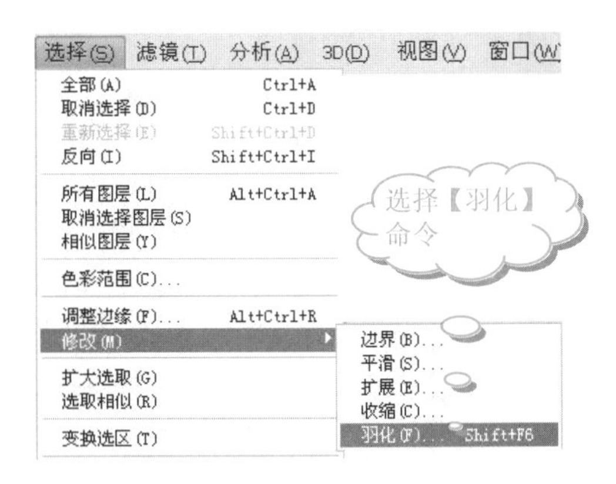

28 在【羽化选区】对话框中，设置【羽化半径】为 45 像素，并单击【确定】按钮，如下图所示。

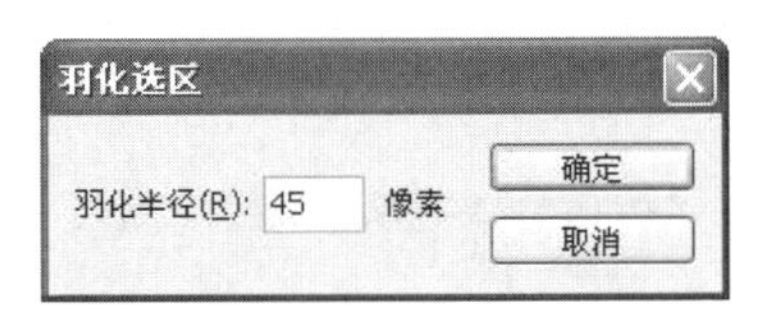

29 选择【图像】|【调整】|【色阶】命令，如下图所示。

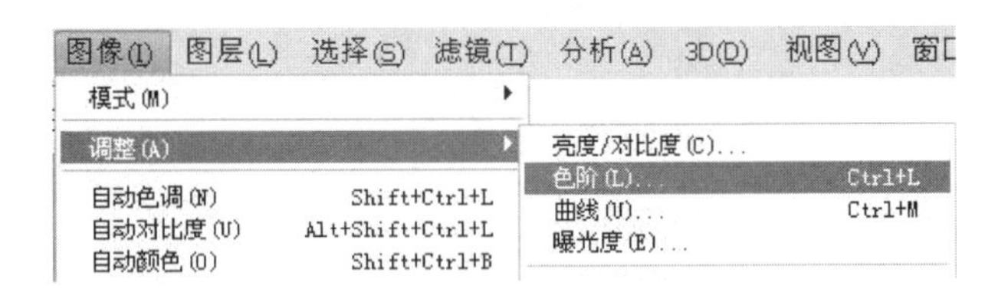

30 在【色阶】对话框中，设置【输入色阶】为 9、0.71 和 255，如下图所示。

31 单击【确定】按钮，然后按 Ctrl+D 组合键，取消选区。查看图像效果，如下图所示。

学以致用系列丛书

长见识：若在未选取图像区域的情况下，选择【编辑】|【定义画笔预设】命令，则会以图像窗口中处于显示状态的图像作为画笔。

步骤 25 到步骤 31 操作的主要目的是将背景颜色调暗，将人物突显出来。

32 在【调整】面板中，单击【照片滤镜】按钮，如下图所示。

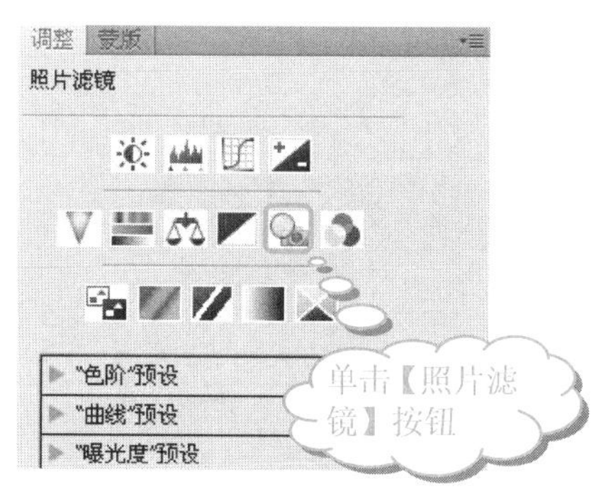

33 在【照片滤镜】设置界面中，选中【颜色】单选按钮，单击【颜色】右侧的色块，打开【选择滤镜颜色】对话框。设置滤镜颜色的参数(C:4，M:4，Y:31，K:0)，如下图所示。

34 单击【确定】按钮，返回【照片滤镜】设置界面，设置【浓度】为 14%，选中【保留明度】复选框，如下图所示。

35 单击【返回到调整列表】按钮，在【调整】面板中单击【色彩平衡】按钮，如下图所示。

36 在【色彩平衡】设置界面中，选中【中间调】单选按钮和【保留明度】复选框，并在文本框中依次输入-22、-2 和-22，如下图所示。

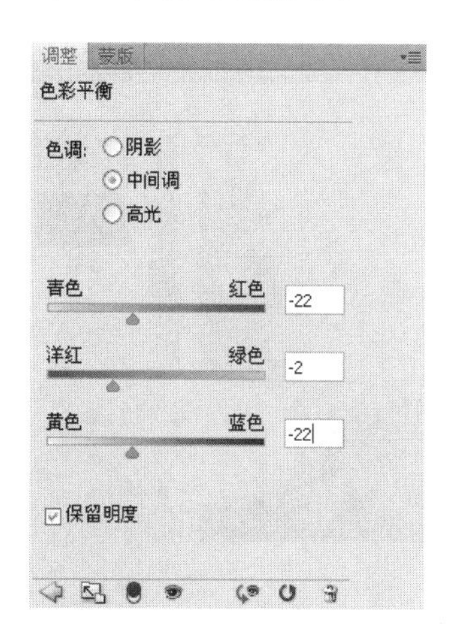

【铅笔工具】与【画笔工具】的不同之处在于硬度百分比选项的设置会改变【画笔工具】的边缘，使其变得柔和；而【铅笔工具】的边缘不会发生变化。

37 单击【返回到调整列表】按钮，在【调整】面板中，单击【色相/饱和度】按钮，如下图所示。

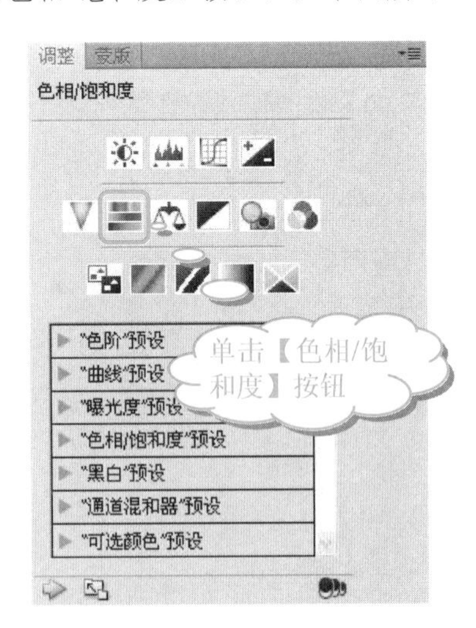

38 在【色相/饱和度】设置界面中，设置【饱和度】为-16，如下图所示。

39 在【图层】面板中，单击【创建新图层】按钮，新建【图层 2】图层。单击工具箱中的【设置前景色】按钮，打开【拾色器(前景色)】对话框，设置参数(C:33，M:93，Y:8，K:0)，如下图所示。

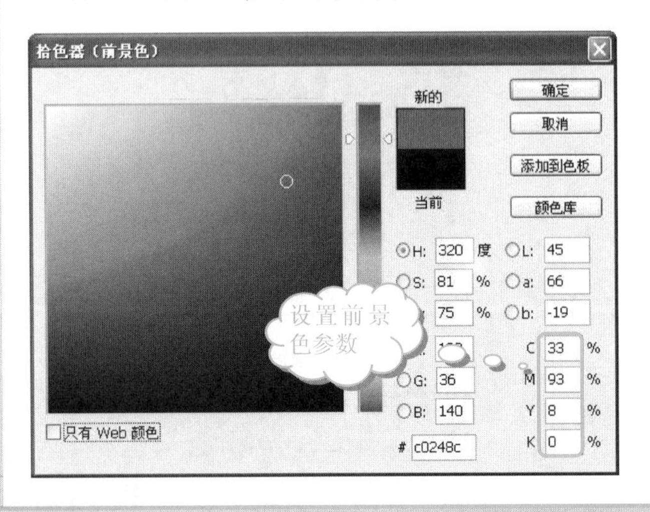

40 单击【确定】按钮。然后单击工具箱中的【设置背景色】按钮，打开【拾色器(背景色)】对话框，设置参数(C:46，M:18，Y:9，K:0)，如下图所示。

41 在【色相/饱和度】设置界面中，单击【返回到调整列表】按钮，返回到【调整】面板，单击【渐变映射】按钮，如下图所示。

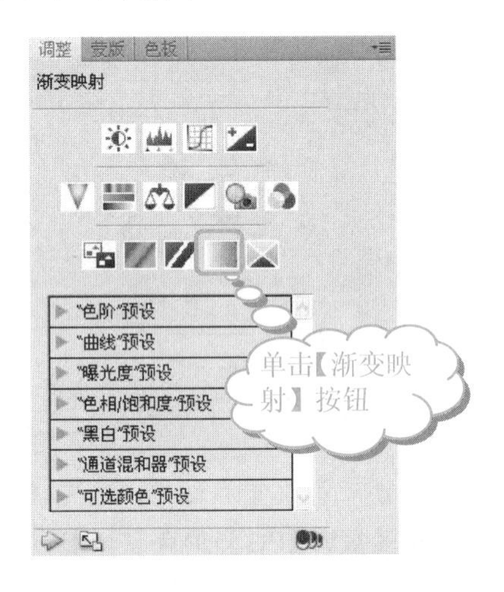

42 在【渐变映射】设置界面中，单击渐变条，如下图所示。

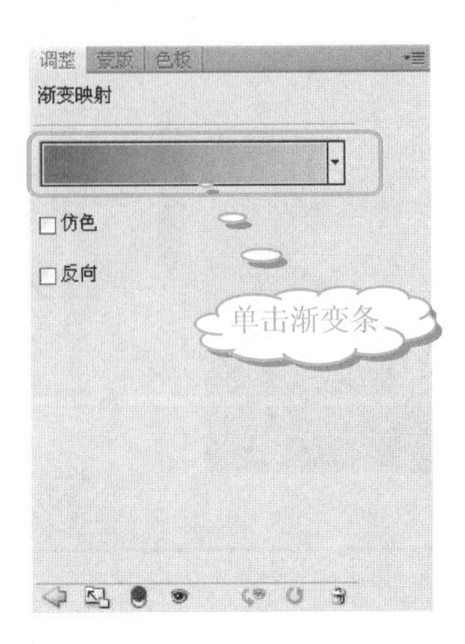

学以致用系列丛书

【仿制图章工具】使用不同直径的笔刷，其绘制范围也不同；而使用不同硬度的笔刷，其绘制区域的边缘也不同。一般建议使用较软的笔刷，那样复制出来的区域周围与原图像可以较好地融合。当然，如果选择图案笔刷(如枫叶等)，复

43 在【图层】面板中，将【渐变映射 1】图层的【混合模式】设置为【柔光】，【不透明度】设置为 56%，如下图所示。

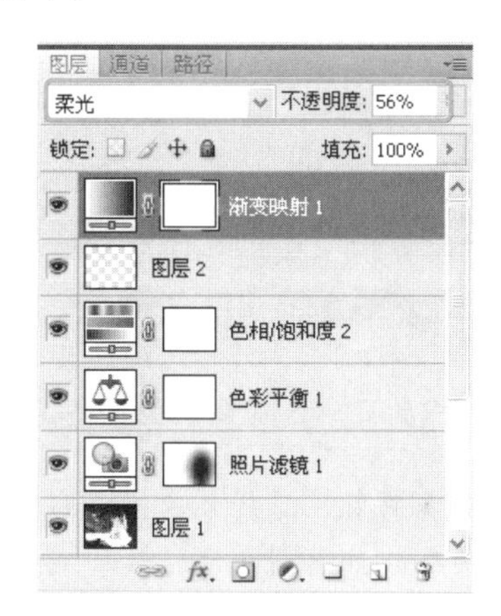

44 查看图像效果，如下图所示。

45 在【图层】面板中，新建【图层 3】图层。单击工具箱中的【画笔工具】按钮，设置前景色为白色。设置【画笔】为【流星】样式，在图像上画出一些星光，查看最终图像效果，如下图所示。

8.1.3 活用诀窍

在本实例中，经过多次加工，图像的颜色出现了很多变化。在操作过程中，保留了调整图层，所以图像的颜色没有遭到根本破坏。可以在调整图层中继续改变图像的颜色，直至完全合适。

应该学会运用【调整】面板中的【照片滤镜】和【渐变映射】设置界面，给图像蒙上梦幻色彩。

8.2 暖暖婚纱效果

要想给婚纱照增添温馨、清新与靓丽的效果，就来看看本章节的操作吧！

8.2.1 制作分析

将照片处理成温馨、清新的效果，首先需要让人物朦胧化，然后对图像的整体色彩进行调整。

最终制作效果如下图所示。

8.2.2 照片处理

本实例是针对图像中的【高调】、【中间调】和【暗调】分别进行处理的，制造出朦胧的人物效果。然后运用【纯色】和【曲线】命令，调节画面的效果。

操作步骤

❶ 启动 Photoshop CS4 软件，选择【文件】|【打开】命令，打开素材文件(配书光盘中的图书素材\第 8 章\8-2.jpg)，如下图所示。

❷ 在【图层】面板上，将【背景】图层拖动至【创建新图层】按钮上，复制【背景】图层为【背景 副本】图层，如下图所示。

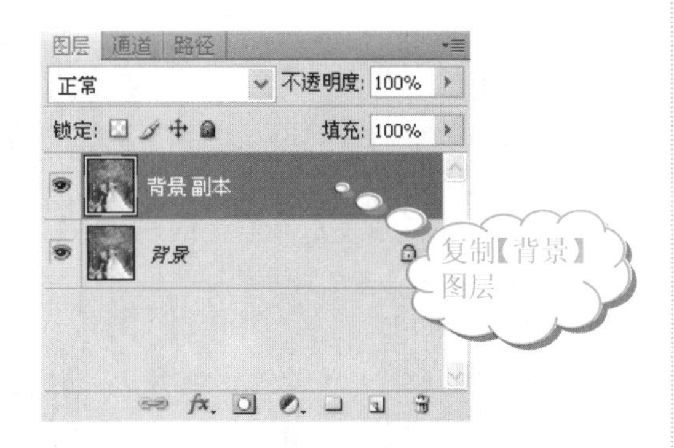

❸ 选择【图像】|【应用图像】命令，如下图所示。

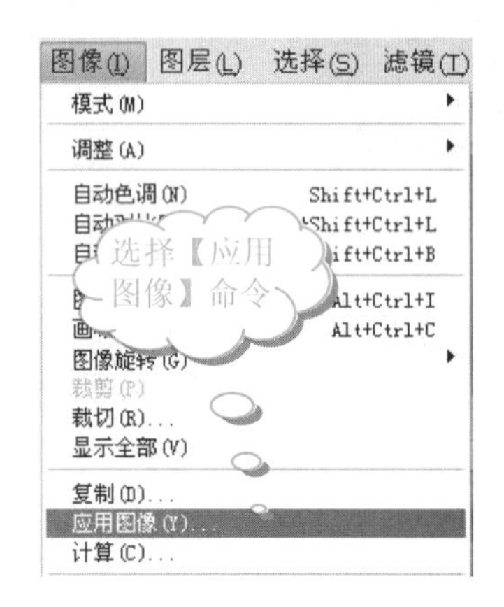

❹ 在【应用图像】对话框中，设置参数如右上图所示。

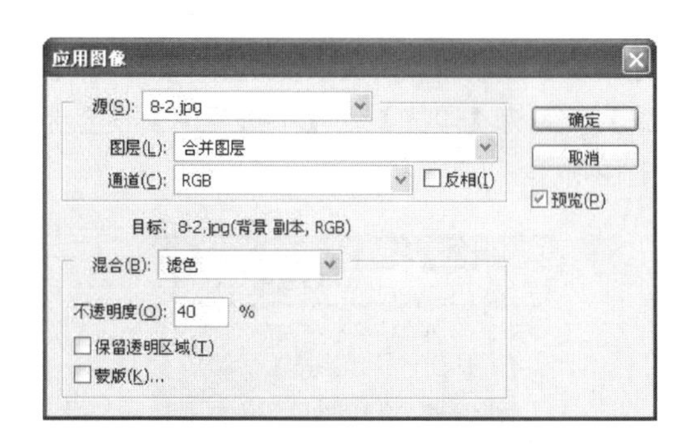

提示

这一步操作的目的是提高图像的亮度。

❺ 单击【确定】按钮。选择菜单栏中的【选择】|【色彩范围】命令，如下图所示。

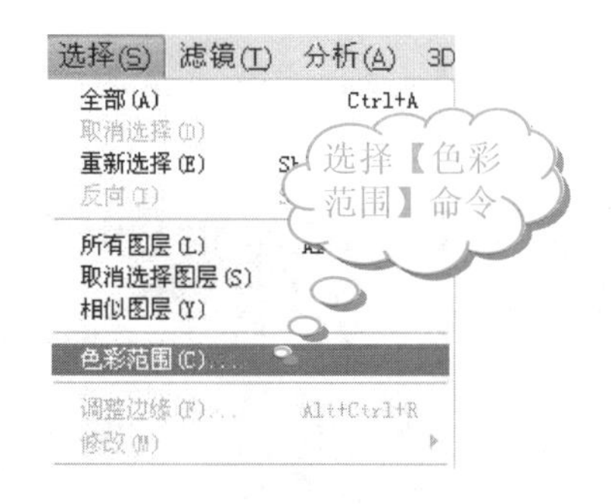

❻ 在【色彩范围】对话框中，在【选择】下拉列表框中选择【高光】选项，如下图所示。

❼ 单击【确定】按钮，建立选区。按 Ctrl+J 组合键，将选区内的图像复制到【图层 1】图层中，如下图所示。

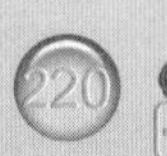

【背景橡皮擦工具】主要是通过颜色的【容差】值进行工作的。【容差】值越大，【背景橡皮擦工具】对颜色相似程度的要求越低，擦除的颜色范围越宽，图像的精度也就越低。

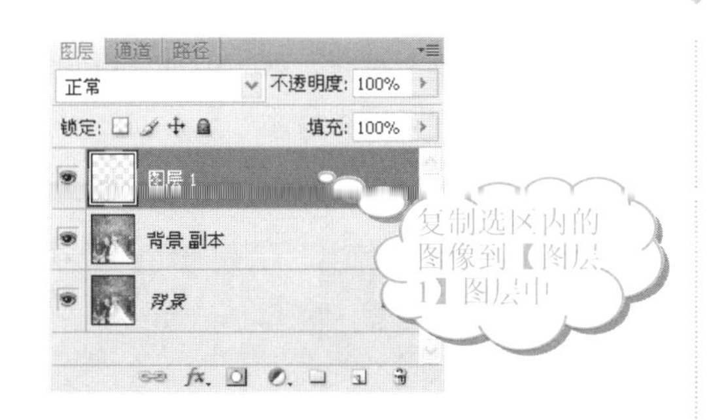

❽ 按住 Ctrl 键的同时单击【图层 1】图层，建立选区。然后选择菜单栏中的【选择】|【反向】命令，将选区反选。单击【背景 副本】图层，将其激活。按 Ctrl+J 组合键，将选区内的图像复制到【图层 2】图层，如下图所示。

❾ 选择【图像】|【计算】命令，如下图所示。

❿ 在【计算】对话框中，设置参数，如下图所示。

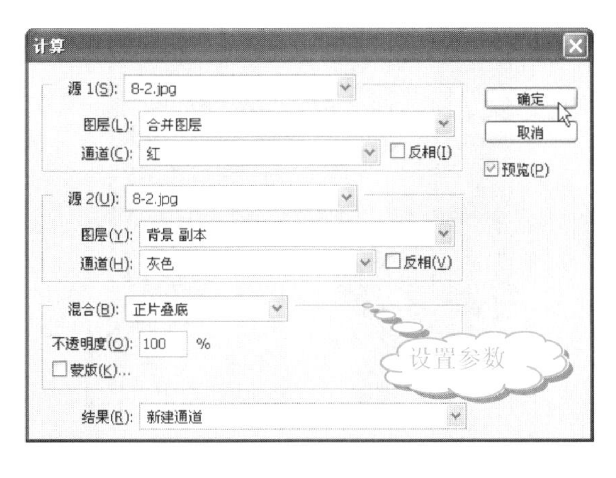

⓫ 单击【确定】按钮，在【通道】面板中，自动创建新的 Alpha1 通道，隐藏其他通道，如下图所示。

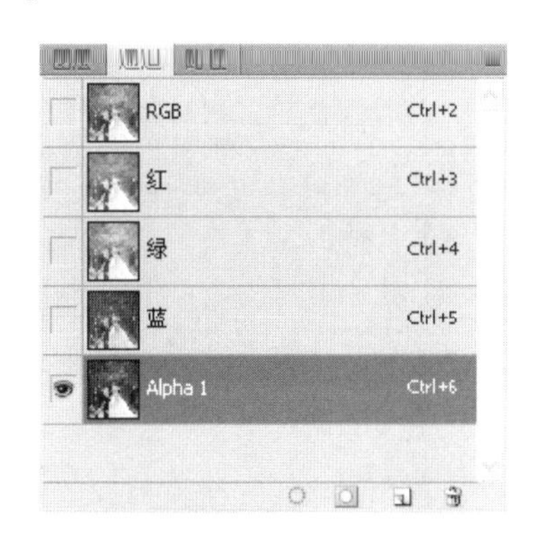

⓬ 按住 Ctrl 键的同时单击 Alpha1 通道，建立选区。单击 Alpha1 通道左侧的【指示通道可见性】按钮，将其隐藏。然后单击 RGB 通道左侧的【指示通道可见性】按钮，将其显示出来，如下图所示。

⓭ 在【图层】面板中，先单击【图层 2】图层，将其激活。再按 Ctrl+J 组合键，将图像复制到新的图层【图层 3】中，如下图所示。

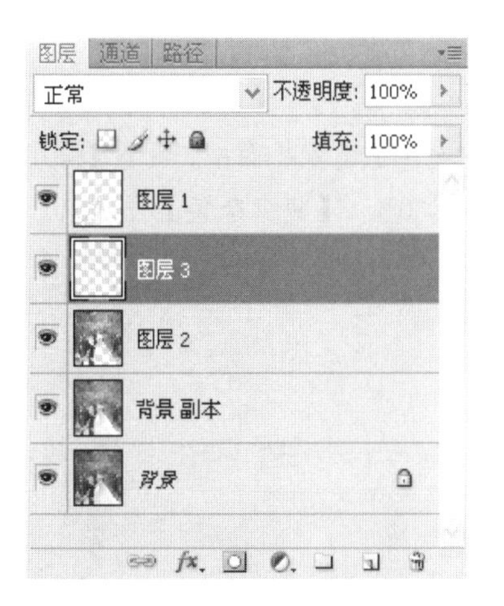

【图层 3】图层中的图像为中间调图像。

⓮ 将【图层 1】、【图层 2】和【图层 3】图层的名称分别重命名为“高光”、“暗调”和“中间调”，如下图所示。

提示

修改图层名称的方式为双击图层原来的名称，然后在文本框中输入文字。

⓯ 在【图层】面板中，单击【暗调】图层，将其激活。然后选择【滤镜】|【杂色】|【减少杂色】命令，如下图所示。

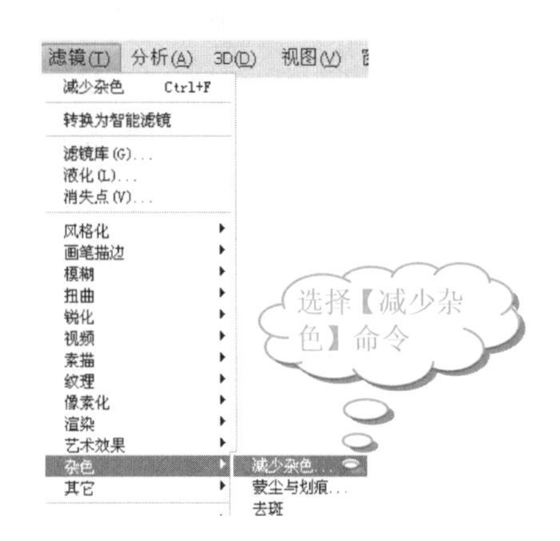

⓰ 在【减少杂色】设置界面中，设置【强度】为 8，【保留细节】为 0%，【减少杂色】为 20%，【锐化细节】为 100%，如下图所示。

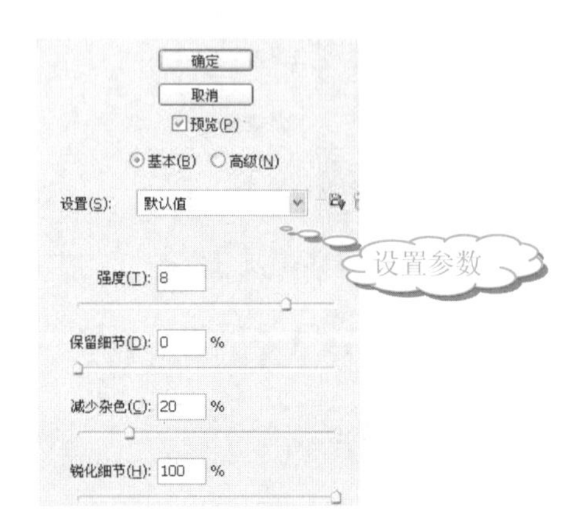

⓱ 单击【确定】按钮，按 Ctrl+F 组合键，重复刚才的滤镜操作，如下图所示。

⓲ 若发现有点锐化过度，可以选择【编辑】|【渐隐减少杂色】命令，如下图所示。

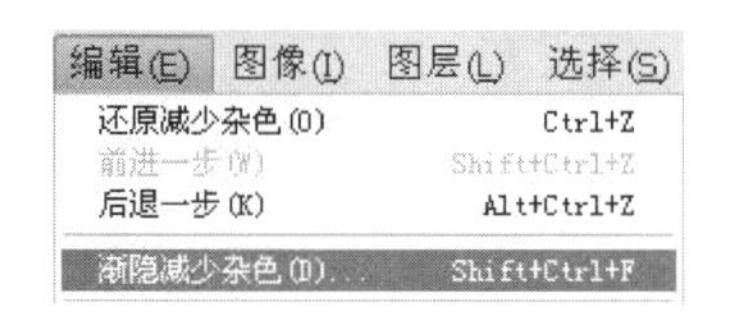

⓳ 在【渐隐】对话框中，设置参数，如下图所示。

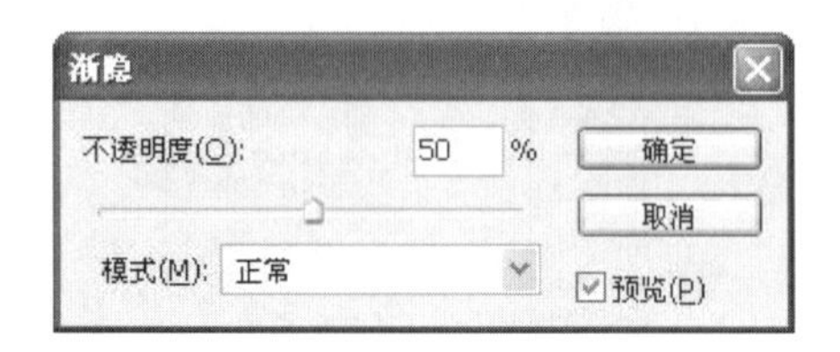

⓴ 单击【确定】按钮，查看图像效果，如下图所示。

长见识 使用【修补工具】时，在其属性栏的【修补】选项组中，若选中【源】单选按钮，则用目标来修复选区；若选中【目标】单选按钮，则用选区来修复目标位置。

21 在【图层】面板中，单击【中间调】图层，将其激活。选择【滤镜】|【模糊】|【高斯模糊】命令，如下图所示。

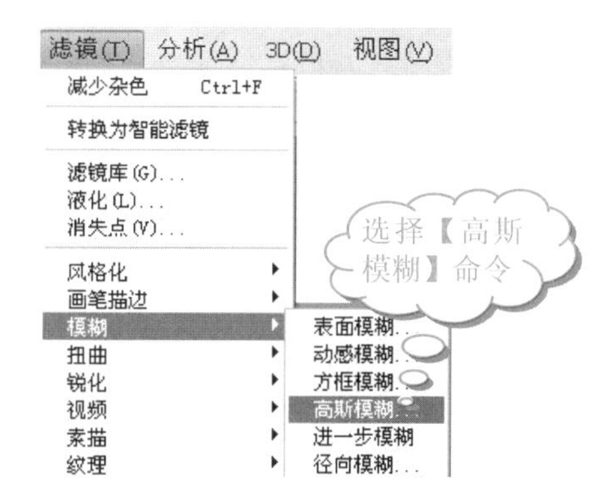

22 在【高斯模糊】对话框中，设置【半径】为 5 像素，如下图所示。

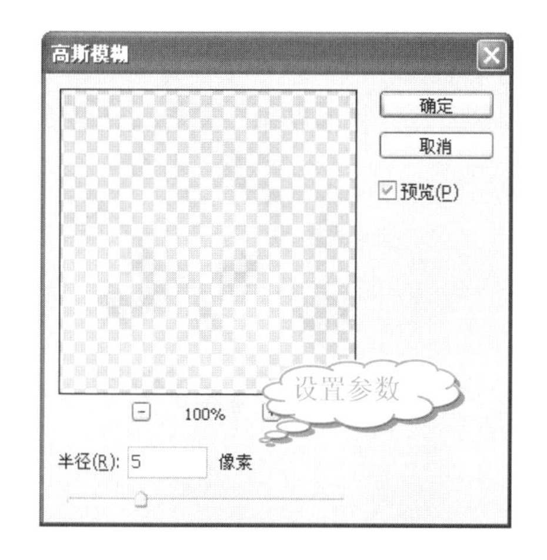

23 单击【确定】按钮，查看图像效果，图像柔和了一些，如下图所示。

24 在【图层】面板中，单击【高光】图层，使其处于激活状态。选择【滤镜】|【杂色】|【减少杂色】命令，打开【减少杂色】设置界面，设置参数，如下图所示。

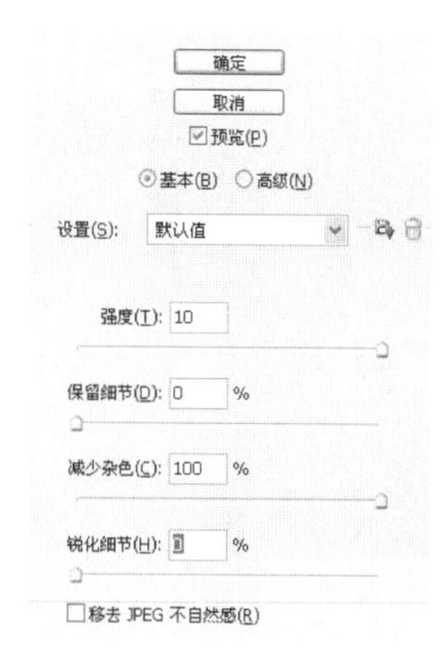

25 单击【确定】按钮，查看图像效果，如下图所示。

26 在【图层】面板中，单击【创建新的填充或调整图层】按钮，在弹出的菜单中选择【纯色】命令，如下图所示。

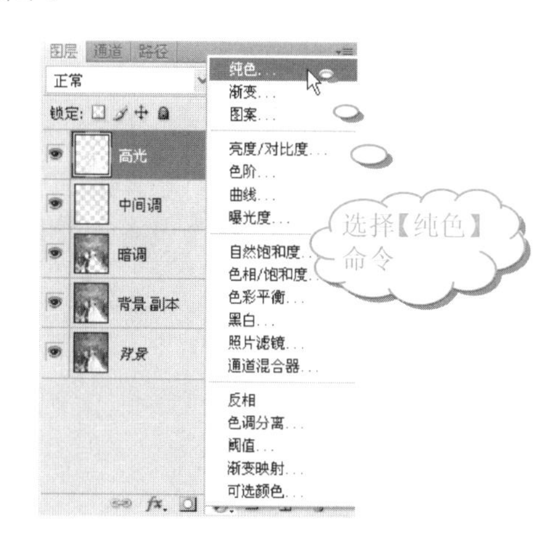

学以致用系列丛书

在菜单栏中选择【编辑】|【色彩配置】命令，可以打开【色彩配置】对话框，对色彩的工作空间和色彩管理方案进行设置。

27 在弹出的【拾取实色】对话框中，设置参数(R:151，G:140，B:28)，如下图所示。

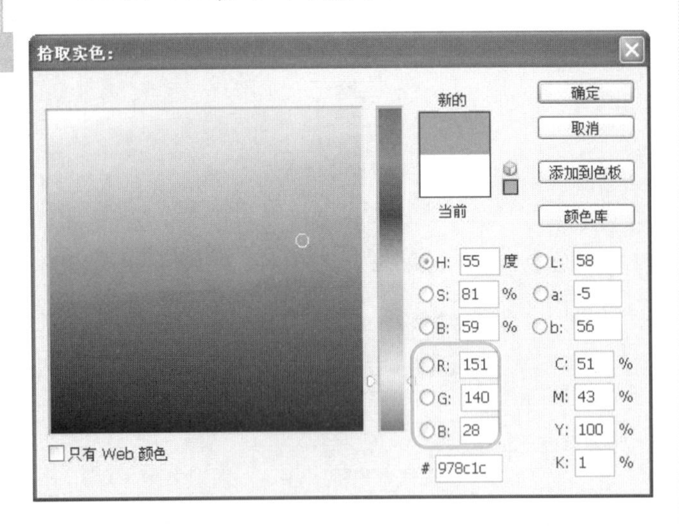

28 单击【确定】按钮，查看图像效果，发现图像不见了，如下图所示。

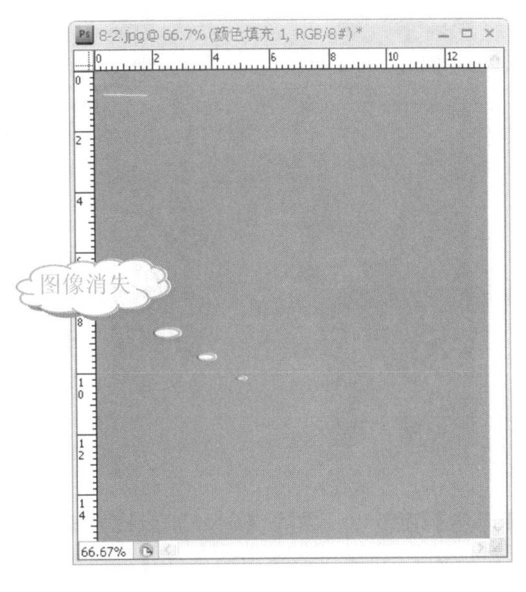

29 在【图像】面板中，将【颜色填充1】图层的【混合模式】设置为【柔光】，如下图所示。

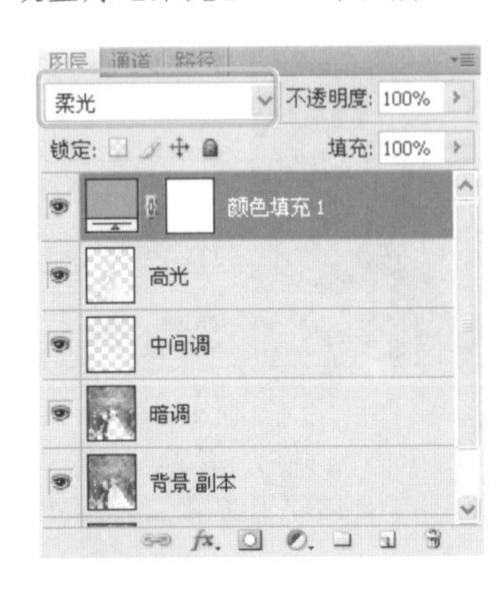

30 查看图像被填充颜色后的效果，如下图所示。

31 在【图层】面板中，单击【创建新的填充或调整图层】按钮，在弹出的菜单中选择【曲线】命令，如下图所示。

32 在【曲线】设置界面中，调整【蓝】通道的曲线，如下图所示。

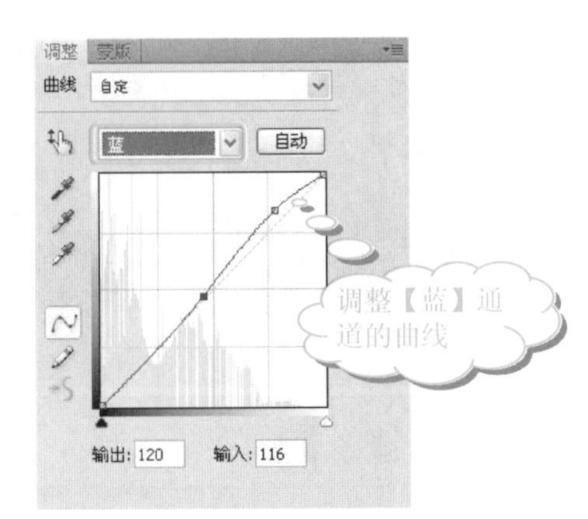

按Ctrl+L组合键，可以打开【色阶】对话框；按Ctrl+M组合键，可以打开【曲线】对话框；按Ctrl+U组合键，可以打开【色相/饱和度】对话框；按Ctrl+B组合键，可以打开【色彩平衡】对话框。

33 在【曲线】设置界面中，调整【红】通道的曲线，如下图所示。

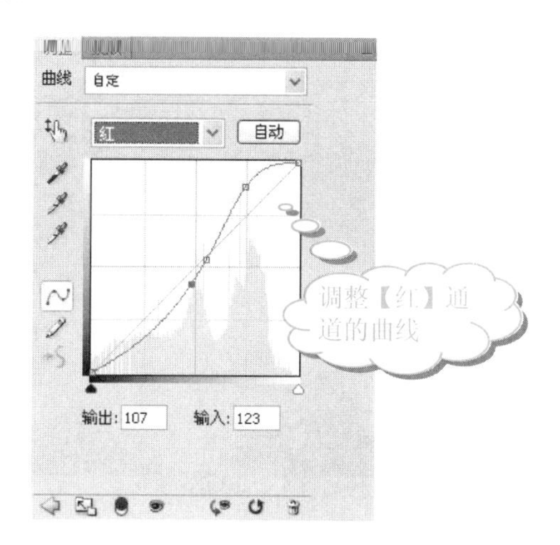

34 在【曲线】设置界面中，调整【绿】通道的曲线，如下图所示。

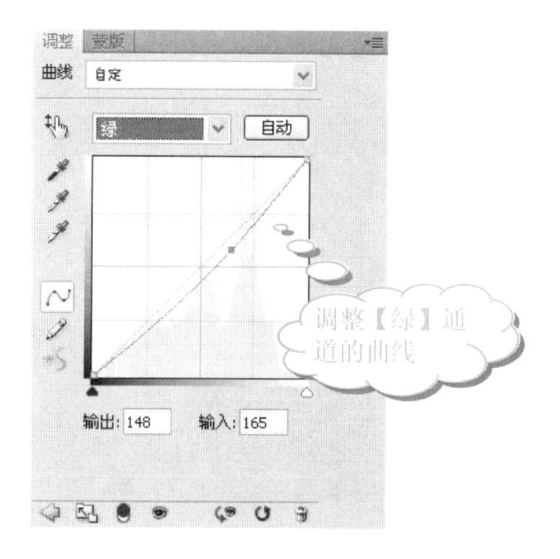

35 查看图像的最终效果，如下图所示。

提示

通过以下方法可以打开【曲线】设置界面。

- ❖ 通过单击【创建新的填充或调整图层】按钮，在弹出的菜单中选择【曲线】命令。
- ❖ 在【调整】面板中，单击【曲线】按钮。

8.2.3 活用诀窍

在本实例中，可以深入了解如何选择图像的【高光】、【中间调】和【暗调】部分。然后针对不同的部分执行【减少杂色】命令，让图像中的细节更加鲜明，而人物更为朦胧化。

8.3 梦幻绿色婚纱效果

本章节将要介绍的是梦幻绿色婚纱效果的制作方法，一起来看看！

8.3.1 制作分析

将照片处理成梦幻绿色的效果，重点在于使用【调整】命令，对照片的色彩进行调整，然后还要取消对图像中人物的色彩平衡。

最终制作效果如下图所示。

8.3.2 照片处理

本实例的制作都是运用【色彩平衡】和【色阶】命

如果要想修改【通道】面板中通道缩略图的大小，可以单击☰按钮，从弹出的下拉菜单中选择【面板选项】命令，打开【通道面板选项】对话框，然后，在【缩览图大小】选项组中选中需要的即可。

令调整图像的色彩，同时结合【画笔工具】对细节进行处理，具体操作步骤如下。

操作步骤

❶ 启动 Photoshop CS4 软件，选择【文件】|【打开】命令，打开素材文件(配书光盘中的图书素材\第 8 章\8-3.jpg)，如下图所示。

❷ 在【调整】面板上单击【曲线】按钮，如下图所示。

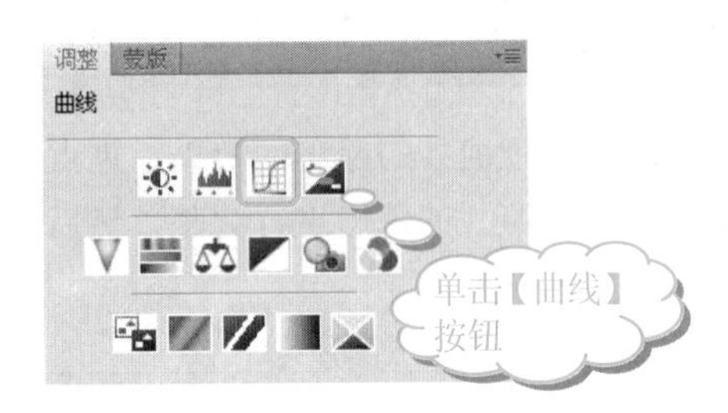

❸ 在【曲线】设置界面中，调整曲线，如下图所示。

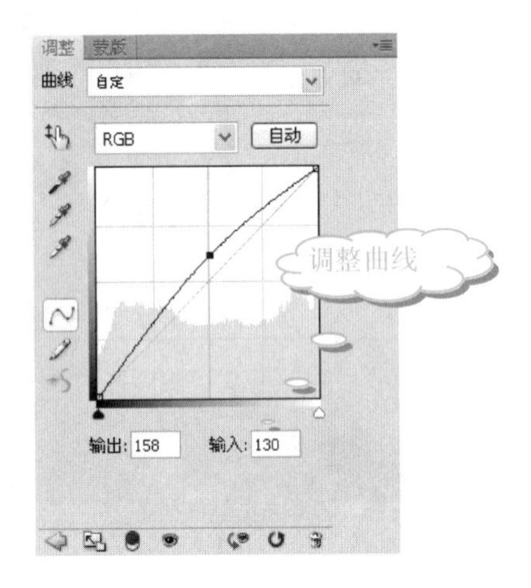

❹ 调整曲线后的图像效果如右上图所示。

❺ 在【调整】面板中，单击【返回到调整列表】按钮，然后再单击【色彩平衡】按钮，如下图所示。

❻ 在【色彩平衡】设置界面中，选中【中间调】单选按钮和【保留明度】复选框，并在文本框中分别输入-20、64、-56，如下图所示。

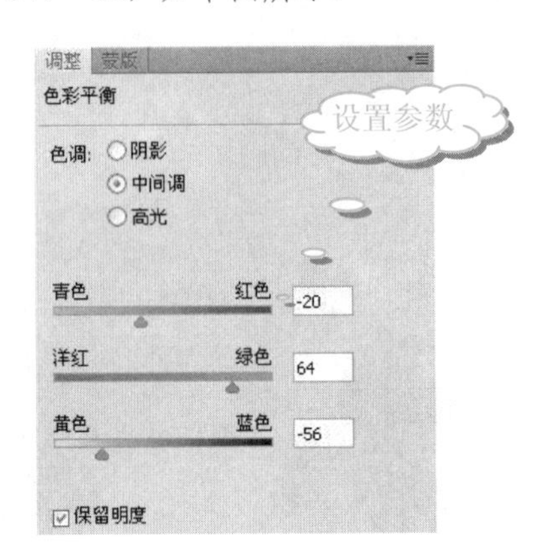

❼ 设置色彩平衡后的图像效果如下图所示。

要编辑某个通道，可以使用绘画或编辑工具在图像中绘制。用白色绘制，可以按 100%的强度添加通道的颜色；用灰色绘制，可以按较低的强度添加通道的颜色；用黑色绘制，可以完全删除通道的颜色。

❽ 单击工具箱中的【画笔工具】按钮，然后按D键将【前景色】设置为默认颜色，然后在图像中绘制，将人物从图像中擦拭出来，如下图所示。

提示

用【画笔工具】擦拭图像中的人物，可以取消对人物的色彩平衡操作。在擦拭图像的过程中，可以将图像放大，对人物边缘进行精确的擦拭操作。

❾ 在【色彩平衡】设置界面中，单击【返回到调整列表】按钮，然后再单击【色阶】按钮，如右上图所示。

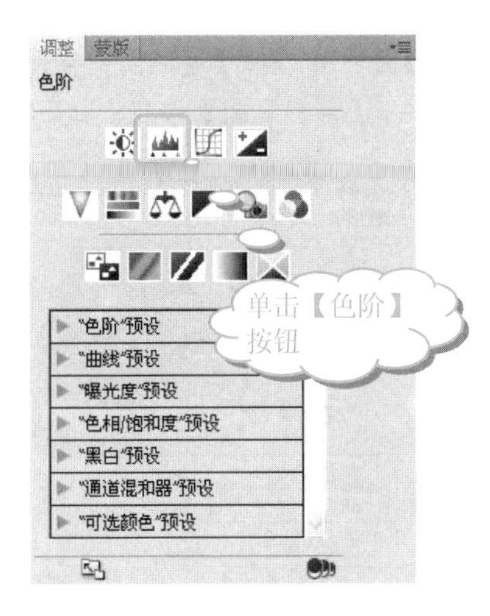

❿ 在【色阶】设置界面中，设置参数，将图像调亮，如下图所示。

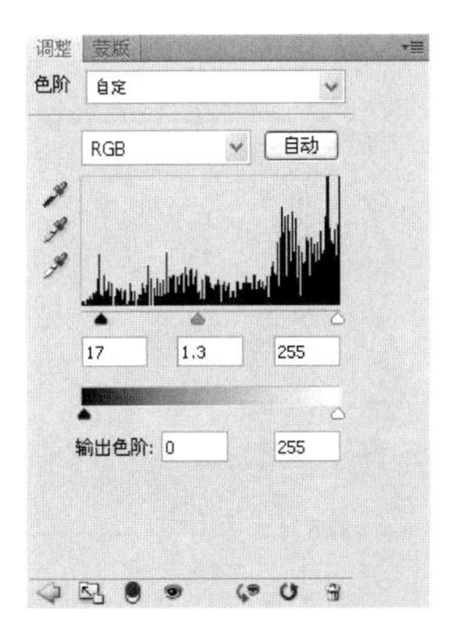

⓫ 查看调亮的图像效果，如下图所示。

在创建专色通道时，可以打开【通道】面板，并在按下Ctrl键的同时单击【创建新通道】按钮。

⑫ 在【调整】面板中，单击【返回到调整列表】按钮，然后再单击【色彩平衡】按钮，如下图所示。

⑬ 在【色彩平衡】设置界面中设置参数，如下图所示。

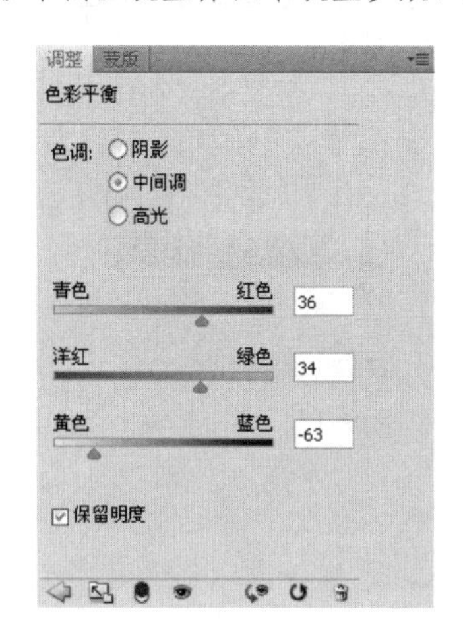

⑭ 单击工具箱中的【画笔工具】按钮，然后按 D 键将【前景色】设置为默认颜色，在图像中绘制，再次将人物从图像中擦拭出来，如下图所示。

⑮ 在【调整】面板中，单击【返回到调整列表】按钮，然后单击【色阶】按钮，如下图所示。

⑯ 在【色阶】设置界面中，设置【输入色阶】分别为 9、1.00、253，如下图所示。

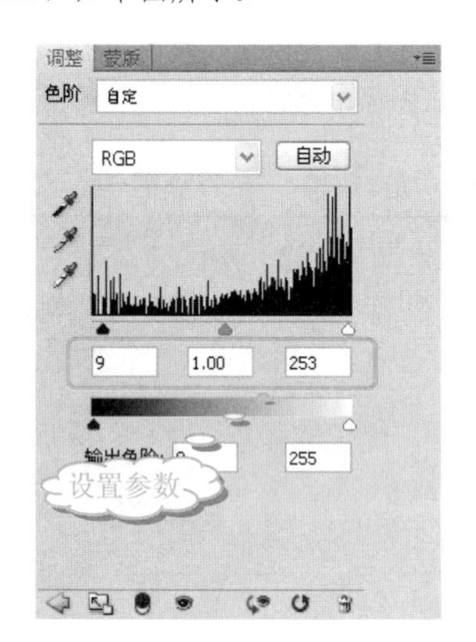

⑰ 得到的最终图像效果如下图所示。

长见识 按住 Alt 键单击【通道】面板下方的【创建新通道】按钮，可以弹出【新建通道】对话框，对通道的选区和颜色进行设置。

8.3.3　活用诀窍

在本实例中，通过运用【色彩平衡】命令，可以巧妙地将照片逐渐转变为浅绿色，显出春意盎然的绿色。

如果用户对这种色彩不太满意，还可以继续添加【色彩平衡】和【色阶】图层。

8.4　暗调夜晚婚纱效果

“黑泥白石反光水”，这是古代行走夜路时必须遵循的道理，现在有一张水天一色的照片，可以让用户体会一下夜晚的清新，使照片中的人物显示出成熟韵味。

8.4.1　制作分析

在暗调夜晚婚纱效果制作过程中，首先要找出高光区域，然后提取人物图像的细节，接着运用相应命令对图像的色彩进行细化处理。

最终制作效果如下图所示。

8.4.2　照片处理

下面就来讲解制作暗调夜晚婚纱效果的方法，具体操作步骤如下。

操作步骤

1. 启动 Photoshop CS4 软件，选择【文件】|【打开】命令，打开素材文件(配书光盘中的图书素材\第 8 章\8-4.jpg)，如右上图所示。

2. 在【通道】面板上单击【红】通道，将其他通道隐藏，如下图所示。

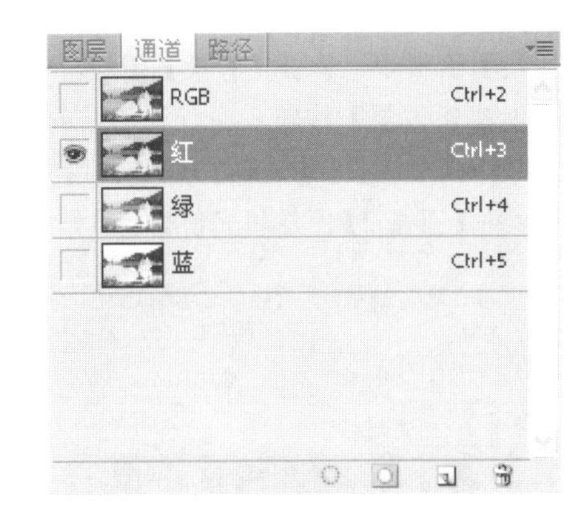

3. 按 Ctrl 键的同时，单击【红】通道，建立选区，选择图像中的高光部分，如下图所示。

4. 在【通道】面板中，单击 RGB 通道，将其激活。然后回到【图层】面板，按 Ctrl+J 组合键，将选区内的图像复制到【图层 1】图层中，如下图所示。

提示

单击【背景】图层左侧的【指示图层可见性】按钮，将【背景】图层隐藏，就能够在图像中查看【图层 1】中的图像了。

5 在【图层】面板中，单击【背景】图层，将其激活。单击【创建新图层】按钮，在背景图层的上方新建【图层 2】图层。设置【前景色】为黑色，按 Alt+Delete 组合键，将【图层 2】图层填充前景色，如下图所示。

6 查看图像效果，如下图所示。

7 在【图层】面板中，单击【图层 1】图层，将其激活。选择【图像】|【调整】|【亮度/对比度】命令，如下图所示。

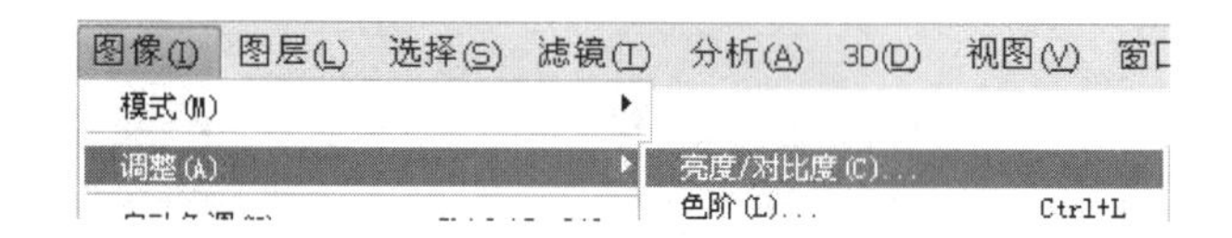

8 在【亮度/对比度】对话框中，设置参数，如下图所示。

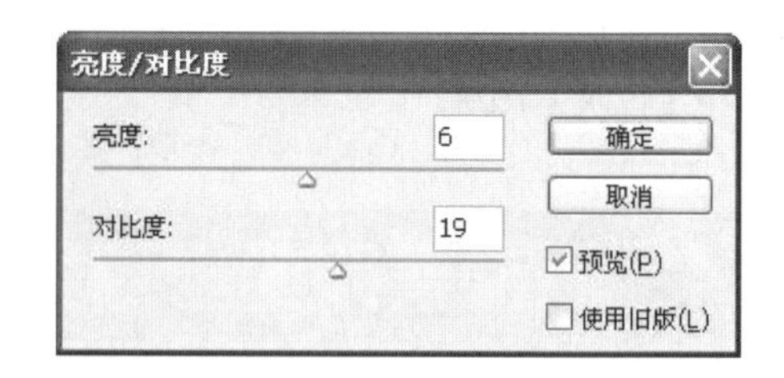

9 查看图像效果，如下图所示。

10 在【图层】面板中，将【背景】图层拖动到【创建新图层】按钮上，复制【背景】图层为【背景 副本】图层。然后按 Shift+Ctrl+ “]” 组合键，将【背景 副本】图层移动到所有图层的上方，如下图所示。

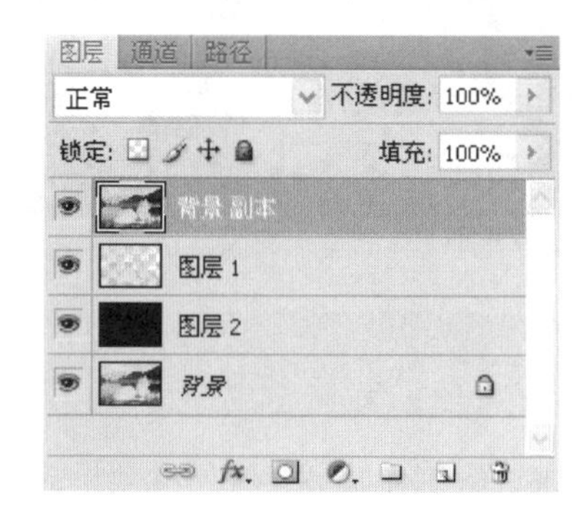

11 在【图层】面板中，单击【添加图层蒙版】按钮，为【背景 副本】图层添加蒙版，如下图所示。

如果要印刷带有专色的图像，则需要创建存储这些颜色的专色通道，为了输出专色通道，就要将文件以 DOS 2.0 格式或 PDF 格式存储。

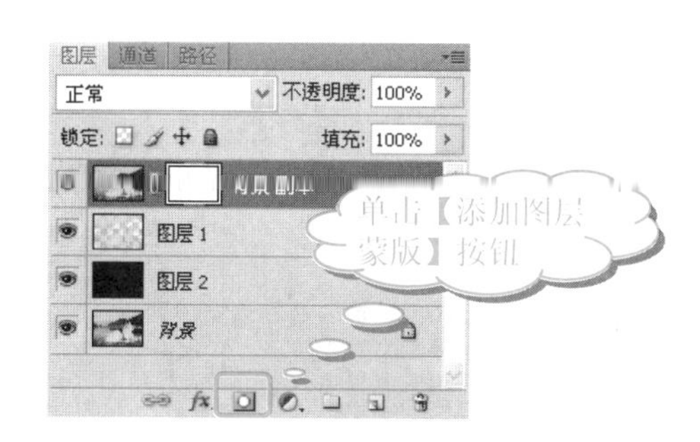

⑫ 单击工具箱中的【画笔工具】按钮，在其工具属性栏中设置画笔大小。擦拭图像时，保留图像中人物完整，其他部分用黑色画笔擦除，如下图所示。

⑬ 在【图层】面板中，调整【背景 副本】图层的【不透明度】为90%，如下图所示。

⑭ 查看图像效果，如下图所示。

⑮ 在【调整】面板中单击【曲线】按钮，如下图所示。

⑯ 在【曲线】设置界面中，选择【红】选项，并设置曲线形状，如下图所示。

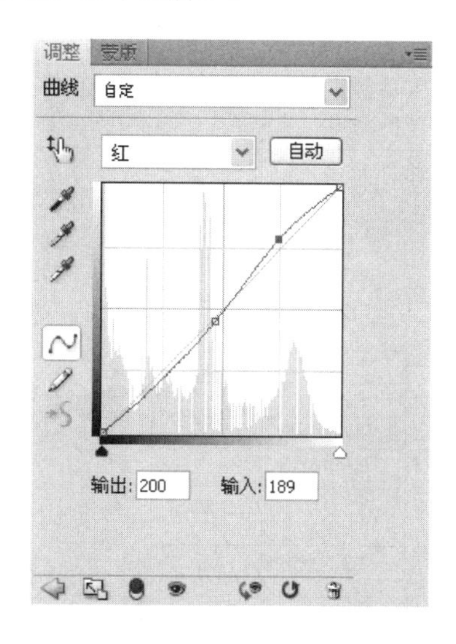

⑰ 在【曲线】设置界面中，选择【蓝】选项，并设置曲线形状，如下图所示。

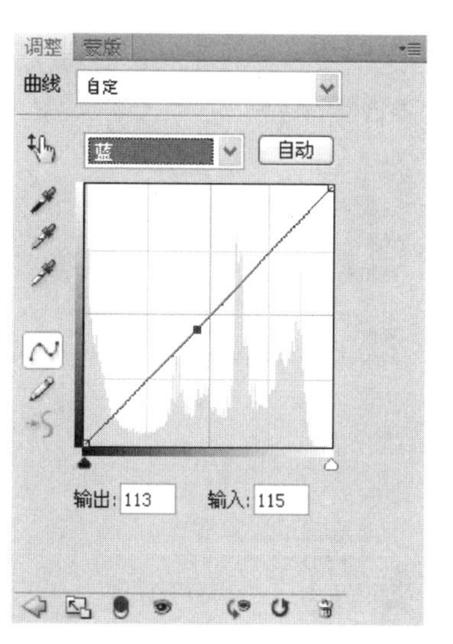

⑱ 调整曲线后，查看图像效果，如下图所示。

学以致用系列丛书

Alpha通道与图层看起来相似，但区别非常大。因为Alpha通道不是用来存储图像的，而是用来保存选区的。

⑲ 在【调整】面板中，单击【返回到调整列表】按钮，返回到【调整】面板。然后单击【色相/饱和度】按钮，如下图所示。

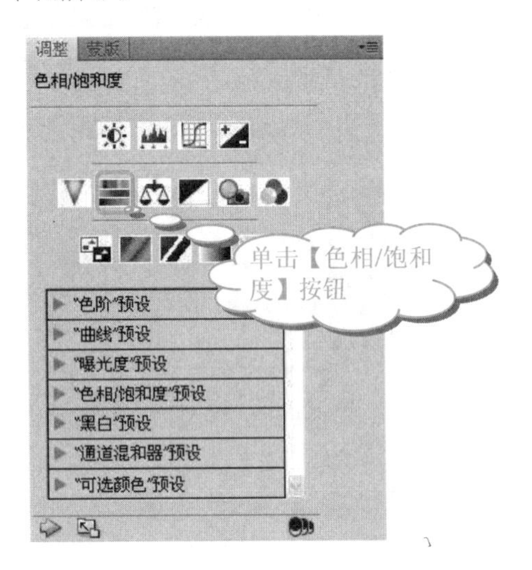

⑳ 在【色相/饱和度】设置界面中，设置【饱和度】为+9，如下图所示。

㉑ 查看图像效果，如右上图所示。

㉒ 单击工具箱中的【设置前景色】按钮，打开【拾色器(前景色)】的对话框，设置参数(C:0，M:75，Y:72，K:0)，如下图所示。

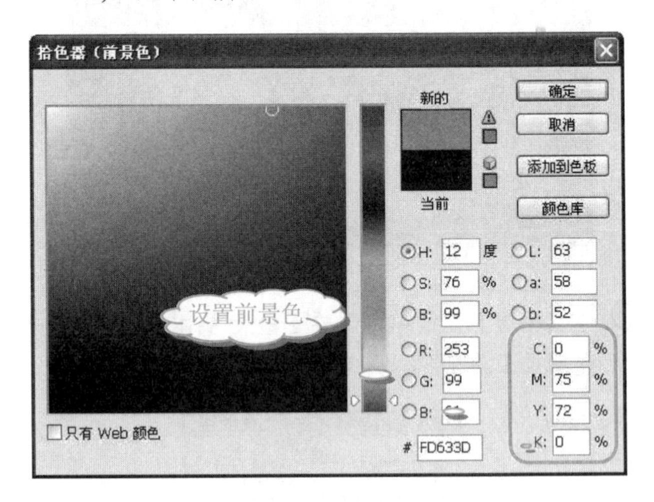

㉓ 在【图层】面板中，单击【创建新图层】按钮，新建【图层 3】图层。然后按 Alt+Delete 组合键，将【图层 3】图层填充为前景色，如下图所示。

㉔ 在【图层】面板中，将【图层 3】图层的【混合模式】设置为【柔光】，【不透明度】设置为 80%，如下图所示。

打开一个图像时，Photoshop 会自动根据图像的模式建立颜色通道，且颜色通道的数目是固定的。例如，RGB 模式图像有 3 个默认的颜色通道；CMYK 模式图像有 4 个默认的颜色通道；灰度图像和索引图像则只有 1 个颜色通道。

25 查看图像效果，如下图所示。

26 按 Shift+Ctrl+Alt+E 组合键，盖印图层为【图层 4】，如下图所示。

27 单击工具箱中的【涂抹工具】按钮，设置其工具属性栏的参数，单击【画笔】右侧的倒三角按钮。从弹出的列表中选择【喷溅 14 像素】画笔样式，并设置【主直径】为 7px，【强度】为 100%，取消选中属性栏中所有的复选框，如右上图所示。

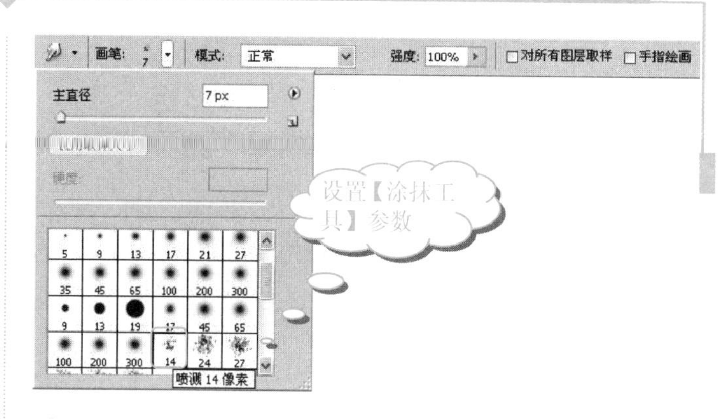

28 涂抹湖水中的黑点，使其在整幅图像中看起来并不是那么抢眼即可，如下图所示。

提示

用【涂抹工具】涂抹图像时，要左右涂抹，不能上下涂抹，也不能斜向涂抹。

29 按 Shift+Ctrl+Alt+E 组合键，盖印图层为【图层 5】，如下图所示。

30 选择【滤镜】|【模糊】|【高斯模糊】命令，如下图所示。

学以致用系列丛书

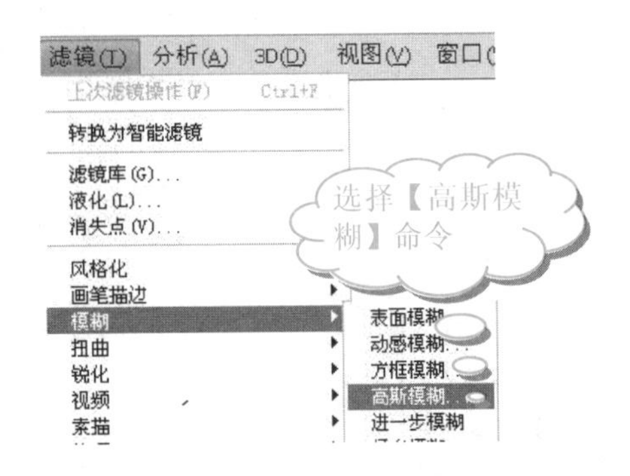

31 在【高斯模糊】对话框中，设置【半径】为5像素，如下图所示。

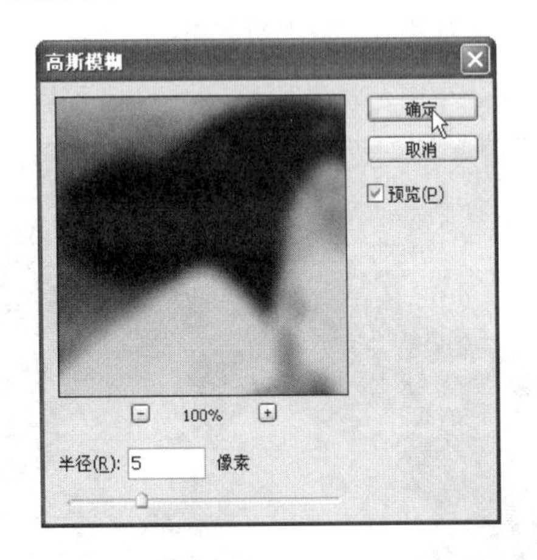

32 单击【确定】按钮，按Ctrl+B组合键，打开【色彩平衡】对话框，设置参数，如下图所示。

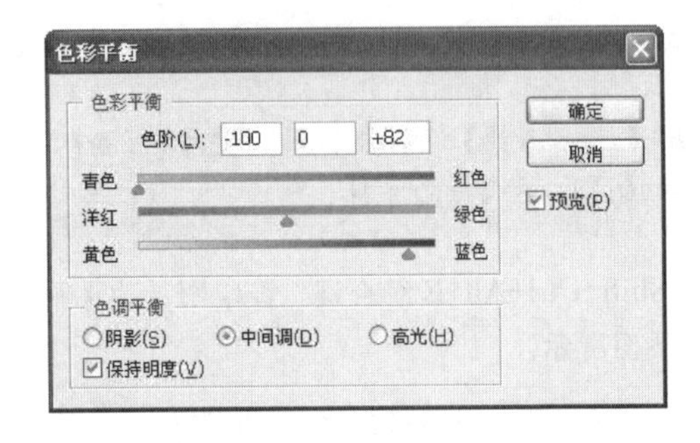

33 单击【确定】按钮，查看图像效果，如下图所示。

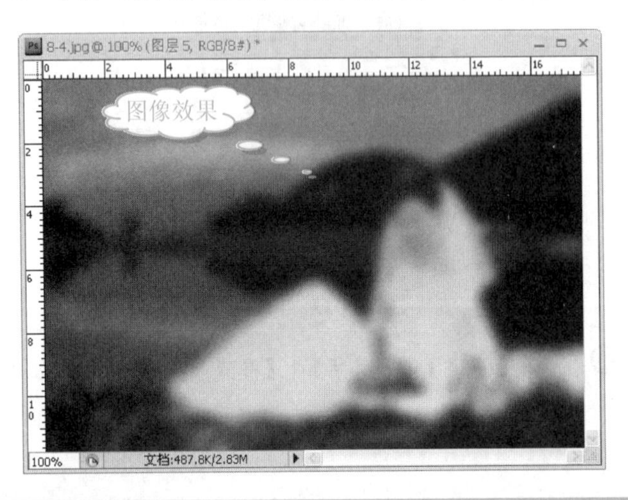

34 在【图层】面板中，将【图层5】图层的【混合模式】设置为【柔光】，【不透明度】设置为80%，如下图所示。

35 查看图像效果，如下图所示。

36 在【调整】面板中，单击【亮度/对比度】按钮，如下图所示。

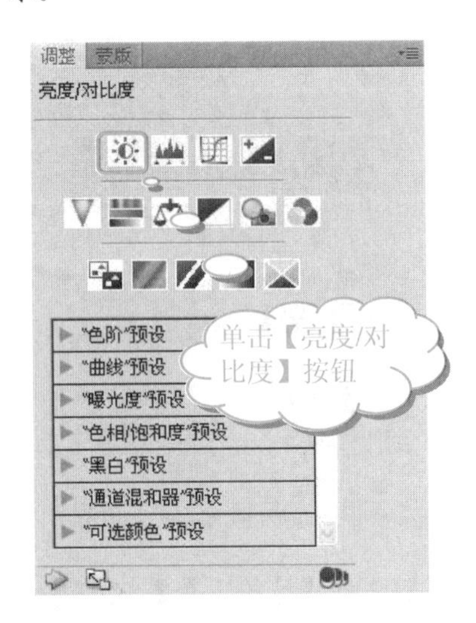

37 在【亮度/对比度】设置界面中，设置【亮度】为6，【对比度】为14，如下图所示。

可以通过建立选区并用前景色填充来创建栅格化形状，不能像处理矢量对象那样来编辑栅格化形状。栅格化对象是使用当前的前景色来创建的。

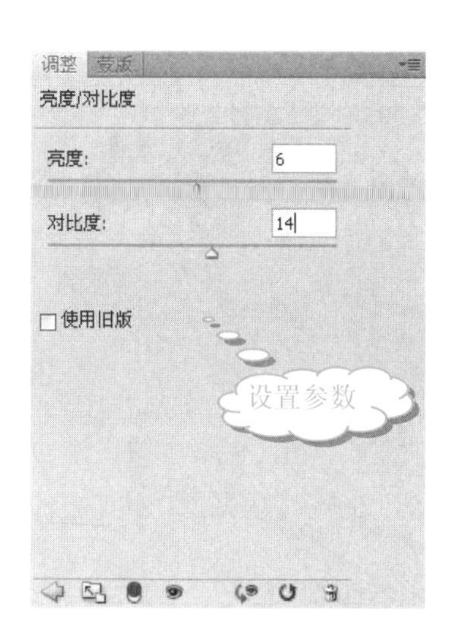

38 单击工具箱中的【画笔工具】按钮，将图像中的人物用黑色画笔擦拭出来，图像如下图所示。

39 按 Shift+Ctrl+Alt+E 组合键，盖印图层为【图层 6】，如下图所示。

40 选择【滤镜】|【锐化】|【USM 锐化】命令，如右上图所示。

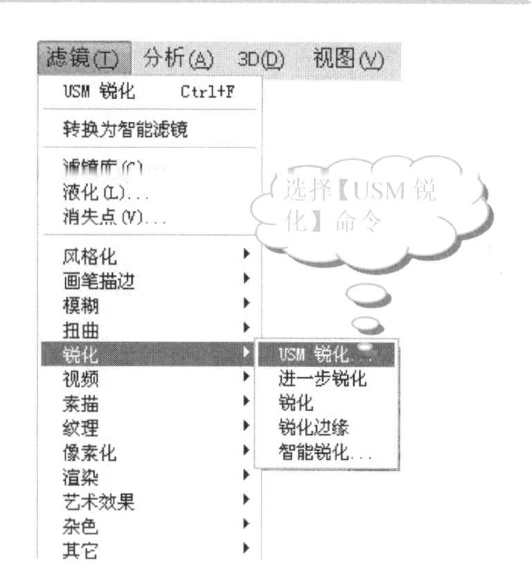

41 在【USM 锐化】对话框中，设置【数量】为 7%，【半径】为 1.1 像素，【阈值】为 0 色阶，对图像进行锐化处理，如下图所示。

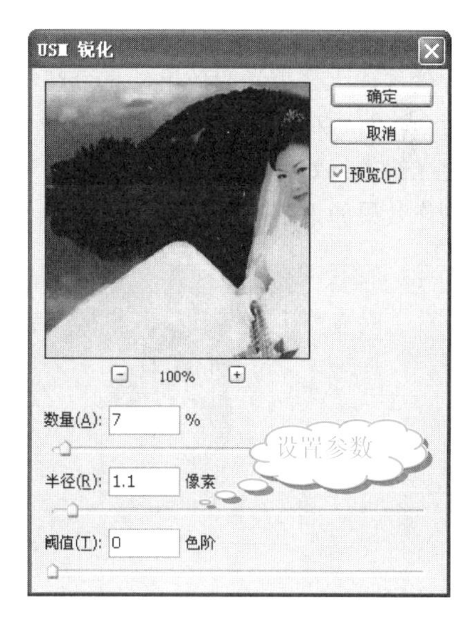

42 单击【确定】按钮，得到最终的图像效果，如下图所示。

学以致用系列丛书

8.4.3 活用诀窍

在本实例中，首先要学会使用【通道】面板来选取图像的高光环节；其次如果只想保留部分图像，运用【蒙版】和【画笔工具】即可操作；另外，如果想给图像附上一层颜色，可以建立这种颜色的图层，然后调整图层的混合模式为柔光，降低其不透明度即可。

8.5 十字星光婚纱效果

本节将要介绍十字星光婚纱效果的制作方法，具体操作方法如下。

8.5.1 制作分析

将照片处理成十字星光的效果，重点在于使用【动感模糊】命令，然后对图层的混合模式进行相应的调整，产生十字星光的梦幻效果。

最终制作效果如下图所示。

8.5.2 照片处理

本实例的制作都是运用【调整】命令将图像调亮，使其具备梦幻色彩；然后运用【动感模糊】命令，产生十字星光，具体操作步骤如下。

操作步骤

❶ 启动 Photoshop CS4 软件，选择【文件】|【打开】命令，打开素材文件(配书光盘中的图书素材\第 8 章\8-5.jpg)，如右上图所示。

❷ 在【图层】面板上，将【背景】图层拖动至【创建新图层】按钮上，复制【背景】图层为【背景 副本】图层，如下图所示。

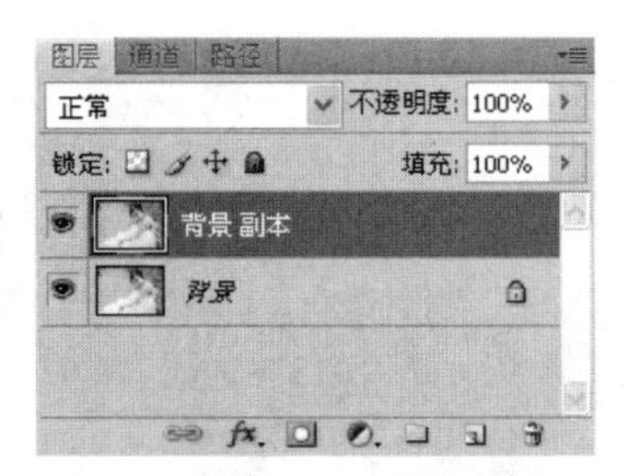

❸ 选择【图像】|【调整】|【色相/饱和度】命令，如下图所示。

❹ 在【色相/饱和度】对话框中，设置【饱和度】为 40，如下图所示。

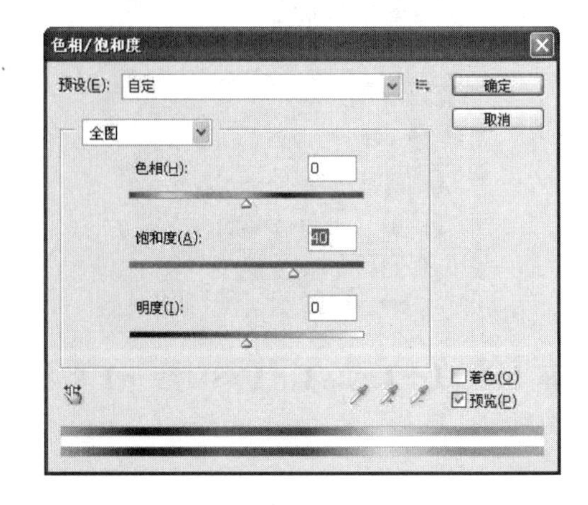

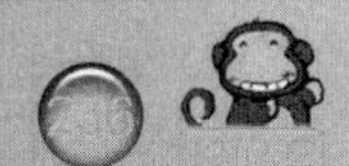

形状是链接到矢量蒙版的填充图层，通过编辑形状的填充图层，可以很容易地将填充更改为其他颜色、渐变或图案，也可以编辑形状的矢量蒙版来修改形状轮廓，并对图层应用图层样式。

❺ 单击【确定】按钮，查看图像效果，如下图所示。

❻ 在【调整】面板中单击【曲线】按钮，如下图所示。

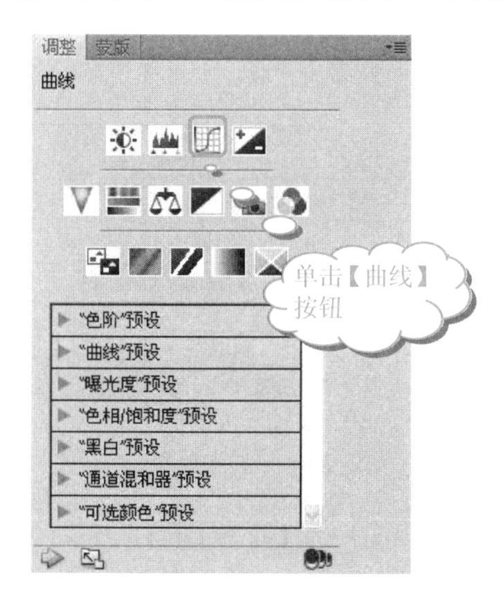

❼ 在【曲线】设置界面中，设置曲线如下图所示。

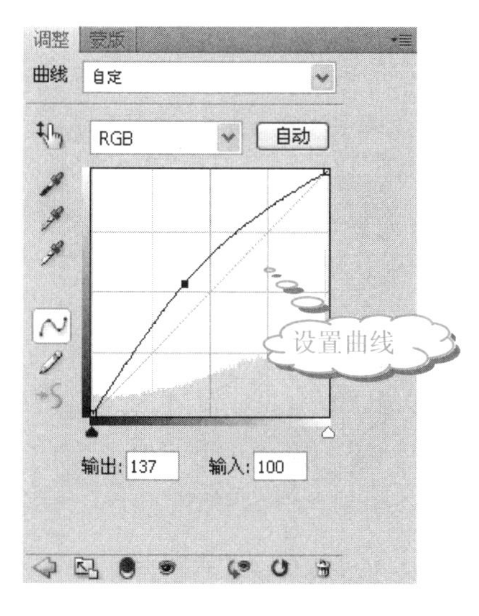

❽ 查看图像效果，如右上图所示。

❾ 按 Shift+Ctrl+Alt+E 组合键盖印图层，将所有图层结合的图像效果复制到【图层 1】图层，如下图所示。

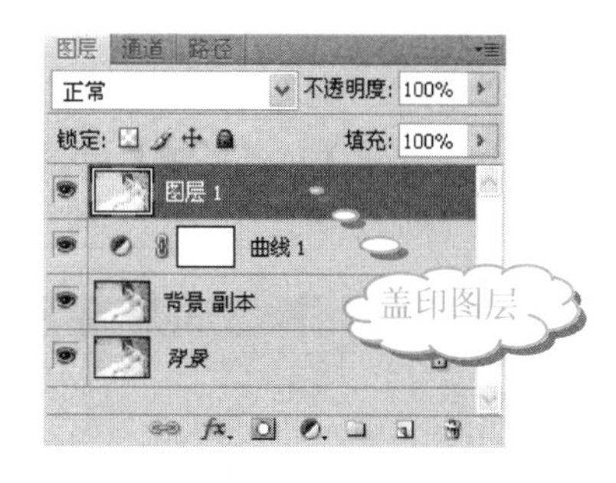

❿ 在【图层】面板中，连续两次将【图层 1】图层拖动至【创建新图层】按钮上，分别复制【图层 1】图层为【图层 1 副本】图层和【图层 1 副本 2】图层，如下图所示。

⓫ 选择【滤镜】|【模糊】|【动感模糊】命令，如下图所示。

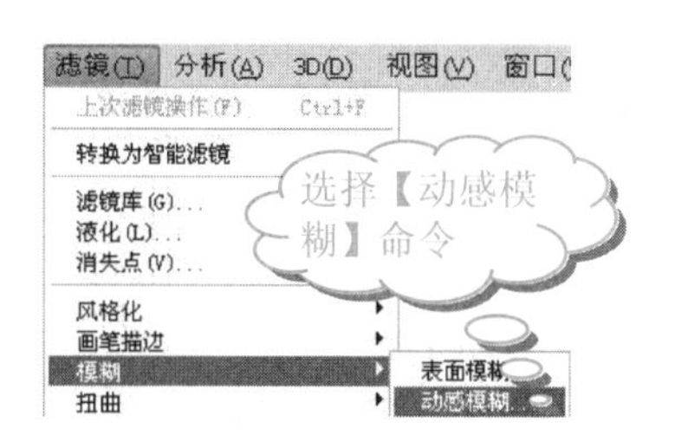

学以致用系列丛书

在图像中选取高光部分后，可以右击选区，从弹出的快捷菜单中选择【使用图案修补选区】命令，用图案修补选区。

⑫ 在【动感模糊】对话框中，设置【角度】为-45度，【距离】为34像素，如下图所示。

⑬ 单击【确定】按钮，然后在【图层】面板中单击【图层 1 副本】图层。选择【滤镜】|【模糊】|【动感模糊】命令，打开【动感模糊】对话框，设置【角度】为36度，如下图所示。

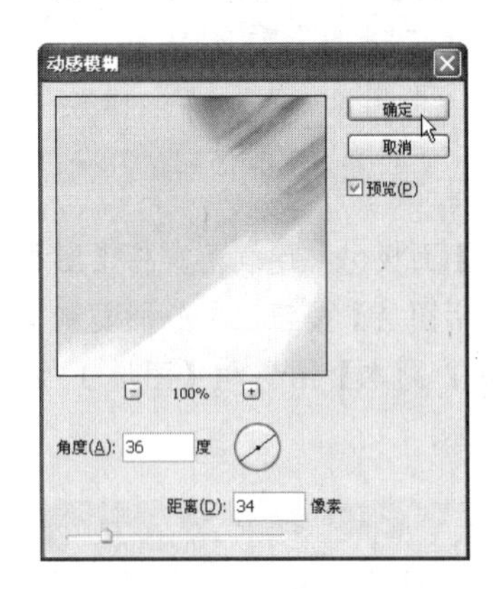

巧妙地运用【动感模糊】对话框中的【角度】参数使其成垂直状态，即可绘制十字星光效果。

⑭ 单击【确定】按钮，将【图层 1 副本】和【图层 1 副本 2】的【混合模式】均设置为【变亮】，如下图所示。

⑮ 查看图像效果，如下图所示。

⑯ 在【图层】面板中，单击【图层 1 副本】图层，将其激活。然后单击【添加图层蒙版】按钮，为【图层 1 副本】添加蒙版，如下图所示。

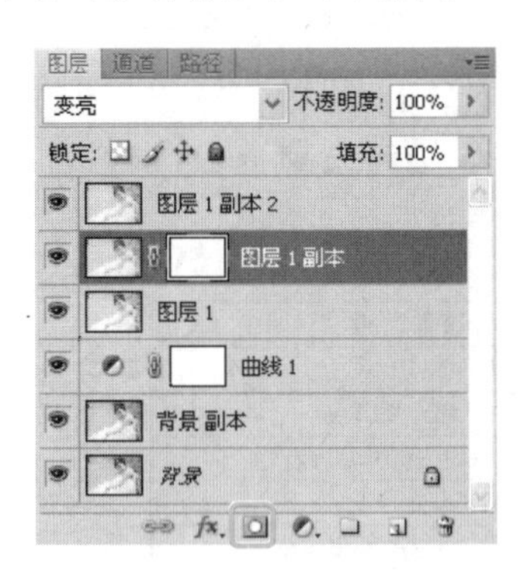

⑰ 单击工具箱中的【画笔工具】按钮，然后再设置画笔大小，擦拭图像，将图像中的人物擦拭出来。同样的，为【图层 1 副本 2】图层添加蒙版，运用【画笔工具】将图像中的人物擦拭出来。此时的【图层】面板如下图所示。

⑱ 查看最终图像效果，如下图所示。

在【描边子路径】对话框中，提供了多种描边工具，包括铅笔、画笔、橡皮擦、背景色橡皮擦、仿制图章、图案图章、修复画笔、历史记录画笔、历史记录艺术画笔、涂抹、模糊、锐化、减淡、加深、海绵等工具。

8.5.3　活用诀窍

在本实例中，学会使用【动感模糊】产生十字星光的效果，这时图像中的人物比较模糊，采用【蒙版】与【画笔工具】的结合，就能够清晰地将人物呈现出来。

8.6　思考与练习

选择题

1. 关于十字星光婚纱效果中的“十字星光”，以下说法正确的是________。

   A. 十字星光效果中运用了【动感模糊】命令

   B. 十字星光效果中运用了【方框模糊】命令

   C. 十字星光效果是通过【定义图案】命令来定义“十字星光”图案，然后通过填充图案来完成效果的

   D. 十字星光效果中运用了【镜头光晕】命令

2. 在【减少杂色】对话框中，以下选项不存在的是________。

   A. 强度　　B. 数量

   C. 减少杂色　　D. 锐化细节

3. 按______组合键，就能够盖印图像。

   A. Shift+Ctrl+Alt+D　　B. Ctrl+Alt+E

   C. Shift+F5　　D. Shift+Ctrl+Alt+E

操作题

使用素材文件(配书光盘中的图书素材\第 8 章\8-2.jpg)，练习制作梦幻绿色婚纱效果。

第9章 天真烂漫——儿童写真

本章将要介绍的是如何使用Photoshop CS4软件，让童年时代的照片变得更加活波可爱、神采奕奕。

学习要点

❖ 制作梦幻插画效果
❖ 制作通透亮丽效果
❖ 制作红紫色效果
❖ 制作甜美效果
❖ 制作墨绿明丽效果

学习目标

通过对本章的学习，读者首先应该熟练掌握本章所介绍的儿童效果实例操作；其次，要求明确制作儿童实例的思维方式，能够针对儿童的图像特征进行处理；最后，能够熟练地制作出各种风格的儿童写真特效。

9.1 梦幻插画效果

在照片中添加一些插画，再将照片制作成梦幻的色彩，感觉一定不错！

9.1.1 制作分析

将照片处理成梦幻插画效果的重点在于制作插画背景，调整人物的色彩，最后再调整图像整体的颜色。

最终制作效果如下图所示。

9.1.2 照片处理

本实例通过充分运用盖印图层的方式，保留图层以便随时修改图层。具体操作步骤如下。

1. 制作插画背景

首先运用【调整】面板中的【渐变映射】命令，对图像整体进行渐变映射调整；然后运用【形状工具】制作多边形，产生发射效果；最后，通过【高斯模糊】和【特殊模糊】命令，对图像中的人物进行模糊化，产生插画效果。制作插画背景的具体操作步骤如下。

操作步骤

❶ 启动 Photoshop CS4 软件，选择【文件】|【打开】命令，打开素材文件(配书光盘中的图书素材\第 9 章\9-1.jpg)，如下图所示。

❷ 在【图层】面板上，将【背景】图层拖动至【创建新图层】按钮上，复制【背景】图层为【背景 副本】图层，如下图所示。

❸ 在【调整】面板中，单击【渐变映射】按钮，如下图所示。

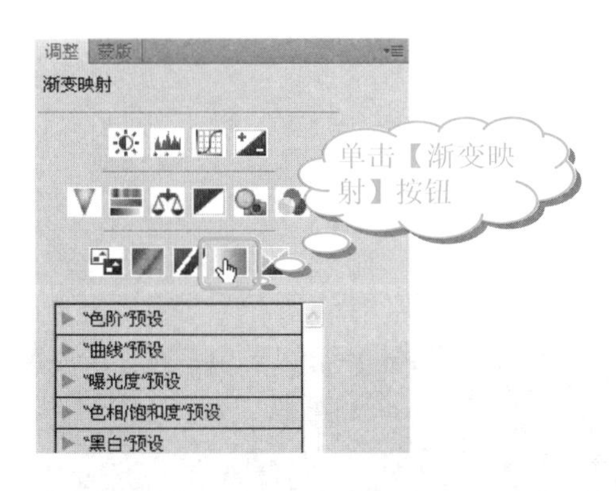

长见识

Photoshop CS4 的更新仅仅是针对 Vista 的兼容性更新，因为 Vista 对 Photoshop CS、CS2、CS3 版本的兼容性都有问题，该软件除了包含 Photoshop CS3 的所有功能外，还增加了一些特殊的功能，如支持 3D 和视频流、动画、深度图像分析等。

❹ 在【渐变映射】设置界面中，单击渐变条，如下图所示。

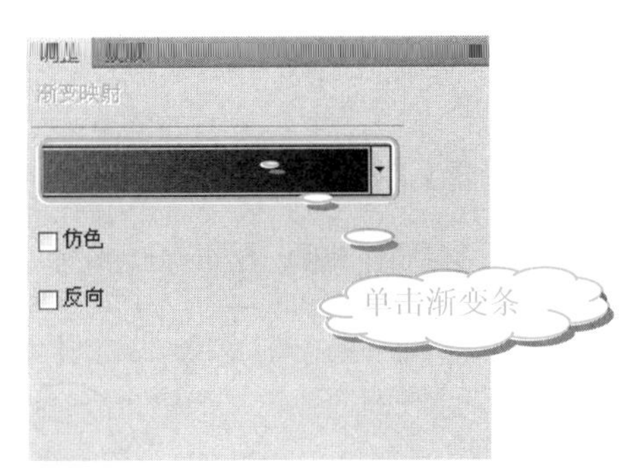

❺ 弹出【渐变编辑器】对话框，分别双击渐变条下方的色标进行编辑，如下图所示。

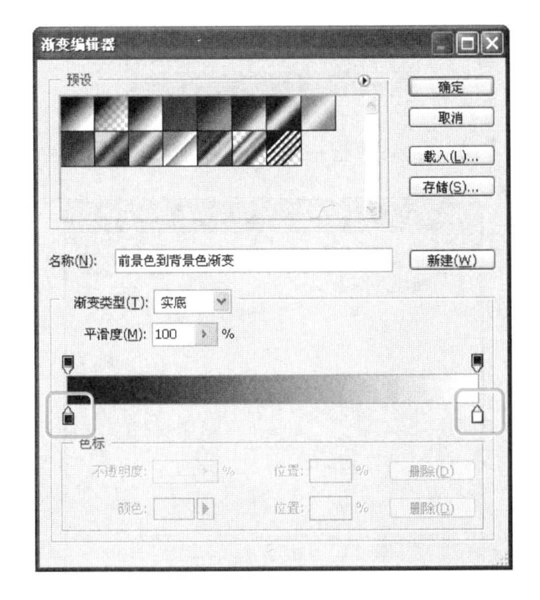

❻ 在弹出的【选择色标颜色】对话框中，设置参数(R:255，G:113，B:7)，如下图所示。

❼ 单击【确定】按钮，返回【渐变编辑器】对话框，在渐变条下方的中间位置单击以插入一个色标，并设置参数为(R:252，G:252，B:240)，如下图所示。

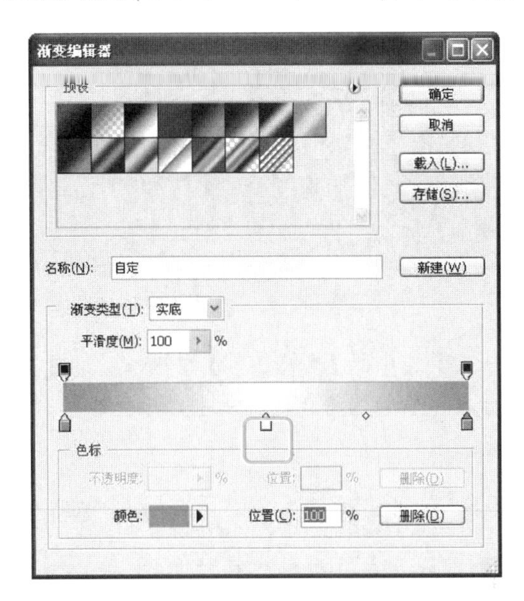

提示

单击颜色条下方的3个色标不仅可以针对该点调整色标颜色，还可以在【位置】文本框中直接输入相应的参数，即0%、50%和100%。

❽ 在【图层】面板中，将【渐变映射1】图层的【混合模式】设置为【变暗】，并使用【画笔工具】将人物擦拭出来。查看渐变映射后的图像效果，如下图所示。

❾ 按Shift+Ctrl+Alt+E组合键盖印图像到新的图层【图层1】中，如下图所示。

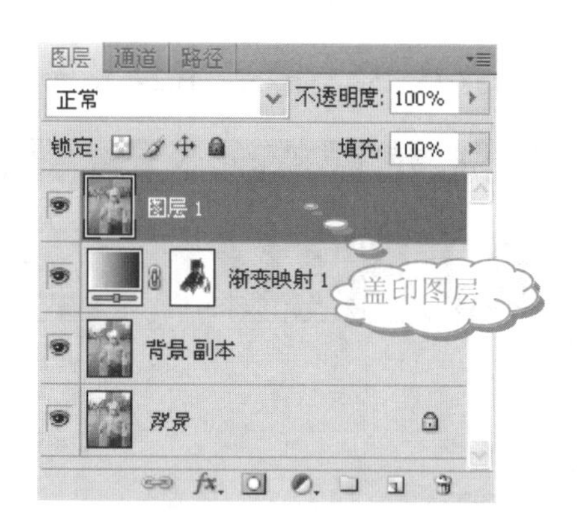

❿ 单击工具箱中的【魔棒工具】按钮，设置其属性，然后在图像中的橙色部分单击，建立选区，如下图所示。

⓫ 按 Delete 键，删除图像中的橙色部分，如下图所示。

虽然在【图层】面板中，【图层 1】中的橙色部分已被删除，但是在图像中却看不出变化。

⓬ 选择【编辑】|【描边】命令，如下图所示。

⓭ 在【描边】对话框中设置参数，如下图所示。

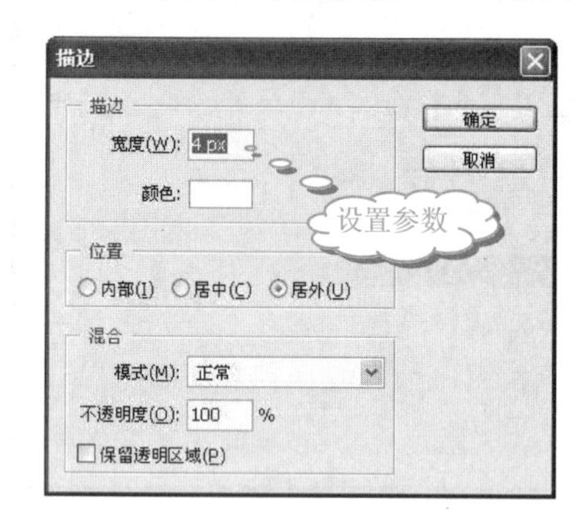

⓮ 单击【确定】按钮，对图像进行描边操作，如下图所示。

Photoshop CS4 通过创新的旋转视图工具，可以随意转动画布，按任意角度实现无扭曲查看。

15 在【图层】面板中，单击【创建新图层】按钮，创建【图层2】图层，如下图所示。

16 单击工具箱中的【多边形工具】按钮，在其属性栏中单击下三角按钮，从弹出的下拉列表中选中【星形】复选框，设置【缩进边依据】为80%，如下图所示。

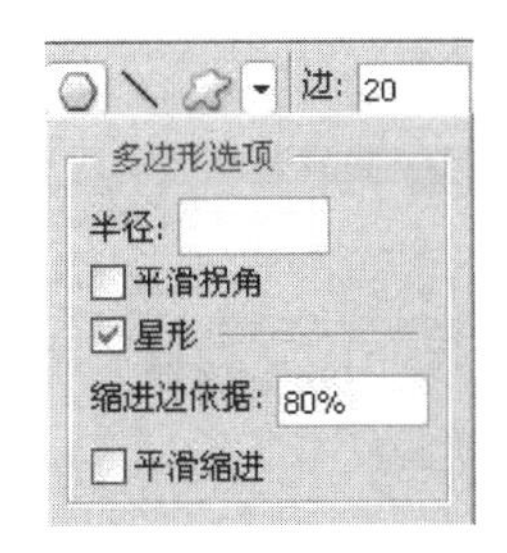

17 单击工具箱中的【设置前景色】按钮，打开【拾色器(前景色)】对话框，设置参数(R:245, G:199, B:154)，如下图所示。

18 单击【确定】按钮，然后在图像中单击，按住鼠标左键不放，移动鼠标，建立多边形。单击工具箱中的【移动工具】按钮，在多边形中拖动鼠标，将其移动至合适的位置。按Ctrl+D组合键取消选区，查看效果如右上图所示。

19 在【图层】面板中的【形状1】图层上单击，按住鼠标左键不放，拖动至【图层1】图层的下方，如下图所示。

注意

【形状1】图层中的路径在单击其他图层后就会消失，只有在单击【形状1】图层后才会出现。

20 按Shift+Ctrl+Alt+E组合键盖印所有图层的效果，并复制到【图层2】图层，查看此时的【图层】面板，如下图所示。

在Photoshop CS4中可以快速创建和编辑蒙版。蒙版中提供了需要的所有工具，可用于创建基于像素和矢量的可编辑蒙版、调整蒙版密度和羽化、选择非相邻对象等操作。

㉑ 选择【滤镜】|【模糊】|【高斯模糊】命令，如下图所示。

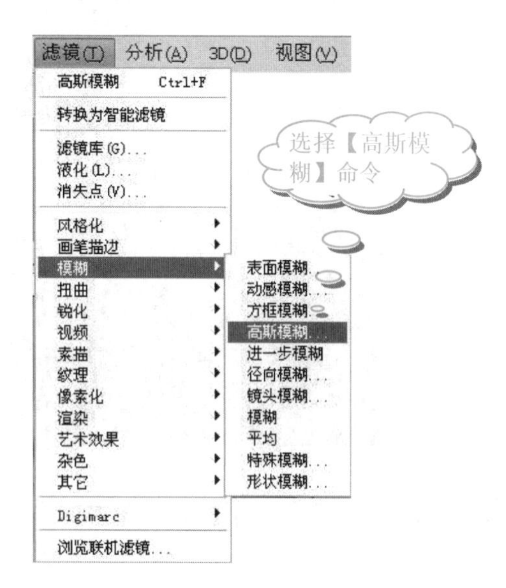

㉒ 在弹出的【高斯模糊】对话框中，设置【半径】为5.0像素，单击【确定】按钮，如下图所示。

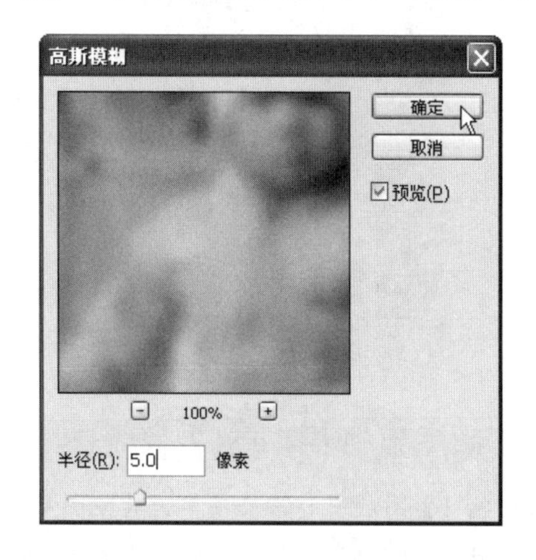

㉓ 在【图层】面板中，将【图层2】图层的【混合模式】设置为【柔光】，如下图所示。

㉔ 查看图像效果，如下图所示。

㉕ 按Ctrl+J组合键，将【图层2】图层复制为【图层2副本】图层。然后按Shift+Ctrl+U组合键，使图像去色，如下图所示。

㉖ 按Shift+Ctrl+Alt+E组合键，盖印图像到【图层3】图层，然后选择【滤镜】|【模糊】|【特殊模糊】命令，如下图所示。

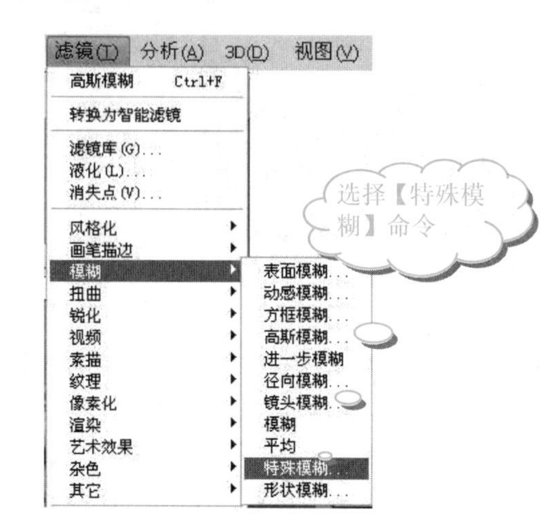

㉗ 在【特殊模糊】对话框中，设置【半径】为 3.0，【阈值】为 38.9，如下图所示。

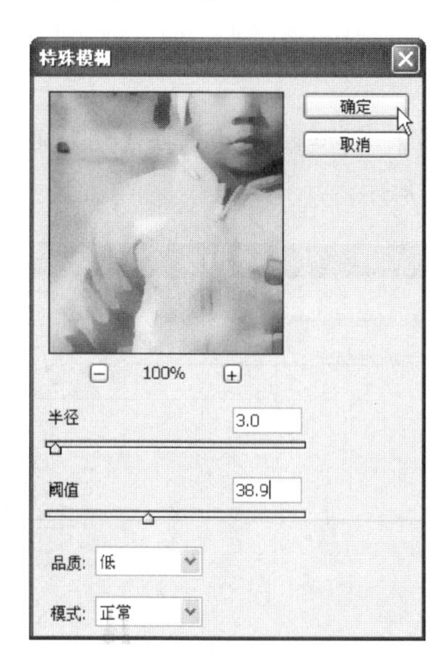

㉘ 单击【确定】按钮，查看进行特殊模糊处理后的图像效果，如下图所示。

2. 调整人物色彩

运用【钢笔工具】将人物勾画出来，然后用【曲线】命令对人物的整体色彩进行调整，最后使用【模糊工具】和【减淡工具】对人物进行更详细的处理。调整人物色彩的具体操作步骤如下。

操作步骤

❶ 在【图层】面板中，单击【背景 副本】图层，将其激活并拖动至所有图层的最上方。然后单击工具箱中的【钢笔工具】按钮，将人物区域勾画出来，如下图所示。

❷ 在图像的人物中右击，从弹出的快捷菜单中选择【建立选区】命令，如下图所示。

❸ 在【建立选区】对话框中，设置参数如下图所示。

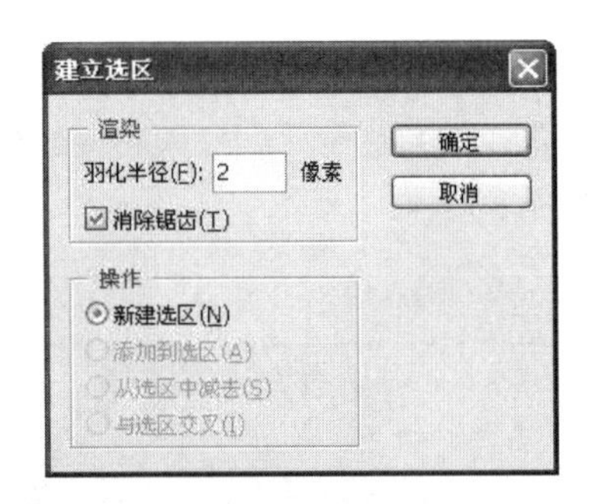

❹ 单击【确定】按钮，然后按 Shift+Ctrl+I 组合键，将选区反选。按 Delete 键，将选区内的图像删除，如下图所示。

❺ 按 Ctrl+D 组合键，取消选区。按 Ctrl+M 组合键，打开【曲线】对话框，在【通道】下拉列表框中选择 RGB 通道，并调整曲线，如下图所示。

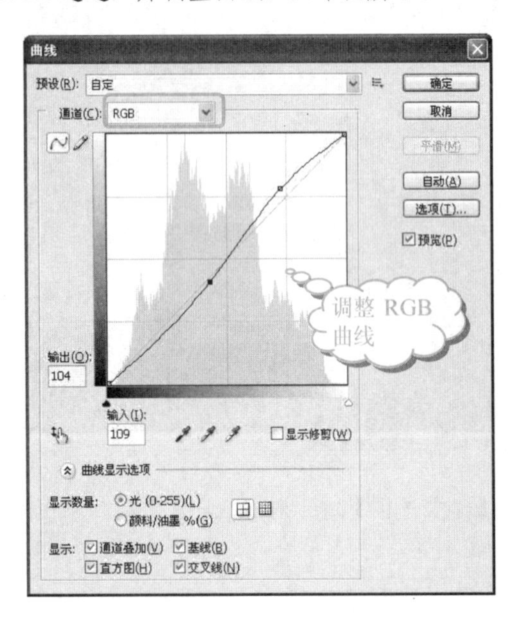

提示

只对人物进行曲线操作时，不能用【调整】面板中的【曲线】命令。

❻ 在【通道】下拉列表框中选择【红】通道，调整曲线如下图所示。

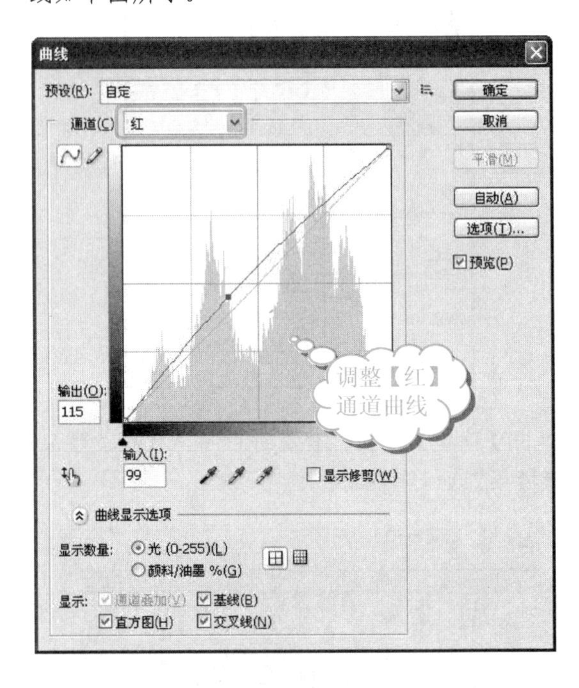

❼ 在【通道】下拉列表框中选择【蓝】通道，调整曲线如下图所示。

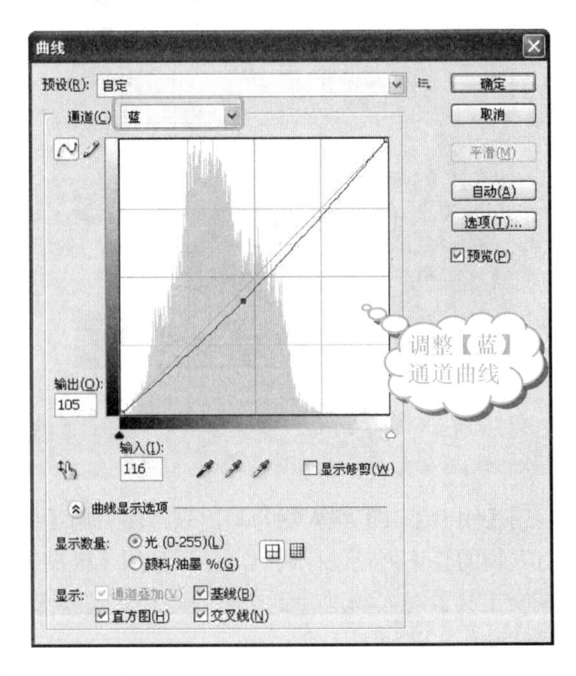

❽ 单击【确定】按钮，执行曲线后的图像效果如下图所示。

❾ 按 Ctrl+U 组合键，弹出【色相/饱和度】对话框，设置【色相】为-3，【饱和度】为 8，【明度】为 0，单击【确定】按钮，如下图所示。

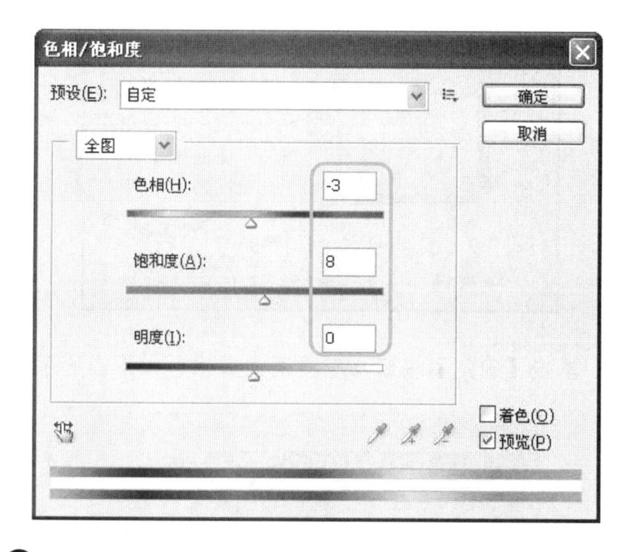

❿ 选择【图像】|【调整】|【亮度/对比度】命令，打开【亮度/对比度】对话框，设置【亮度】为 5，【对比度】为 9，如下图所示。

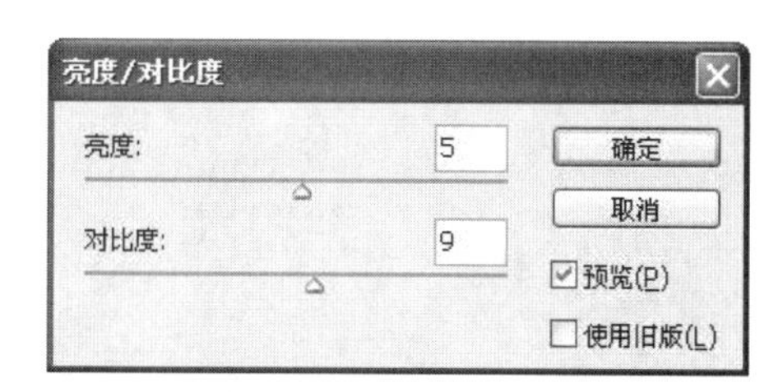

⓫ 单击【确定】按钮，查看图像效果，如右上图所示。

⓬ 按 Shift+Ctrl+Alt+E 组合键，盖印图像到【图层 4】图层，单击工具箱中的【模糊工具】按钮，对儿童的面部进行擦拭，对人物的面部进行磨皮操作，如下图所示。

⓭ 单击工具箱中的【减淡工具】按钮，对儿童的面部进行擦拭，将人物的皮肤提亮，如下图所示。

学以致用系列丛书

3. 图像整体颜色的调整

运用【高斯模糊】命令、【曲线】对话框以及图层的【混合模式】对图像整体颜色进行调整。

操作步骤

❶ 按 Shift+Ctrl+Alt+E 组合键，盖印所有图层的图像效果到【图层 5】图层，如下图所示。

❷ 选择【滤镜】|【模糊】|【高斯模糊】命令，打开【高斯模糊】对话框，设置参数如下图所示。

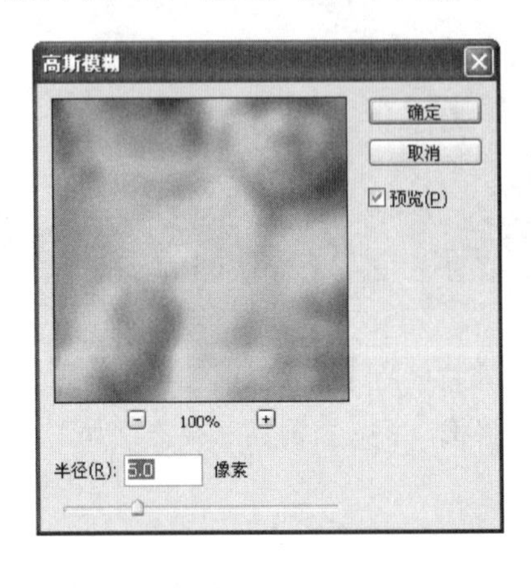

❸ 单击【确定】按钮。将【图层 5】图层的【混合模式】设置为【柔光】，【不透明度】为 50%，然后按 Shift+Ctrl+U 组合键将图像去色，如下图所示。

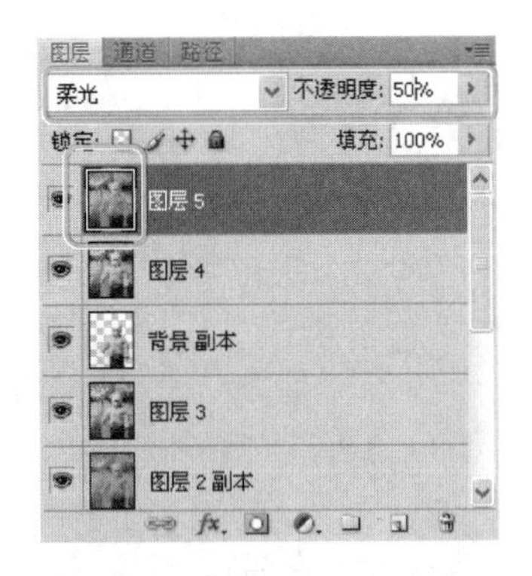

❹ 按 Ctrl+M 组合键，打开【曲线】对话框，在【通道】下拉列表框中选择【蓝】通道，设置曲线如下图所示。

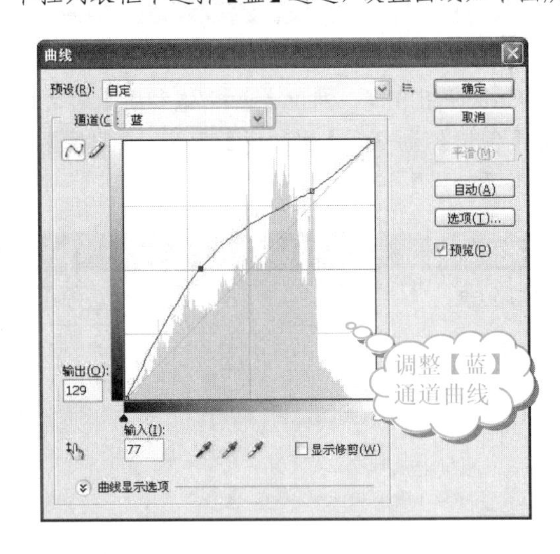

❺ 单击【确定】按钮，查看图像效果，如下图所示。

合并可见图层时，按住 Alt 键，会把所有可见图层复制一份后合并到当前图层。同样，右击图层，从弹出的快捷菜单中选择【向下合并】命令时，按住 Alt 键，会把当前图层复制一份后合并到下一图层。

❻ 按 Shift+Ctrl+Alt+E 组合键，盖印图像到【图层 6】图层。选择【滤镜】|【锐化】|【USM 锐化】命令，打开【USM 锐化】对话框，并设置【数量】为 27%，【半径】为 1.4 像素，【阈值】为 4 色阶，如下图所示。

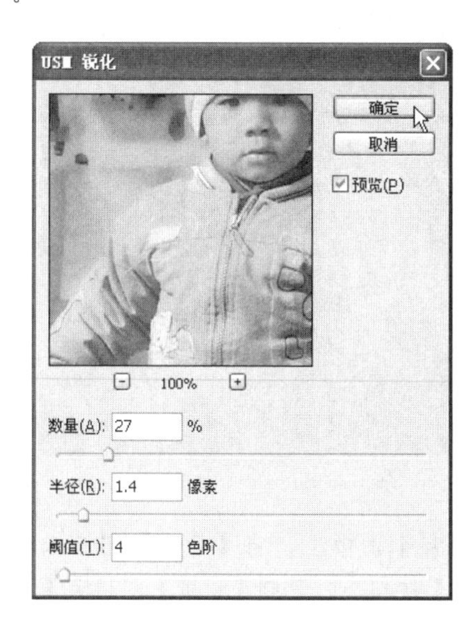

❼ 单击【确定】按钮，查看图像效果，如下图所示。

❽ 选择【图像】|【调整】|【变化】命令，在弹出的【变化】对话框中，先单击【较亮】图标两次，接着单击【加深蓝色】图标一次，如右上图所示。

❾ 单击【确定】按钮，得到最终的图像效果，如下图所示。

9.1.3 活用诀窍

在本实例中，需要分步处理图像，做到有条不紊。虽然只介绍了梦幻插画效果，只要能对其中的命令熟练掌握，就可以扩展到其他效果。例如，改变【渐变映射】的渐变条、形状工具的图形和【曲线】的形状等。

学以致用系列丛书

【纤维】命令使用前景色和背景色创建编织纤维的外观，可以使用【差异】滑块来控制颜色的变化方式，而且，较低的值会产生较长的颜色条纹；而较高的值会产生非常短且颜色分布变化更大的纤维。

学会运用盖印图像命令，不仅可以不用破坏图层，还能对图像进行想要执行的操作，而且不需要合并图层就能够达到预期的效果。

9.2 通透亮丽效果

如果宝宝的照片太暗，就显示不出儿童的朝气，因此可以使用 Photoshop 为宝宝的照片增加一点通透感，使其充满生气！

9.2.1 制作分析

要使照片更为通透重点在于通道的处理，然后将照片整体提亮，最后处理图像的暗调部分，针对性地将暗调部分也提亮。

最终制作的效果如下图所示。

9.2.2 照片处理

本实例的制作首先运用【通道】面板和【通道混和器】命令进行调整，接着用【曲线】功能和图层的【混合模式】将照片提亮，具体操作步骤如下。

操作步骤

1. 启动 Photoshop CS4 软件，选择【文件】|【打开】命令，打开素材文件(配书光盘中的图书素材\第 9 章\9-2.jpg)，如右上图所示。

2. 在【图层】面板上，将【背景】图层拖动至【创建新图层】按钮上，复制【背景】图层为【背景 副本】图层，如下图所示。

3. 在【通道】面板中依次单击每个通道，发现【蓝】通道的颜色比较暗，如下图所示。

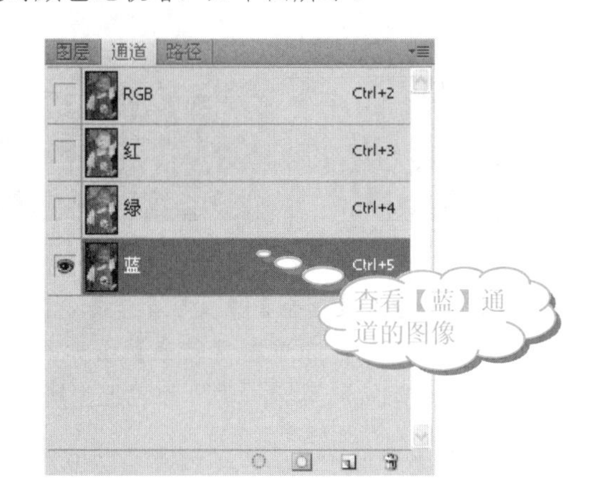

【分层云彩】滤镜使用随机生成的介于前景色与背景色之间的值，生成云彩图案。此滤镜将云彩数据和现有的像素混合，其方式与【差值】模式混合颜色的方式相同。

通过通道检验，以下的调整大多都是针对【蓝】通道。【蓝】通道过黑则表示照片偏黄。

❹ 在【调整】面板中，单击【通道混和器】按钮，如下图所示。

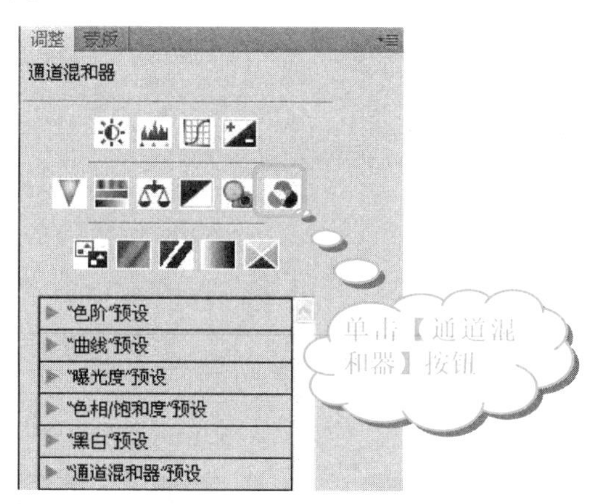

❺ 在【通道混和器】设置界面中，在【输出通道】下拉列表框中选择【红】选项，设置参数如下图所示。

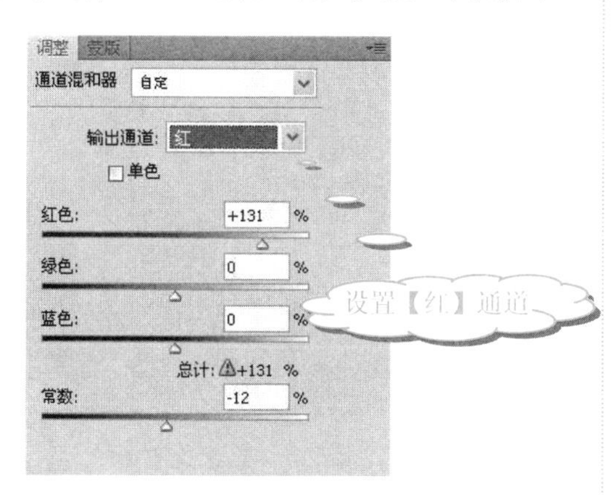

❻ 在【输出通道】下拉列表框中选择【蓝】选项，设置参数如下图所示。

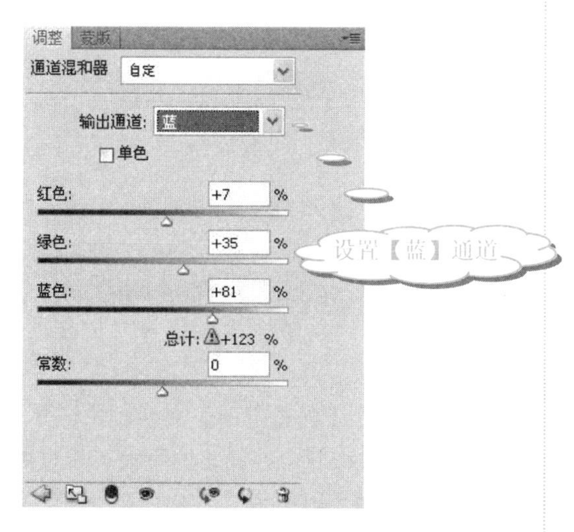

❼ 查看调整【通道混和器】后的图像，如下图所示。

❽ 此时照片上的偏黄色消失了，但是整体偏暗。所以，在【调整】面板中，单击【返回到调整列表】按钮，再单击【曲线】按钮，如下图所示。

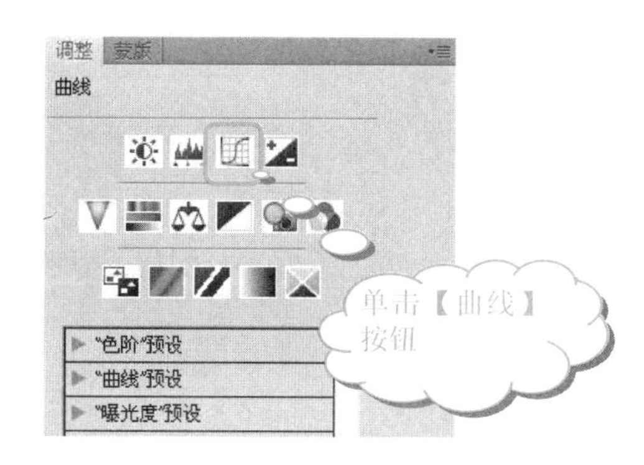

❾ 在【曲线】设置界面中，选择 RGB 选项，调整曲线，如下图所示。

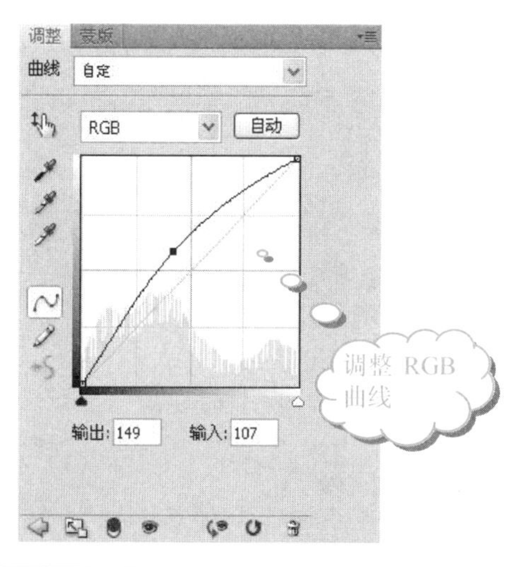

【云彩】滤镜将前景色与背景色混合，生成柔和的云彩图案。要生成色彩较为分明的云彩图案，需要按住 Alt 键后选择【滤镜】|【渲染】|【云彩】命令。

❿ 在【曲线】设置界面中，选择【红】选项，调整曲线，如下图所示。

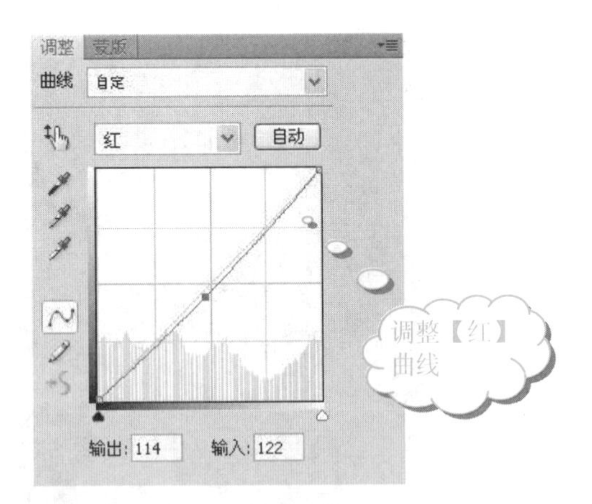

⓫ 调整曲线后的图像效果如下图所示。

⓬ 在【图层】面板中，按 Shift+Ctrl+Alt+E 组合键盖印图像到【图层 1】图层中。然后将【图层 1】图层拖动至【创建新图层】按钮上，复制【图层 1】为【图层 1 副本】图层，如下图所示。

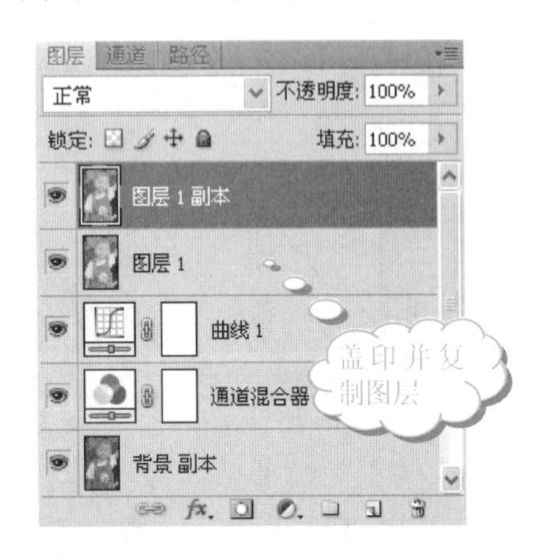

⓭ 在【图层】面板中，设置【图层 1 副本】的【混合模式】为【柔光】，【不透明度】为 40%，如下图所示。

⓮ 查看图像效果，如下图所示。

⓯ 首先建立选区，选取图像的暗调部分，然后选择菜单栏中的【选择】|【色彩范围】命令，如下图所示。

⓰ 在弹出的【色彩范围】对话框中，单击【选择】右侧的下拉按钮，在弹出的下拉列表框中选择【高光】选项，如下图所示。

删除图层的方法有以下几种：①选中需要删除的图层，单击【图层】面板下方的【删除图层】按钮；②将需要删除的图层拖到【删除图层】按钮上；③右击需要删除的图层名称，从弹出的快捷菜单中选择【删除图层】命令；④选中需要删除的图层，选择【图层】|【删除】|【图层】命令。

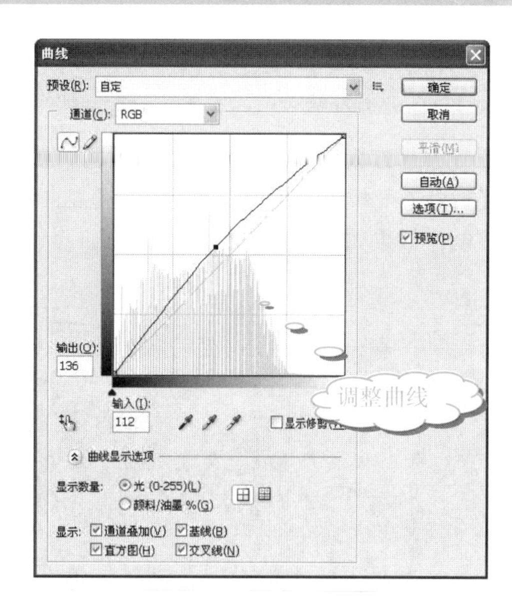

17 单击【确定】按钮，按 Shift+Ctrl+I 组合键，将选区反向选择，如下图所示。

此时选取的就是图像中的暗调部分。

18 按 Ctrl+M 组合键，打开【曲线】对话框，调整曲线，对选区部分进行操作，如右上图所示。

19 单击【确定】按钮，对选区内的暗调区域进行提亮，查看最终的图像效果，如下图所示。

9.2.3 活用诀窍

在本实例中，运用【通道混和器】处理【通道】的暗色，将其偏色部分处理完善。

学会运用选取暗调的方法，针对性地将暗调部分提亮，这样不会影响到图像高光部分的效果。

9.3 红紫色效果

草地、大树都是绿油油的一片，显得春意盎然。不过，如果将其变成红紫色，效果一定也不错！

9.3.1 制作分析

为照片添加红紫色重点在于图像的颜色调整，即如何运用【调整】面板中的命令以及图层的【混合模式】。最终制作效果如下图所示。

9.3.2 照片处理

本实例的制作在于运用【色相/饱和度】、【曲线】和【可选颜色】命令，对图像的颜色进行调整。将【滤镜】中的【高斯模糊】命令与图层中的【混合模式】结合，让图像中的人物显得更加亮丽，具体操作步骤如下。

操作步骤

❶ 启动 Photoshop CS4 软件，选择【文件】|【打开】命令，打开素材文件(配书光盘中的图书素材\第 9 章\9-3.jpg)，如下图所示。

❷ 在【图层】面板上，将【背景】图层拖动至【创建新图层】按钮上，复制【背景】图层为【背景 副本】图层，如下图所示。

❸ 在【调整】面板中，单击【色相/饱和度】按钮，如下图所示。

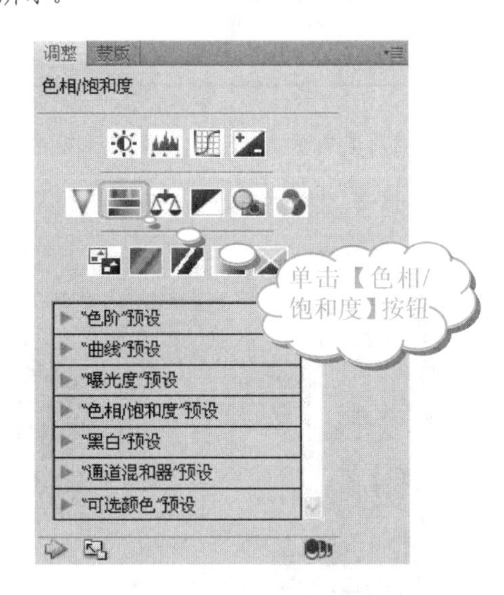

❹ 在【色相/饱和度】设置界面中，选择【绿色】选项。设置【色相】为-119，【饱和度】为 47，【明度】为 0，取消选中【着色】复选框，如下图所示。

❺ 查看图像效果，如下图所示。

长见识：在【渐变编辑器】中单击渐变条的边缘，即可添加一个色标。在【色标】选项组中，还可以更改该色标的颜色、位置或不透明度。

❻ 单击工具箱中的【画笔工具】图标，在其属性栏中单击【画笔】右侧的倒三角按钮，设置【主直径】为22px，如下图所示。

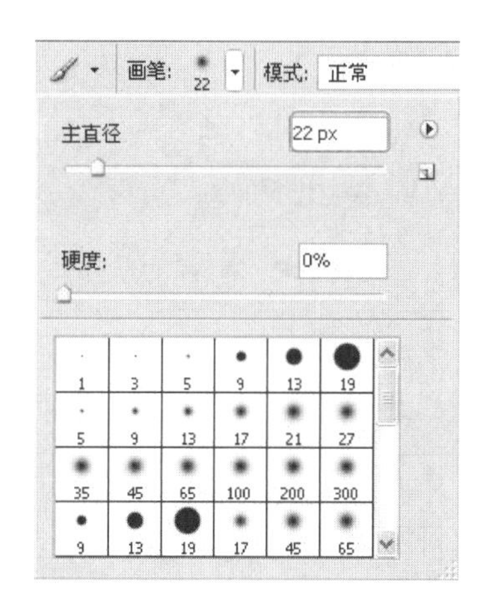

❼ 单击工具箱中的【默认前景色和背景色】按钮，设置前景色为黑色，在图像中的近景和人物上进行擦拭，如下图所示。

❽ 在【图层】面板中，单击【创建新的填充或调整图层】按钮，在弹出的菜单中选择【纯色】命令，如下图所示。

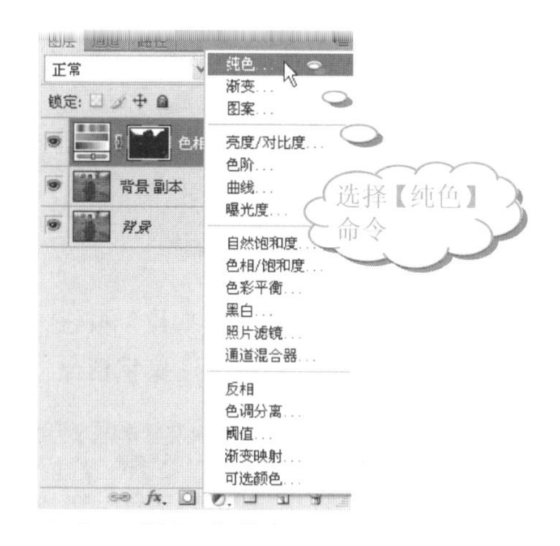

❾ 在【拾取实色】对话框中，设置参数(R:196，G:230，B:240)，如下图所示。

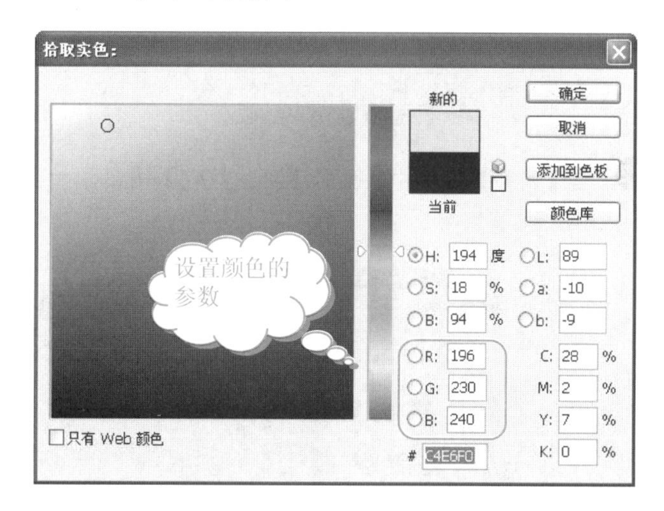

❿ 单击【确定】按钮，查看图像效果，如下图所示。

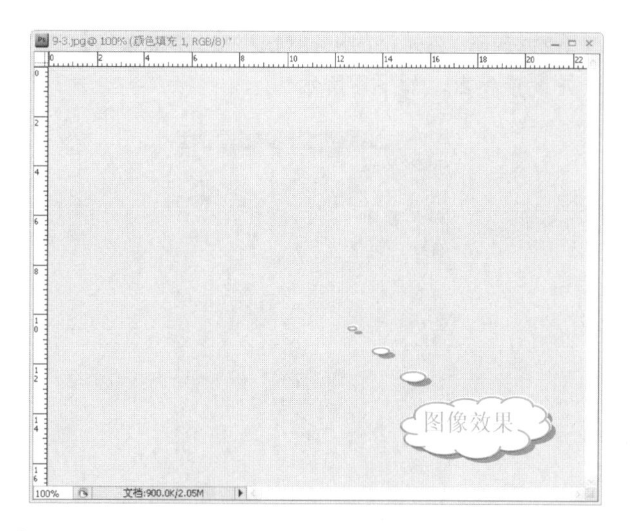

⓫ 在【图层】面板中，将【颜色填充1】图层的【混合模式】设置为【变暗】，如下图所示。

选择【图层】|【拼合图像】命令，或在【图层】面板中单击按钮，从弹出的下拉菜单中选择【拼合图像】命令，可以拼合所有图像。

⑫ 单击工具箱中的【画笔工具】按钮，将前景色设置为黑色，用同样的方法擦拭图像，如下图所示。

⑬ 在【调整】面板中，单击【可选颜色】按钮，如下图所示。

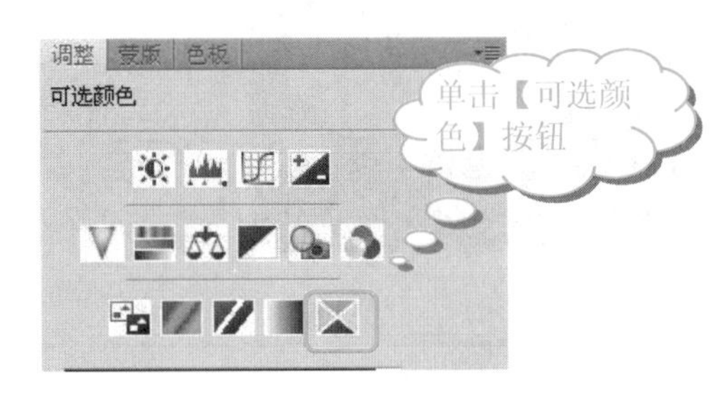

⑭ 在【可选颜色】设置界面中，单击【颜色】右侧的下拉按钮，在弹出的下拉列表中选择【绿色】选项，并设置参数，如下图所示。

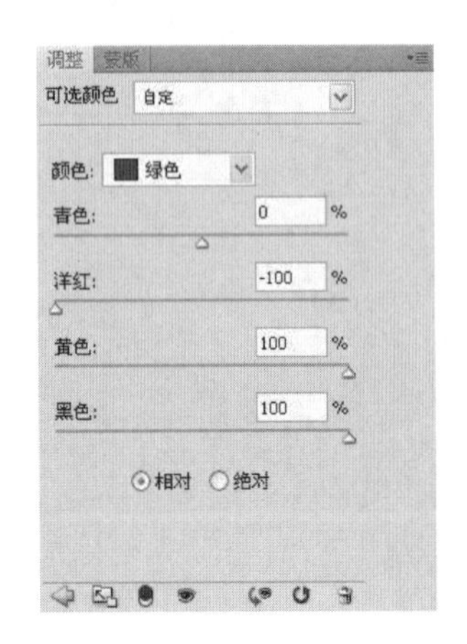

⑮ 调整可选颜色后查看图像效果，如右上图所示。

⑯ 在【调整】面板中，单击【返回到调整列表】按钮，单击【色相/饱和度】按钮，如下图所示。

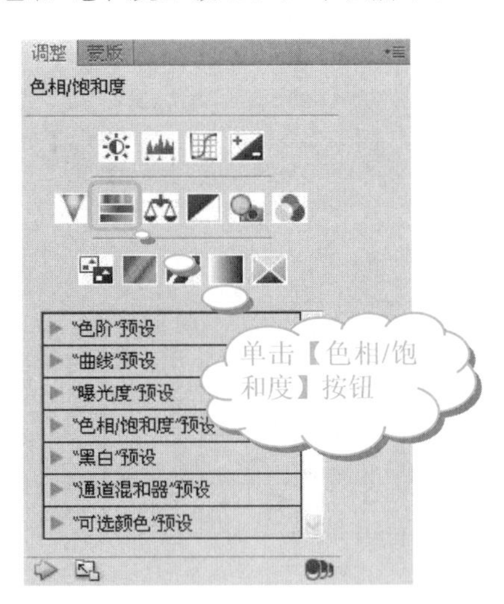

⑰ 在【色相/饱和度】设置界面中，选择【绿色】选项，并设置参数，如下图所示。

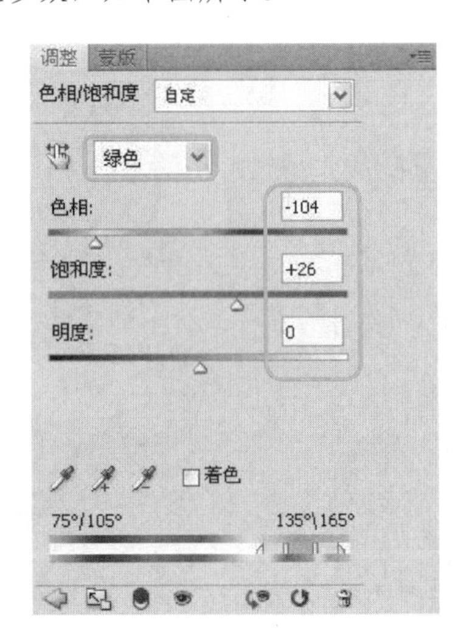

⑱ 在【色相/饱和度】设置界面中，选择【红色】选项，并设置参数，如下图所示。

在【调整】面板中单击【将面板切换到标准视图】按钮和【将面板切换到展开的视图】按钮，可以在面板的标准视图和详细视图之间进行切换。

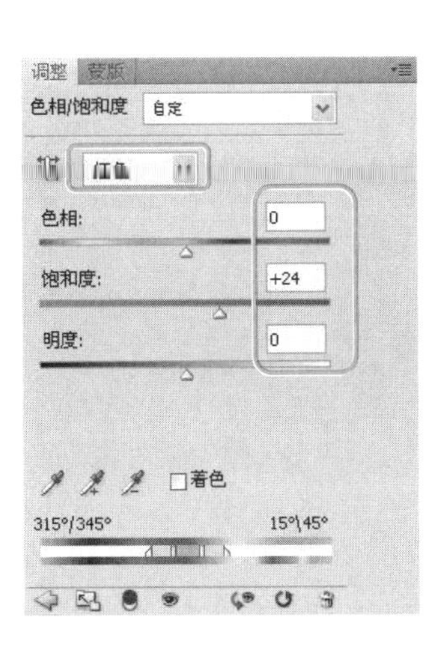

⑲ 单击工具箱中的【画笔工具】按钮，用同样的方法，擦拭天空和河水，如下图所示。

⑳ 在【调整】面板中，单击【返回到调整列表】按钮，再单击【曲线】按钮，如下图所示。

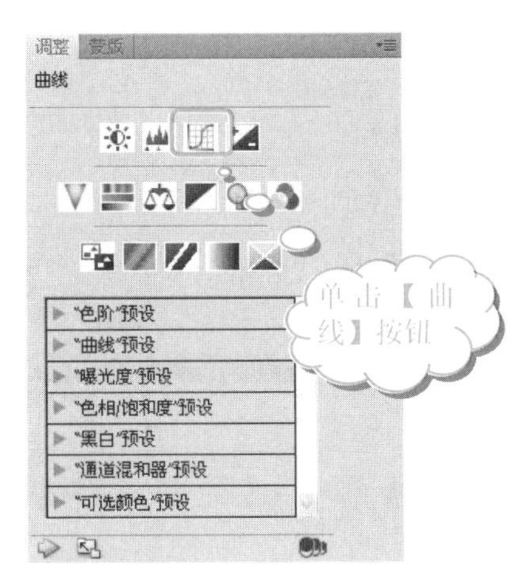

㉑ 在【曲线】设置界面中，选择【蓝】选项，并调整曲线，如右上图所示。

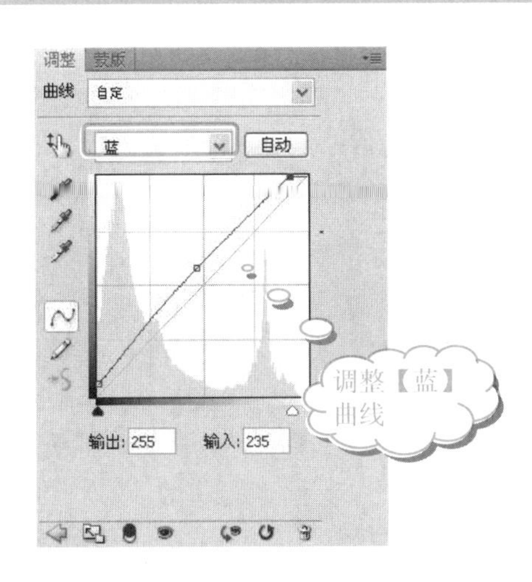

㉒ 查看图像效果，如下图所示。

㉓ 按 Shift+Ctrl+Alt+E 组合键，盖印图像到【图层 1】图层，如下图所示。

㉔ 单击工具箱中的【仿制图章工具】按钮，在天空上选取源文件，单击并拖动鼠标，将图像中的房子涂抹掉，如下图所示。

默认情况下，组的混合模式是【穿透】，这表示组没有自己的混合属性。为组选择其他混合模式时，可以有效地更改图像各个组成部分的合成顺序。

25 按 Shift+Ctrl+Alt+E 组合键，盖印图像到【图层 2】图层，然后选择【滤镜】|【模糊】|【高斯模糊】命令，如下图所示。

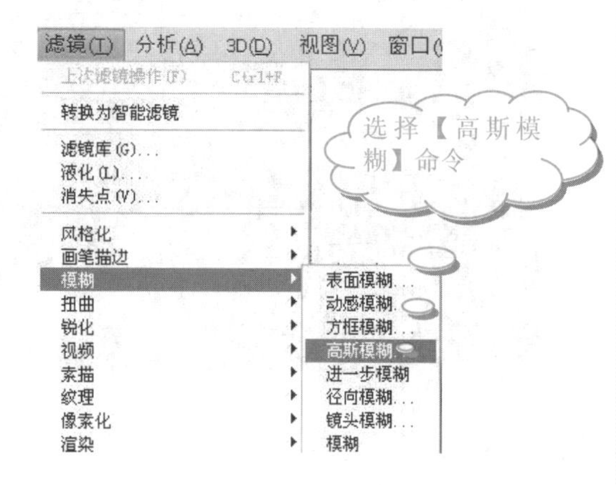

26 在【高斯模糊】对话框中，在【半径】文本框中输入 5.0，如下图所示。

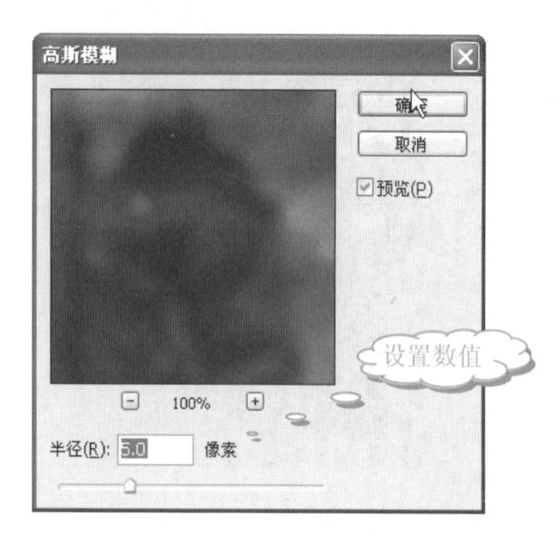

27 单击【确定】按钮。在【图层】面板中将【图层 2】图层的【混合模式】设置为【柔光】，【不透明度】设置为 50%，如右上图所示。

28 查看图像效果，如下图所示。

29 此时，如果觉得图像中的人物有点模糊。那么，可以按 Shift+Ctrl+Alt+E 组合键，盖印图像到【图层 3】图层，然后选择【滤镜】|【锐化】|【USM 锐化】命令，如下图所示。

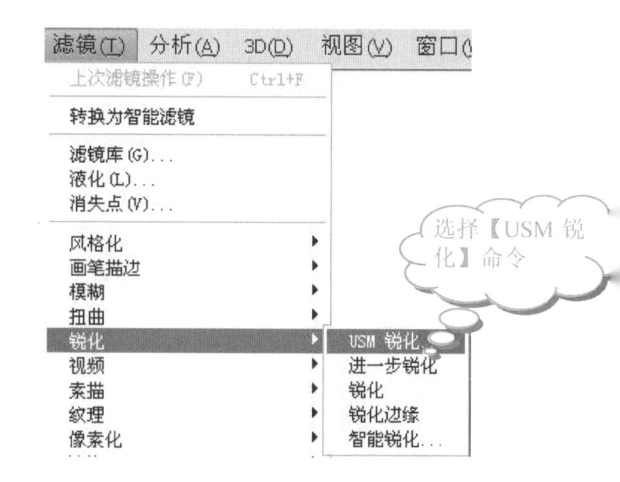

30 在【USM 锐化】对话框中，设置【数量】为 50%，【半径】为 1 像素，【阈值】为 0 色阶，对人物进行锐化处理，如下图所示。

长见识 如果为组选择的混合模式不是【穿透】，则组中的调整图层或图层混合模式都不会应用到组外部的图层。

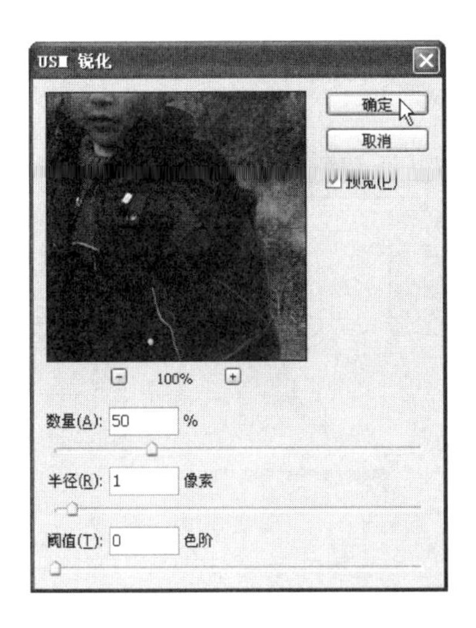

31 单击【确定】按钮，查看最终的图像效果，如下图所示。

9.3.3 活用诀窍

在本实例中，运用【调整】面板中的【色相/饱和度】、【曲线】和【可选颜色】命令对其照片的颜色进行调整；然后，巧妙地对其中不需要使用命令的部分，用【画笔工具】对其进行填充(前景色为黑色)，这样就可以将颜色不适合的部分调整到原状；最后，再运用其他【调整】命令对其进行再次处理，直至符合要求为止，这样使操作更为灵活。

9.4 甜美效果

下面一起来制作甜美的儿童写真效果！

9.4.1 制作分析

将儿童的照片处理成甜美效果重点在于先调整图像的背景，将背景的颜色模糊化的同时产生偏蓝的效果；其次处理儿童的皮肤颜色对其偏色进行调整，然后调节整体图像使人物产生粉色效果，最后对其细节进行处理。

最终制作效果如下图所示。

9.4.2 照片处理

本实例的制作在于综合运用【调整】面板中的命令对图片进行调节。首先，运用【曲线】和【滤镜】命令，对图像的背景进行调整；然后，用【蒙版】和【画笔工具】命令将背景擦拭出来；其次，运用【调整】面板中的【可选颜色】、【曲线】和【亮度/对比度】命令对人物的颜色进行调整；最后，处理一下图像的细节部分。

具体操作步骤如下。

操作步骤

1 启动 Photoshop CS4 软件，选择【文件】|【打开】命令，打开素材文件(配书光盘中的图书素材\第 9 章\9-4.jpg)，如下图所示。

学以致用系列丛书

使用【画笔工具】时，在其属性栏中的【模式】下拉列表框中可以设置画笔的模式。其中，【背后】模式只能在图层的透明部分编辑或绘画。

长知识

❷ 在【图层】面板上，将【背景】图层拖动至【创建新图层】按钮上，复制【背景】图层为【背景 副本】图层，如下图所示。

❸ 在【调整】面板中单击【曲线】按钮，如下图所示。

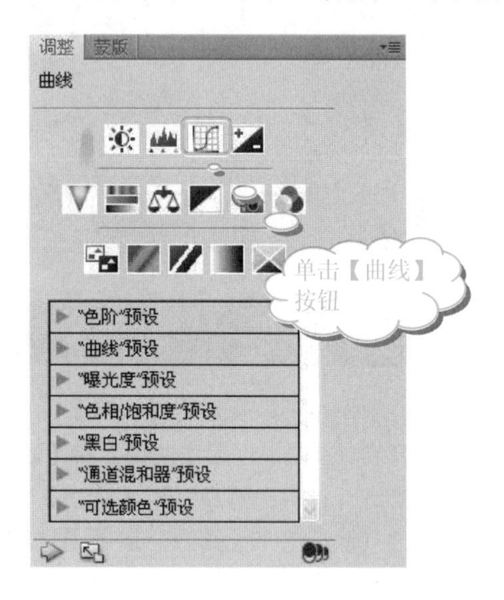

❹ 在【曲线】设置界面中，选择【红】选项，设置曲线，如下图所示。

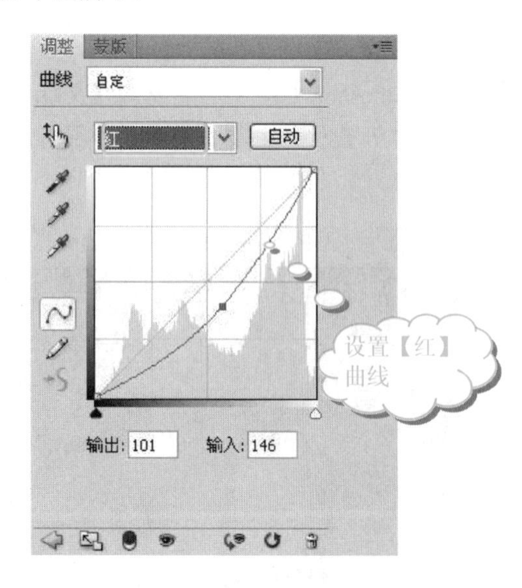

❺ 在【曲线】设置界面中，选择【蓝】选项，设置曲线，如右上图所示。

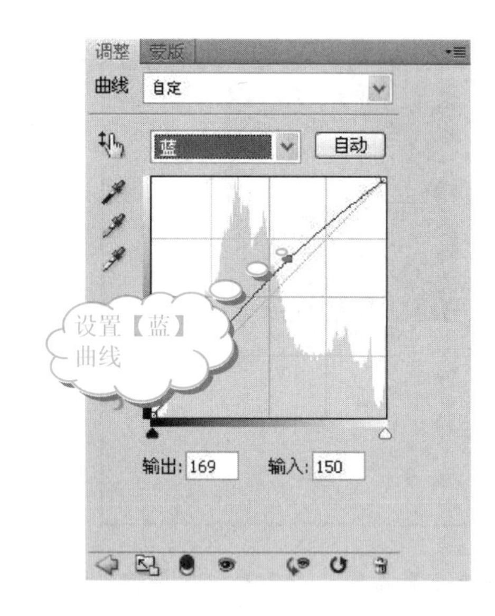

❻ 查看调整曲线后的图像效果，如下图所示。

❼ 按 Ctrl+Shift+Alt+E 组合键，盖印图像到【图层 1】，如下图所示。

❽ 选择【滤镜】|【模糊】|【高斯模糊】命令，如下图所示。

学以致用系列丛书

使用【画笔工具】时，【清除】模式可以编辑或绘制图像中的任意像素，画笔擦拭过的像素都会变成透明的。另外，此模式还适用于形状工具、油漆桶工具、铅笔工具，以及【填充】和【描边】对话框。

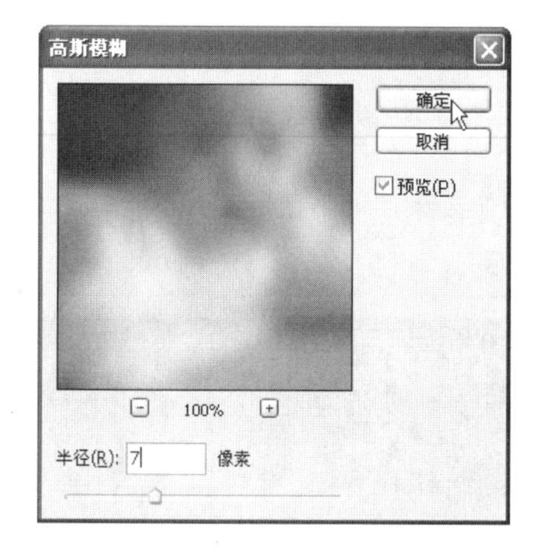

9 在【高斯模糊】对话框中，设置【半径】为7像素，如下图所示。

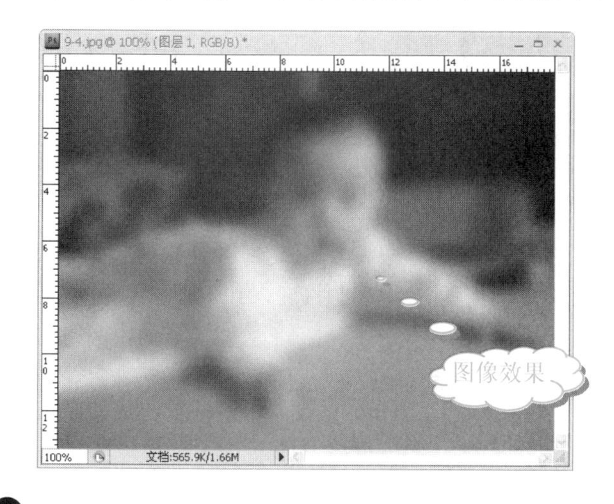

10 单击【确定】按钮，查看图像效果，如下图所示。

11 在【图层】面板中，单击【添加图层蒙版】图标，为【图层1】图层添加蒙版，如下图所示。

12 单击工具箱中的【画笔工具】按钮，设置其工具栏属性，单击【画笔】右侧的倒三角按钮，选择【柔角17像素】的画笔，并设置【主直径】为24px，如下图所示。

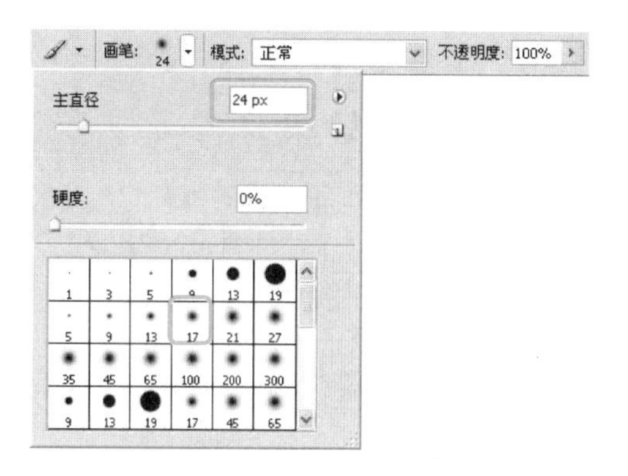

13 将前景色设置成黑色，用【画笔工具】将图像中的人物区域擦拭出来，如下图所示。

提示

步骤1到步骤13主要是为背景制作蓝色的效果，以便制作出儿童的甜美效果。【图层1】图层中就是图像背景的内容。接下来，处理人物的颜色，使儿童的皮肤呈现出甜美的感觉。

14 在【图层】面板中，单击【曲线1】图层左侧的【指示图层可见性】按钮，将【曲线1】图层隐藏，如下图所示。

使用【变暗】混合模式，可以查看每个通道中的颜色信息，选择基色或混合色中较暗的颜色作为结果色，将替换比混合色亮的像素，比混合色暗的像素保持不变。

⓯ 在【调整】面板中单击【曲线】按钮，如下图所示。

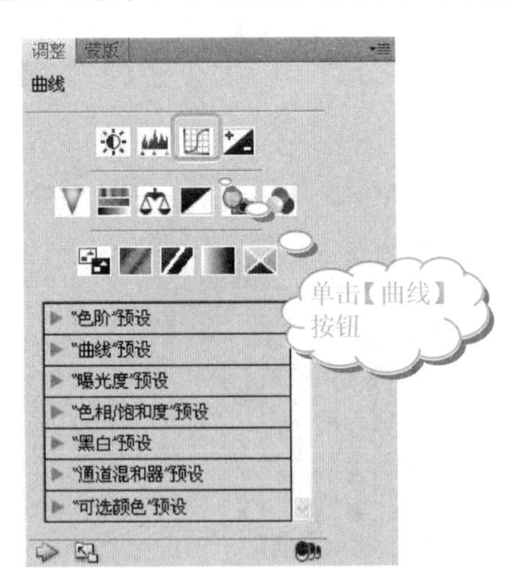

⓰ 在【曲线】设置界面中，选择RGB选项，设置曲线，如下图所示。

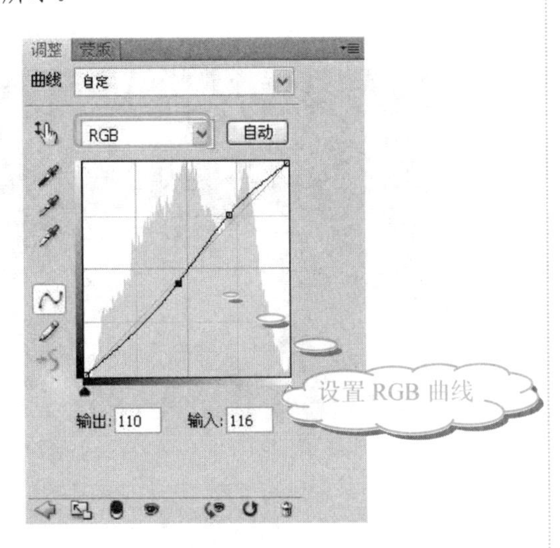

⓱ 查看图像效果，如下图所示。

⓲ 在【曲线】设置界面中，选择【红】选项，设置曲线，如下图所示。

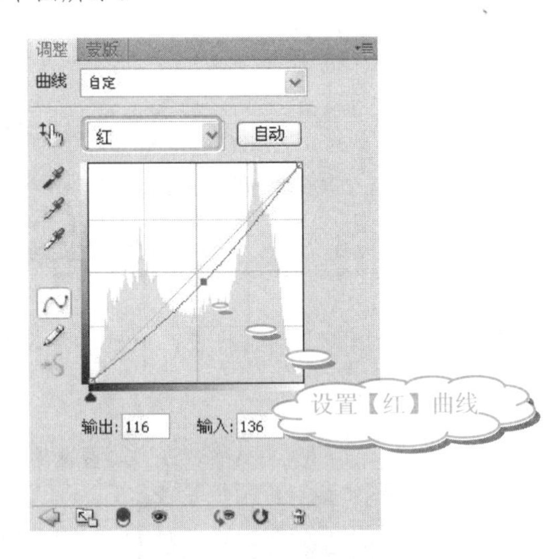

⓳ 查看图像效果，如下图所示。

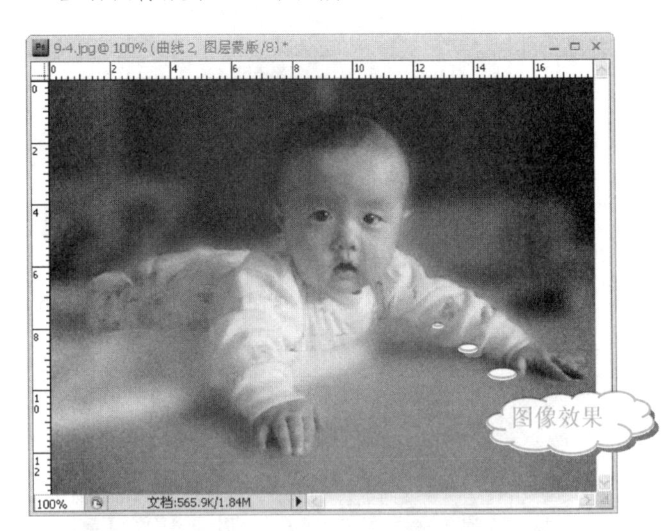

⓴ 在【调整】面板中，单击【返回到调整列表】按钮，单击【亮度/对比度】按钮，如下图所示。

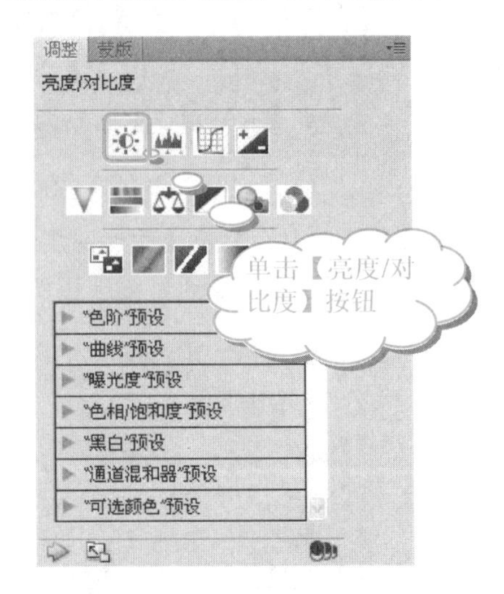

㉑ 在【亮度/对比度】设置界面中，设置【对比度】为

使用【正片叠底】图层混合模式可以查看每个通道中的颜色信息，并将基色与混合色复合，结果色总是较暗的颜色。任何颜色与黑色复合都产生黑色，任何颜色与白色复合都保持不变。

10，如下图所示。

22 查看图像效果，如下图所示。

23 人物图像的颜色调整完毕后，需要对图像的整体色彩和细节进行处理。在【图层】面板中，单击【图层1】图层，将其激活，如下图所示。

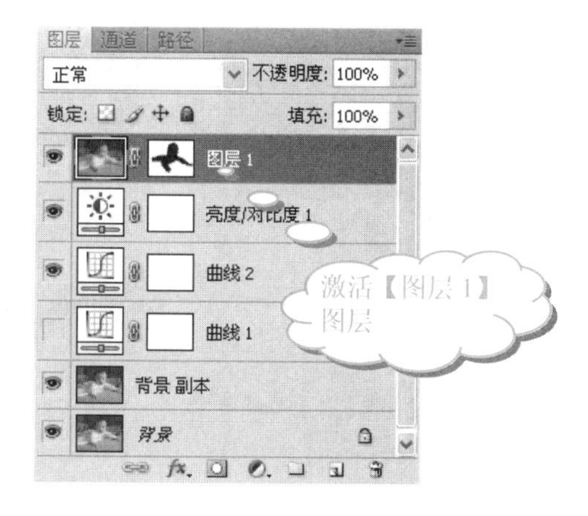

24 在【调整】面板中，单击【曲线】按钮，如右上图所示。

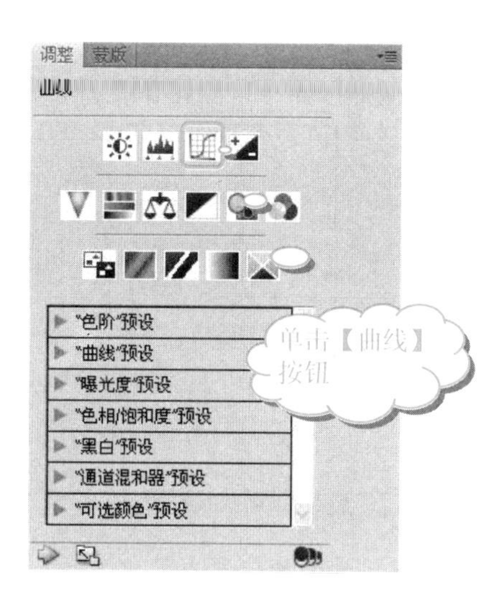

25 在【曲线】设置界面中，选择【红】选项，设置曲线，如下图所示。

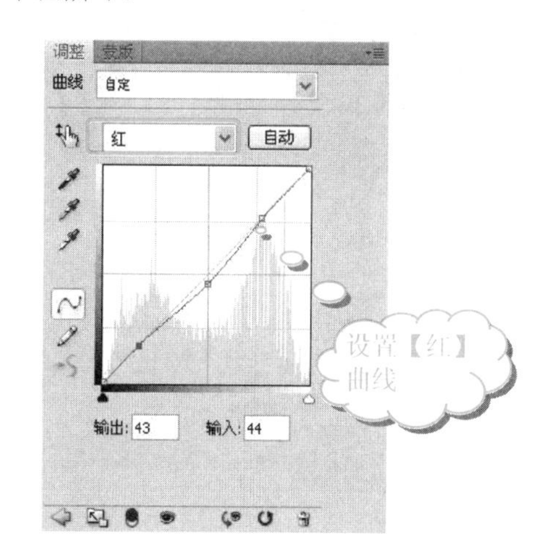

26 在【曲线】设置界面中，选择【蓝】选项，设置曲线，如下图所示。

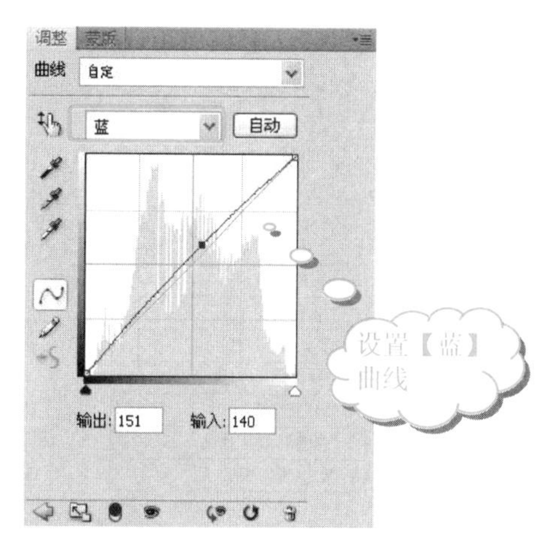

27 在【曲线】设置界面中，选择RGB选项，设置曲线，如下图所示。

学以致用系列丛书

使用【线性加深】图层混合模式，可以查看每个通道中的颜色信息，并通过减小亮度使基色变暗以反映混合色。不过，与白色混合后不产生变化。

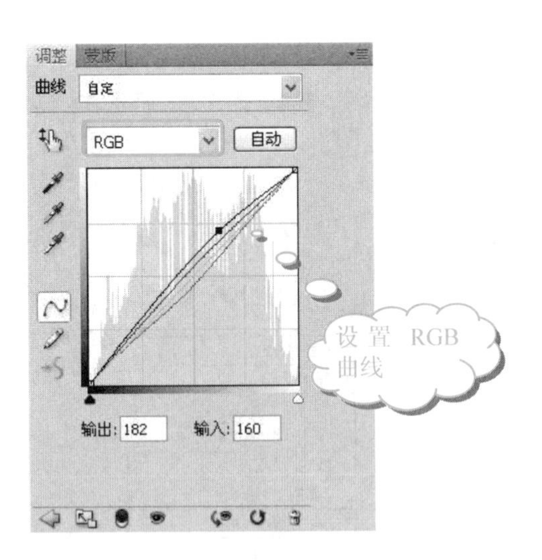

28 查看图像效果，如下图所示。

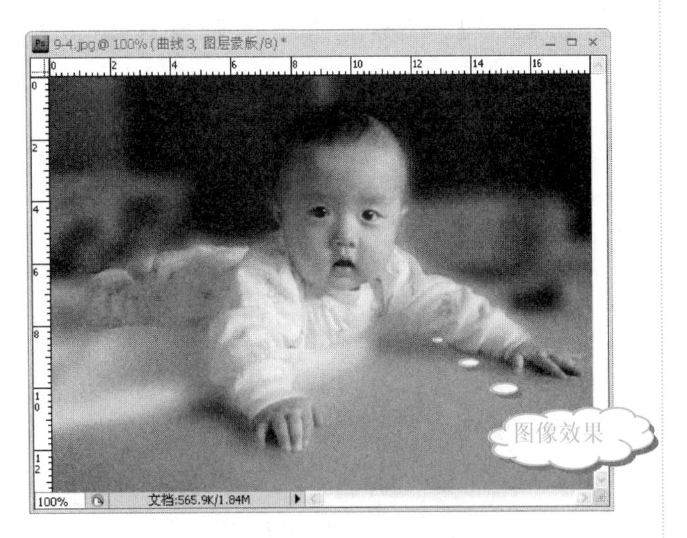

29 在【调整】面板中，单击【返回到调整面板】按钮图标，单击【可选颜色】按钮，如下图所示。

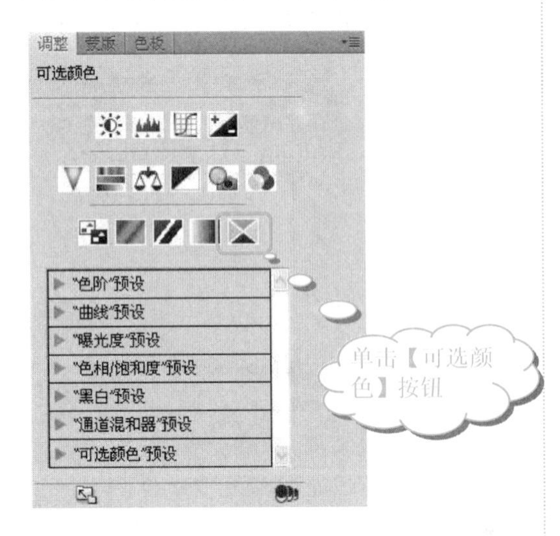

30 在【可选颜色】设置界面中，单击【颜色】右侧的下拉按钮，在弹出的下拉列表框中选择【红色】选项，设置参数，如下图所示。

31 在【可选颜色】设置界面中，单击【颜色】右侧的下拉按钮，在弹出的下拉列表框中选择【黄色】选项，设置参数，如下图所示。

32 查看图像效果，如下图所示。

33 在【图层】面板中，按 Shift+Ctrl+Alt+E 组合键，盖

使用【颜色加深】图层混合模式，可以查看每个通道中的颜色信息，并通过增加对比度使基色变暗以反映混合色。不过，与白色混合后不产生变化。

印图层到【图层 2】，如下图所示。

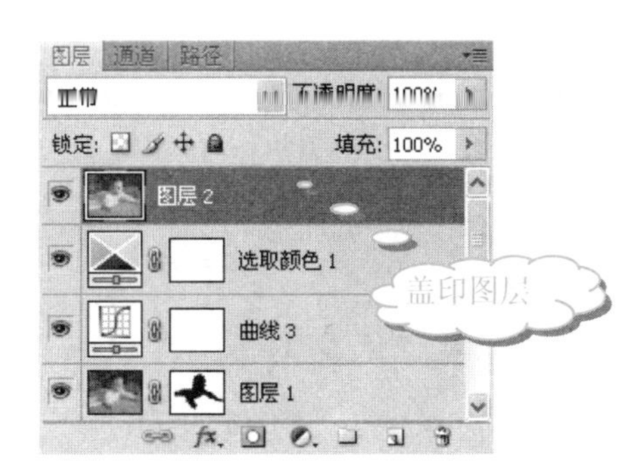

34 单击工具箱中的【模糊工具】按钮，在其工具属性栏中，设置画笔【主直径】为 13px，【强度】为 20%，如下图所示。

35 对人物的皮肤不清楚的地方进行擦拭，如下图所示。

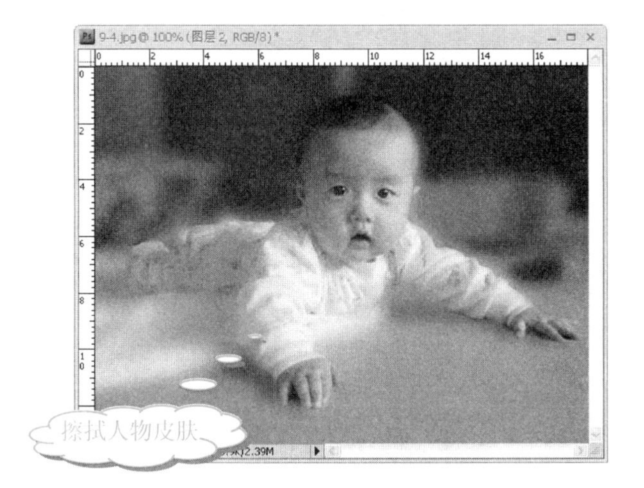

提示

使用【模糊工具】擦拭人物的皮肤，这是一种简单的磨皮处理方法。

36 选择【滤镜】|【锐化】|【USM 锐化】命令，如下图所示。

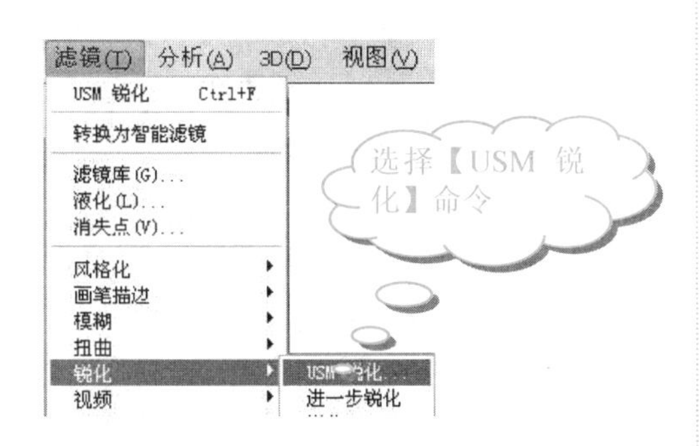

37 在弹出的【USM 锐化】对话框中，设置【数量】为 10%，【半径】为 3 像素，【阈值】为 0 色阶，如下图所示。

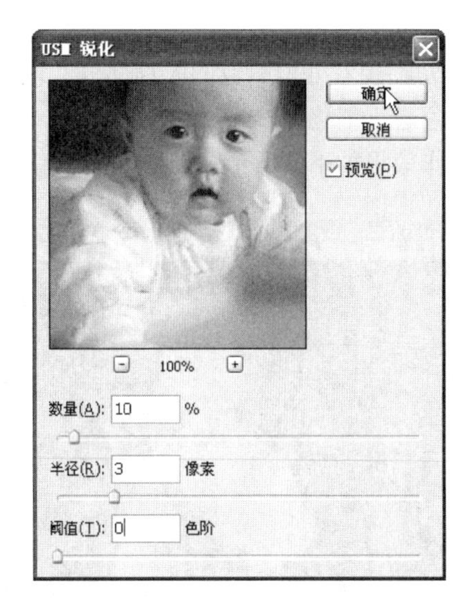

38 单击【确定】按钮，查看图像的最终效果，如下图所示。

9.4.3 活用诀窍

在本实例中，首先要明确甜美效果所需要的颜色搭配。然后通过这种颜色的搭配，对图像的背景和人物分别进行处理。最后，再调节图像整体的亮度，让图像明朗自然。

9.5 墨绿明丽效果

让儿童与纯净的颜色(绿色)搭配在一起，可以让纯净的颜色衬出他们纯洁的心灵！

学以致用系列丛书

使用【变亮】图层混合模式，可以查看每个通道中的颜色信息，选择基色或混合色中较亮的颜色作为结果色。比混合色暗的像素被替换，比混合色亮的像素保持不变。

9.5.1 制作分析

要使照片具有墨绿明丽效果，应对图像的颜色进行分层调整，首先处理图像的背景部分，然后处理图像与人的衔接部分，接着处理图像的人物部分，最后再对图像整体的颜色进行细化调整。

最终制作效果如下图所示。

9.5.2 照片处理

本实例的制作在于先对背景部分运用【曲线】和【可选颜色】命令，使图像的背景变暗；其次选取衔接部分，并调整亮度；同时结合【滤镜】中的【高斯模糊】命令与图层【混合模式】功能，加强图像的明暗层次；最后调整图像整体的颜色。

1. 处理图像的背景

通过【混合模式】命令，加深图像的背景颜色，然后通过【套索工具】和【羽化】命令建立人物以及衔接部分的选区，接着将人物以及衔接部分删除，最后运用【调整】命令对背景部分进行颜色调整，具体操作步骤如下。

操作步骤

❶ 启动 Photoshop CS4 软件，选择【文件】|【打开】命令，打开素材文件(配书光盘中的图书素材\第 9 章\9-5.jpg)，如右上图所示。

❷ 在【图层】面板上，将【背景】图层拖动至【创建新图层】按钮上，复制【背景】图层为【背景 副本】图层，如下图所示。

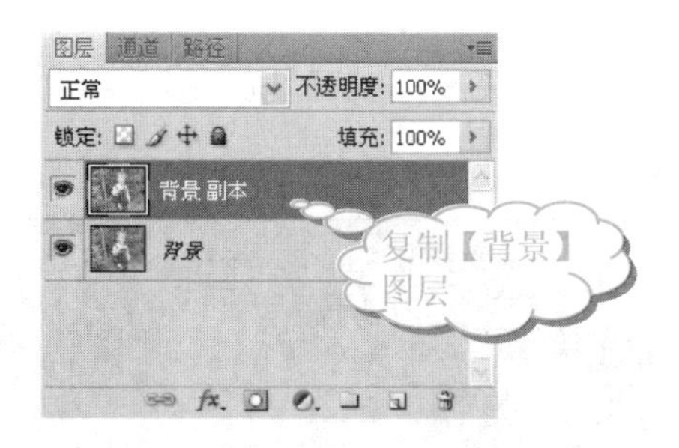

❸ 在【图层】面板中，将【背景 副本】图层的【混合模式】设置为【正片叠底】，如下图所示。

❹ 查看图像的效果，如下图所示。

可以查看每个通道的颜色信息，并将混合色的互补色与基色复合，结果色总是较亮的颜色。用黑色过滤时颜色保持不变，用白色过滤将产生白色。此效果类似于多个摄影幻灯片在彼此之上投影。

❺ 单击工具箱中的【套索工具】按钮，圈出图像中的人物，如下图所示。

❻ 按 Shift+F6 组合键，打开【羽化选区】对话框，并设置【羽化半径】为 50 像素，如下图所示。

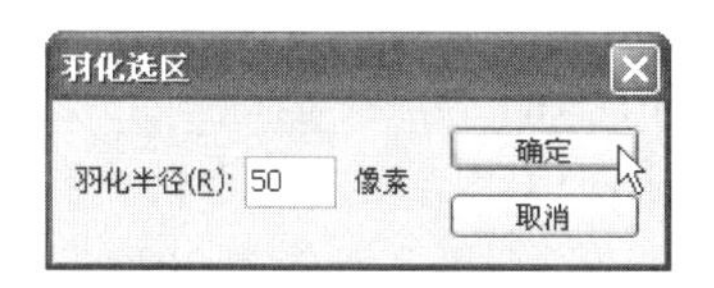

❼ 单击【确定】按钮，羽化选区，如下图所示。

❽ 按 Delete 键，将选区内的图像删除。按 Ctrl+D 组合键，取消选区。效果如下图所示。

提示

此时，【背景 副本】图层已经删除了人物和衔接部分，剩下的只有图层的背景部分。

❾ 在【调整】面板中单击【曲线】按钮，如下图所示。

❿ 在【曲线】设置界面中，选择【红】选项，设置曲线，如下图所示。

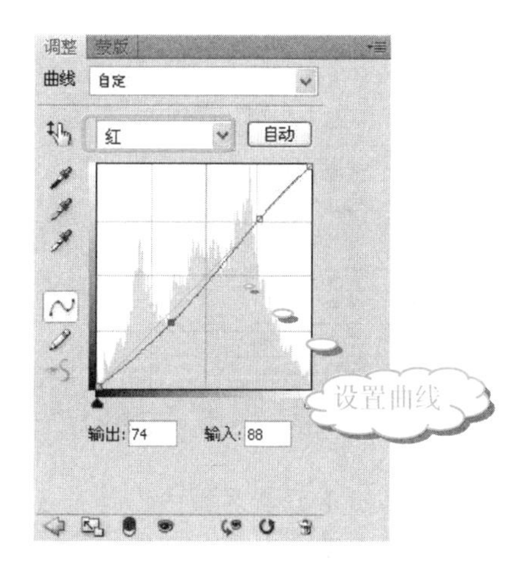

⓫ 在【曲线】设置界面中，选择【蓝】选项，设置曲线，如下图所示。

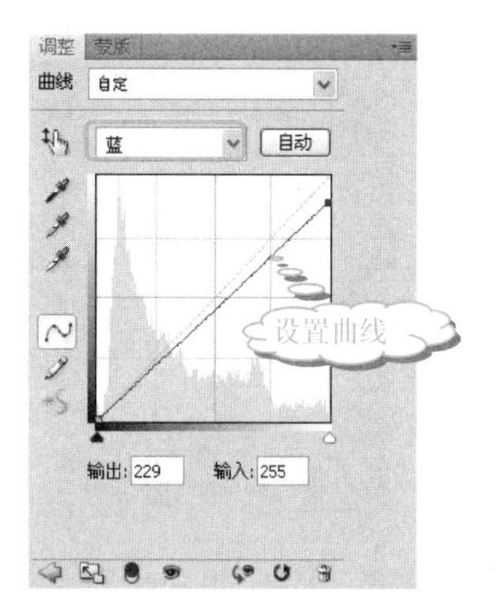

学以致用系列丛书

使用【颜色减淡】图层混合模式，可以查看每个通道中的颜色信息，并通过减小对比度使基色变亮以反映混合色。与黑色混合则不发生变化。

⓬ 查看图像效果，如下图所示。

⓭ 在【调整】面板中，单击【返回到调整列表】按钮，单击【可选颜色】按钮，如下图所示。

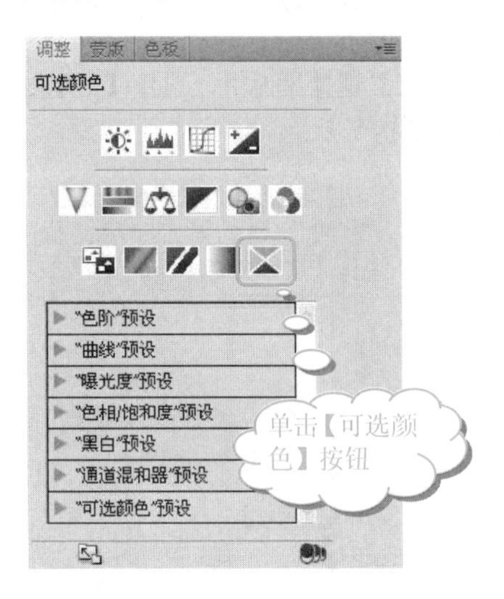

⓮ 在【可选颜色】设置界面中，单击【颜色】右侧的下拉按钮，在弹出的下拉列表中选择【绿色】选项，设置参数，如下图所示。

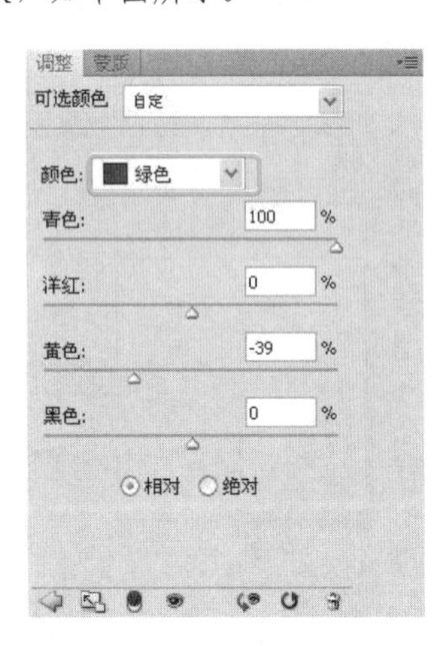

⓯ 查看图像效果，如右上图所示。

2. 协调背景与衔接部分

通过图层的【混合模式】命令，将背景与衔接部分的颜色同时加深，具体操作步骤如下。

操作步骤

❶ 按 Shift+Ctrl+Alt+E 组合键，盖印图层为【图层 1】，同时将【图层 1】图层的【混合模式】设置为【正片叠底】，【不透明度】设置为 30%，如下图所示。

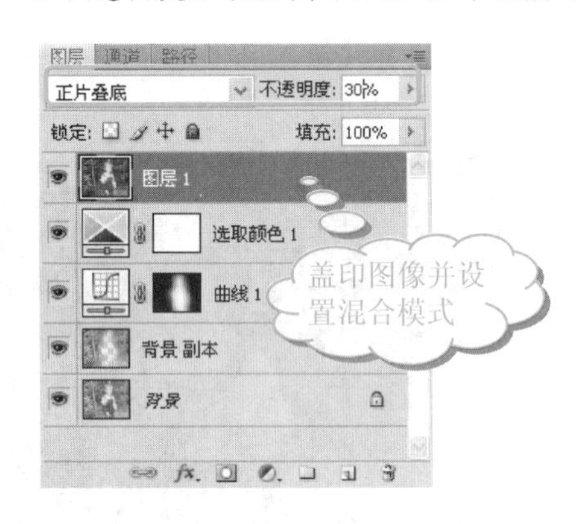

❷ 查看图像效果，如下图所示。

❸ 在【图层】面板中，单击【添加图层蒙版】按钮，为【图层 1】图层添加蒙版，如下图所示。

长见识：使用【线性减淡】图层混合模式，可以查看每个通道中的颜色信息，并通过增加亮度使基色变亮以反映混合色。与黑色混合则不发生变化。

❹ 单击工具箱中的【画笔工具】按钮，设置其工具属性栏，调节画笔大小，然后在图像中将人物部分擦拭出来(前景色为黑色)，如下图所示。

3. 处理衔接部分

处理衔接部分的具体操作步骤如下。

操作步骤

❶ 按 Shift+Ctrl+Alt+E 组合键，盖印图像，将所有图层的效果拼合并复制到【图层 2】图层，如下图所示。

❷ 单击工具箱中的【套索工具】按钮，选取图像中的人物部分，如右上图所示。

❸ 按 Shift+F6 组合键，打开【羽化选区】对话框，设置参数，如下图所示。

❹ 单击【确定】按钮，查看选区的效果，如下图所示。

❺ 按 Ctrl+J 组合键，复制选区内的图像到【图层 3】图层，如下图所示。

学以致用系列丛书

使用【叠加】图层混合模式，可以复合或过滤颜色，具体取决于基色。图案或颜色在现有像素上叠加，同时保留基色的明暗对比。

提示

步骤 1 到步骤 5 的目的是获取衔接部分的图像。

❻ 选择【滤镜】|【模糊】|【高斯模糊】命令，如下图所示。

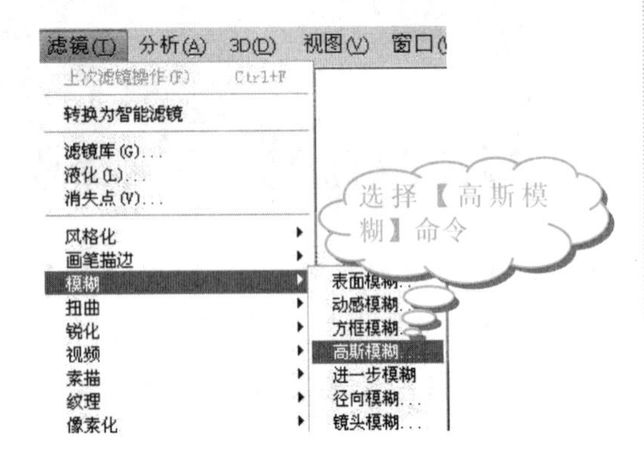

❼ 在【高斯模糊】对话框中，设置【半径】为 5.0 像素，如下图所示。

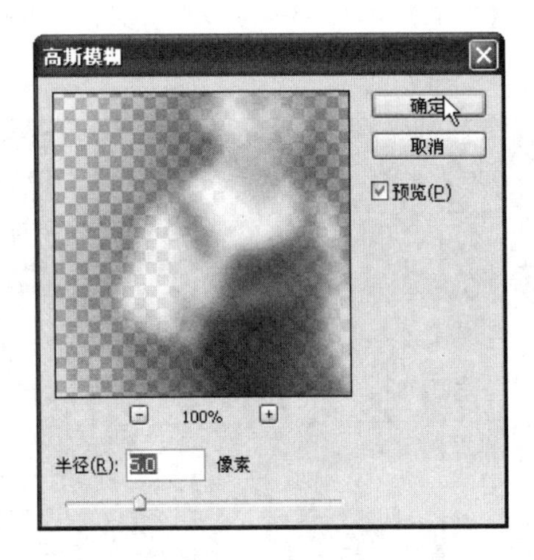

❽ 单击【确定】按钮，在【图层】面板中，将【图层 3】图层的【混合模式】设置为【叠加】，【不透明度】设置为 60%，如下图所示。

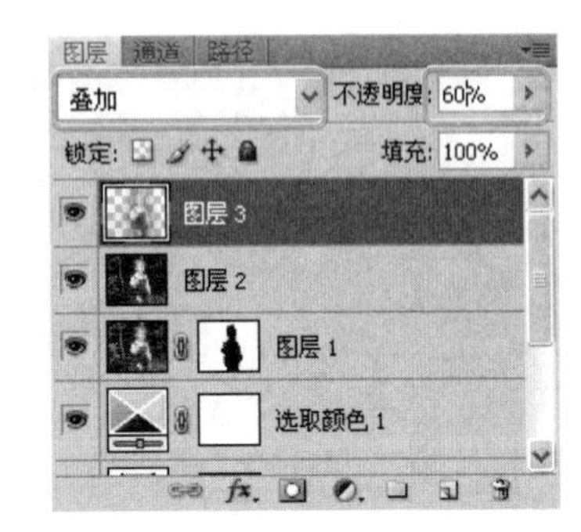

❾ 查看图像效果，如右上图所示。

❿ 在【图层】面板中，单击【添加图层蒙版】按钮，为【图层 3】图层添加蒙版，如下图所示。

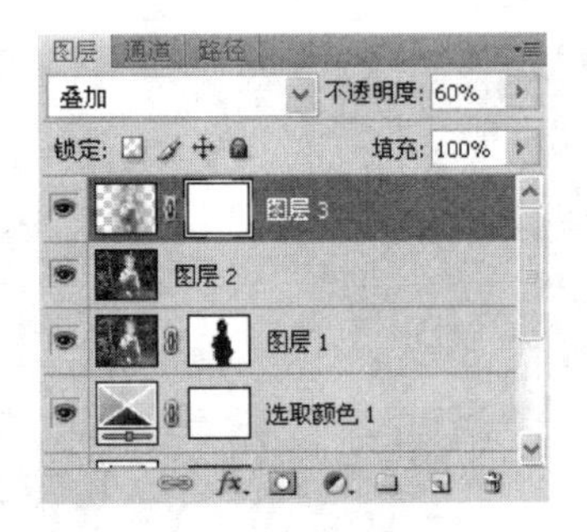

⓫ 单击工具箱中的【画笔工具】按钮，设置其工具属性栏，调节画笔大小，然后在图像中将人物部分擦拭出来(前景色为黑色)，如下图所示。

4. 处理图像整体颜色

运用【高斯模糊】、【曲线】和【可选颜色】功能对图像整体的颜色进行细致的调整，然后运用【通道混和器】调整图像整体的颜色，具体操作步骤如下。

操作步骤

❶ 按 Shift+Ctrl+Alt+E 组合键，盖印图像，将所有图层

学以致用系列丛书

长见识

使用【柔光】图层混合模式，可以使颜色变暗或变亮，具体取决于混合色。此效果与发散的聚光灯照在图像上相似。

的效果拼合并复制到【图层4】图层，如下图所示。

❷ 选择【滤镜】|【模糊】|【高斯模糊】命令，如下图所示。

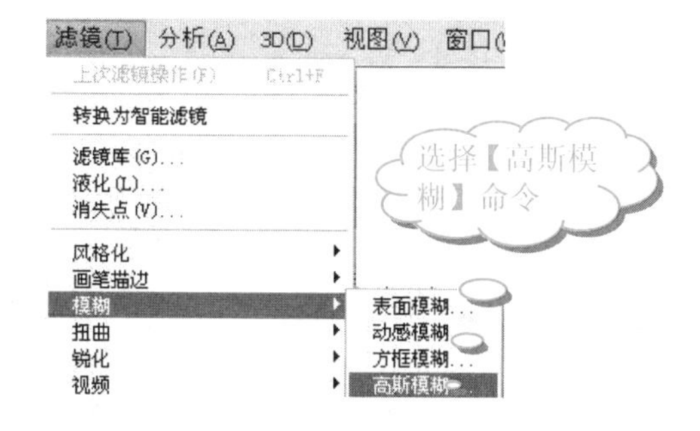

❸ 在【高斯模糊】对话框中，设置【半径】为5.0像素，并单击【确定】按钮，如下图所示。

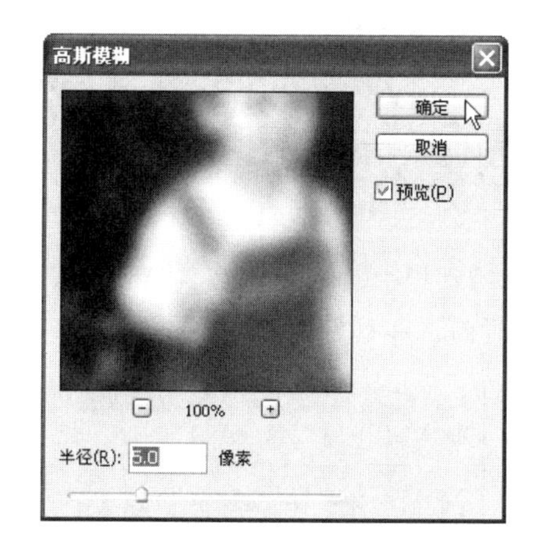

❹ 在【图层】面板中，将【图层4】图层的【混合模式】设置为【强光】，【不透明度】设置为60%，如下图所示。

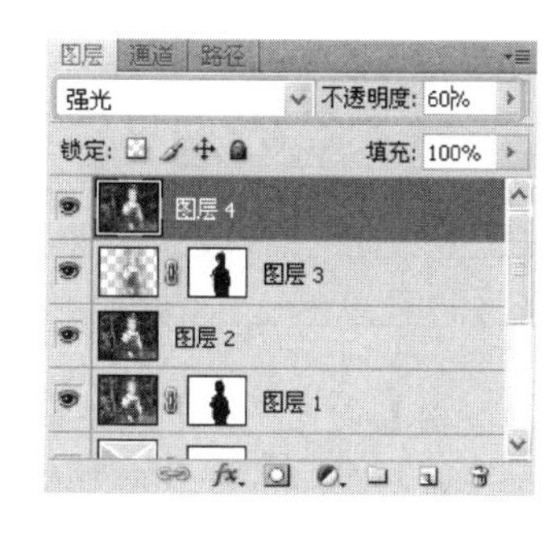

❺ 查看图像效果，如下图所示。

❻ 在【调整】面板中单击【曲线】按钮，如下图所示。

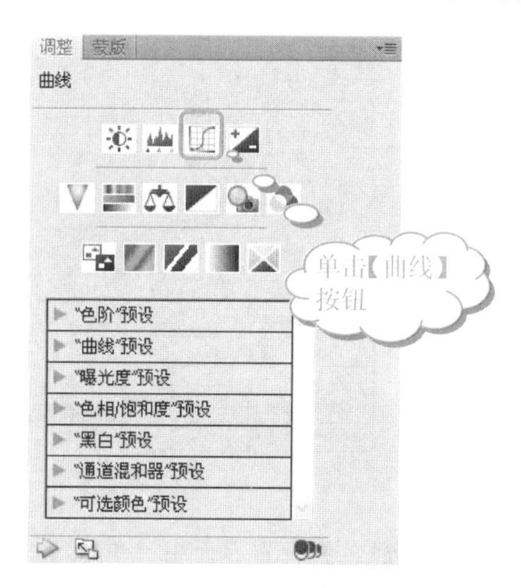

❼ 在【曲线】设置界面中，选择【蓝】选项，设置曲线，如下图所示。

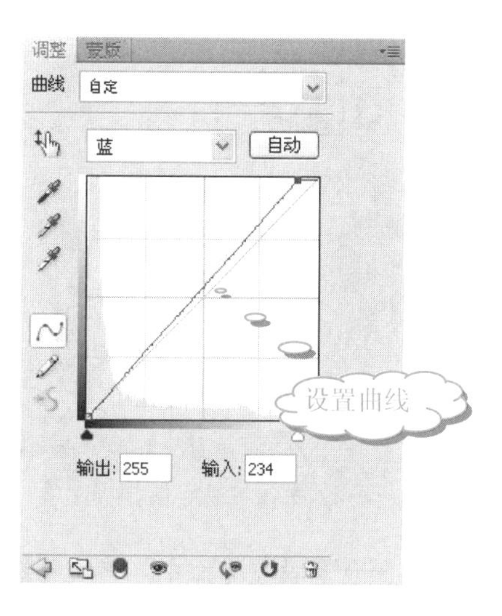

❽ 查看图像效果，如下图所示。

学以致用系列丛书

使用【强光】图层混合模式，可以复合或过滤颜色，具体取决于混合色。此效果与耀眼的聚光灯照在图像上相似。

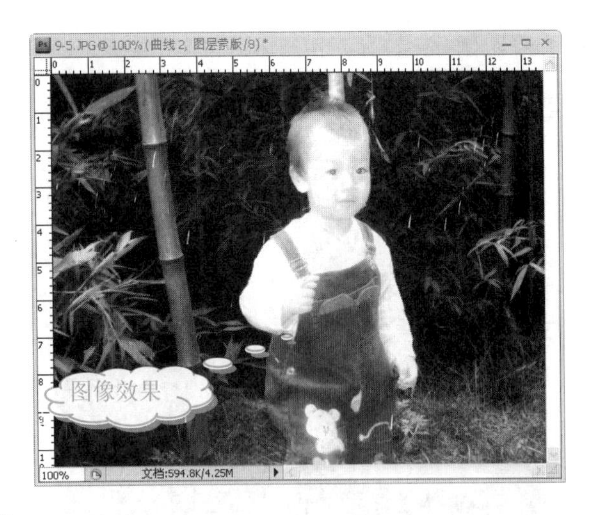

9 在【调整】面板中，单击【返回到调整列表】按钮，单击【可选颜色】按钮，如下图所示。

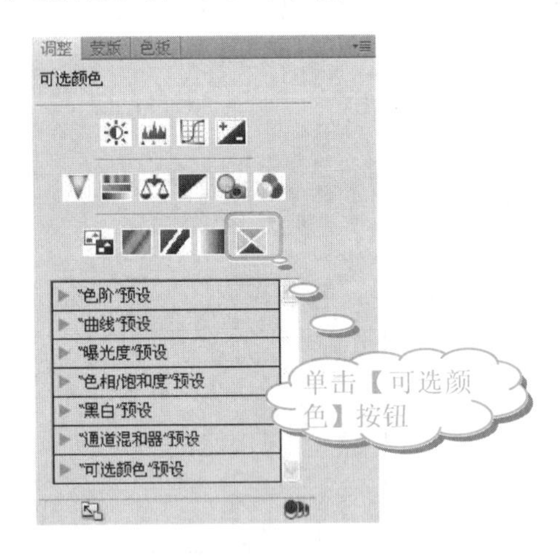

10 在【可选颜色】设置界面中，单击【颜色】右侧的下拉按钮，在弹出的下拉列表中选择【绿色】选项，设置参数，如下图所示。

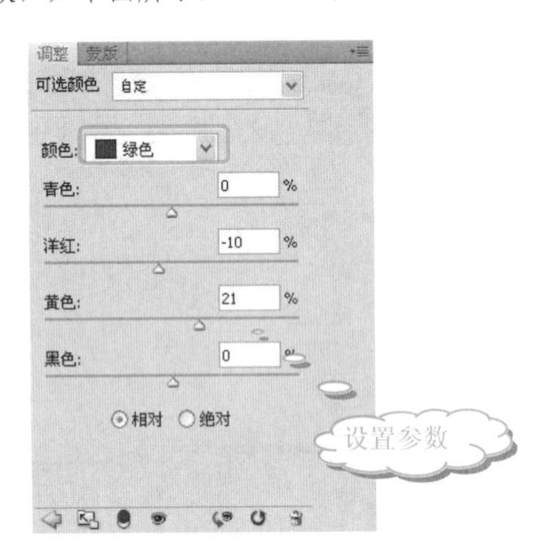

11 在【可选颜色】设置界面中，单击【颜色】右侧的下拉按钮，在弹出的下拉列表中选择【红色】选项，设置参数，如右上图所示。

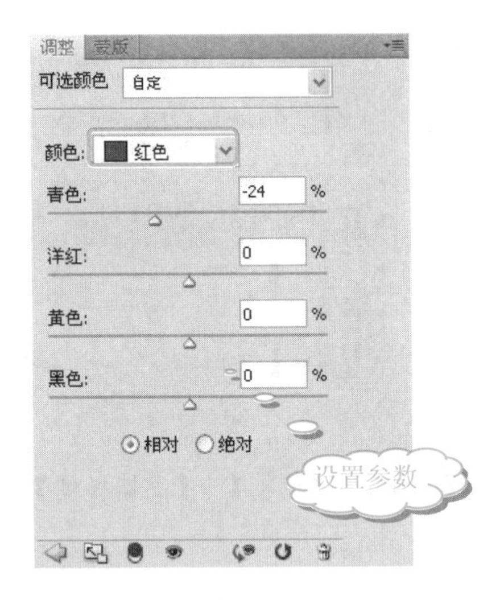

12 查看图像效果，如下图所示。

13 在【调整】面板中，单击【返回到调整列表】按钮，单击【通道混和器】按钮，如下图所示。

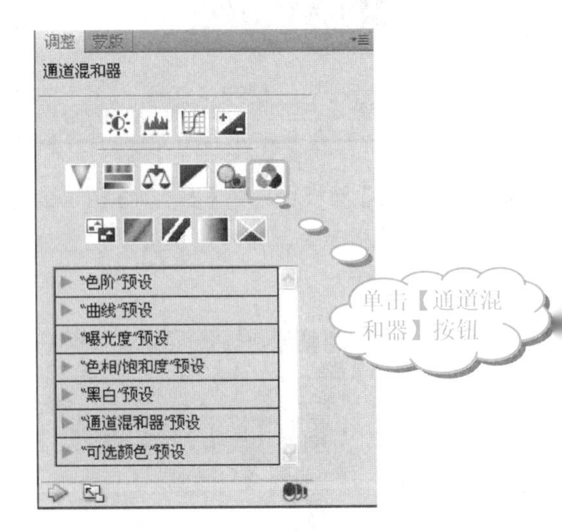

14 在【通道混和器】设置界面中，单击【输出通道】右侧的下拉按钮，在弹出的下拉列表中选择【蓝】

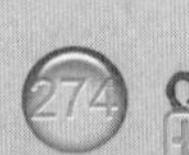

长见识 使用【亮光】图层混合模式，可以通过增加或减小对比度来加深或减淡颜色，具体取决于混合色。如果混合色(光源)比50%灰色亮，则通过减小对比度使图像变亮；如果混合色比50%灰色暗，则通过增加对比度使图像变暗。

选项，设置参数，如下图所示。

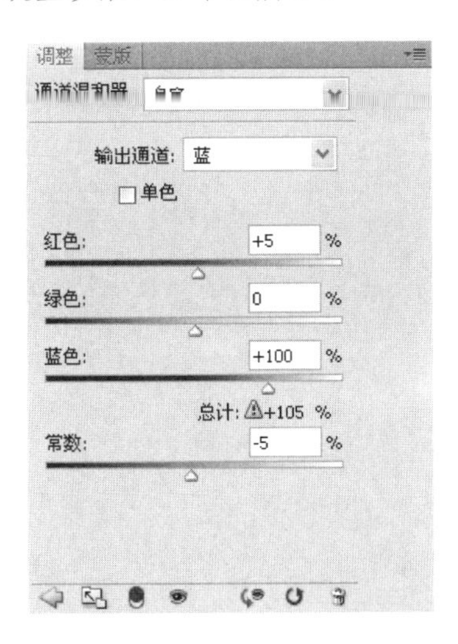

15 查看最终的图像效果，如下图所示。

9.5.3 活用诀窍

在本实例中，运用【羽化】命令可以使人物与图像背景之间产生过渡效果。这样再结合图层的蒙版与【画笔工具】，可以使整个图像分成三个层次(背景、衔接、人物)。注意每个层次的明暗和颜色，侧重点在于人物要亮而背景可以暗一些，主次显得更为分明。

9.6 思考与练习

选择题

1. 处理儿童照，使其具备通透亮丽的效果时，以下说法错误的是________。

   A. 首先查看照片的通道
   B. 首先调整偏黑的通道
   C. 蓝通道偏黑说明照片的颜色偏蓝
   D. 绿通道偏黑说明照片的颜色偏红

2. 需要一个图层部分区域的效果，以下操作正确的是________。

   A. 添加图层蒙版，并将前景色设置为黑色，运用【画笔工具】擦拭图像不需要保留的部分
   B. 添加图层蒙版，并将前景色设置为黑色，运用【画笔工具】擦拭图像需要保留的部分
   C. 添加图层蒙版，并将前景色设置为白色，运用【画笔工具】擦拭图像不需要保留的部分
   D. 添加图层蒙版，并将前景色设置为白色，运用【画笔工具】擦拭图像需要保留的部分

3. 按______组合键，能够复制选区内的图像到新创建的图层。

   A. Shift+Ctrl+Alt+E　　B. Shift +Ctrl+I
   C. Ctrl+E　　D. Ctrl+J

操作题

1. 打开素材文件(配书光盘中的图书素材\第 9 章\9-2.jpg)，制作出甜美效果。
2. 打开素材文件(配书光盘中的图书素材\第 9 章\9-5.jpg)，制作出红紫色效果。

【线性光】图层混合模式，可以通过减小或增加亮度来加深或减淡颜色，具体取决于混合色。如果混合色比 50%灰色亮，则通过增加亮度使图像变亮；如果混合色比 50%灰色暗，则通过减小亮度使图像变暗。

第 10 章

点缀瞬间——趣味卡通

要让照片变得更有个性，只需要通过简单的点缀，可能寥寥几步，就可以使照片变得有趣且富有艺术感，就连照片中的人物都会变得更有特色。

学习要点

- ❖ 制作快照焦点效果
- ❖ 制作电影胶片效果
- ❖ 制作为照片添加滤色片效果
- ❖ 制作照片景深效果
- ❖ 制作照片光晕效果

学习目标

通过对本章的学习，读者首先应该理清效果，分析效果，了解产生趣味效果所对应的命令和操作；其次学习这些操作的运用规律和方式；最后将这些趣味特征与操作运用一一对应起来，做到熟记于心。

10.1 快照焦点效果

在拍摄一张普通的照片时，想象一下当时会看到什么？对了，就是取景框。现在，就来使用 Photoshop 制作快照焦点效果吧。

10.1.1 制作分析

快照焦点效果的制作重点在于取景框的制作以及背景色调的调整，其中需要运用【变换选区】命令以及【滤镜】命令制作动感效果。最后，用【色相/饱和度】对图像的色泽进行调节。

快照焦点的最终制作效果如下图所示。

10.1.2 照片处理

本实例的制作分为以下两个步骤：首先，利用【矩形选框工具】定位图像主体，绘制取景框；然后，利用【滤镜】做出背景的动感模糊特效。

1. 绘制取景框

运用【矩形选框工具】和【钢笔工具】，定位主体图像绘制取景框，具体操作步骤如下。

操作步骤

❶ 启动 Photoshop CS4 软件，选择【文件】|【打开】命令，打开素材文件(配书光盘中的图书素材\第 10 章\10-1.jpg)，如右上图所示。

❷ 单击工具箱中的【矩形选框工具】按钮，在图像的主题部位拖出一个矩形区域，如下图所示。

❸ 选择菜单栏中的【选择】|【变换选区】命令，如下图所示。

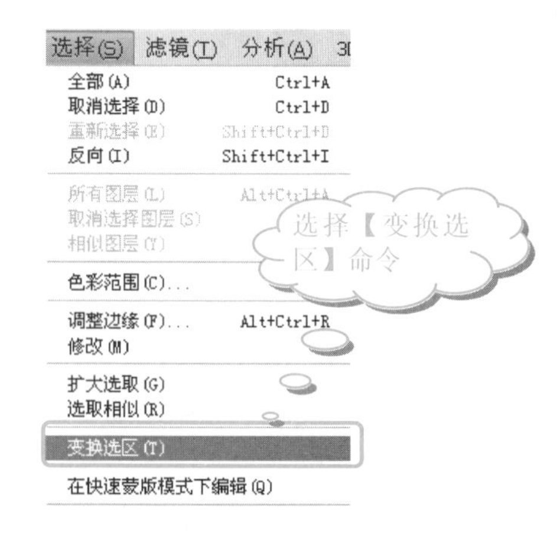

提示

【变换选区】命令可以用来调整选区的长宽比例、旋转选区或等比例缩放选区。它和【变换】命令有点相似，只不过这里是对选区进行操作。

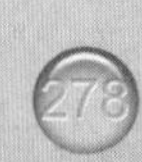

长见识 使用【点光】图层混合模式，可以根据混合色替换颜色。如果混合色比 50%灰色亮，则替换比混合色暗的像素，而不改变比混合色亮的像素；如果混合色比 50%灰色暗，则替换比混合色亮的像素，而比混合色暗的像素保持不变。这对于向图像添加特殊效果非常有用。

❹ 在图像中，将鼠标指针放置在选区的四个角，当指针变成双向弧形箭头时单击，按住鼠标左键拖动，使矩形选区旋转，框住图像主体部分，如下图所示。

❺ 按Enter键，确定选区的变换。然后，按Ctrl+J组合键，复制选区中的图像到新建的【图层1】图层，如下图所示。

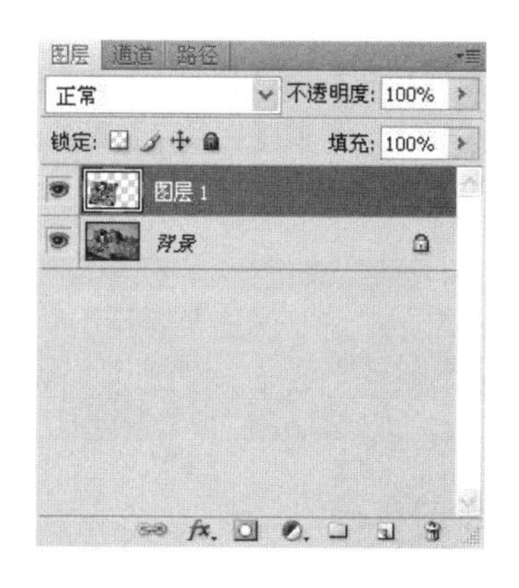

❻ 单击工具箱中的【设置前景色】按钮，打开【拾色器(前景色)】对话框，设置参数(R:106，G:204，B:10)，如下图所示。

❼ 单击【确定】按钮，按住Ctrl键的同时单击【图层1】图层，建立选区，如下图所示。

❽ 在【图层】面板中，单击【创建新图层】按钮，新建【图层2】图层，如下图所示。

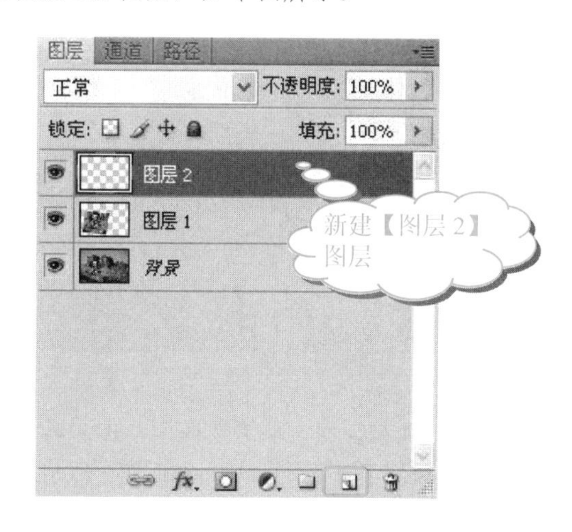

❾ 在图像窗口中，右击选区，从弹出的快捷菜单中选择【描边】命令，如下图所示。

❿ 在弹出的【描边】对话框中，设置【宽度】为7px，【颜色】为绿色，并选中【居中】单选按钮，取消选中【保留透明区域】复选框，其他参数保持不变，如下图所示。

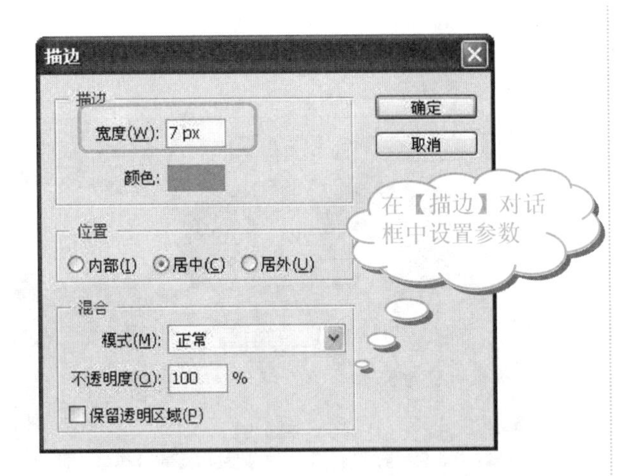

⓫ 单击【确定】按钮，查看图像效果，如下图所示。

⓬ 按 Ctrl+D 组合键，取消选区。单击工具箱中的【多边形套索工具】按钮，在画面上绘制一个多边形选区，如下图所示。

提示

绘制的多边形应该尽量长宽等距，以便绘制出描边，从而将多边形修饰成镜头。

⓭ 确定【图层 2】处于激活的状态，然后按 Delete 键，删除选区内的图像。按 Ctrl+D 组合键，取消选区。查看图像效果，如下图所示。

注意

步骤 8 到步骤 13 的操作，都是在【图层 2】图层上进行的。

⓮ 在【图层】面板中，将【图层 2】图层拖动至【创建新图层】按钮上，复制【图层 2】图层为【图层 2 副本】图层，如下图所示。

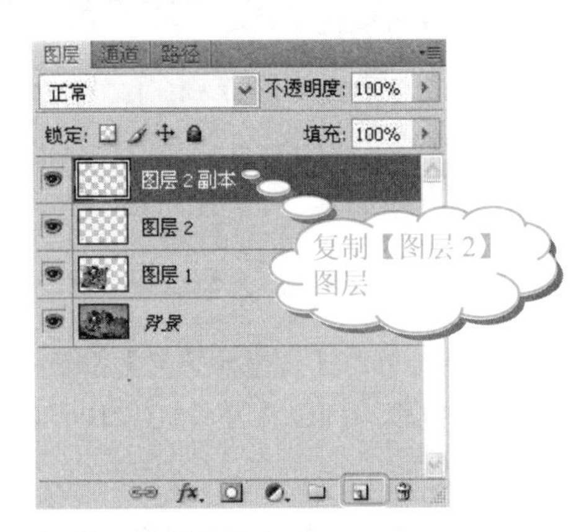

⓯ 选择【编辑】|【自由变换】命令，如下图所示。

使用【马赛克拼贴】滤镜，可以使图像看起来是由小的碎片或拼贴组成的，然后在拼贴之间灌浆。相反，使用【马赛克】滤镜，可以将图像分解成各种颜色的像素块。

⑯ 在图像中，将鼠标指针移动至选框的四个角上，当指针变成斜方向双向箭头时，按住Alt键，拖动鼠标，使【图层 2 副本】图层以取景框的中心为基点缩放。查看图像效果，如下图所示。

⑰ 按Enter键确定自由变换操作，然后在【图层】面板中，单击【创建新图层】按钮，新建【图层 3】图层，如下图所示。

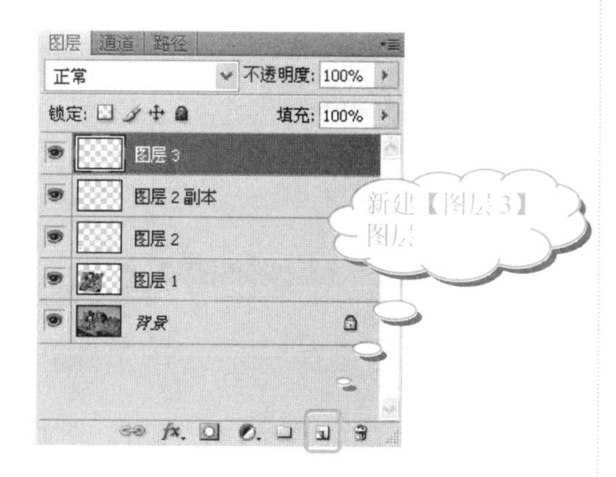

⑱ 单击工具箱中的【设置前景色】按钮，打开【拾色器(前景色)】对话框，设置参数(R:226，G:0，B:0)，单击【确定】按钮，如下图所示。

⑲ 单击工具箱中的【钢笔工具】按钮。在【钢笔工具】属性栏中，单击【直线工具】按钮，在取景框的中心位置绘制一个十字架，如下图所示。

⑳ 单击工具箱上的【画笔工具】按钮，在其属性栏中单击【画笔】右侧的倒三角按钮，弹出的下拉列表中设置【主直径】为4px，如下图所示。

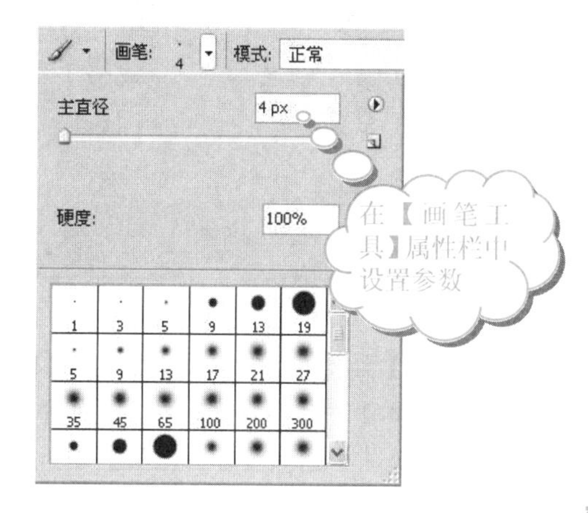

㉑ 单击工具箱中的【钢笔工具】按钮，然后在图像上右击，从弹出的快捷菜单中选择【描边路径】命令，如下图所示。

【龟裂缝】滤镜可以将图像绘制在一个高凸现的石膏表面上，以循着图像等高线生成精细的网状裂缝。使用【龟裂缝】滤镜可以对包含多种颜色值或灰度值的图像创建浮雕效果。

22 在【描边路径】对话框中，单击下拉按钮，从弹出的下拉列表中选择【画笔】选项，如下图所示。

注意

在描边路径时，系统默认使用前景色进行描边，画笔样式为上一次设置的形状。

23 单击【确定】按钮，然后在【路径】面板中，单击【工作路径】下方的灰色区域将路径隐藏。再查看图像效果，如下图所示。

24 在【图层】面板上，按住 Ctrl 键单击【图层 2】、【图层 2 副本】和【图层 3】图层。然后右击，从弹出的快捷菜单中选择【合并图层】命令，合并选中的图层，如下图所示。

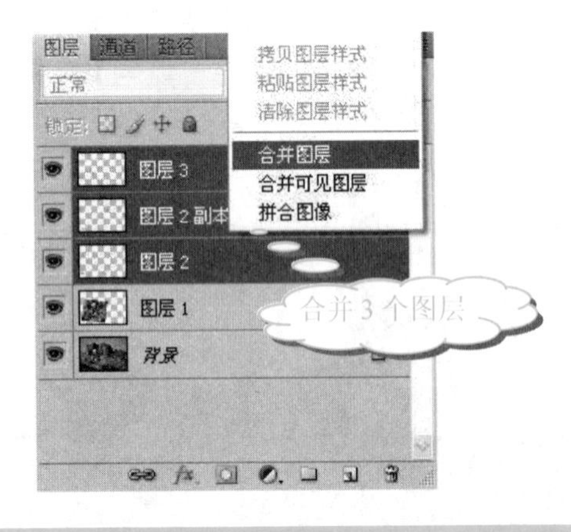

2. 制作背景特效

背景的处理主要是为了突出前景图像的动感效果，从而进一步完善图像的整体效果。运用【动感模糊】滤镜，在已经调整的图像上添加背景的特殊效果，具体操作步骤如下。

操作步骤

1 在【图层】面板中，单击【背景】图层，确定其处于激活的状态，如下图所示。

2 选择【滤镜】|【模糊】|【动感模糊】命令，如下图所示。

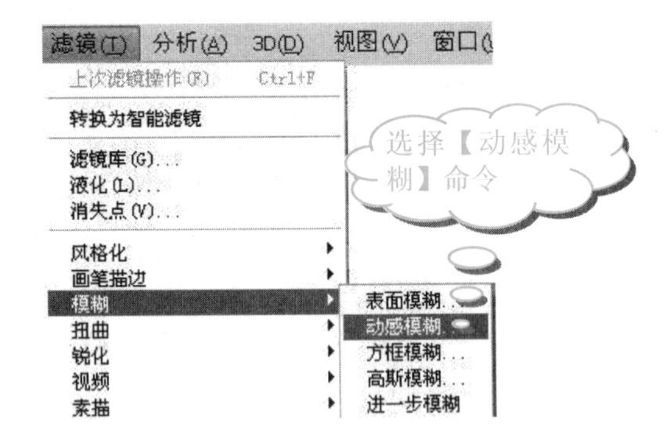

3 在弹出的【动感模糊】对话框中，设置【角度】为 0 度，【距离】为 15 像素，如下图所示。

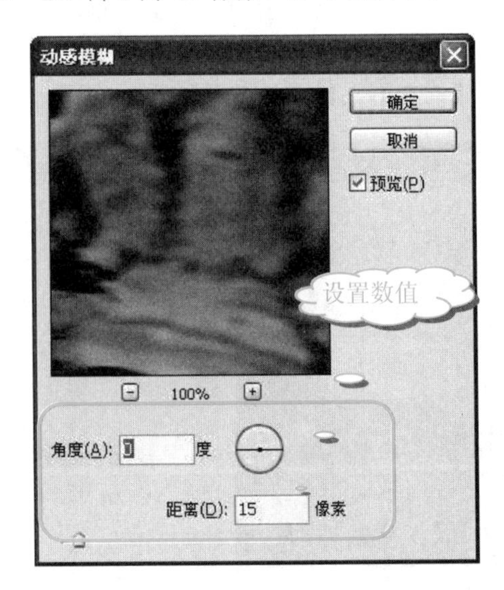

4 单击【确定】按钮，查看图像效果，如下图所示。

长见识 在用锚点调整图形形状时，可以选择【直接选择工具】，而不是【路径选择工具】，因为【直接选择工具】可以选择单个锚点，而【路径选择工具】只能选择整个路径。

❺ 确定【背景】图层处于激活状态，然后在【调整】面板中，单击【色相/饱和度】按钮，如下图所示。

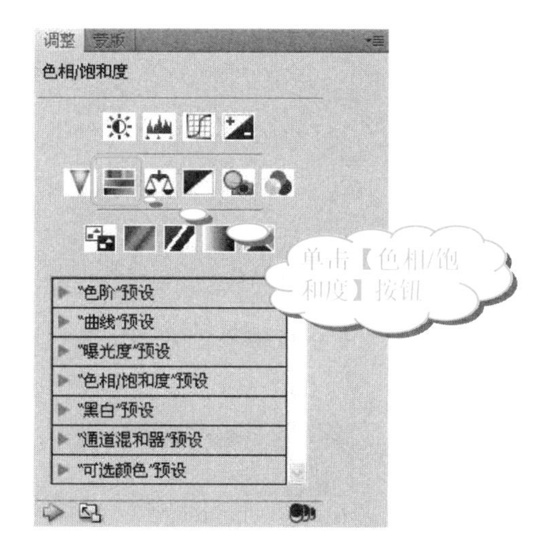

❻ 在【色相/饱和度】设置界面中，设置【饱和度】为-40，如下图所示。

❼ 这样，就可以将背景弱化，得到最终的快照焦点效果，如右上图所示。

10.1.3 活用诀窍

巧妙地运用【动感模糊】和【色相/饱和度】等命令突出前景、虚化背景，才能得到快照焦点特效。用户可以发挥自己的想象力，制作出不同的特效。

10.2 电影胶片效果

将同一类别的照片连成一串，以电影胶片的效果显示，使照片显得更有动感，更有趣味。

10.2.1 制作分析

本例的制作过程重点在于电影胶片的制作，在这里主要编辑画笔，然后运用画笔描边路径制作电影胶片，再将图像调整至胶片内，最后制作电影胶片的扭曲效果。

电影胶片的最终制作效果如下图所示。

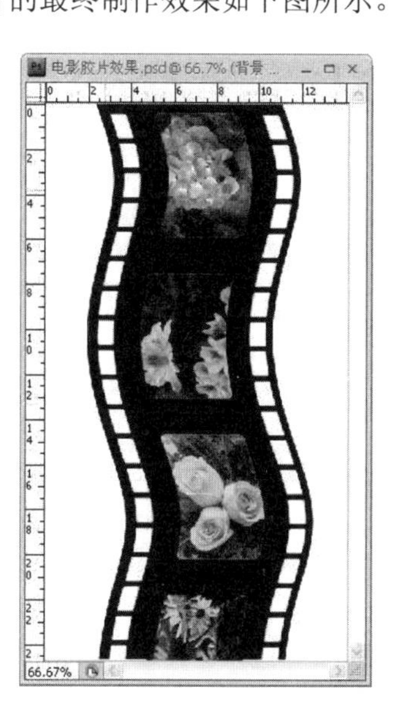

按下键盘上的某些功能键可以显示或隐藏Photoshop中的相应面板，例如，F5：【画笔】面板；F6：【颜色】面板；F7：【图层】面板；F8：【信息】面板。

10.2.2 照片处理

本实例的制作分为以下两个步骤：首先，编辑画笔，调整画笔的大小和间距，沿着路径运用画笔；然后，利用【变换】命令调整图像的大小，注意将图像调整成仿佛在胶片内部的样子，并用【滤镜】制作扭曲的效果。

1. 绘制电影胶片图案

运用【矩形选框工具】、【钢笔工具】和【画笔工具】等工具，再结合【定义画笔预设】命令，绘制电影胶片图案，具体操作步骤如下。

操作步骤

❶ 启动 Photoshop CS4 软件，选择【文件】|【新建】命令，打开【新建】对话框，设置【名称】为“电影胶片”，【宽度】为 700 像素，【高度】为 400 像素，【分辨率】为 72 像素/英寸，如下图所示。

❷ 单击【确定】按钮后，在【图层】面板中，将【背景】图层拖动至【创建新图层】按钮上，复制【背景】图层为【背景 副本】图层，如下图所示。

❸ 单击工具箱中的【矩形选框工具】按钮，在图像上拖动鼠标，绘制矩形选框，如右上图所示。

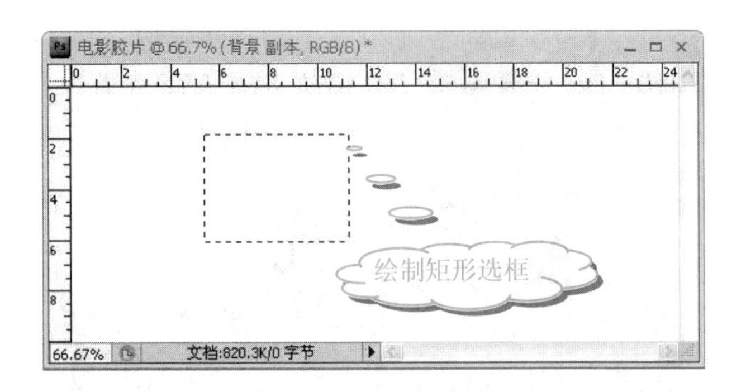

❹ 按 Ctrl+J 组合键，复制选框内的图像到【图层 1】图层，如下图所示。

❺ 选择菜单栏中的【选择】|【载入选区】命令，如下图所示。

❻ 在【载入选区】对话框中，保持默认参数，如下图所示。

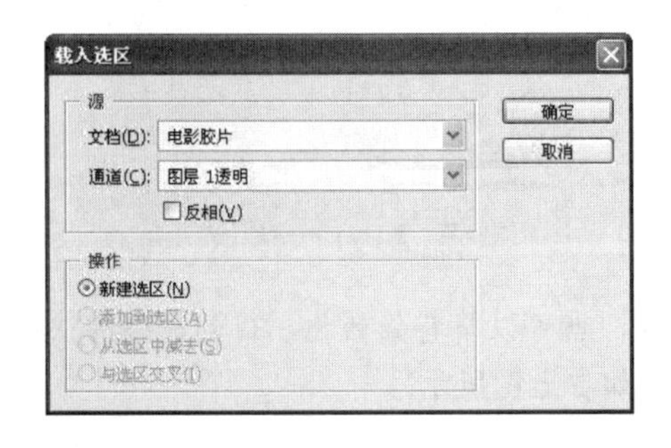

如果将路径的一部分拖移出了画布边界，则路径的隐藏部分仍然是可用的。

在第4步中因为复制了选框内的图像，同时还建立了图层，所以选区自动消失。不过，通过【载入选区】命令，可以直接将选区调出来。

❼ 单击【确定】按钮，查看图像选区效果，如下图所示。

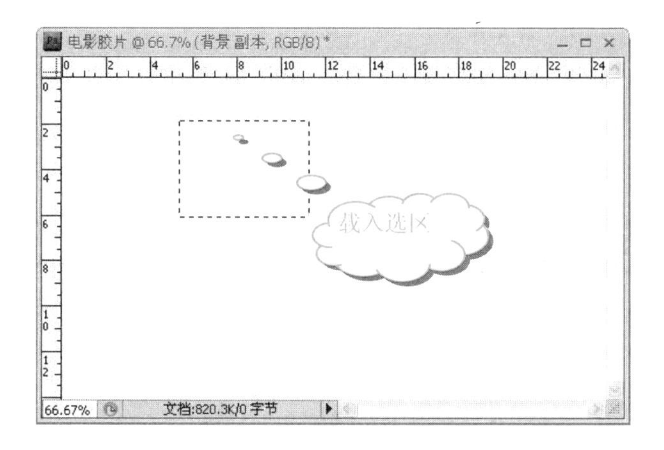

❽ 确定【前景色】为黑色，按Alt+Delete组合键，填充前景色，如下图所示。

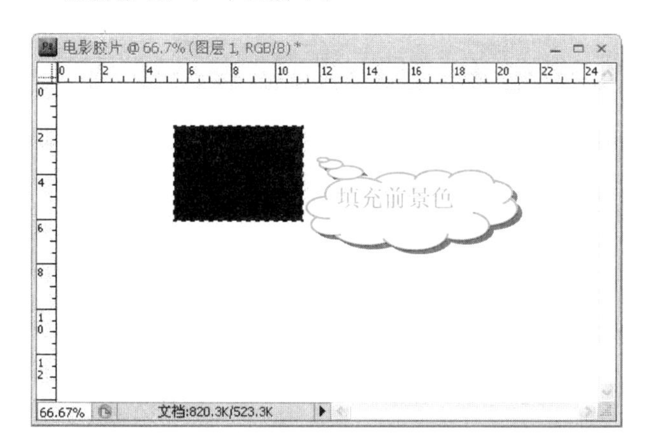

❾ 选择菜单栏中的【选择】|【修改】|【平滑】命令，如下图所示。

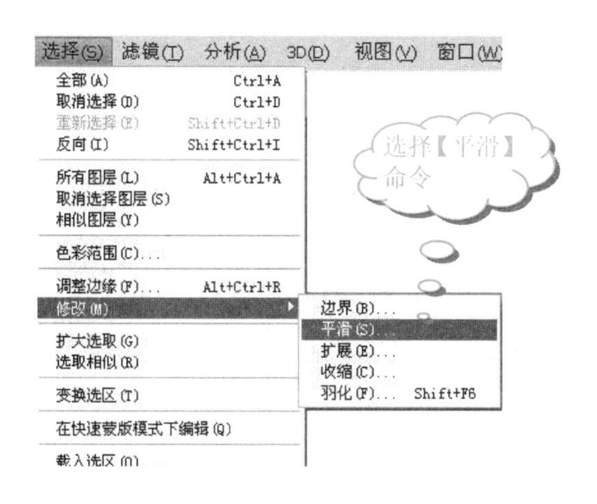

❿ 在【平滑选区】对话框中，设置【取样半径】为5像素，如下图所示。

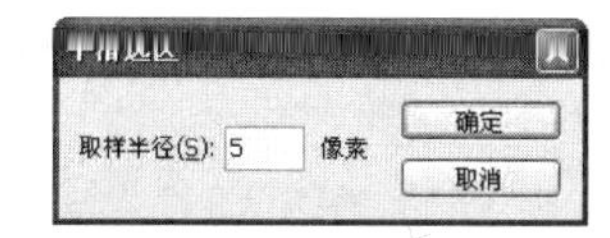

⓫ 选择菜单栏中的【选择】|【反向】命令，将选区反向选择，如下图所示。

⓬ 按Delete键，将不平滑的图像删除，查看图像效果，如下图所示。

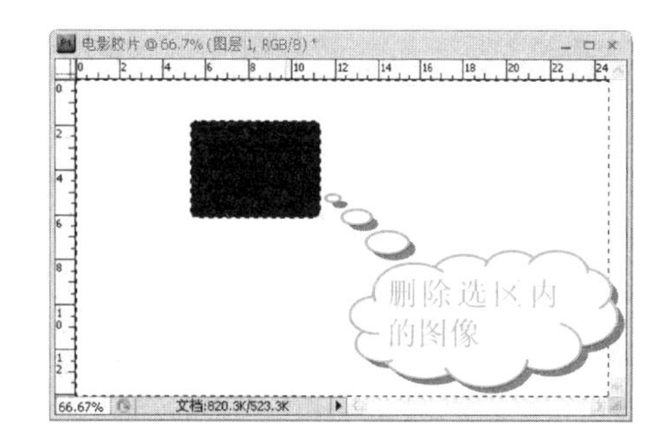

提示

【平滑选区】命令的作用是将选区中锐角的部分磨圆，使其变得平滑。

⓭ 按Ctrl+D组合键，取消选区。然后选择【编辑】|【定义画笔预设】命令，打开【画笔名称】对话框，如下图所示。

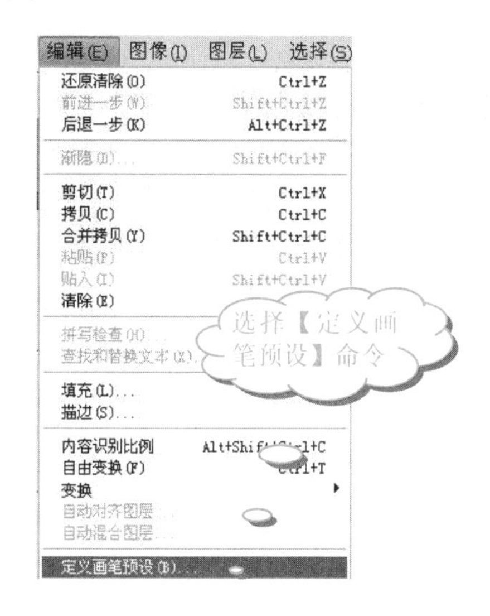

学以致用系列丛书

使用【液化】滤镜可以对图像进行推、拉、旋转、反射、折叠和膨胀的任意操作，从而达到图像变形和扭曲的效果。创建的扭曲变形可以是细微的，也可以是剧烈的。这使得【液化】滤镜成为修饰图像和创建艺术效果的强大工具。

14 在【画笔名称】对话框中，单击【确定】按钮，就可以将图案定义为画笔笔尖形状，如下图所示。

15 在【图层】面板中，单击【图层 1】图层左侧的【指示图层可见性】按钮，将【图层 1】图层隐藏，如下图所示。

提示

【图层 1】主要用于定义画笔，之后不需要再使用，可以选择将其删除，或者将【图层 1】隐藏。这里，选择将【图层 1】隐藏。

16 在【图层】面板中，确定【背景 副本】图层处于激活的状态。然后单击工具箱中的【矩形选框工具】按钮，在图像中拖动出一个矩形，再按 Alt+Delete 组合键，填充黑色，如下图所示。

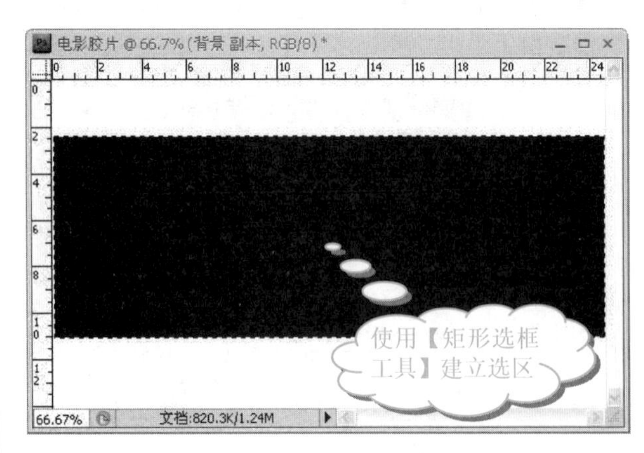

17 按 Ctrl+D 组合键，取消选区。单击工具箱中的【画笔工具】按钮。在其属性栏中，单击【画笔】右侧的倒三角按钮，选择刚刚设置的画笔，并设置画笔的【主直径】为 30px，如下图所示。

18 单击【画笔】按钮，打开【画笔】面板，切换到【画笔笔尖形状】选项页。选中【间距】复选框，并在文本框中输入 177%，如下图所示。

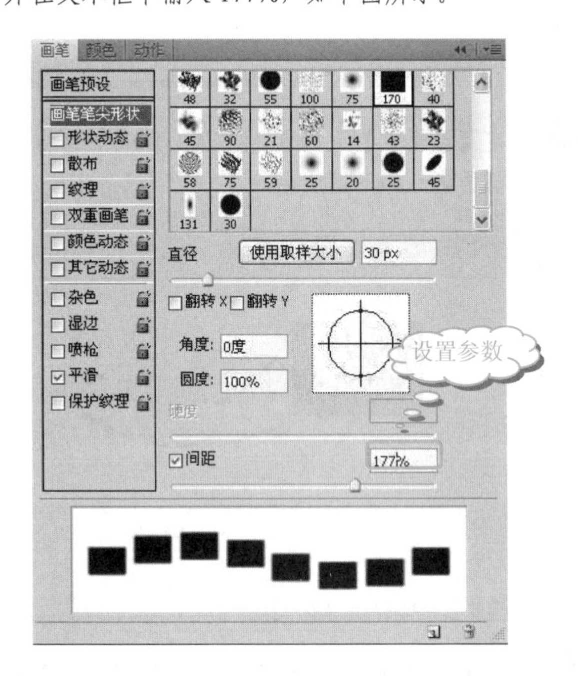

19 在图像中的标尺内单击，拖出两条水平参考线，如下图所示。

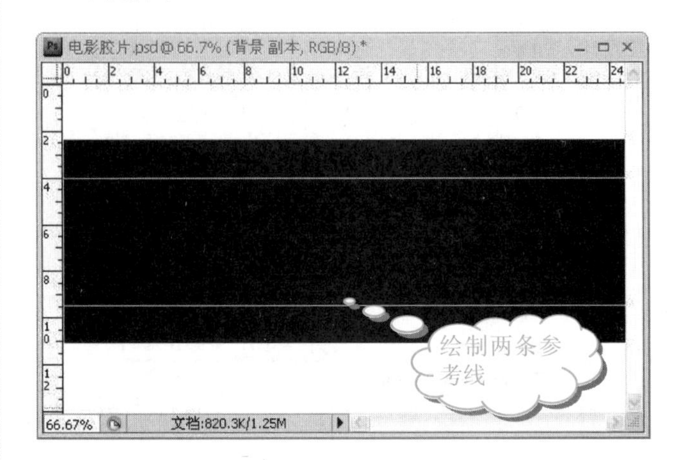

在菜单栏中选择【滤镜】|【消失点】命令，可以打开【消失点】对话框，单击图像中的透视平面或对象的四个角可以创建编辑平面，从现有平面的伸展节点拖出垂直平面。

20 单击工具箱中上的【钢笔工具】按钮，按住 Shift 键在参考线与黑色方框的边缘之间分别绘制两条直线路径，如下图所示。

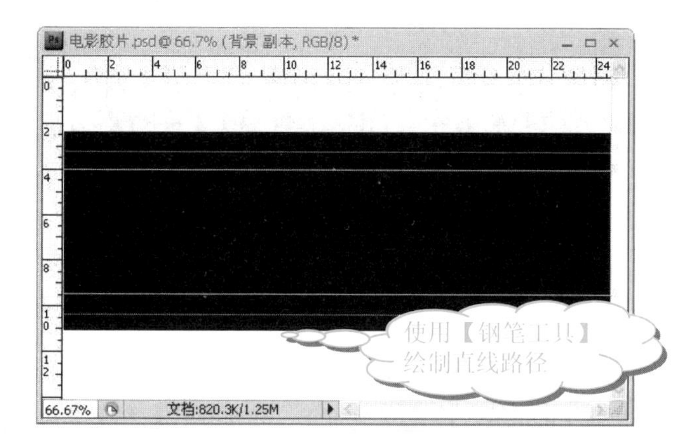

注意

在这里创建的是两条路径，在【路径】面板中，单击【工作路径】下方的灰色区域可以结束对第一个路径的编辑。然后再单击【工作路径】，从而建立新的路径。

21 单击工具箱中的【直接选择工具】按钮，再将【前景色】设置为白色。按 Shift 键的同时，单击两条路径，将两个路径都选中，这时可以发现选中的路径出现多个小方框。然后单击工具箱中的【画笔工具】按钮，打开【路径】面板，单击【用画笔描边路径】按钮，在路径上绘制画笔。查看图像效果，如下图所示。

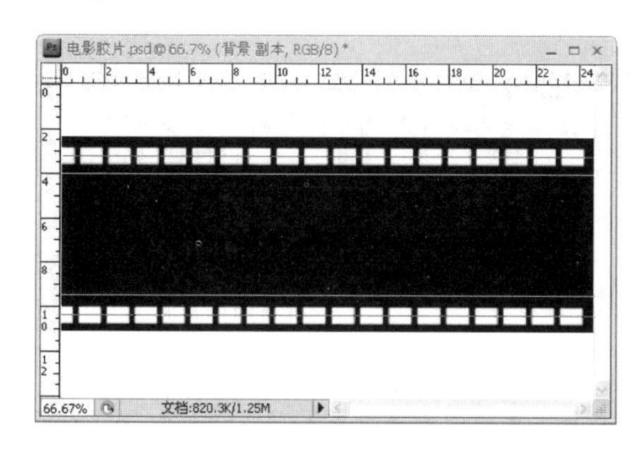

提示

这一步的主要目的是用【画笔工具】沿着参考线绘制路径。

22 在【路径】面板中，单击【工作路径】下方的灰色区域，隐藏路径。然后单击【显示额外内容】按钮，从弹出的菜单中选择【显示参考线】命令，取消【显示参考线】命令前面的选中标记，如下图所示。

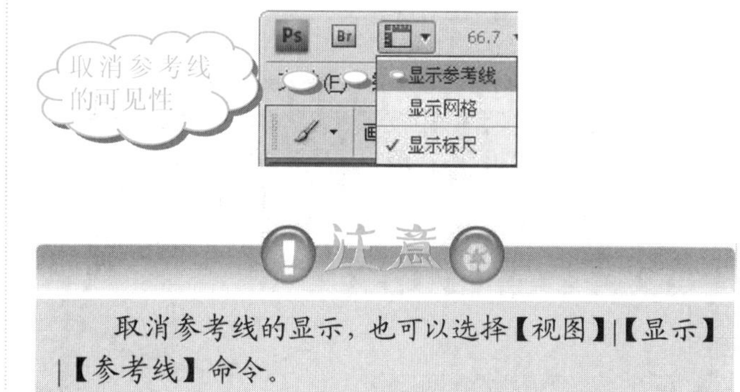

注意

取消参考线的显示，也可以选择【视图】|【显示】|【参考线】命令。

23 查看图像效果，如下图所示。

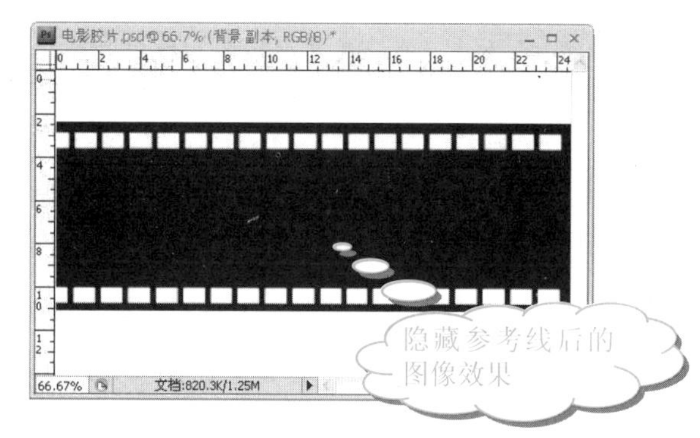

24 单击工具箱中的【画笔工具】按钮，再单击【画笔】按钮，打开【画笔】面板。切换到【画笔笔尖形状】选项页，设置【直径】为 156px。选中【间距】复选框，在右侧文本框中输入 182%，如下图所示。

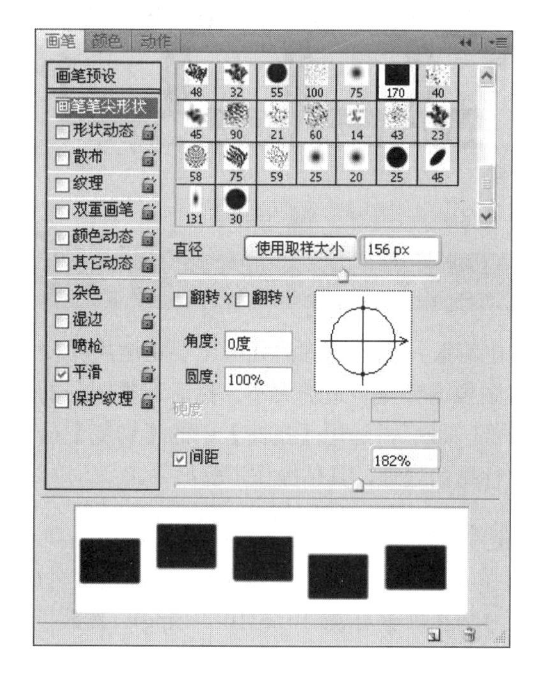

25 单击工具箱中的【钢笔工具】按钮，按Shift键的同时在图像中间绘制一条直线，如下图所示。

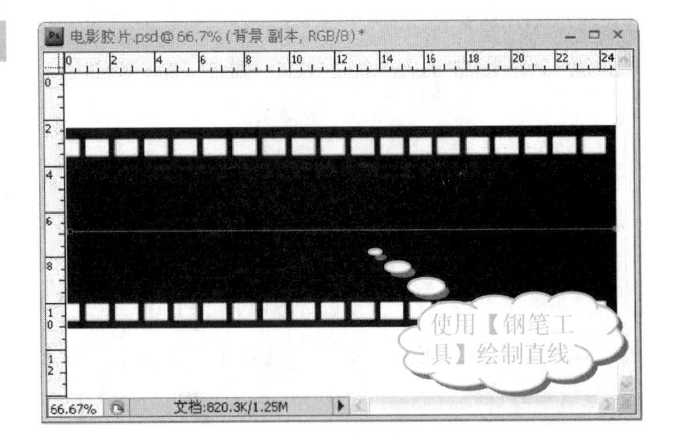

提示

绘制路径时，可以在【路径】面板中，单击【创建新路径】按钮，新建【路径1】。这样可以将路径保存，不会因为新绘制的路径而把原先的路径覆盖。

绘制路径后，可以单击工具箱中的【直接选择工具】按钮，移动路径。

26 单击工具箱中的【画笔工具】按钮，然后在【路径】面板中，单击【用画笔描边路径】按钮，在图像中沿着路径出现白色框。然后在【路径】面板的灰色区域单击，将路径隐藏，如下图所示。

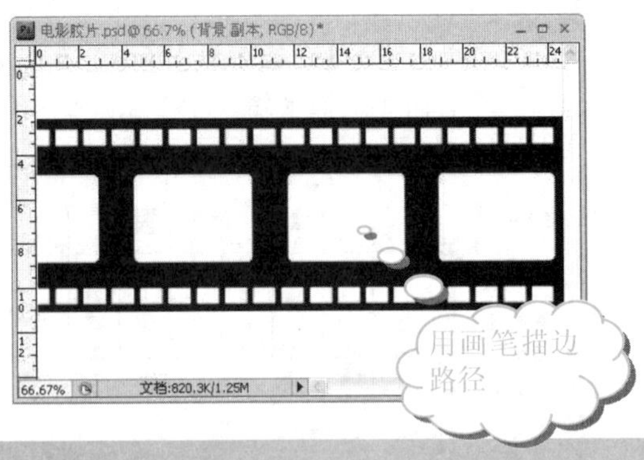

2. 对电影胶片内的图像进行处理

对电影胶片内的图像的处理主要是运用【变换】命令，将图像调整至合适的大小。然后调整图层的位置，截取图像。最后，运用【扭曲】中的【切变】命令，对图像进行扭曲处理，具体操作步骤如下。

操作步骤

1 选择【文件】|【打开】命令，打开素材文件(配书光盘中的图书素材\第10章\10-2-1.jpg)。然后，单击工具箱中的【移动工具】按钮，将图片移至【电影胶片】文件中。然后按Ctrl+T组合键等比例调整图片，如下图所示。

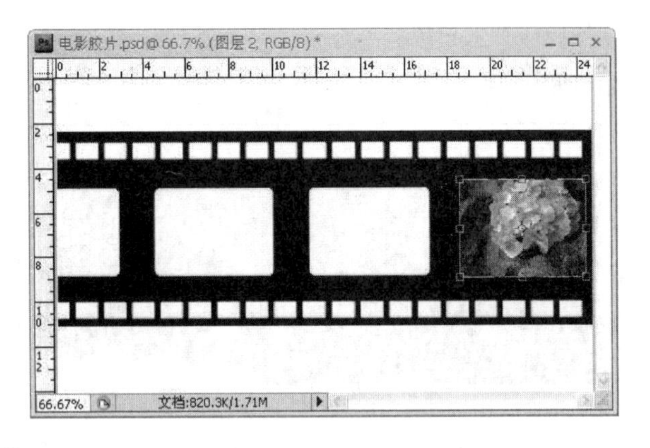

2 按Enter键，确定变换操作。在【图层】面板中自动创建【图层2】图层，单击【背景 副本】图层，使其处于激活的状态，如下图所示。

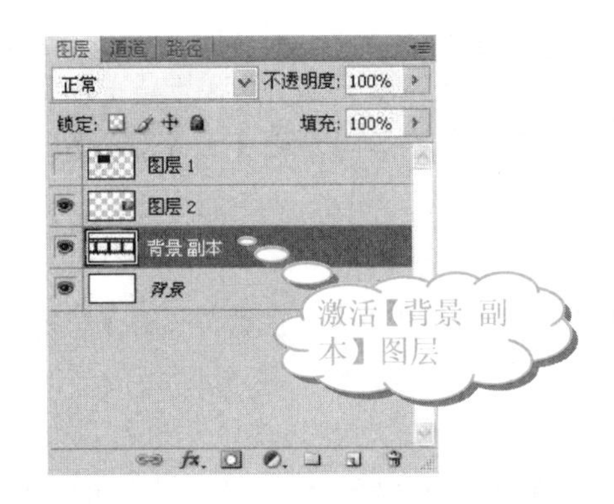

3 单击工具箱中的【魔棒工具】按钮，在图像中的黑色区域内单击，建立选区，如下图所示。

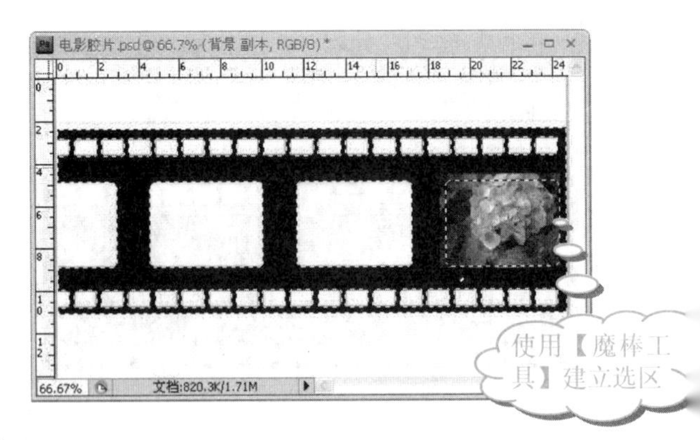

4 选择菜单栏中的【选择】|【反向】命令，反向选择【背景副本】图层中的选区，如下图所示。

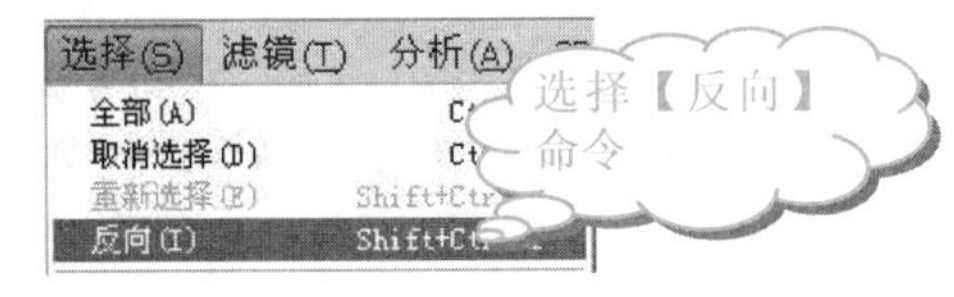

5 按Delete键，将【背景 副本】图层中的白色区域全

部删除。这时，图像还看不出什么，用户可以查看【图层】面板，如下图所示。

❻ 在【图层】面板中，单击【图层2】图层，并将【图层2】图层拖动至【背景 副本】图层下方，如下图所示。

❼ 按Ctrl+D组合键，取消选区。然后单击工具箱中的【移动工具】按钮，将图像移动至一个合适的位置，如下图所示。

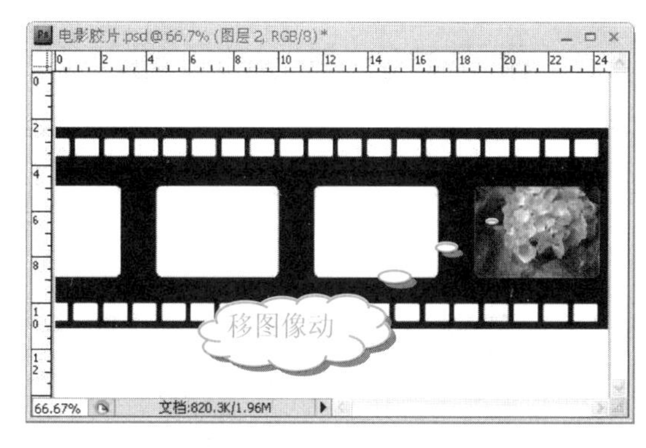

提示

步骤2到步骤5的主要目的是将【图层2】图层拖动到【背景 副本】图层的下方时，使其不会被【背景 副本】图层中的白色区域遮住。

❽ 选择【文件】|【打开】命令，打开素材文件(配书光盘中的图书素材\第10章\10-2-2.jpg)，将图像拖动至【电影胶片】文件中，然后按Ctrl+T组合键，等比例调整图片，如下图所示。

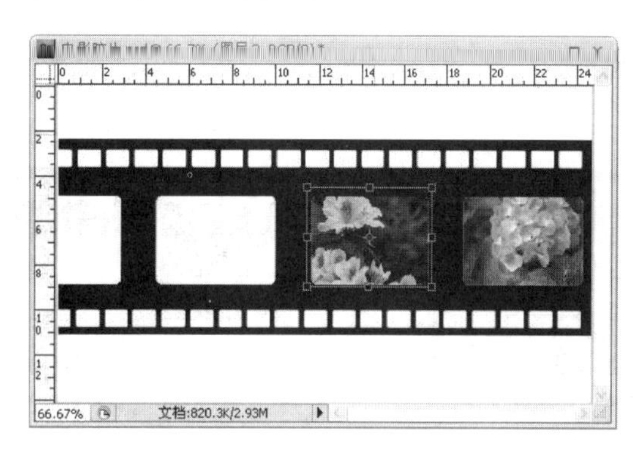

注意

在这里拖动一个文件的图像至另一个文件的图像中，会自动创建【图层3】图层。而刚刚激活的是【图层2】图层，所以新建立的【图层3】图层就会在【图层2】图层的上方，在【背景 副本】图层的下方。用户可以根据需要调整图像位置。

❾ 按Enter键，确定变换命令。参照前面的方法，将素材文件图像(配书光盘中的图书素材\第10章\10-2-3.jpg)，调整至合适的大小，如下图所示。

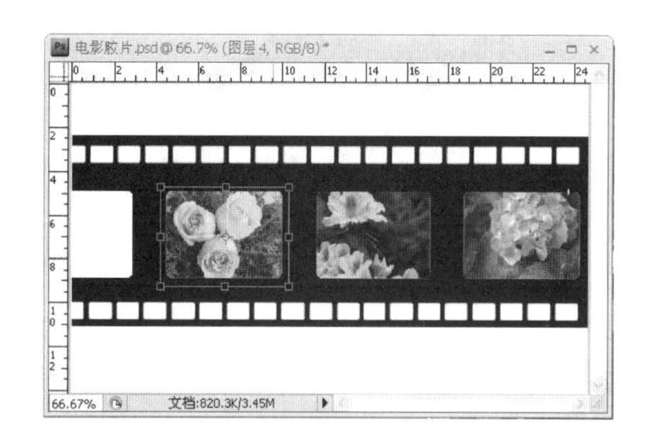

❿ 按Enter键，确定变换命令。参照前面的方法，将素材文件图像(配书光盘中的图书素材\第10章\10-2-4.jpg)，调整至合适的大小，如下图所示。

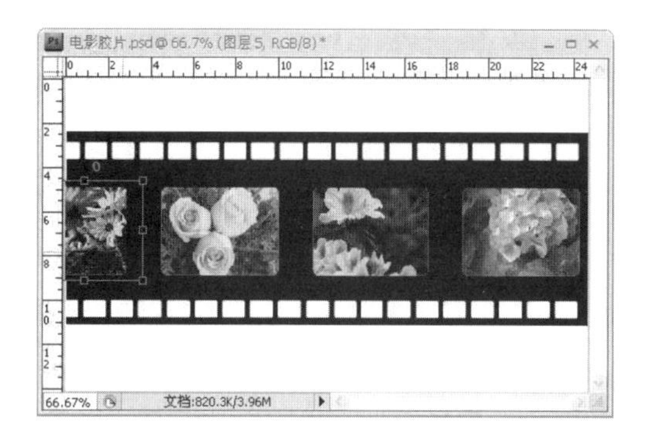

在【凸出】滤镜中，【金字塔】是以3D类型创建具有相交于一点的四个三角形侧面的对象。

⑪ 按 Enter 键，确定变换命令。查看图像效果，如下图所示。

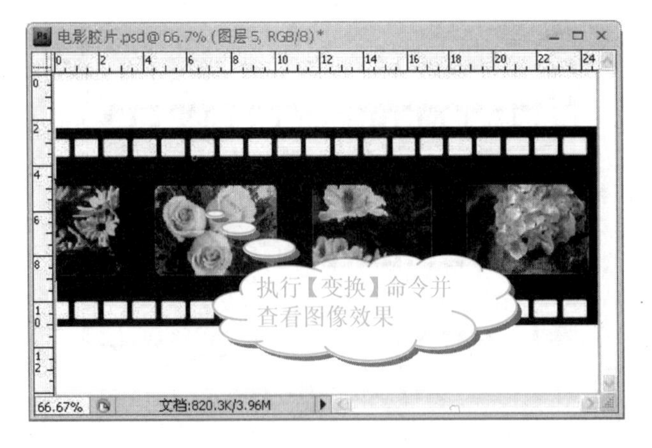

⑫ 在【图层】面板中，按住 Shift 键的同时单击【图层2】、【图层 3】、【图层 4】和【图层 5】图层。然后右击，从弹出的快捷菜单中选择【合并图层】命令，将图层合并，如下图所示。

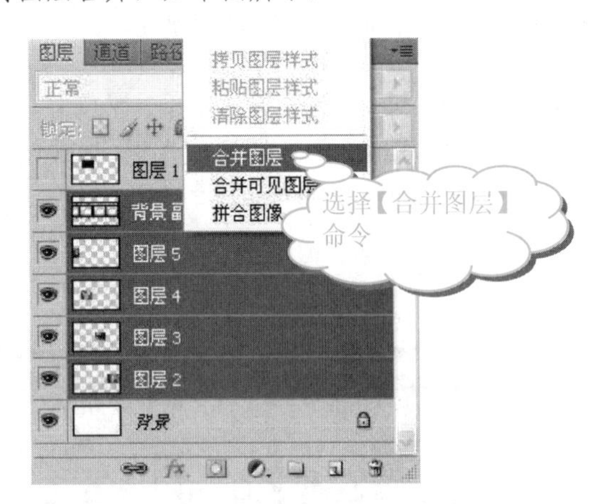

⑬ 在【图层】面板中，单击【图层 1】图层，然后单击【删除图层】按钮，将其删除，如下图所示。

⑭ 选择【图像】|【图像旋转】|【90 度（顺时针）】命令，如右上图所示。

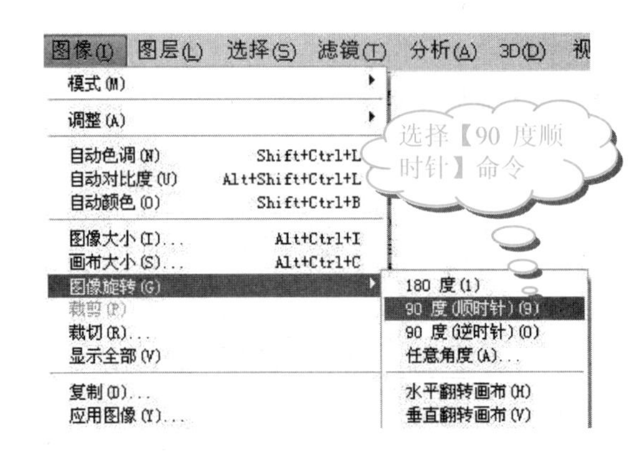

⑮ 这时查看图像效果，如下图所示。

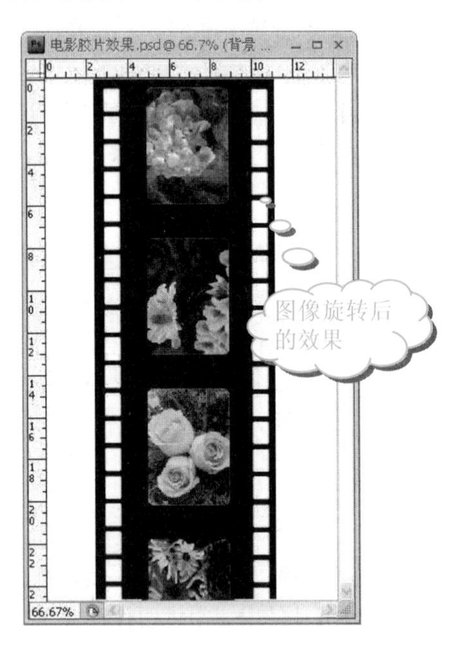

⑯ 选择【滤镜】|【扭曲】|【切变】命令，如下图所示。

⑰ 在打开的【切变】对话框中，设置曲线形态，将曲线的形状调整至合适的位置，如下图所示。

使用文本工具输入文字后，按 Ctrl+Shift+"<"组合键，可以将所选文本的字体大小减小两点；按 Ctrl+Shift+">"组合键，可以将所选文本的字体大小增大两点。

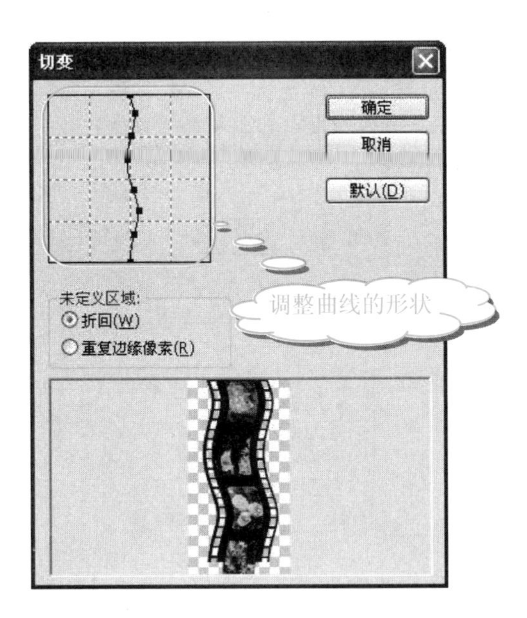

18 单击【确定】按钮，得到最终的电影胶片图像效果，如下图所示。

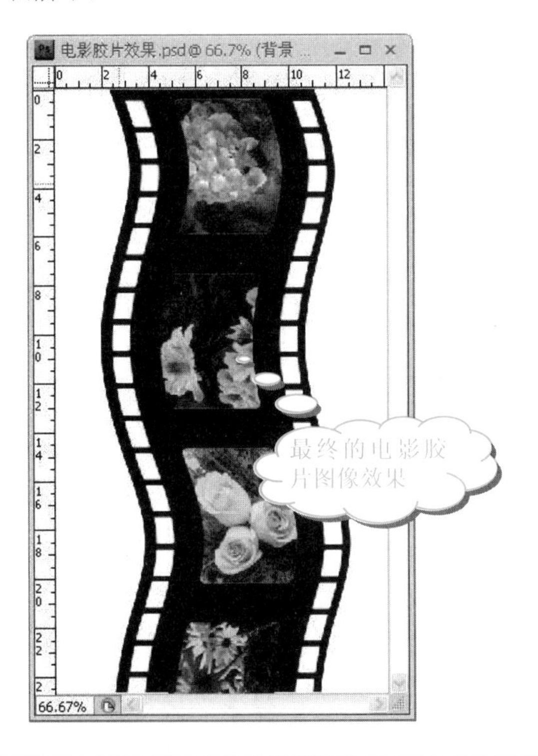

10.2.3 活用诀窍

先定义一个画笔，然后利用路径结合定义的画笔，绘制所需的图像，这样可以保证绘制的图像的精确性，并且可以缩短操作时间。

调整胶片中的图像时，需要注意图像不宜过大或过小，否则将需要对图像进一步的处理。这样，可以加快操作速度，而且非常精确地处理了图像的边缘。

10.3 为照片添加滤色片效果

为了加强环境色调，可以为图像添加滤色片，改变色温。只要通过 Photoshop CS4 就可以改变和加强照片的色相和色调。

10.3.1 制作分析

制作滤色片效果的重点在于对色彩的了解，在这里互为补色的色彩可以相互中和，使图像的色彩趋于用户想要的效果。

本例列举了三种滤色片效果。其中，加温滤色片的最终制作效果如下图所示。

冷却滤色片的最终制作效果如下图所示。

学以致用系列丛书

使用文本工具输入文字后，按Ctrl+Shift+Alt+"<"组合键，可以将所选文本的字体大小减小10点，按Ctrl+Shift+Alt+">"组合键，可以将所选文本的字体大小增大10点。

任意颜色的滤色片的最终制作效果如下图所示。

10.3.2 照片处理

本实例的制作主要是运用【照片滤镜】命令，为照片添加滤色片效果。

1. 加温滤色片

加温滤色片就是在【照片滤镜】命令中选择暖调滤镜，例如加温滤镜(85)等。如果照片是用色温较高的光(微蓝色)拍摄的，则暖调滤镜会使图像的颜色更暖，以便补偿色温较高的环境光。

操作步骤

❶ 启动 Photoshop CS4 软件，选择【文件】|【打开】命令，打开素材文件(配书光盘中的图书素材\第 10 章\10-3.jpg)，如下图所示。

❷ 在【调整】面板中单击【照片滤镜】按钮，如右上图所示。

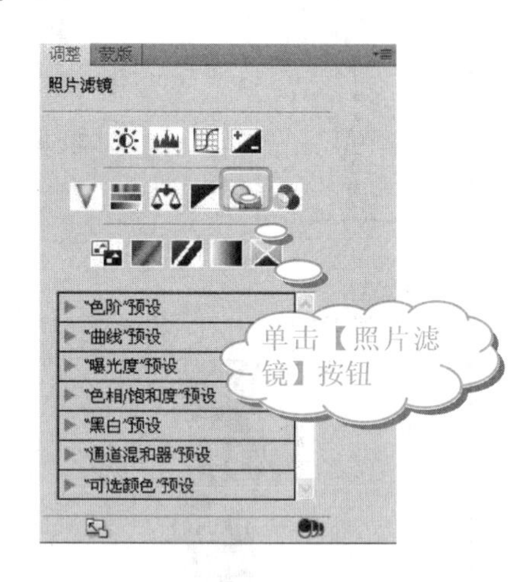

❸ 在【照片滤镜】设置界面中，选中【滤镜】单选按钮，单击右侧的下拉按钮，在弹出的下拉列表中选择【加温滤镜(85)】选项，设置【浓度】为 60%，选中【保留明度】复选框，如下图所示。

❹ 查看加温滤色片的图像效果，如下图所示。

长见识：Lab 模式是唯一不依赖外界设备而存在的一种色彩模式。它由 L(亮度)信道、a 信道和 b 信道组成，其中亮度的范围从 0～100；a 代表从绿色到红色，b 代表从蓝色到黄色，a 和 b 的颜色范围都是从 -120～+120。这三种通道包括了所有的颜色信息。

2. 冷却滤色片

冷却滤色片就是在【照片滤镜】命令中选择冷却滤镜，例如冷却滤镜(80)等。

如果照片是用色温较低的光(如微黄色)拍摄的，则冷却滤镜(80)可以使图像的颜色变蓝，以便补偿色温较低的环境光。

操作步骤

❶ 单击【历史记录】按钮，打开【历史记录】面板，单击【打开】操作，取消刚刚执行的【照片滤镜】操作，如下图所示。

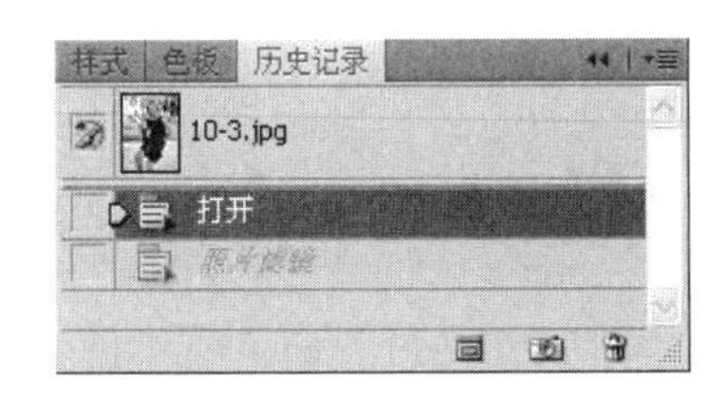

注意

在【历史记录】面板中，单击【打开】操作表示操作恢复到【打开】步骤。如果继续其他操作，【照片滤镜】步骤就会被删除；如果单击【照片滤镜】步骤，则可以使其恢复操作。

❷ 在【调整】面板中，单击【照片滤镜】按钮，打开【照片滤镜】设置界面。选中【滤镜】单选按钮，单击右侧的下拉按钮，在弹出的下拉列表中选择【冷却滤镜(80)】选项。然后，设置【浓度】为47%，如下图所示。

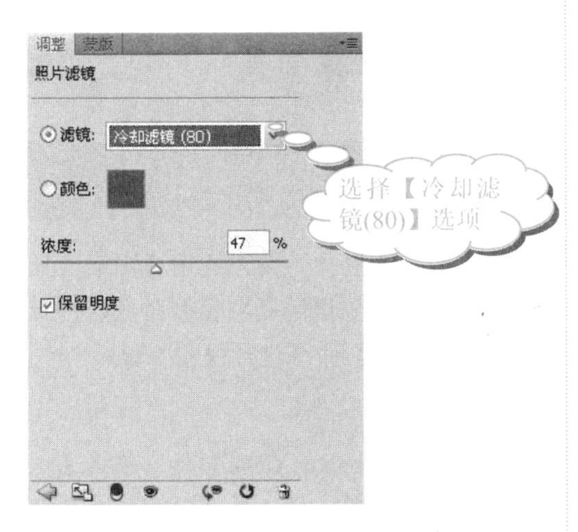

❸ 查看冷却滤色片的图像效果，如右上图所示。

3. 任意颜色的滤色片

滤色片中可以根据所选颜色对图像进行色相调整，所选颜色取决于如何使用【照片滤镜】命令。如果照片中的色彩丢失了，则可以选取该色彩的补色来中和。如果需要制作出特殊颜色效果，还可以自定义滤色片的颜色。

操作步骤

❶ 在【照片滤镜】设置界面中，选中【颜色】单选按钮，再单击右侧的颜色块，如下图所示。

❷ 在打开的【选择滤镜颜色】对话框中，设置参数(R:72，G:236，B:18)。这里，设置了绿色滤色片效果，用户可以根据需要自定义。颜色设置好后，再单击【确定】按钮，如下图所示。

长见识

索引模式的图像最多只能有256种颜色。当图像转换成索引模式时，系统会自动根据图像上的颜色归纳出能代表大多数的256种颜色的颜色表，然后用这256种颜色来代替整个图像上所有的颜色信息。索引模式在储存图像中的颜色的同时，将为这些颜色建立颜色索引

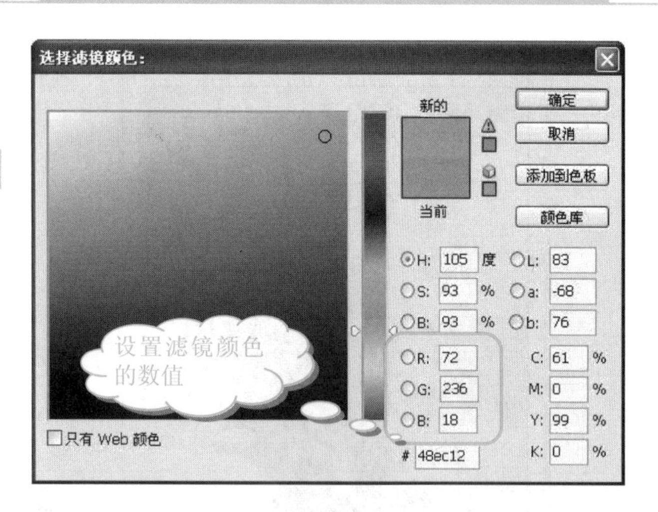

注意

用户可以随意选取颜色，目的是为了体验不同颜色的滤色片对照片产生的效果。

❸ 查看任意颜色的滤色片图像效果，如下图所示。

注意

- 暖调滤镜(85)和冷调滤镜(80)均是用来调整图像中白平衡的颜色转换滤镜。
- 暖调滤镜(81)和冷调滤镜(82)是光平衡滤镜，它们适用于对图像的颜色品质进行较小的调整。
- 暖调滤镜(81)是图像变暖(变黄)，冷调滤镜(82)是图像变冷(变蓝)。

10.3.3 活用诀窍

本实例具体介绍了如何针对色相调整图像，方法是使用【照片滤镜】命令。这种方法主要针对偏色的照片或者特殊环境下的照片进行处理。

10.4 照片景深效果

为了让主体更加醒目，背景往往采取模糊的方式，这样可以使照片主次分明，而且具有很强的艺术感，这种拍照技术称为景深效果。

10.4.1 制作分析

制作过程的重点在于将人物单独选择出来，建立独立的图层，然后对背景部分运用【滤镜】命令进行模糊处理。

照片景深的最终制作效果如下图所示。

10.4.2 照片处理

本实例的制作主要是运用【钢笔工具】建立选区，然后对人物部分运用【羽化】命令，接着对背景部分运用【镜头模糊】命令进行模糊处理。

操作步骤

❶ 启动 Photoshop CS4 软件，选择【文件】|【打开】命令，打开素材文件(配书光盘中的图书素材\第 10 章\10-4.jpg)，如下图所示。

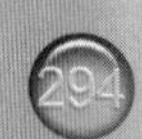

长见识

将图像转换为位图模式可以使图像颜色减少到两种，这大大简化了图像中的颜色信息并减小了文件容量，但会丢失大量的细节。只有灰度模式可以转换为位图模式，其他模式的图像在转换成位图模式前，必须首先转换为灰度模式，然后再转换为位图模式。

❷ 单击工具箱中的【钢笔工具】按钮，在人物的四周用钢笔工具勾画出来，如下图所示。

❸ 在【路径】面板中，单击【将路径作为选区载入】按钮，如下图所示。

❹ 选择菜单栏中的【选择】|【修改】|【羽化】命令，如右上图所示。

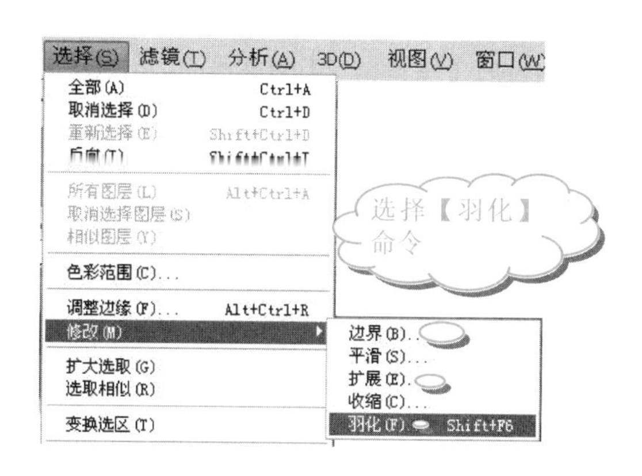

❺ 在【羽化选区】对话框中，设置【羽化半径】为2像素，如下图所示。

❻ 图像中的选区变柔和了。按Ctrl+J组合键，复制选区内的图像，并新建为【图层1】图层，如下图所示。

❼ 在【图层】面板中，先单击以激活【背景】图层，再选择【滤镜】|【模糊】|【镜头模糊】命令，如下图所示。

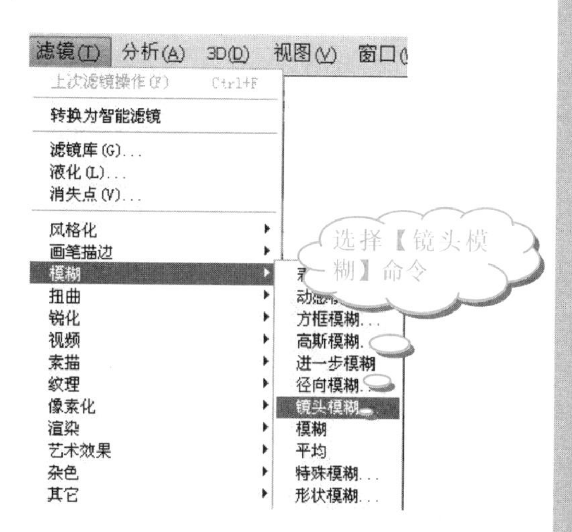

学以致用系列丛书

位图图像的输出分辨率越高，图像所保留的细节也就越多。由于位图只能以黑白色来表示图像的像素，所以当位图图像的输出分辨率大于输入分辨率时，由于增加图像的像素大小所产生的视觉模糊感就被削弱了。

8. 在弹出的【镜头模糊】对话框中，在【光圈】选项组中，单击【形状】右侧的下拉按钮，从弹出的下拉列表中选择【六边形(6)】选项，并设置【半径】为 18，【叶片弯度】为 2，【旋转】为 0，如下图所示。

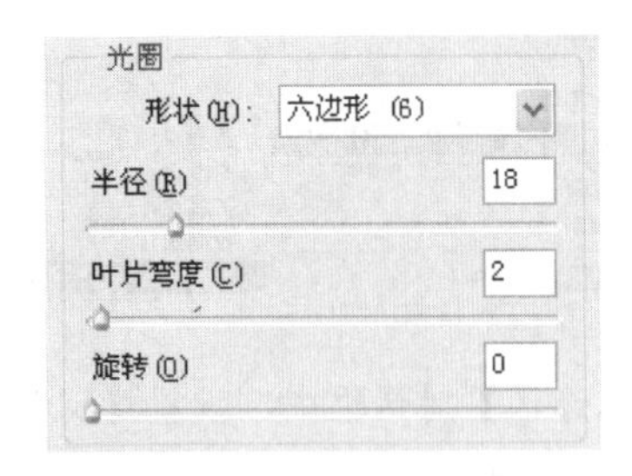

9. 单击【确定】按钮，查看最终的图像效果，如下图所示。

10.4.3 活用诀窍

本实例要学会使用【钢笔工具】对图像进行精确地选区，其次要意识到对选区进行羽化处理可以使图像与【背景】图层结合得更融洽，防止边缘过于锐化而失真。

10.5 照片光晕效果

为照片制作光晕效果，能够给照片带来一种阳光、积极向上的感觉，现在就来体验一下！

10.5.1 制作分析

本例制作过程中，重点在于了解光线的使用范围，只有这样才能制作出想要的光晕效果。

照片光晕的最终制作效果如右上图所示。

10.5.2 照片处理

本实例的制作主要是运用【镜头光晕】命令，具体操作步骤如下。

操作步骤

1. 启动 Photoshop CS4 软件，选择【文件】|【打开】命令，打开素材文件(配书光盘中的图书素材\第 10 章\10-5.jpg)，如下图所示。

2. 选择【滤镜】|【渲染】|【镜头光晕】命令，如下图所示。

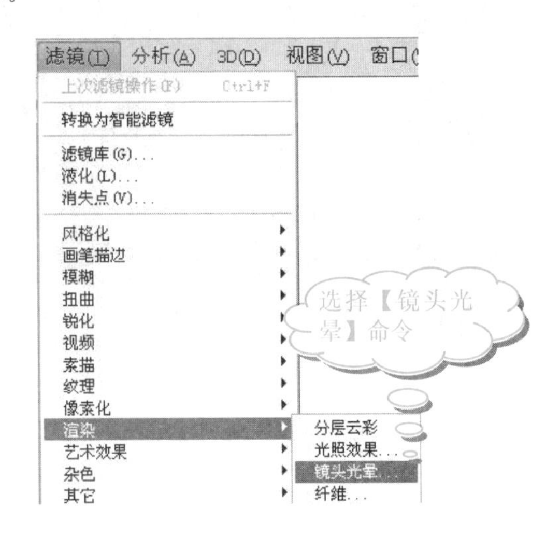

在【色阶】对话框中，【输入色阶】中的黑色箭头向右移动，则阴影区域将扩展，明暗对比增强；白色箭头向左移动，则高亮区域将扩大；灰色箭头向右移动，则阴影区域扩大，向左移动，则高亮区域扩大。

3. 在【镜头光晕】对话框中，设置【亮度】为100%，在【镜头类型】选项组中选中【105毫米聚焦】单选按钮，如下图所示。

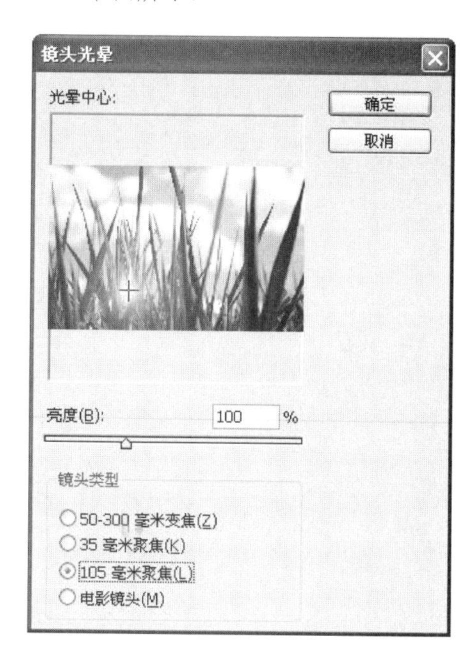

4. 单击【确定】按钮，查看最终图像效果如下图所示。

10.5.3 活用诀窍

本实例通过简单的【镜头光晕】命令，为照片添加光晕效果。在【镜头光晕】对话框中，包含了四种聚焦效果，使照片瞬间变得光彩夺目，用户可以自己尝试一下其他效果。

10.6 思考与练习

选择题

1. 为照片生成光晕效果所运用的命令是________。

   A. 【渲染】|【光照效果】

   B. 【渲染】|【镜头光晕】

   C. 【风格化】|【照亮边缘】

   D. 【风格化】|【扩散】

2. 在【图层】面板上，________按钮表示【添加图层样式】。

   A.　　　　B.

   C.　　　　D.

3. 使用【自由变换】命令的快捷键是________。

   A. Ctrl+D　　　　C. Shift+D

   B. Ctrl+T　　　　D. Ctrl+B

操作题

1. 打开素材文件(配书光盘中的图书素材\第10章\为照片添加加温滤色片效果.psd、为照片添加冷却滤色片效果.psd和任意颜色滤色片效果.psd)，将它们作为素材图片制作成电影胶片效果。

2. 打开素材文件(配书光盘中的图书素材\第10章\10-1.jpg)，制作出照片景深效果。

第 11 章 超凡脱俗——个性应用

如果想要使用 Photoshop CS4 软件制作能够展示自我风采的图片，随心所欲地为自己试穿个性的衣服，或者将自己的照片制作成个性信纸。那么，就快来学习本章内容，给身边的人一个意外的展示吧！

学习要点

- ❖ 制作带相框的照片效果
- ❖ 制作 T 恤上的照片效果
- ❖ 制作在证件上粘贴生活照效果
- ❖ 制作个性纹身效果
- ❖ 制作照片信签纸效果

学习目标

通过对本章的学习，读者首先应该能够使用软件达到一些个性的展示；然后通过练习制作个性的效果，熟悉 Photoshop 软件的各个小命令，体会每种个性所对应的思维方式；最后能够通过这些思维角度，分析出每个效果所对应的步骤。

11.1 带相框的照片效果

使用 Photoshop 可以在普通的照片上添加相框，使照片变得更加生动、更具收藏价值。

11.1.1 制作分析

制作带相框的照片效果的重点在于在照片上添加一个相框的图案，然后再在相框图案上添加阴影，做出相框覆盖在照片上的效果。

带相框的照片的最终制作效果如下图所示。

11.1.2 照片处理

本实例的制作分为以下两个步骤：首先，运用【滤镜】命令，制作艺术相框的图案；然后，用【图层】面板中的【图层样式】命令，制作出相框覆盖在照片上面的效果。

1. 处理相框图案

运用【滤镜】中的【扭曲】命令，制作出相框图案，具体操作步骤如下。

操作步骤

❶ 启动 Photoshop CS4 软件，选择【文件】|【打开】命令，打开素材文件(配书光盘中的图书素材\第 11 章\11-1.jpg)，如右上图所示。

❷ 在【图层】面板上单击【背景】图层，将其拖动至【创建新图层】按钮上，复制【背景】图层为【背景 副本】图层，如下图所示。

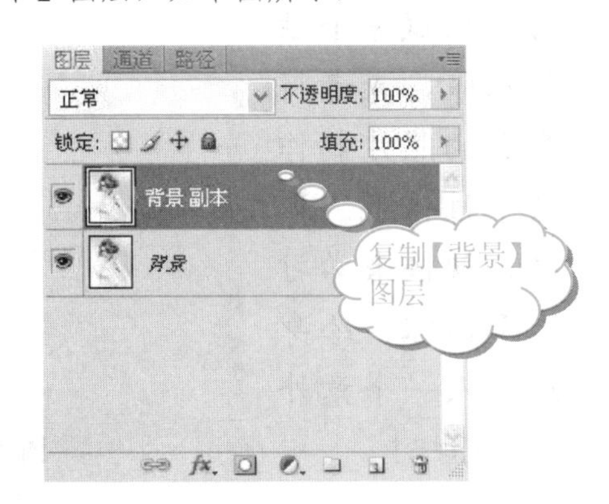

❸ 单击工具箱中的【矩形选框工具】按钮，在图像上单击，并按住鼠标左键不放，在图像上拖动，建立选区，如下图所示。

【自动色阶】和【色阶】的本质一样，都是将图像的像素调整到全色阶范围，增强色彩对比度。不过，【自动色阶】是由软件自动完成的。

在这里，矩形选区的大小取决于要建立的相框的大小，选区到图像边缘的距离为相框的宽度。

❹ 单击工具箱中的【以快速蒙版模式编辑】按钮 ，查看图像效果，如下图所示。

快速蒙版会以50%不透明的红色叠加到受保护的区域(即非选区)。该颜色不受前景色和背景色的影响。

❺ 选择【滤镜】|【扭曲】|【玻璃】命令，如下图所示。

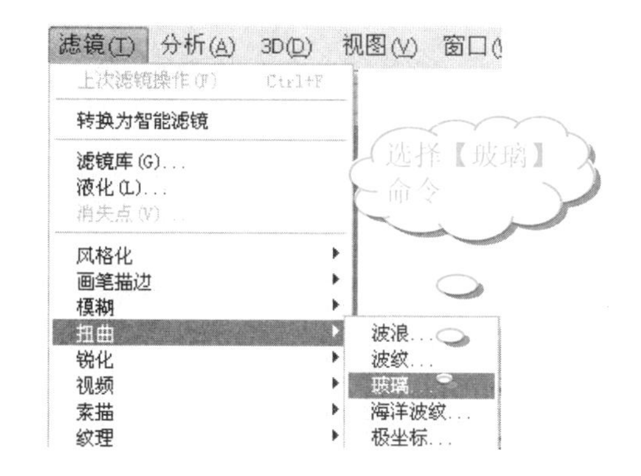

❻ 在弹出的【玻璃】对话框中，设置【扭曲度】为5，【平滑度】为5。然后，单击【纹理】右侧的下拉按钮，从弹出的下拉列表中选择【小镜头】选项，如右上图所示。

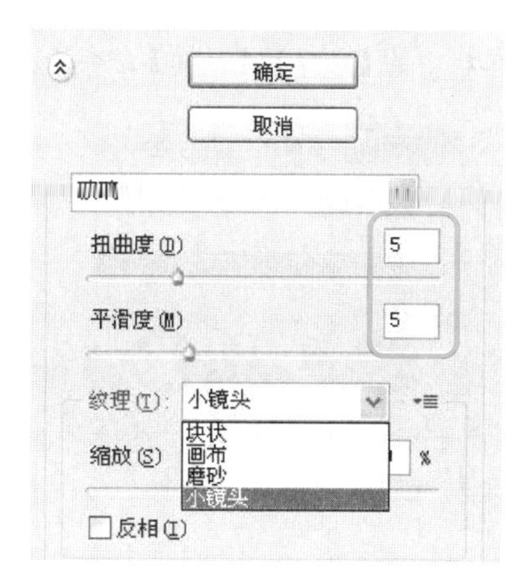

❼ 单击【确定】按钮，查看图像效果，如下图所示。

❽ 单击工具箱中的【以标准模式编辑】按钮 ，建立选区，查看图像效果如下图所示。

❾ 选择菜单栏中的【选择】|【反向】命令，如下图所示。

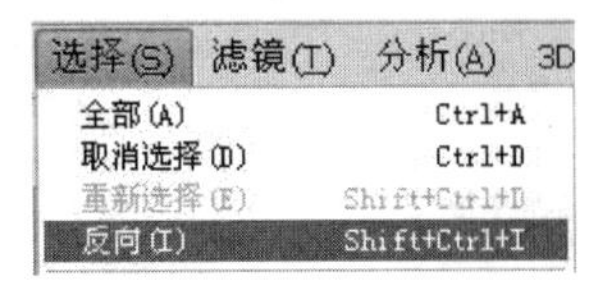

除此之外，按 Shift+Ctrl+I 组合键，也可以进行【反向】操作。

❿ 查看图像选区，如下图所示。

⓫ 在【图层】面板中，单击【创建新图层】按钮，创建【图层 1】图层，如下图所示。

提示

建立【图层 1】图层是为了将相册绘制在新图层中，以保护原图不被破坏。

⓬ 单击工具箱中的【设置前景色】按钮，打开【拾色器(前景色)】对话框，如右上图所示。

⓭ 在【拾色器(前景色)】对话框中，设置参数(R:203，G:54，B:54)，如下图所示。

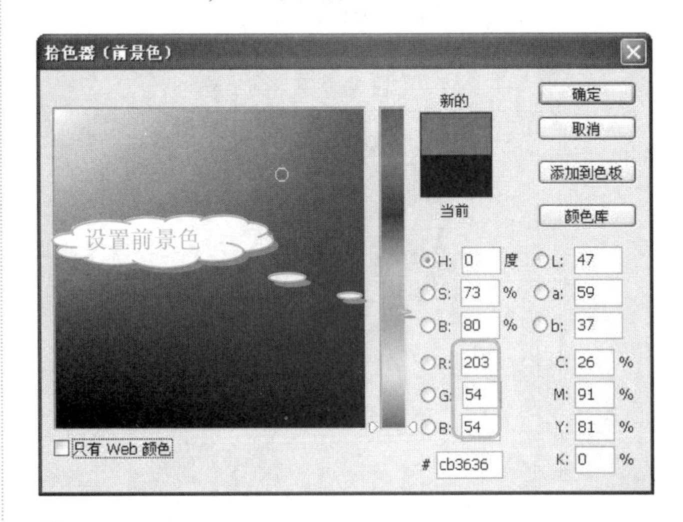

⓮ 按 Alt+Delete 组合键，填充前景色，查看图像效果，如下图所示。

⓯ 按 Ctrl+D 组合键，取消选区，相框图案如下图所示。

在正常模式中，亮度和对比度的调整是按照非线性关系进行的，如果选中【亮度/对比度】对话框中的【使用旧版】复选框，则只会简单地增减像素值，同时删除许多细节，因此一般不使用旧版模式。

2. 制作照片阴影效果

运用【图层样式】命令，在相框的图案上添加投影，具体操作步骤如下。

操作步骤

1. 在【图层】面板上，双击【图层1】图层缩略图，如下图所示。

2. 在弹出的【图层样式】对话框中，选中【投影】复选框，设置【不透明度】为75%，【角度】为120度，【距离】为5像素，【扩展】为11%，【大小】为24像素，如下图所示。

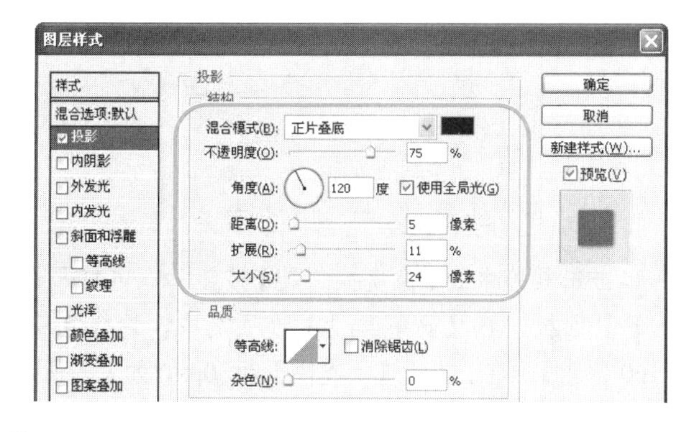

3. 单击【混合模式】右侧的颜色块，打开【选择阴影颜色】对话框，设置阴影的颜色(R:242，G:157，B:157)，如下图所示。

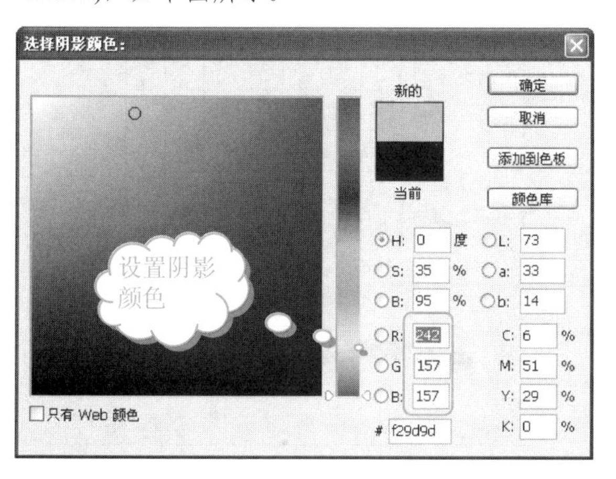

4. 单击【确定】按钮，得到最终的图像效果，如下图所示。

在【图层样式】对话框中，用户可以根据需要，设置阴影颜色、距离、扩展和大小。

11.1.3 活用诀窍

在本实例中，巧妙地运用了蒙版制作相框的图案，并介绍了【以快捷蒙版模式编辑】和【以标准模式编辑】按钮的用法。再运用【图层样式】得到图案的阴影效果。这是一种快捷的绘制阴影的方式，可以随时调节阴影的距离和大小，操作非常简单。

11.2 T恤上的照片效果

衣服是人物个性的表现，每个人都希望穿上自己喜欢的个性T恤。现在，就来体现一下怎样用Photoshop为自己穿上一件个性的T恤吧。

11.2.1 制作分析

制作T恤上的照片效果的重点在于将照片与T恤的材质结合，做出布料上印刷照片的效果。

在【色相/饱和度】对话框中，【色相】的参数值范围为－180～＋180，指标准色轮上逆时针和顺时针旋转180°所在的颜色范围；【饱和度】的参数值范围为－100～＋100，滑块向左移动，饱和度降低；【明度】的参数值范围为－100～＋100，滑块向左移动，亮度降低。

T 恤上的照片的最终制作效果如下图所示。

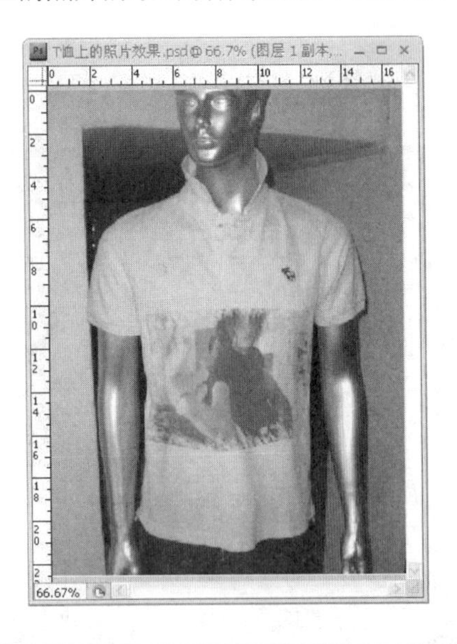

11.2.2 照片处理

本实例的制作主要分为以下两个步骤：首先，对选中的照片进行艺术处理；然后，制作出印在 T 恤上的照片效果。

1. 照片的艺术处理

运用【橡皮擦工具】和【颗粒】滤镜等命令，实现照片的艺术处理，具体操作步骤如下。

操作步骤

❶ 启动 Photoshop CS4 软件，选择【文件】|【打开】命令，打开素材文件(配书光盘中的图书素材\第 11 章\11-2-2.jpg)，如下图所示。

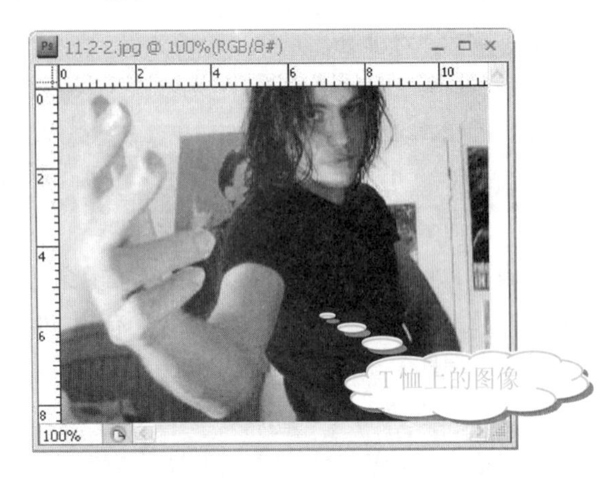

❷ 用同样的方法打开素材文件(配书光盘中的图书素材\第 11 章\11-2-1.jpg)，如右上图所示。

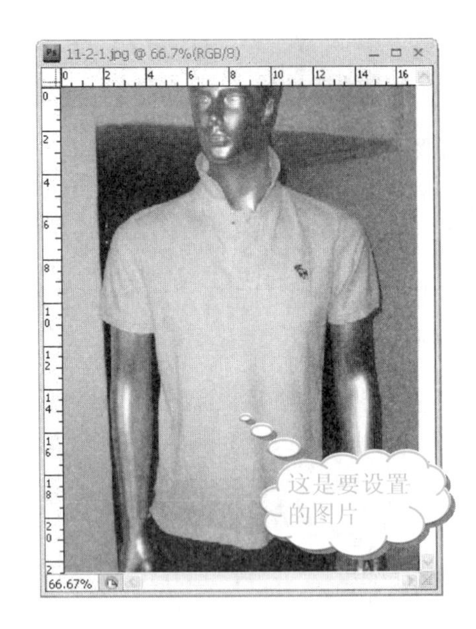

❸ 单击工具箱中的【移动工具】按钮，将 11-2-2.jpg 中的图片拖到 11-2-1.jpg 中，自动生成【图层 1】图层，如下图所示。

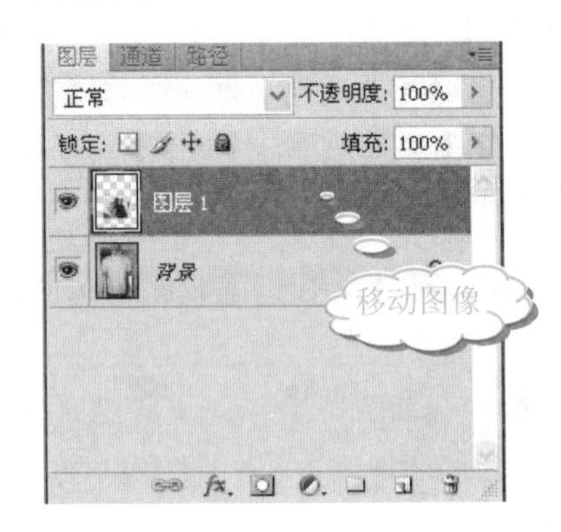

❹ 单击工具箱中的【橡皮擦工具】按钮，再打开【画笔】面板。在【画笔预设】选项页中，选择【粉笔 60 像素】画笔，设置【主直径】为 30px，如下图所示。

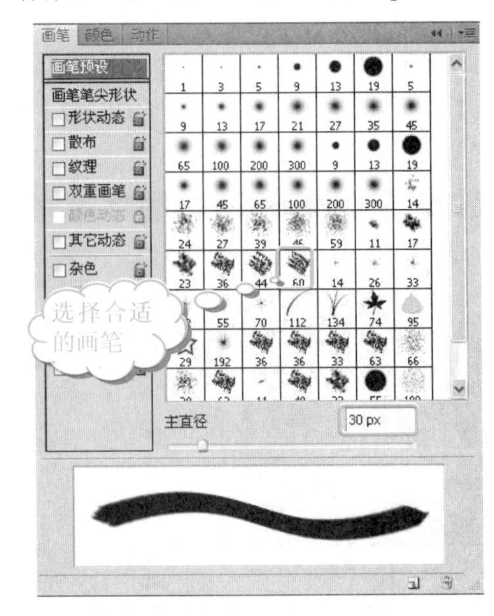

长见识：在【渐变映射】对话框的【渐变选项】选项组中，若选中【仿色】复选框，可以随机增加杂色，避免颜色变化不够自然；若选中【反向】复选框，则可使图像颜色反向映射。

在菜单栏中选择【窗口】|【画笔】命令(或者按快捷键F5)，即可打开【画笔】面板。

5 切换到【画笔笔尖形状】选项页，选中【间距】复选框，并在文本框中输入50%，如下图所示。

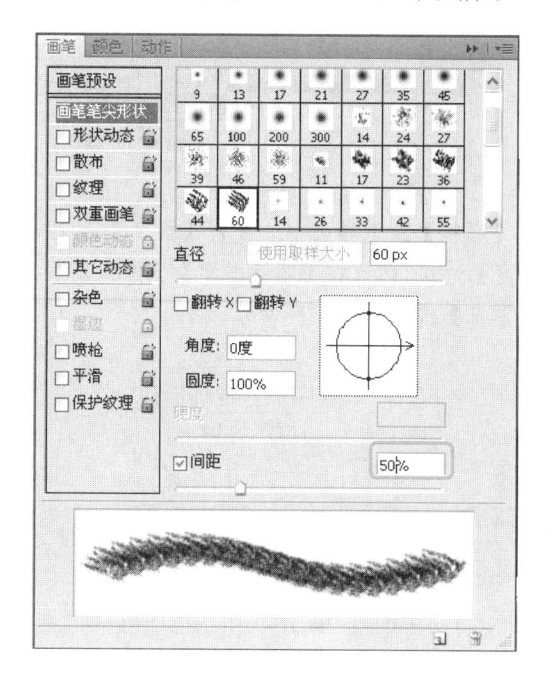

6 选中【形状动态】复选框，设置【大小抖动】为50%，【角度抖动】为30%，【圆度抖动】为100%，如下图所示。

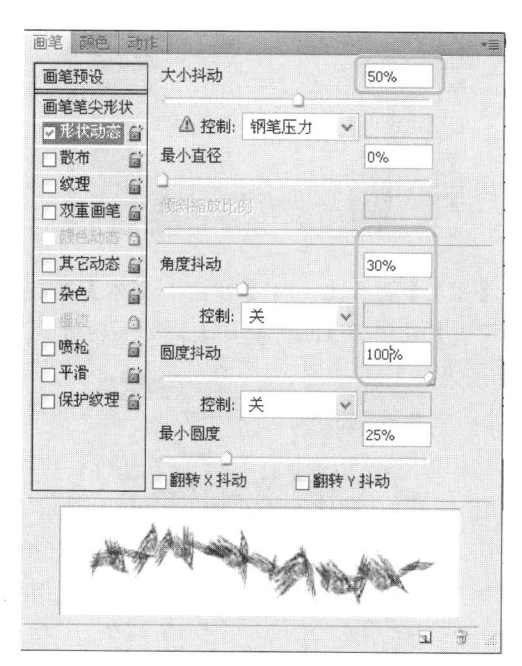

7 选中【散布】复选框，设置【散布】为148%，【数量】为3，再选中【两轴】复选框，如右上图所示。

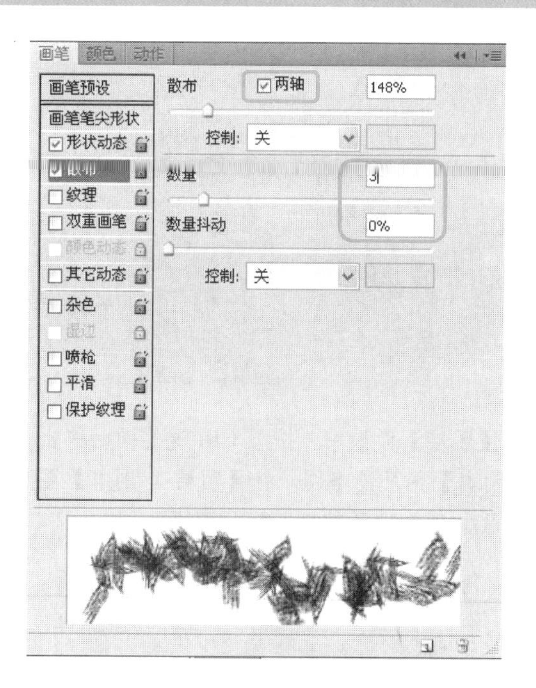

8 关闭【画笔】面板，在照片的边缘拖动，擦出不规则边缘的效果，如下图所示。

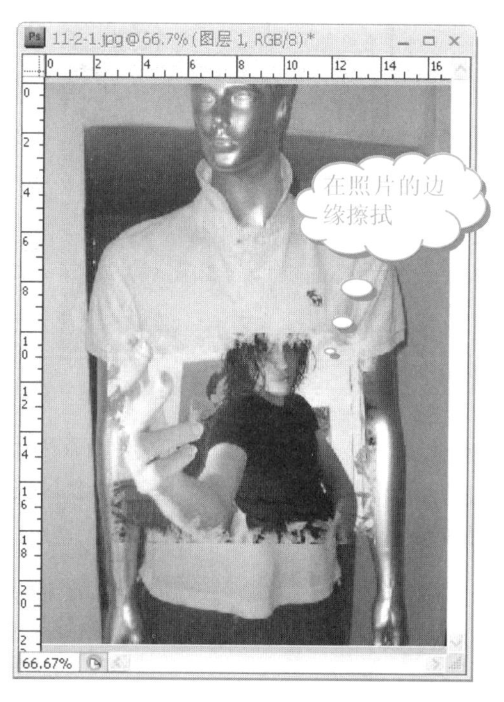

擦出照片边缘时，可以单击照片的一角，按住Shift键不放，再单击照片的另一个角，就可以擦出一条边的效果。

9 在【图层1】面板中，将【图层1】图层拖动至【创建新图层】按钮上，复制【图层1】图层为【图层1副本】图层，如下图所示。

使用【阈值】可以将彩色或灰度图片转换为只有黑白两色的图片。任意指定一个色阶为阈值，那么高于阈值的像素将全部转换为白色，低于阈值的像素全部转换为黑色。

❿ 在【图层】面板中，按下 Ctrl 键的同时单击【图层 1 副本】图层缩略图，将【图层 1 副本】图层载入选区，查看选区效果，如下图所示。

⓫ 单击【图层 1 副本】图层，使其处于激活状态。按 Ctrl+Delete 组合键填充背景色(白色)，然后按 Ctrl+D 组合键取消选区，如下图所示。

⓬ 选择【滤镜】|【纹理】|【颗粒】命令，如右上图所示。

⓭ 在【颗粒】设置界面中，设置【强度】为 13，【对比度】为 0。然后在【颗粒类型】下拉列表框中选择【垂直】选项，如下图所示。

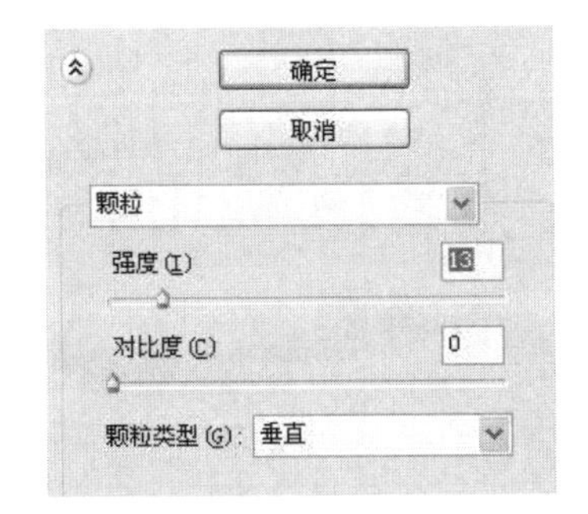

⓮ 单击【确定】按钮，得到效果图片，如下图所示。

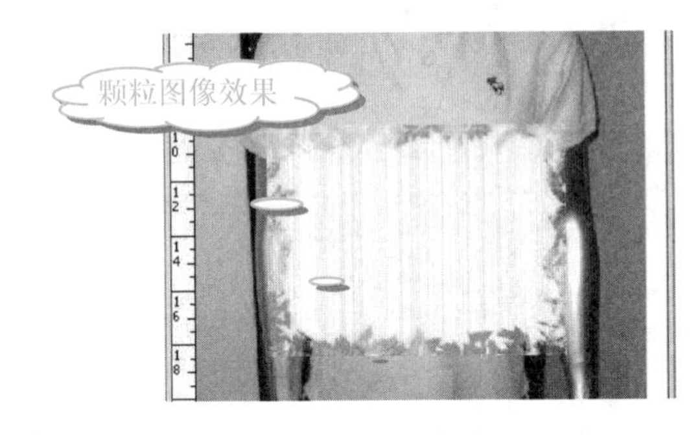

⓯ 在【图层】面板上，将【图层 1 副本】图层的【混合模式】设置为【正片叠底】，如下图所示。

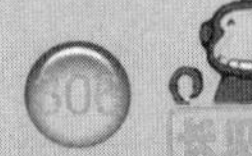

长见识：在菜单栏中选择【窗口】|【排列】命令，在弹出的子菜单中有 5 种排列方式，包括层叠、平铺、在窗口中浮动、使所有内容在窗口中浮动以及将所有内容合并到选项卡中。

16 完成的图像效果如下图所示。

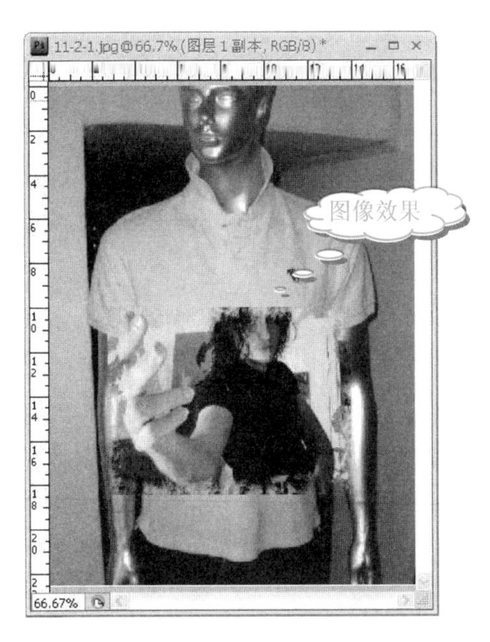

17 至此，已经为照片添加了印刷底纹和不规则边缘的效果。在【图层】面板中，按 Ctrl 键的同时选中【图层 1 副本】和【图层 1】图层并右击，从弹出的快捷菜单中选择【合并图层】命令，将两个图层合并，如下图所示。

18 在【图层】面板中，两个图层合并为【图层 1 副本】图层，如下图所示。

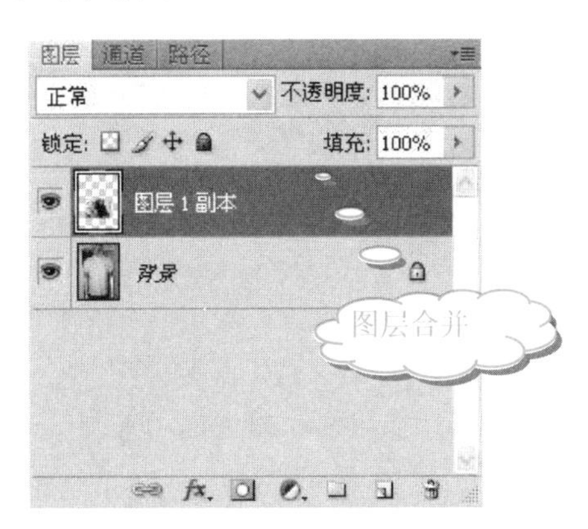

2. 印在 T 恤上的照片

运用【变形】命令和图层的【混合模式】，使照片与 T 恤完美结合，具体操作步骤如下。

操作步骤

1 在【图层】面板中，单击【图层 1 副本】图层，将其激活。按 Ctrl+T 组合键，等比例缩小并移动旋转照片，将其放在衣服正面，如下图所示。

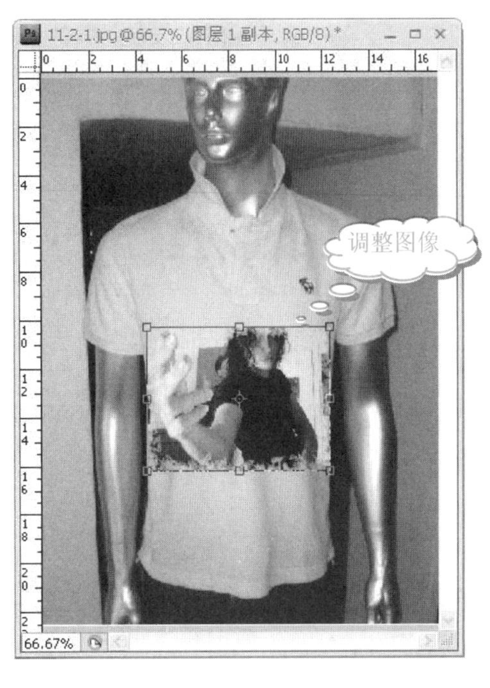

2 按 Enter 键确定变换操作。然后选择【编辑】|【变换】|【变形】命令，如下图所示。

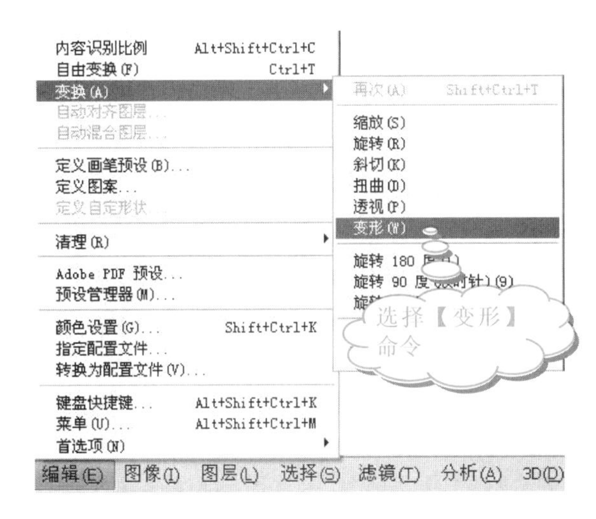

3 打开调节框，显示 16 个控制脚点。多次拖动调节框上的每一个控制脚点，使照片的形状与 T 恤的形状吻合，如下图所示。

从图层新建 3D 形状时，可以创建锥形、立方体、圆柱体、圆环、帽形、金字塔、环形、易拉罐、球体、球面全景和酒瓶共 11 种形状。只要选择 3D|【从图层新建形状】子菜单中的相应命令，即可快速地创建 3D 形状。

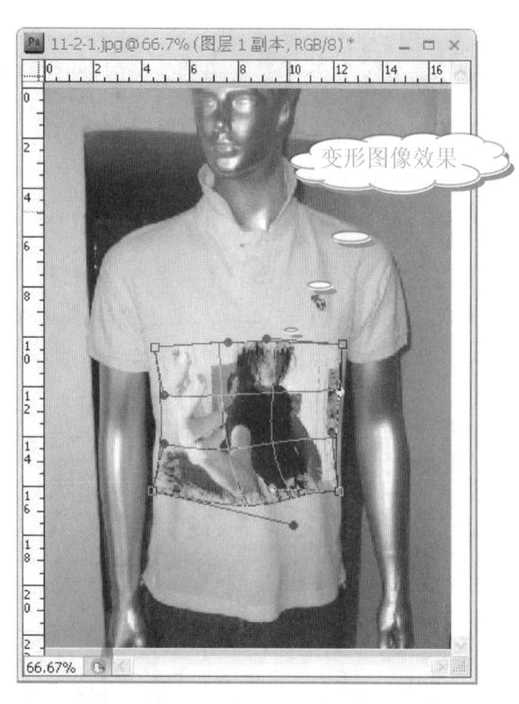

提示

【自由变换】可以调节图像的大小和位置，但【变形】命令比【自由变换】命令调节得更细致。

❹ 按 Enter 键完成变形处理，如下图所示。

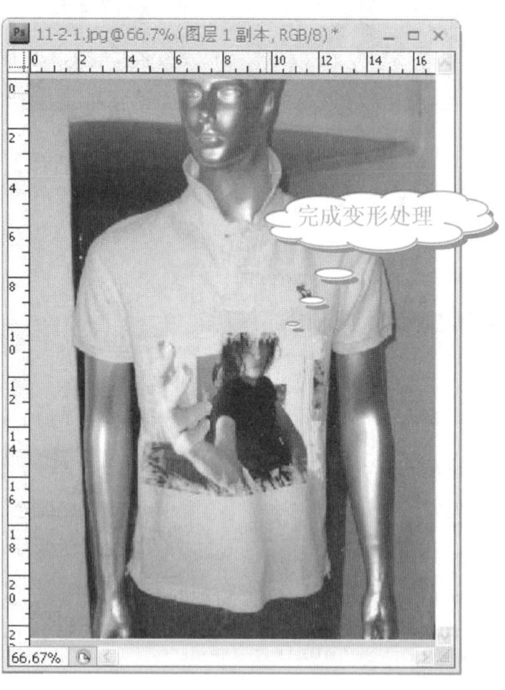

❺ 在【图层 1】面板上，将【图层 1 副本】图层的【混合模式】设置为【正片叠底】，于是衣服的褶皱就反映在照片上了，如右上图所示。

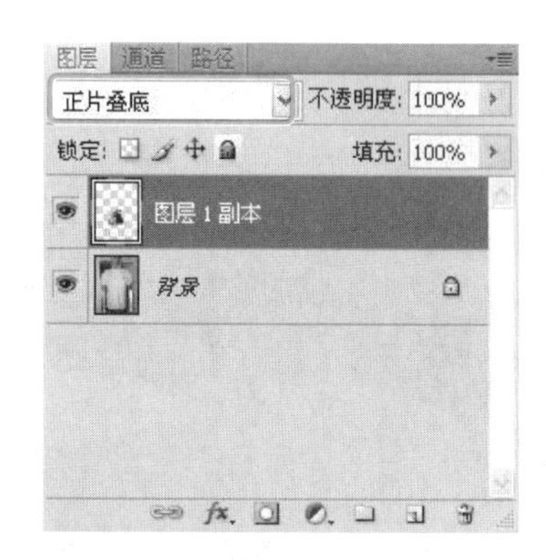

❻ 查看图像效果，如下图所示。

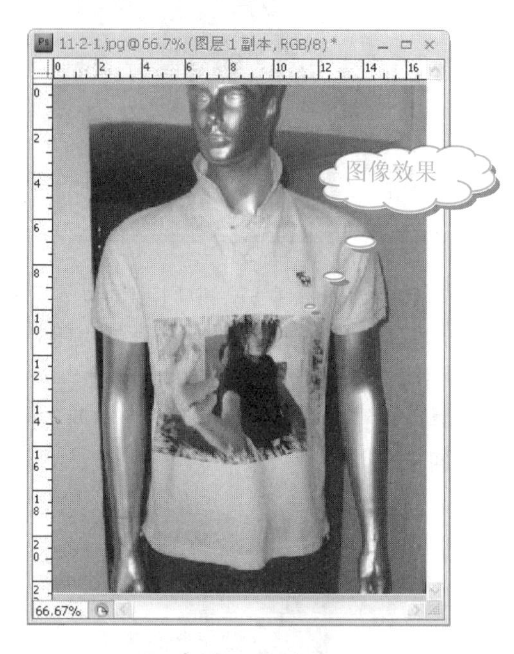

提示

图层的【混合模式】设置为【正片叠底】，可以使两个图像间融合得更好。

❼ 在【图层】面板中，设置【图层 1 副本】图层的【不透明度】为 60%，如下图所示。

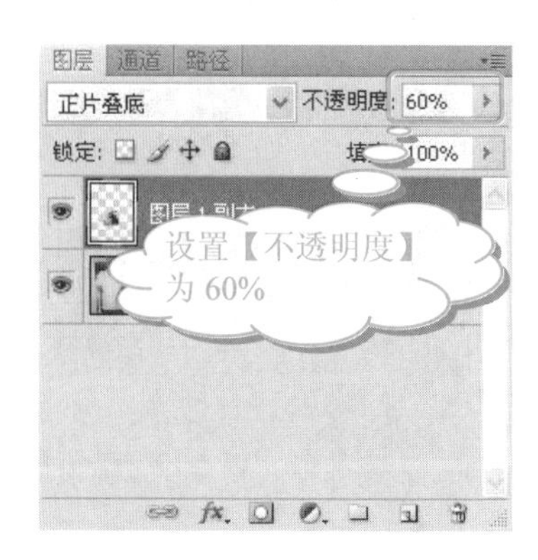

❽ 得到逼真的图像效果，如下图所示。

在【直方图】面板中，可以显示出各个通道的平均值、色阶、标准偏差、数量、中间值、百分位、像素和高速缓存级别等信息。

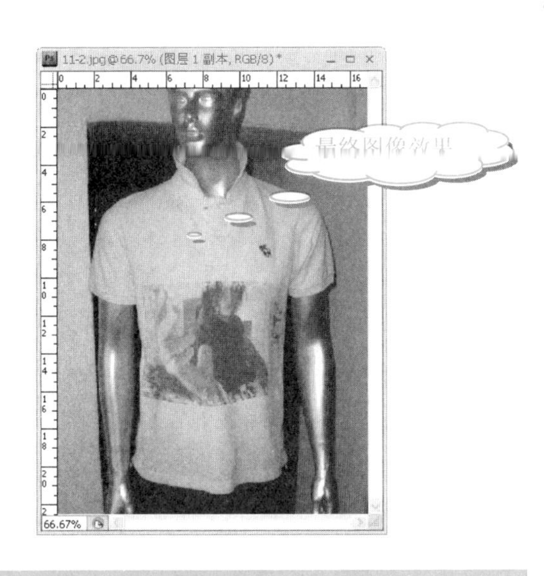

11.2.3 活用诀窍

在本实例中，学会使用【自由变换】和【变形】命令，并区分二者，试着将照片以立体的方式与实物融合。

11.3 在证件上粘贴生活照效果

去照相馆拍摄证件照又死板又麻烦，为什么不试试用自己的生活照制作成具有个性的证件照？

11.3.1 制作分析

首先选择一张正面的生活照，然后将图像进行裁切处理，再为其填充背景。

在证件上粘贴生活照的最终制作效果如下图所示。

11.3.2 照片处理

本实例的制作分为两个步骤。首先，将生活照中人物的头部和肩部进行裁切；然后，为照片附上证件照的渐变背景。

1. 在证件上粘贴生活照效果

运用【裁切】等命令，裁切生活照，然后为照片换背景，具体操作步骤如下。

操作步骤

❶ 启动 Photoshop CS4 软件，选择【文件】|【打开】命令，打开素材文件(配书光盘中的图书素材\第 11 章\11-3.jpg)。如下图所示。

❷ 单击工具箱中的【裁切工具】按钮，根据一寸照片的比例及打印分辨率的要求设置【裁切工具】的属性栏。设置【宽度】为 2.4 厘米，【高度】为 3.4 厘米，【分辨率】为 300 像素/英寸，如下图所示。

宽度: 2.4 厘米 ⇄ 高度: 3.4 厘米 分辨率: 300 像素/英寸

❸ 在图像中间单击，移动裁切位置，得到的图像如下图所示。

学以致用系列丛书

在 Photoshop CS4 工作界面中，单击右上角的【基本功能】按钮，从弹出的下拉列表中选择【存储工作区】命令，即可弹出【存储工作区】对话框来存储工作区。

❹ 按 Enter 键，得到图像如下图所示。

❺ 在【图层】面板中，将【背景】图层拖动至【创建新图层】按钮上，复制【背景】图层为【背景 副本】图层，如下图所示。

❻ 单击工具箱中的【钢笔工具】按钮，沿着人物的头部和肩膀细致地绘制出一个选区，如下图所示。

❼ 在【路径】面板中，按住 Ctrl 键的同时单击【工作路径】，将路径转换为选区，如右上图所示。

❽ 单击工具箱中的【渐变工具】按钮，再单击【设置前景色】按钮，如下图所示。

❾ 在【拾色器(前景色)】对话框中，设置参数(R:51，G:102，B:153)，如下图所示。

❿ 单击【确定】按钮。在图像中按住 Shift 键，从上往下拖动，填充照片，如下图所示。

学以致用系列丛书

在【调整】面板中，各个功能按钮的下方都有一些预设，单击预设名称前的三角形按钮，可以快速地对图像进行设置。例如，单击【“黑白”预设】前的三角形按钮，可以展开 4 个选项：蓝色滤镜、教案、绿色滤镜和高对比度蓝色滤镜。

❶ 按Ctrl+D键，取消选区。然后，单击工具箱中的【模糊工具】按钮，设置工具属性栏中【画笔】的【主直径】为10px，如下图所示。

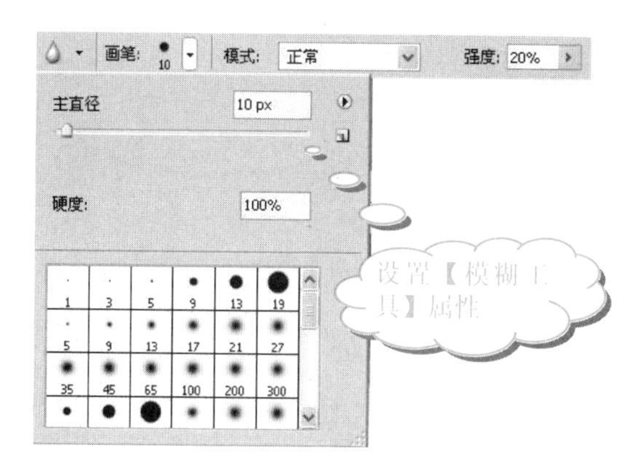

⓬ 涂抹人物与背景的边缘部分，使边缘模糊与背景相融合，如下图所示。

⓭ 在【调整】面板中，单击【色阶】按钮，如下图所示。

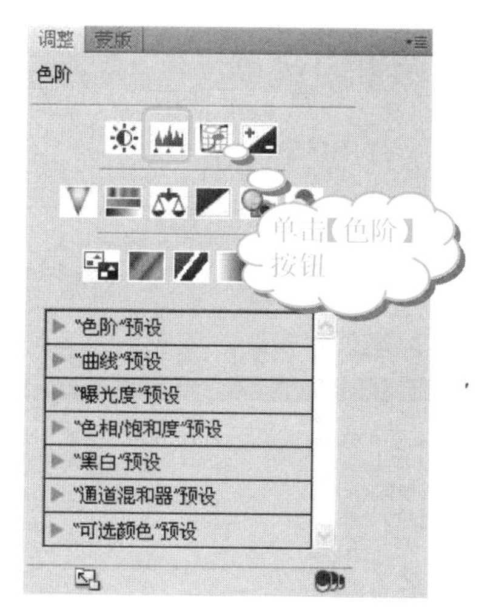

⓮ 在【色阶】设置界面中，设置【输入色阶】为42、1.00、255，如右上图所示。

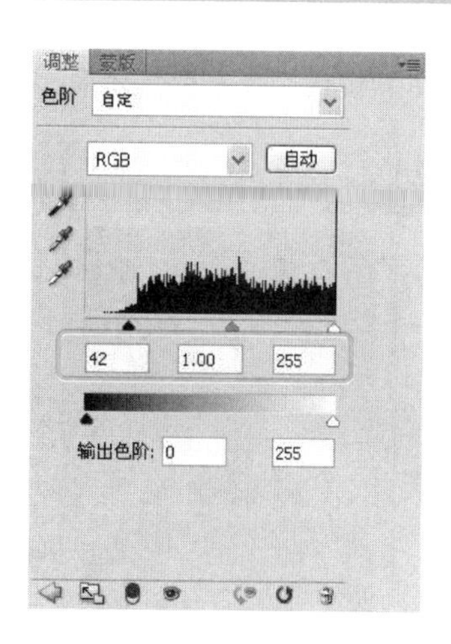

⓯ 调整色阶后，查看图像效果，如下图所示。

⓰ 选择【图像】|【画布大小】命令，如下图所示。

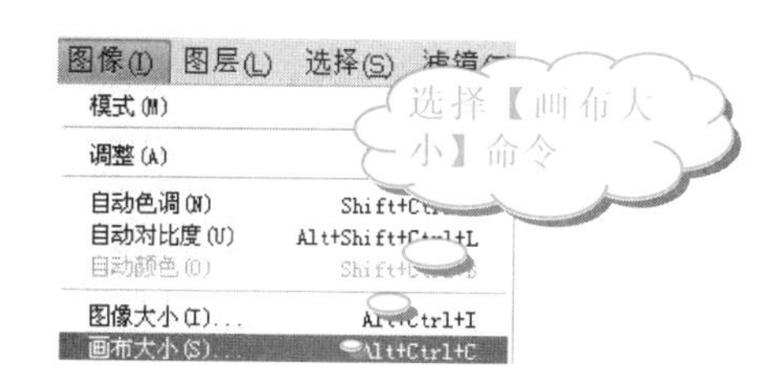

⓱ 在【画布大小】对话框中，设置参数，如下图所示。

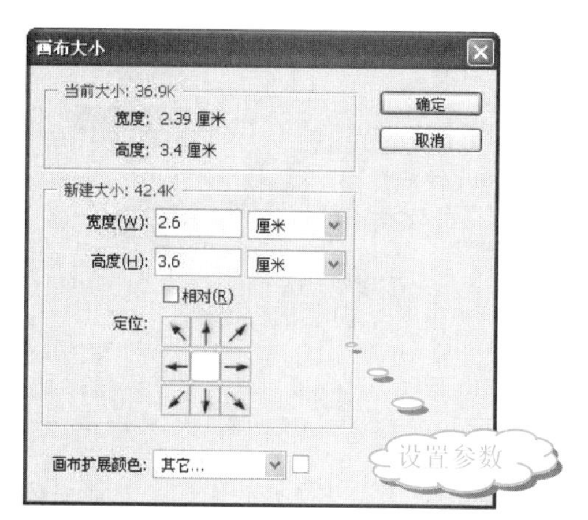

学以致用系列丛书

⓲ 单击【确定】按钮，查看图像效果，如下图所示。

2. 证件打印文件

运用【定义图案】命令，将一个证件复制多份，存为平时的打印文件，具体操作步骤如下。

操作步骤

❶ 在【图层】面板中，按住 Ctrl 键的同时单击所有图层，如下图所示。

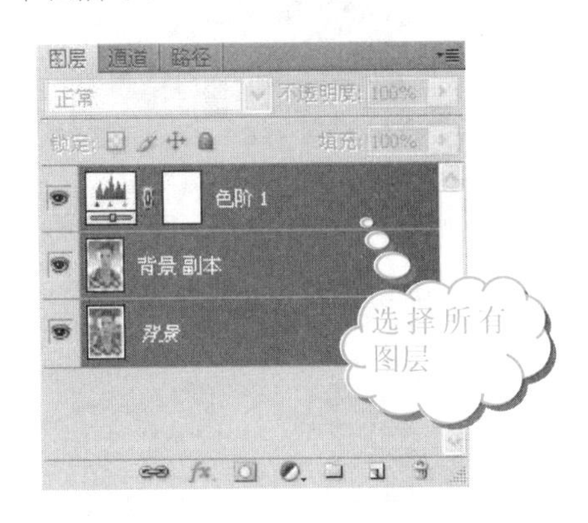

❷ 右击，从弹出的快捷菜单中选择【合并图层】命令，如下图所示。

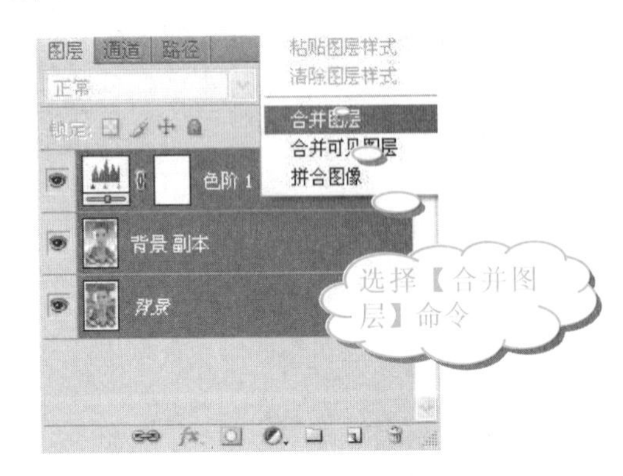

❸ 合并所有的图层为【背景】图层，此时的【图层】面板如右上图所示。

❹ 选择【编辑】|【定义图案】命令，如下图所示。

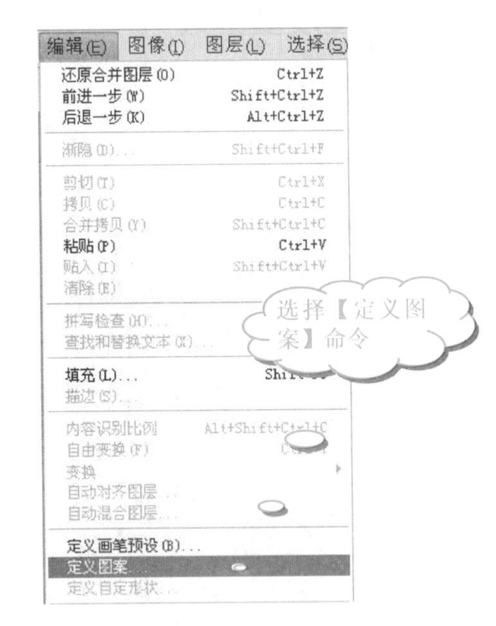

❺ 弹出【图案名称】对话框，在【名称】文本框中输入“在证件上粘贴生活照效果.psd”，然后单击【确定】按钮，如下图所示。

❻ 选择【文件】|【新建】命令，如下图所示。

❼ 在【新建】对话框中，设置【名称】为“证件打印”，【预设】为国际标准纸张(【宽度】、【高度】和【分辨率】将自动设置)，【大小】为 A4，【颜色模式】

长见识：除了可以使用鼠标单击工具箱中的工具按钮使用工具外，还可以使用键盘选择相应的工具。例如，按一次 Shift+G 组合键，即可使用【渐变工具】；再按一次 Shift+G 组合键，则可使用和【渐变工具】位于同一列表下的【油漆桶工具】。

为 RGB，【背景内容】为白色，如下图所示。

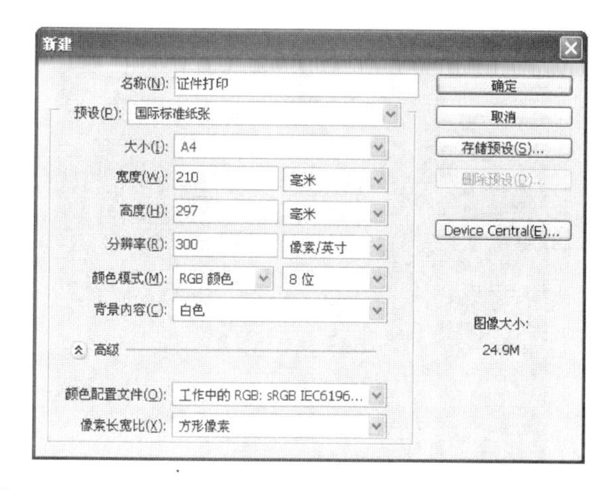

8 新建的空白文件如下图所示。

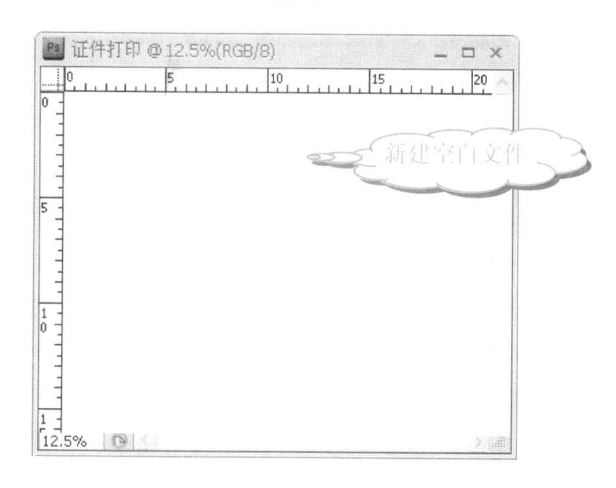

9 选择【编辑】|【填充】命令，如下图所示。

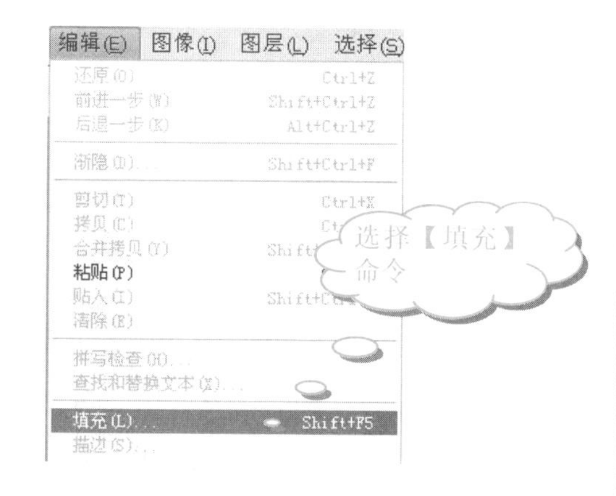

10 弹出【填充】对话框，在【内容】选项组中，单击【使用】右侧的下拉按钮，从弹出的下拉列表框中选择【图案】选项。然后单击【自定图案】右侧的下拉按钮，从弹出的下拉列表中选择刚才定义的图像，如右上图所示。

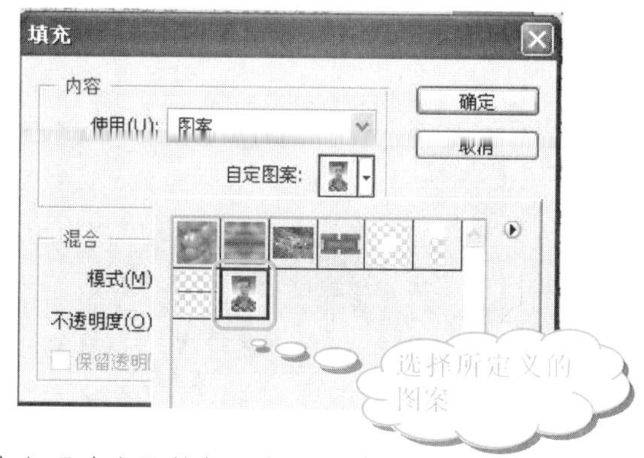

11 单击【确定】按钮，得到最终的证件照打印文件，如下图所示。

11.3.3 活用诀窍

本实例首先学习了使用【渐变工具】绘制渐变色，然后使用【钢笔工具】绘制路径，再建立选区。最后，使用【定义图案】对某一图像重复绘制。

11.4 个性纹身效果

相信大家都看过人体纹身，那是人体艺术结合的一种美。通过软件，也可以打造漂亮的人体彩绘。一起来看看。

11.4.1 制作分析

制作人体彩绘的关键是将外部素材图案与人的皮肤完美结合，要有画上去的感觉，而不是粘上去的感觉。

调整图层的影响可以限制在图像的某一部分，方法是在图像上建立选区或路径后，再建立调整图层即可。

个性纹身的最终制作效果如下图所示。

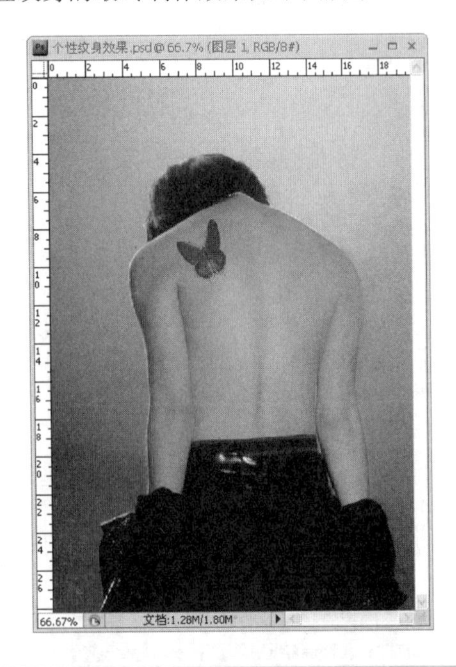

11.4.2 照片处理

本实例的制作分为以下两个步骤：首先，处理所需绘制的图片；然后，将图案与人物的皮肤完美结合在一起。

1. 个性纹身

运用【滤镜】等命令，为蝴蝶照片添加具有艺术效果的图案，具体操作步骤如下。

操作步骤

1. 启动 Photoshop CS4 软件，选择【文件】|【打开】命令，打开素材文件(配书光盘中的图书素材\第 11 章\11-4-1.jpg)，如下图所示。

2. 单击工具箱中的【钢笔工具】按钮，沿着蝴蝶的外形，绘制一个封闭的路径，如下图所示。

3. 在【路径】面板中，按住 Ctrl 键的同时，单击【路径 1】，将路径转换为选区，如下图所示。

4. 所得的图像选区如下图所示。

注意

【通过拷贝的图层】命令相当于先按 Ctrl+C 组合键，然后再按 Ctrl+V 组合键；【通过剪切的图层】命令相当于先按 Ctrl+X 组合键，然后再按 Ctrl+V 组合键。

只有在工具箱中单击了与路径相关的工具按钮后，右击路径时，才能弹出包括【建立选区】命令的快捷菜单

与路径相关的工具按钮有3个，如下图所示。

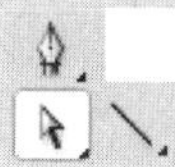

❺ 在【图层】面板上的【背景】图层上右击，从弹出的快捷菜单中选择【复制图层】命令，如下图所示。

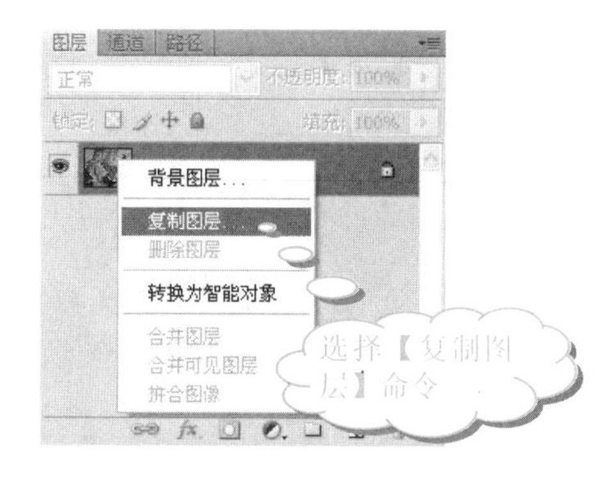

❻ 将【背景】图层复制为【背景 副本】图层，如下图所示。

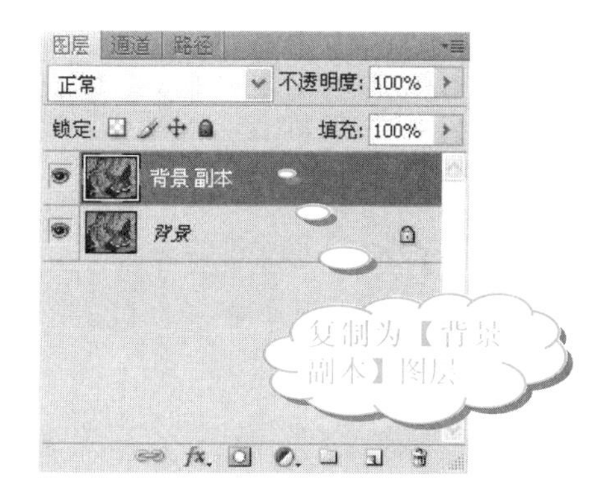

❼ 选择【选择】|【反向】命令(或按 Ctrl+Shift+I 组合键)，对选区进行反选操作，如下图所示。

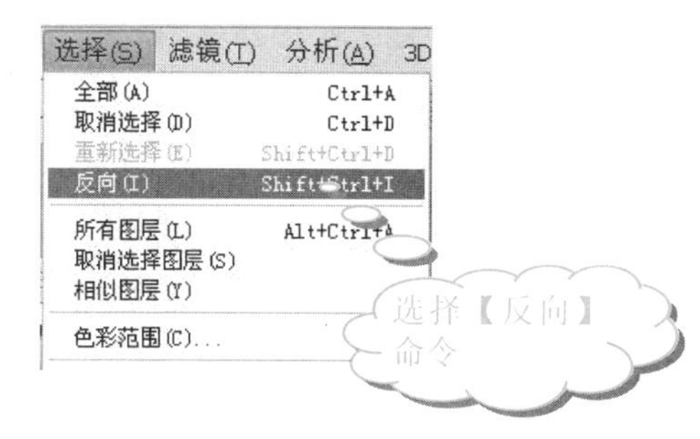

❽ 按下 Delete 键删除所选区域的内容，如右上图所示。

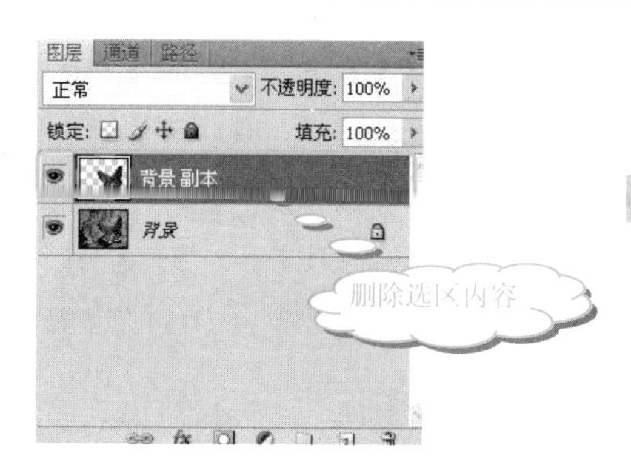

画面并没有出现变化，是由于【背景】图层的存在造成的。这时，可以单击【背景】图层前面的【指示图层可见性】按钮，将其隐藏即可。

❾ 单击工具箱中的【默认前景色和背景色】按钮，如下图所示。

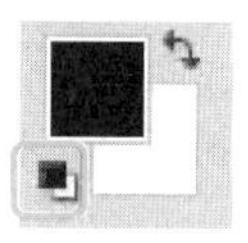

❿ 在【图层】面板中，单击【背景】图层，将其激活，再按 Ctrl+Delete 组合键，用背景色(白色)填充选区，如下图所示。

⓫ 将【背景 副本】图层重命名为“蝴蝶”，如下图所示。

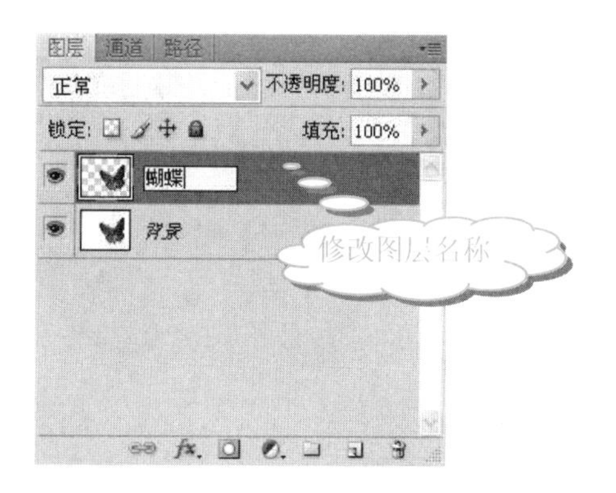

学以致用系列丛书

⑫ 在【调整】面板中单击【曲线】按钮，如下图所示。

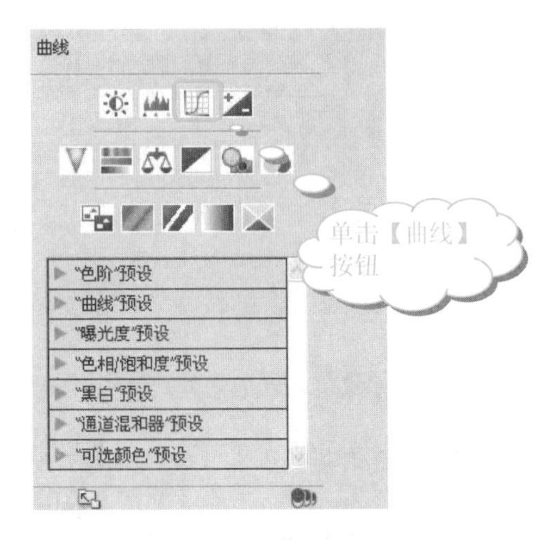

⑬ 在【曲线】设置界面中，调整曲线形状如下图所示。

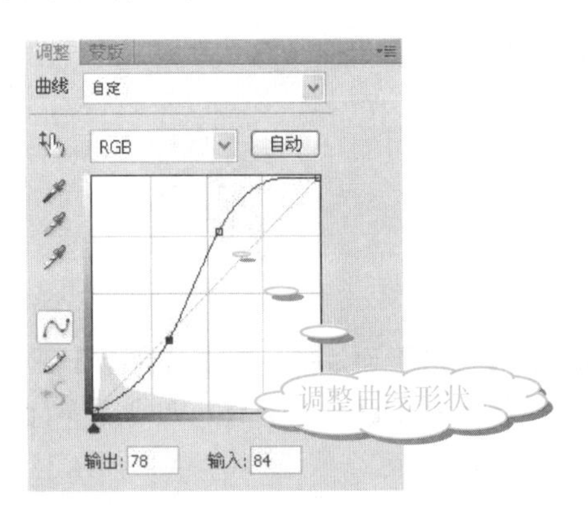

注意

在【曲线】对话框中，曲线的形状为正 S 形时，可增大图像的对比度，曲线的形状为反 S 形时，可减小图像的对比度。

⑭ 得到的图像效果如下图所示。

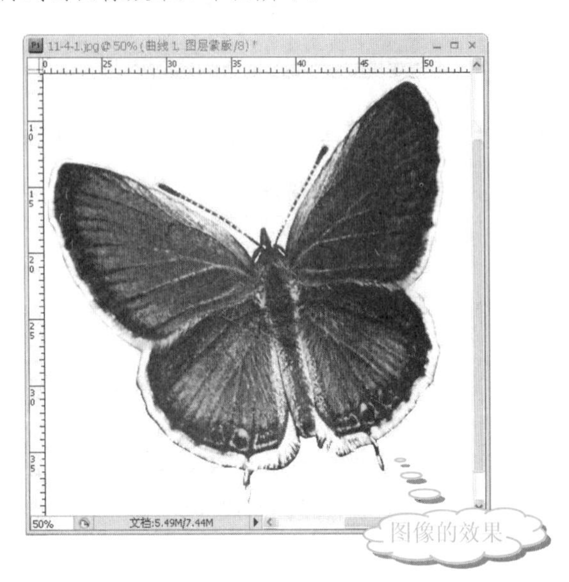

2. 人体与纹身结合

上面已经将蝴蝶的照片处理成艺术效果的图案。下面，要将蝴蝶的图案粘贴到人物的皮肤上，使其产生彩绘效果，具体操作步骤如下。

操作步骤

❶ 选择【文件】|【打开】命令，打开素材图片(配书光盘中的图书素材\第 11 章\11-4-2.jpg)，如下图所示。

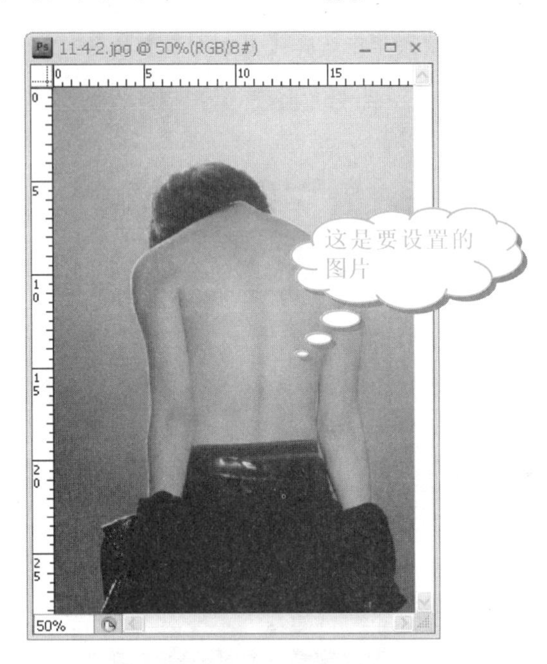

❷ 在【图层】面板中，按住 Ctrl 键单击【蝴蝶】图层和【曲线 1】图层，同时选中这两个图层并右击。然后，从弹出的快捷菜单中选择【合并图层】命令，如下图所示。

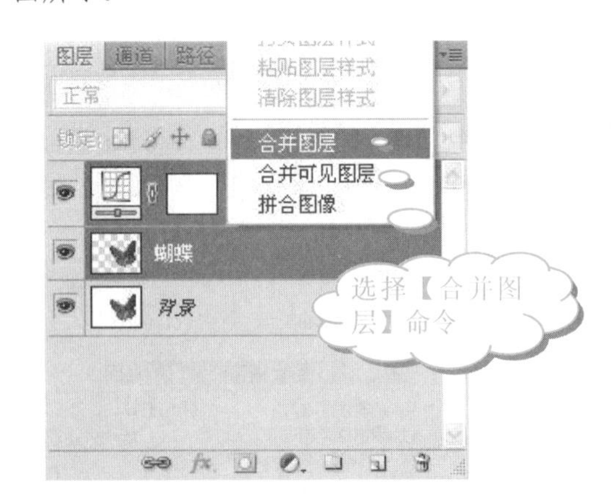

❸ 这样，【蝴蝶】图层和【曲线 1】图层就合并为【曲线 1】图层，如下图所示。

长见识

需要隐藏多个连续图层时，可以在【图层】面板上单击【指示图层可见性】按钮，然后按住鼠标左键不放，拖动掠过需要隐藏的图层的【指示图层可见性】按钮。

❹ 在工具箱中单击【移动工具】按钮，将【曲线 1】图层拖移到目标文件中，如下图所示。

❺ 选择【编辑】|【自由变换】命令(或者按 Ctrl+T 组合键)，对【蝴蝶】图层进行自由变换操作。这样，在蝴蝶的周围就会出现 8 个方形的控制点，如右上图所示。

在使用【自由变换】命令时，图像上会出现多个控制点。如果按住 Shift 键不放，在图像上的其中一个控制点上单击，并按住鼠标左键不放，拖动控制点即可等比例缩放图形。

❻ 调整蝴蝶的大小，并将其移动到合适的位置，如下图所示。

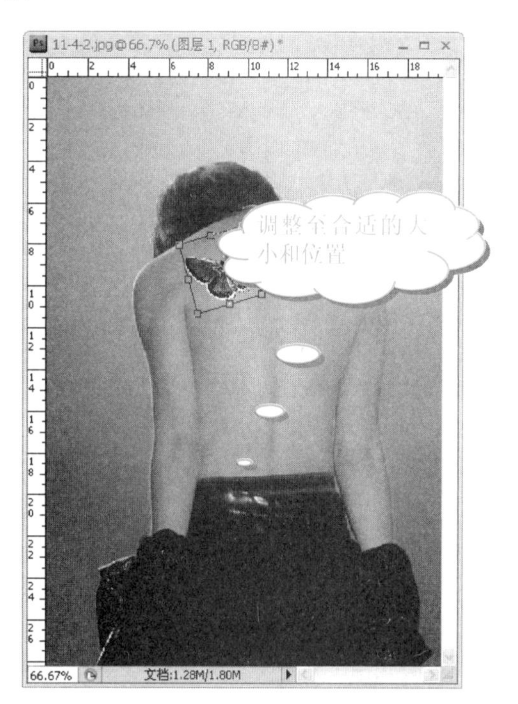

如果选择【编辑】|【变换】|【透视】命令，在调整图像大小和位置时，如果移动到别的位置，则在原位置上将以白色填充。这里，是以【缩放】方式进行自由变换操作。

❼ 然后将其横向缩短距离，如下图所示。

学以致用系列丛书

在使用【自由变换】命令时，在其属性栏中单击【在自由变换和变形模式之间切换】按钮，则可以在自由变换和变形模式之间切换；单击【取消变换】按钮，则可以取消变换操作；单击【仅变换】按钮，则可以应用变换操作，相当于在键盘上按 Enter 键确定。

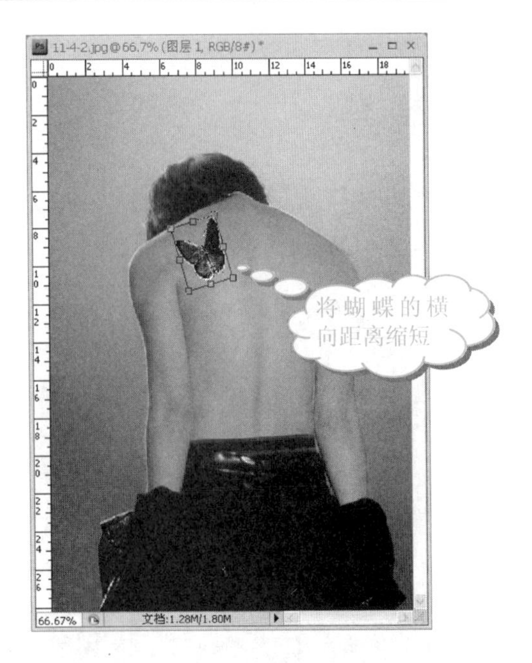

❽ 按 Enter 键，确定变换。在【图层】面板上，将【曲线 1】图层的【混合模式】设置为【正片叠底】。这样，蝴蝶的图案就叠加到皮肤上了，如下图所示。

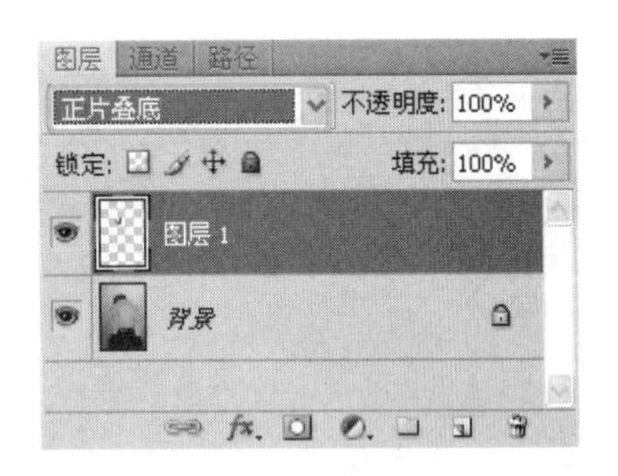

❾ 查看图像效果，如下图所示。

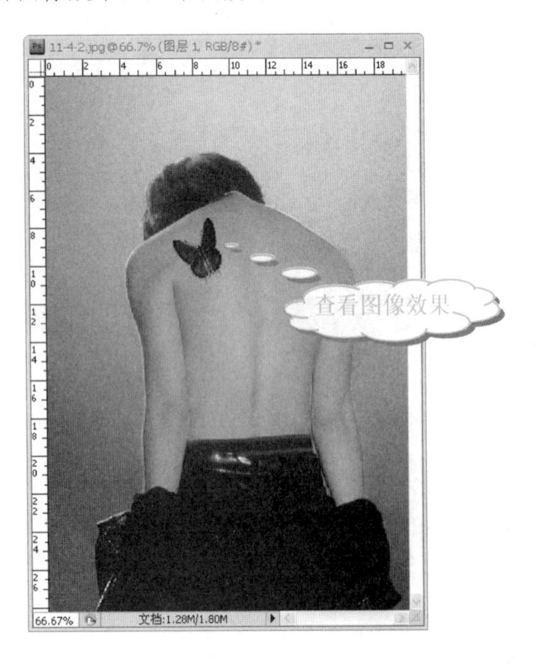

❿ 将【曲线 1】图层的【不透明度】设置为 60%，得到更加逼真的效果，如下图所示。

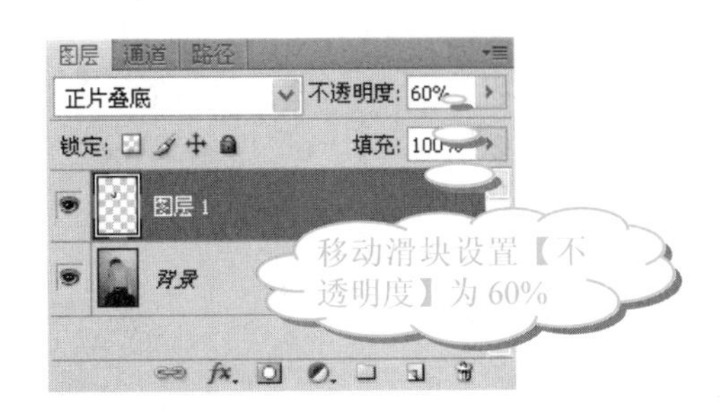

⓫ 得到最终的效果图片，如下图所示。

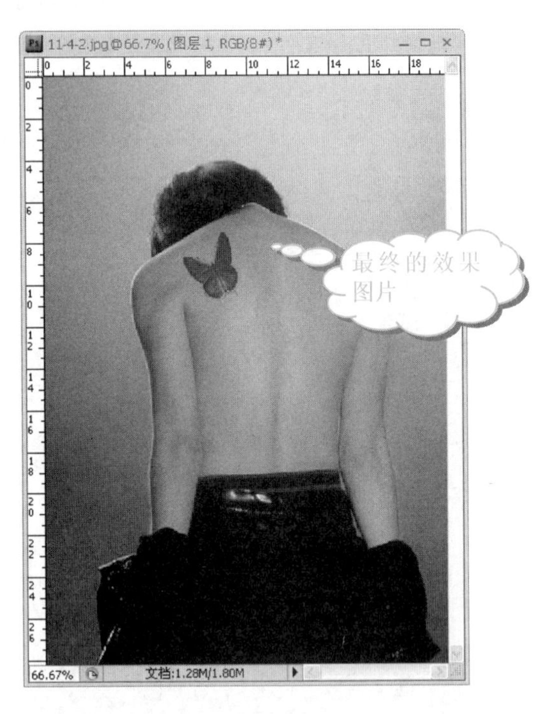

技巧

【正片叠底】图层混合模式效果可以使得两幅图像融合得更加贴切。使用不同的图层混合模式有不同的效果。

11.4.3　活用诀窍

使用【钢笔工具】绘制路径，可以很精确地绘制选区。这种绘制选区的方法，在需要精确抠出复杂图像中的某个图像时，显得特别重要。

另外，灵活地更改图层的混合模式，可以将两幅图自然地融合在一起。

长见识

在【曲线】对话框中，如果想要设置曲线形状，可以在曲线上单击，然后按键盘上的方向键来移动所选的点。如果要同时移动多个点，可以按住 Shift 键单击需要的点进行操作。

11.5 照片信签纸效果

将自己的照片制作成信签纸效果，再把这样的信签寄给朋友，是不是很有个性？下面就一起来看看制作照片信签纸效果的方法。

11.5.1 制作分析

本实例首先为信纸的网格定义图案，然后调整照片的色泽，让照片看上去像信签纸的颜色，最后加上网格，让其成为信签纸。

照片信签纸的最终效果如下图所示。

11.5.2 照片处理

本实例综合运用【定义图案】命令来为信纸的网格作铺垫，然后运用【调整】菜单中的命令调整照片的色泽，让照片看上去更像信签纸。最后为信签纸加上网格，具体操作步骤如下。

1. 信签纸网格的图案

操作步骤

❶ 启动 Photoshop CS4 软件，新建文件并命名为“信签纸网格”。设置【宽度】为 25 像素，【高度】为 25 像素，【分辨率】为 72 像素/英寸，【背景内容】为透明，如右上图所示。

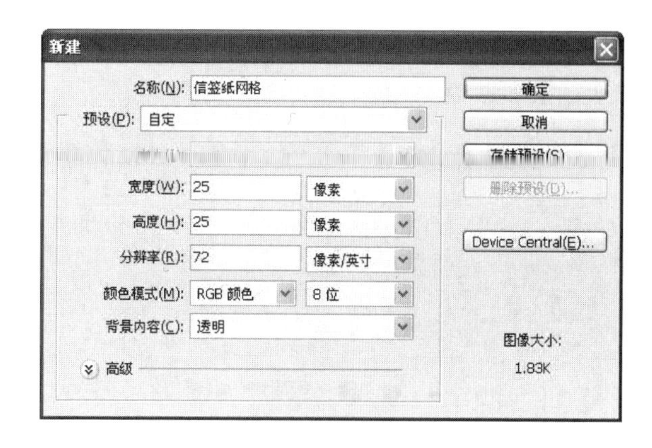

❷ 单击【确定】按钮，然后按 Ctrl+“+”组合键，将图像放大，如下图所示。

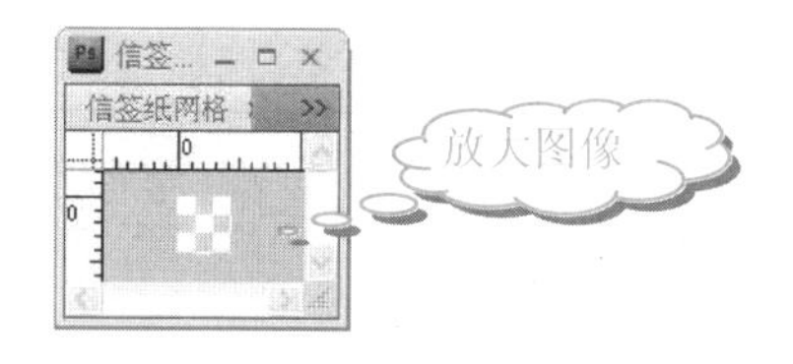

提示

按 Ctrl+“－”，可以缩小图像，将图像调节到合适的位置。

❸ 单击工具箱中的【设置前景色】按钮，打开【拾色器(前景色)】对话框，如下图所示。

❹ 在【拾色器(前景色)】对话框中，设置参数(C:42，M:100，Y:100，K:9)，然后单击【确定】按钮，如下图所示。

❺ 单击工具箱中的【铅笔工具】按钮，在其属性栏中

为了节省空间可以将滤镜复制到 Photoshop 的滤镜目录下，但要注意该滤镜是否有附属动态链接库 dll 文件或 asf 文件，如果不将滤镜复制完整，则不能正常使用该滤镜。此外，在复制单个滤镜文件之前，要记住它的文件名，如果下次进入 Photoshop 时不能正常使用，就可以将其删除，以节省硬盘空间。

单击【画笔】右侧的倒三角按钮，设置【主直径】为 1px，如下图所示。

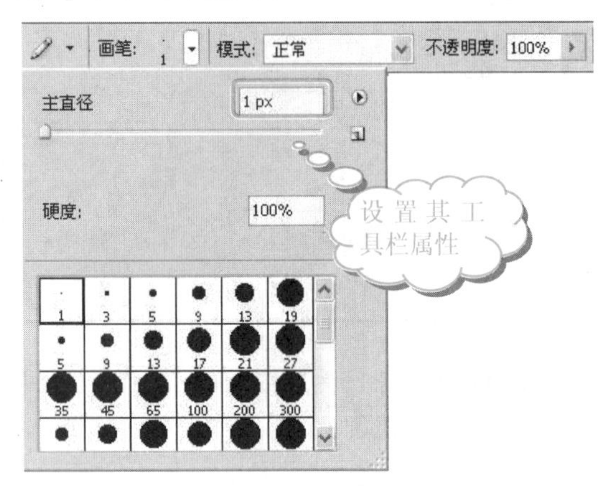

❻ 在图像中，按住 Shift 键的同时单击左键并拖动，在图像上绘制一条直线，得到信签纸网格的图案，如下图所示。

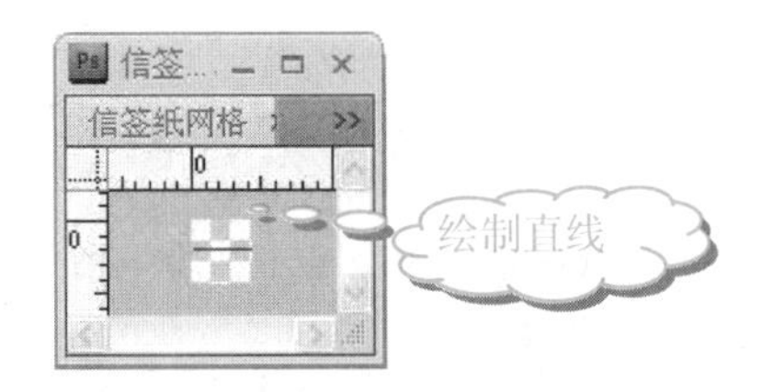

提示

线条的左右两边都必须靠到画布的边缘，这样，得到的信签纸的网格就是实线。如果任何一边不靠边或者都不靠边，绘制的就是虚线。

❼ 选择【编辑】|【定义图案】命令，如下图所示。

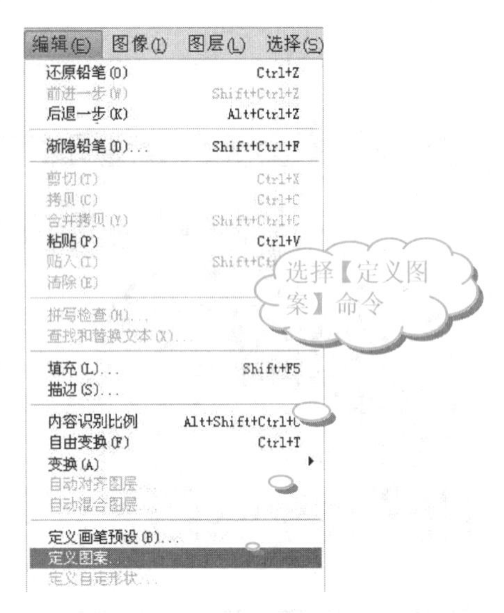

❽ 在【图案名称】对话框中，保持默认参数，然后单击【确定】按钮，如下图所示。这样，信签纸的网格图案就制作好了。

2. 信签纸

定义图案后，下面就来制作信签纸效果，具体操作步骤如下。

操作步骤

❶ 选择【文件】|【打开】命令，打开素材文件(配书光盘中的图书素材\第 11 章\11-5.jpg)，如下图所示。

❷ 在【图层】面板上，拖动【背景】图层到【创建新图层】按钮上，复制【背景】图层为【背景 副本】图层，如下图所示。

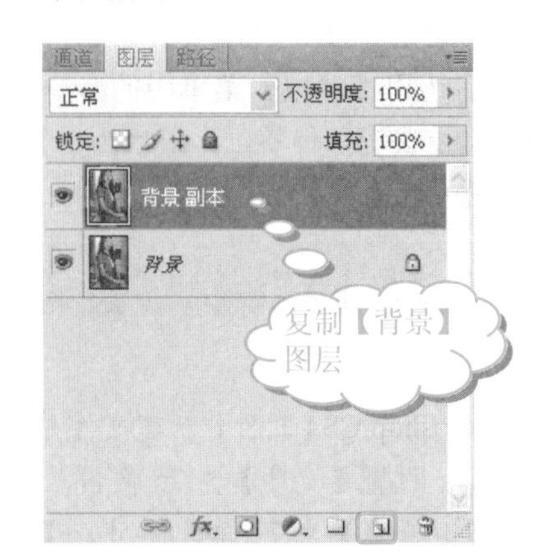

长见识 如果想要安装被封装的滤镜，只需要在安装时选择 Photoshop/PlugIns 滤镜目录即可，下次进入 Photoshop 后即可使用该滤镜了。

❸ 选择【图像】|【调整】|【去色】命令，去除【背景副本】图层图像的颜色，如下图所示。

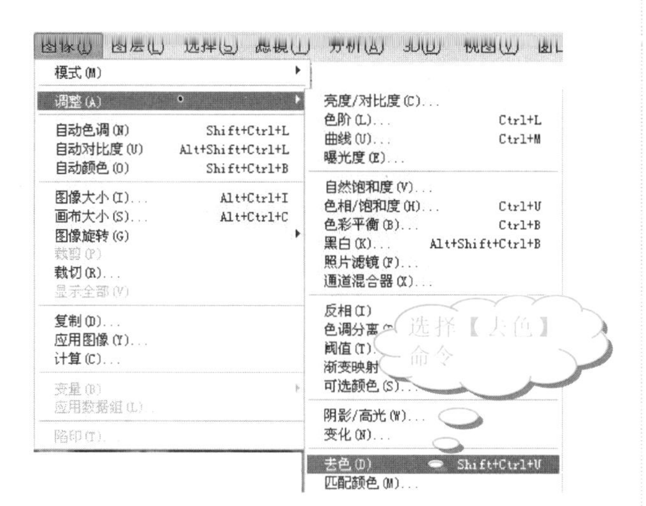

❹ 查看图像效果，如下图所示。

❺ 在【调整】面板中，单击【亮度/对比度】按钮，如下图所示。

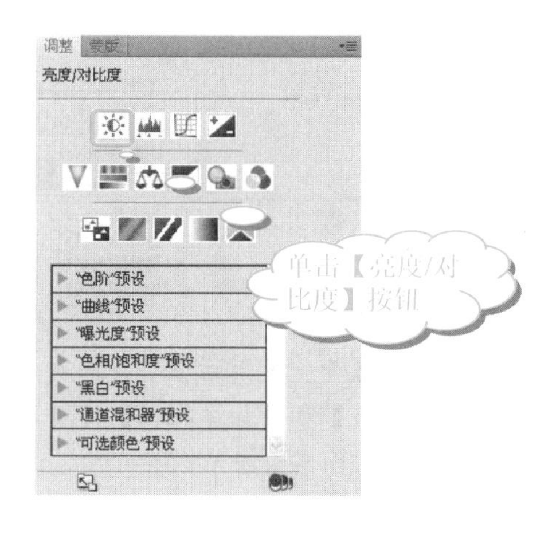

❻ 在【亮度/对比度】设置界面中，设置【亮度】为78，【对比度】为-50，如下图所示。

提示

【亮度】和【对比度】的调节，主要是让画面黑色部分的亮度和明度降低，这是水印浓淡的关键。

❼ 查看图像效果，如下图所示。

❽ 在【亮度/对比度】设置界面中，单击左下角的【返回调整列表】按钮，返回到【调整】面板。然后，单击【色阶】按钮，如下图所示。

学以致用系列丛书

在【样式】面板下方有3个按钮，分别是【清除样式】按钮、【新建样式】按钮和【删除样式】按钮。单击相应的按钮，即可对填充样式等进行操作。

❾ 在打开的【色阶】设置界面中，设置【输入色阶】为 0、0.26、255，【输出色阶】为 204、255，如下图所示。

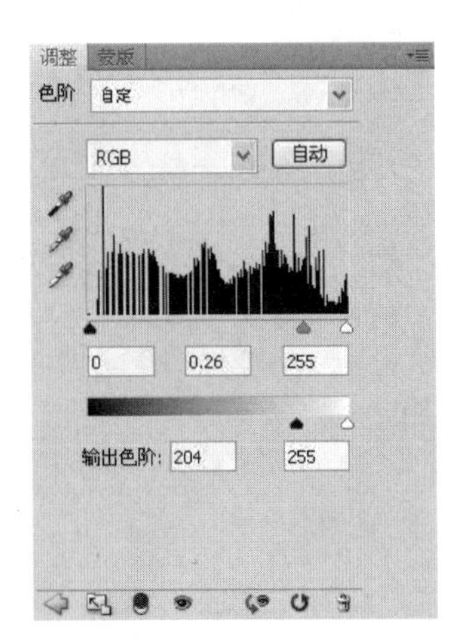

❿ 查看图像效果，如下图所示。

⓫ 在【图层】面板中，按住 Ctrl 键，单击【色阶 1】图层、【亮度/对比度 1】图层和【背景 副本】图层，将其全部选中，如下图所示。

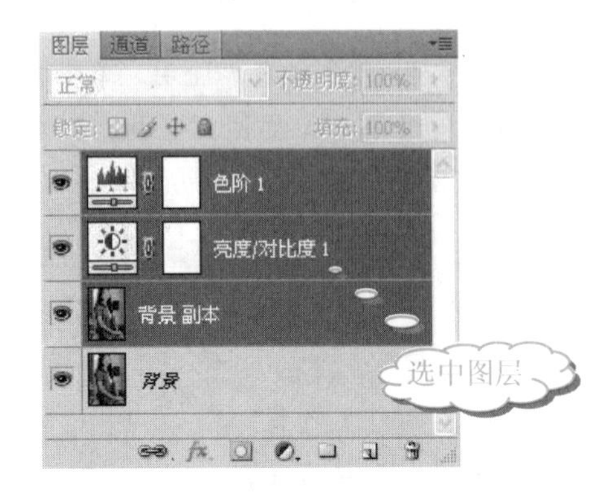

⓬ 右击图层，从弹出的快捷菜单中选择【合并图层】命令，将三个图层合并，如下图所示。

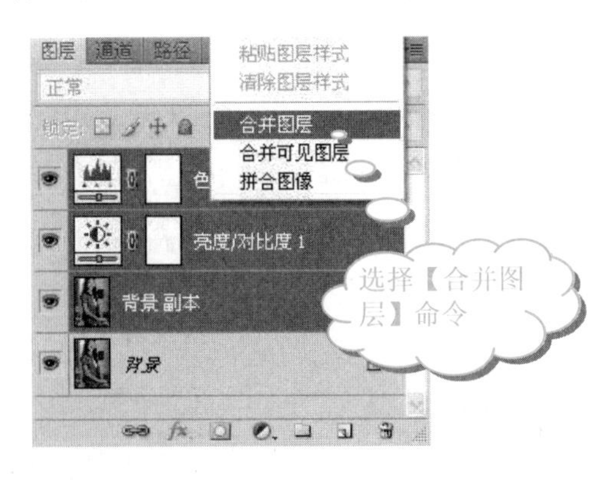

⓭ 在【图层】面板中，合并后的图层为【色阶 1】图层，如下图所示。

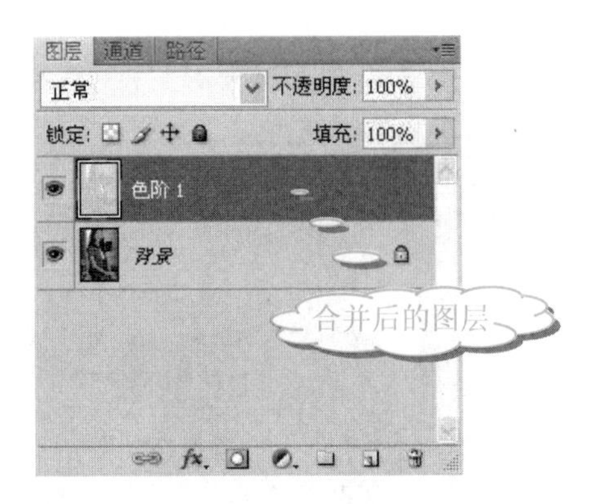

⓮ 选择【图像】|【调整】|【变化】命令，如下图所示。

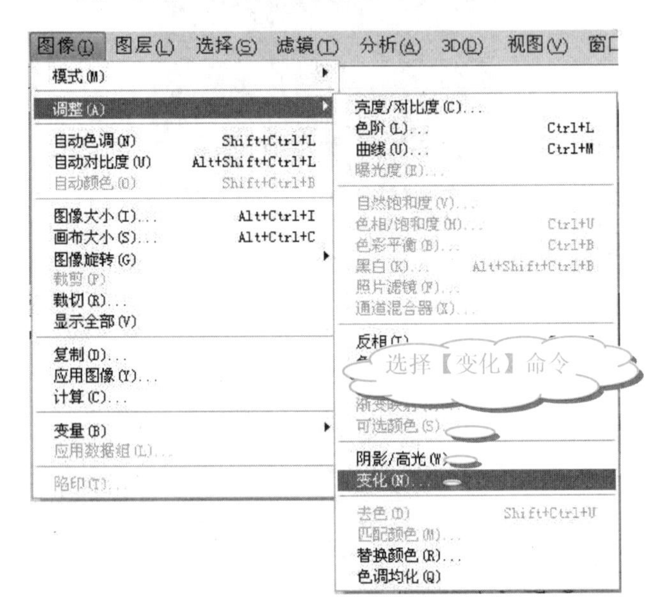

⓯ 在弹出的【变化】对话框中，依次单击【较亮】、【加深红色】和【加洋红色】按钮，确定信签纸的最终颜色，如下图所示。

学以致用系列丛书

在使用【边缘高光器工具】对物体边缘进行框选时，如果使用手动绘制，则不可避免地会选取一些背景色，不过没关系，只要尽量不选取太多的背景即可，否则会影响最终的抠取效果。

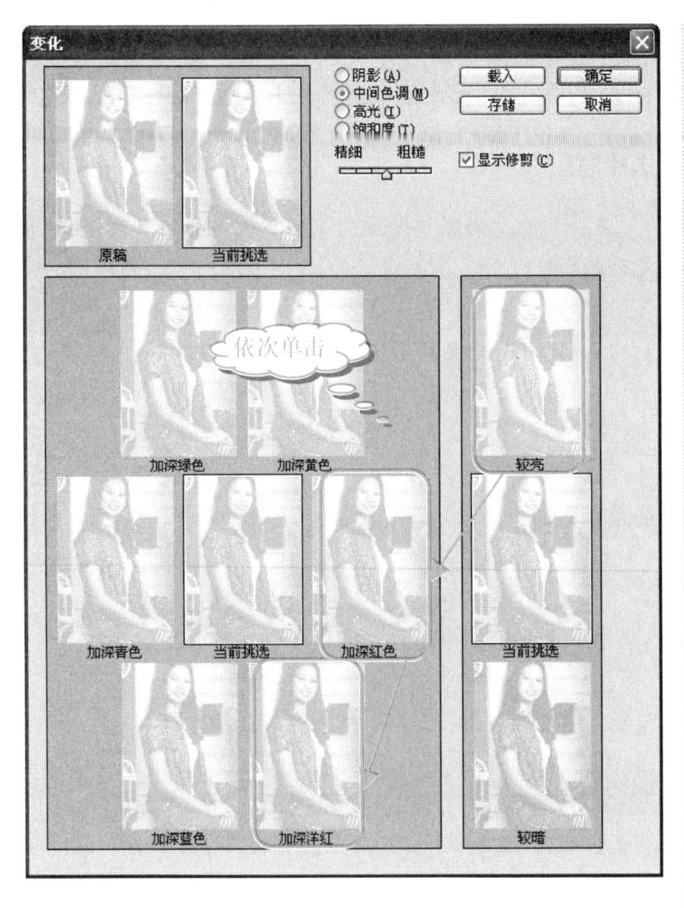

提示

选择【图像】|【调整】|【变化】命令就是为了给图像附上淡淡的颜色，这个步骤决定了信签纸的最终颜色。

16 单击【确定】按钮，查看图像效果，如下图所示。

17 在【图层】面板中，单击【创建新图层】按钮，创建【图层 1】图层，如下图所示。

18 选择【编辑】|【填充】命令，如下图所示。

19 弹出【填充】对话框，在【内容】选项组下单击【使用】右侧的下拉按钮，从弹出的下拉列表中选择【图案】选项。然后单击【自定图案】右侧的下拉按钮，在弹出的下拉列表中选择已经建立的【信签纸网格】图案，如下图所示。

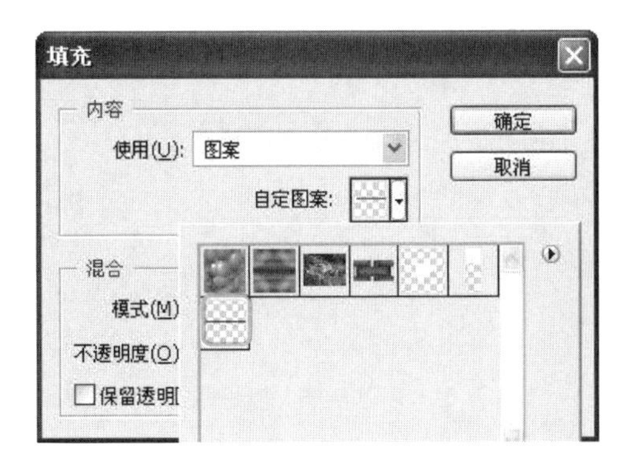

20 单击【确定】按钮，得到最终的信签纸效果图片，如下图所示。

在【曲线】对话框中，按 Alt+“2”组合键，可以选择 RGB 通道；按 Alt+“3”组合键，可以选择【红】通道；按 Alt+“4”组合键，可以选择【绿】通道；按 Alt+“5”组合键，可以选择【蓝】通道；

11.5.3 活用诀窍

在本实例中，学会运用【调整】面板中的【亮度/对比度】和【色阶】功能，同时【定义图案】是一种较常见的添加网格的方式。另外，使用【图像】|【调整】|【变化】命令，可以快速地为图像附上淡淡的青色、蓝色、红色和黄色，调节图像的亮度，而不用手动调出需要的颜色，然后再为图像上色。

11.6 思考与练习

选择题

1. T恤上的照片是运用________命令对其形态进行处理的。

   A. 【滤镜】|【液化】

   B. 【变换】|【扭曲】

   C. 【变换】|【变形】

   D. 【变换】|【透视】

2. 在【图层】面板上，_______按钮表示【添加图层蒙版】。

   A. (图标)　　B. fx.

   C. (图标)　　D. (图标)

3. 【羽化】命令在________菜单下。

   A. 选择　　B. 图像

   C. 滤镜　　D. 编辑

操作题

1. 打开素材文件(配书光盘中的图书素材\第 11 章\11-1.jpg)，制作成照片信签纸效果。

2. 练习将自己的生活照片转换成证件照(提示：这里需要运用本书第 5 章里的内容，先将照片美化，然后在制作成证件照)。

在【色板】面板中，右击色块，从弹出的快捷菜单中选择【新建色板】命令，然后，在弹出的【色板名称】对话框中，输入名称并单击【确定】按钮即可将该颜色添加到【色板】面板中，且自动排列到其他色块的后面。如果单击【色板】下方的【创建前景色的新面板】按钮，即可创建前景色色块。

技术支持与课件下载：http://www.tup.com.cn　http://www.wenyuan.com.cn
读 者 服 务 邮 箱：service@wenyuan.com.cn
邮　购　电　话：(010)62791865　(010)62791863　(010)62792097-220
组　稿　编　辑：章忆文
投　稿　电　话：(010)62770604
投　稿　邮　箱：bjyiwen@263.net

读者回执卡

欢迎您立即填妥回函

您好！感谢您购买本书，请您抽出宝贵的时间填写这份回执卡，并将此页剪下寄回我公司读者服务部。我们会在以后的工作中充分考虑您的意见和建议，并将您的信息加入公司的客户档案中，以便向您提供全程的一体化服务。您享有的权益：

★ 免费获得我公司的新书资料；

★ 寻求解答阅读中遇到的问题；

★ 免费参加我公司组织的技术交流会及讲座；

★ 可参加不定期的促销活动，免费获取赠品；

读者基本资料

姓　　名＿＿＿＿＿＿　性　　别 □男　□女　年　　龄＿＿＿＿＿＿

电　　话＿＿＿＿＿＿　职　　业＿＿＿＿＿＿　文化程度＿＿＿＿＿＿

E-mail＿＿＿＿＿＿　邮　　编＿＿＿＿＿＿

通讯地址＿＿＿＿＿＿＿＿＿＿＿＿＿＿＿＿＿＿

请在您认可处打✓（6至10题可多选）

1、您购买的图书名称是什么：＿＿＿＿＿＿＿＿＿＿＿＿＿＿＿＿

2、您在何处购买的此书：＿＿＿＿＿＿＿＿＿＿＿＿＿＿＿＿

3、您对电脑的掌握程度：　□不懂　□基本掌握　□熟练应用　□精通某一领域

4、您学习此书的主要目的是：　□工作需要　□个人爱好　□获得证书

5、您希望通过学习达到何种程度：　□基本掌握　□熟练应用　□专业水平

6、您想学习的其他电脑知识有：　□电脑入门　□操作系统　□办公软件　□多媒体设计　□编程知识　□图像设计　□网页设计　□互联网知识

7、影响您购买图书的因素：　□书名　□作者　□出版机构　□印刷、装帧质量　□内容简介　□网络宣传　□图书定价　□书店宣传　□封面，插图及版式　□知名作家（学者）的推荐或书评　□其他

8、您比较喜欢哪些形式的学习方式：　□看图书　□上网学习　□用教学光盘　□参加培训班

9、您可以接受的图书的价格是：　□ 20元以内　□ 30元以内　□ 50元以内　□ 100元以内

10、您从何处获知本公司产品信息：　□报纸、杂志　□广播、电视　□同事或朋友推荐　□网站

11、您对本书的满意度：　□很满意　□较满意　□一般　□不满意

12、您对我们的建议：＿＿＿＿＿＿＿＿＿＿＿＿＿＿＿＿

请剪下本页填写清楚，放入信封寄回，谢谢！

1 0 0 0 8 4

贴邮票处

北京100084—157信箱

读者服务部　　　收

邮政编码：□□□□□□